普通高等教育应用型特色教材

Pro/Engineer 野火版零件设计

——项目式实例教程

赵战峰　主　编
战祥乐　何　亮　副主编
吴峥强　余尚行　李维山　参　编

中国轻工业出版社

图书在版编目（CIP）数据

Pro/Engineer 野火版零件设计/赵战峰主编. —北京：中国轻工业出版社，2015.1
普通高等教育应用型特色教材
ISBN 978-7-5019-7470-2

Ⅰ.①P… Ⅱ.①赵… Ⅲ.①机械元件 - 计算机辅助设计 - 应用软件，Pro/ENGINEER Wildfire 4.0 - 高等学校：技术学校 - 教材 Ⅳ.①TH13 - 39

中国版本图书馆 CIP 数据核字（2010）第 030876 号

内 容 提 要

本书为 Pro/ENGINEER（简称 ProE）野火版零件设计基础书籍。书中通过一系列的实例，循序渐进、深入浅出地讲解了 ProE 野火版零件设计的基本功能。内容包括：ProE 的建模环境，建模理念，二维草图绘制，三维模型的视角、渲染，绘图基准平面、基准轴的创建，基础特征（拉伸、旋转、扫描、混合、可变截面扫描等）创建，工程特征（倒圆角、倒角、壳、筋、拔模等）创建，曲面建模，特征的阵列与复制，曲面造型，工程图等。其中安排了大量的实际零件建模作为实例，详细、生动、深入地讲解了 ProE 三维建模的各种方法、命令及技巧。

本书特别适合作为机电类专业计算机辅助设计的教材。业内人士也可以利用本书学习如何用 ProE 野火版进行三维零件设计。

责任编辑：王　淳　　责任终审：孟寿萱　　封面设计：锋尚设计
版式设计：王超男　　责任校对：李　靖　　责任监印：胡　兵

出版发行：中国轻工业出版社（北京东长安街 6 号，邮编：100740）
印　　刷：河北省高碑店市德裕顺印刷有限责任公司
经　　销：各地新华书店
版　　次：2015 年 1 月第 1 版第 4 次印刷
开　　本：787 × 1092　　1/16　　印张：22.75
字　　数：553 千字
书　　号：ISBN 978-7-5019-7470-2　　定价：39.80 元
邮购电话：010—65241695　传真：65128352
发行电话：010—85119835　85119793　传真：85113293
网　　址：http://www.chlip.com.cn
Email：club@chlip.com.cn
如发现图书残缺请直接与我社邮购联系调换
150085J2C104ZBW

前　言

数十年以来，计算机技术蓬勃发展，已经深入到各行各业中，计算机辅助设计软件日益成为工程技术人员必不可少的强大工具。ProE 作为其中的佼佼者，经过十余年的发展，其功能日益完善，融合了零件设计、产品装配、模具设计、NC 加工、钣金设计、铸造件设计、造型设计、逆向工程、自动测量、机构仿真、结构分析、产品数据库管理、协同设计等，已经广泛地应用于电子、通信、机械、模具、工业设计、玩具、家电、汽车、航空航天等各行业。

本书主要讲解 ProE 野火版零件设计模块，由长期从事 ProE 软件教学的教师和具有丰富实践经验的模具行业工程师联合撰写，因此既有教学的逻辑性，又有很强的实践性。书中的每一个项目均经过精心设计，兼顾教学与实践，让读者在丰富的实践中不知不觉地掌握 ProE 的基本功能。项目开始，首先阐明本项目学习的目标；然后开始“跟我做”实例；实例完成后，面对自己完成的作品，读者获得了很高的成就感，此时总结此例涉及的新命令的详细用法，避免了单纯讲命令用法的枯燥乏味；项目最后针对项目中涉及的命令、使用方法设计了大量的练习，进行强化、提高训练。

本书由赵战峰主编。具体编写分工为：赵战峰编写项目 1、项目 3、项目 9；战祥乐编写项目 10、项目 11；何亮编写项目 5、项目 7；吴峥强编写项目 8；余尚行编写项目 2、项目 4；李维山编写项目 6。

本书在编写过程中参阅了国内外的有关资料，得到了许多专家和同行的支持与帮助，在此表示衷心的感谢。同时，对所有对本书出版做出贡献的人士表示衷心的感谢。

由于水平所限，书中错误及不足在所难免，恳请广大读者斧正。

目　录

项目1　Pro/ENGINEER Wildfire 入门 …… 1
1.1　学习目标 …… 1
1.2　实例 …… 1
1.3　相关知识与命令总结 …… 10
项目2　二维截面绘制 …… 13
2.1　学习目标 …… 13
2.2　实例一 …… 13
2.3　实例二 …… 17
2.4　实例三 …… 19
2.5　实例四 …… 24
2.6　实例五 …… 28
2.7　实例六 …… 30
2.8　实例七 …… 32
2.9　实例八 …… 36
2.10　相关知识与命令总结 …… 39
2.11　练习 …… 41
项目3　基础建模——拉伸 …… 44
3.1　学习目标 …… 44
3.2　实例一 …… 44
3.3　实例二 …… 53
3.4　实例三 …… 62
3.5　实例四 …… 74
3.6　实例五 …… 89
3.7　相关知识与命令总结 …… 98
3.8　练习 …… 104
项目4　基础建模——旋转 …… 109
4.1　学习目标 …… 109
4.2　实例一 …… 109
4.3　实例二 …… 110
4.4　实例三 …… 111
4.5　实例四 …… 112
4.6　相关知识与命令总结 …… 120
4.7　练习 …… 122

项目5 基础建模——扫描 …… 123
5.1 学习目标 …… 123
5.2 实例一 …… 123
5.3 实例二 …… 126
5.4 实例三 …… 130
5.5 相关知识与命令总结 …… 139
5.6 练习 …… 151
项目6 基础建模——混合 …… 153
6.1 学习目标 …… 153
6.2 实例一 …… 153
6.3 实例二 …… 156
6.4 实例三 …… 162
6.5 相关知识与命令总结 …… 165
6.6 练习 …… 165
项目7 阵列专题 …… 167
7.1 学习目标 …… 167
7.2 实例一 …… 167
7.3 实例二 …… 170
7.4 实例三 …… 173
7.5 实例四 …… 177
7.6 相关知识与命令总结 …… 181
7.7 练习 …… 191
项目8 曲面建模 …… 193
8.1 学习目标 …… 193
8.2 曲线创建实例 …… 193
8.3 曲线编辑 …… 198
8.4 曲面创建 …… 202
8.5 曲面编辑 …… 205
8.6 曲面建模综合实例 …… 219
8.7 相关知识与命令总结 …… 224
8.8 练习 …… 229
项目9 高级命令应用 …… 232
9.1 学习目标 …… 232
9.2 实例一 …… 232
9.3 实例二 …… 241
9.4 实例三 …… 247
9.5 实例四 …… 251
9.6 实例五 …… 256
9.7 实例六 …… 259

9.8　实例七 …… 263
9.9　实例八 …… 265
9.10　实例九 …… 269
9.11　练习 …… 277
项目 10　综合实例 …… 280
10.1　学习目标 …… 280
10.2　实例一 …… 280
10.3　实例二 …… 288
10.4　实例三 …… 298
10.5　实例四 …… 307
10.6　实例五 …… 311
10.7　练习 …… 320
项目 11　工程图 …… 323
11.1　设置配置文件 …… 323
11.2　创建视图 …… 325
11.3　尺寸、公差及注释标注 …… 338
11.4　标题栏、图框及格式的创建 …… 349
11.5　练习 …… 351
参考文献 …… 353

项目 1　Pro/ENGINEER Wildfire 入门

本项目将带领您进入 Pro/ENGINEER Wildfire 4.0（以下简称 ProE）零件设计的世界，要求您至少有一款电脑绘图软件的使用基础。

1.1　学 习 目 标

了解 ProE 的基本功能、特点及绘图环境；理解参数化绘图、特征、草图、尺寸驱动、约束等概念；掌握 ProE 鼠标操作；理解拉伸、旋转、扫描、混合这四种基础特征创建的原理。

1.2　实　　例

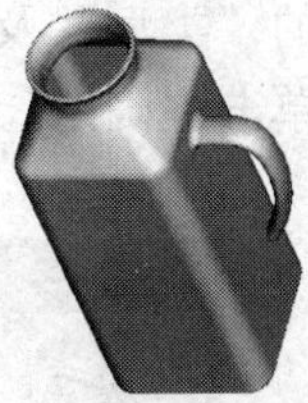

图 1－1　瓶子模型

此实例将演示图 1－1 所示零件的三维建模，通过此例初步接触 ProE，了解建模流程。

步骤 1　进入 ProE

通过桌面快捷方式或开始菜单打开 ProE，其界面见图 1－2。

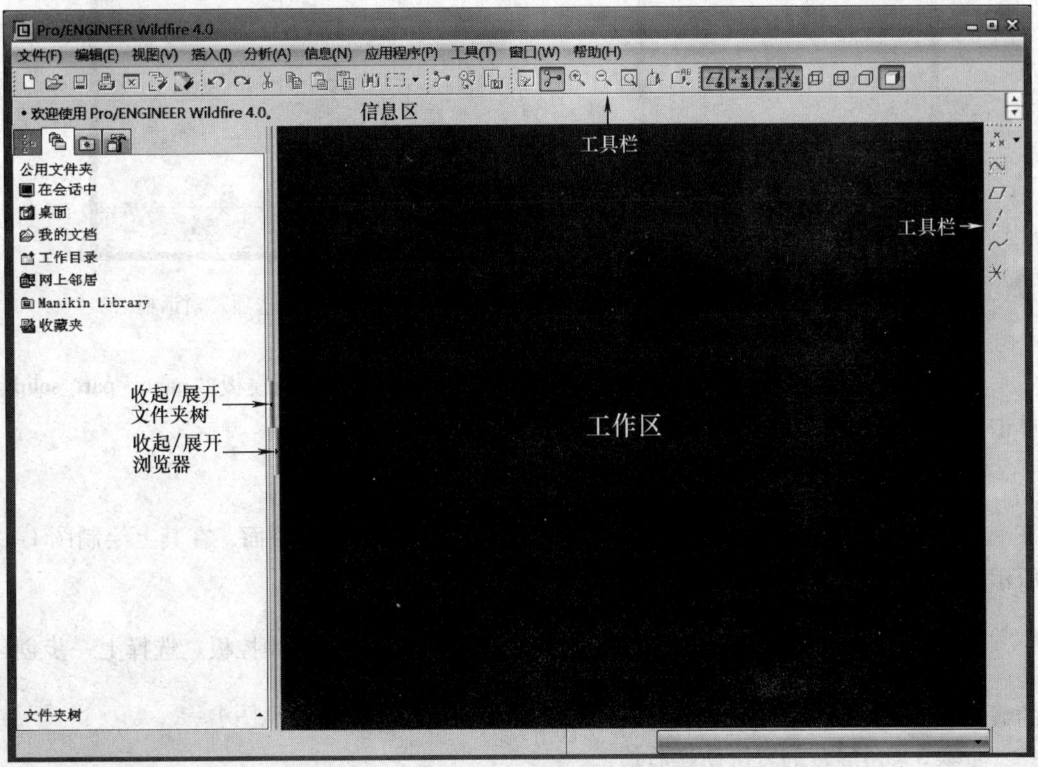

图 1－2　ProE 主界面

步骤 2　鼠标的使用

左键	选择命令按钮或菜单，选择图素、尺寸、约束、特征等，在绘图时定位点
中键（即滚轮）	确认选取，完成命令
右键（按稍久一点）	弹出右键菜单
在绘图区按住中键（即滚轮）移动鼠标	旋转模型
在绘图区转动滚轮	缩放模型
在绘图区按着 Shift + 中键移动鼠标	平移模型

步骤 3　新建零件

单击【文件】⇨【新建】菜单，或单击按钮，进入“新建”对话框，选择图1-3所示的“类型”及“子类型”，并输入文件名称“prt-1-1”，取消“使用缺省模板”选项，单击“确定”按钮。

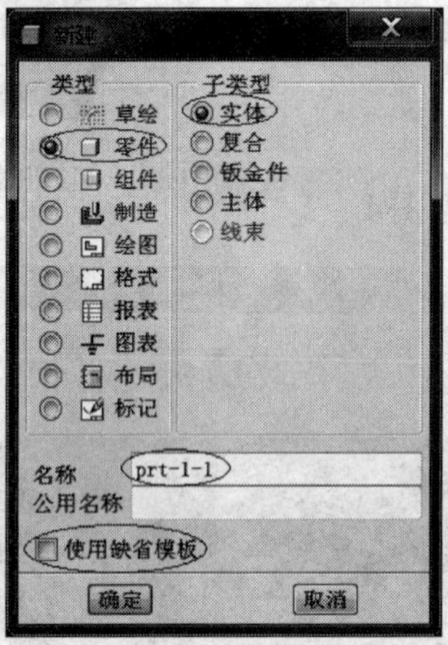

图1-3　“新建”对话框

图1-4　“新建文件选项”对话框

进入“新建文件选项”对话框，见图1-4，选择零件设计公制模板“mmns_part_solid”，单击“确定”按钮，进入绘图环境，见图1-5。

步骤 4　用拉伸的方法创建方形瓶身

（1）单击按钮，定义拉伸的截面。选择 TOP 作为草绘平面，在其上绘制图1-6所示正方形截面。

（2）单击按钮创建拉伸特征，出现图1-7所示的拉伸操控板。选择上一步创建的截面。输入拉伸长度200。单击完成拉伸特征创建。结果见图1-8。

步骤 5　用混合的方法创建瓶颈

（1）分别创建两个用于创建混合特征的截面，见图1-9。

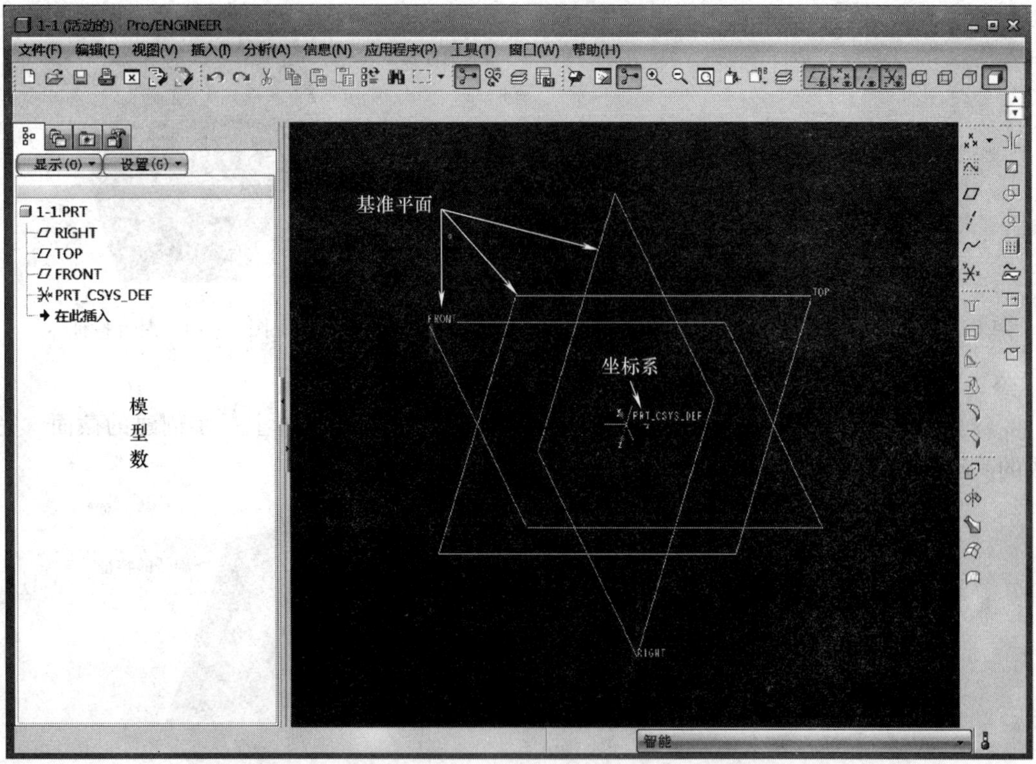

图 1－5　绘图环境

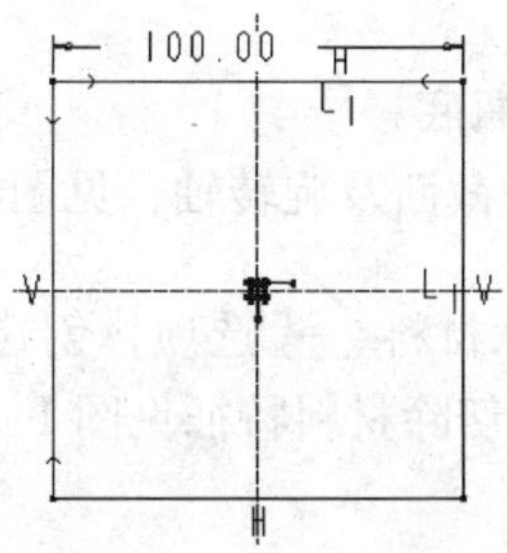

图 1－6　拉伸的截面

图 1－7　拉伸操控板

（2）单击【插入】⇨【混合】⇨【伸出项】菜单，创建混合特征。选择“一般”、“规则截面”、“选取截面”选项，按照提示选择上一步创建的两个截面。完成的混合特征见图 1－10。

步骤 6　以旋转的方法创建瓶口

（1）创建用于创建旋转特征的截面及旋转轴，见图 1－11。

图 1－8　拉伸的瓶身

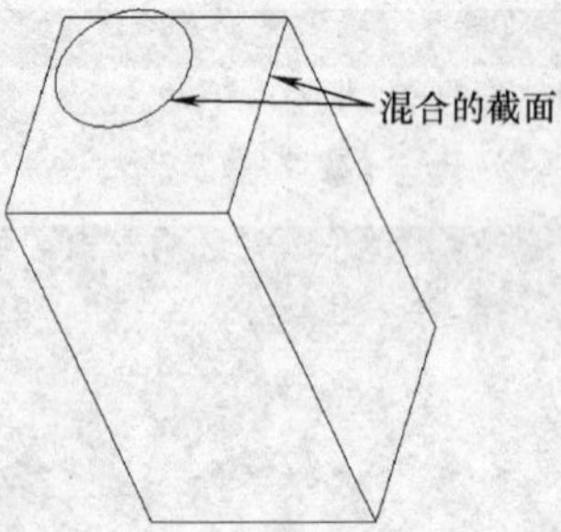

图 1－9　混合的截面

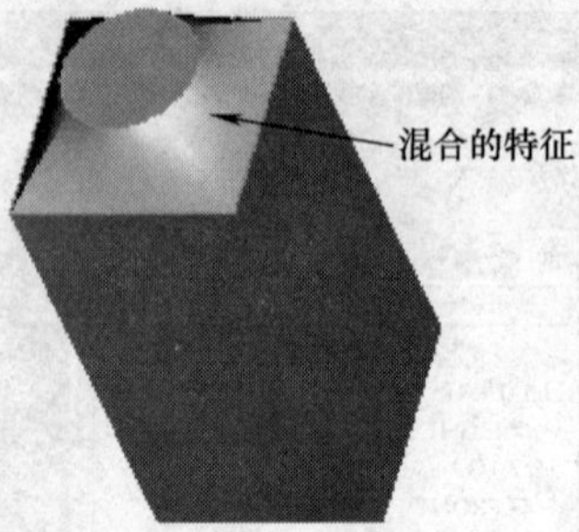

图 1－10　混合特征

（2）单击按钮，创建旋转增加材料特征。按照提示选择上一步创建的截面。完成的旋转增加材料特征见图 1－12。

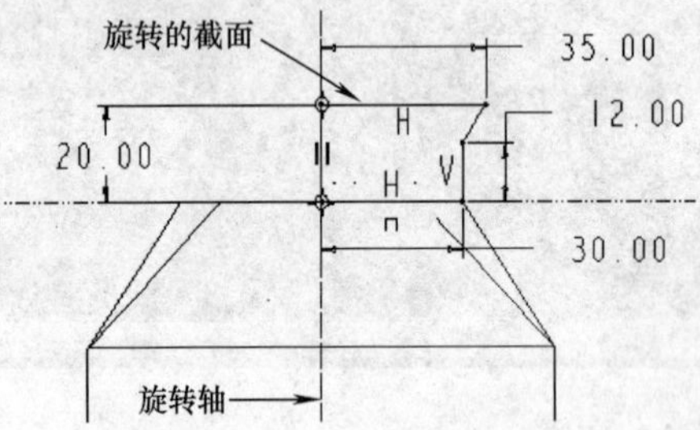

图 1－11　旋转截面

图 1－12　旋转特征

步骤 7　以旋转的方法切割出瓶底

（1）创建用于创建旋转特征的截面及旋转轴，见图 1－13。

（2）单击按钮，选择切除材料选项，创建旋转切除材料特征。按照提示选择上一步创建的截面。完成的旋转切除材料特征见图 1－14。

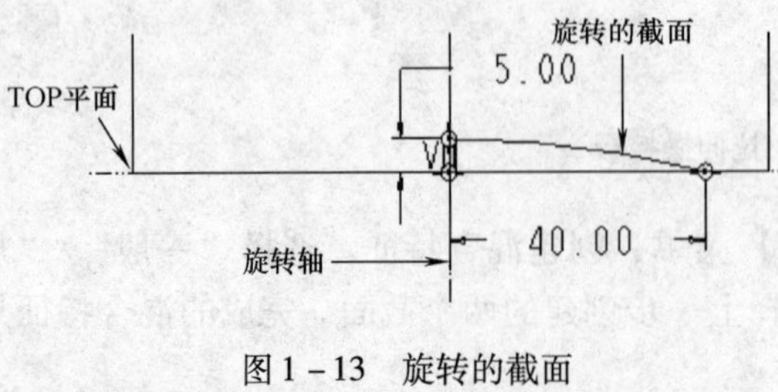

图 1－13　旋转的截面

图 1－14　旋转切割的特征

步骤 8　倒圆角

以倒圆角命令对图 1－15 ~ 图 1－17 所示的棱边倒圆角，结果见图 1－18。

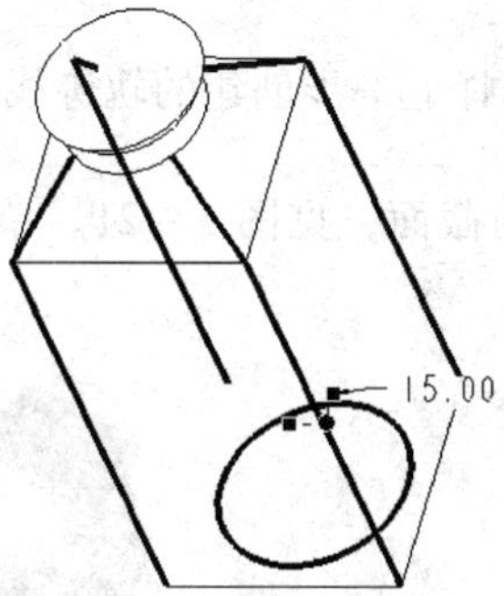

图1－15 创建 R15 圆角

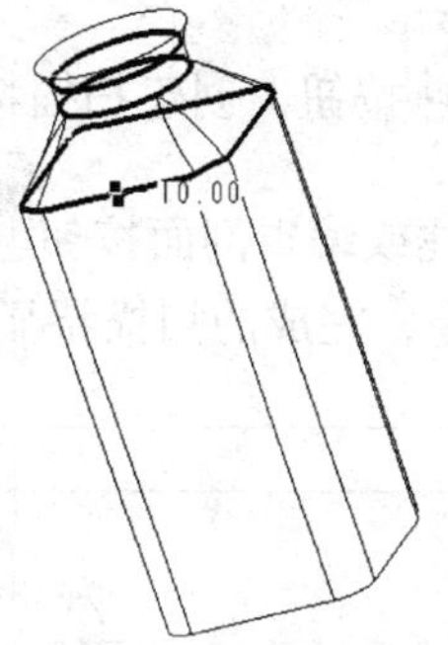

图1－16 创建 R10 圆角

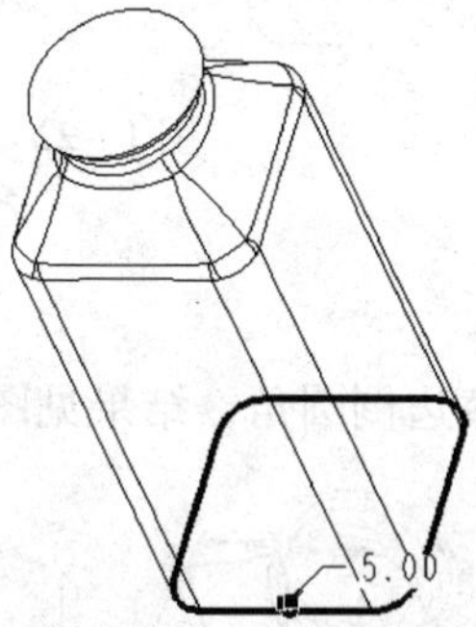

图1－17 创建 R5 圆角

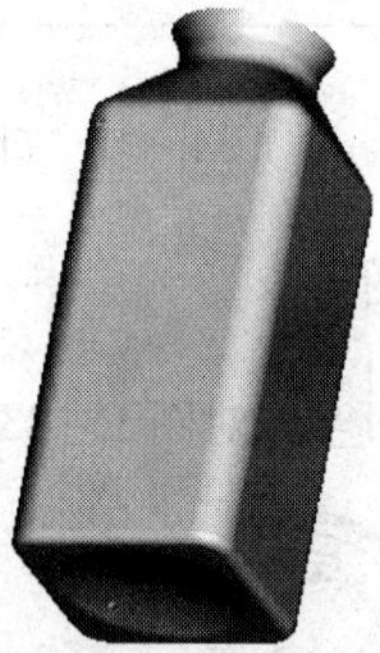

图1－18 完成圆角的模型

步骤 9 抽壳

以壳命令将前面创建的实体挖空，见图1－19 所示。

步骤 10 以扫描的方法创建把手

（1）创建扫描的轨迹线，见图1－20。

图1－19 抽壳后的瓶子

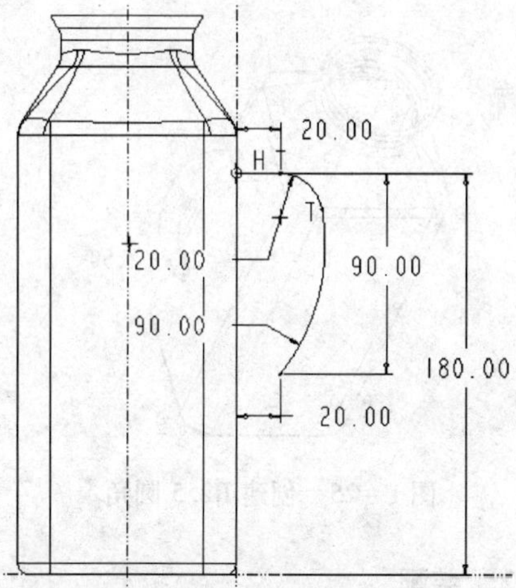

图1－20 扫描的轨迹

（2）单击按钮，创建扫描特征。按照提示选择上一步创建的轨迹线。

（3）单击创建或编辑剖面按钮，创建扫描的截面，见图 1－21。单击完成可变剖面扫描命令，完成的扫描特征见图 1－22。

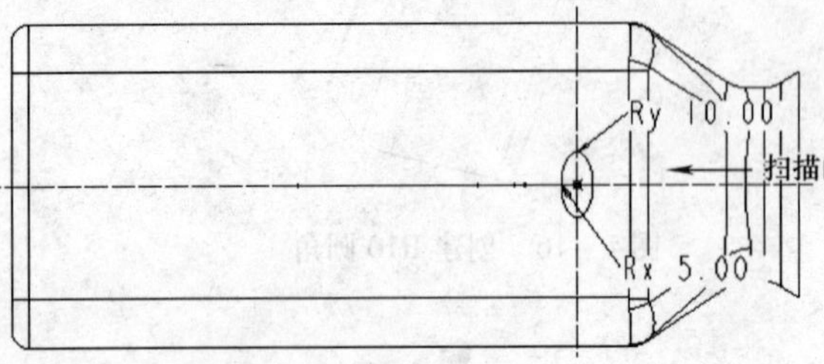

图 1－21　扫描的截面

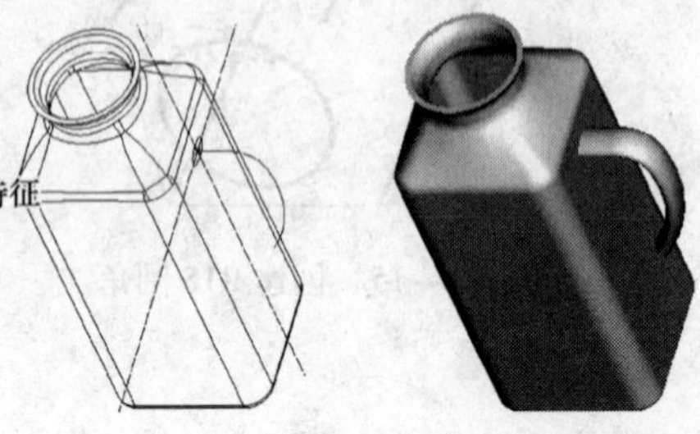

图 1－22　扫描创建的把手

步骤 11　倒圆角

以倒圆角命令对图 1－23 ~ 图 1－25 所示的棱边倒圆角，结果见图 1－26。

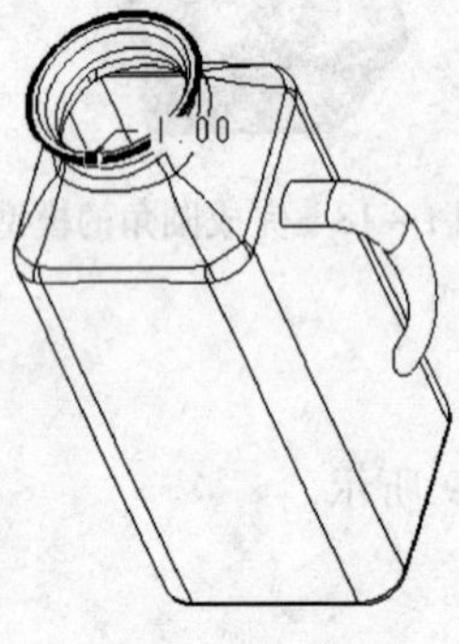

图 1－23　创建 R1 圆角

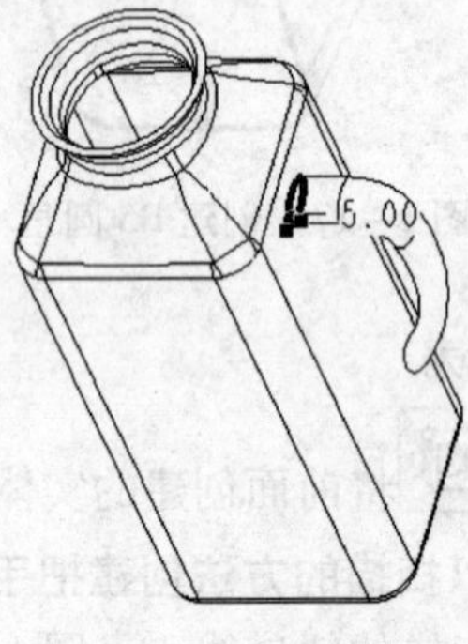

图 1－24　创建 R5 圆角

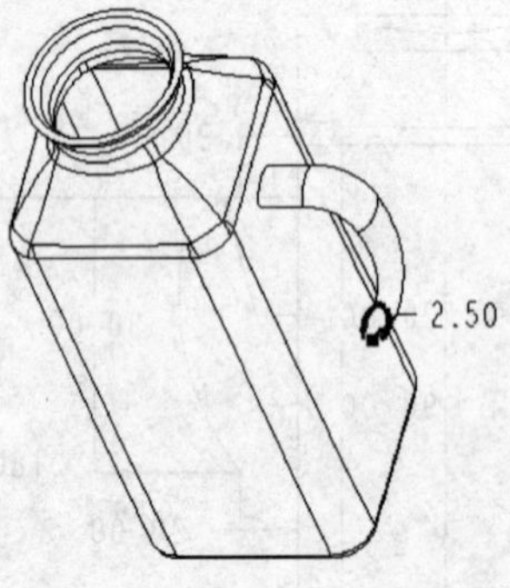

图 1－25　创建 R2.5 圆角

图 1－26　完成圆角的模型

步骤 12　装配

在 ProE 的“装配”模块把瓶身和盖子按图 1－27 所示的条件装配起来，装配完成的模型见图 1－28。

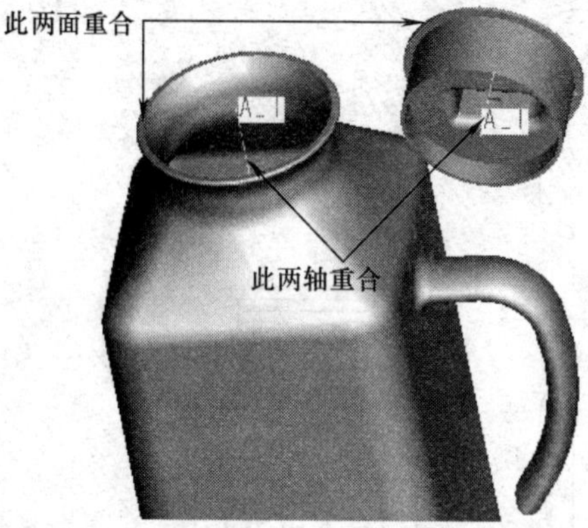

图 1－27 装配

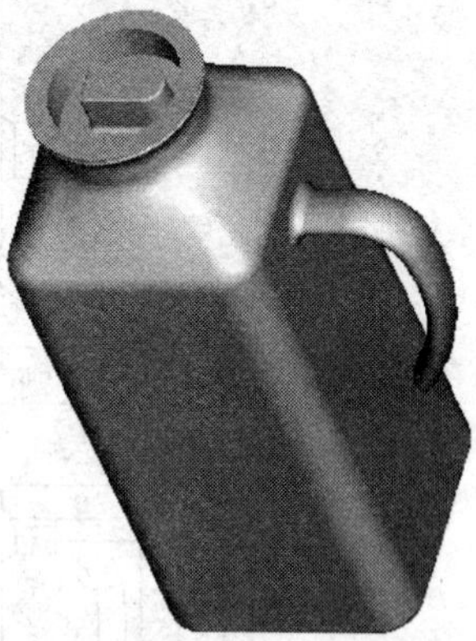

图 1－28 装配完成的模型

步骤 13 创建工程图

在 ProE 的“工程图”模块中可以根据已有的三维模型创建各种视图（投影、剖切、局部放大等）。图 1－29 是利用 ProE 创建的三视图，图 1－30 是 ProE 自动显示的创建三维模型时标注的尺寸。

图 1－29 三视图

步骤 14 更改模型

（1）更改瓶身的尺寸。在模型树中选中构成瓶身的拉伸特征，单击右键，弹出右键菜单，见图 1－31。选择【编辑】菜单，绘图区中出现瓶身尺寸，见图 1－32，双击尺寸即可更改。将尺寸 100 改为 200，单击按钮重新计算模型，结果见图 1－33。

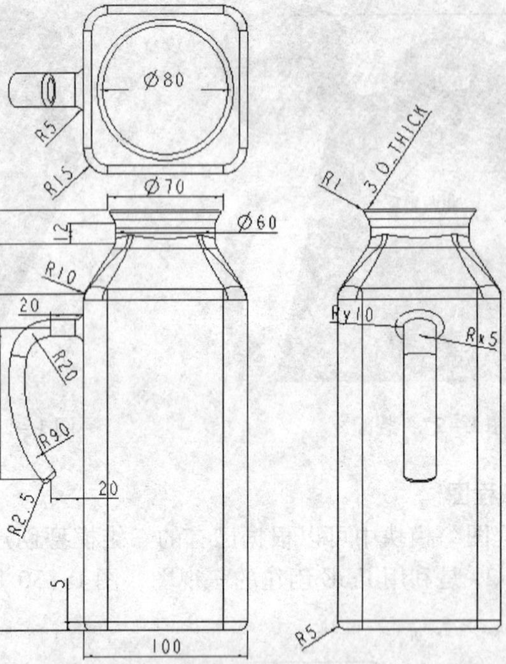

图 1－30　显示尺寸

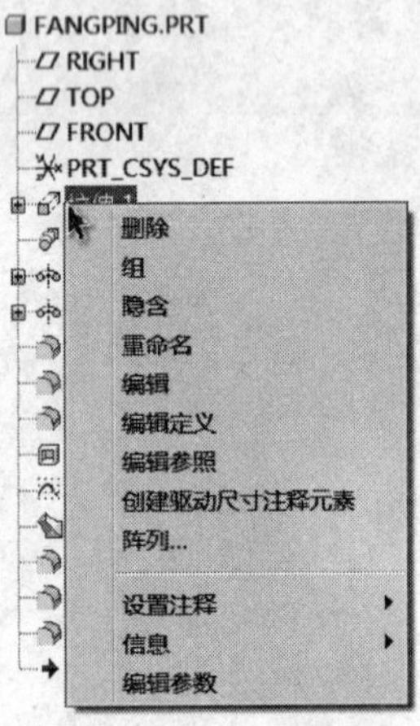

图 1－31　右键菜单

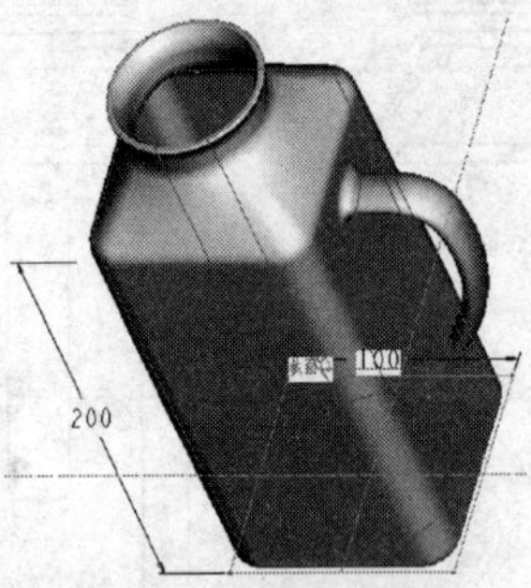

图 1－32　更改尺寸

图 1－33　修改尺寸后的模型

（2）更改把手的截面　在模型树中选中构成把手的扫描特征，单击右键，弹出右键菜单，见图 1－35。选择【编辑定义】菜单，扫描操控板出现，见图 1－34。单击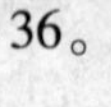重新进入草绘环境，即可更改扫描的截面。将原先的椭圆截面更改为圆形，见图 1－36。单击按钮完成更改，结果见图 1－37。

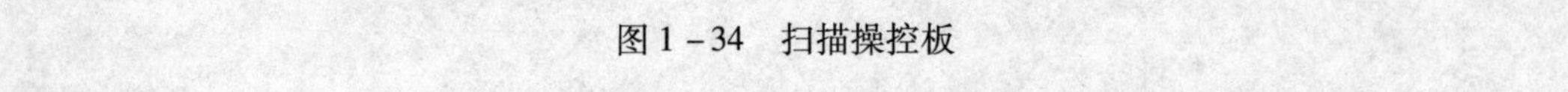

图 1－34　扫描操控板

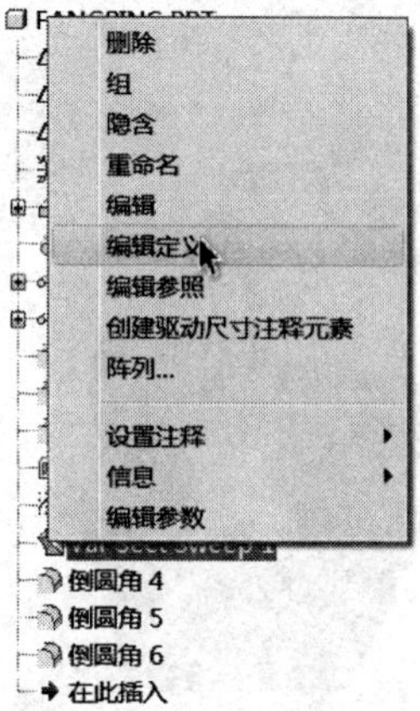

图 1－35　右键菜单

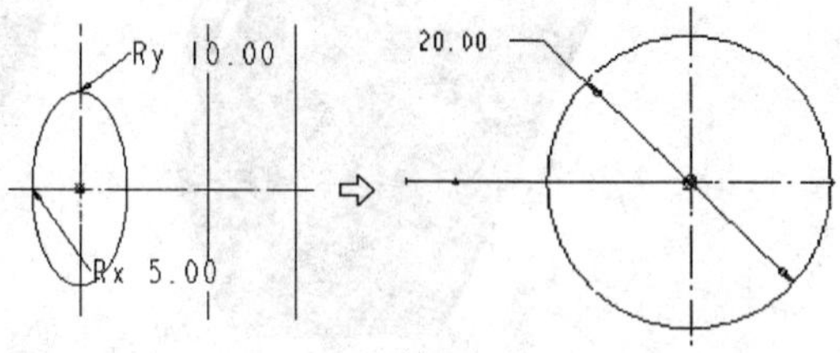

图 1－36　更改截面

图 1－37　修改后的模型

步骤 15　检查工程图

打开前面创建的工程图，可以看到工程图已经更改，见图 1－38。

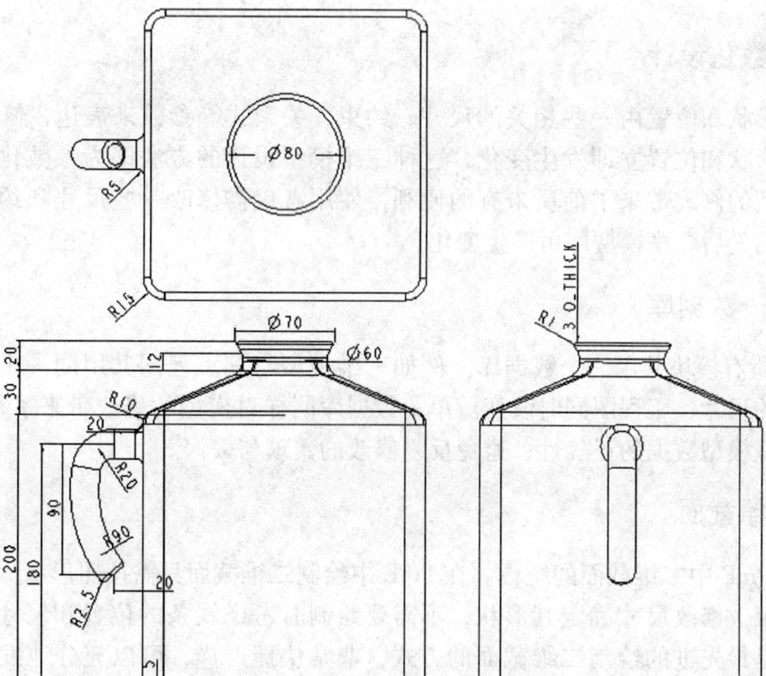

图 1－38　工程图已经更新

步骤 16　更改特征创建的先后顺序

在模型树中选中“壳 1”特征，用鼠标左键按住它，将其移动到特征“倒圆角 1”之前，见图 1－39。模型将出现图 1－40 所示的变化。

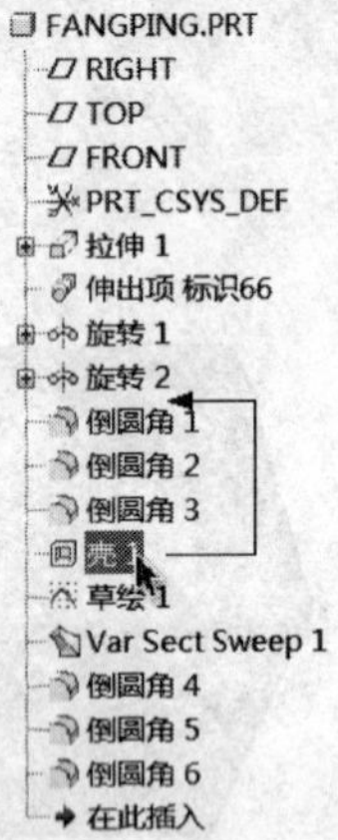

图 1－39　右键菜单

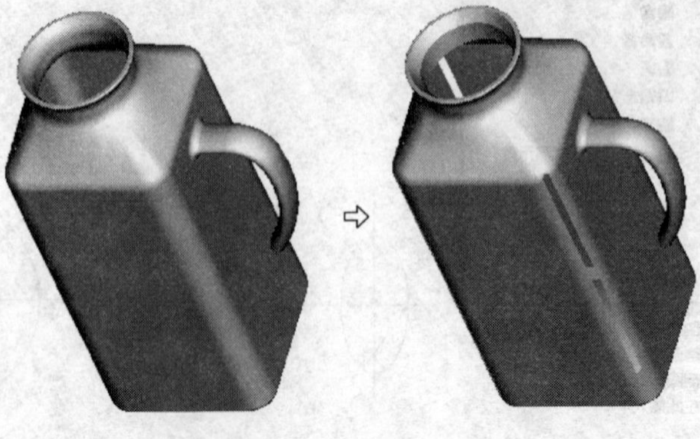

图 1－40　模型的变化

1.3　相关知识与命令总结

1.3.1　参数化设计

模型的形状和位置由一些相关的尺寸、约束、关系式等参数来表达，修改这些参数后，模型的形状和位置立即发生变化，这种三维模型设计的方法即为参数化设计。参数化设计给模型的修改带来了前所未有的便利，使用者仅需修改一些尺寸和约束、调整一下特征创建的先后顺序模型即可产生变化。

1.3.2　单一数据库

ProE 的所有模块共用一个数据库。例如三维模型与其工程图共用同一个数据库，修改三维模型的尺寸，工程图同时改变。单一数据库同样对模型的修改带来了很大的便利，极易保证关联模型数据的正确性，避免反复修改的繁琐与失误。

1.3.3　草绘截面

草绘是 ProE 中二维截面的统称。在 ProE 中绘制二维截面只需按照形状大致绘制，再通过添加约束、修改尺寸确定其形状，不需要绘制时考虑线条的位置和尺寸，故称其为草绘。草绘是最先进的绘制二维截面的方式，非常快捷严谨，可以充分地发挥使用者的创造力。

1.3.4　尺寸驱动

ProE 的草绘和特征的大小与位置均由尺寸定义，修改尺寸即可改变其大小与位置，故称为尺寸驱动。此方式更接近实际的设计与制造，所以更高效、直观。

1.3.5　特征

特征是 ProE 建模的基本单元，类似于盖房子用的砖头，特征与特征之间相互关联，并且其顺序对模型也有一定的影响。

1.3.6 基准平面

基准平面是无限大的虚拟平面，其显示大小由系统参数自动调整。基准平面一般用作草绘平面或特征放置面。也可将基准平面用作参照，确定特征的位置、装配等。基准平面可以由按钮或【插入】⇨【模型基准】⇨【平面】和【偏移平面】菜单创建。

1.3.7 曲线

ProE 的曲线包括二维和三维的曲线。曲线主要用于曲面的骨架、扫描的轨迹等；二维曲线也可以用作某些特征的剖面。曲线可以由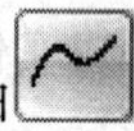按钮或【插入】⇨【模型基准】⇨【曲线】菜单创建。

1.3.8 基准轴

基准轴是无限长的虚拟直线，其显示长度由系统参数自动调整。基准轴一般用于孔的定位、辅助创建曲面和曲线、装配参考等。基准轴可以由按钮或【插入】⇨【模型基准】⇨【轴】菜单创建。

1.3.9 基准点

基准点一般用作草绘、特征的定位参考，辅助创建曲线，装配参考等。基准点可以由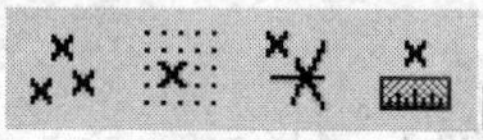四个命令按钮或【插入】⇨【模型基准】⇨【点】菜单创建。

1.3.10 坐标系

坐标系也是一种参照特征，它主要有以下用途：计算质量等要素、组装元件、用作定位其它特征的参照（坐标系、基准点、曲线、平面、输入的几何等）。坐标系的表达有三种方式：笛卡儿坐标系、柱坐标系和球坐标系。坐标系可以由按钮或【插入】⇨【模型基准】⇨【坐标系】和【缺省坐标系】菜单创建。

1.3.11 实体

实体指的是在其可视的表面之内也有“材料”，是“实心的”。工业用途的零件一般均要求是实体零件，这样在零件建模完成之后才可以用于后续的分析计算。例如：有限元分析、质量属性分析、分模等。因此最终完成的零件一般都要求创建为实体。

1.3.12 曲面

曲面指的是仅有“零”厚度的表面，即使构成一个封闭的空间，其内部也是“空的”。由于有许多工具可以对曲面进行灵活的编辑（例如：合并、修剪、偏移、镜像、延伸等)，故而对于复杂的模型，通常需要利用曲面建模，最后再利用曲面加厚、实体化等命令将其转变为实体。

1.3.13 拉伸

一个截面沿着垂直该截面的方向拉动创建实体的方法称为拉伸，见图 1-41。

1.3.14 旋转

一个截面绕着一条轴线旋转创建实体的方法称为旋转，见图 1-42。

1.3.15 扫描

一个截面沿着一条轨迹线扫描创建实体的方法称为扫描，见图 1-43。

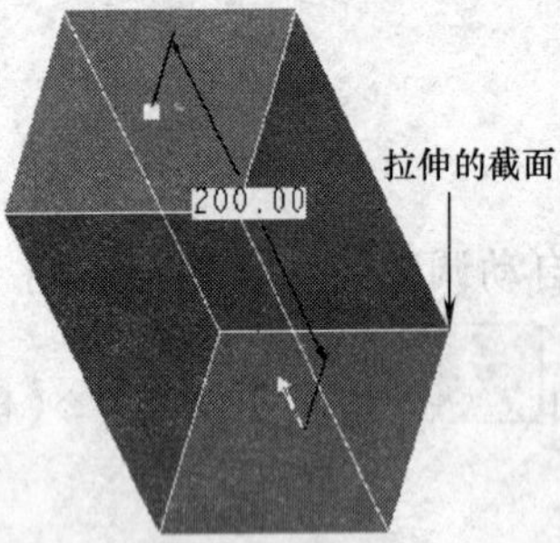

图 1-41 拉伸

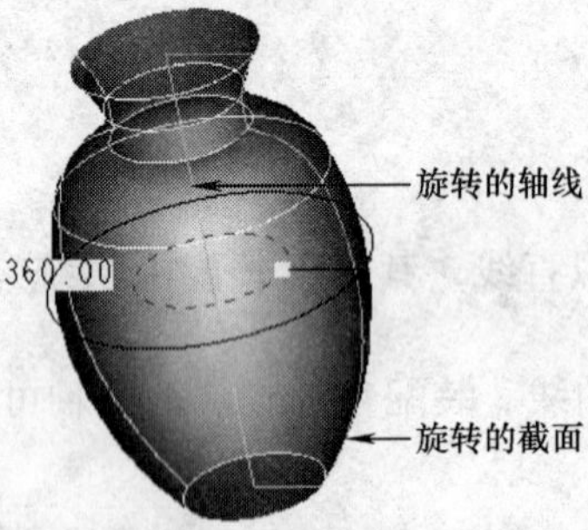

图 1-42 旋转

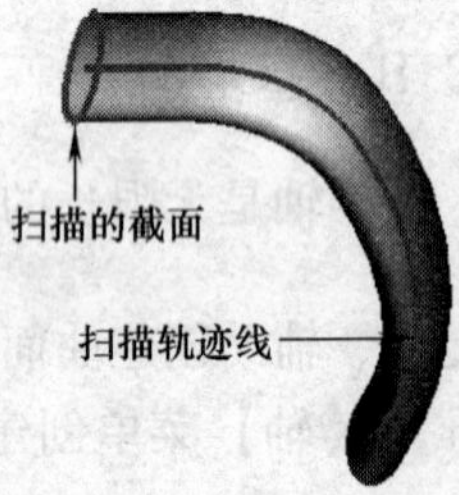

图 1-43 扫描

1.3.16 混合

在两个以上的截面之间填充材料创建实体的方法称为混合，见图 1-44。

图 1-44 混合

项目2　二维截面绘制

由前一个学习项目可以看到，创建拉伸、旋转、扫描、混合等基础特征均需要用到二维截面，因此，二维截面是创建三维模型的基础。本项目以数个实例讲解 ProE 二维截面（也称为草图）的绘制方法，为后续的学习打好基础。

2.1　学习目标

掌握 ProE 草图的绘制、约束添加及尺寸标注。草图绘制包括：点、线、弧、圆、倒圆角、样条、文字等；约束包括：竖直、水平、垂直、相切、在中点、共线、对称、等长、平行等；尺寸相关的内容包括：各种尺寸的标注、尺寸值修改、强弱尺寸、参考尺寸等。

2.2　实　例　一

此实例将完成图 2－1 所示二维截面的绘制。

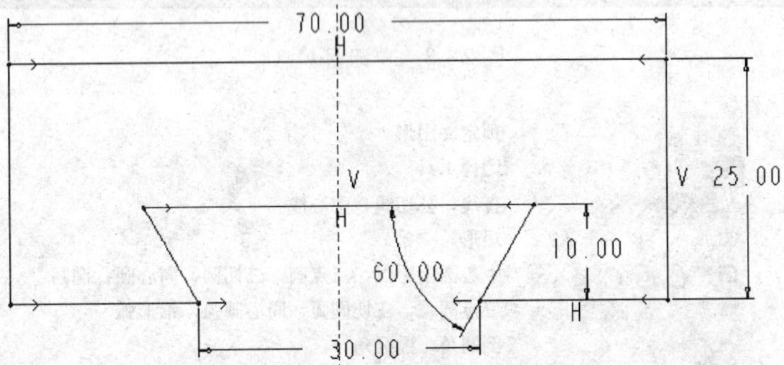

图 2－1　二维截面图纸

步骤 1　进入 ProE

通过桌面快捷方式或开始菜单打开 ProE。

步骤 2　新建草绘

单击【文件】⇨【新建】，或单击按钮，进入“新建”对话框，选择图 2－2 所示的“类型”及“子类型”，并输入文件名称“s2d－1”，单击“确定”，进入草绘环境见图 2－3。绘图工具栏中各命令见图 2－4。

注：创建实体时，草绘截面一般使用“零件”模块中的草绘功能，但绘图方法相同。

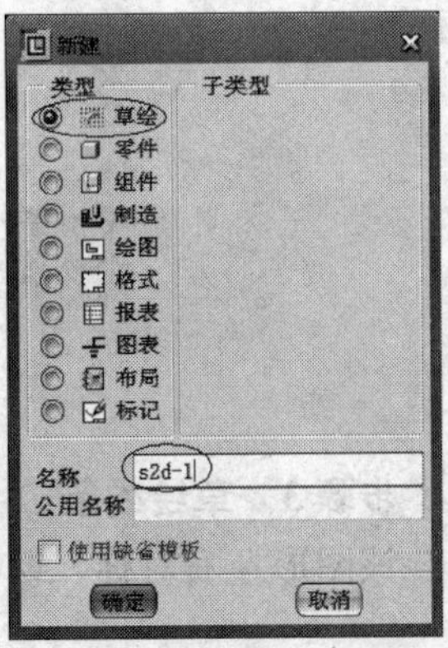

图 2－2 “新建”对话框

图 2－3　草绘环境

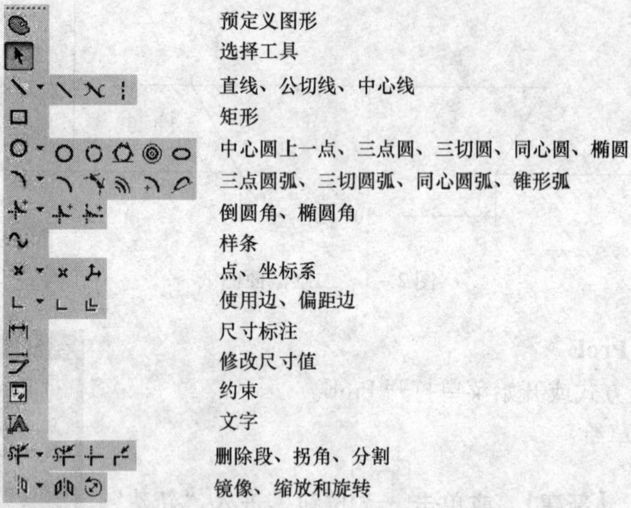

图 2－4　草绘命令

步骤 3　草绘线条

该图形左右对称，绘制一侧，另一侧通过镜像的方法得到。

（1）为了使用镜像功能，首先要绘制一条中心线。单击按钮，绘制中心线。在绘图区用左键指定中心线上的第一点，移动鼠标到接近竖直的位置，ProE 会自动捕捉“竖直”，见图 2－5。

单击按钮，草绘图 2－5 的其余直线，单击中键完成直线绘制，ProE 会自动标注必要的尺寸，见图 2－5。

注：单击中键可以结束命令。在接近特殊位置时，ProE 可以自动捕捉约束，如竖直、水平、等长、平行等。草绘时不必在意尺寸，只要形状接近就可以了。

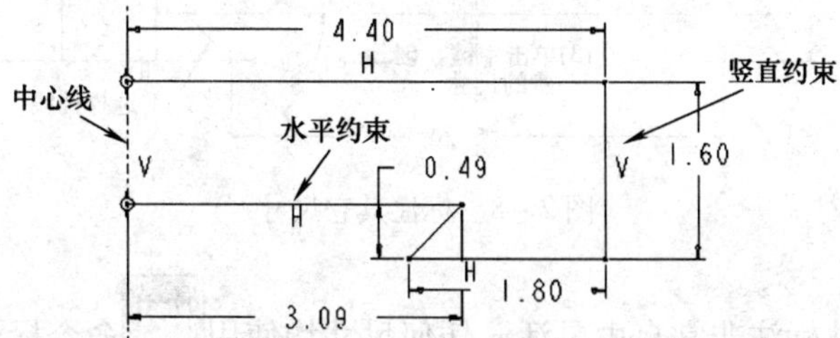

图 2－5　草绘的截面

（2）用鼠标的左键拉一个矩形框，选中上一步绘制的全部直线（不必在意额外选中的尺寸和中心线），单击按钮，按照系统的提示选取镜像的“中心线”，镜像完成，见图 2－6。

注：用鼠标左键“抓住”尺寸文字可以移动尺寸的位置。

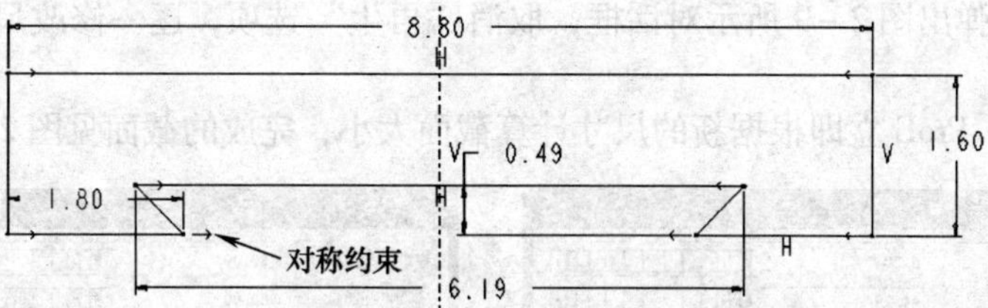

图 2－6　镜像

步骤 4　标注尺寸

（1）单击标注尺寸，分别点选图 2－7 所示两点，在放置尺寸的位置单击中键，完成尺寸创建。

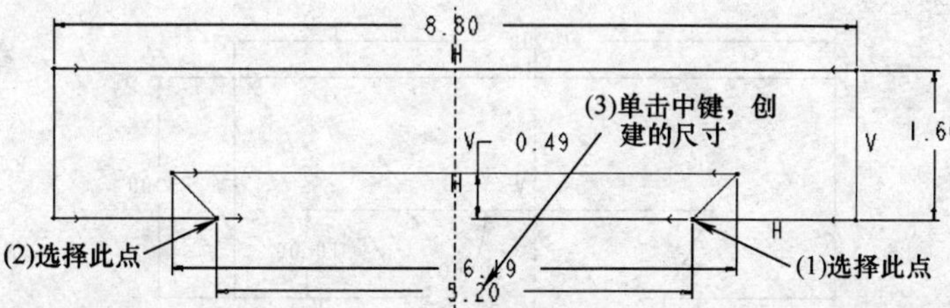

图 2－7　标注尺寸

注：灰色的尺寸为弱尺寸；黄色的尺寸为强（制）尺寸；弱尺寸是ProE系统标注的尺寸，强尺寸一般为用户标注；强尺寸会替换相关的弱尺寸；强尺寸可以删除，但是为了完全表达截面ProE还会标注新的弱尺寸；弱尺寸不能删除。

（2）以类似的方法标注其它缺少的尺寸，见图2-8。

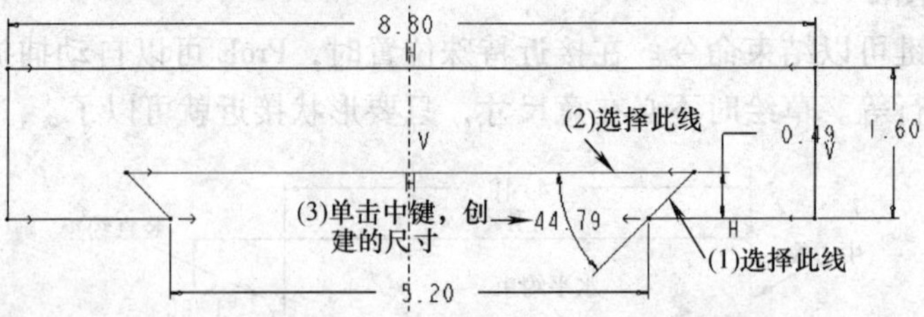

图2-8　标注其它尺寸

注：①ProE尺寸标注非常自由灵活，任何尺寸均使用命令标注；

②选择两条直线，若这两条直线平行，则标注其距离尺寸；若这两条直线有一定的夹角，则标注其夹角尺寸；

③选择一条直线，标注直线长度；

④选择圆弧（包括圆）一次，标注半径尺寸；选择两次标注直径尺寸。

步骤5　修改尺寸值

用鼠标的左键拉一个矩形框，选中所有的尺寸（不必在意额外选中的直线和中心线），单击按钮，弹出图2-9所示对话框，取消“再生”选项，逐一修改尺寸值，修改完成后单击，ProE立即根据新的尺寸计算截面大小，完成的截面见图2-10。

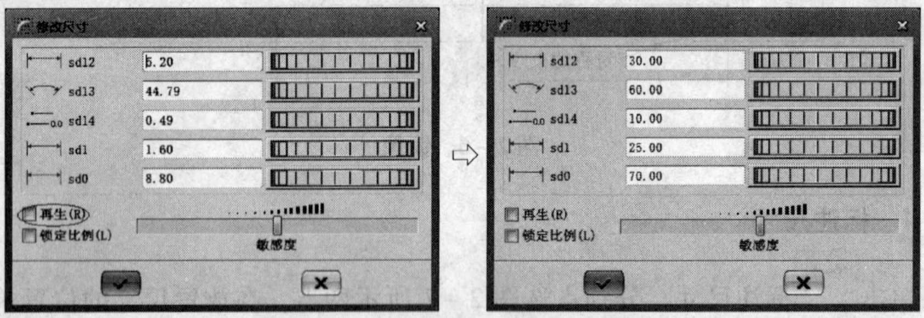

图2-9　修改尺寸值

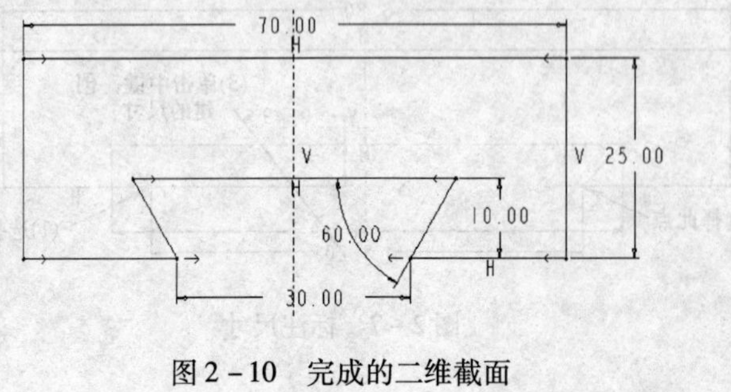

图2-10　完成的二维截面

注：①输完一个尺寸，按“Enter”即可跳到下一个输入框。

②双击尺寸文字也可以修改尺寸值。

③用鼠标左键拖动尺寸值可以移动其位置。

2.3　实　例　二

此实例将完成图 2－11 所示二维截面的绘制。

步骤 1　新建草绘

单击【文件】⇨【新建】，或单击按钮，进入“新建”对话框，选择“草绘”，并输入文件名称“s2d－2”，单击“确定”，进入草绘环境。

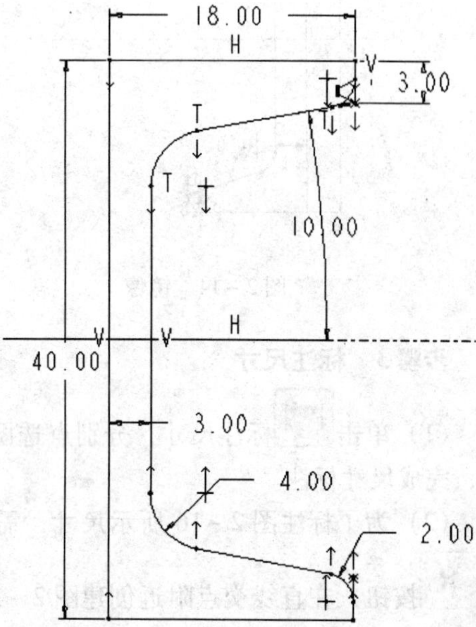

图 2－11　二维截面图纸

步骤 2　草绘线条

该图形上下对称，绘制一侧，另一侧通过镜像的方法得到。

（1）为了使用镜像功能，首先要绘制一条中心线。单击按钮，以绘制中心线。在绘图区用左键指定中心线上的第一点，移动鼠标到接近水平的位置，ProE 会自动捕捉“水平”，见图 2－12。

单击按钮，草绘图 2－12 的其余直线，单击中键完成直线绘制，ProE 自动标注必要的尺寸，见图 2－12。

注：如果不需要自动捕捉的约束，可以适当偏离得远一点，或者单击“右键”禁用当前约束。

（2）单击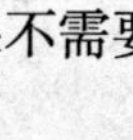按钮，创建圆角。依照图 2－13 所示选择直线。

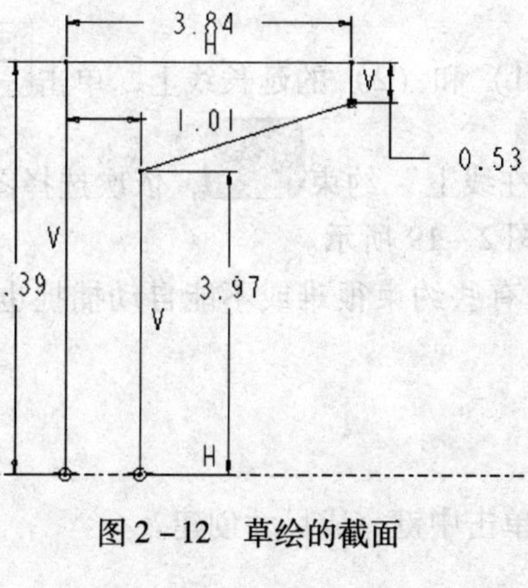

图 2－12　草绘的截面

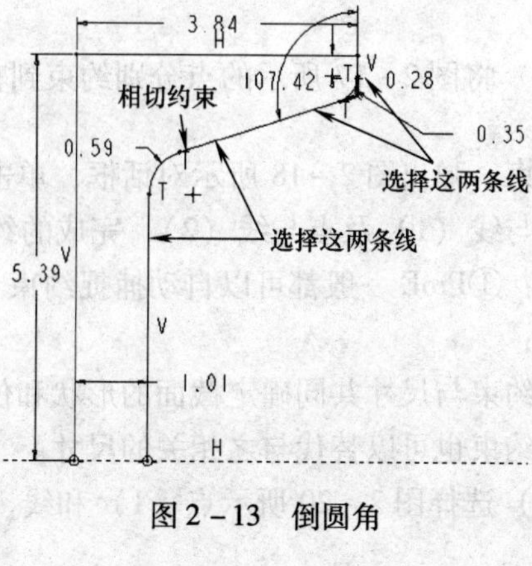

图 2－13　倒圆角

（3）用鼠标的左键拉一个矩形框，选中前面创建的各条线条，单击按钮，按照系统的提示选取镜像的“中心线”，完成镜像，产生的图形见图 2－14。

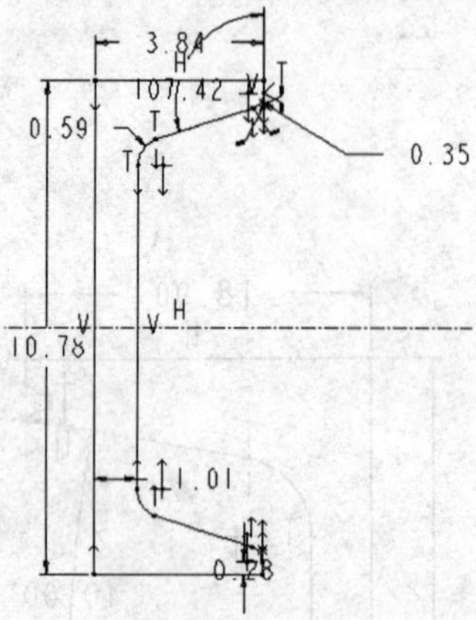

图 2－14　镜像

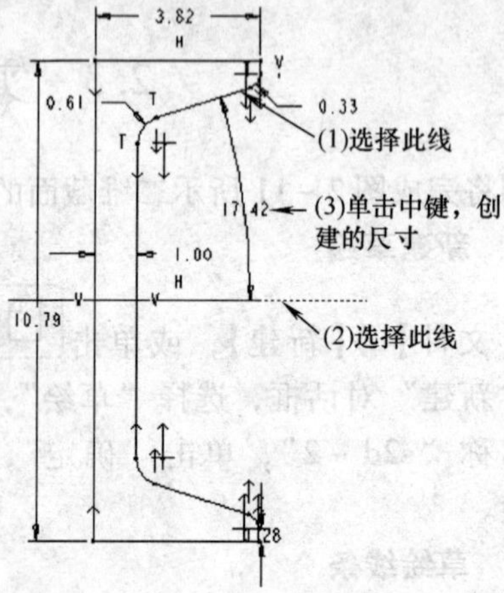

图 2－15　标注尺寸

步骤 3　标注尺寸

（1）单击标注尺寸，分别点选图 2－15 所示两条线，在放置尺寸的位置单击中键，完成尺寸标注。

（2）为了标注图 2－16 所示尺寸，需创建一个点以定位倒圆角之前直线的交点。单击按钮，在直线交点附近创建图 2－17 所示点。

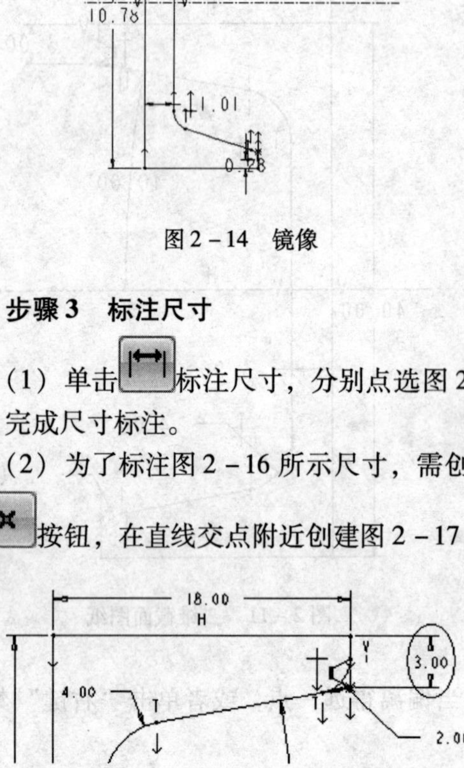

图 2－16　将要标注的尺寸

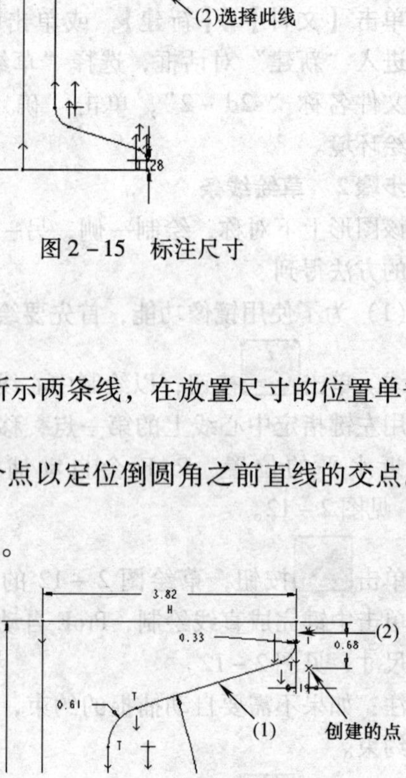

图 2－17　创建参考点

（3）将图 2－17 所示的点分别约束到直线（1）和（2）的延长线上，单击按钮添加约束，弹出图 2－18 所示对话框，单击“点在线上”约束，依次选择图 2－17 中的点与线（1）及点与线（2），完成的约束见图 2－19 所示。

注：①ProE 一般都可以自动捕捉约束，但是有些约束很难或不能自动捕捉也可以手动添加；

②约束与尺寸共同确定截面的形状和位置；

③约束也可以替代与之相关的尺寸。

（4）选择图 2－20 所示点（1）和线（2），单击中键完成尺寸创建。

图 2 – 18　将要标注的尺寸

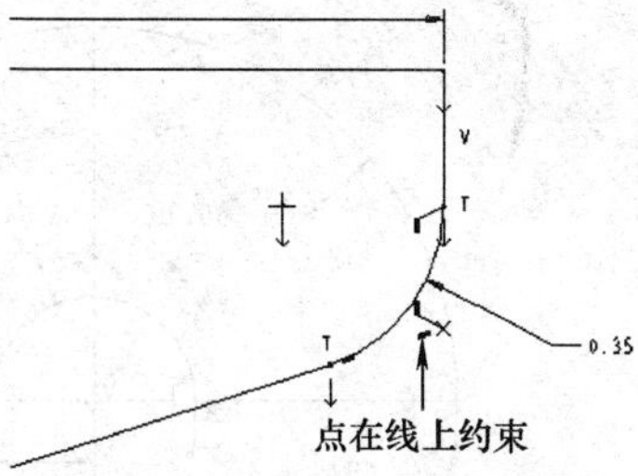

图 2 – 19　创建参考点

步骤 4　修改尺寸值

用鼠标的左键拉一个矩形框，选中所有的尺寸（不必在意额外选中的直线和中心线），单击按钮，弹出“修改尺寸”对话框，取消“再生”选项，逐一修改尺寸值，修改完成后单击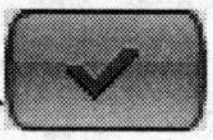，ProE 立即根据新的尺寸计算截面大小，完成的截面见图 2 – 21。

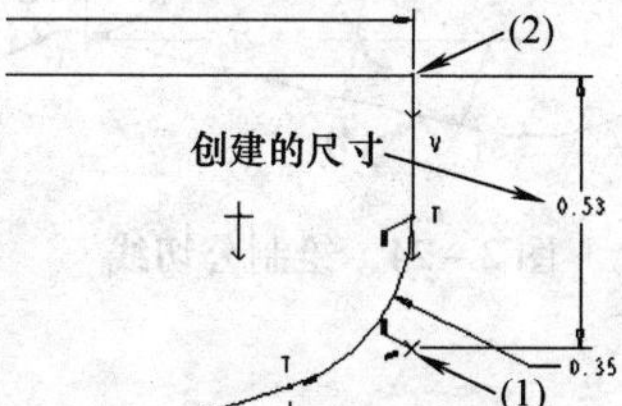

图 2 – 20　标注尺寸

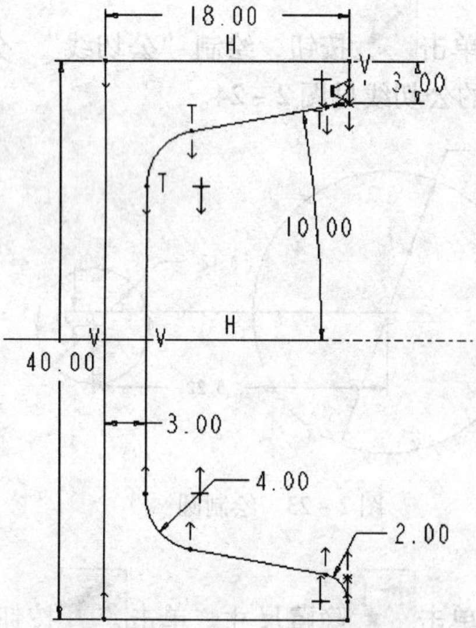

图 2 – 21　完成的二维截面

2.4　实　例　三

此实例将完成图 2 – 22 所示二维截面的绘制。

步骤 1　新建草绘

以文件名“s2d – 3”新建“草绘”，并进入草绘环境。

步骤 2　草绘线条

该图形外轮廓由互相相切的直线和圆弧组成，约束比较复杂；右端的正五边形可以用“预定义图形”直接绘制。绘制外形时宜从容易定位线或弧着手，再绘制其余线条。对于简单的图形，线条绘制完成后再添加约束；复杂的图形应该一边绘制一边添加约束。

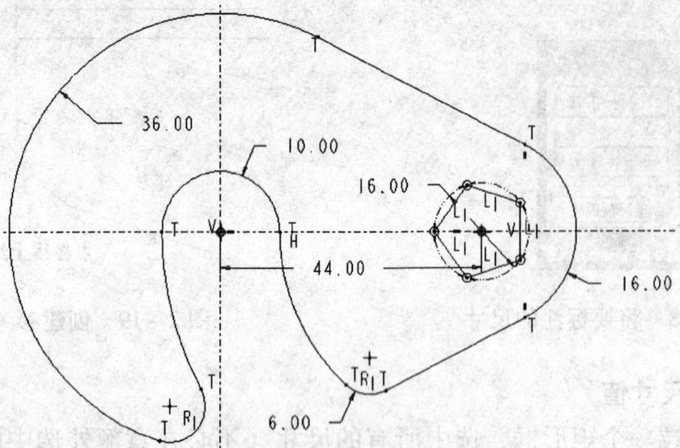

图 2－22　二维截面图纸

(1) 单击按钮，绘制图 2－23 所示的两个圆。

(2) 单击按钮，绘制“公切线”，分别选择圆上的（1）、（2）与（3）、（4）位置，绘制的公切线见图 2－24。

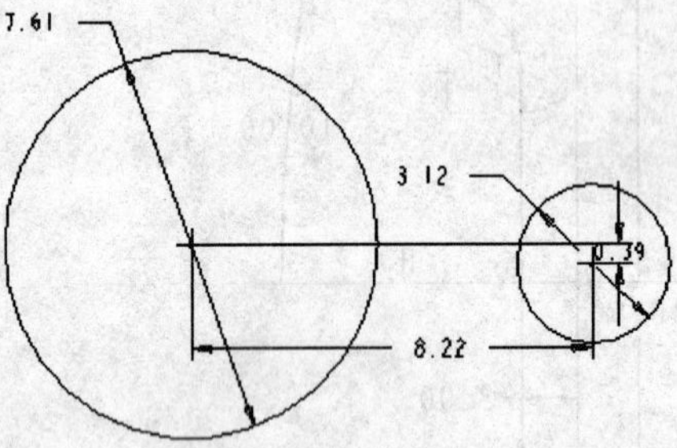

图 2－23　绘制圆

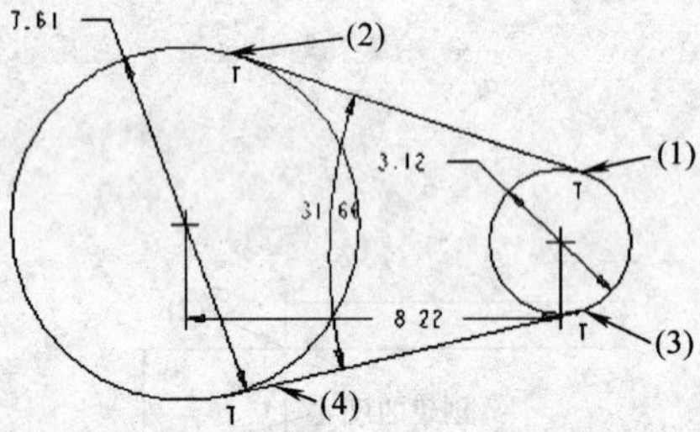

图 2－24　绘制公切线

(3) 单击隐藏尺寸。单击按钮，绘制“圆心两点”圆弧，见图 2－25，这两段圆弧与小圆同心。

(4) 单击按钮，绘制“三点圆弧”。选择端点（1）和（2），见图 2－25，连接上一步绘制圆弧的端点，见图 2－26。

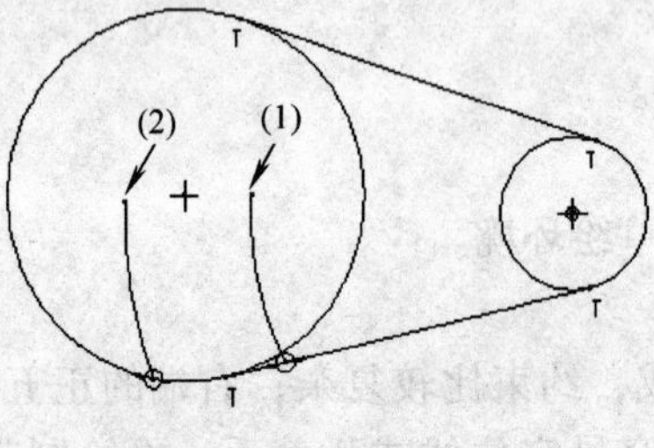

图 2－25　绘制圆弧

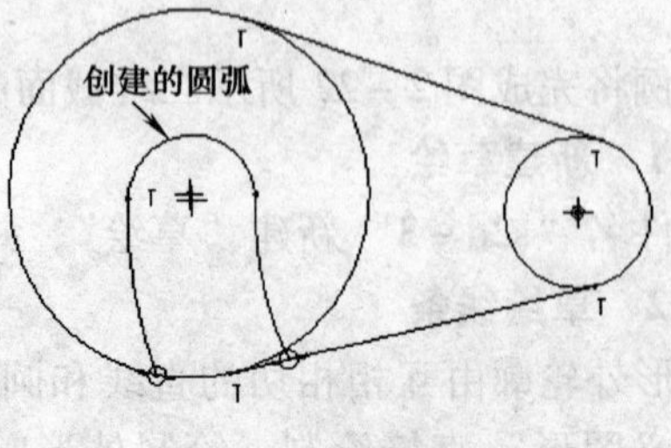

图 2－26　绘制圆弧

注：此时绘制的圆弧与大圆不一定同心，不必在意，后面可以添加约束使两者圆心重合。

（5）单击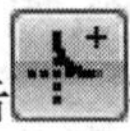按钮，创建圆角，见图2－27。

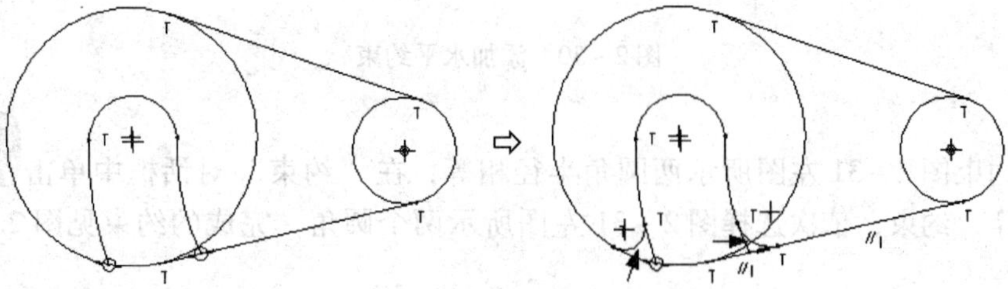

图2－27　创建圆角

（6）单击按钮，快速删除多余线段，完成的图形见图2－28右图所示。

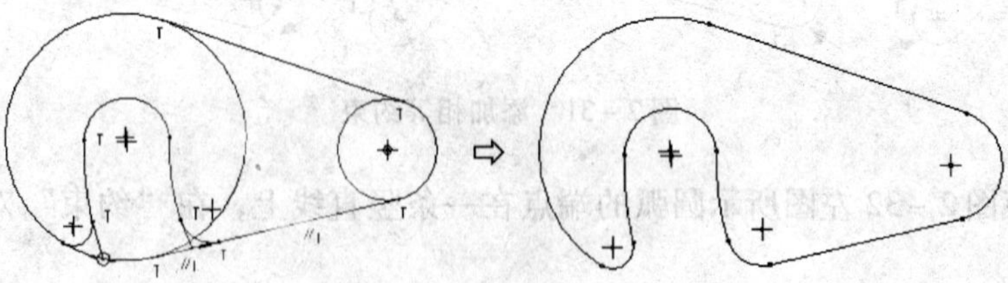

图2－28　删除多余线段

步骤3　添加约束

（1）约束图2－29左图所示两圆同心，单击按钮添加约束，在弹出的对话框中单击按钮添加“共点”约束，依次选择图2－29左图所示两个圆的圆心，完成的约束见图2－29右图所示。

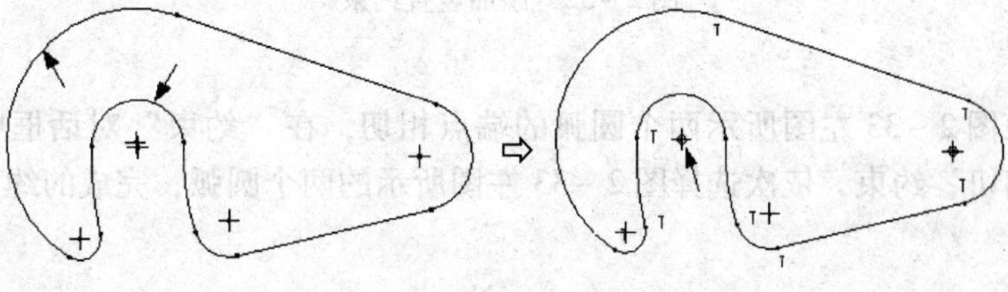

图2－29　添加共点约束

（2）约束图2－30左图所示两圆的圆心在一条水平线上，在“约束”对话框中单击按钮添加“水平”约束，依次选择图2－30左图所示两个圆的圆心，完成的约束见图2－30右图所示。

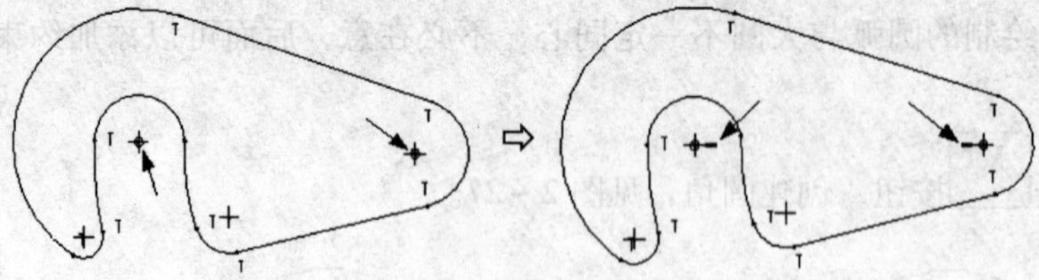

图 2－30　添加水平约束

（3）约束图 2－31 左图所示两圆角半径相等，在“约束”对话框中单击按钮添加“相等”约束，依次选择图 2－31 左图所示两个圆角，完成的约束见图 2－31 右图所示。

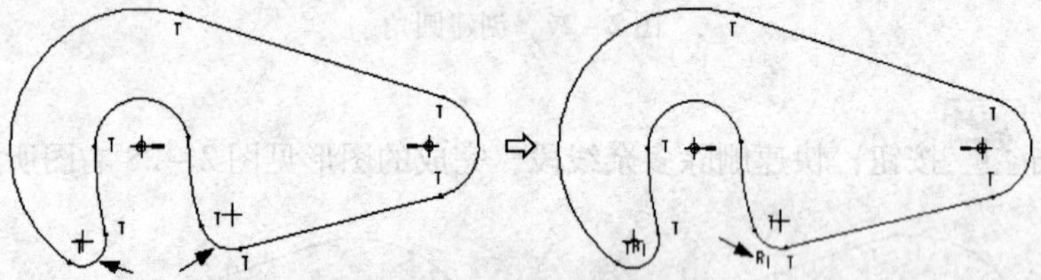

图 2－31　添加相等约束

（4）约束图 2－32 左图所示圆弧的端点在一条竖直线上，在“约束”对话框中单击按钮添加“竖直”约束，依次选择图 2－32 左图所示两个端点，完成的约束见图 2－32右图所示。

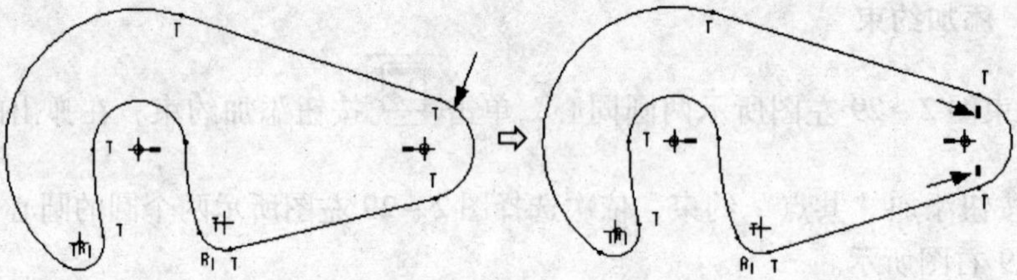

图 2－32　添加竖直约束

（5）约束图 2－33 左图所示两个圆弧的端点相切，在“约束”对话框中单击按钮添加“相切”约束，依次选择图 2－33 左图所示的两个圆弧，完成的约束见图 2－33 右图所示。

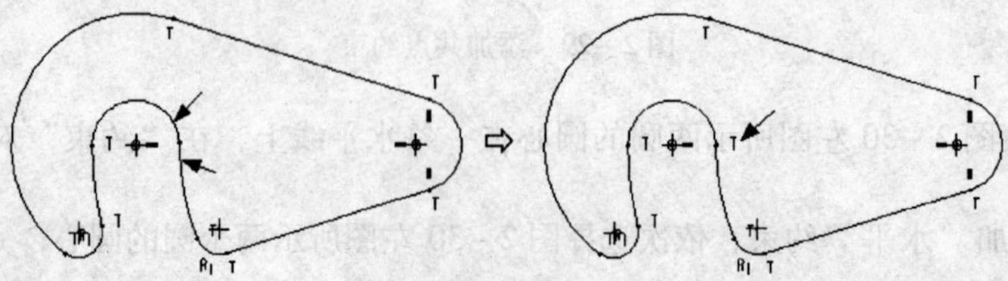

图 2－33　添加相切约束

（6）再次单击显示尺寸。

步骤4　标注尺寸

单击标注尺寸，标注图2－34所示尺寸。

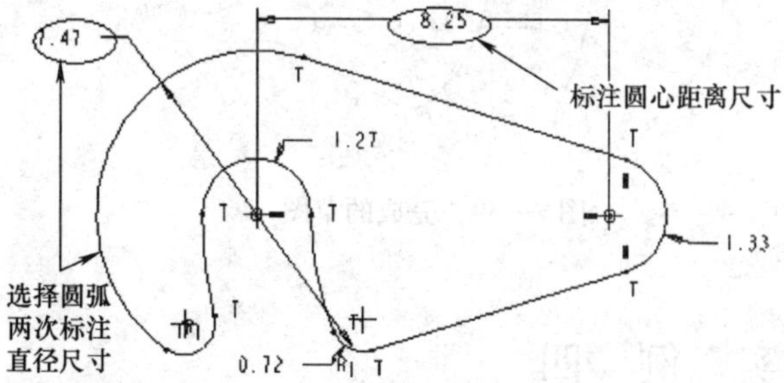

图2－34　标注尺寸

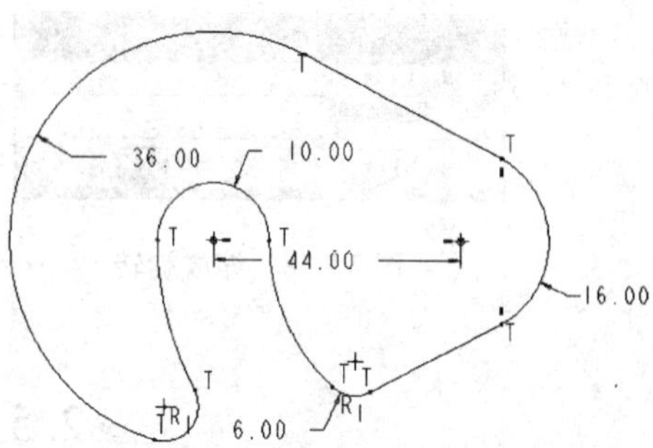

图2－35　完成的二维截面

步骤5　修改尺寸值

用鼠标的左键拉一个矩形框，选中所有的尺寸，单击按钮，弹出“修改尺寸”对话框，取消“再生”选项，逐一修改尺寸值，修改完成后单击，ProE立即根据新的尺寸计算截面大小，完成的截面见图2－35。

步骤6　创建正五边形

单击按钮，弹出“草绘器调色板”对话框，单击“多边形”页面，选择五边形，见图2－36。拖动该五边形至绘图区，见图2－37。在图2－38所示的“缩放旋转”对话框中修改旋转角度为90°，左键拖动“移动控制点”移动“五边形”至左边圆弧的圆心，如图2－37。关闭“草绘器调色板”。标注五边形外接圆直径尺寸，并修改尺寸值为16，见图2－39。

注：左键拖动控制点可以移动、缩放、旋转图形；右键拖动控制点可以移动控制点的位置。

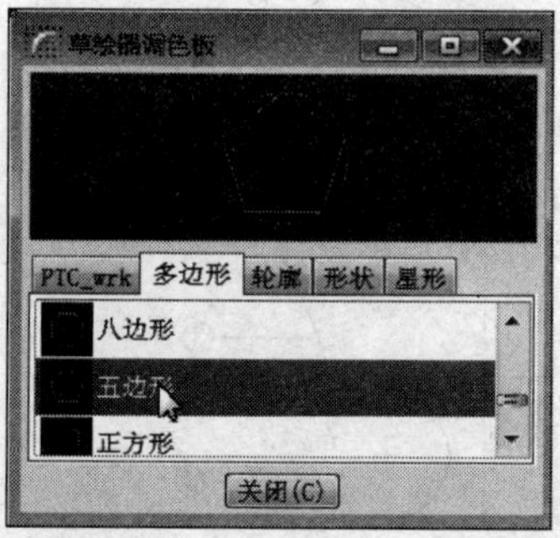

图2－36　草绘器调色板

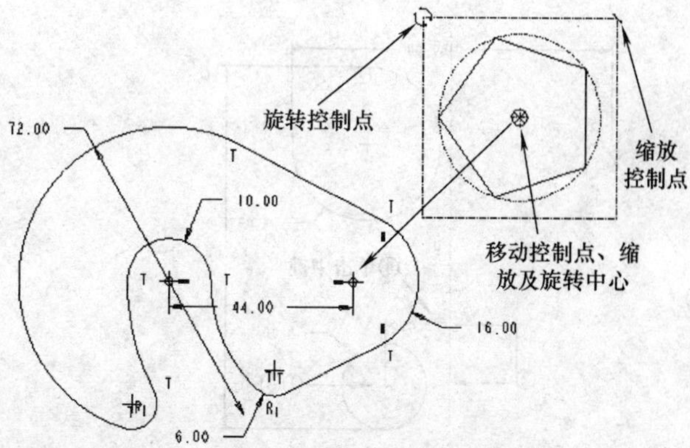

图2－37　创建五边形

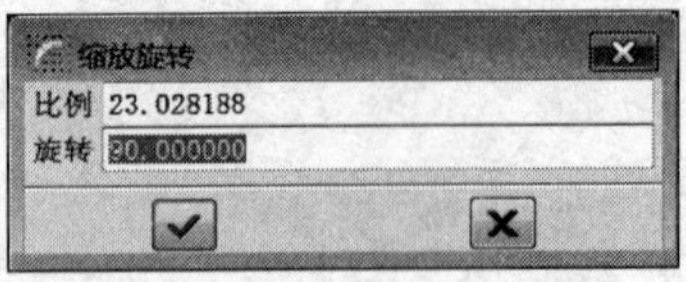

图 2－38　缩放旋转

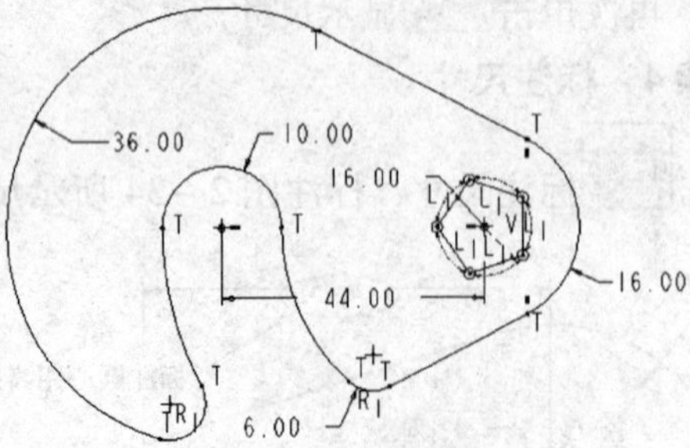

图 2－39　完成的草图

2.5 实　例　四

此实例将完成图 2－40 所示二维截面的绘制。

步骤 1　新建草绘

以文件名“s2d－4”新建“草绘”，并进入草绘环境。

步骤 2　草绘线条

该图形外轮廓由互相相切的圆弧组成，约束比较复杂。绘制外形时宜从容易定位的弧着手，再绘制其余相关线条。由于图形较复杂，宜一边绘制一边更改尺寸值及添加约束。

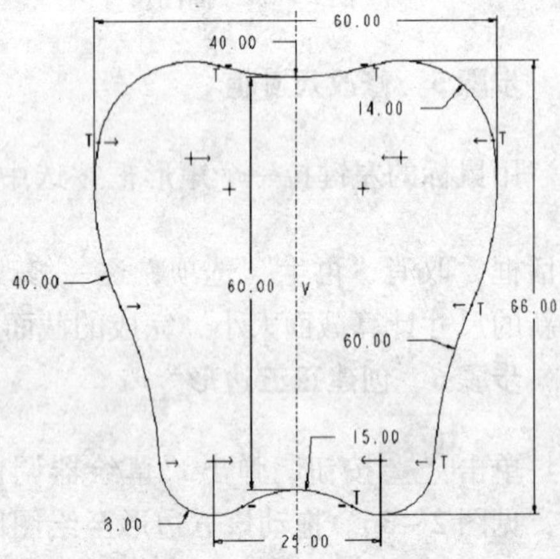

图 2－40　二维截面图纸

（1）单击按钮，绘制一条中心线；单击按钮，绘制两个圆；标注图示尺寸并修改尺寸值，如图 2－41 所示。

注：对称尺寸的标注方法是，按照图 2－41 的顺序选择图素并放置尺寸（①选圆心，②选择中心线，③再次选圆心，④单击中键放置尺寸）。

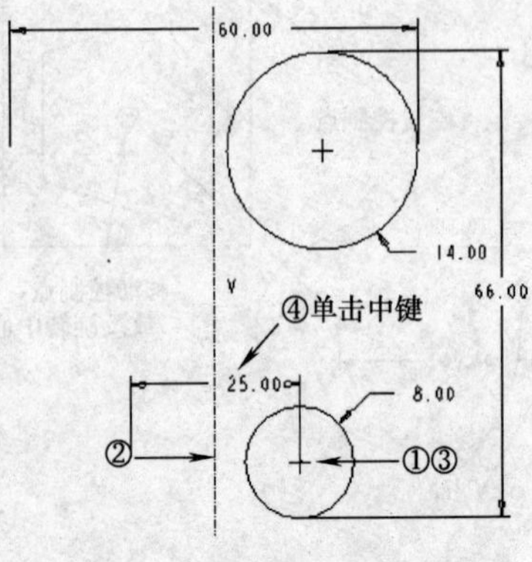

图 2－41　绘制圆和中心线

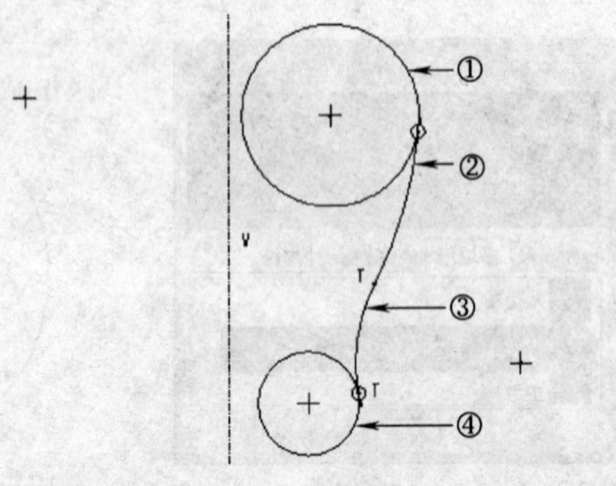

图 2－42　绘制圆弧②和③

（2）单击按钮隐藏尺寸。用三点圆弧命令，绘制图 2－42 所示的圆弧②和③。除了圆弧①、②、③、④之间的相切约束外，不能有其它的约束。

（3）镜像所有图素，见图 2－43。

（4）分别在第①组和第②组圆之间倒圆角，见图 2－44。

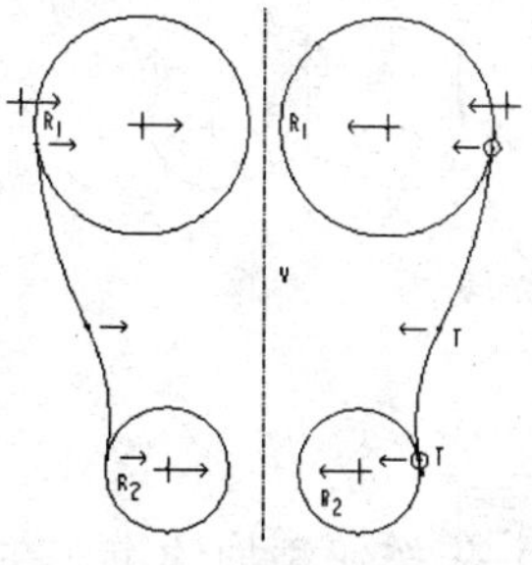

图 2－43　镜像

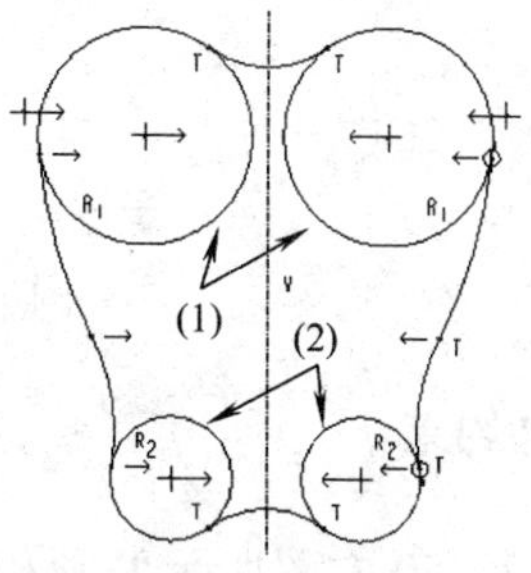

图 2－44　倒圆角

（5）单击按钮，快速删除图 2－45 所示的多余线段。但是图 2－46 所示的多余线段无法删除，原因是图 2－46 所示的位置没有相交。

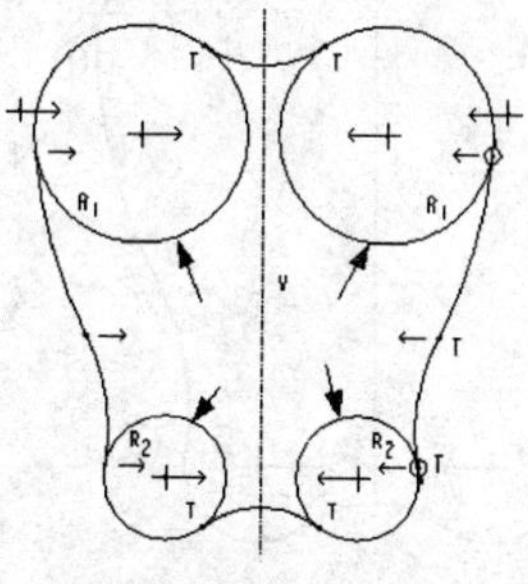

图 2－45　删除线段

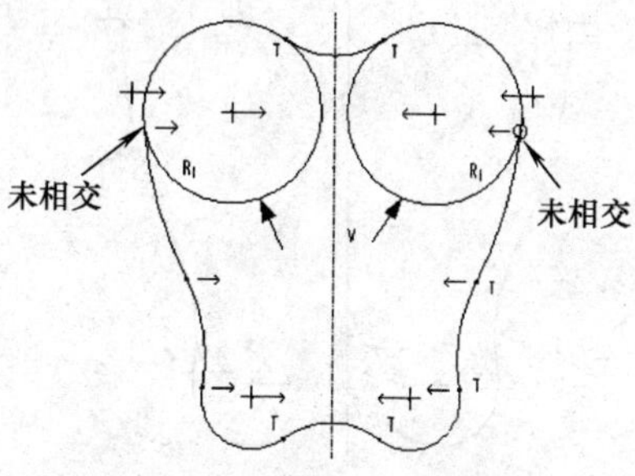

图 2－46　删除线段之后的图形

（6）用打断命令，在图 2－47 所示位置的附近打断两个大圆弧；然后用拐角命令在图 2－48 所示位置创建拐角。

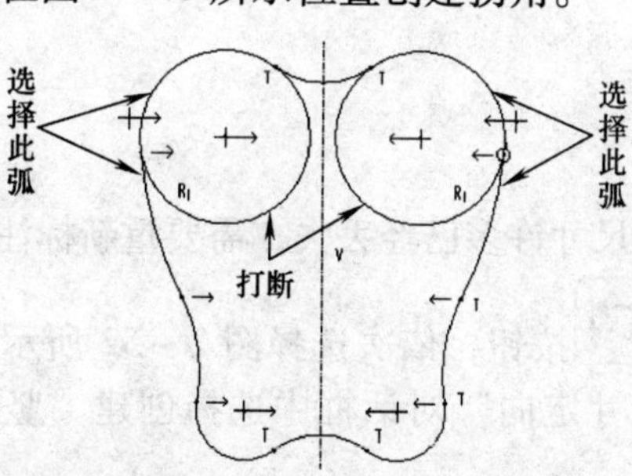

图 2－47　打断及制作拐角

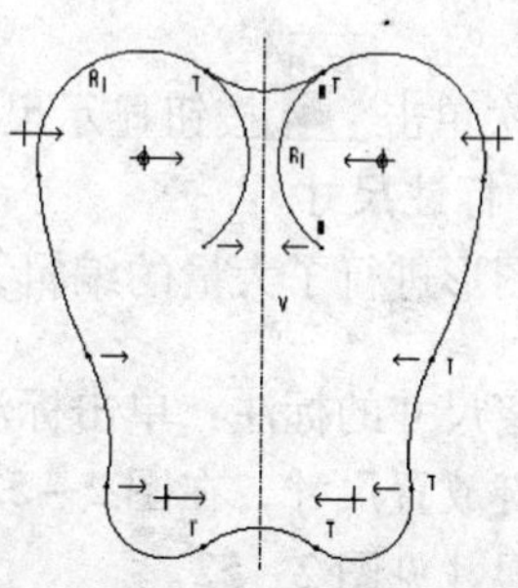

图 2－48　制作拐角之后的图形

（7）用“删除段”命令，快速删除图 2－49 所示的线段。

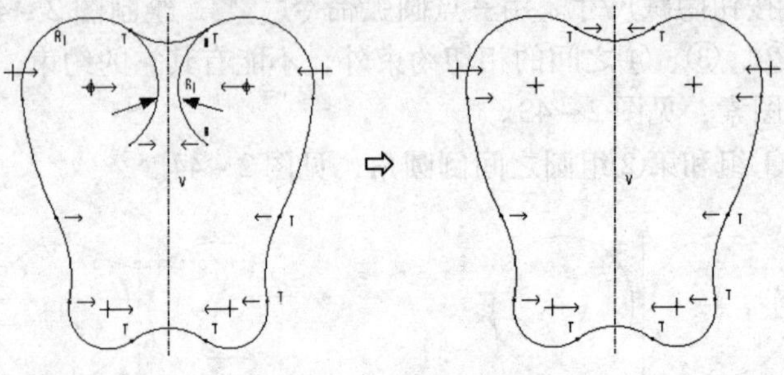

图 2－49　删除线段

步骤 3　添加约束

（1）约束图 2－50 左图所示两圆相切，单击按钮添加约束，在弹出的对话框中单击按钮添加“相切”约束，依次选择图 2－50 左图所示两个圆，完成的约束见图 2－50 右图所示。

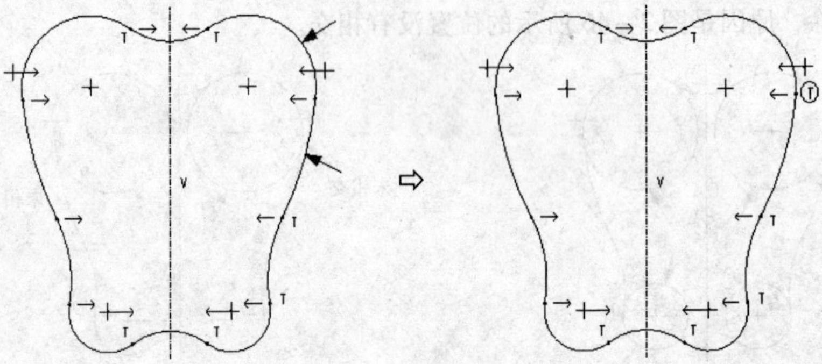

图 2－50　添加相切约束

（2）约束图 2－51 左图所示两圆的圆心在一条水平线上，在“约束”对话框中单击按钮添加“水平”约束，依次选择图 2－51 左图所示两个圆的圆心，完成的约束见图 2－51 右图所示。

（3）再次单击按钮显示尺寸。

步骤 4　标注尺寸

由于对图形进行了大量的编辑，以前标注的尺寸许多已经丢失，需要重新标注。

相切距离尺寸的标注：单击标注尺寸命令按钮，依次选择图 2－52 所示的两个圆，单击中键放置尺寸，在图 2－53 所示的“尺寸定向”对话框中选择创建“竖直”尺寸。完成的尺寸见图 2－52。

单击按钮标注尺寸，标注图 2－54 所示的其余尺寸。

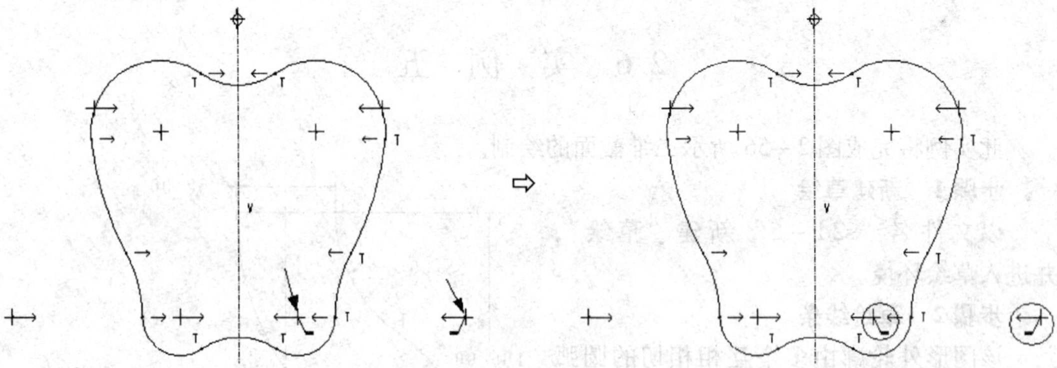

图2-51　添加水平约束

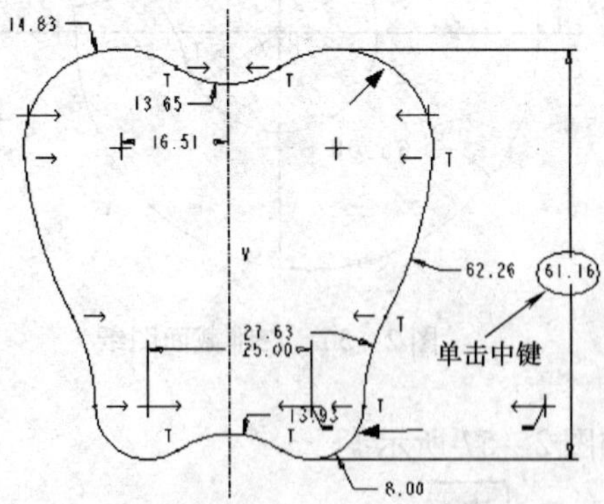

图2-52　添加水平约束

图2-53　尺寸定向

步骤5　修改尺寸值

用鼠标的左键拉一个矩形框，选中所有的尺寸，单击按钮，弹出“修改尺寸”对话框，取消“再生”选项，逐一修改尺寸值，修改完成后单击按钮，ProE立即根据新的尺寸计算截面大小，完成的截面见图2-55。

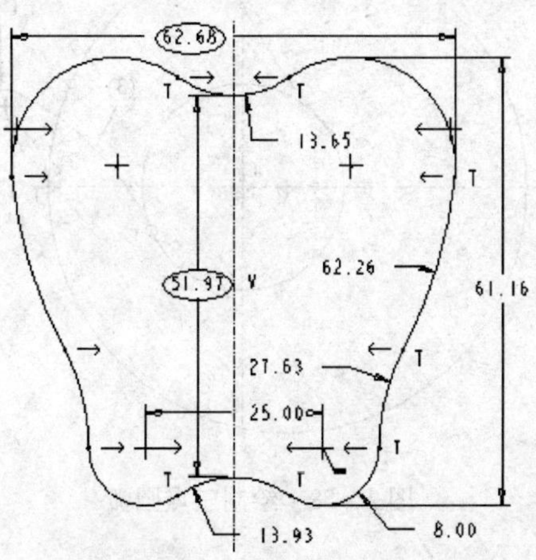

图2-54　标注尺寸

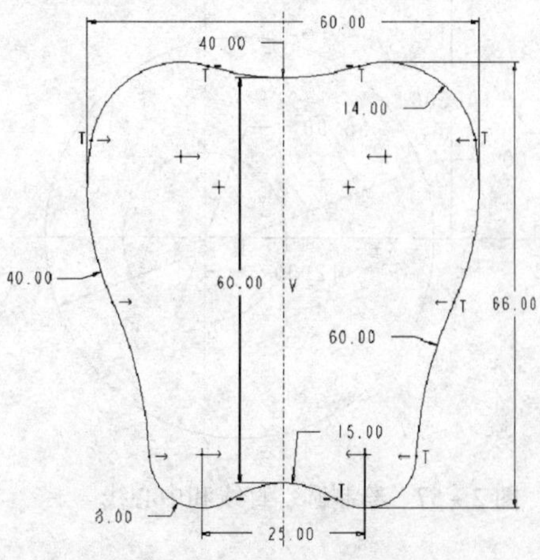

图2-55　完成的二维截面

2.6 实 例 五

此实例将完成图 2－56 所示二维截面的绘制。

步骤 1　新建草绘

以文件名“s2d－5”新建“草绘”，并进入草绘环境。

步骤 2　草绘线条

该图形外轮廓由多个互相相切的圆弧组成，约束比较复杂。绘制外形时宜从容易定位的弧和线着手，再绘制其余相关线条。由于图形较复杂，宜一边绘制一边更改尺寸值及添加约束。

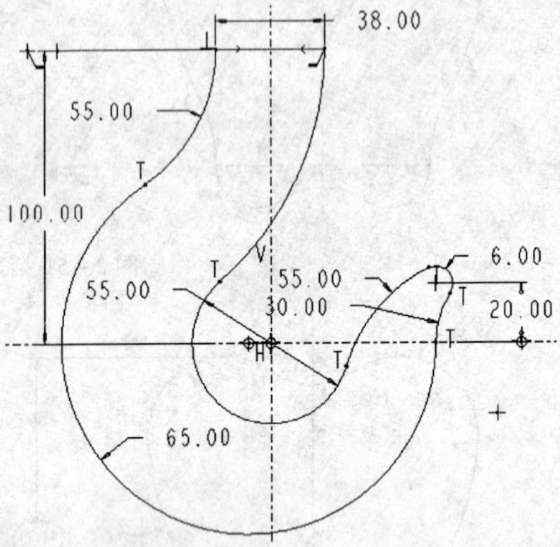

图 2－56　二维截面图纸

（1）单击按钮，绘制水平和竖直中心线；单击按钮，绘制两个圆；再用“绘制直线”命令绘制一条左右对称的水平线，标注图示尺寸并修改尺寸值，如图 2－57 所示。

（2）单击按钮隐藏尺寸。用三点圆弧命令，绘制图 2－58 所示的五段圆弧，这五段圆弧和相交的圆弧均为相切关系。如果没有自动捕捉到约束，也没有关系，稍后手动为其添加约束。

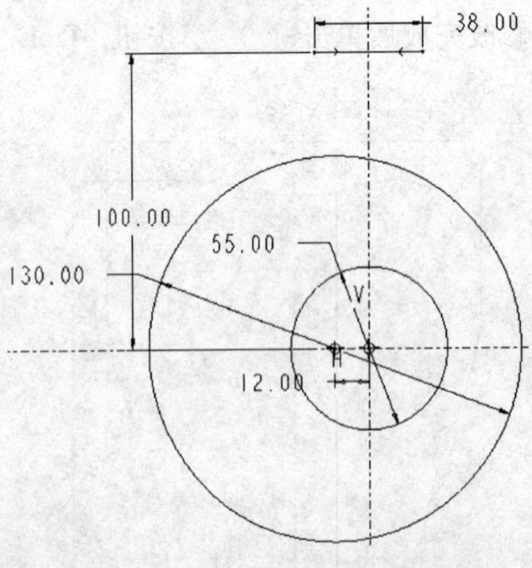

图 2－57　绘制圆、直线和中心线

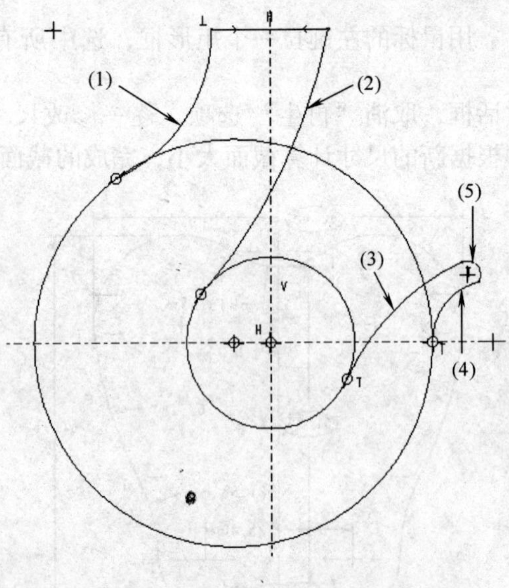

图 2－58　绘制三点圆弧

（3）单击按钮，快速删除多余的线段。一定要注意不可有残留，见图2－59。

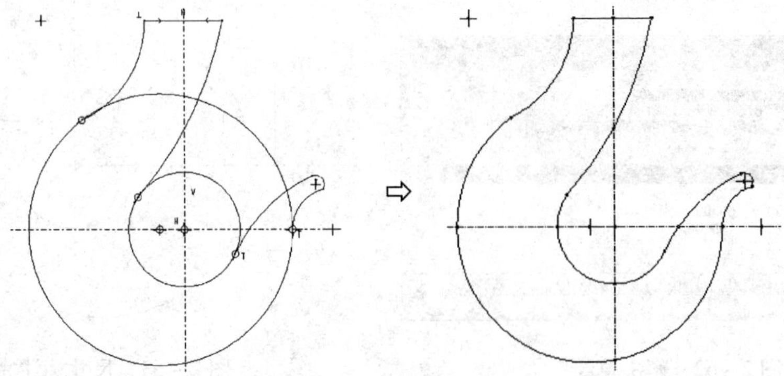

图2－59　删除线段

步骤3　添加约束

（1）约束图2－60所示直线和圆弧的“正交”约束，单击按钮添加约束，在弹出的对话框中单击按钮添加“正交”约束。依次选择图2－60所示的直线和圆弧，完成的约束见图2－60所示。

（2）为所有相交圆弧添加相切约束。

（3）再次单击显示尺寸。

步骤4　标注尺寸

标注图2－61所示圆弧的半径尺寸，这时由于有互相冲突的尺寸或者约束，出现图2－62所示的“解决草绘”对话框。解决的方法是：删除不需要的尺寸或约束；或者把某个冲突尺寸设置为“参照”尺寸。此例中删除值为12的尺寸，见图2－63。

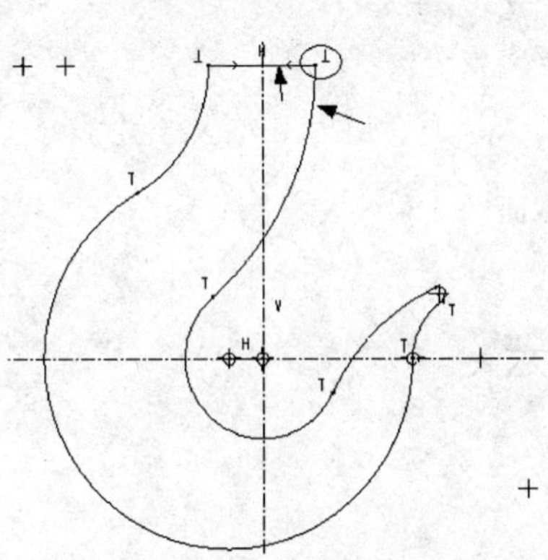

图2－60　添加相切约束

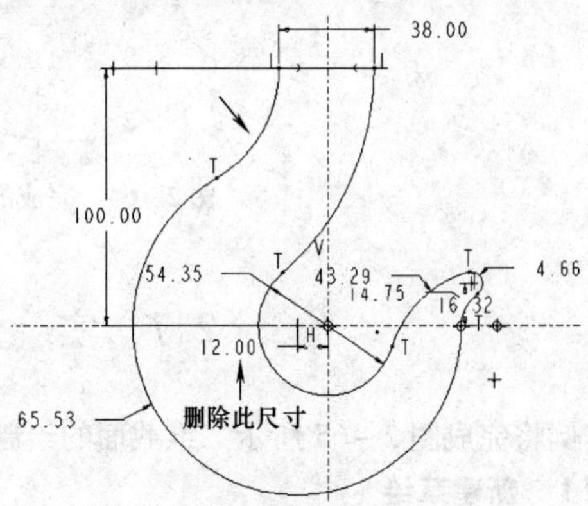

图2－61　约束冲突

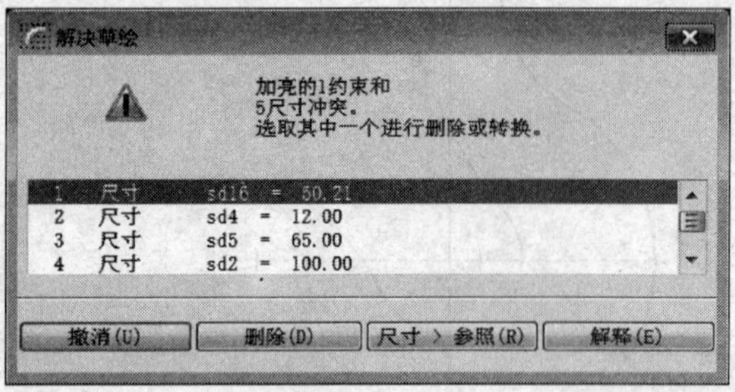

图 2－62　解决草绘

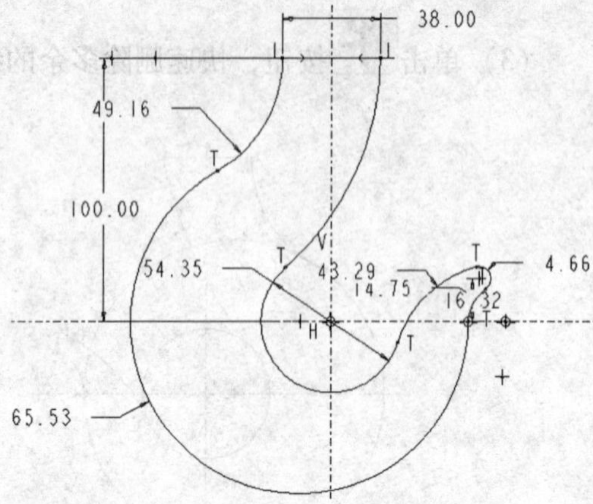

图 2－63　尺寸标注完成

步骤 5　修改尺寸值

用鼠标的左键拉一个矩形框，选中所有的尺寸，单击按钮，弹出“修改尺寸”对话框，取消“再生”选项，逐一修改尺寸值，修改完成后单击，ProE 立即根据新的尺寸计算截面大小，完成的截面见图 2－64。

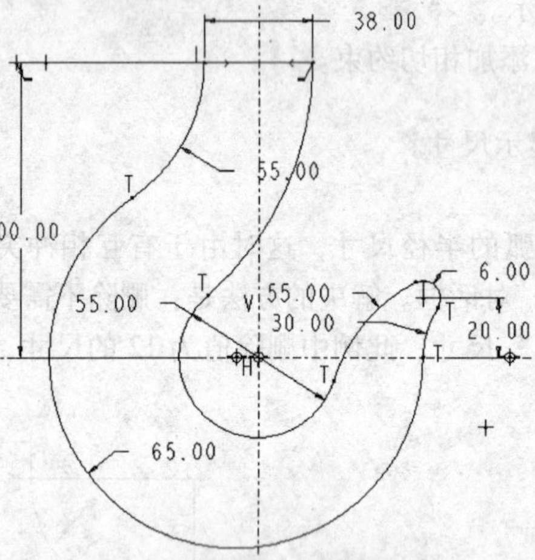

图 2－64　完成的二维截面

2.7　实　例　六

此实例将完成图 2－65 所示二维截面的绘制。

步骤 1　新建草绘

以文件名“s2d－6”新建“草绘”，并进入草绘环境。

步骤 2　草绘线条

该图形外轮廓由多个互相相切的圆弧和直线组成，约束比较复杂。绘制外形时宜从容易定位的弧和线着手，再绘制其余相关线条。由于图形较复杂，宜一边绘制一边更改尺寸值及添加约束。

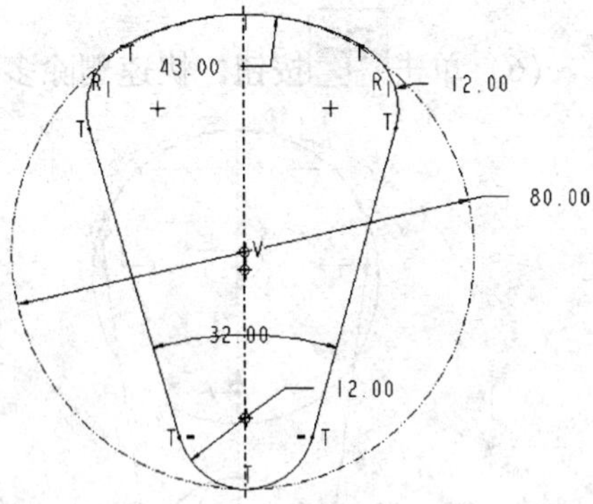

图2－65　二维截面图纸

（1）单击按钮，绘制竖直的中心线；单击按钮，绘制三个圆（三个圆的圆心均落于中心线上），见图2－66；选中最外的大圆，按右键弹出右键菜单，单击【构建】菜单将其转换为“构建圆”，如图2－67所示。

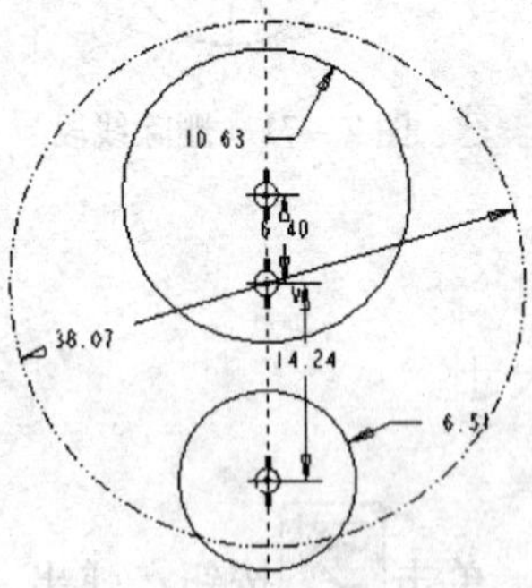

图2－66　绘制圆

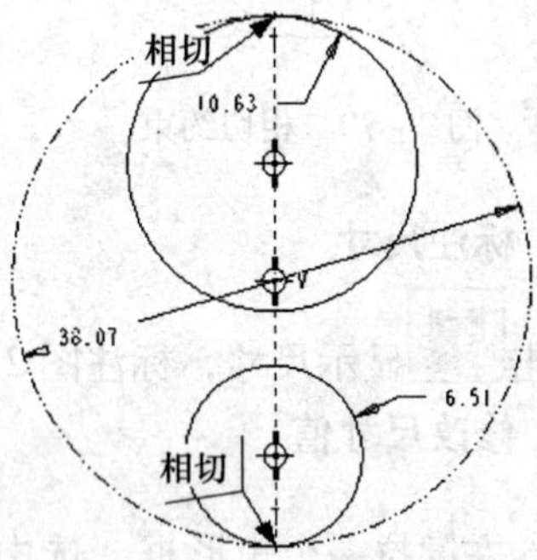

图2－67　转换为构建圆

提示：“构建”线条只是绘图的参考，不影响截面的形状。

（2）添加图2－67所示的相切约束。

（3）单击隐藏尺寸，单击隐藏尺寸，绘制图2－68所示直线并倒圆角。

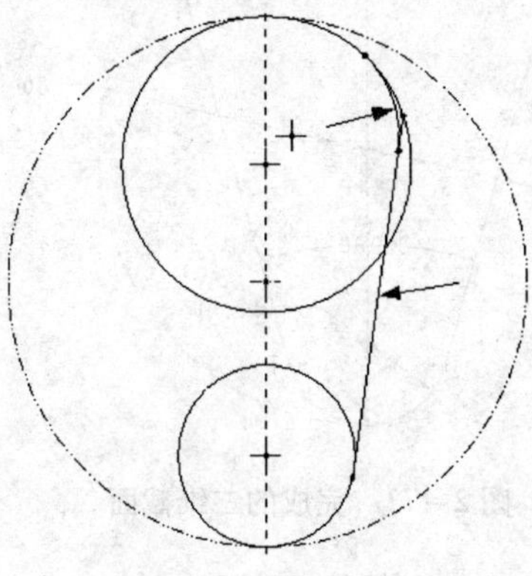

图2－68　倒圆角

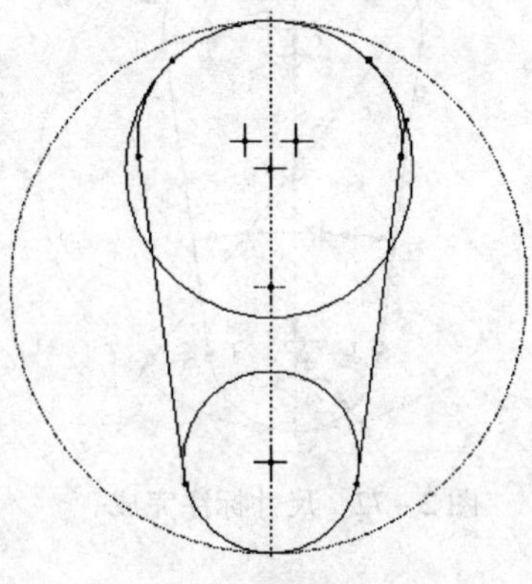

图2－69　镜像

（4）镜像图2－68所示的直线和圆角，结果见图2－69。

（5）单击显示约束，约束下面的圆弧与直线相切，见图2－70。

(6) 单击按钮，快速删除多余的线段。一定要注意不可有残留，见图 2 - 71。

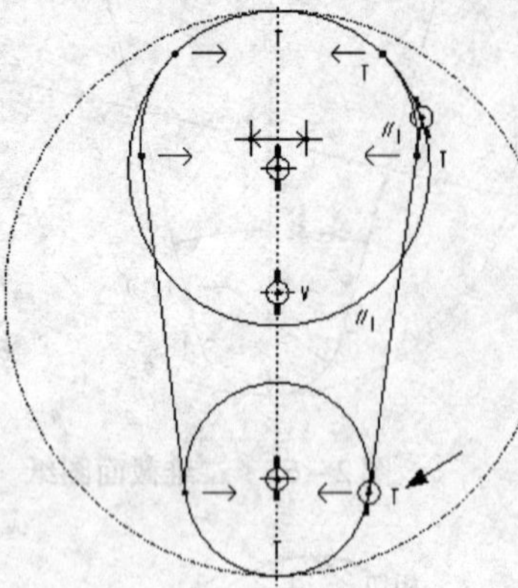

图 2 - 70　相切约束

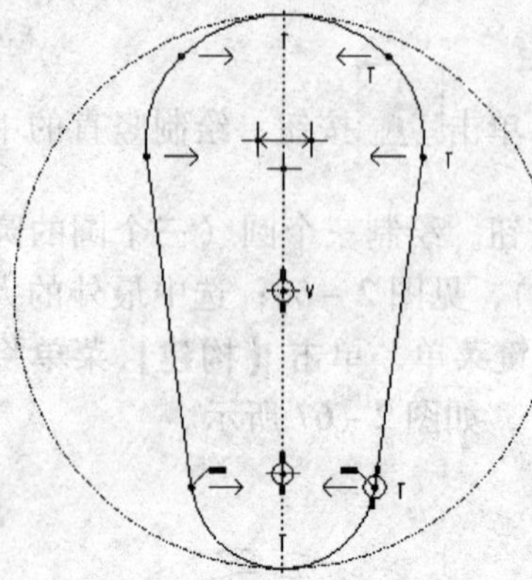

图 2 - 71　删除线段

步骤 3　标注尺寸

再次单击显示尺寸，标注图 2 - 72 所示的尺寸。

步骤 4　修改尺寸值

用鼠标的左键拉一个矩形框，选中所有的尺寸，单击按钮，弹出“修改尺寸”对话框，取消“再生”选项，逐一修改尺寸值，修改完成后单击，ProE 立即根据新的尺寸计算截面大小，完成的截面见图 2 - 73。

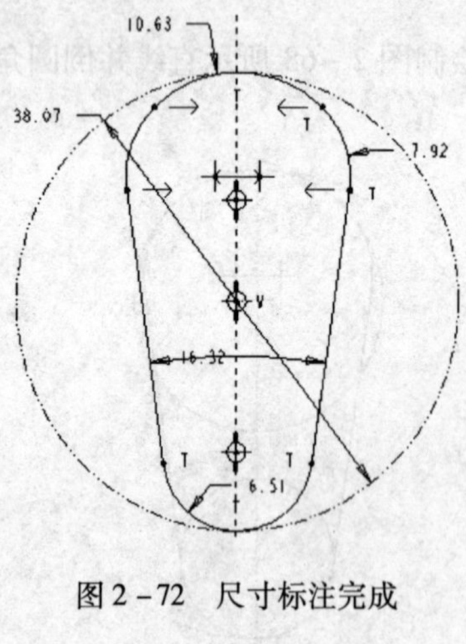

图 2 - 72　尺寸标注完成

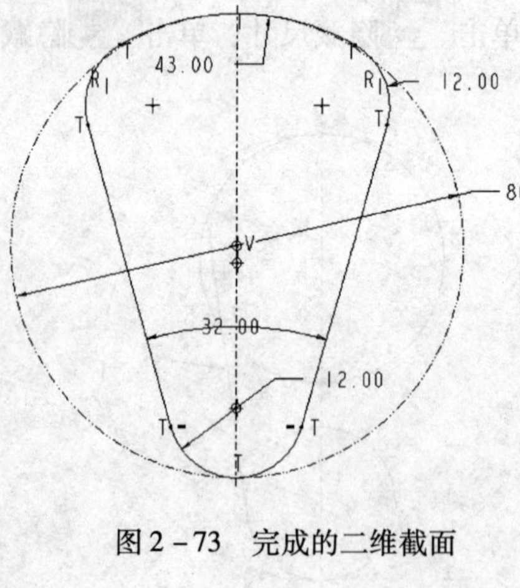

图 2 - 73　完成的二维截面

2.8　实　例　七

此实例将完成图 2 - 74 所示二维截面的绘制。

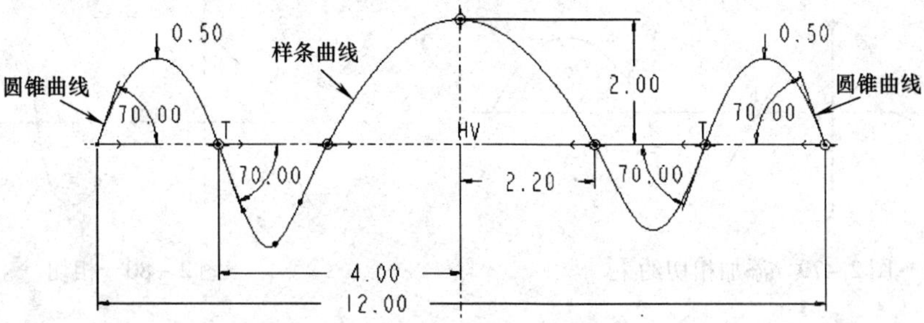

图 2-74　二维截面图纸

步骤 1　新建草绘

以文件名“s2d-7”新建“草绘”，并进入草绘环境。

步骤 2　草绘线条

该图形由一条样条曲线和两条圆锥曲线组成。本例涉及样条曲线和圆锥曲线的绘制，样条曲线和圆锥曲线的约束及尺寸标注。

（1）单击按钮，绘制水平和竖直中心线；单击按钮绘制样条曲线，点选图 2-75 所示的 7 个点。

（2）单击按钮隐藏尺寸。单击按钮绘制圆锥曲线，指定圆锥曲线的端点和线上一点。如图 2-76 所示。

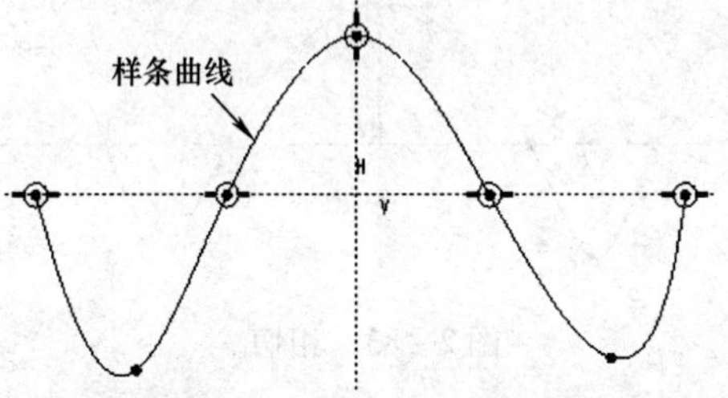

图 2-75　绘制样条曲线

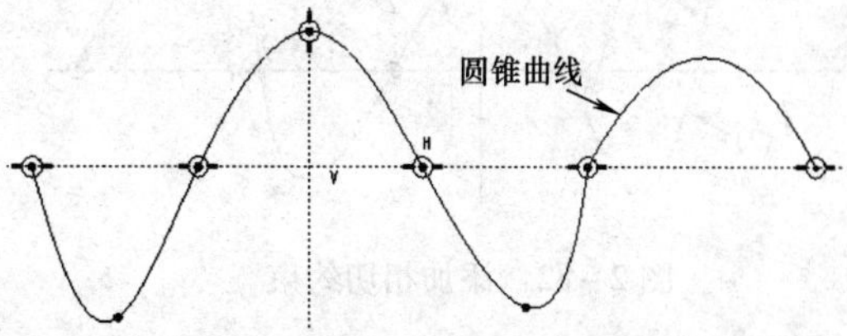

图 2-76　绘制圆锥曲线

（3）约束图 2-77 所示点的“对称”约束，单击按钮添加约束，在弹出的对话框中单击按钮添加“对称”约束。依次选择图 2-77 所示的点（1）、（2）及中心线；选择点（3）、（4）及中心线。完成的约束见图 2-78 所示。

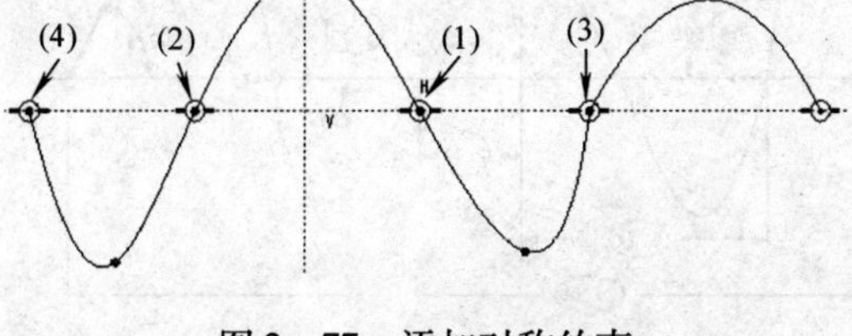

图 2-77　添加对称约束

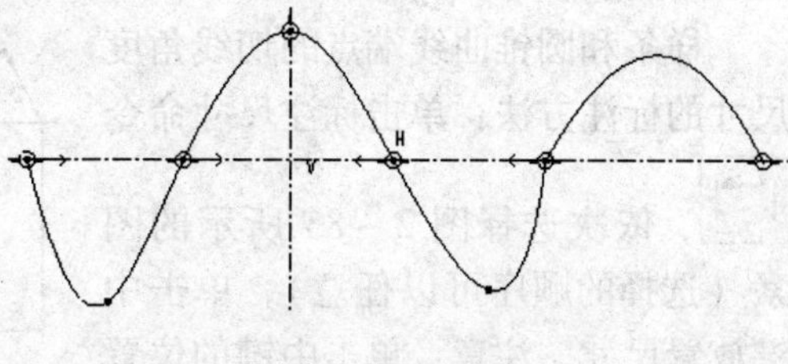

图 2-78　对称

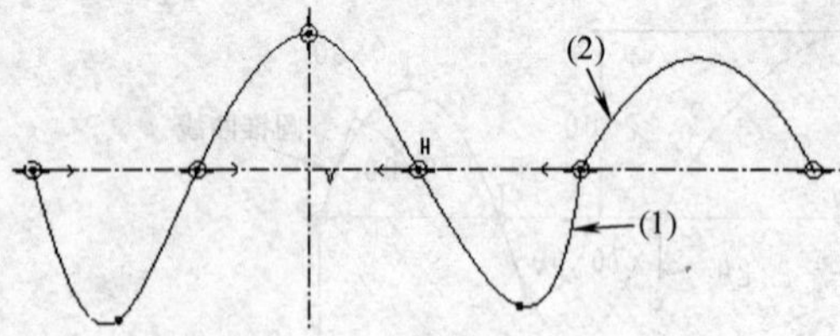

图 2－79　添加相切约束

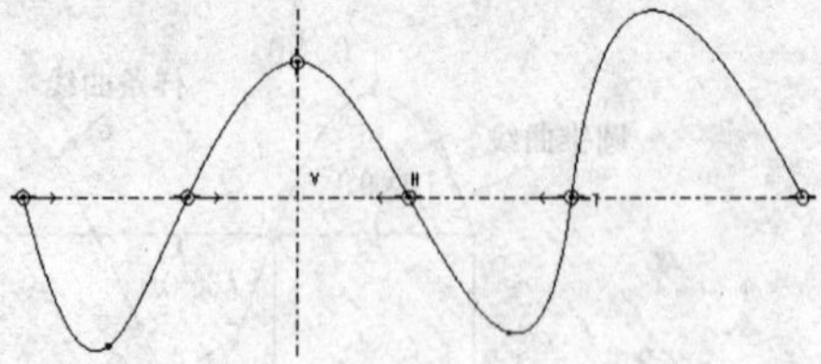

图 2－80　相切

（4）约束图 2－79 所示点的“相切”约束，单击按钮添加约束，在弹出的对话框中单击按钮添加“相切”约束。依次选择图 2－79 所示的线（1）及线（2），完成的约束见图 2－80 所示。

（5）关于竖直中心线镜像圆锥曲线，结果见图 2－81。

（6）约束图 2－82 所示点的“相切”约束，单击按钮添加约束，在弹出的对话框中单击按钮添加“相切”约束。依次选择图 2－82 所示的线（1）及线（2），完成的约束见图 2－83 所示。

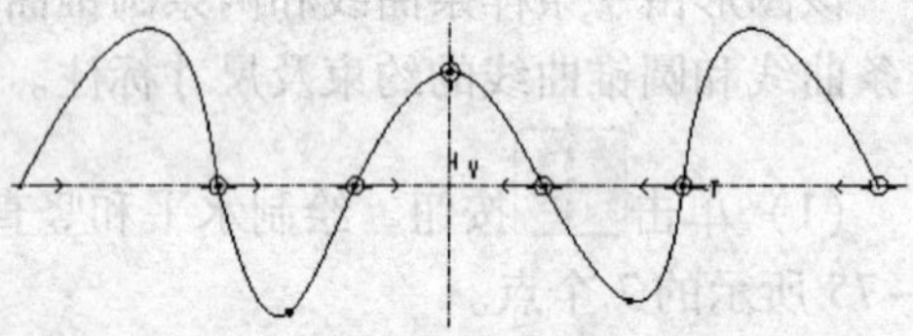

图 2－81　完成的二维截面

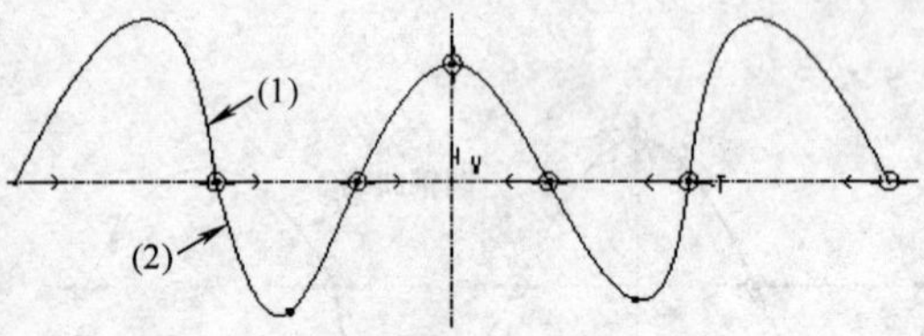

图 2－82　添加相切约束

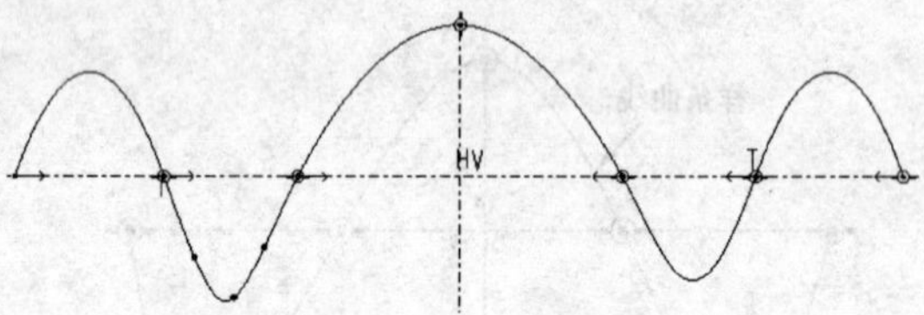

图 2－83　相切

（7）再次单击显示尺寸。

步骤 3　标注尺寸

（1）标注图 2－84 所示的四个距离尺寸。

（2）标注样条和圆锥曲线端点的切线角度尺寸，标注图 2－85 所示的五个角度尺寸。

样条和圆锥曲线端点的切线角度尺寸的标注方法：单击标注尺寸命令，依次选择图 2－85 所示的图素（选择的顺序可以任意），单击中键放置尺寸。注意：单击中键的位置和标注的角度有关，共有四种情况。

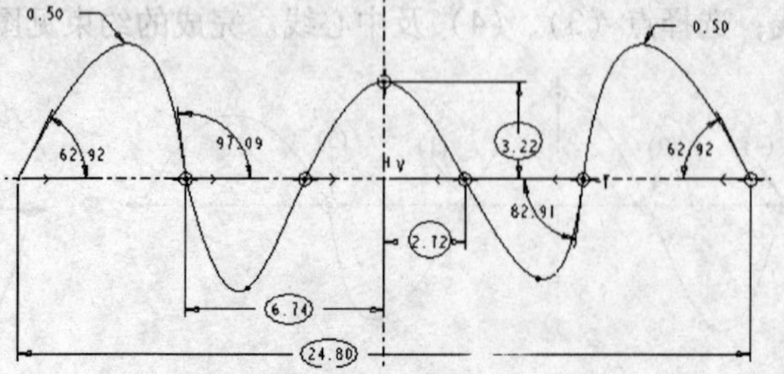

图 2－84　标注距离尺寸

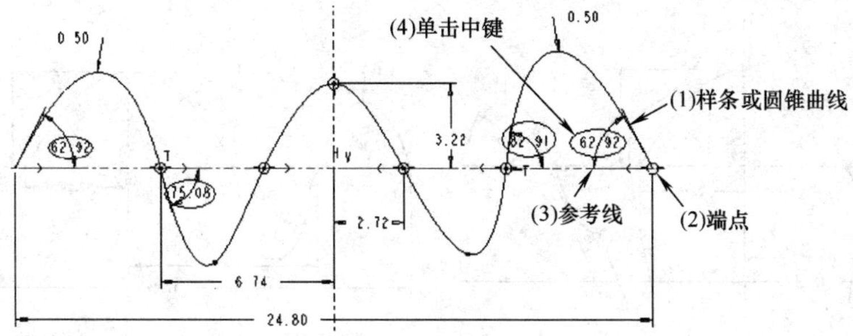

图2-85　标注角度尺寸

步骤4　修改尺寸值

用鼠标的左键拉一个矩形框，选中所有的尺寸，单击按钮，弹出“修改尺寸”对话框，取消“再生”选项，逐一修改尺寸值，修改完成后单击，ProE 立即根据新的尺寸计算截面大小，完成的截面见图2-86。

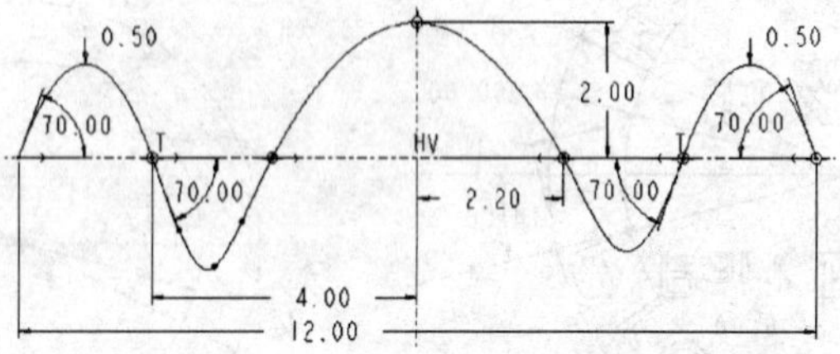

图2-86　完成的二维截面

步骤5　编辑样条曲线

（1）选中样条曲线，按着右键，选择“修改”菜单，进入样条曲线编辑工具，见图2-87。

（2）在图2-88 所示的三个位置，按着右键添加、删除插值点。

（3）拖动插值点的位置可以调整样条曲线的形状。

（4）单击按钮可以查看样条曲线的曲率分布，见图2-89。

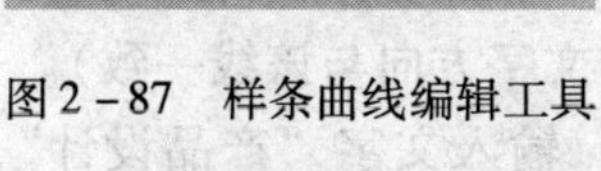

图2-87　样条曲线编辑工具

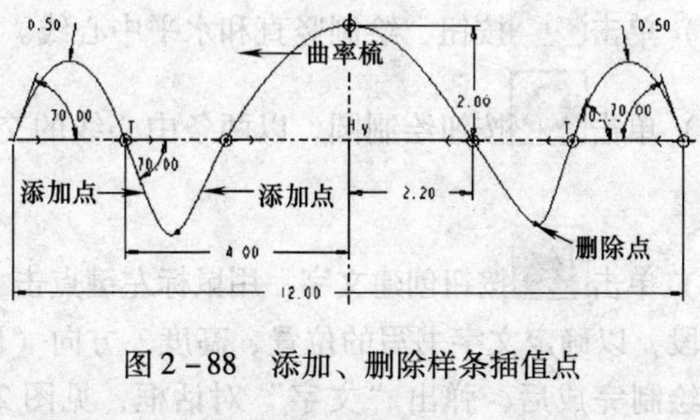

图2-88　添加、删除样条插值点

（5）单击完成样条曲线编辑，最终完成的图形见图2-90。

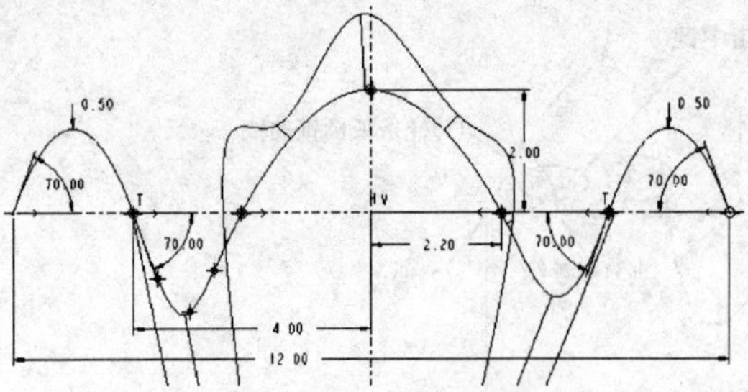

图 2 – 89　样条曲线的曲率分布

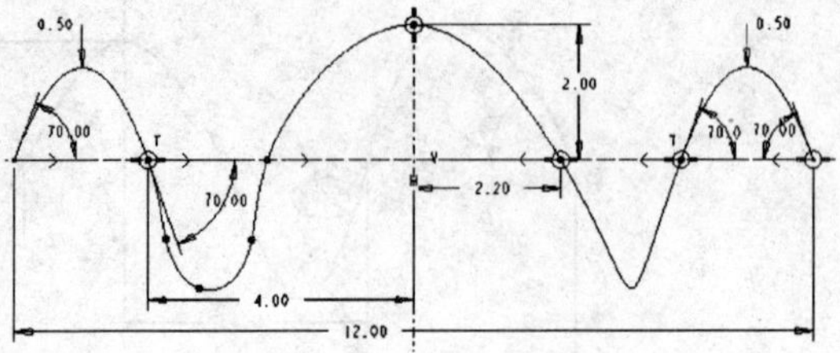

图 2 – 90　完成的截面

2.9　实　例　八

此实例主要讲解文字创建的各种方法，以图 2 – 91 所示文字的创建为例。

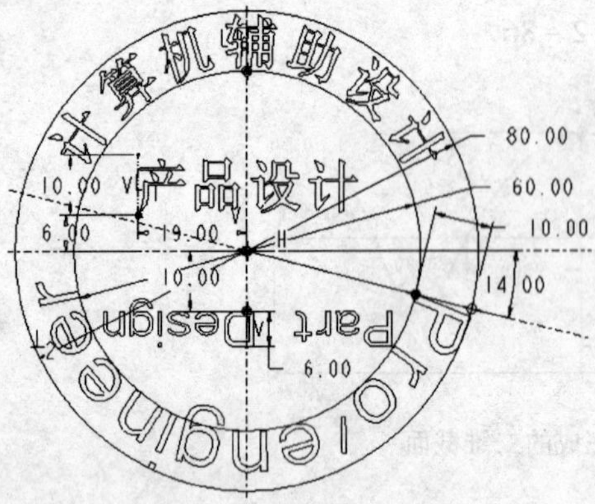

图 2 – 91　二维截面图纸

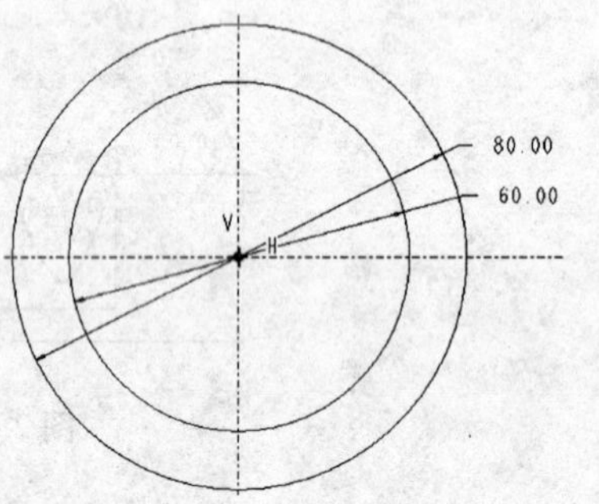

图 2 – 92　绘制圆

步骤 1　新建草绘

以文件名 “s2d – 8” 新建 “草绘”，并进入草绘环境。

步骤 2　草绘线条

该图形以两条中心线和两个圆作为参考线，绘制各种样式的文字。

（1）单击按钮，绘制竖直和水平中心线。

（2）单击按钮绘制圆，以两条中心线的交点为圆心绘制图 2 – 92 所示的两个同心圆。

（3）单击按钮创建文字，用鼠标左键点击（1）点、再点击（2）点绘制图 2 – 93 所示线段，以确定文字书写的位置、高度、方向（创建的文字方向与该线一致）。文字的方位线绘制完成后，弹出 “文字” 对话框，见图 2 – 94。输入文字 “产品设计”，单击 确定 关闭对话框，单击中键完成文字创建。

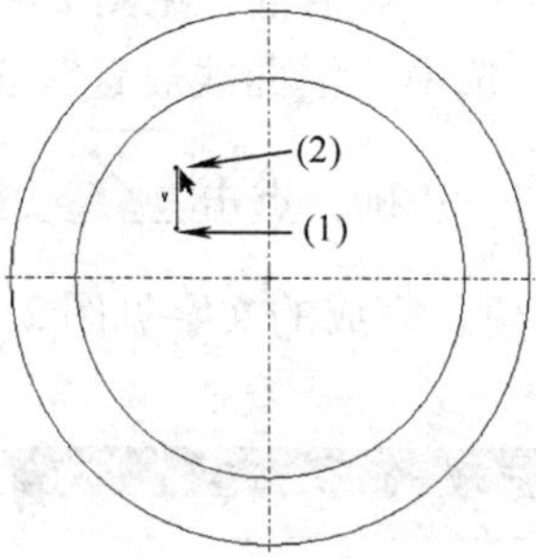

图2－93　确定文字的方位

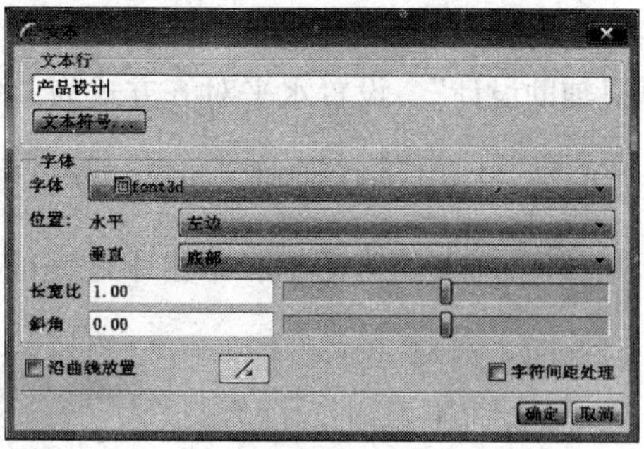

图2－94　“文字”对话框

（4）修改尺寸后见图2－95所示。

（5）单击按钮创建文字，用鼠标左键点击（1）点、再点击（2）点绘制图2－96所示的文字方位线。文字的方位线绘制完成后，弹出“文字”对话框，见图2－97。输入文字“Part Design”，设置水平对齐方式为“中心”，单击确定关闭对话框，单击中键完成文字创建。

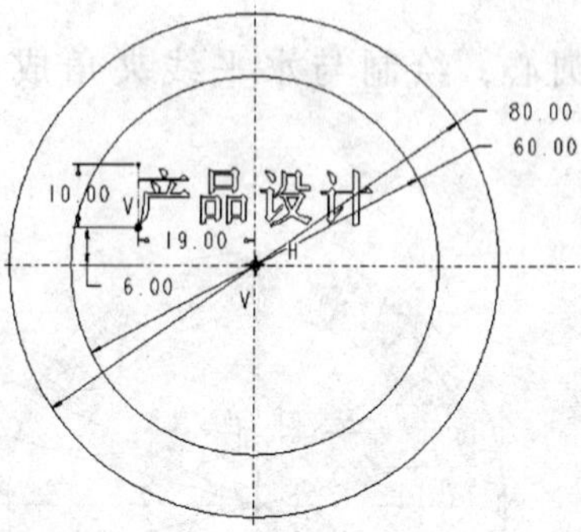

图2－95　修改尺寸

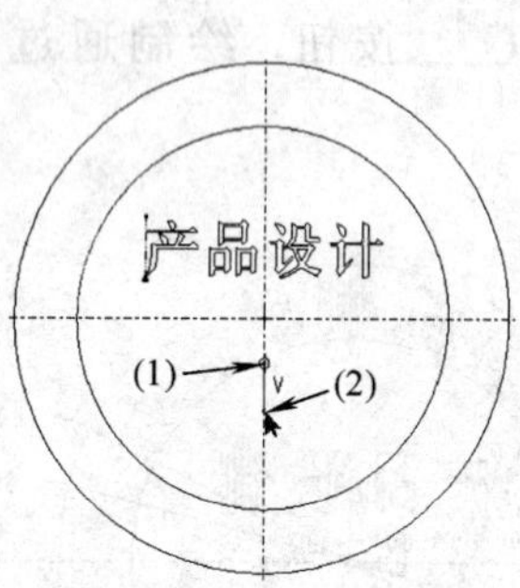

图2－96　确定文字的方位

（6）修改尺寸后如图2－98所示。

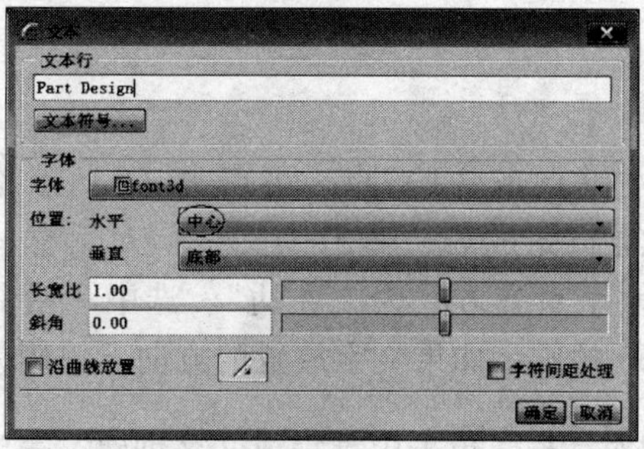

图2－97　“文字”对话框

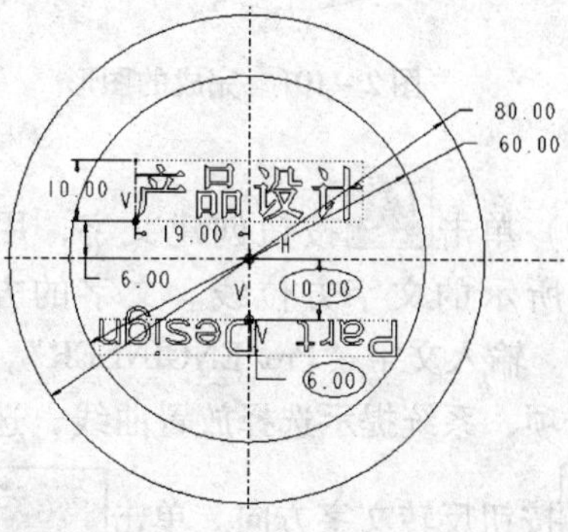

图2－98　修改尺寸

（7）单击按钮创建文字，用鼠标左键点击（1）点、再点击（2）点绘制图2－99

所示的文字方位线。文字的方位线绘制完成后，弹出“文字”对话框，见图 2－100。输入文字“计算机辅助设计”，设置水平对齐方式为“中心”。选中“沿曲线放置”选项，系统提示选择放置曲线，选择 $\Phi60$ 的圆，如果文字放置的方向不正确，点击按钮反转文字方向。单击确定关闭对话框，单击中键完成文字创建。完成的文字见图 2－101。

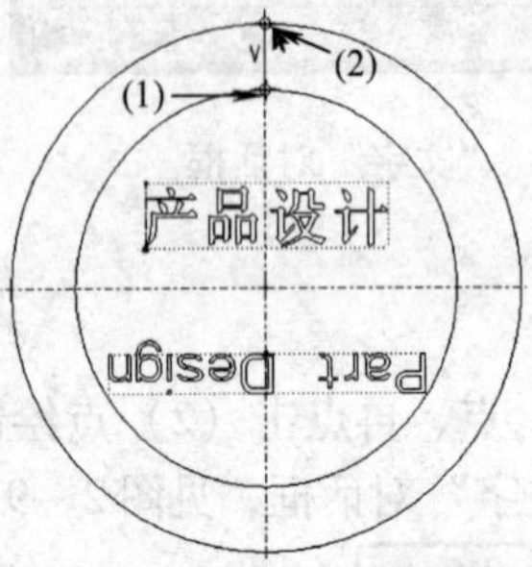

图 2－99 确定文字的方位

图 2－100 “文字”对话框

（8）单击按钮，绘制通过 $\Phi60$ 圆心，绘制与水平线夹角成 14°的线，见图 2－102。

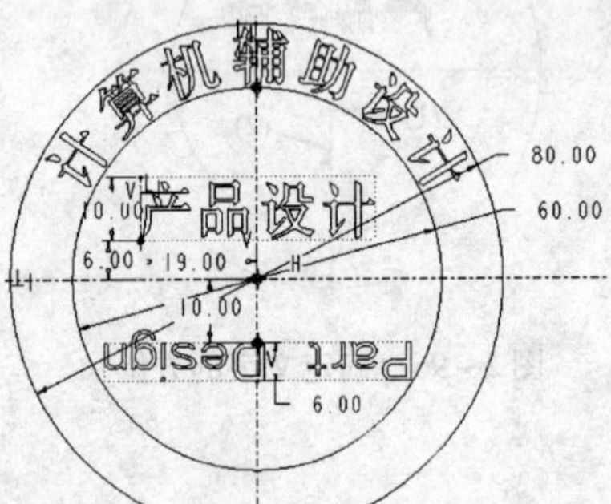

图 2－101 完成的图形

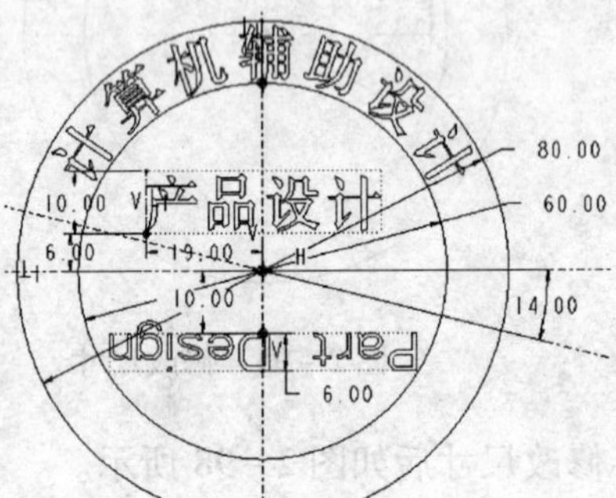

图 2－102 绘制中心线

（9）单击按钮创建文字，用鼠标左键点击（1）点、再点击（2）点绘制图 2－103 所示的文字方位线。文字的方位线绘制完成后，弹出“文字”对话框，见图 2－104。输入文字“Pro/ENGINEER”，设置水平对齐方式为“左边”。选中“沿曲线放置”选项，系统提示选择放置曲线，选择 $\Phi60$ 的圆，如果文字放置的方向不正确，点击按钮反转文字方向。单击确定关闭对话框，单击中键完成文字创建。完成的文字见图 2－105。

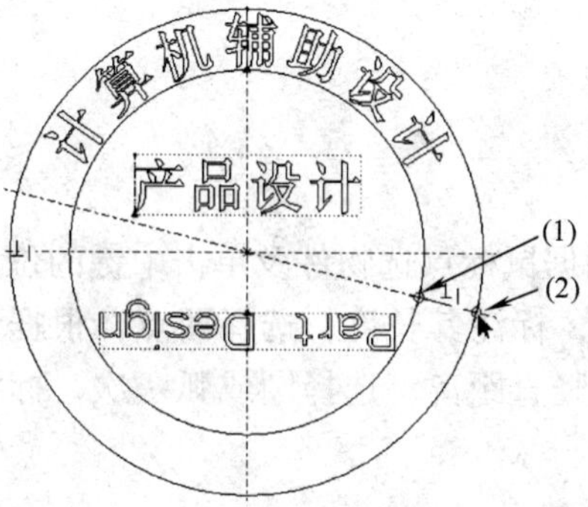

图 2－103　确定文字的方位

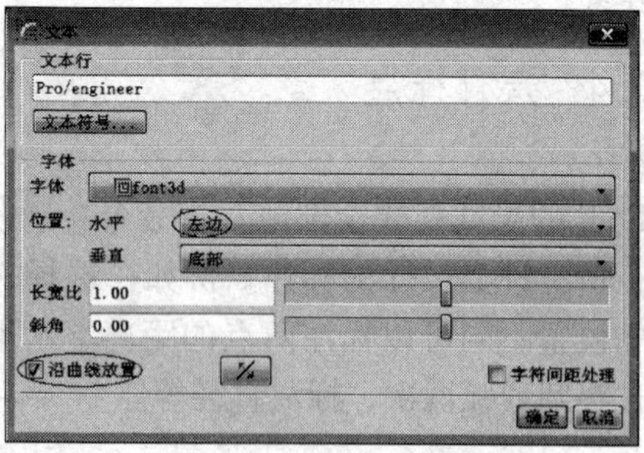

图 2－104　“文字”对话框

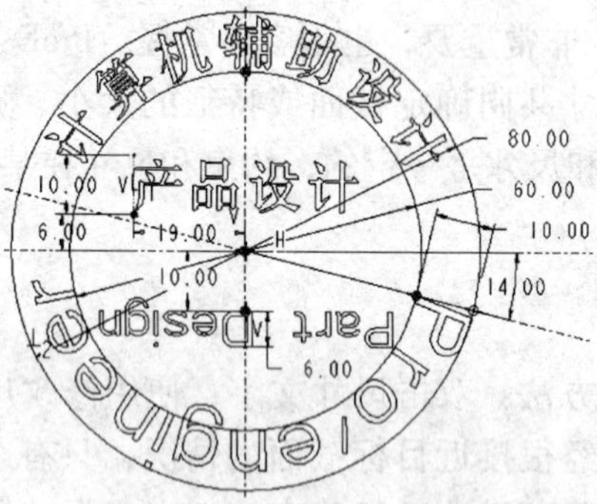

图 2－105　完成的图形

2.10　相关知识与命令总结

2.10.1　草绘

草绘是 ProE 中二维截面的统称，有徒手绘制的意思。在 ProE 中绘制二维截面只需按照形状大致绘制，再通过添加约束、修改尺寸确定其形状，不需要绘制时考虑线条的位置和尺寸，故称其为草绘。草绘是最先进的绘制二维截面的方式，既非常快捷又极其严谨，可以充分的发挥使用者的创造力。

2.10.2　镜像

使用 ProE 的镜像命令必须提供一条“中心线”作为镜像轴。镜像完成后 ProE 自动给关键点添加对称约束，并且接合所有可以合二为一的直线、圆弧、样条等。

2.10.3　移动、缩放和旋转

ProE 的移动、缩放和旋转命令，可以对选中的物体执行移动、缩放和旋转操作。但在 ProE 的草绘环境中不提供对二维截面进行阵列，要使用阵列功能，需要在零件设计

环境中。

2.10.4 尺寸标注

ProE 的尺寸标注全部由一个命令完成，根据鼠标点选物件及单击中键的位置不同进行所有种类尺寸的标注。例如：选择一条直线，标注其长度；选择两点，根据单击中键的位置不同可以标注两点的距离、水平距离、竖直距离；选择圆或弧一次，标注半径；选择圆或弧两次，标注直径等。

2.10.5 几何约束

几何约束在 ProE 中非常重要，也很容易掌握。ProE 共提供了 9 种约束方法，可以根据需要选用。约束和尺寸共同确定截面或特征的大小、形状和位置。对于一个确定的二维截面，所需要的约束和尺寸是一定的，约束和尺寸在某些情况下可以互相替代。

2.10.6 修改尺寸值

修改尺寸值有两种方法：双击尺寸文字；使用修改尺寸值命令。前一种方法适用于截面形状、大小已经很接近目标截面的情况，只有个别尺寸需要修改；后一种方法适用于有现成的图纸、截面尺寸已经确定、有大量尺寸需要修改的情况。对于简单的截面可以草绘完成后修改尺寸值；复杂的截面适宜一边绘制一边修改尺寸值。

2.10.7 出现多余尺寸的解决方法

很多时候，一个截面绘制完成了，该标注的尺寸都有了，该添加的约束似乎也有了，但是仍旧有一些灰色的尺寸（弱尺寸）存在。对于这种情况一般都是以下原因造成的：可能有一些图纸默认的约束没有添加；可能是应该重合的端点没有重合。可以通过适当修改该尺寸值，观察截面形状和线条的变化来判断。找到原因后，只需要添加相应的约束即可。如果是端点不重合，也可以用拐角命令重新裁剪。

2.10.8 标注尺寸或添加约束出现冲突的解决方法

在标注尺寸或添加约束时，有时会出现图 2－106 所示的“解决草绘”对话框，这是因为相关的线条出现了过约束（有多余的尺寸或约束）。出现这种情况，有以下解决方案：如果所标注的尺寸或约束可以没有，可以点击“撤消”按钮或将其转换为“参照”尺寸进一步观察；如果所标注的尺寸或约束必须存在，可以选中其他的不重要尺寸或约束，将其删除。

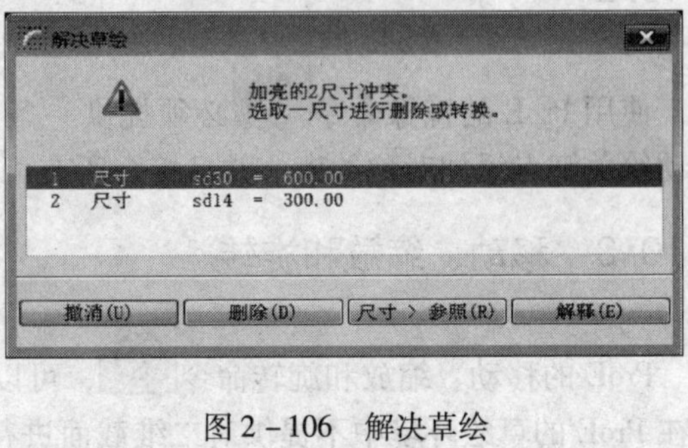

图 2－106 解决草绘

2.10.9　封闭环检查

ProE 的二维截面大多要求构成封闭环，但是在绘图过程中由于一些意外的原因往往难如人愿。一般有两种情况会造成草图不封闭：有开放的端点；有重合的线条。ProE 4.0 提供三个命令帮助我们检查截面是否封闭，见图 2－107。

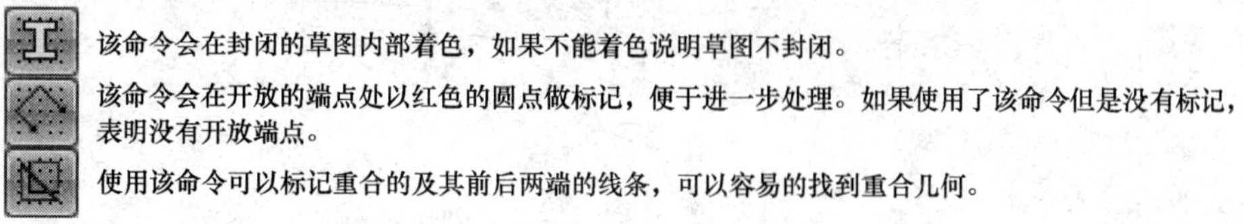

图 2－107　封闭环检查

2.11　练　　习

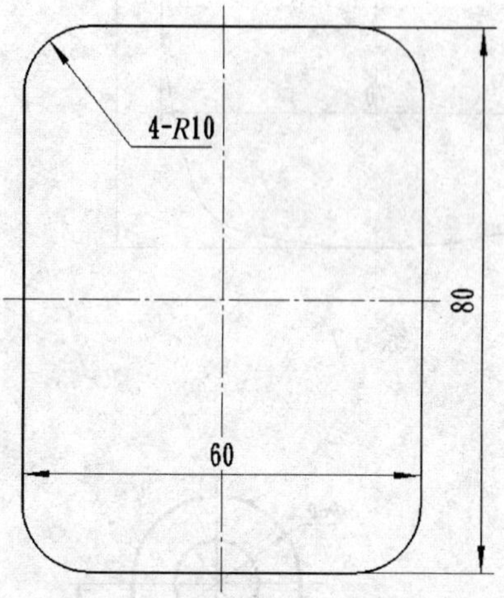

练习 1

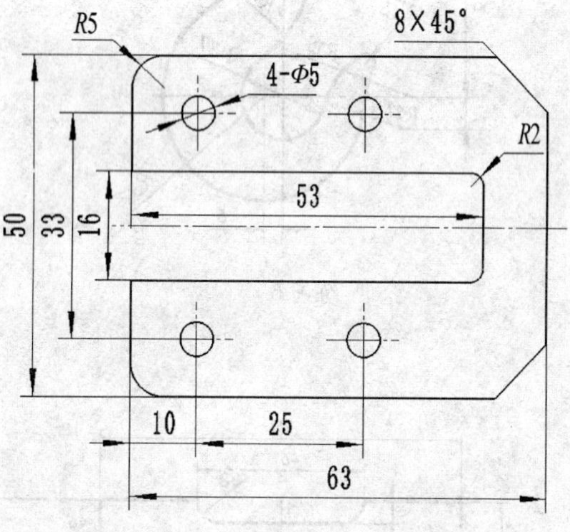

练习 2

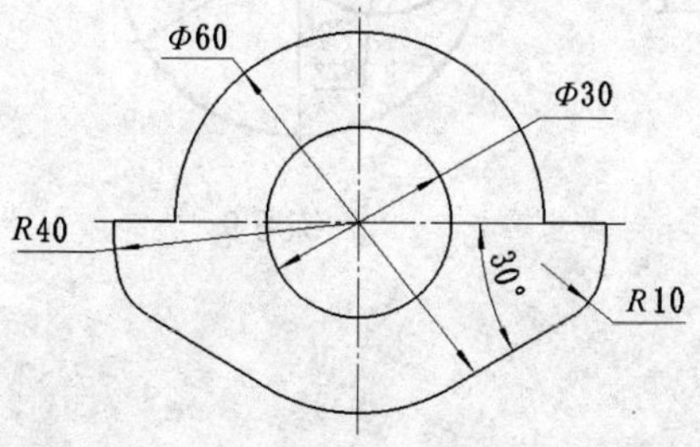

练习 3

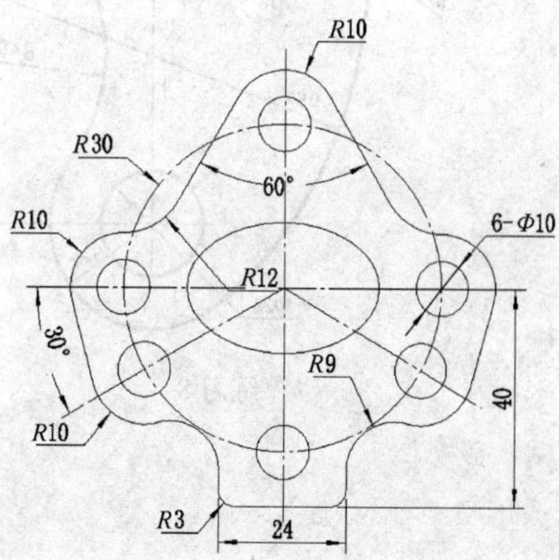

练习 4

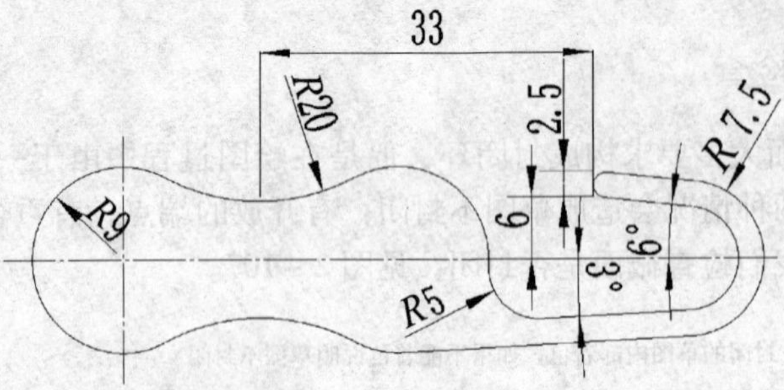

练习 5

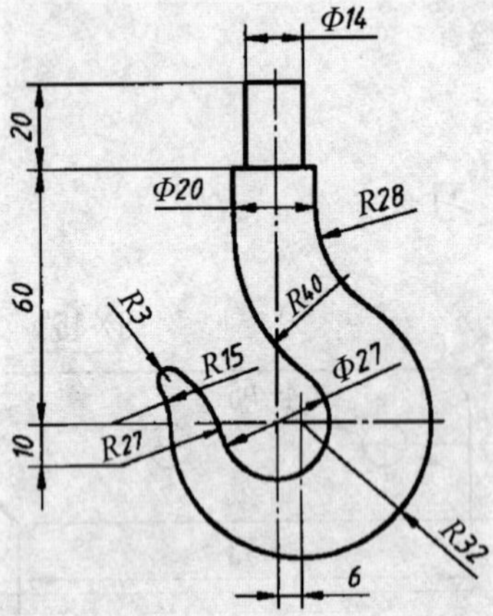

练习 6

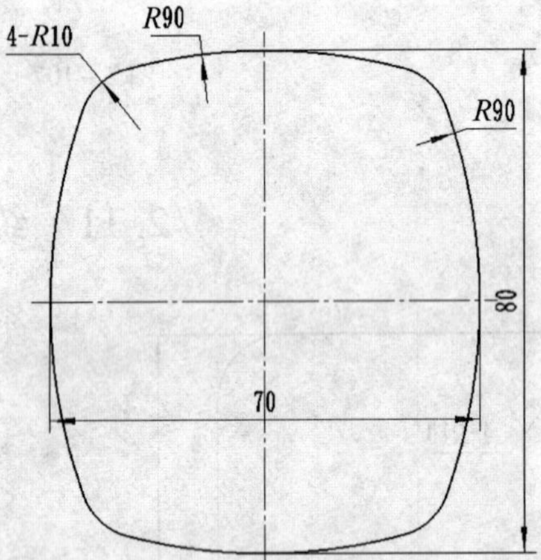

练习 7

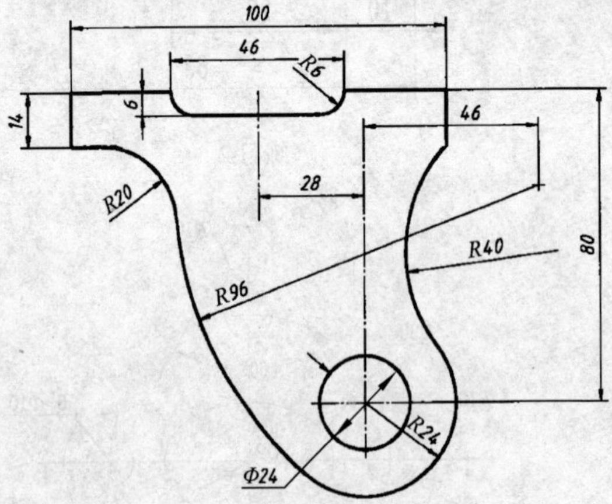

练习 8

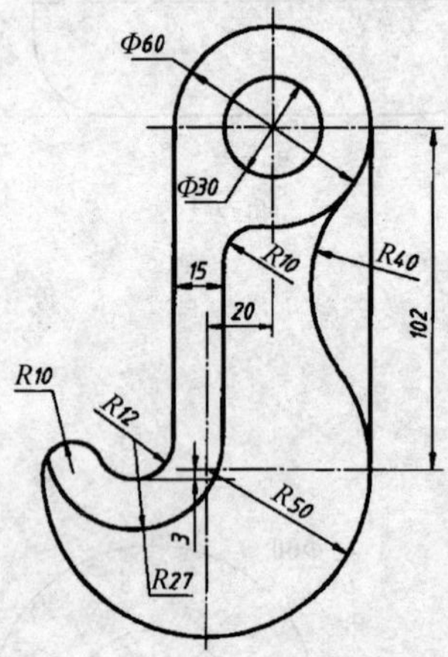

练习 9

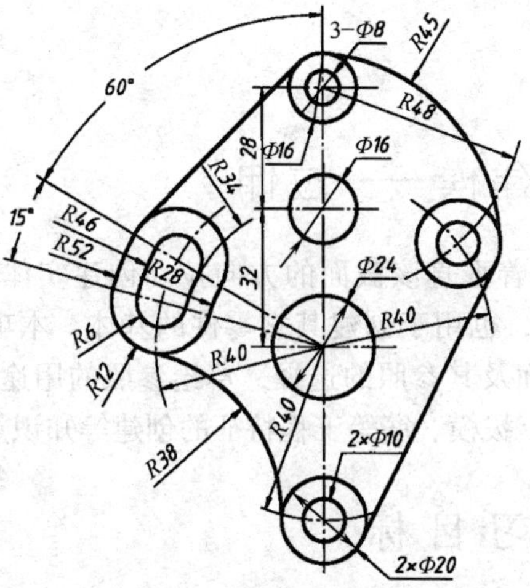

练习 10

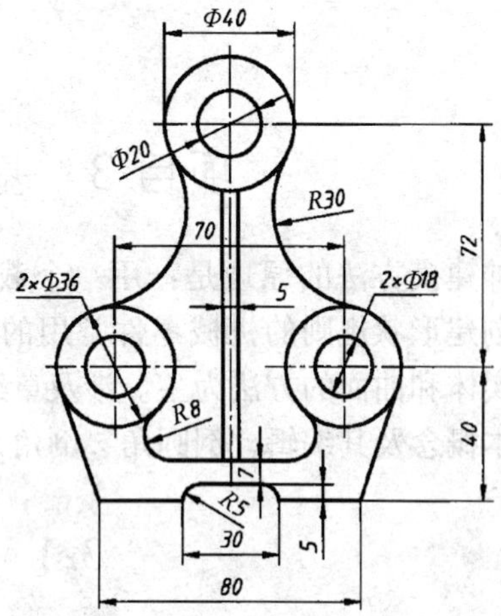

练习 11

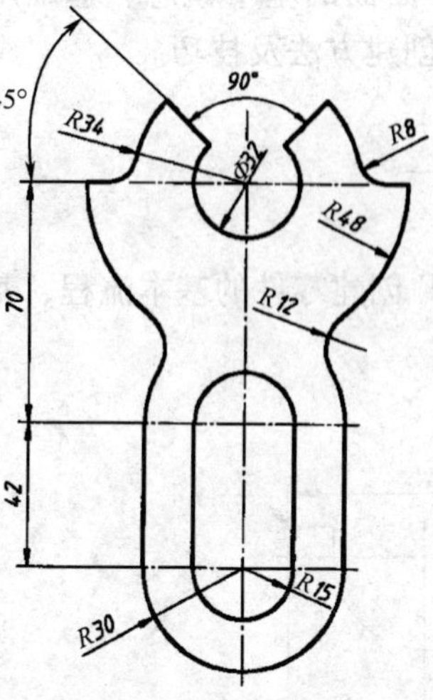

练习 12

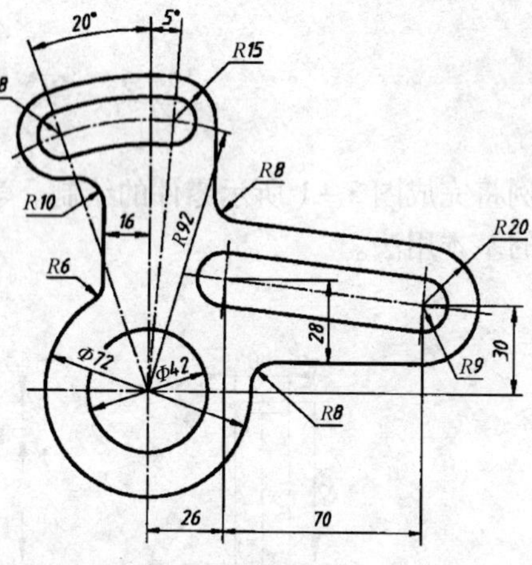

练习 13

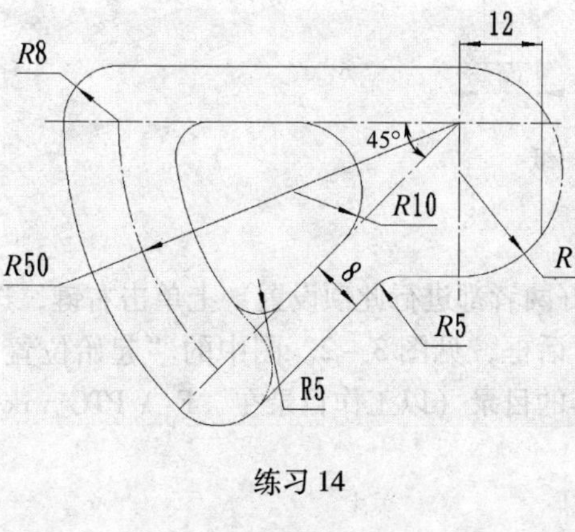

练习 14

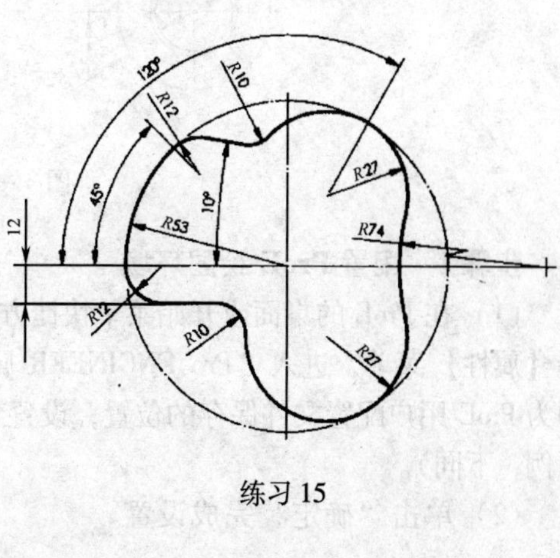

练习 15

项目3 基础建模——拉伸

拉伸建模方法的原理是：用一个截面沿着垂直该截面的方向拉动创建实体或曲面。拉伸是创建形状规则的机械零件常用的方法，也用于创建其它零件的基体。本项目以拉伸创建实体和曲面的方法为主。涉及草绘平面及其参照的选择，草绘参照的用途及选取，曲面基本概念及其编辑，倒圆角、倒角、孔、拔模、筋等工程特征的创建等知识点。

3.1 学习目标

掌握 ProE 拉伸增加材料、切减材料和创建曲面的各种方法。掌握拉伸的草绘平面及其参照的选择，拉伸草图的要求及其参照；掌握拉伸曲面的基本概念、基础用法及其编辑；掌握倒圆角、倒角、孔、拔模、筋等工程特征的创建方法及技巧。

3.2 实 例 一

此实例将完成图 3－1 所示零件的绘制。学习 ProE 创建零件的基本流程、基本概念及拉伸工具的基本用法。

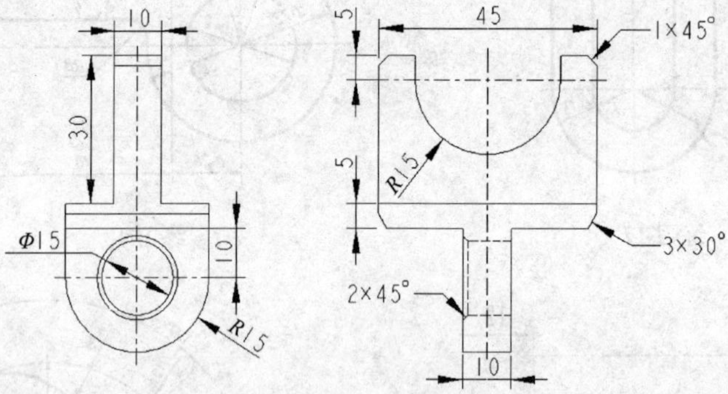

图 3－1 零件图纸

步骤 1 配置 ProE 绘图环境

（1）在 ProE 的桌面或开始菜单快捷方式（最好两者都进行此项设置）上单击右键，选择【属性】菜单，进入“Pro ENGINEER 属性”对话框，见图 3－2。图中的“起始位置”即为 ProE 用户配置文件保存的位置，设置到你安排的目录（以工作目录在“F:\ PTC_wrk”为例，下同）。

（2）单击“确定”完成设置。

图3-2　Pro ENGINEER 属性对话框

图3-3　系统颜色对话框

(3) 开启 Pro ENGINEER，选择【视图】⇨【显示设置】⇨【系统颜色】菜单，打开“系统颜色”对话框，见图3-3。在该对话框，单击【布置】⇨【使用 Pre Wildfire 方案】菜单，启用蓝色配色方案。

(4) 在“系统颜色”对话框，单击【文件】⇨【保存】菜单，保存配色文件到“起始位置”目录，文件名“syscol. scl”。配合下面的“config. pro”文件中的配置项，以后可以自动启用该配色方案。

(5) 选择【工具】⇨【选项】菜单，进入“选项”对话框（图示的对话框已经设置好了配置项，如果之前没有进行过配置，该对话框一片空白），见图3-4。

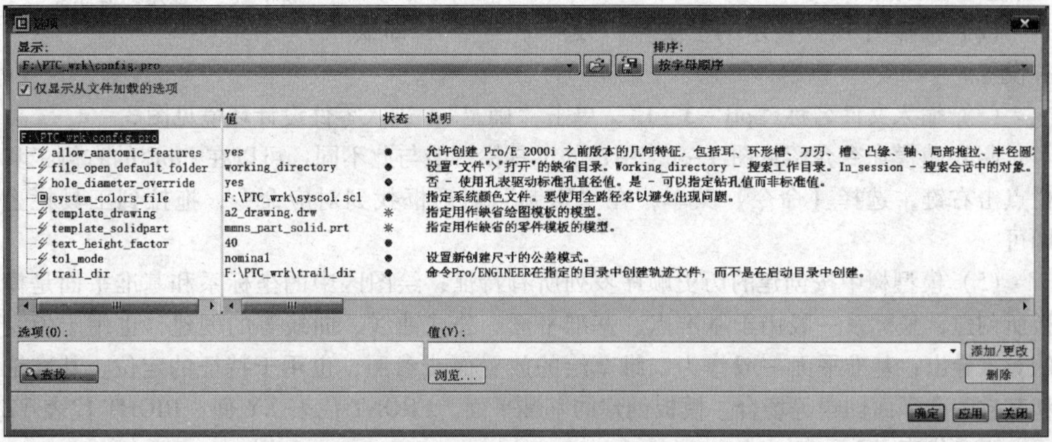

图3-4　选项对话框

(6) 在“选项”对话框的“选项”输入框中输入配置项名称，在“值”输入框中输入配置值，单击 添加/更改 添加该配置项。表3-1是常用的配置项，务请设置。

表 3－1　　　　　　　　　　　　**常用配置项**

配置项名称	配置值	说明
tol_mode	nominal	尺寸的保存方式——基本尺寸；缺省值为极限尺寸
template_solidpart	mmns_part_solid. prt	零件设计的模板
trail_dir	F：\ PTC_wrk \ trail_dir	trail 文件的保存路径
template_drawing	a2_drawing. drw	工程图设计的模板
system_colors_file	F：\ PTC_wrk \ syscol. scl	系统的配色文件路径
hole_diameter_override	yes	可以自由指定孔的尺寸而非局限于孔系列
file_open_default_folder	working_directory	打开文件的缺省路径为工作目录（即开始位置）
text_height_factor	40	绘图区显示文本（特征名称、尺寸、注释等）的高度因子

（7）输入完成后，单击保存按钮，保存配置文件。保存该文件到“起始位置”目录，命名文件为“config. pro”。以后 ProE 启动时，自动到“起始位置”目录，寻找“config. pro”文件，并启用其中的配置项目。单击“确定”关闭对话框。

注意：保存“config. pro”文件的路径和文件名不能有误。

步骤 2　新建零件

（1）单击【文件】⇨【新建】，或单击按钮，进入“新建”对话框。

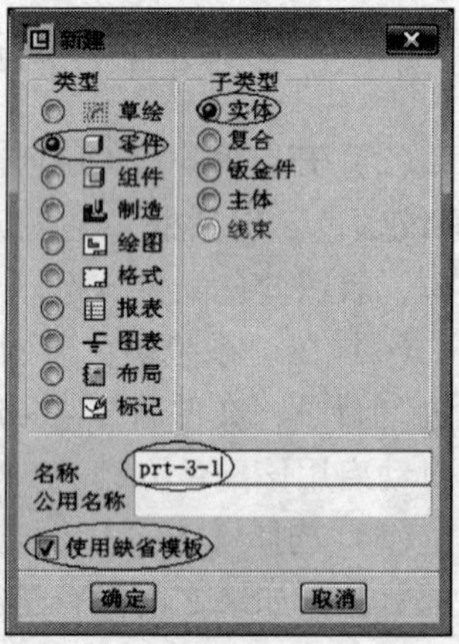

图 3－5　“新建”对话框

（2）选择图 3－5 所示的“类型”及“子类型”，即缺省设置。

（3）输入文件名称“prt－3－1”，单击“确定”，进入零件设计环境见图 3－6。

（4）建模命令介绍见图 3－7，用户的工具栏可能与此不同，可以在 ProE 的右侧工具栏点击右键，选择【命令】菜单，在“定制”对话框找到对应命令，拖拉到工具栏上即可。

（5）模型树中按创建的历史顺序罗列所有特征；绘图区中的坐标系和基准平面是模板所创建，坐标系一般用于基准点、基准平面、公式曲线、曲线等的创建，也用于模型的导入导出；基准平面一般作为二维草绘的放置面或参照，也用于特征的定位、基准轴和其它基准平面创建等场合。模板创建的基准平面，FRONT 代表 XY 面，RIGHT 代表 YZ 面，TOP 代表 XZ 面。

步骤 3　创建第一个拉伸特征

该零件可以通过两次拉伸增加材料，一次拉伸切除材料完成。

（1）单击按钮，出现图 3－8 所示的“拉伸”操控板。

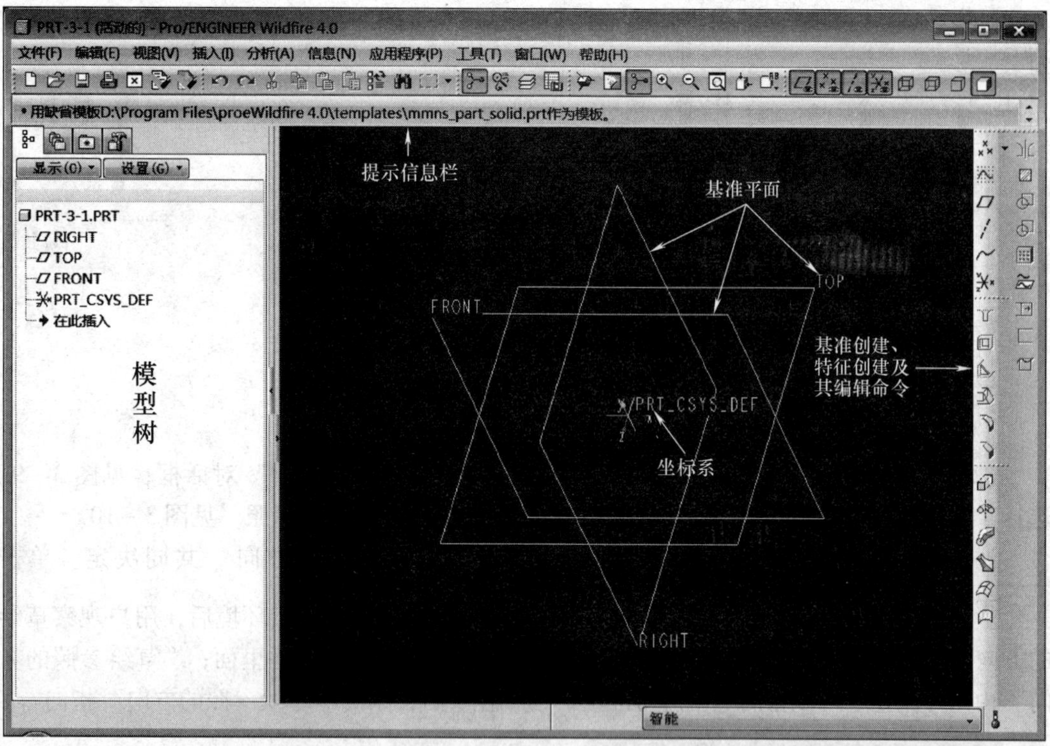

图3－6　零件设计环境

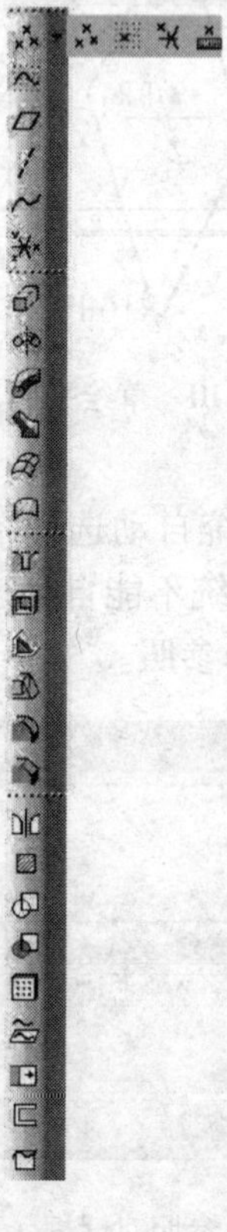

利用参照创建基准点、草绘点、创建坐标点、创建几何上的点
草绘二维截面
创建基准平面
创建基准轴
创建曲线
创建坐标系
拉伸
旋转
扫描混合
可变截面扫描
边界混合曲面
造型曲面
创建孔
抽壳
创建筋板
创建拔模斜度
倒圆角
倒斜角
镜像几何、特征
创建平整曲面
曲面合并
几何、曲面修剪
特征、特征组阵列
曲线投影到面上
延伸曲面边界
加厚曲面为实体
将曲面实体化的工具

图3－7　建模命令

图 3－8　拉伸操控板

【放置】——定义、编辑拉伸截面

【选项】——控制拉伸长度

【属性】——定义该特征的名称

（2）单击【放置】菜单，点击[定义...]按钮，弹出“草绘”对话框，见图 3－9。选择 TOP 作为草绘平面，系统自动选择 RIGHT 作为向“右”的参照，见图 3－10。

注：草绘的方向由“查看草绘的方向”和“草绘参照的方向”共同决定。单击[反向]按钮可以反转“查看草绘的方向”，该方向指的是进入草绘环境后，用户观察草绘的方向，即用户视线的方向，进入草绘环境后该箭头指向电脑屏幕里面；“草绘参照的方向”由用户指定，可以指向电脑屏幕的上、下、左、右，本例“草绘参照的方向”指向右。

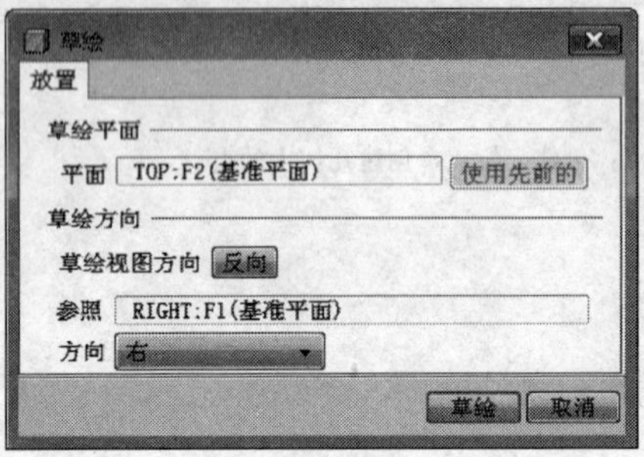

图 3－9　草绘对话框

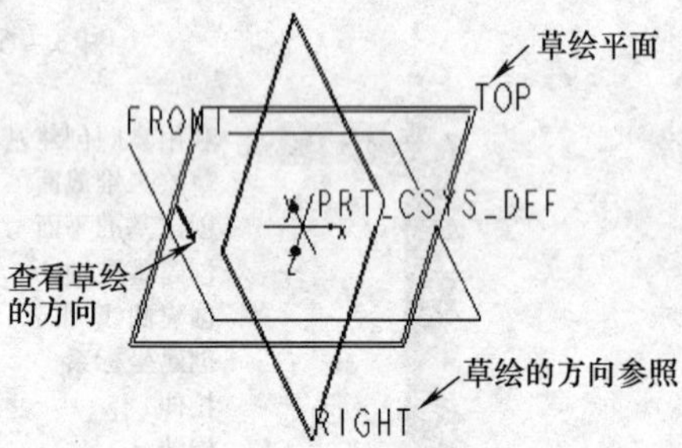

图 3－10　草绘平面选取

（3）单击[草绘]按钮或单击中键激活草绘环境，系统自动选择图 3－11 所示的 RIGHT 和 FRONT 基准平面作为绘制二维截面的参照。如果系统不能自动选择绘制二维截面的参照，则弹出图 3－12 所示的对话框，需要用户自行选择参照。

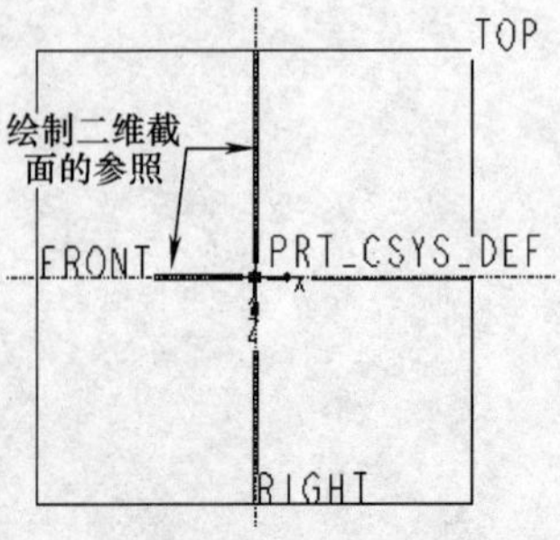

图 3－11　绘制截面的参照

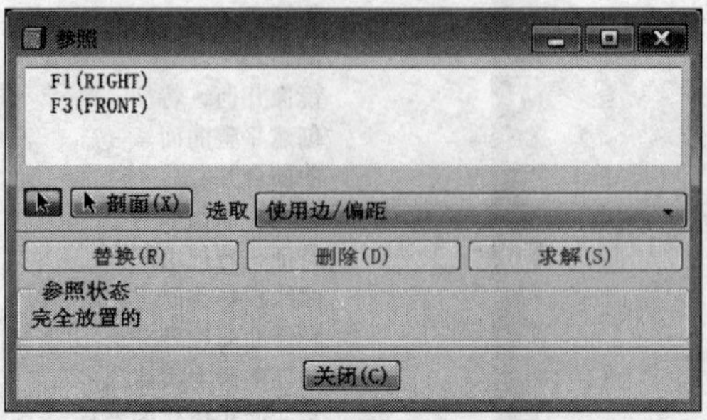

图 3－12　参照对话框

（4）绘制图 3－13 所示的截面，ProE 自动标注必要的尺寸，单击和按钮隐藏基准平面和坐标系。

（5）单击按钮标注图 3－14 所示的尺寸，并修改尺寸值。

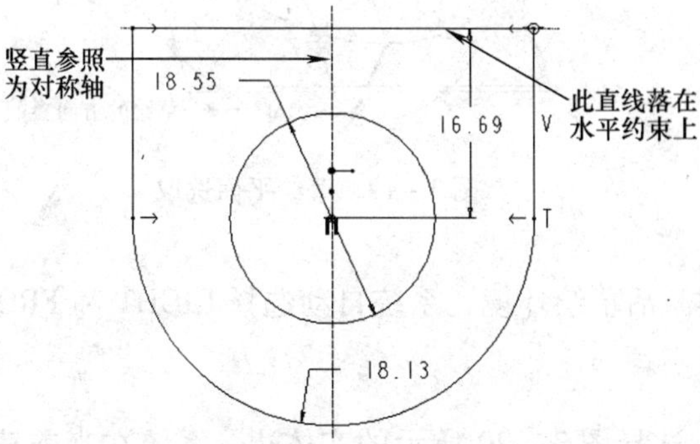

图 3－13　草绘截面

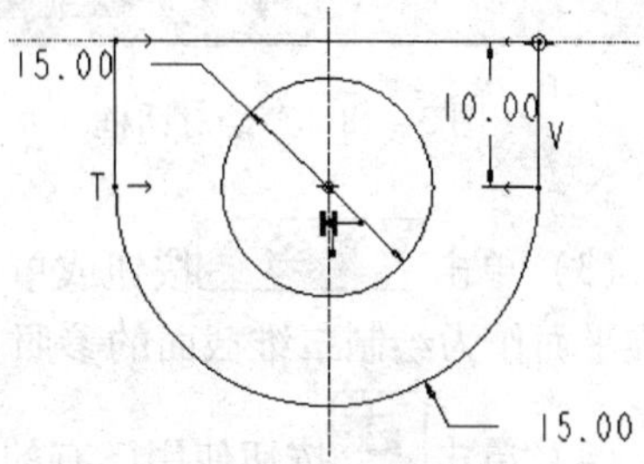

图 3－14　标注尺寸

（6）单击完成草绘，继续下一步设置。

（7）在拉伸操控板中，单击按钮选择拉伸为实体，选择拉伸长度控制方式为对称拉伸，输入拉伸长度为 10。见图 3－15、图 3－16。

图 3－15　拉伸设置

（8）单击完成拉伸特征创建，创建的实体见图 3－17。

从草绘平面开始拉伸给定长度
对称拉伸，拉伸的材料对称的分布在草绘平面两侧
拉伸到下一个面
穿过所有的材料
拉伸到与选定的曲面相交
拉伸至选定的点、曲线、平面和曲面

图 3－16　拉伸长度控制的各种方式

图 3－17　创建的拉伸特征

步骤 4　创建第二个拉伸增料特征

（1）单击按钮，创建拉伸特征。

（2）单击【放置】菜单，点击定义...按钮，弹出“草绘”对话框，见图 3－18。单击按钮以线框模式显示模型。如果基准平面没有显示出来，单击显示基准平面。选择 TOP 作为草绘平面，系统选择 RIGHT 作为向“右”的方向参照，见图 3－19。

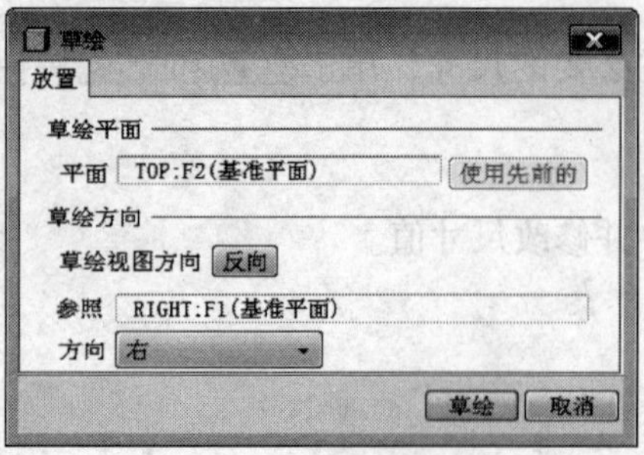

图 3－18　草绘对话框

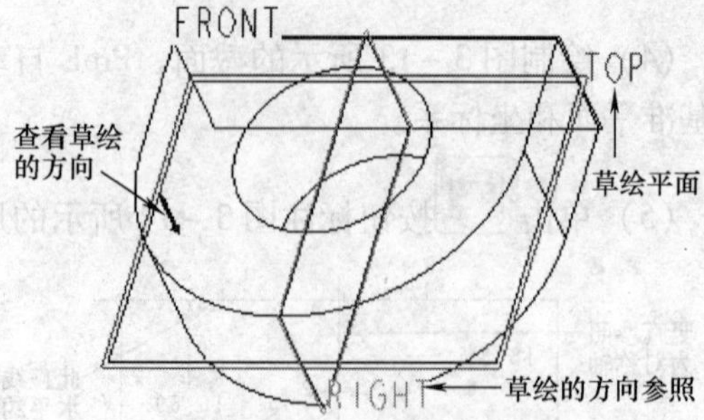

图 3－19　草绘平面选取

（3）单击 草绘 按钮或单击中键激活草绘环境，系统自动选择 RIGHT 和 FRONT 基准平面作为绘制二维截面的参照。

（4）单击按钮使用已有的几何，选择图 3－20 所示的实体边，系统在当前草绘中使用该边。

（5）绘制图 3－21 所示的其它线条，保证截面左右对称。

（6）单击按钮标注图 3－22 所示的尺寸，并修改尺寸值。单击按钮完成草绘，继续下一步设置。

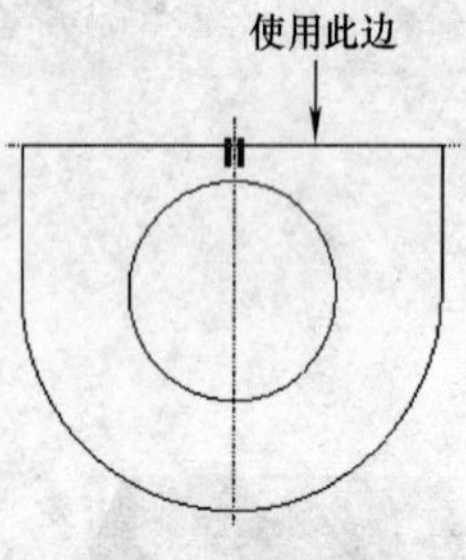

图 3－20　使用边

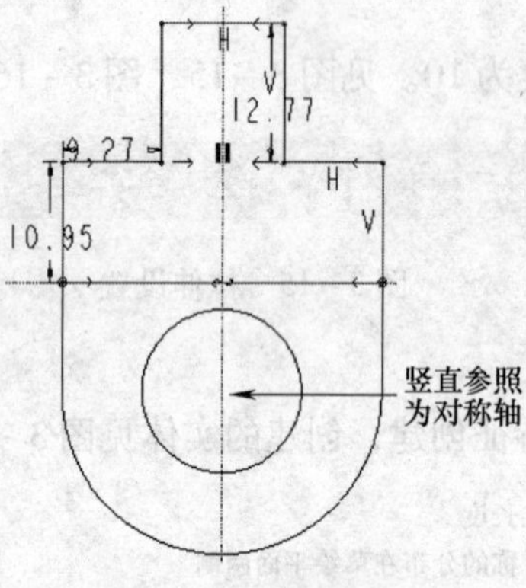

图 3－21　草绘截面

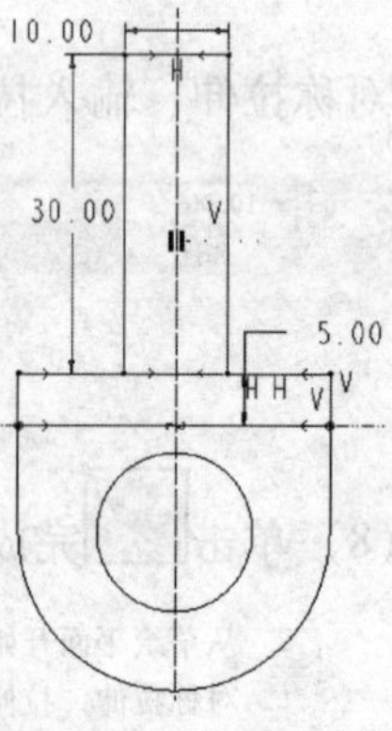

图 3－22　标注尺寸

（7）单击按钮选择拉伸为实体，选择拉伸长度控制为对称拉伸，输入拉伸长度为 45。见图 3－23。

图 3－23　拉伸设置

（8）单击按钮完成拉伸特征创建，单击按钮着色模型，创建的实体见图 3－24。

步骤5　创建拉伸切除材料

图3－24　创建的拉伸特征

（1）单击按钮，创建拉伸特征。

（2）单击【放置】菜单，点击 定义... 按钮，弹出“草绘”对话框，见图3－25。单击按钮以线框模式显示模型。如果基准平面没有显示出来，单击显示基准平面。选择RIGHT作为草绘平面，系统自动选择TOP作为草绘的方向参照，设置草绘参照的方向朝向“顶”——即屏幕上方，见图3－26。

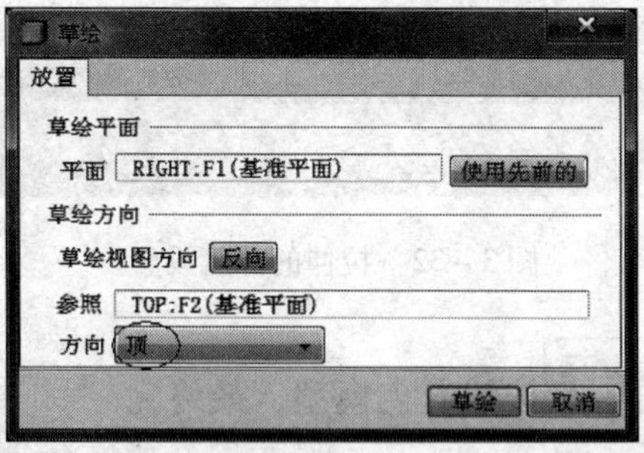

图3－25　草绘对话框

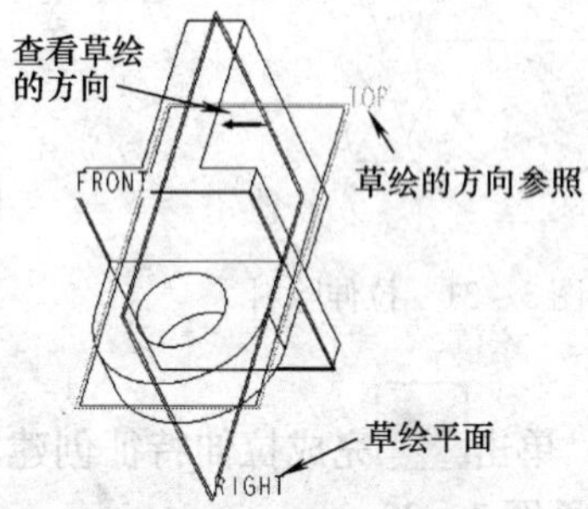

图3－26　草绘平面选取

（3）单击 草绘 按钮或单击中键激活草绘环境，系统自动选择TOP和FRONT基准平面作为绘制二维截面的参照。

（4）单击按钮使用已有的几何，选择图3－27所示的实体边，系统在当前草绘中使用该边。

（5）绘制图3－28所示的其它线条，保证截面上下对称。

（6）使用命令修剪掉不需要的段。单击标注图3－29所示的尺寸，并修改尺寸值。

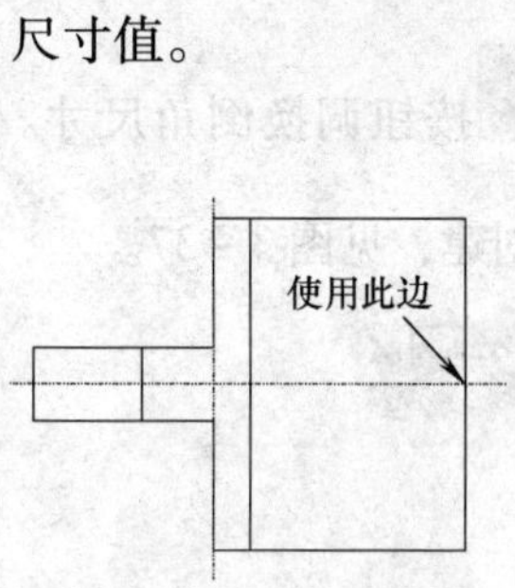

图3－27　使用边

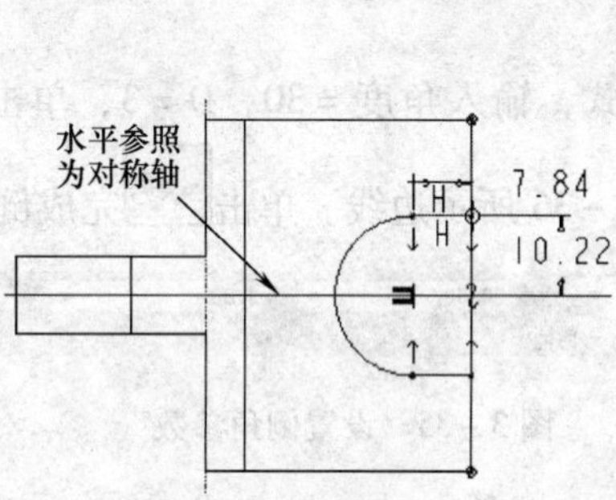

图3－28　草绘截面

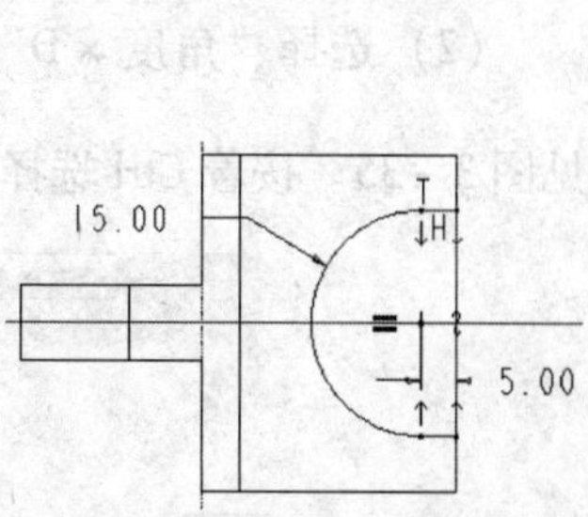

图3－29　标注尺寸

（7）单击按钮完成草绘，继续下一步设置。

（8）单击按钮选择拉伸为实体，选择为切除材料方式，见图3－30、图3－31。

图 3－30　拉伸设置

（9）单击【选项】菜单，在弹出的下拉面板中，深度方式的第 1、2 侧均选择“穿透”，见图 3－32。

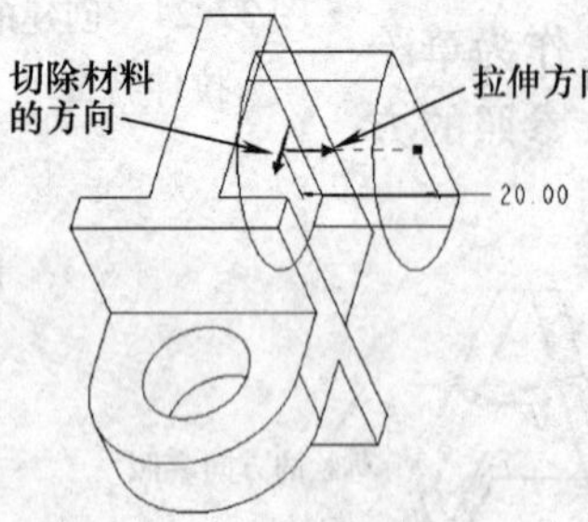

图 3－31　拉伸除料

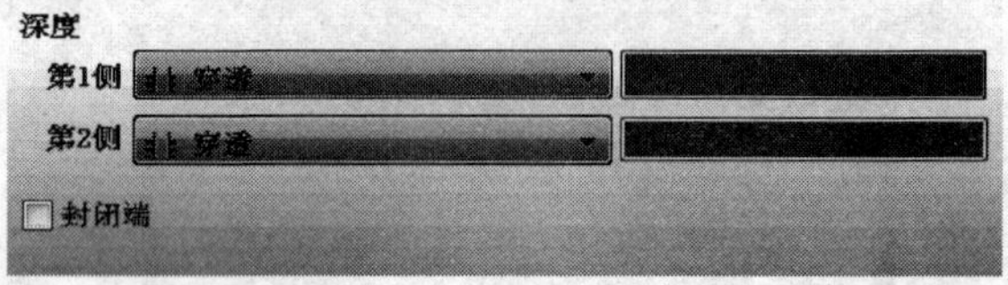

图 3－32　拉伸的深度设置

（10）单击完成拉伸特征创建，单击按钮着色模型，最终完成的零件见图 3－33。

图 3－33　创建的拉伸特征

步骤 6　倒角

（1）单击按钮，创建倒角特征，“倒角”操控板见图 3－34。

D×D　在各曲面上与边相距（D）处创建倒角。

D1×D2　在一个曲面距选定边（D1）、在另一个曲面距选定边（D2）处创建倒角。

角度×D　距相邻曲面的选定边距离为（D），与该曲面的夹角为指定角度创建倒角。

45°×D　与两个曲面都成 45 度角，且与各曲面上的边的距离为（D）创建倒角。

图 3－34　倒角操控板

（2）选择“角度×D”模式，输入角度＝30，D＝3，单击按钮调换倒角尺寸。见图 3－35。按着 Ctrl 选择图 3－36 所示边线。单击完成倒角创建，见图 3－37。

图 3－35　设置倒角参数

（3）单击按钮，设置图 3－38 所示的倒角参数。选择图 3－39 所示的边线。单击完成倒角创建。

（4）单击按钮，设置图 3－40 所示的倒角参数。选择图 3－41 所示的边线。单击完成倒角创建。

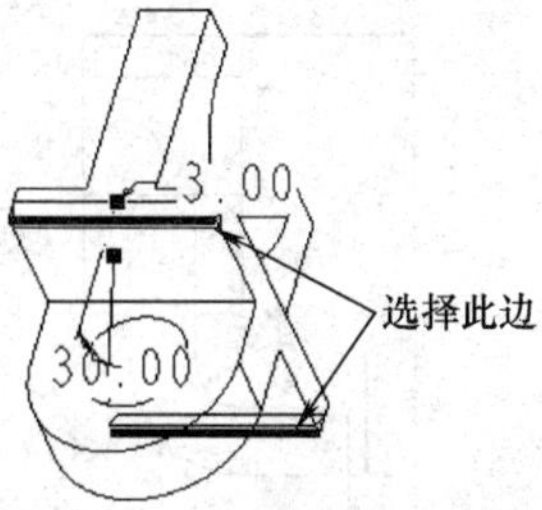

图3－36　选择倒角边

图3－37　完成的倒角

图3－38　设置倒角参数（1）

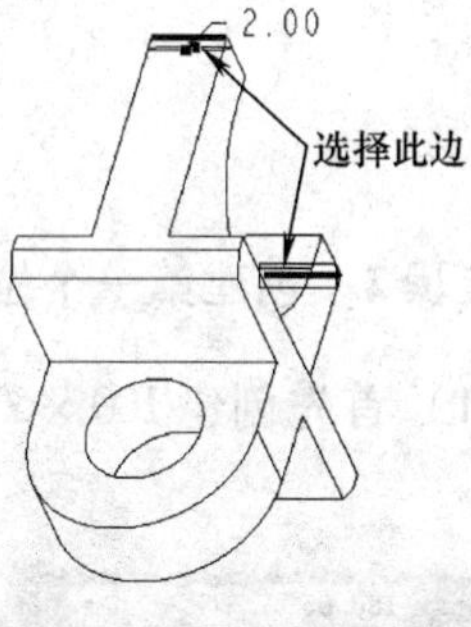

图3－39　选择倒角边

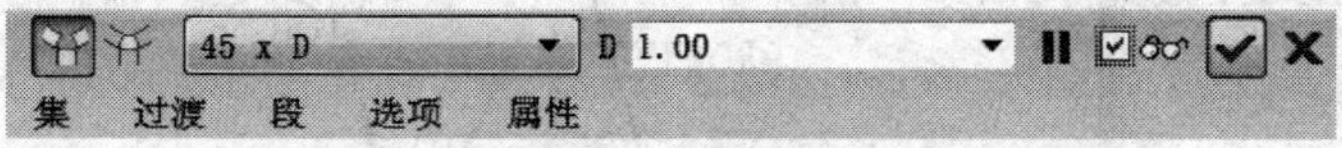

图3－40　设置倒角参数（2）

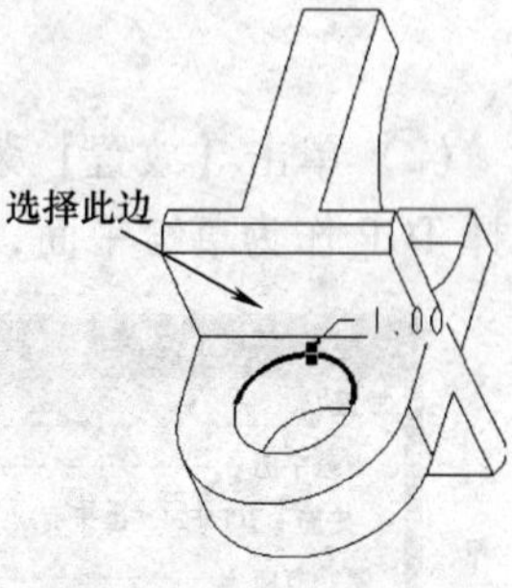

图3－41　选择倒角边

3.3　实　例　二

此实例将完成图3－42所示零件的绘制。通过此例学习ProE拉伸特征的划分及其草绘平面的选择或创建，并学习倒圆角、孔工具、创建基准平面、创建轴、镜像特征的基本方法。

对于常见的规则零件，划分基础特征的要点是：先剔除可以用专用工具创建的倒圆角、倒角、孔、拔模斜度、壳等特征，然后再想象零件的形状，根据基础特征的创建原理划分特征。该零件可以通过不同方向的数次拉伸创建，然后再利用倒圆角工具和孔工具创建零件的圆角及孔。

步骤1　新建零件

（1）单击【文件】⇨【新建】，或单击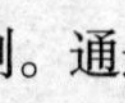按钮，进入“新建”对话框。

（2）接受缺省设置，输入文件名称“prt－3－2”，单击“确定”，进入零件设计环境。

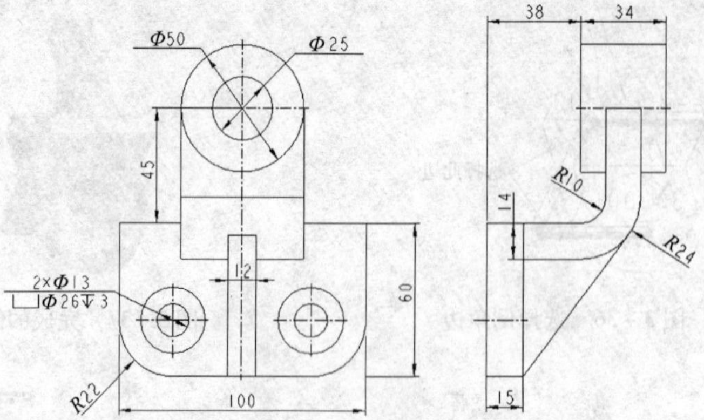

图 3－42　零件图纸

步骤 2　创建第一个拉伸特征

（1）首先创建 100×60，高 15 的矩形块。单击按钮，出现图 3－43 所示的拉伸操控板。

图 3－43　拉伸操控板

（2）单击【放置】菜单，点击定义...按钮，弹出“草绘”对话框，见图 3－44。选择 TOP 作为草绘平面，系统自动选择 RIGHT 作为向“右”的参照，见图 3－45。

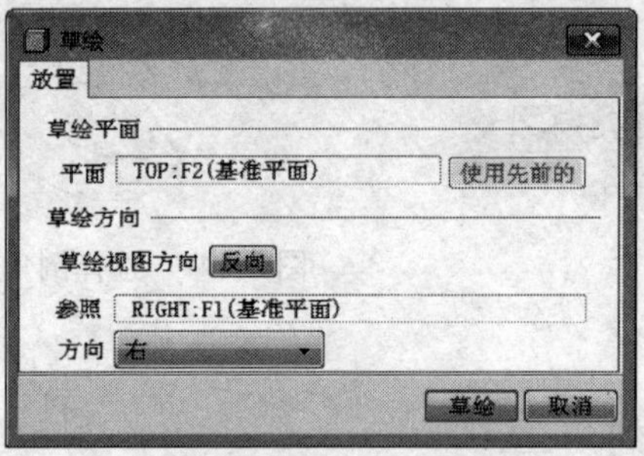

图 3－44　草绘对话框

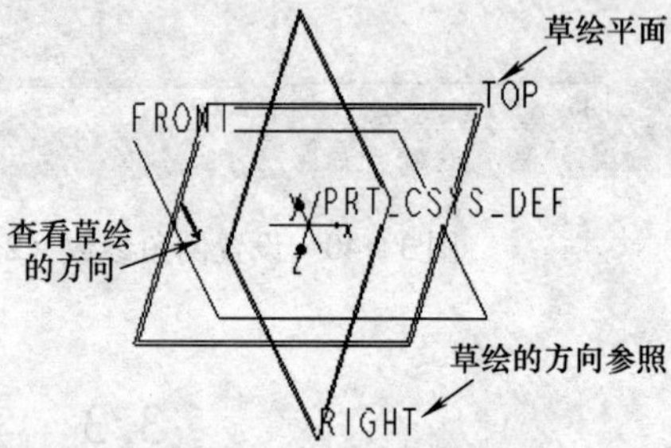

图 3－45　草绘平面选取

（3）单击草绘按钮或单击中键激活草绘环境，系统自动选择图 3－46 所示的 RIGHT 和 FRONT 基准平面作为绘制二维截面的参照。

（4）绘制图 3－47 所示的截面，ProE 自动标注必要的尺寸，单击和隐藏基准平面和坐标系。

（5）修改尺寸值，如图 3－48 所示。

（6）单击完成草绘，继续下一步设置。

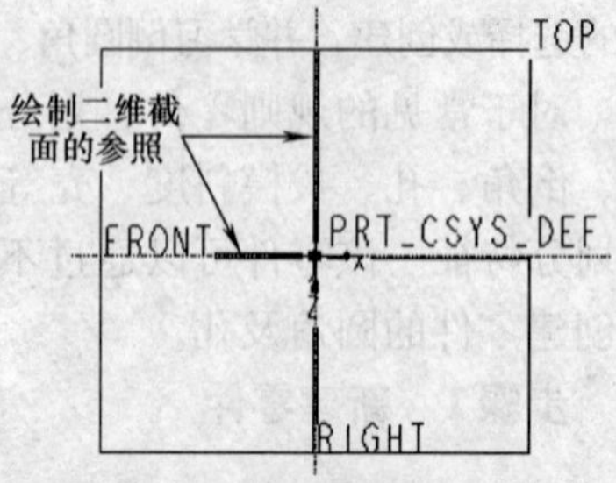

图 3－46　绘制截面的参照

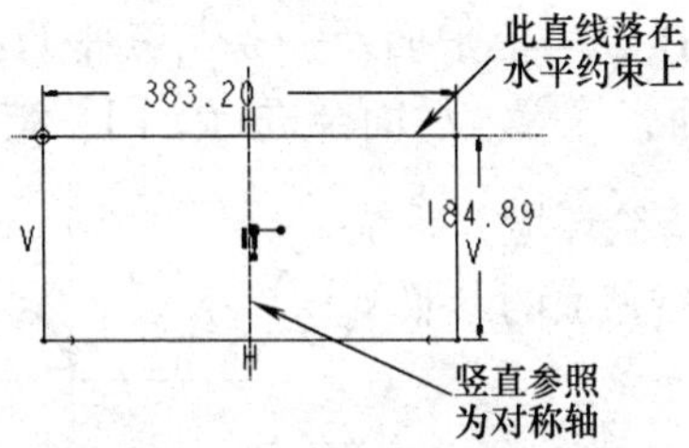

图3－47　草绘截面

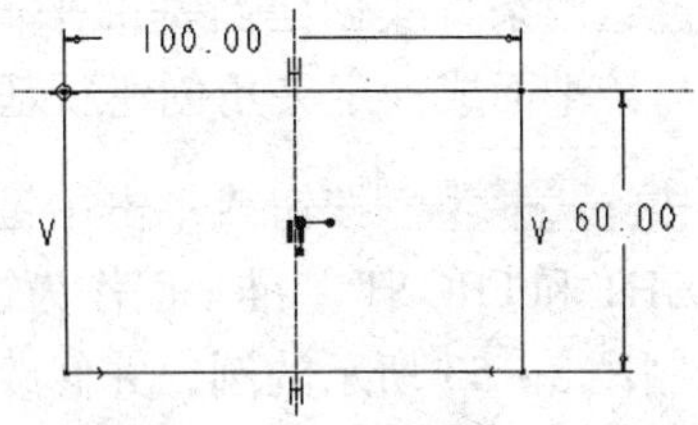

图3－48　修改尺寸值

（7）在拉伸操控板中，单击按钮选择拉伸为实体，选择拉伸“长度控制”方式为输入拉伸长度，输入拉伸长度为15。单击按钮可以反转拉伸方向，使拉伸方向向上。见图3－49。

图3－49　拉伸设置

（8）单击按钮完成拉伸特征创建，创建的实体见图3－50。

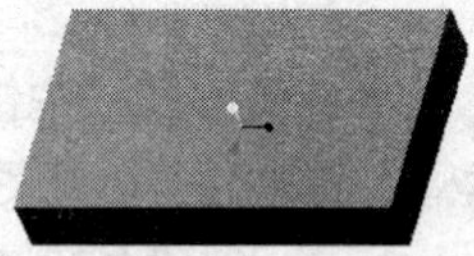

图3－50　创建的拉伸特征

步骤3　创建第二个拉伸增料特征

（1）这一步创建Φ50的圆柱体。单击按钮，创建拉伸特征。

（2）单击【放置】菜单，点击 定义... 按钮，弹出“草绘”对话框。如果基准平面没有显示出来，单击显示基准平面。模板的三个基准平面的任何一个都不能作为此圆柱体的草绘平面，遇到这种情况就需要用户自行创建基准平面，以便用作截面的草绘平面。

（3）单击创建新的基准平面，选择TOP作为参考，输入偏移距离38，见图3－51，其意义为向指定的方向平移TOP平面38个单位。单击中键完成基准平面创建，系统自动把刚创建的基准平面DTM1作为草绘平面，系统自动选择RIGHT作为向“右”的参照，见图3－52。

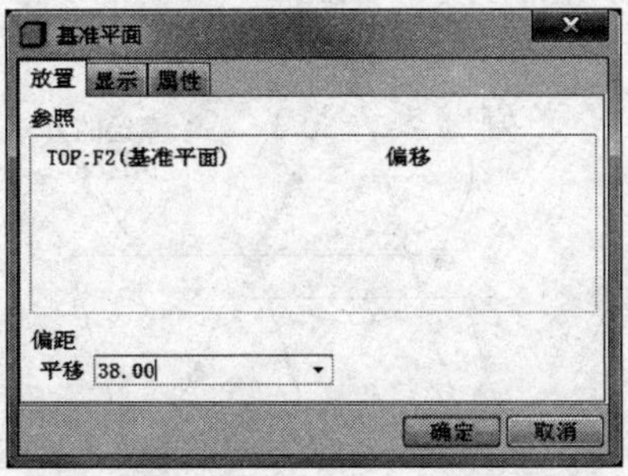

图3－51　基准平面创建

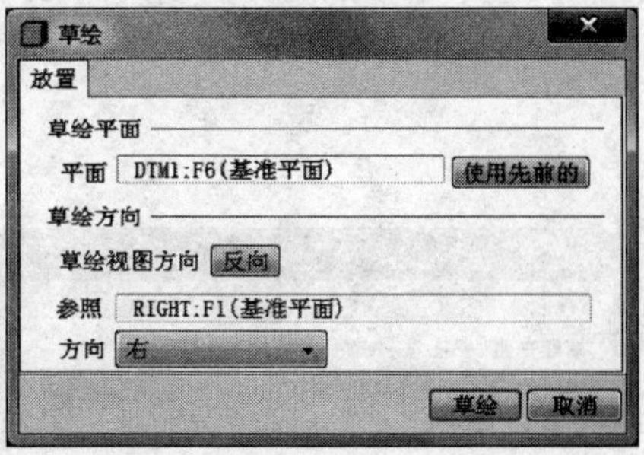

图3－52　草绘对话框

提示：基准平面是常用的参考特征，多用作草绘平面、打孔平面等。创建基准平面命令，可以根据用户的选择确定创建方法，例如：选择了两条相交或平行直线，系统自动以通过这两条直线创建新基准平面；选择了一个平面及一条与其平行的直线，则通过该直线与该平面成一定夹角创建新基准平面，等等。后面会进行专门总结。

（4）单击 草绘 按钮或单击中键激活草绘环境，系统自动选择 RIGHT 和 FRONT 基准平面作为绘制二维截面的参照。

（5）绘制图 3－53 所示的圆，并修改尺寸。

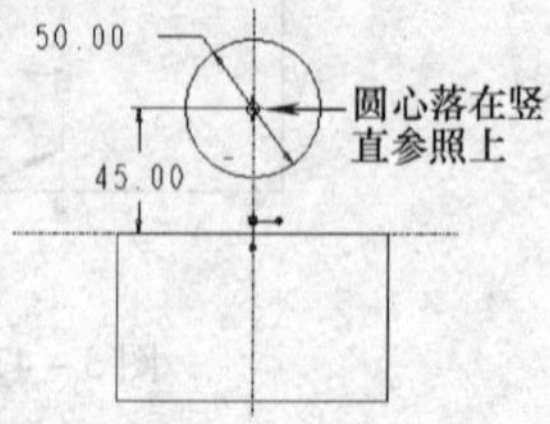

图 3－53　草绘截面

（6）单击按钮完成草绘，继续下一步设置。

（7）单击按钮选择拉伸为实体，选择拉伸“长度控制”方式为输入拉伸长度，输入拉伸长度为 34。单击可以反转拉伸方向，使拉伸方向向上。见图 3－54。

图 3－54　拉伸设置

（8）单击按钮完成拉伸特征创建，单击按钮着色模型，创建的实体见图 3－55。

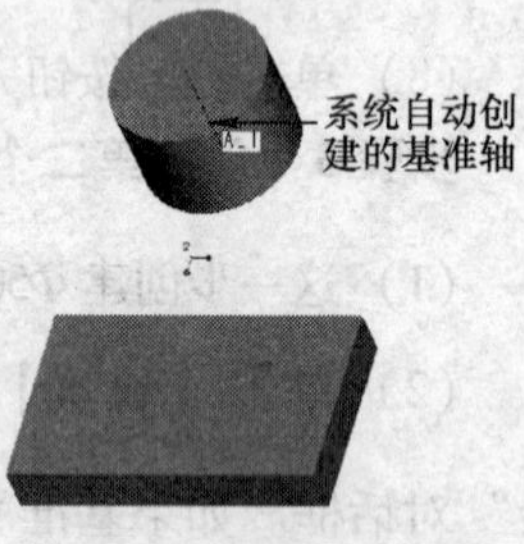

图 3－55　创建的拉伸特征

提示：创建含有圆柱体或部分圆柱体的特征，系统会自动创建柱面的轴心。

步骤 4　创建矩形块和圆柱体之间的连接板

（1）单击按钮，创建拉伸特征。

（2）单击【放置】菜单，点击 定义... 按钮，弹出“草绘”对话框，见图 3－56。单击按钮以线框模式显示模型。如果基准平面没有显示出来，单击显示基准平面。选择 RIGHT 作为草绘平面，系统自动选择 TOP 作为草绘的方向参照，设置草绘参照的方向朝向“顶”——即屏幕上方，见图 3－57。

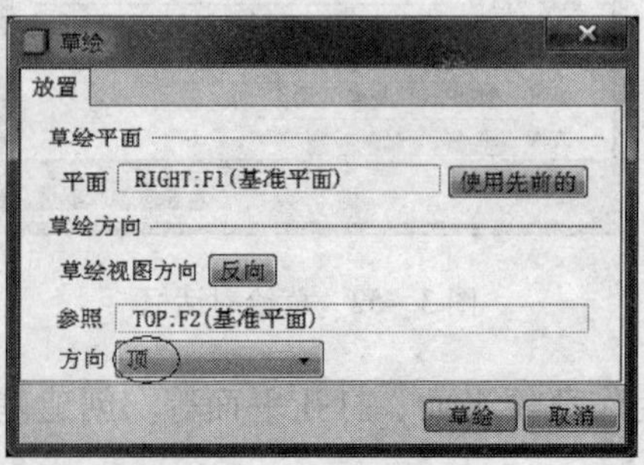

图 3－56　草绘对话框

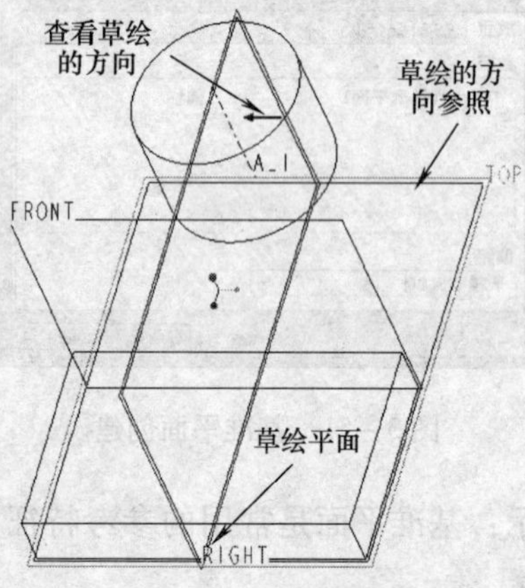

图 3－57　草绘平面选取

（3）单击 草绘 按钮或单击中键激活草绘环境，系统自动选择 TOP 和 FRONT 基准平面作为绘制二维截面的参照。

（4）单击【草绘】⇨【参照】菜单，参照对话框出现，添加图 3－58 所示的几何作为绘图参照，单击 关闭(C) 按钮完成参照选取。

（5）绘制图 3－59 所示的截面，保证截面构成一个封闭的环。

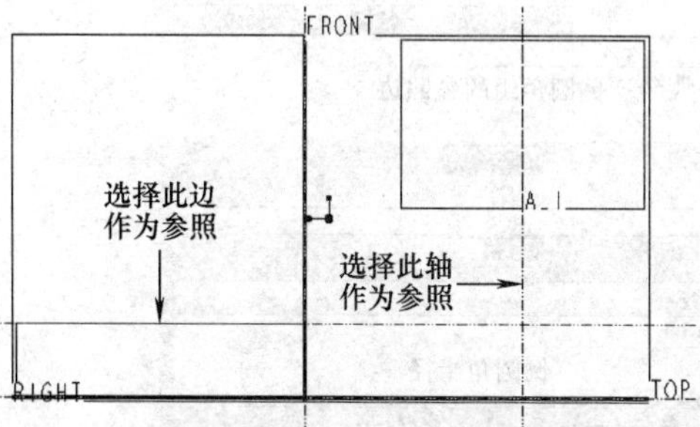

图 3－58　选择参照

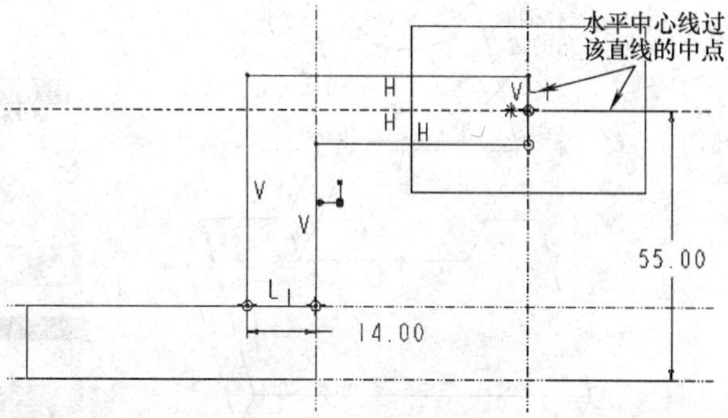

图 3－59　草绘截面

（6）单击完成草绘，继续下一步设置。

（7）单击选择拉伸为实体，选择拉伸“长度控制”方式为——对称拉伸，输入拉伸长度为 50，见图 3－60。

图 3－60　拉伸设置

（8）单击完成拉伸特征创建，单击按钮着色模型，完成的特征见图 3－61。

图 3－61　创建的拉伸特征

步骤 5　倒圆角

（1）单击按钮，创建倒圆角特征，在图 3－62 所示的操控板中输入倒圆角半径 10。

倒圆角的基本操作：设置圆角半径，选择倒圆角边，设置倒圆角参数（简单圆角一般接受缺省设置即可），对于复杂圆角有时需要设置过渡方式。

图 3－62　倒圆角面板

（2）选择图 3－63 所示的边倒圆角。如果要对多条边倒相同大小的圆角，可以按着

Ctrl 选取倒圆角边；不按 Ctrl 选取的边另成一组，可以输入新的半径。单击【设置】弹出图 3－64 所示的面板，在其中可以激活倒圆角组、更改倒圆角半径、设置倒圆角参数、删除或变更倒圆角组等。

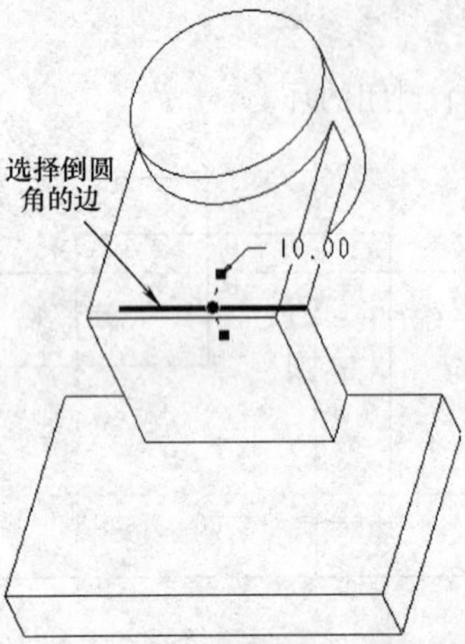

图 3－63　选取倒圆角边

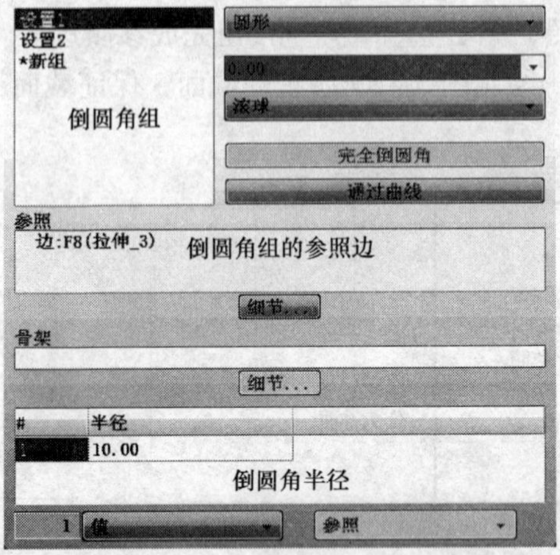

图 3－64　倒圆角设置面板

（3）单击按钮或单击中键完成倒圆角，见图 3－65。

（4）单击按钮，创建 *R*24 的倒圆角，在图 3－66 所示的操控板中输入半径 24。

（5）选择图 3－67 所示的边倒圆角。

（6）单击按钮或单击中键完成倒圆角，见图 3－68。

（7）单击按钮，创建 *R*22 的倒圆角，输入倒圆角半径 22。

图 3－65　完成的圆角

图 3－66　倒圆角面板

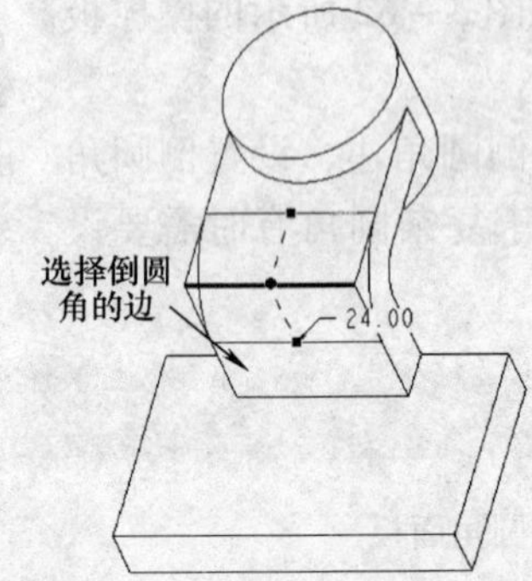

图 3－67　选取倒圆角边

图 3－68　完成的圆角

（8）选择图 3－69 所示的边倒圆角。

（9）单击按钮或单击中键完成倒圆角，见图 3－70。

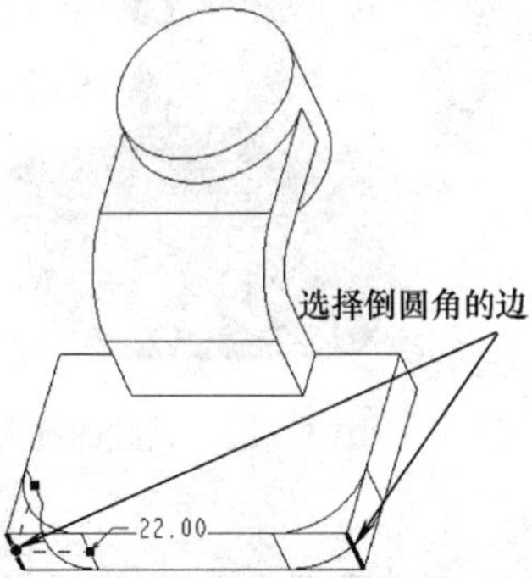

图 3－69　选取倒圆角边

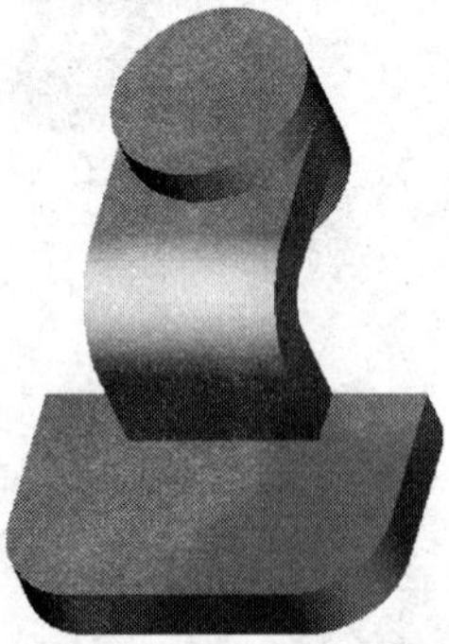

图 3－70　完成的圆角

步骤 6　创建孔

（1）单击按钮，创建孔特征，其操控板见图 3－71。

创建孔的基本操作：确定孔的形状和尺寸，指定打孔的平面，指定孔的位置参考。

注：孔命令可以创建普通的直孔、沉头孔、埋头孔、沉头和埋头共有的孔、带螺纹的孔、不规则截面的异型孔等。

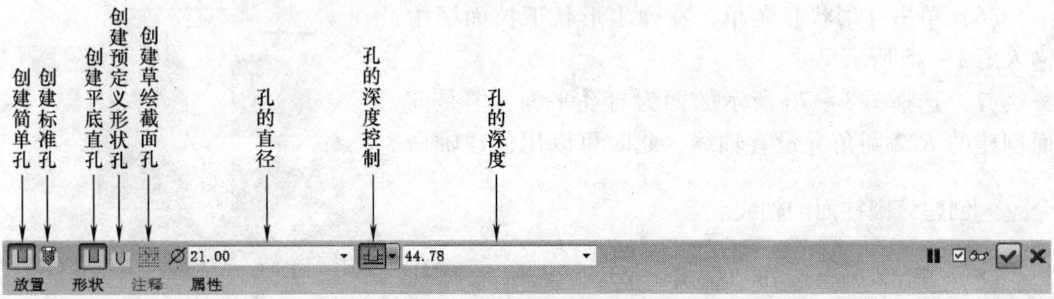

图 3－71　创建孔操控板

【放置】——定义打孔平面及位置

【形状】——定义孔的尺寸及深度

【注释】——定义标准孔的注释

【属性】——孔的名称及参数

（2）选择创建简单孔，输入孔直径 25，设置孔深度为贯通。

（3）选择图 3－72 所示的面为打孔平面，按着 Ctrl 选择图示轴线——意义为创建孔的轴线与此轴线共线。如果轴线没有显示出来，可以单击按钮显示轴线。

（4）单击按钮或单击中键完成孔特征，见图 3－73。

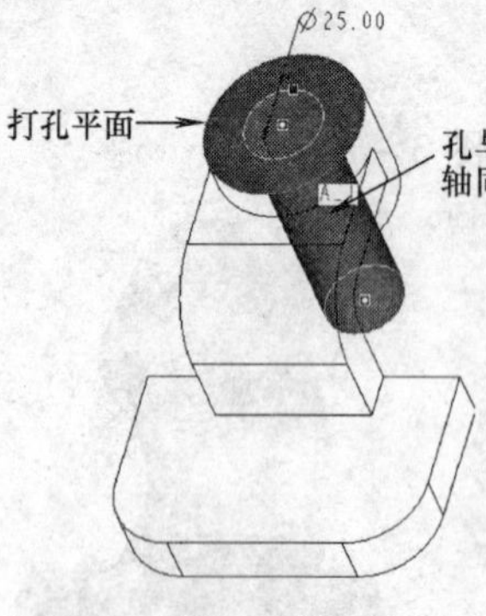

图 3－72　选取打孔的要素

图 3－73　完成的孔

（5）单击按钮，创建底板上的两个孔。这两个孔是与圆角同轴的沉头孔。单击按钮创建预定义形状孔，单击按钮以创建沉头孔，设置孔的深度方式为贯通。见图 3－74 所示。

图 3－74　创建孔操控板

（6）单击【形状】菜单，在弹出形状下拉面板中输入图 3－75 所示尺寸。

（7）选择图 3－76 所示的面为打孔平面，但是前面创建的 *R*22 圆角并没有轴线，此时可以用创建轴命令创建该圆柱面的轴线。

（8）单击按钮，选择图 3－77 所示圆柱面——为该圆柱面创建轴线，单击 确定 完成轴线创建。

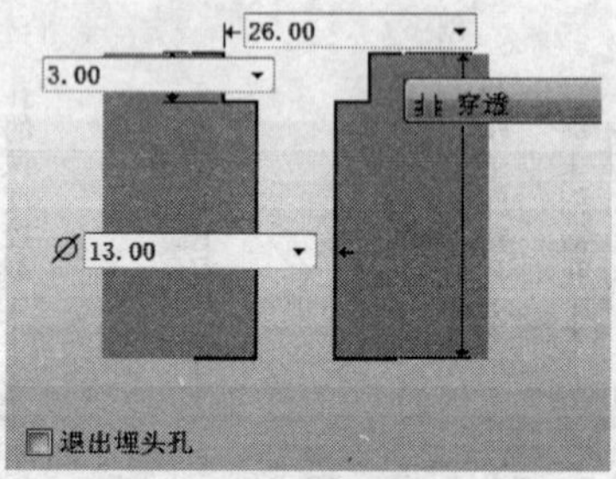

图 3－75　形状下拉面板

提示：轴是常用的参考特征，一般用于孔的定位、辅助创建曲面和曲线等。

图 3－76　选取打孔的要素

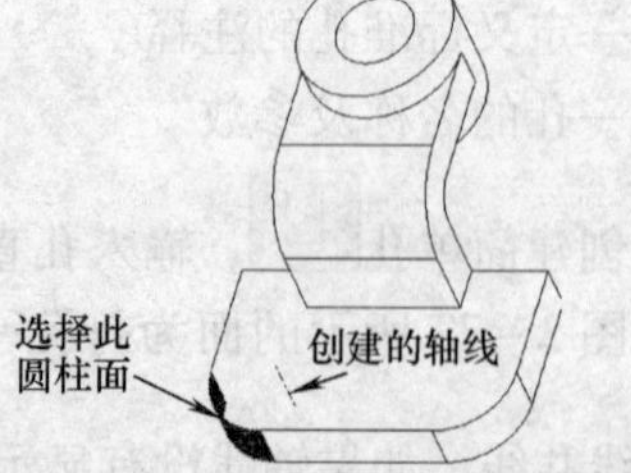

图 3－77　创建轴

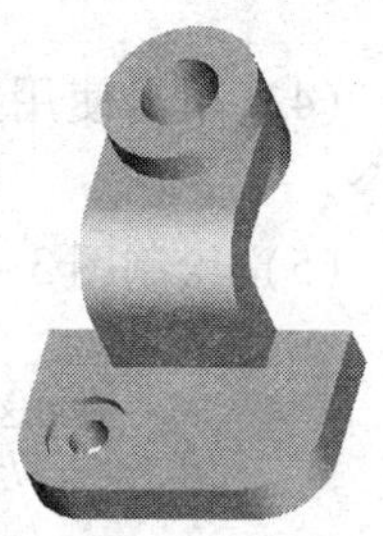

图3－78　完成的孔

（9）这时创建孔工具会处于“暂停”模式——所有功能都不可用，单击按钮退出“暂停”模式继续孔参数的设置。按着Ctrl选择刚刚创建的轴线。

（10）单击按钮或单击中键完成孔特征，见图3－78。

步骤7　镜像步骤6创建的沉头孔

（1）选择沉头孔：在模型树中选择沉头孔对应的特征——选择的时候绘图区的特征会加亮；也可以直接在绘图区选择沉头孔特征。

注：在绘图区单击特征就可以选中该特征，此时该特征会加亮——以红色细线框显示。如果特征处于选中状态，单击它会选中鼠标指向的表面、边线、边线端点等几何。

（2）单击镜像按钮，此时系统提示选择“镜像平面”，选择RIGHT基准平面。如果基准平面没有显示出来，可以单击按钮显示基准平面。

注：镜像工具可以对选中的一个或多个特征关于一个基准平面或其它平面进行镜像。

（3）单击按钮或单击中键完成特征镜像，见图3－79。

图3－79　镜像孔

步骤8　创建三角形的加强板

（1）单击按钮，创建拉伸特征。

（2）单击【放置】菜单，点击 定义... 按钮，弹出“草绘”对话框，见图3－80。单击按钮以线框模式显示模型。如果基准平面没有显示出来，单击显示基准平面。选择RIGHT作为草绘平面，系统自动选择TOP作为草绘的方向参照，设置草绘参照的方向朝向“顶”——即屏幕上方，见图3－81。

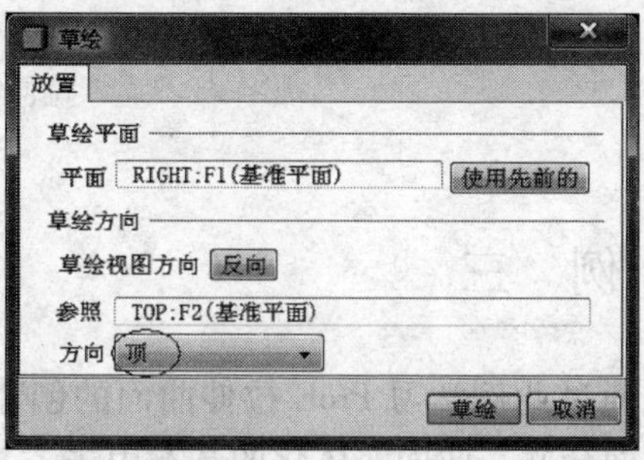

图3－80　草绘对话框

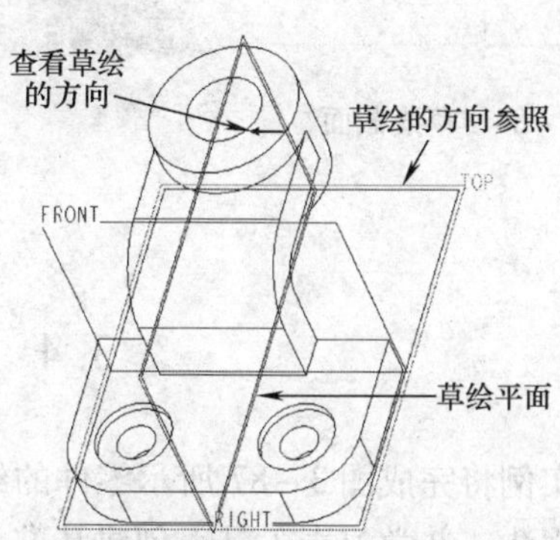

图3－81　草绘平面选取

（3）单击 草绘 按钮或单击中键激活草绘环境，系统自动选择TOP和FRONT基准平面作为绘制二维截面的参照。

（4）单击使用边命令，使用图 3－82 所示的边线，单击关闭(C)按钮完成命令。

（5）绘制图 3－83 所示的直线，注意直线端点的约束条件。

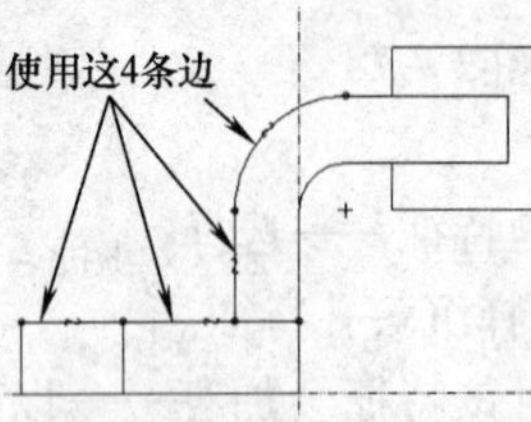

图 3－82　使用边

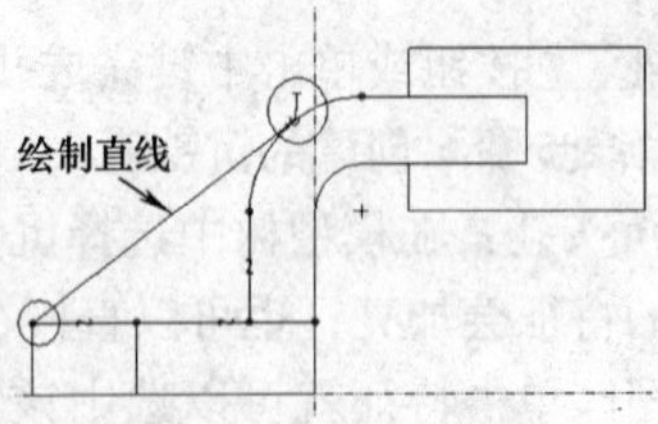

图 3－83　草绘截面

（6）用删除段命令删除不需要的线段，注意所有的线要构成一个封闭的环，见图 3－84。

（7）单击按钮完成草绘，继续下一步设置。

（8）单击选择拉伸为实体，选择拉伸“长度控制”方式为——对称拉伸，输入拉伸长度为 12，见图 3－85。

（9）单击完成拉伸特征创建，单击按钮着色模型，最终完成的零件见图 3－86。

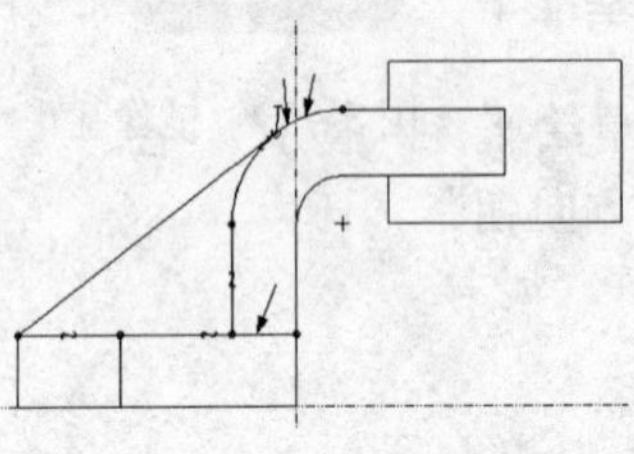

图 3－84　草绘截面

图 3－85　拉伸设置

图 3－86　创建的拉伸特征

3.4　实　例　三

此实例将完成图 3－87 所示零件的绘制。通过此例学习 ProE 拉伸曲面的创建及曲面的基本用法，并学习壳工具、创建基准点、曲面合并、曲面实体化的基本用法。

该零件是经过简化的照相机外壳模型，在建模之前首先要对零件进行详细分析。按照前面讲述的分析要领，去掉容易创建的特征（比如零件中的 20×10 矩形孔），剔除可以用专用工具创建的壳和倒圆角，模型的形状将如图 3－88 所示。此时可以识别出上面的圆柱体和前面的凸台均可以用拉伸的方法创建，在头脑中将其剔除，同时剔除倒圆角，模型将如图 3－89 所示。结合图 3－87 所示的二维图纸可以发现零件这一部分的俯视图和

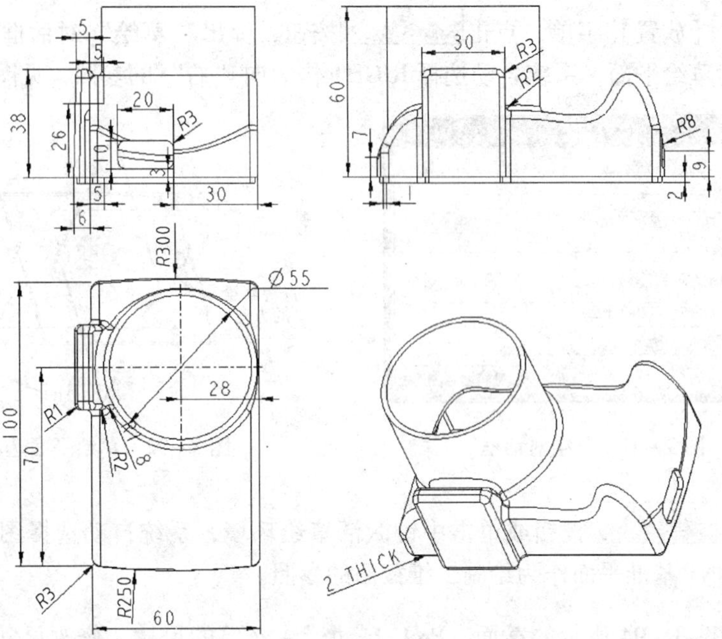

图3－87　零件图纸

左视图符合拉伸特征的规则，实际上模型的这一部分是从俯视图和左视图的截面分别拉伸，取其“交集”。这里需要用到一种新的几何——曲面，以俯视图和左视图的截面分别拉伸曲面，求其交集即可。有了思路，就有了方向，接下来将其付诸实践。当然前面的分析过程需要在熟练掌握 ProE 建模方法的前提下进行，简单的零件在头脑中就可以清楚的理清思路，复杂的零件可能仅有大致的思路，具体的细节还需要在建模过程中完善。

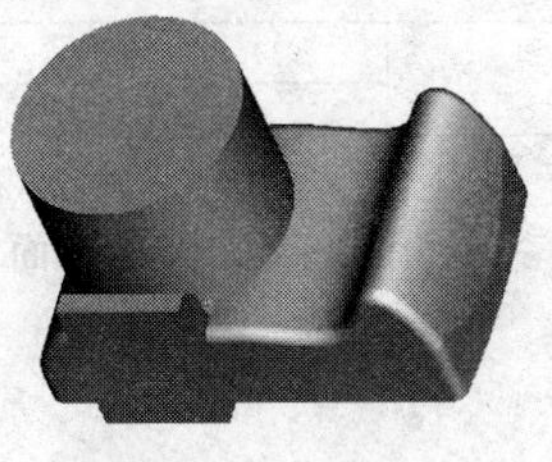

图3－88　建模思路

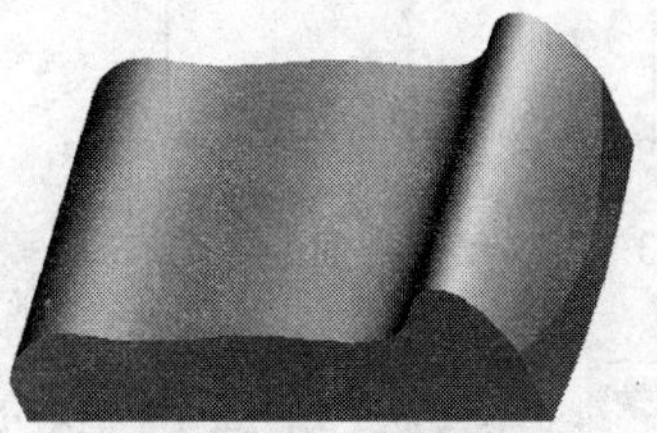

图3－89　建模思路

步骤1　新建零件

以公制模板新建零件，输入文件名称“prt－3－3”，进入零件设计环境。

步骤2　创建第一个拉伸特征

（1）首先以俯视图的截面拉伸曲面。单击按钮，出现图3－90所示的拉伸操控板。

图3－90　拉伸操控板

（2）单击【放置】菜单，点击定义...按钮，弹出“草绘”对话框，见图3－91。选择TOP作为草绘平面，系统自动选择RIGHT作为向“右”的参照，见图3－92。

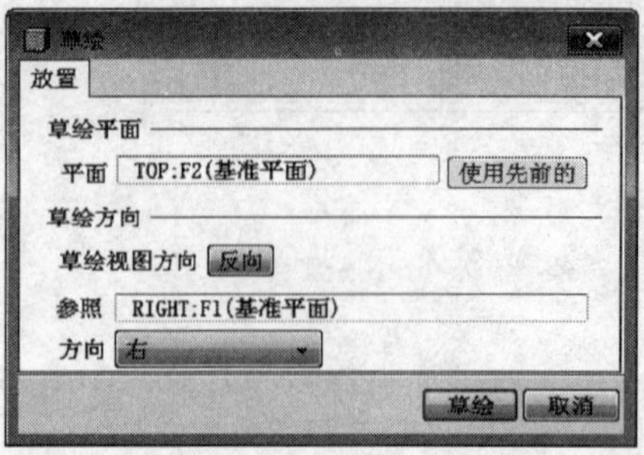

图3－91　草绘对话框

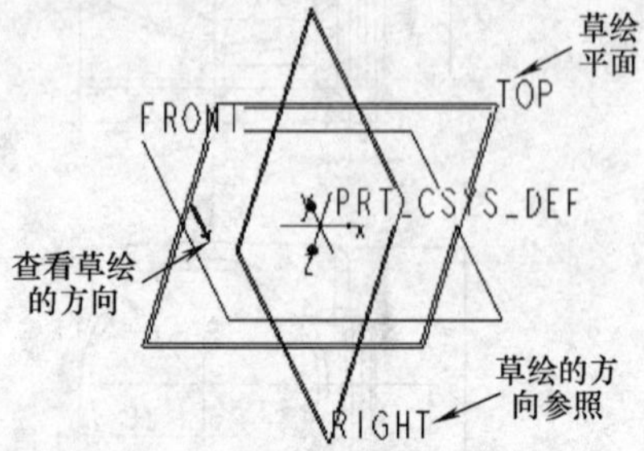

图3－92　草绘平面选取

（3）单击草绘按钮或单击中键激活草绘环境，系统自动选择图3－93所示的RIGHT和FRONT基准平面作为绘制二维截面的参照。

（4）绘制图3－94所示的截面，ProE自动标注必要的尺寸，修改尺寸值。单击和隐藏基准平面和坐标系。

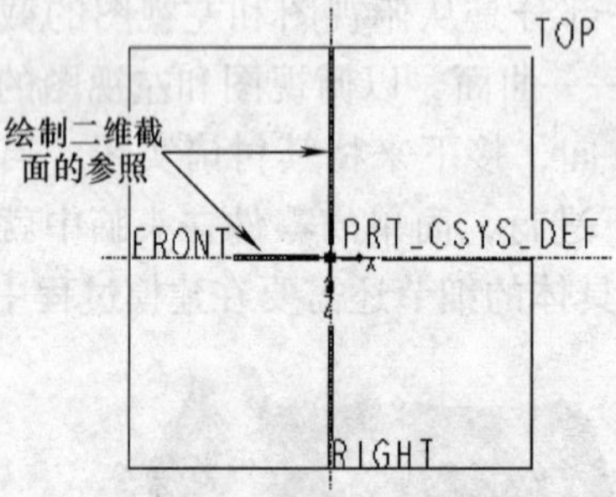

图3－93　绘制截面的参照

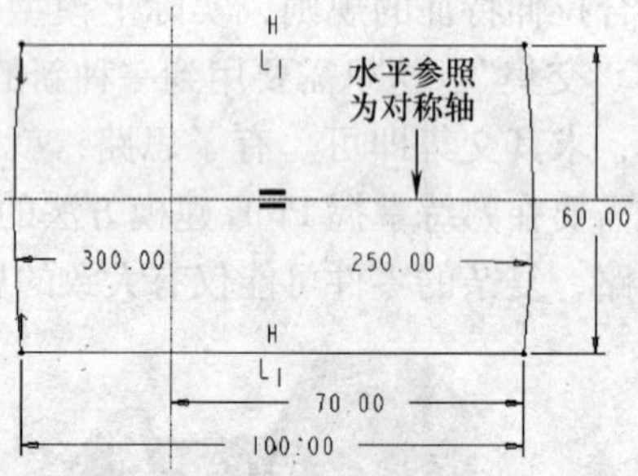

图3－94　草绘截面

（5）单击完成草绘，继续下一步设置。

（6）在拉伸操控板中，单击选择拉伸为曲面，选择拉伸“长度控制”方式为——输入拉伸长度，输入拉伸长度为50，见图3－95。单击可以反转拉伸方向，使拉伸方向向上。

图3－95　拉伸设置

（7）单击完成拉伸特征创建，创建的曲面见图3－96。在当前的配色方案（蓝色背景）下，在线框模式，实体的棱边显示为白色；曲面的边界显示为黄色，内部棱边显示为紫色（对于完全封闭的曲面只有紫色的内部棱边，没有黄色边界。这也是判断曲面是否封闭的方法）。

图3－96　创建的拉伸特征

步骤3　创建基准点

（1）为了定位第二个拉伸曲面，创建两个基准点。单击按钮，创建基准点。选择 FRONT 基准平面和图 3 －97 所示边——意义为求其交点。

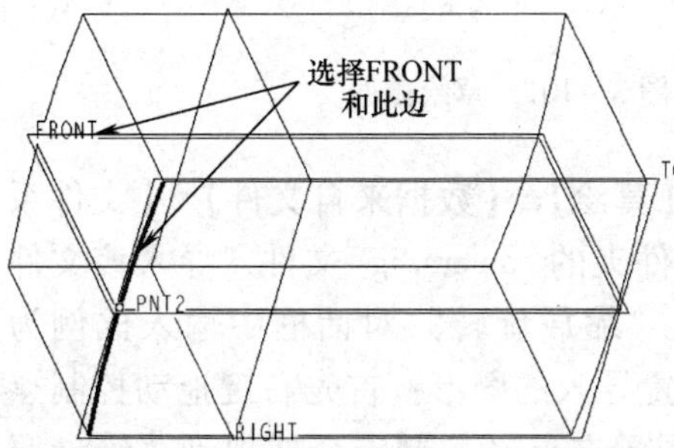

图3－97　创建第1个基准点

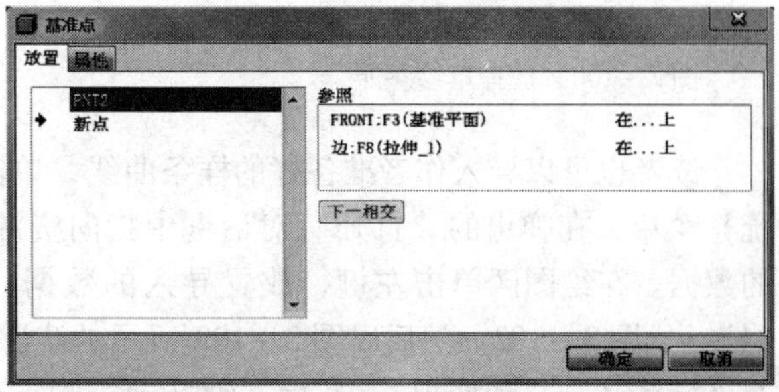

图3－98　基准点对话框

（2）在图3－98 所示的“基准点”对话框中点击【新点】，选择 FRONT 基准平面和图3－99 所示边求其交点。按钮为基准点的显示隐藏开关。

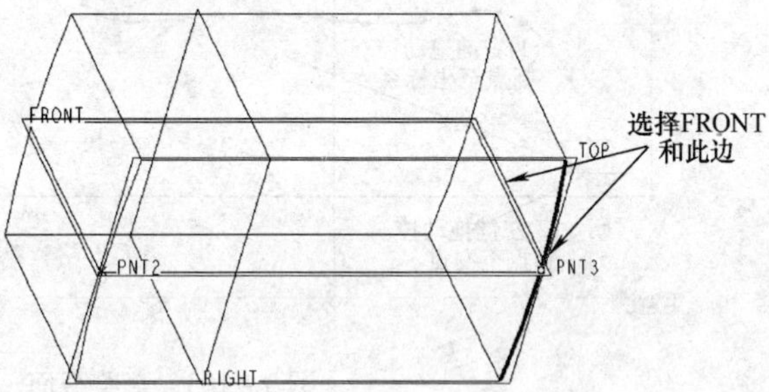

图3－99　创建第2个基准点

步骤4　创建第二个拉伸特征

（1）这一步以左视图的截面创建拉伸曲面。单击按钮，创建拉伸特征。

（2）单击【放置】菜单，点击 定义... 按钮，弹出“草绘”对话框。单击按钮以线框模式显示模型。如果基准平面没有显示出来，单击显示基准平面。选择 FRONT 作为草绘平面，系统自动选择 RIGHT 作为向“右”的参照。

（3）单击 草绘 按钮或单击中键激活草绘环境，系统自动选择 RIGHT 和 TOP 基准平面作为绘制二维截面的参照。单击【草绘】⇨【参照】菜单，弹出“参照”对话框，见图 3－100，选择上一步创建的基准点作为草绘参照。单击“关闭”完成草绘参照选取。

（4）绘制图 3－101 所示的截面，并修改尺寸。注意要构成封闭的环。

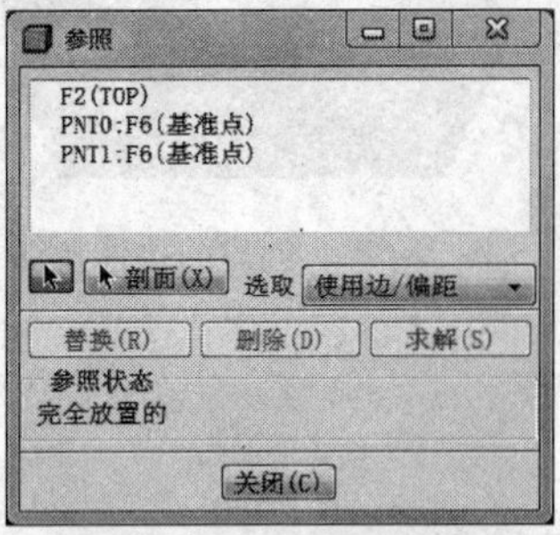

图 3－100　选择草绘参照

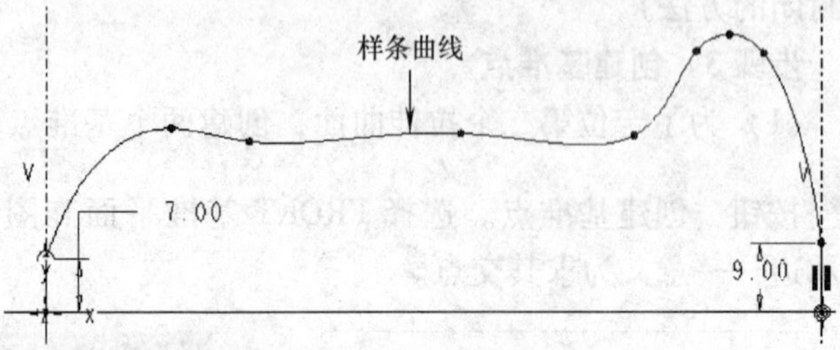

图 3－101　草绘截面

读者也可以导入作者准备好的样条曲线，单击【草绘】⇨【数据来自文件】⇨【文件系统】菜单，在弹出的“打开”对话框中指向资源文件夹的 camera. igs 文件，导入该文件的数据。在绘图区单击左键，放置导入的数据。在“缩放旋转”对话框中输入比例为“1”，见图 3－102。然后以图 3－103 所示的步骤放置导入的图形：首先右键拖动控制点至坐标系（会自动捕捉）；然后左键拖动控制点至图示交点（控制点会捕捉到草绘参照上）。再补全其余的三条直线即可完成截面绘制。

注意：样条曲线的右端点需要约束到右侧竖直中心线上。

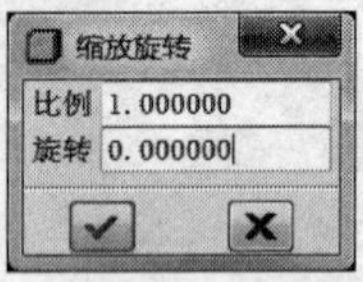

图 3－102　缩放旋转对话框

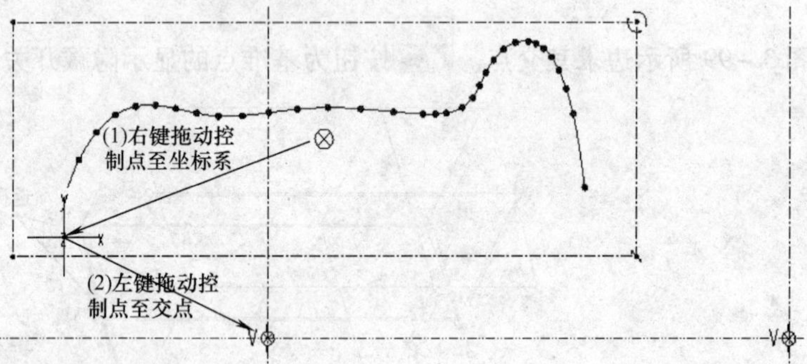

图 3－103　草绘截面

（5）单击完成草绘，继续下一步设置。

（6）单击选择拉伸为曲面，选择拉伸“长度控制”方式为对称拉伸，输入拉伸长度为 75，见图 3－104。

图 3－104　拉伸设置

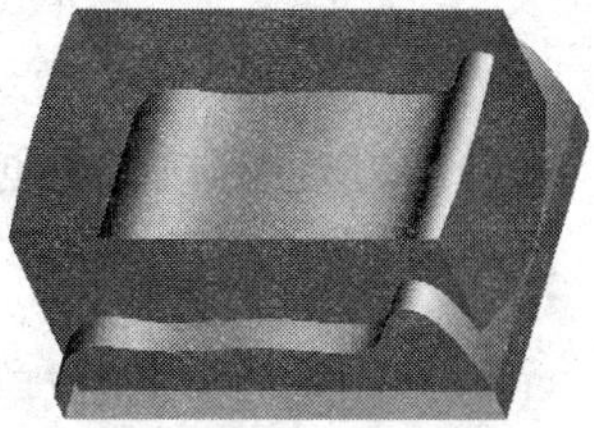

图 3－105　创建的曲面

（7）单击完成拉伸特征创建，单击按钮着色模型，单击按钮以标准方向显示模型，创建的曲面见图 3－105。

步骤 5　合并曲面

曲面合并类似于曲线的相互裁剪功能，曲面合并工具仅对两个面组（面组指的是单个特征曲面，或经过合并的多个曲面）操作，可以对两个面组或其中之一进行裁剪，然后将两者合并为一个面组。

（1）选择前面创建的两张曲面，单击曲面合并按钮，合并曲面。单击曲面合并操控板的按钮或单击绘图区曲面上的箭头可以反转对应曲面的保留区域。见图 3－106 和图 3－107。

（2）单击完成曲面合并，结果见图 3－108。

图 3－106　曲面合并操控板

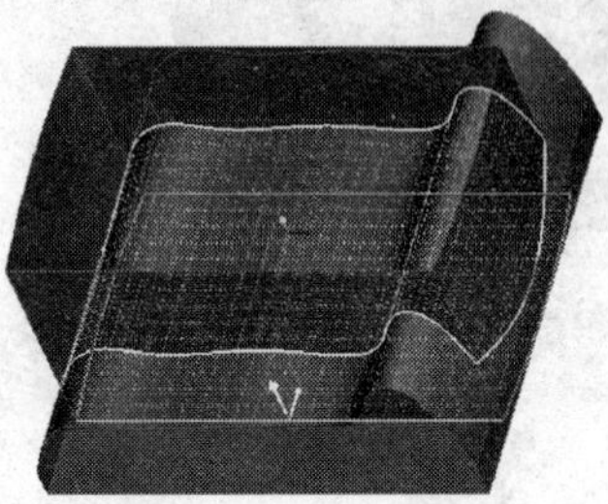

图 3－107　合并曲面

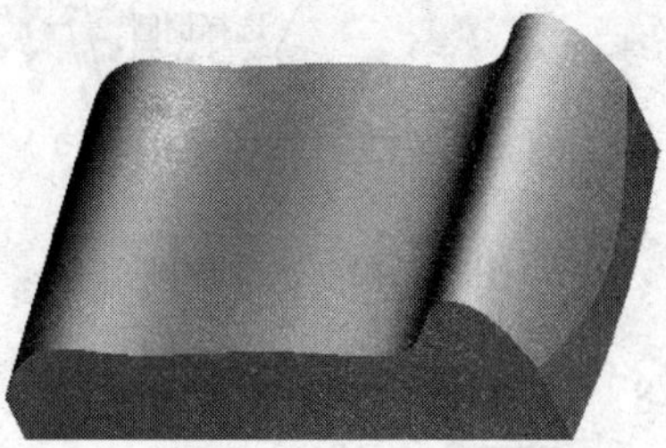

图 3－108　合并完成的曲面

步骤 6　曲面实体化

选择前面完成的面组，单击【编辑】⇨【实体化】菜单（也可以将该命令添加到工具栏中），其操控板见图 3－109。单击按钮或单击中键完成实体化，前面合并完成的封闭面组转换为实体。

注：实体化命令还有其它的一些用法，以后逐渐讲解。

图 3－109　实体化操控板

步骤 7　倒圆角

（1）单击按钮，创建倒圆角特征，在倒圆角操控板中输入倒圆角半径 8。

（2）按着 Ctrl 选择图 3－110 所示的边。

（3）单击按钮或单击中键完成倒圆角，见图 3－111。

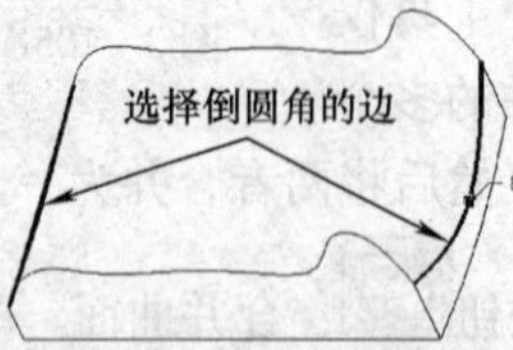

图 3－110　选取倒圆角边

图 3－111　完成倒圆角

（4）单击按钮，创建倒圆角特征，倒圆角操控板中输入倒圆角半径 3。

（5）按着 Ctrl 选择图 3－112 所示的边。

（6）单击按钮或单击中键完成倒圆角，见图 3－113。

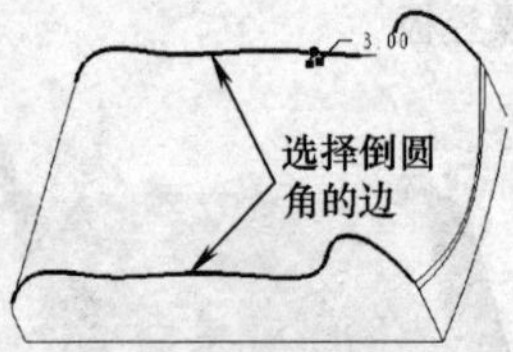

图3－112　选取倒圆角边

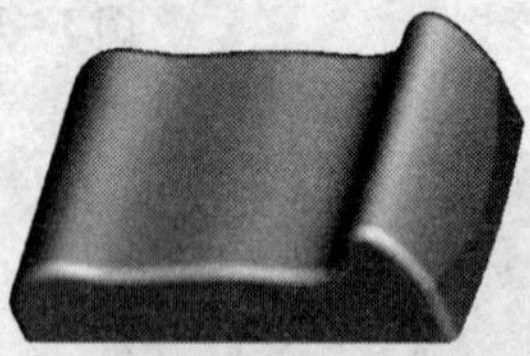

图 3－113　完成倒圆角

步骤 8　以拉伸的方法创建圆柱体

（1）单击按钮，单击【放置】菜单，点击 定义... 按钮，弹出“草绘”对话框，见图 3－114。选择 TOP 作为草绘平面，选择 RIGHT 作为向“右”的参照，见图 3－115。

图 3－114　草绘对话框

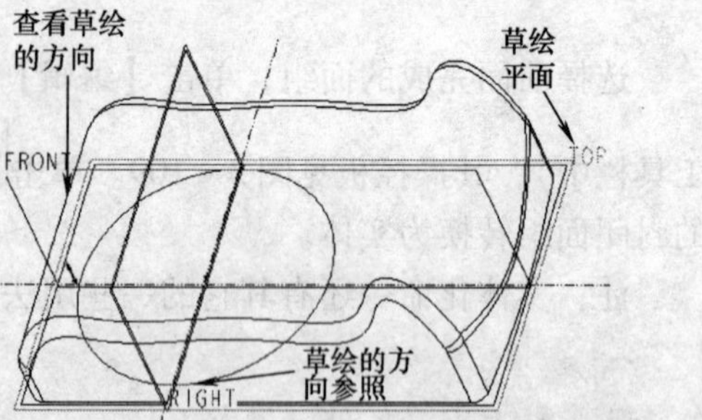

图 3－115　草绘平面选取

（2）单击 草绘 按钮或单击中键激活草绘环境，系统自动选择 RIGHT 和 FRONT 基准平面作为绘制二维截面的参照。

（3）绘制图 3－116 所示的截面，标注尺寸，修改尺寸值。

（4）单击完成草绘，继续下一步设置。

（5）在拉伸操控板中，单击选择拉伸为实体，选择拉伸“长度控制”方式为——输入拉伸长度，输入拉伸长度为60，见图3－117。单击可以反转拉伸方向，使拉伸方向向上。

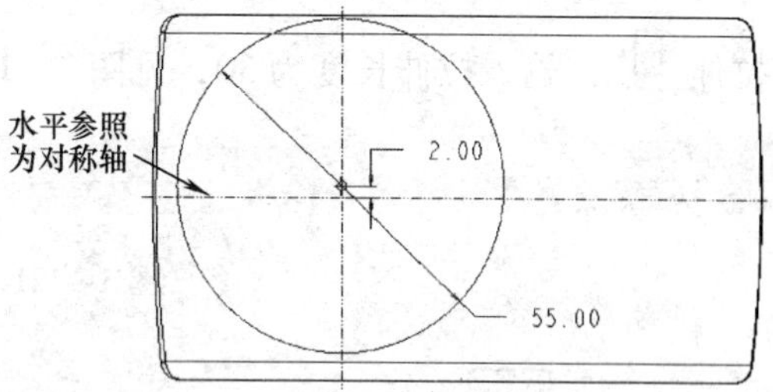

图3－116　草绘截面

图3－117　拉伸设置

（6）单击完成拉伸特征创建，单击切换到标准方向，创建的特征见图3－118。

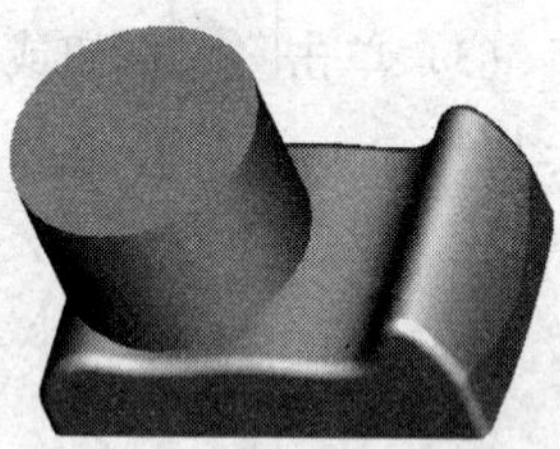
图3－118　创建的拉伸特征

步骤9　创建圆柱体前面的凸台

（1）单击按钮，单击【放置】菜单，点击定义...按钮，弹出“草绘”对话框。选择RIGHT作为草绘平面，选择TOP作为向“右”的参照。

（2）单击草绘按钮或单击中键激活草绘环境，系统自动选择TOP和FRONT基准平面作为绘制二维截面的参照。单击【草绘】⇨【参照】菜单，添加图3－119所示的草绘参照。

（3）绘制图3－120所示的截面，标注尺寸，修改尺寸值。

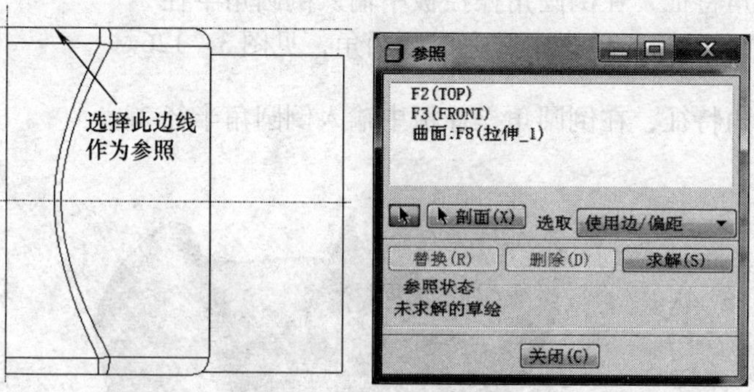

图3－119　草绘截面

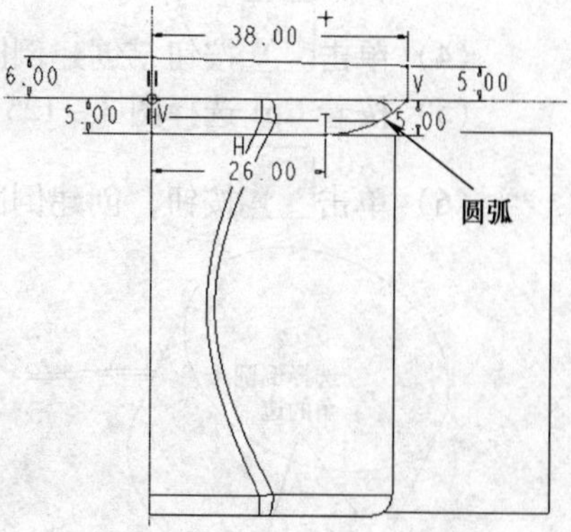

图3－120　草绘截面

（4）单击完成草绘，继续下一步设置。

（5）在拉伸操控板中，单击选择拉伸为实体，选择拉伸“长度控制”方式为双向拉伸，输入拉伸长度为 30，见图 3－121。

图 3－121　拉伸设置

（6）单击完成拉伸特征创建，单击切换到标准方向，创建的特征见图 3－122。

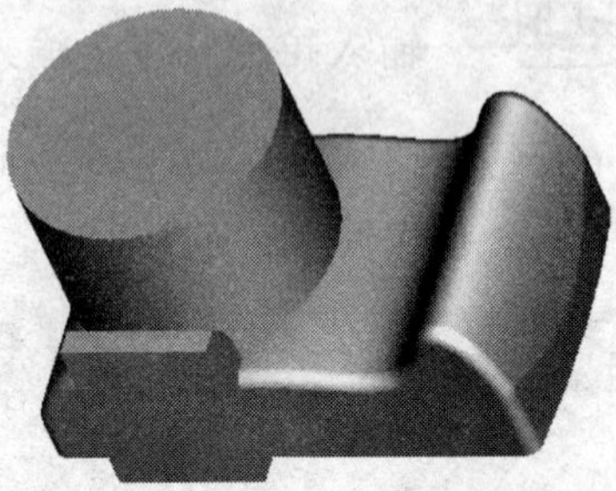

图 3－122　创建的拉伸特征

步骤 10　倒圆角

（1）单击按钮，创建倒圆角特征，在倒圆角操控板中输入倒圆角半径 1.8。

（2）按着 Ctrl 选择图 3－123 所示的边。

（3）单击按钮或单击中键完成倒圆角，见图 3－124。

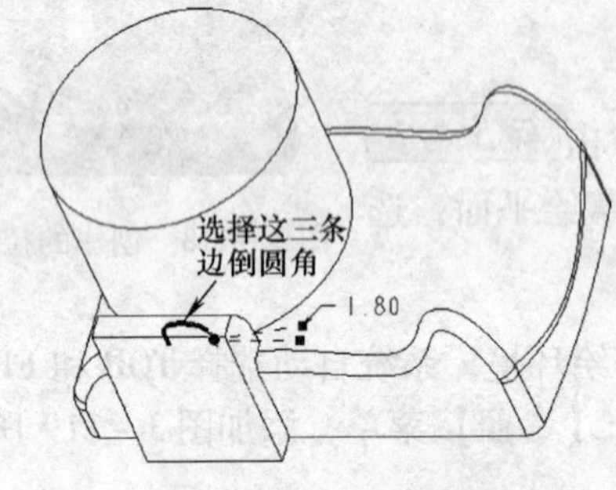

图 3－123　选取倒圆角边

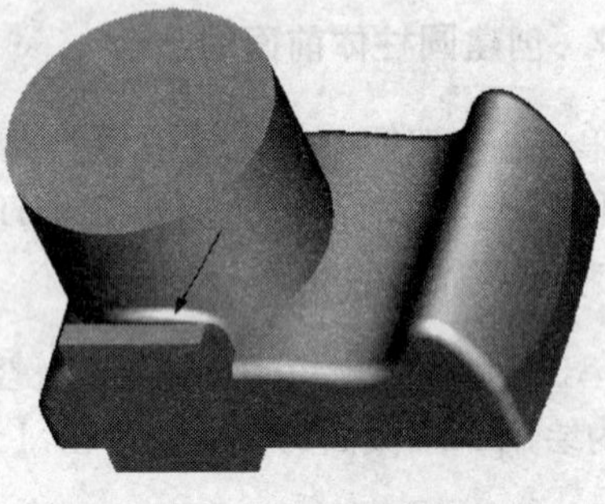

图 3－124　完成倒圆角

（4）单击按钮，创建倒圆角特征，在倒圆角操控板中输入倒圆角半径 3。

（5）按着 Ctrl 选择图 3－125 所示的边。单击中键完成倒圆角，见图 3－126。

（6）单击按钮，创建倒圆角特征，在倒圆角操控板中输入倒圆角半径 2。

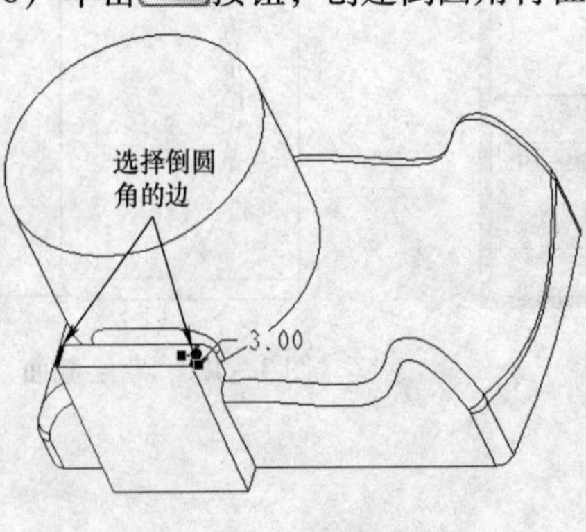

图 3－125　选取倒圆角边

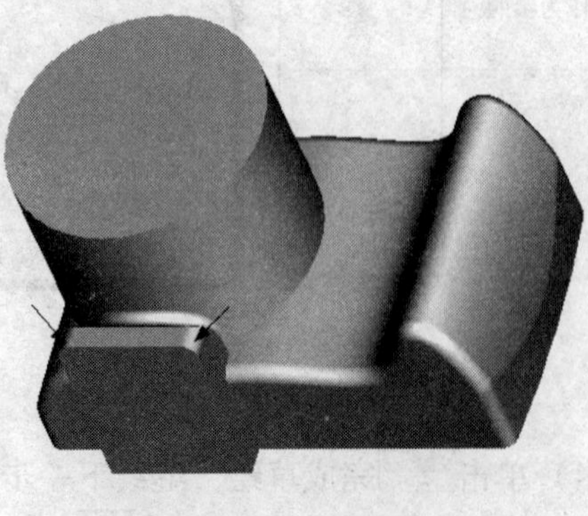

图 3－126　完成倒圆角

（7）按着 Ctrl 选择图 3－127 所示的边。系统会自动搜索相切边，一起倒圆角。

（8）单击中键完成倒圆角，见图 3－128。

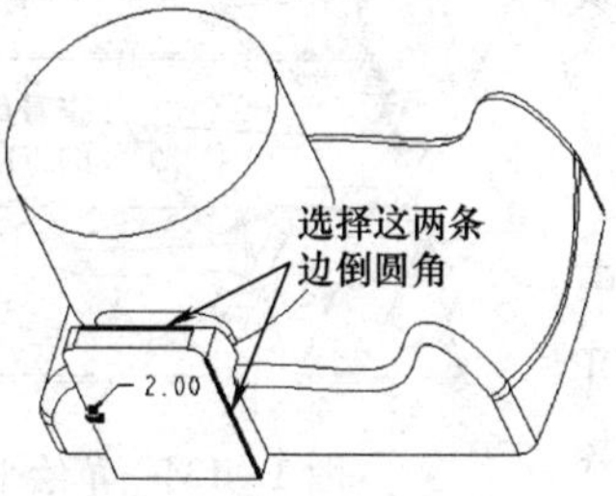

图 3－127 选取倒圆角边

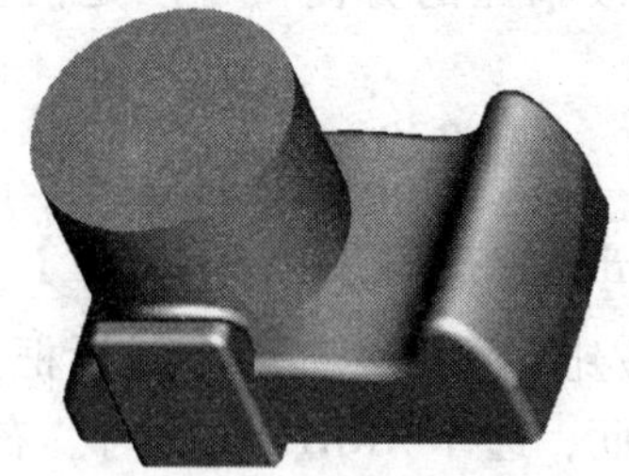

图 3－128 完成倒圆角

（9）单击按钮，创建倒圆角特征，倒圆角操控板中输入倒圆角半径 2。

（10）按着 Ctrl 选择图 3－129 所示的边。系统会自动搜索相切边，一起倒圆角。

（11）单击中键完成倒圆角，见图 3－130。

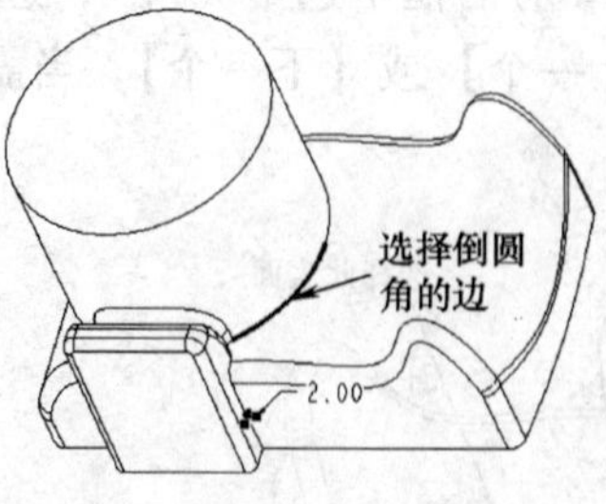

图 3－129 选取倒圆角边

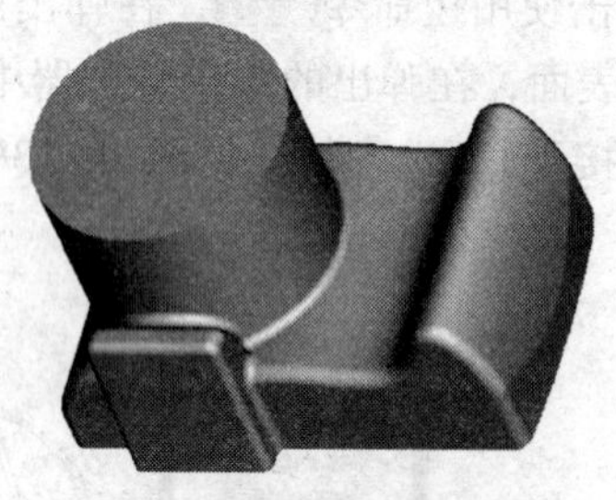

图 3－130 完成倒圆角

步骤 11 抽壳

如图 3－131 所示单击抽壳命令按钮，在抽壳操控板中输入壳厚 2。选择图 3－132 所示的表面为开口面。单击中键完成命令，完成的实体见图 3－133。

注：ProE 的抽壳命令针对整个零件进行操作，不能对零件的局部或特征进行操作。抽壳命令的详细用法后面举例详细说明。

图 3－131 实体化操控板

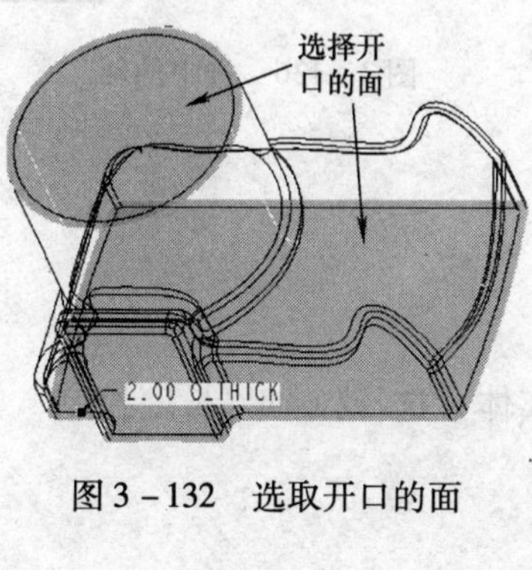

图 3－132 选取开口的面

图 3－133 完成抽壳

厚度：抽壳的厚度。

更改抽壳的方向，可以是内侧、外侧或双侧。

步骤 12　创建凸缘

(1) 单击按钮，单击【放置】菜单，点击定义...按钮，弹出“草绘”对话框。选择 TOP 作为草绘平面，选择 RIGHT 作为向“右”的参照。单击绘图区查看草绘的方向，使其如图 3－134 所示。

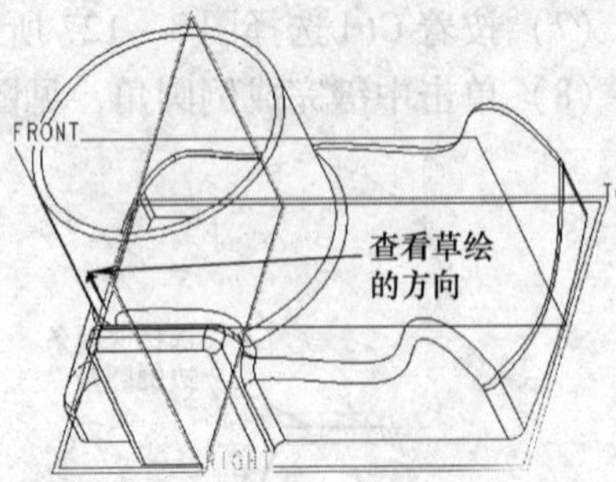

图 3－134　草绘平面

(2) 单击草绘按钮或单击中键激活草绘环境，系统自动选择 RIGHT 和 FRONT 基准平面作为绘制二维截面的参照。

(3) 单击使用边命令，在弹出的“类型”对话框中选中“环”，选择图 3－135 右图所示的表面，在弹出的菜单管理器中选择【上一个】或【下一个】，当需要的环加亮时，单击【接受】，选中的线见图 3－136。

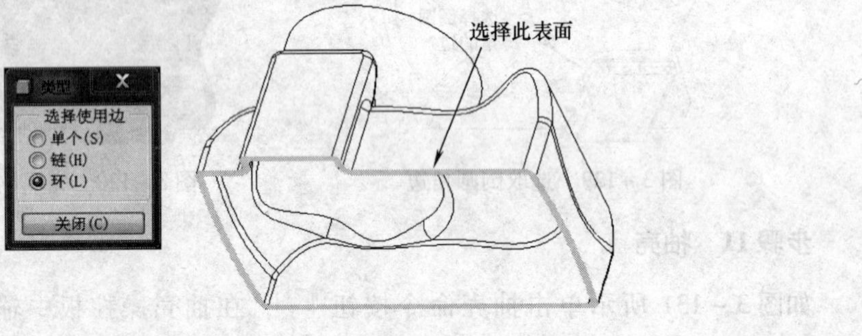

图 3－135　使用边

(4) 单击偏移边命令，在弹出的“类型”对话框中选中“环”，选择图 3－137 右图所示的表面，在弹出的菜单管理器中选择【上一个】或【下一个】，当需要的环加亮时，单击【接受】，见图 3－138。

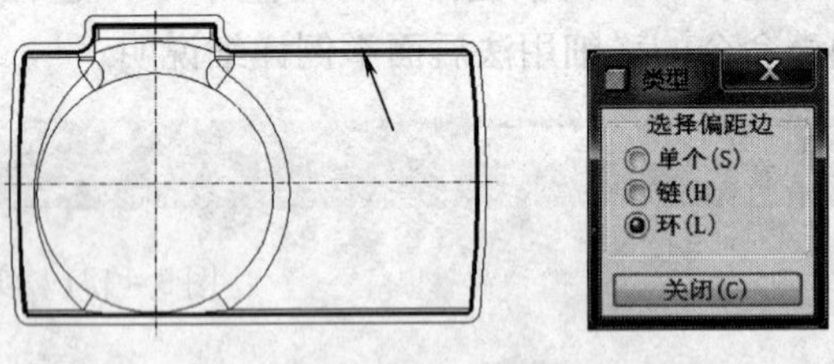

图 3－136　选中的环

(5) 输入偏移距离 1（如果要向箭头的反方向偏移，则输入负的偏移距离），回车后完成的截面见图 3－139。

(6) 单击完成草绘，继续下一步设置。

(7) 在拉伸操控板中，单击选择拉伸为实体，选择拉伸“长度控制”方式为输入拉伸长度，输入拉伸长度为 1。

（8）单击完成拉伸特征创建，创建的特征见图 3 – 140。

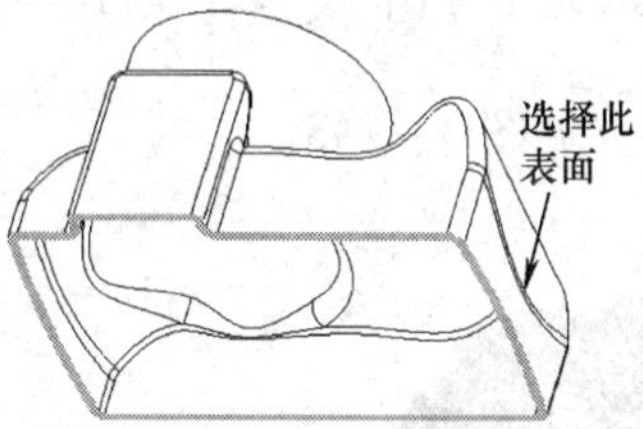

图 3 – 137　偏距边

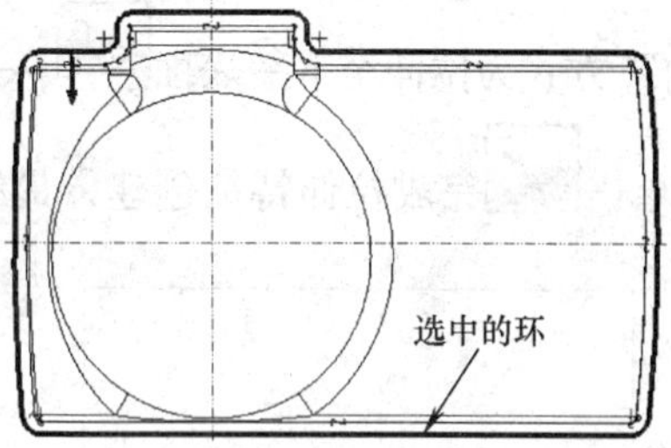

图 3 – 138　选中的环

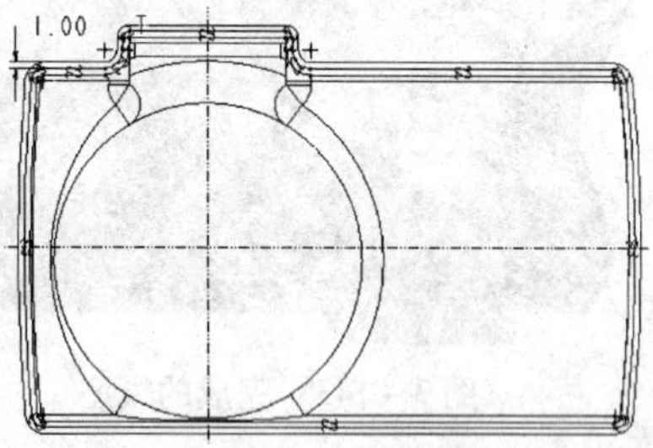

图 3 – 139　完成的截面

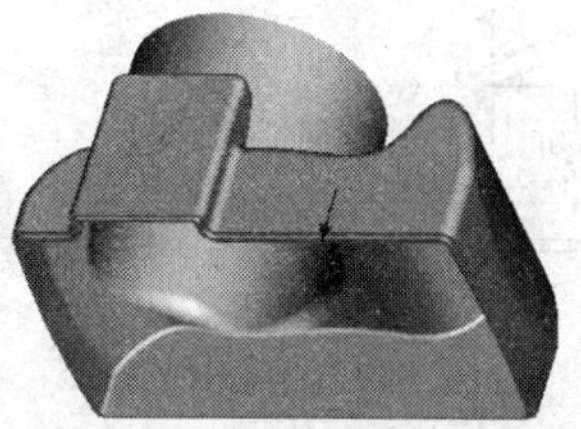
图3 – 140　创建的拉伸特征

步骤 13　创建侧面 20 × 10 矩形孔

（1）单击按钮，单击【放置】菜单，点击 定义... 按钮，弹出“草绘”对话框。

（2）创建草绘平面。如果基准平面没有显示，单击显示基准平面。单击创建新的基准平面，选择 RIGHT 作为参考，输入偏移距离 80，见图 3 – 141。单击中键完成基准平面创建，系统自动把刚创建的基准平面 DTM1 作为草绘平面。

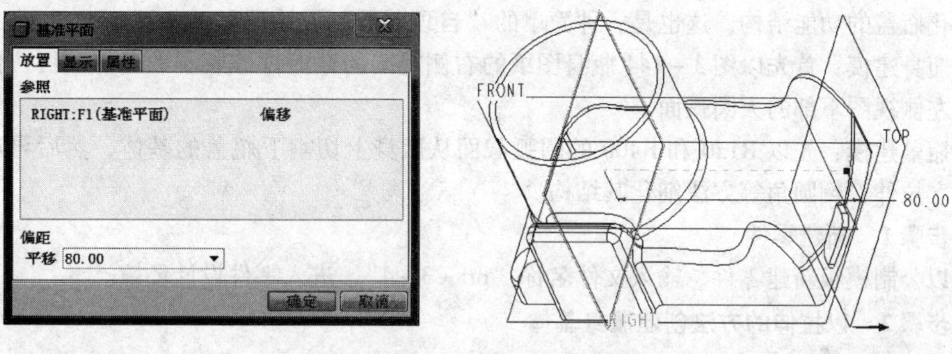

图 3 – 141　基准平面创建

（3）系统自动选择 TOP 作为参照，设置其方向为“顶”。

（4）单击 草绘 按钮激活草绘环境，系统自动选择 TOP 和 FRONT 基准平面作为绘制二维截面的参照。

（5）绘制图 3 – 142 所示的截面。单击完成草绘，继续下一步设置。

(6) 在拉伸操控板中，单击选择拉伸为实体，单击选择切除材料，选择拉伸“长度控制”方式为拉伸至下一表面——当拉伸截面完全穿出下一表面时拉伸停止。

(7) 单击完成拉伸特征创建，最终完成的零件见图 3－143。

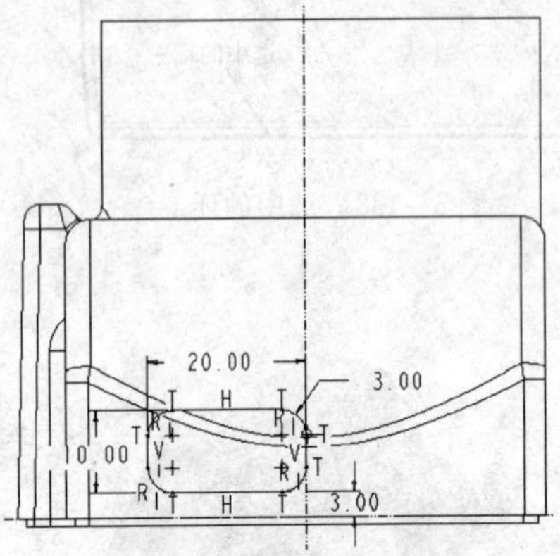

图 3－142　选中的环

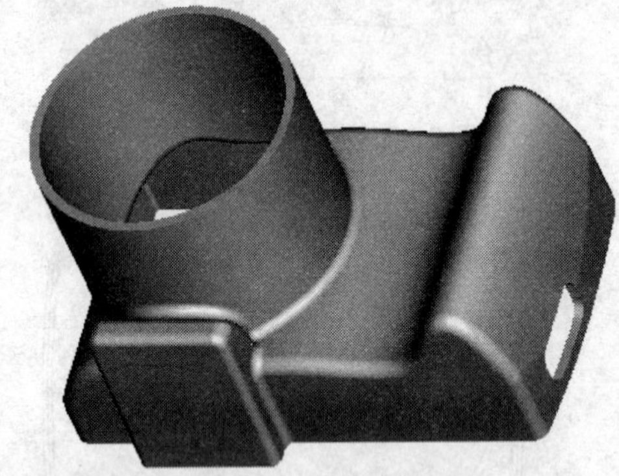

图 3－143　完成的模型

3.5　实　例　四

此实例将完成图 3－144 所示的瓶盖，由于瓶盖是自瓶身上切割得到的，故一并给出瓶身尺寸。通过此例学习 ProE 拉伸曲面的创建及曲面和实体联合应用的基本方法，并学习壳工具、拔模工具、曲面修剪实体的基本方法。

在产品设计中，为了保证产品的整体性，往往先设计产品的整体外观，再拆分零件(例如本例中的瓶身和瓶盖)。因此本例先设计瓶子的外形，然后按要求切割出瓶盖部分，再细化瓶盖的功能结构，这也是一种简单的“自顶向下”设计理念。

瓶身建模：首先以图 3－144 瓶身图纸的右侧视图的截面拉伸瓶子的基体，再拉伸切割出左侧视图下部的大圆弧面。

瓶盖建模：先以 R120 和 R400 的圆弧截面从瓶身上切割下瓶盖的基体，然后再通过抽壳、拉伸、倒圆角等方法细化其结构。

步骤 1　新建零件

以公制模板新建零件，输入文件名称“prt－3－4”，进入零件设计环境。

步骤 2　以拉伸的方法创建瓶身基体

(1) 单击按钮，出现拉伸操控板。

(2) 单击【放置】菜单，点击 定义... 按钮，弹出“草绘”对话框。选择 TOP 作为草绘平面，选择 RIGHT 作为向“右”的参照，见图 3－145。

(3) 单击 草绘 按钮或单击中键激活草绘环境，系统自动选择图 3－146 所示的 RIGHT 和 FRONT 基准平面作为绘制二维截面的参照。

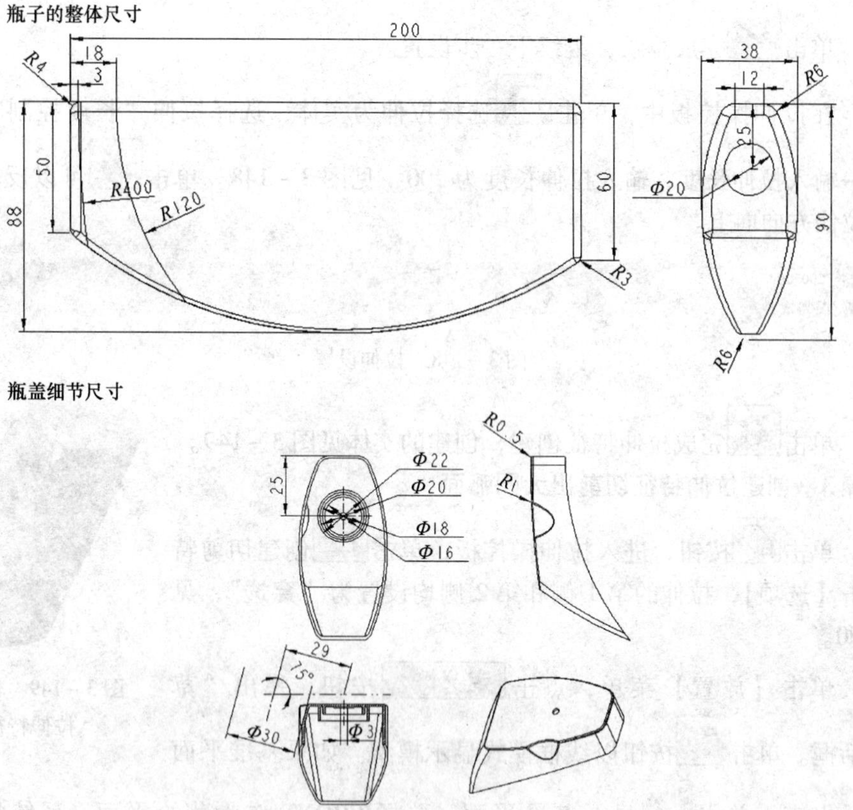

图3－144　零件图纸

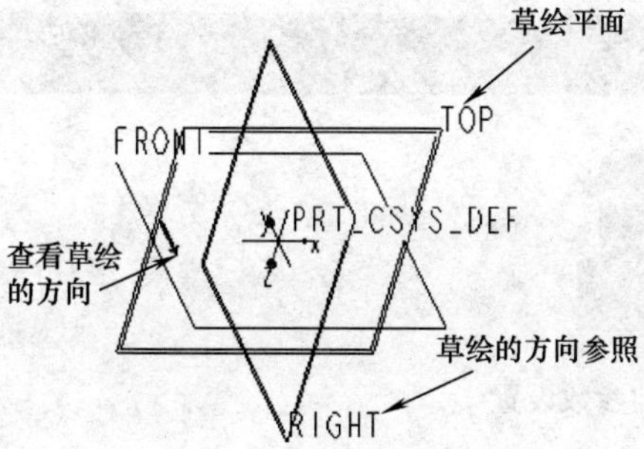

图3－145　草绘平面选取

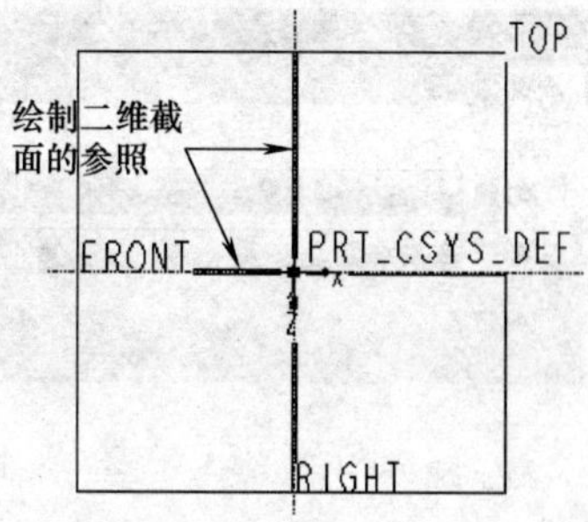

图3－146　绘制截面的参照

（4）绘制图3－147所示的截面，标注图示尺寸，修改尺寸值。

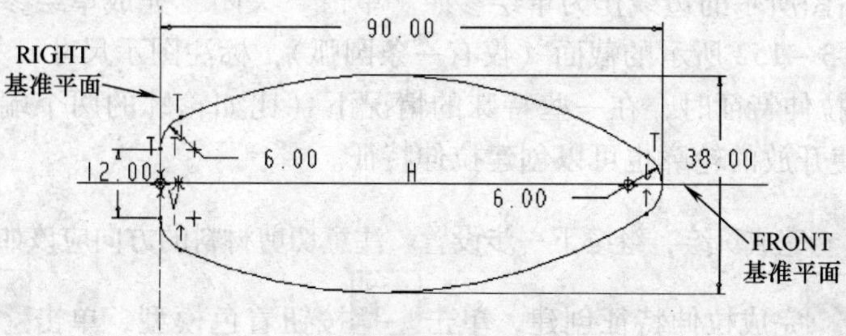

图3－147　草绘截面

（5）单击完成草绘，继续下一步设置。

（6）在拉伸操控板中，单击选择拉伸为实体，选择拉伸“长度控制”方式为——输入拉伸长度，输入拉伸长度为200，见图3－148。单击可以反转拉伸方向，使拉伸方向向上。

图3－148　拉伸设置

（7）单击完成拉伸特征创建，创建的实体见图3－149。

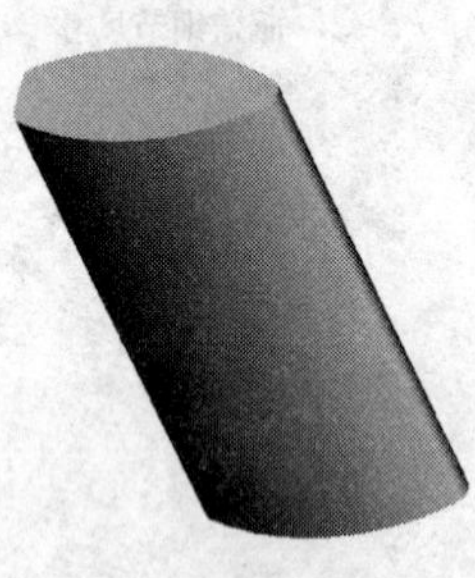

图3－149　创建的拉伸特征

步骤3　创建拉伸特征切剪出大圆弧面

（1）单击按钮，进入拉伸操控板，单击创建切剪特征。单击【选项】，拉伸的第1侧和第2侧均设置为“穿透”，见图3－150。

（2）单击【放置】菜单，点击定义...按钮，弹出“草绘”对话框。单击按钮以线框模式显示模型。如果基准平面没有显示出来，单击显示基准平面。选择FRONT作为草绘平面，系统自动选择RIGHT作为向右的参照。

图3－150　拉伸参数设置

（3）单击草绘按钮或单击中键激活草绘环境，系统自动选择RIGHT和TOP基准平面作为绘制二维截面的参照。单击【草绘】⇨【参照】菜单，弹出“参照”对话框，选择图3－151右图所示的边线作为草绘参照。单击“关闭”完成草绘参照选取。

（4）绘制图3－152所示的截面（仅有一条圆弧），标注图示尺寸，并修改尺寸。

提示：创建拉伸特征时，在一些特殊的情况下（比如轮廓的两个端点落在已有实体的边界上），即使开放的轮廓也可以创建拉伸特征。

（5）单击完成草绘，继续下一步设置。注意切剪材料的方向应该如图3－153所示。

（6）单击完成拉伸特征创建，单击按钮着色模型，单击按钮以标准方向显示模型，创建的实体见图3－154。

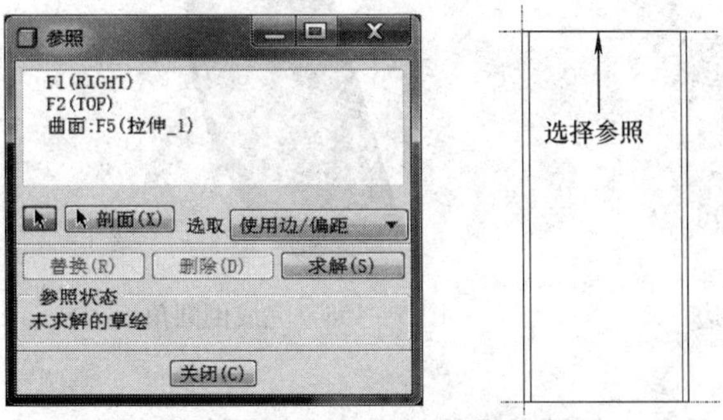

图3-151 选择草绘参照

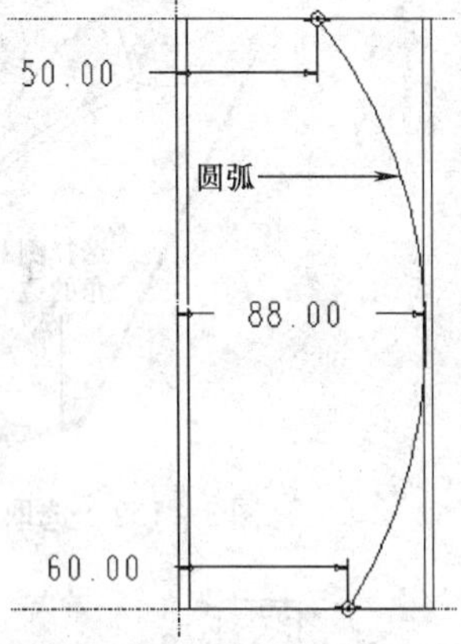

图3-152 草绘截面

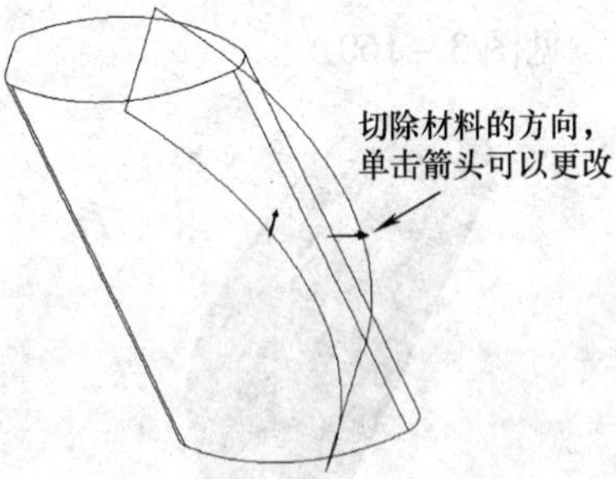

图3-153 切除材料的方向

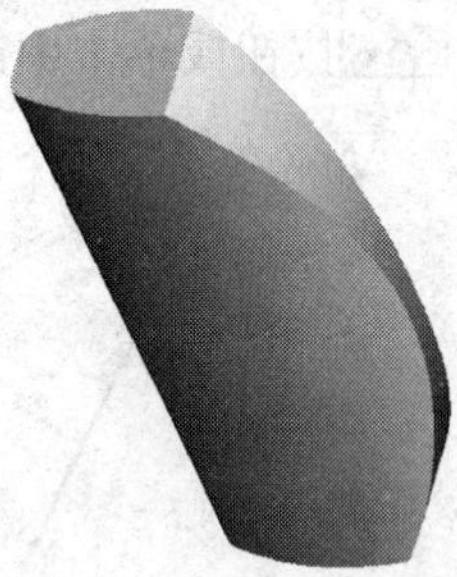

图3-154 创建的实体

步骤4 倒圆角

(1) 单击按钮，创建倒圆角特征，倒圆角操控板中输入倒圆角半径3。
(2) 按着 Ctrl 选择图3-155 所示的边。
(3) 单击按钮或单击中键完成倒圆角，见图3-156。

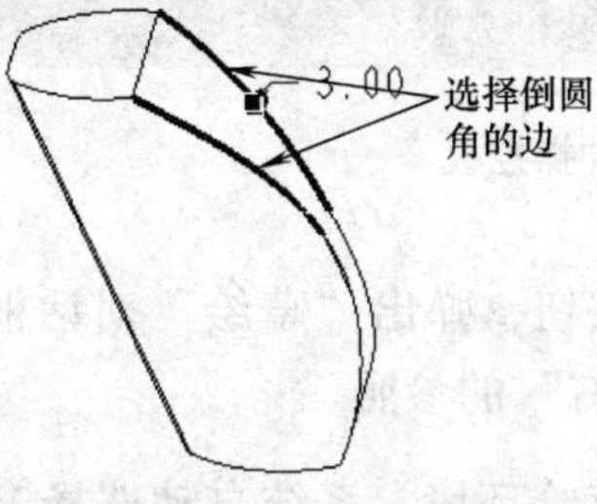

图3-155 选取倒圆角边

图3-156 完成倒圆角

(4) 单击按钮，创建倒圆角特征，倒圆角操控板中输入倒圆角半径3。
(5) 按着 Ctrl 选择图3-157 所示的边。
(6) 单击按钮或单击中键完成倒圆角，见图3-158。

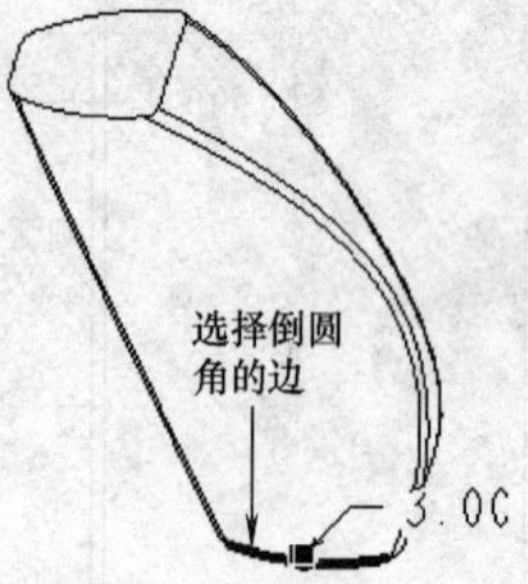

图 3－157　选取倒圆角边

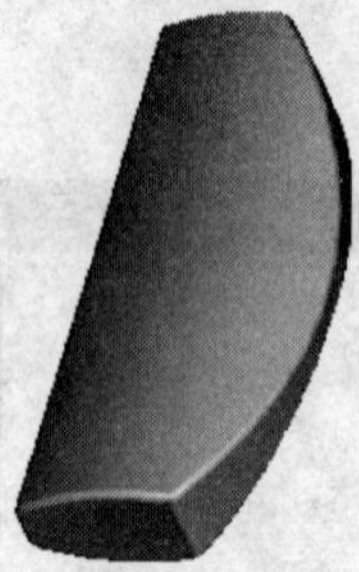

图 3－158　完成倒圆角

(7) 单击按钮，创建倒圆角特征，倒圆角操控板中输入倒圆角半径 4。
(8) 按着 Ctrl 选择图 3－159 所示的边。
(9) 单击按钮或单击中键完成倒圆角，见图 3－160。

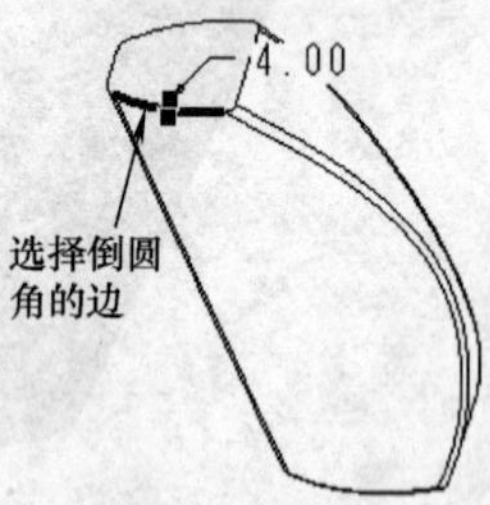

图 3－159　选取倒圆角边

图 3－160　完成倒圆角

步骤 5　创建裁剪出瓶盖的曲面

(1) 单击按钮，在拉伸操控板中，单击设置拉伸为曲面，设置拉伸长度控制为对称拉伸，输入拉伸长度为 60，见图 3－161。

图 3－161　拉伸操控板

(2) 单击【放置】菜单，点击定义...按钮，弹出“草绘”对话框。选择 FRONT 作为草绘平面，系统自动选择 RIGHT 作为向“右”的参照。

(3) 单击草绘按钮或单击中键激活草绘环境，系统自动选择 RIGHT 和基准平面作为绘制二维截面的参照。单击【草绘】⇨【参照】菜单，弹出“参照”对话框，选择图 3－162 右图所示的边线作为草绘参照。单击“关闭”完成草绘参照选取。

(4) 绘制图 3－163 所示的截面（仅一个圆弧），标注图示尺寸［标注 18 的距离尺寸时，直接选择端点（1）和实体棱边（2）即可］，修改尺寸值。

(5) 单击完成草绘，继续下一步设置。

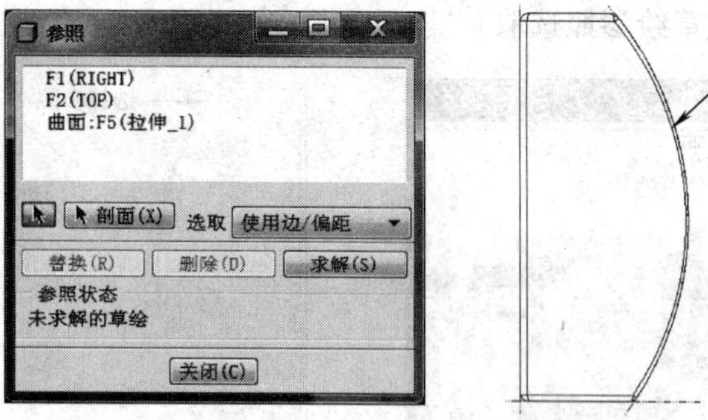

图 3－162　选择草绘参照

（6）单击完成拉伸特征创建，创建的曲面见图 3－164。

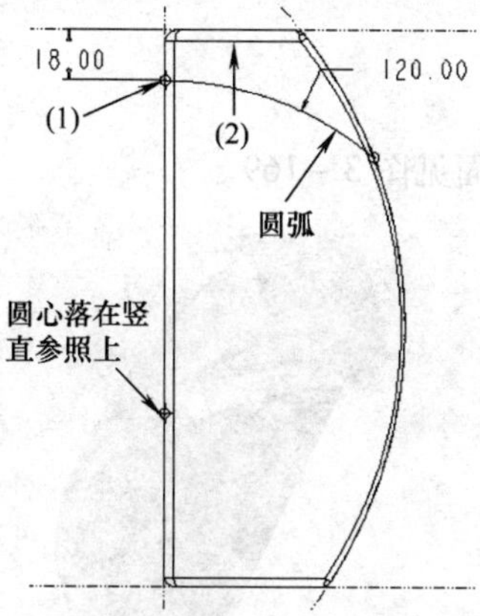

图 3－163　草绘截面

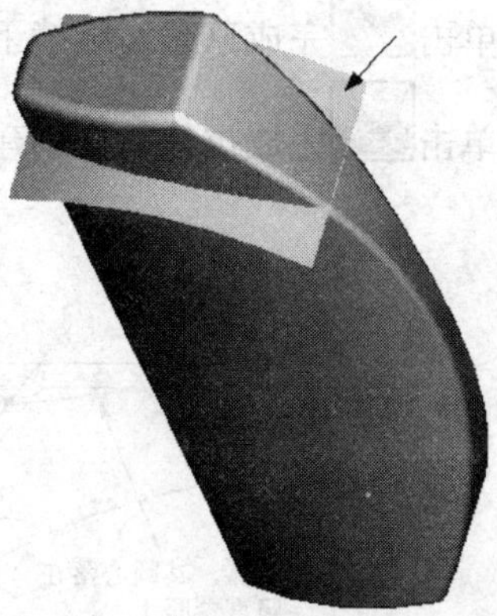

图 3－164　创建的曲面

（7）再次单击按钮，在拉伸操控板中，单击设置拉伸为曲面，设置拉伸长度控制为对称拉伸，输入拉伸长度为 60，见图 3－165。

图 3－165　拉伸操控板

（8）单击【放置】菜单，点击 定义... 按钮，弹出“草绘”对话框，见图 3－166。单击 使用先前的 按钮——使用与前一次相同的草绘平面和参照。

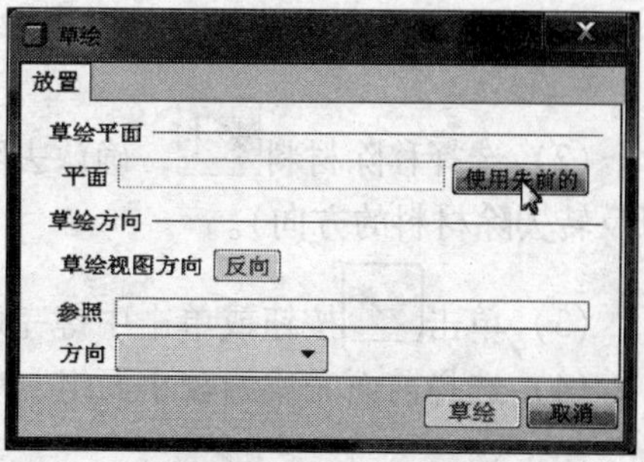

图 3－166　草绘对话框

（9）系统直接进入草绘环境，并自动选择 RIGHT 和 TOP 基准平面作为绘制二维截面的参照。单击【草绘】⇨【参照】菜单，弹出“参照”对话框，选择图 3－167 右图所示的边线作为草绘参照。单击“关闭”完成草绘参照选取。

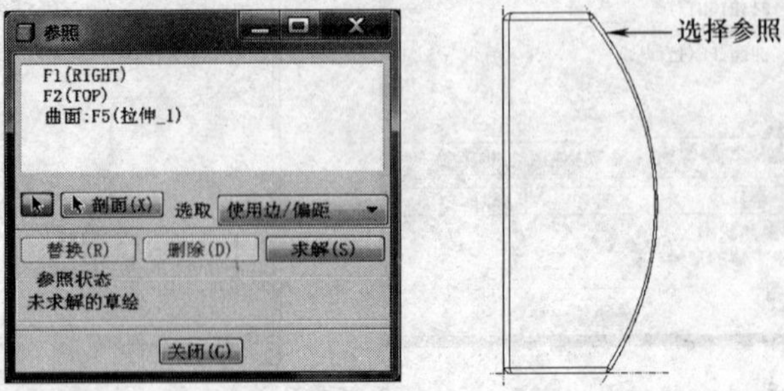

图 3－167　选择草绘参照

（10）绘制图 3－168 所示的截面（仅一个圆弧），标注图示尺寸，修改尺寸值。

（11）单击完成草绘，继续下一步设置。

（12）单击完成拉伸特征创建，创建的曲面见图 3－169。

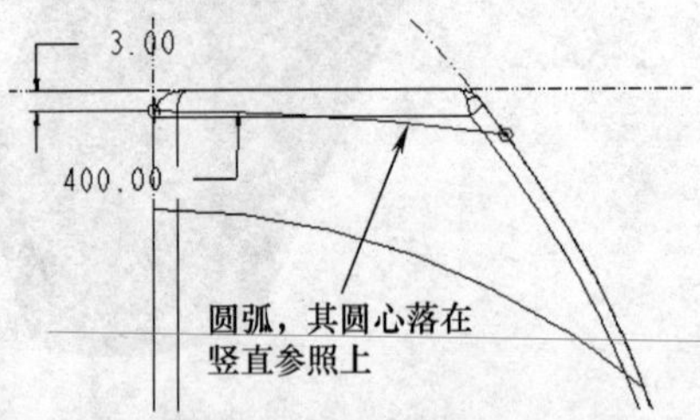

图 3－168　草绘截面

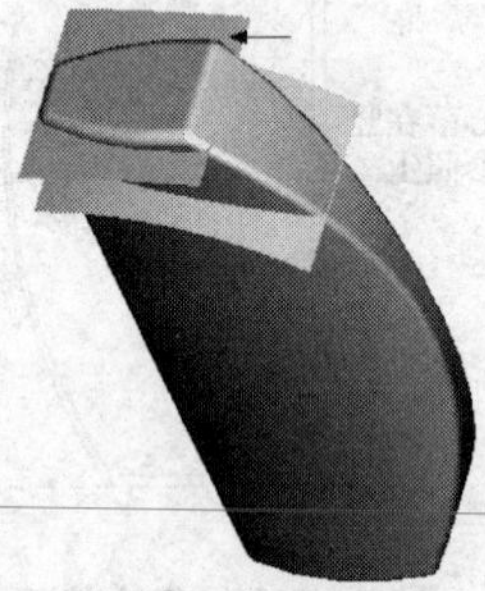

图 3－169　创建的曲面

步骤 6　用实体化命令裁剪实体

（1）选择前面完成的较大面组，单击【编辑】⇨【实体化】菜单（也可以将该命令添加到工具栏中）。实体化操控板见图 3－170。

图 3－170　实体化操控板

（2）选择移除材料，确认去除材料的方向如图 3－171 所示（单击箭头或可以反转去除材料的方向）。

（3）单击按钮或单击中键完成命令，结果见图 2－172。

（4）选择前面完成的较小面组，单击【编辑】⇨【实体化】菜单。

（5）选择移除材料，确认去除材料的方向如图 3－173 所示（单击箭头或可以反转去除材料的方向）。

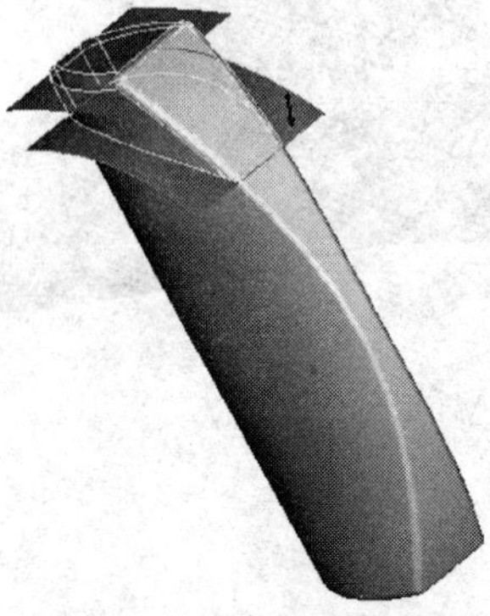

图3－171 去除材料的方向

图3－172 完成的结果

（6）单击按钮或单击中键完成命令，结果见图2－174。

图3－173 去除材料的方向

图3－174 完成的结果

步骤7 拉伸切剪盖子上的缺口

（1）由于该缺口的拉伸截面不平行于现有的任何平面（基准平面与平的实体表面），故需要先创建草绘平面。

先创建一条轴线。将插入点移至刚刚创建的实体化特征之前，见图3－175。单击创建轴命令，选择图3－176所示的平面——创建的轴A－1为这两张面的交线。单击中键完成轴A－1创建。

注：移动插入点可以自行安排新创建特征在模型树中的顺序，新创建的特征要参考已经消失的要素（如本例），就可以将插入点移动到该要素消失之前，创建完特征后再根据需要安排插入点的位置。又如为了不让某个特征影响其它一些特征时，也可以将其插入在这些特征之前。总之插入点的位置（或者说特征的创建顺序）对模型有着非常重大的影响，这些都需要读者在使用ProE软件的过程中细细体会。

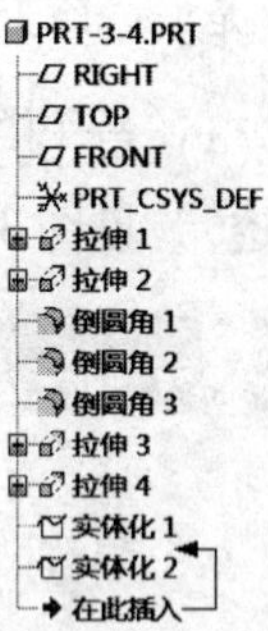

图3－175 调整插入点

（2）将插入点移至模型树的最末。单击创建基准平面命令，选择前面创建的轴线和TOP面，输入旋转角度－15°，见图3－177。单击中键完成基准平面DTM1创建。

提示：该方法创建的基准平面为绕着轴旋转，并与所选的面成一定的夹角。

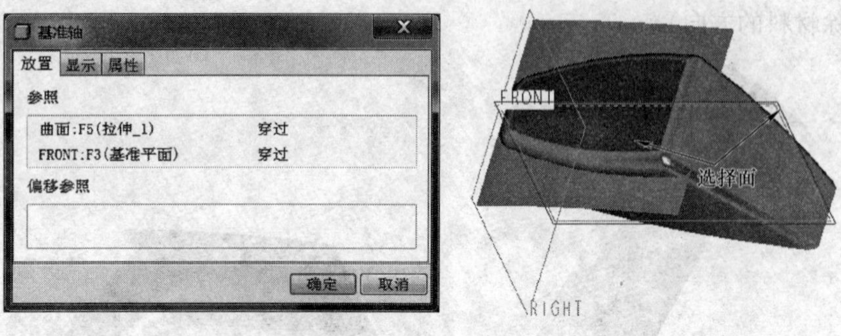

图 3－176　创建轴

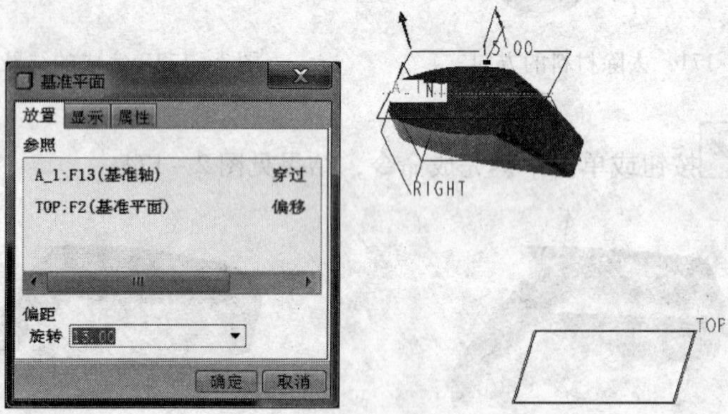

图 3－177　创建基准平面

（3）创建草绘的参考面。单击创建基准平面命令，选择 RIGHT 面，输入偏移距离 25，单击中键完成基准平面 DTM2 创建。

提示：该方法创建的基准平面平行于所选面，并偏移指定距离。

（4）单击按钮，进入拉伸操控板，单击创建切剪特征。拉伸长度设置为“穿透”，见图 3－178。

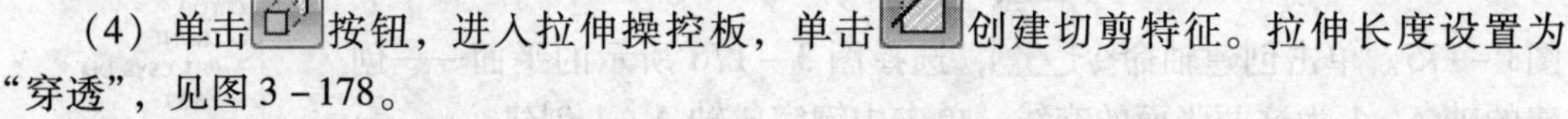

图 3－178　拉伸参数设置

（5）单击【放置】菜单，点击定义...按钮，弹出“草绘”对话框。单击按钮以线框模式显示模型。如果基准平面没有显示出来，单击显示基准平面。选择参照 DTM1 作为草绘平面，激活参照收集框，选择 DTM2 作为向“右”的参照，见图 3－179。

（6）单击草绘按钮或单击中键激活草绘环境，此时会出现“参照”对话框。若没有出现，单击【草绘】⇨【参照】菜单，弹出“参照”对话框，选择图 3－180 右图所示的轴线和 DTM2 作为参照。单击“关闭”完成草绘参照选取。

（7）绘制图 3－181 所示的截面（为一个圆），标注图示尺寸，并修改尺寸。

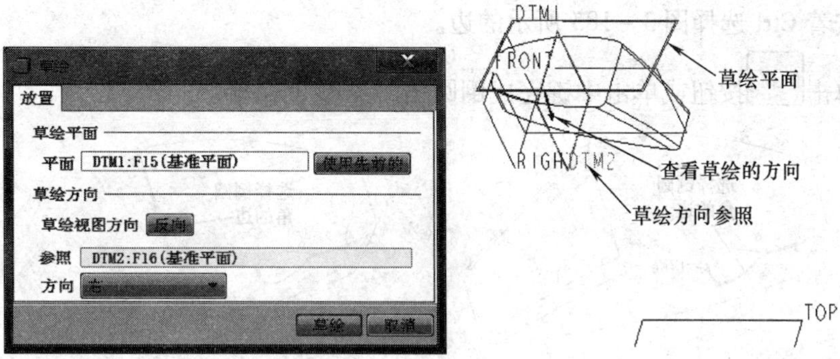

图3－179 创建基准平面

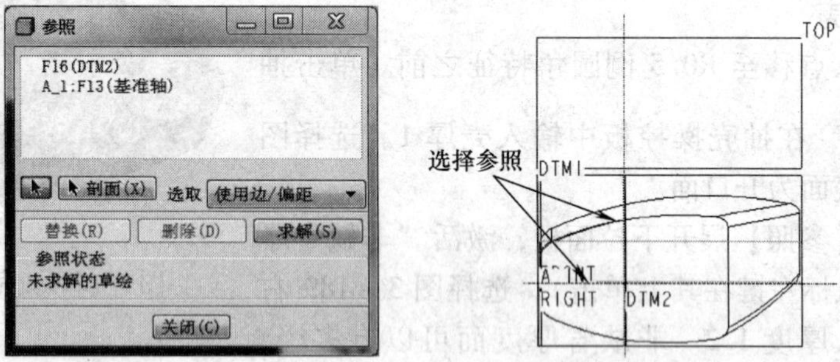

图3－180 选择草绘参照

(8) 单击完成草绘，继续下一步设置。注意切剪材料的方向应该如图3－182所示。

(9) 单击完成拉伸特征创建，单击按钮着色模型，单击按钮以标准方向显示模型，创建的实体见图3－183。

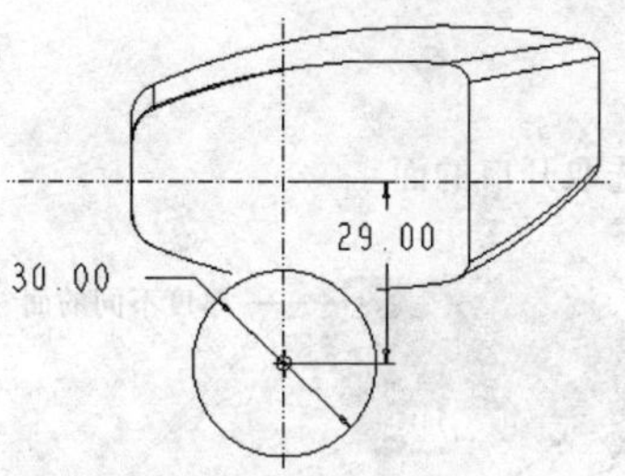

图3－181 草绘截面

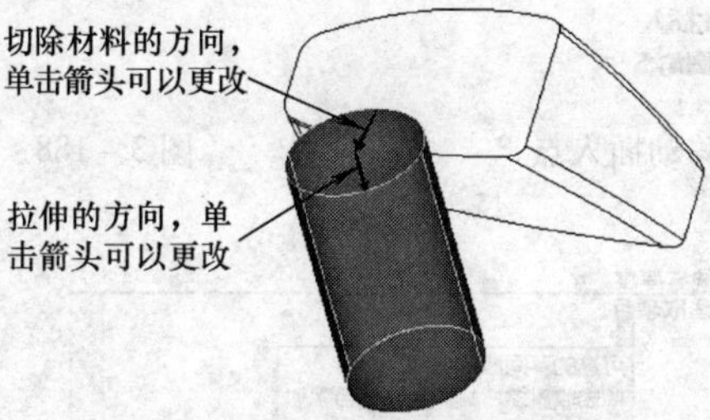

图3－182 切除材料的方向

图3－183 创建的特征

步骤8 倒圆角

(1) 单击按钮，创建倒圆角特征，倒圆角操控板中输入倒圆角半径1。

(2) 选择图3－184所示的边。单击按钮或单击中键完成倒圆角。

(3) 单击按钮，创建倒圆角特征，倒圆角操控板中输入倒圆角半径0.5。

（4）按着 Ctrl 选择图 3－185 所示的边。

（5）单击按钮或单击中键完成倒圆角，见图 3－186。

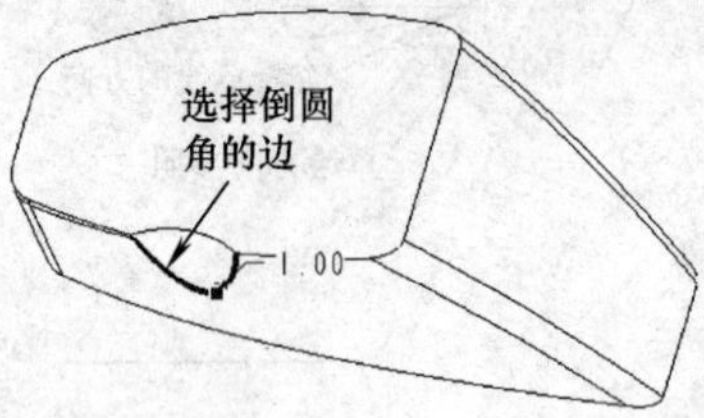

图 3－184　选取倒圆角边

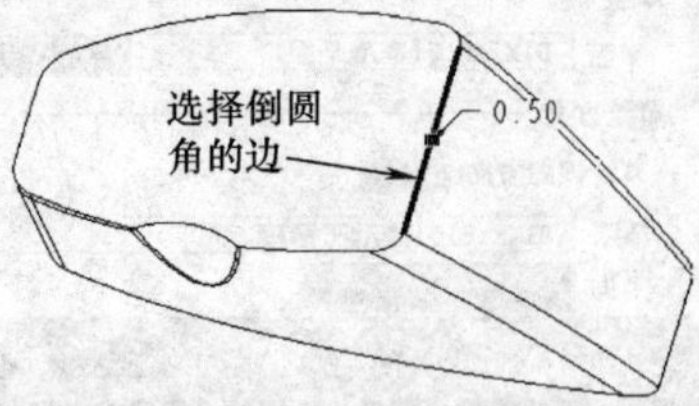

图 3－185　选取倒圆角边

步骤 9　抽壳

（1）将插入点移至 R0.5 倒圆角特征之前。单击抽壳命令按钮，在抽壳操控板中输入壳厚 1。选择图 3－188 所示的表面为开口面。

图 3－186　完成倒圆角

（2）单击【参照】展开下拉面板，激活“非缺省厚度”收集框（鼠标左键在其上单击），选择图 3－189 右图所示面，输入厚度 1.2。非缺省厚度面可以有多个，其厚度也可以不同。

（3）单击按钮或单击中键完成命令，完成壳创建。

图 3－187　移动插入点

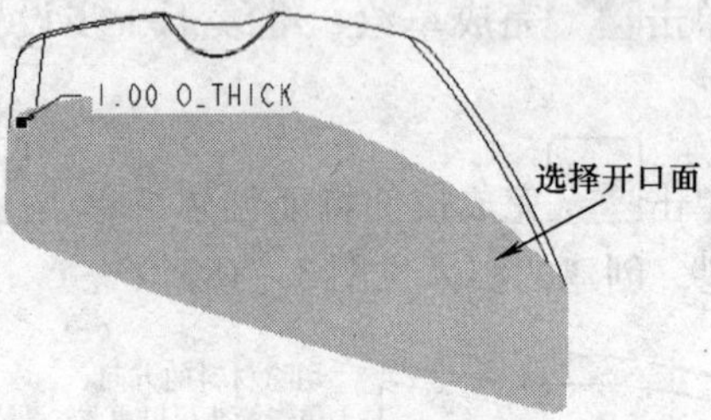

图 3－188　选取开口的面

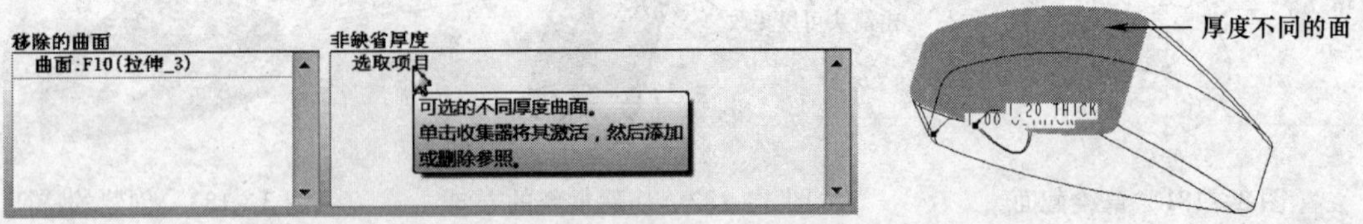

图 3－189　选取非缺省厚度的面

步骤 10　创建内部的结构

（1）将插入点移至模型树的最末。创建草绘平面。单击创建基准平面命令，选择 TOP 面，输入偏移距离 189，单击中键完成基准平面 DTM3 创建。

（2）在模型树中，按着 Ctrl 选择前面创建的轴 A_ 1、基准平面 DTM1 和 DTM2，在模型树中单击右键，选择【隐藏】菜单将这三者隐藏。

（3）单击按钮，单击【放置】菜单，点击定义...按钮，弹出“草绘”对话框，见图3－190。选择DTM3作为草绘平面，系统自动选择RIGHT作为向“右”的参照，单击反向按钮反转查看草绘的方向，见图3－191。

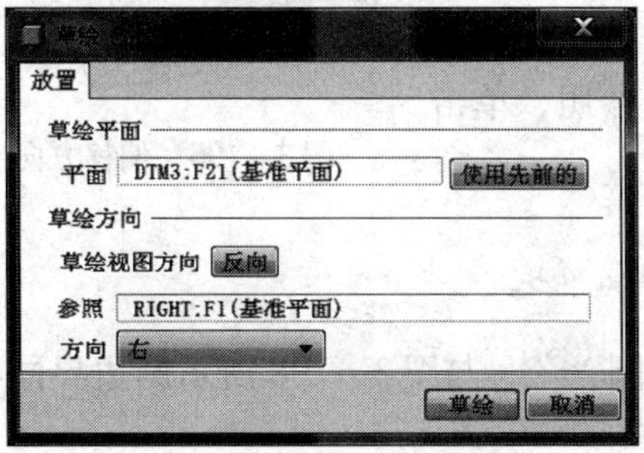

图3－190　草绘对话框

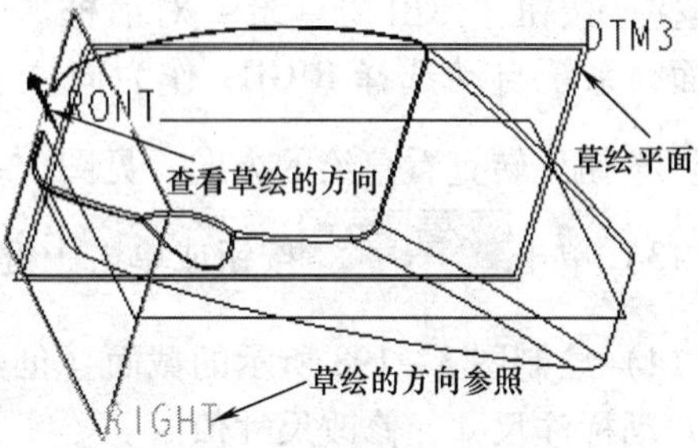

图3－191　草绘平面选取

（4）单击中键激活草绘环境，系统自动选择RIGHT和FRONT基准平面作为绘制二维截面的参照。

（5）绘制图3－192所示的截面，ProE自动标注尺寸，修改尺寸值。单击和隐藏基准平面和坐标系。

（6）单击完成草绘，继续下一步设置。

（7）在拉伸操控板中，单击选择拉伸为实体，选择拉伸“长度控制”方式为——拉伸至下一个表面停止。单击反转拉伸方向，使拉伸方向向上，见图3－193。

（8）单击完成拉伸特征创建。

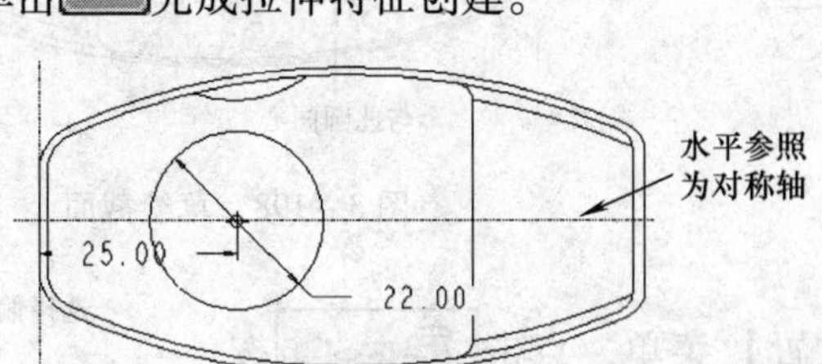

图3－192　草绘截面

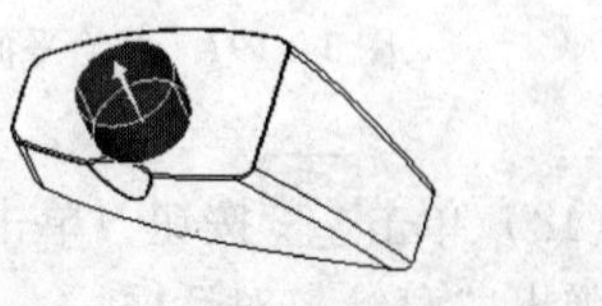

图3－193　拉伸方向

（9）偏移表面作为拉伸终止面。选择图3－194所示表面。单击【编辑】⇨【偏移】菜单，出现图3－195所示操控板。

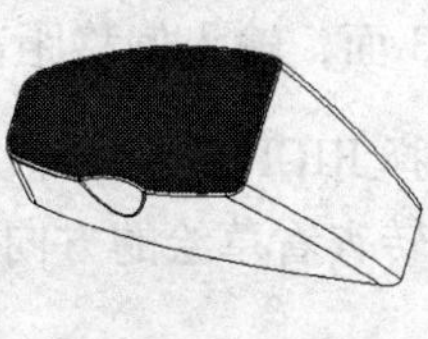

图3－194　选择要偏移的表面

（10）设置偏移方式为“标注偏移”，偏移距离为1，偏移方向如图3－196所示。

（11）单击完成曲面偏移。

图 3 - 195　偏移操控板

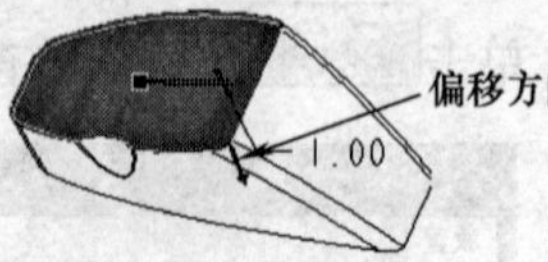

图 3 - 196　偏移方向

（12）单击按钮，单击【放置】菜单，点击定义...按钮，弹出“草绘”对话框。选择 DTM3 作为草绘平面，系统自动选择 RIGHT 作为向“右”的参照，单击反向按钮反转查看草绘的方向，见图 3 - 197。

（13）单击草绘按钮或单击中键激活草绘环境。

（14）绘制图 3 - 198 所示的截面（创建同心圆，与图 3 - 198 所示圆边界同心），ProE 自动标注尺寸，修改尺寸值。

（15）单击完成草绘，继续下一步设置。

（16）在拉伸操控板中，单击选择拉伸为实体，单击选择切除材料，选择拉伸长度控制为——拉伸至选定点、曲线、平面、曲面停止。选择前面偏移出来曲面，见图 3 - 199。

（17）单击完成拉伸特征创建。

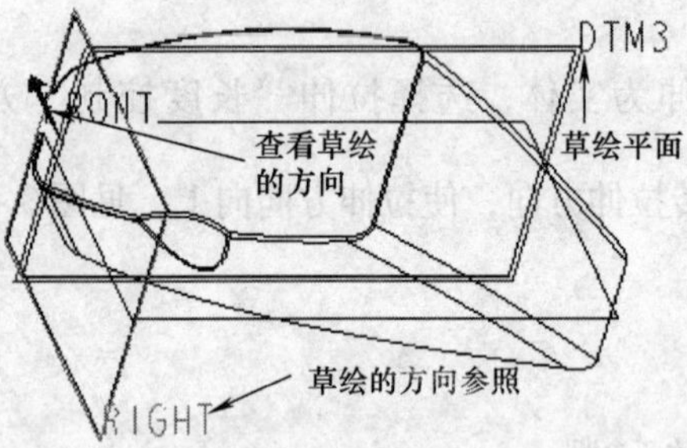

图 3 - 197　草绘平面选取

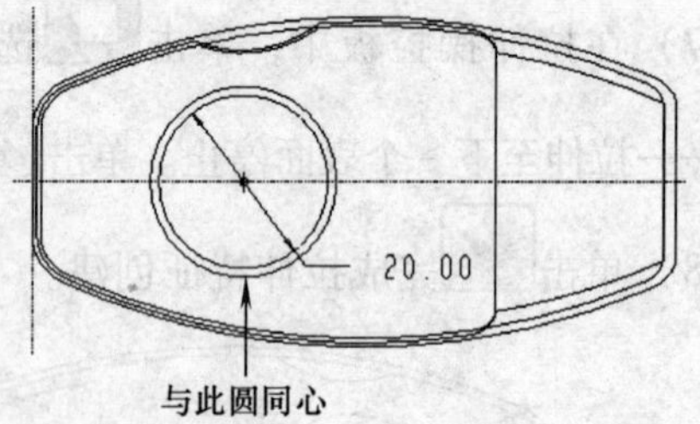

图 3 - 198　草绘截面

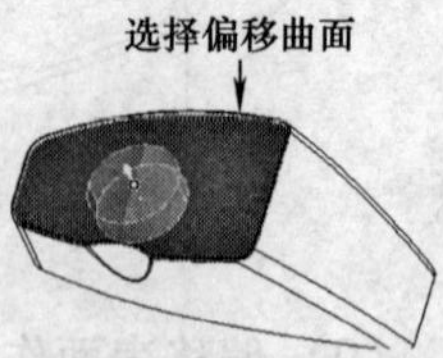

图 3 - 199　拉伸参考面

（18）单击按钮，单击【放置】菜单，点击定义...按钮，弹出“草绘”对话框。

（19）创建草绘平面。单击创建基准平面命令，选择 DTM3 面，输入偏移距离 3，单击中键完成基准平面创建。系统自动选择 RIGHT 作为向“右”的参照，见图 3 - 200。单击反向按钮反转查看草绘的方向，见图 3 - 201。

（20）单击中键激活草绘环境。绘制图 3 - 202 所示的截面（创建同心圆，与图

3－202 所示圆边界同心），ProE 自动标注尺寸，修改尺寸值。单击完成草绘，继续下一步设置。

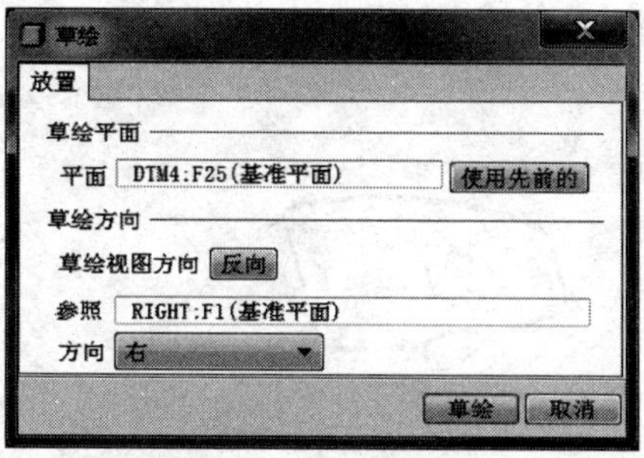

图 3－200 草绘对话框

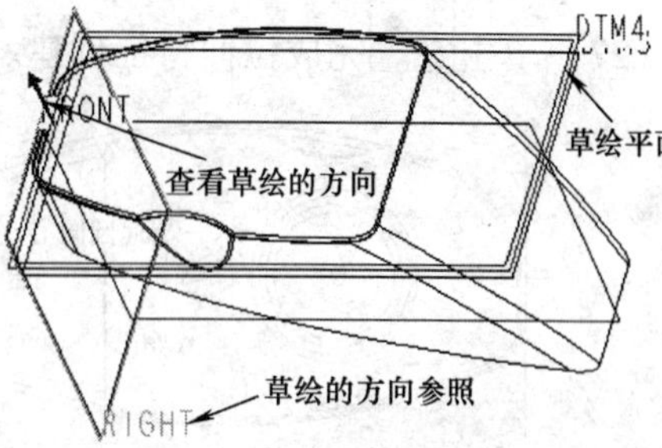

图 3－201 草绘平面选取

（21）在拉伸操控板中，单击选择拉伸为实体，选择拉伸“长度控制”方式为——拉伸至下一个表面停止，见图 3－203。

（22）单击完成拉伸特征创建。

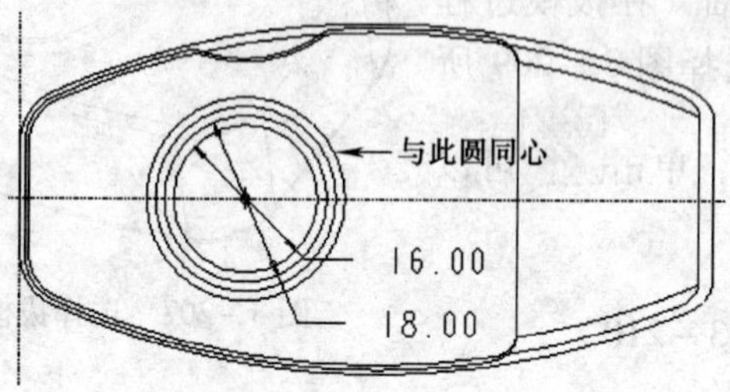

图 3－202 草绘截面

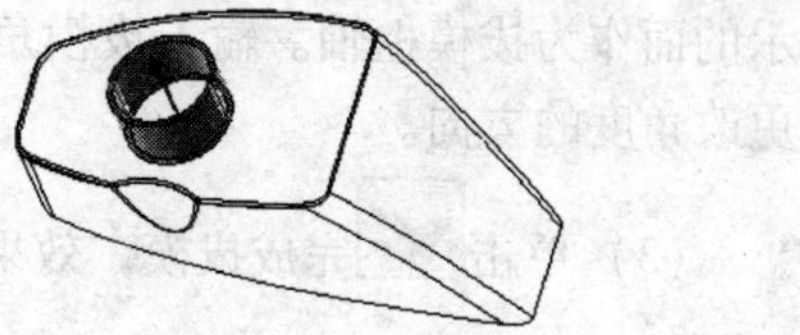

图 3－203 拉伸方向

（23）单击按钮，单击【放置】菜单，点击 定义... 按钮，弹出“草绘”对话框。选择 DTM3 作为草绘平面，系统自动选择 RIGHT 作为向“右”的参照，单击 反向 按钮反转查看草绘的方向，见图 3－204。

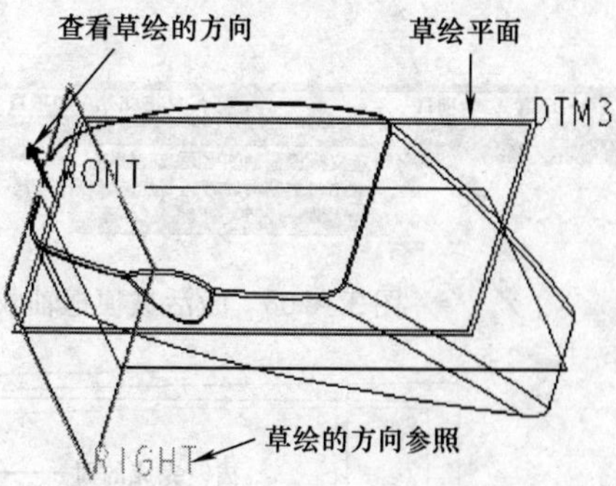

图 3－204 草绘平面选取

（24）单击中键激活草绘环境。绘制图 3－205 所示的截面（创建同心圆，与图 3－205 所示圆边界同心），ProE 自动标注尺寸，修改尺寸值。

（25）单击完成草绘，继续下一步设置。

（26）在拉伸操控板中，单击选择拉伸为实体，单击选择切除材料，选择拉伸“长度控制”方式为——贯穿所有材料，见图 3－206。

（27）单击完成拉伸特征创建。

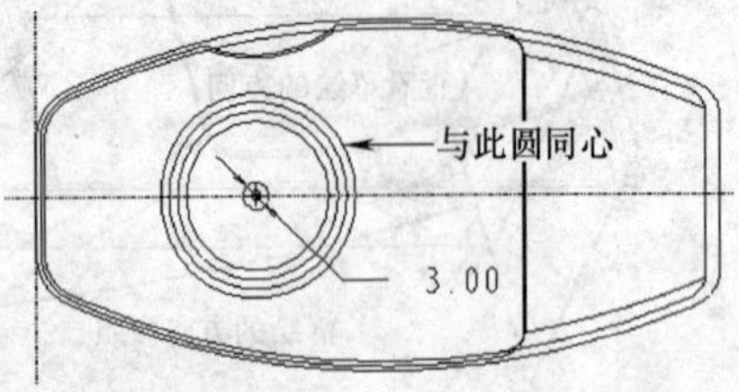

图 3－205　草绘截面

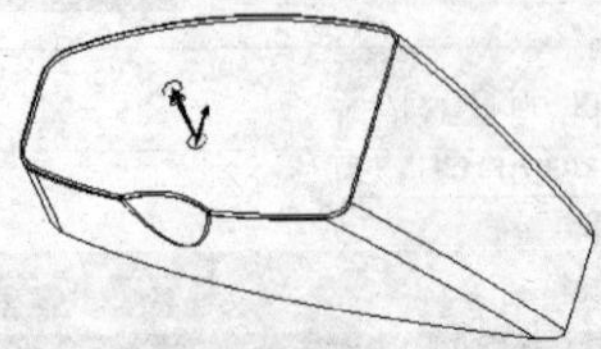

图 3－206　拉伸方向

步骤 11　创建拔模斜度

（1）单击创建拔模斜度命令，按着 Ctrl 选择图 3－207 所示的面为拔模面（共两张面）——对这些面添加斜度。

（2）单击图 3－208 所示的拔模枢轴（在拔模过程中拔模面尺寸不变的位置）收集框，选择图 3－209 所示的面作为拔模枢轴。输入拔模角度 3°，单击可以更改角度的方向。

（3）单击完成拔模，效果见图 3－210。

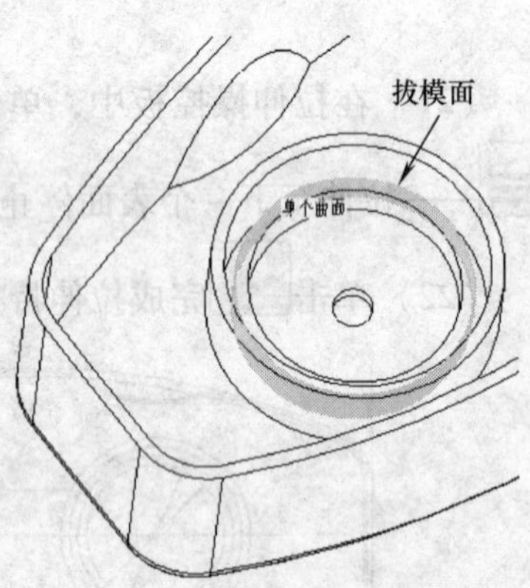

图 3－207　选择拔模面

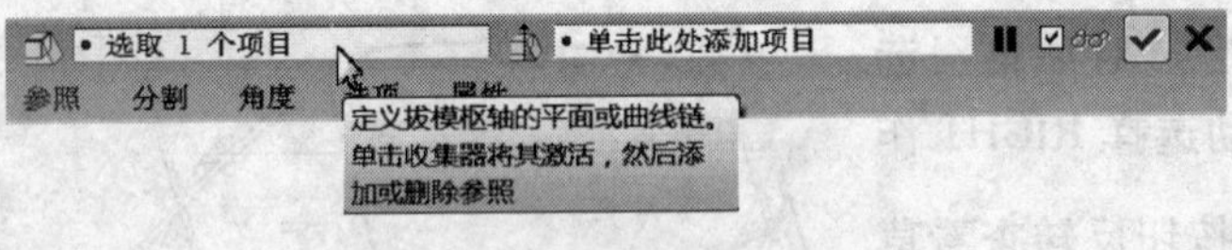

图 3－208　激活拔模枢轴收集框

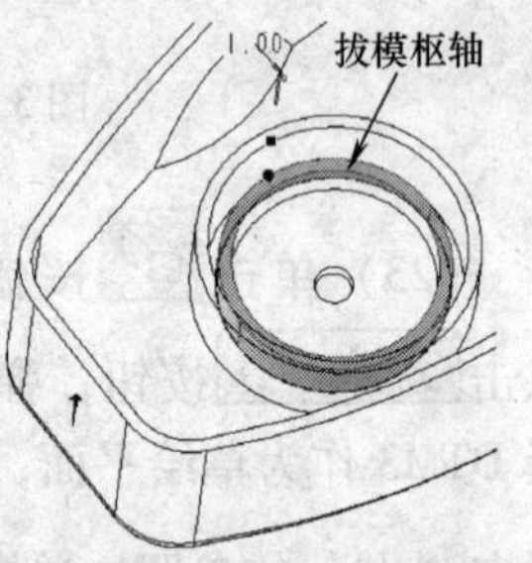

图 3－209　选择拔模枢轴

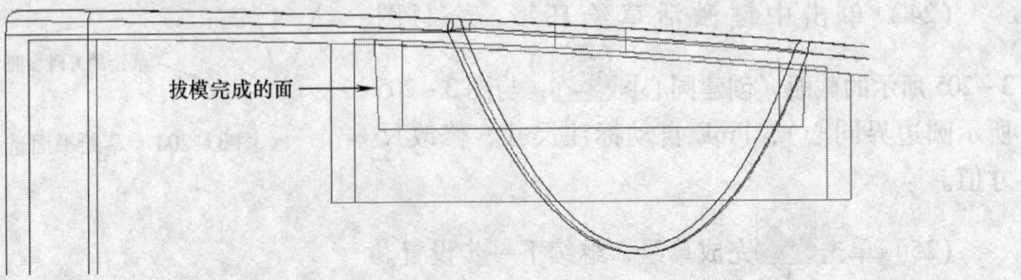

图 3－210　拔模效果

3.6 实 例 五

此实例将完成图 3 – 211 所示零件。通过此例学习 ProE 曲面的复制、偏移、裁剪、延伸、合并、实体化的方法及曲面和实体联合建模的基本方法，并学习壳工具、拔模工具、可变倒圆角、筋的基本用法。

建模思路：主视图下部的偏距凸起，是用曲面偏移的方法创建的，具体的创建步骤后面详细说明，可以先不考虑此部分。模型中间的那些薄板可以用拉伸或筋的方法创建，也可以将其移除。再剔除其余的倒圆角。这时模型的主体浮现出来，是以图 3 – 211 的主视图中的截面拉伸创建。因此，建模时先创建模型主体，再创建周边的大圆角，创建偏距凸起，抽壳，最后创建模型中间的薄板。

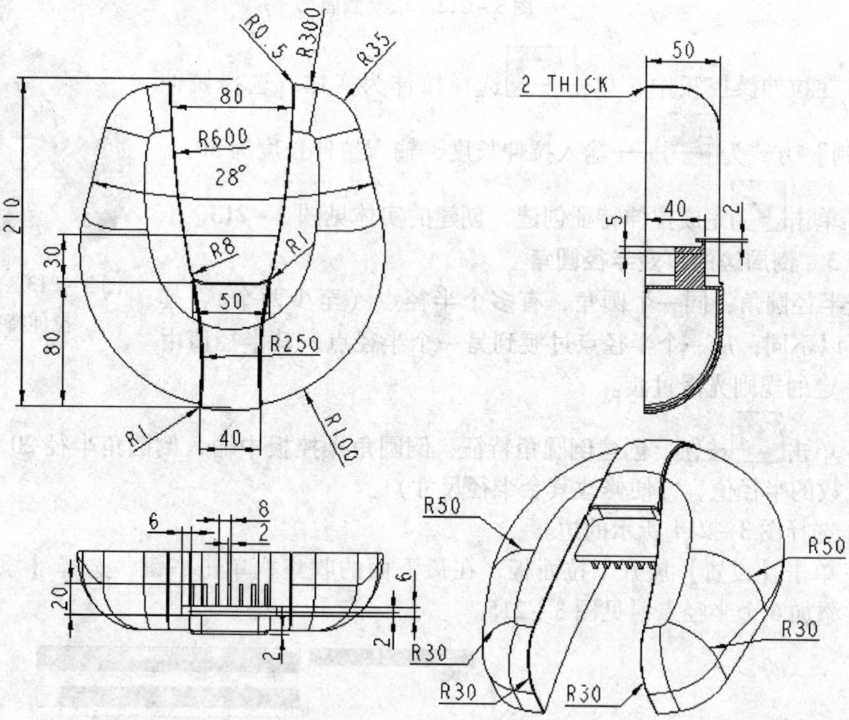

图 3 – 211 拉伸方向

步骤 1 新建零件

以公制模板创建零件，文件名称“prt – 3 – 5”。

步骤 2 以拉伸的方法创建瓶身基体

（1）单击按钮，出现拉伸操控板。单击【放置】菜单，点击 定义... 按钮。选择 TOP 作为草绘平面，系统自动选择 RIGHT 作为向“右”的参照。

（2）单击 草绘 按钮或单击中键激活草绘环境。

（3）绘制图 3 – 212 所示的截面，标注图示尺寸，修改尺寸值。

（4）单击完成草绘，继续下一步设置。

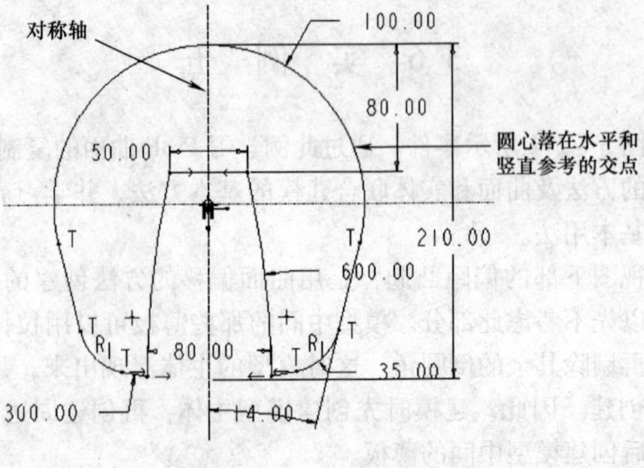

图 3－212　草绘截面

(5) 在拉伸操控板中，单击选择拉伸为实体，选择拉伸“长度控制”方式为——输入拉伸长度，输入拉伸长度为 50。

图 3－213　创建的拉伸特征

(6) 单击完成拉伸特征创建，创建的实体见图 3－213。

步骤 3　倒周边的可变半径圆角

可变半径圆角：同一个圆角，有多个半径点（至少两个），其半径值可以不同，从一个半径点过渡到另一个半径点，其半径值由 ProE 按一定的规则光滑过渡。

(1) 单击按钮，创建倒圆角特征，倒圆角操控板中输入倒圆角半径 20（一般输入最多点数的半径值，方便修改其余半径尺寸）。

(2) 选择图 3－214 所示的边。

(3) 单击【设置】展开下拉面板，在最下面的收集框单击右键，选择【添加半径】菜单，共添加 6 个半径点，见图 3－215。

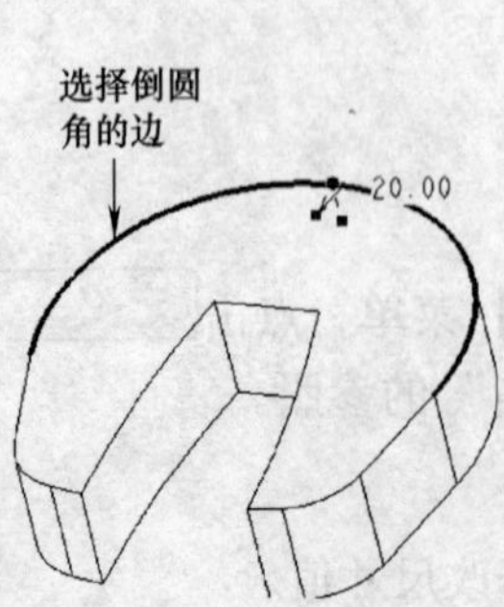

图 3－214　选取倒圆角边

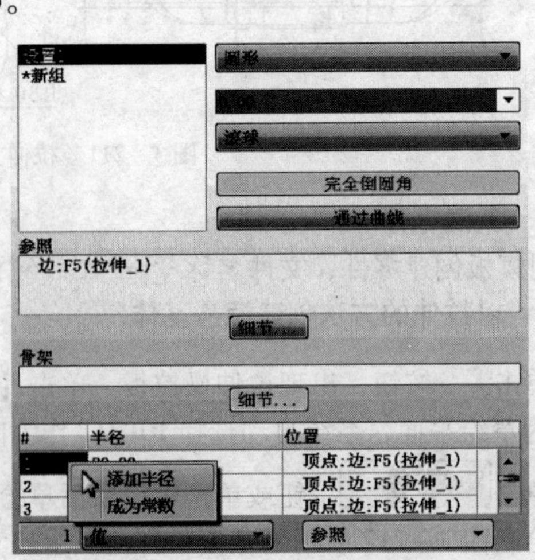

图 3－215　“设置”下拉面板

（4）设置半径点的位置。倒圆角边界的首尾两端，必须有半径点，一般是列表中的第1和第2个。选中第3个半径点，单击“位置”列下面的下拉框，选择“参照”，然后选择图216所示顶点(1)。其余的第4、5、6半径点，依次参照图3－216所示的顶点（2）、（3）、（4）顶点。

（5）修改半径值，在绘图区双击半径值或在半径列表中现在半径输入框均可修改半径值，将6个点的半径值修改为图3－217所示。

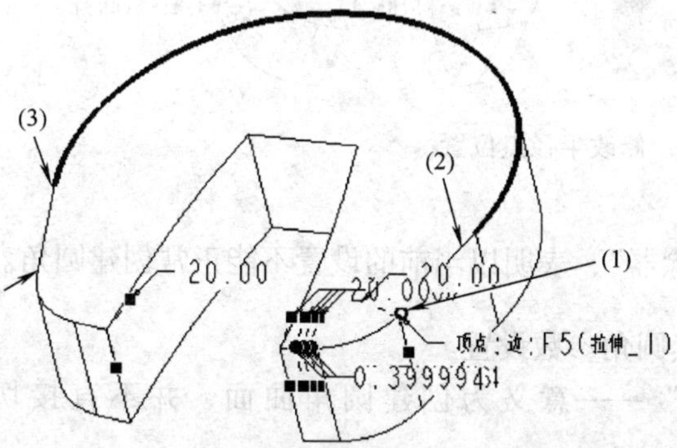

图3－216 选取倒圆角边及可变半径顶点

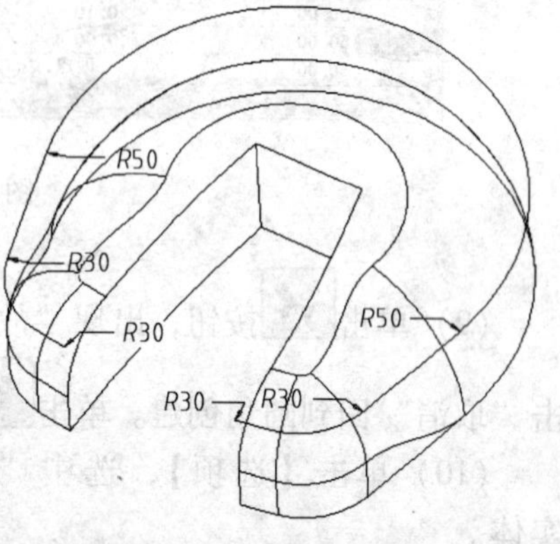

图3－217 圆角半径

（6）选中预览按钮的选择框可以立即看到圆角的线框预览（如果有完整的线框预览表面该圆角创建没有问题。如果线框预览不全或根本没有，则说明该圆角按给定尺寸不能成功创建），单击该按钮可以看到最终结果预览。见图3－218所示。经过观察发现图3－218所示的位置不够美观。

图3－218 预览

（7）再次单击预览按钮，回到建模状态。修改$R50$半径点的位置，选中半径点列表中的第3半径点，单击“位置”下拉框，选择“比率”，单击第3半径点对应的位置表格，输入0.1——意义为该点落在当前边线的10%位置，见图3－219。

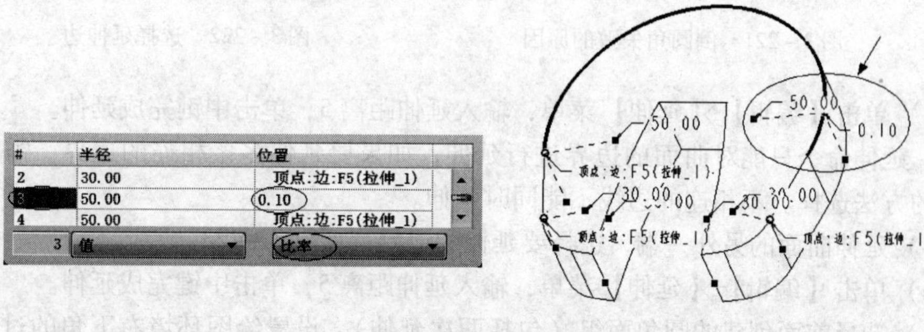

图3－219 修改半径点位置

(8) 以相同的方法修改第 4 半径点的位置，见图 3－220。

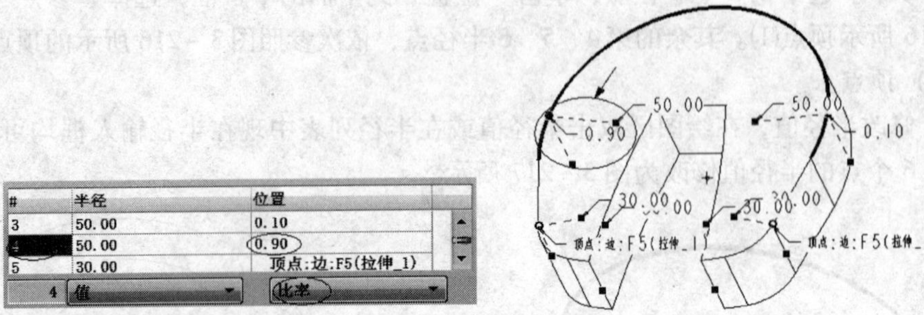

图 3－220　修改半径点位置

(9) 单击按钮，出现“故障排除器”，表明以当前的设置不能正常创建圆角。单击“取消”回到圆角创建。单击继续圆角参数设置。

(10) 单击【选项】，选中“曲面”——意义为创建圆角曲面，并不直接切割实体。

(11) 单击按钮，创建圆角曲面。仔细检查圆角曲面和已有实体的关系，发现图 3－221 所示位置圆角曲面的边界在实体的内部——切割实体的时候圆角曲面不够大。

(12) 延伸曲面，选择要延伸的边界（先选中圆角曲面特征，即可选中其边界），见图 3－222。

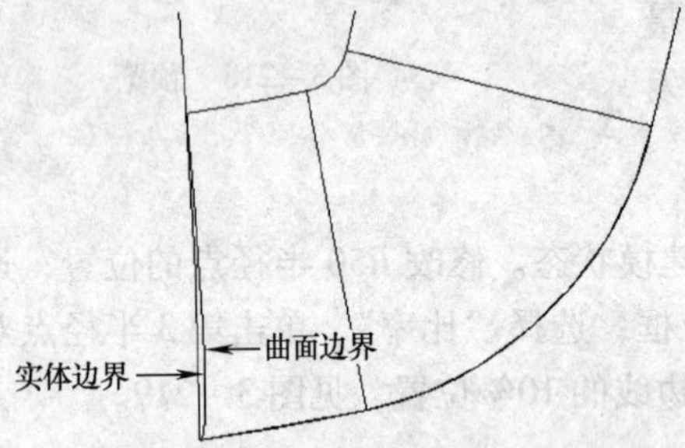

图 3－221　倒圆角失败的原因

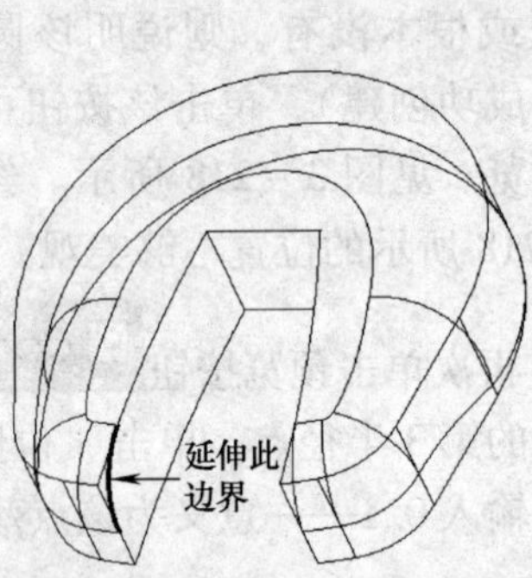

图 3－222　选择延伸边

(13) 单击【编辑】⇨【延伸】菜单，输入延伸距离 5，单击中键完成延伸。

注：延伸命令只能对曲面的边界进行延伸，如果要延伸多条相连的边界，需要用串联选取的方法选择。不相连的边线不能同时延伸。

(14) 延伸曲面的另外一端，选择要延伸的边界，见图 3－223。

(15) 单击【编辑】⇨【延伸】菜单，输入延伸距离 5，单击中键完成延伸。

(16) 选择前面创建的圆角面组（包括两次延伸），设置绘图环境右下角的过滤器为“面组”以方便选取。选中的曲面见图 3－224。

(17) 单击【编辑】⇨【实体化】菜单，选择切除材料，单击设置正确的保留侧，单击中键完成命令。完成的可变圆角见图3－225。

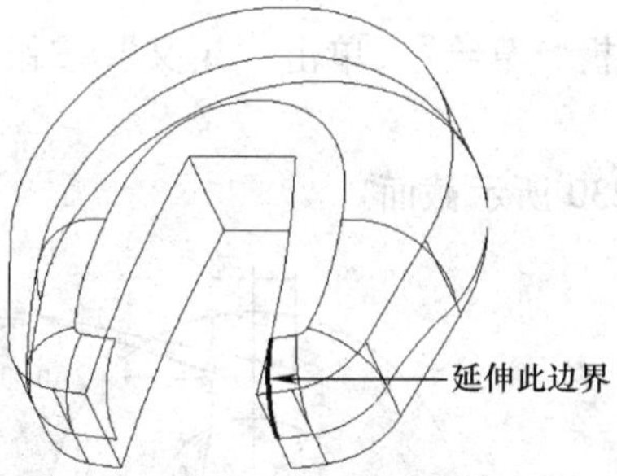

图3－223　选择延伸边

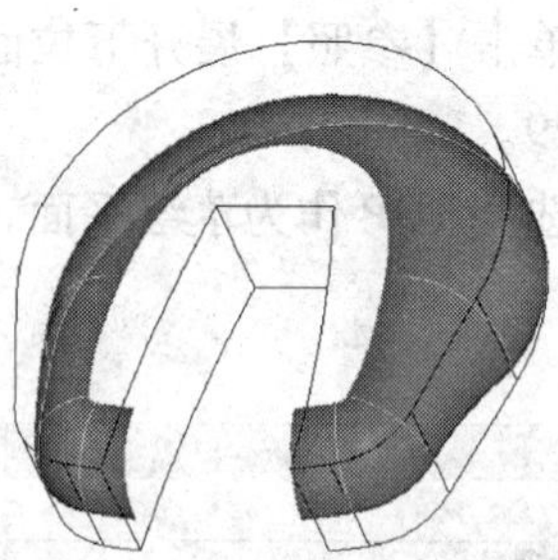

图3－224　选择面组

步骤4　倒圆角

(1) 单击按钮，创建倒圆角特征，倒圆角操控板中输入倒圆角半径8。

(2) 按着Ctrl选择图3－226所示的边，单击中键完成倒圆角。

步骤5　创建偏距凸起

这部分形状需要用曲面的方法创建，直接用实体建模难以完成。

(1) 复制这部分区域的表面。设置绘图环境右下角的过滤器为“几何”以方便实体表面选取。按着Ctrl选取图3－227所示表面。按Ctrl＋C组合键或单击按钮复制这两张面（该命令也可以用于对曲线、特征等的复制），按Ctrl＋V组合键或单击按钮粘贴（该命令也可以用于对曲线、特征等的粘贴），单击中键完成曲面复制。

图3－225　完成可变半径倒圆角

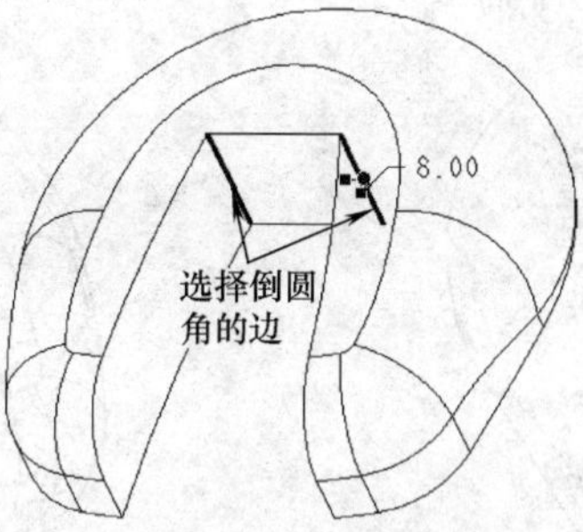

图3－226　选取倒圆角边

图3－227　复制曲面

(2) 接下来需要创建一条线，裁剪掉复制面上多余的部分，要求这条线完全落在复制面上。可以先创建平面曲线，再用投影的方法创建。单击【编辑】⇨【投影】菜单，弹出“投影曲线”操控板，见图2－228。激活“曲面”收集框——曲线将投影到该面上，按着Ctrl选取复制面的两部分。激活“方向”收集框——曲线将沿该方向投影，选取TOP平面（曲线将沿TOP平面的法线方向投影）。

图 3 - 228　投影曲线操控板

（3）单击【参照】展开下拉面板，选择“投影草绘”，单击“定义”按钮定义草绘。见图 3 - 229。

（4）选择 TOP 作为草绘平面，绘制图 3 - 230 所示截面。

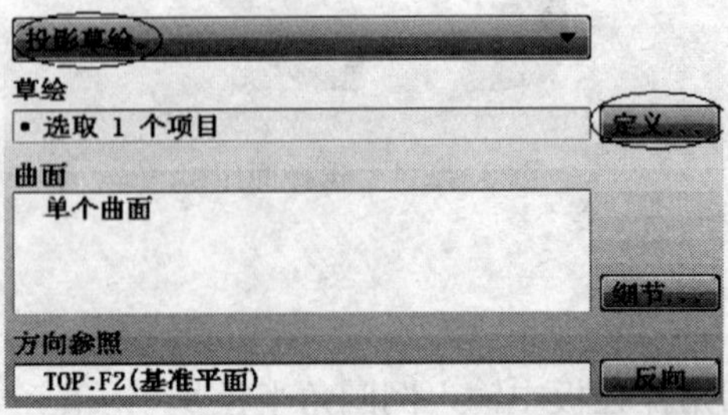

图 3 - 229　参照下拉面板

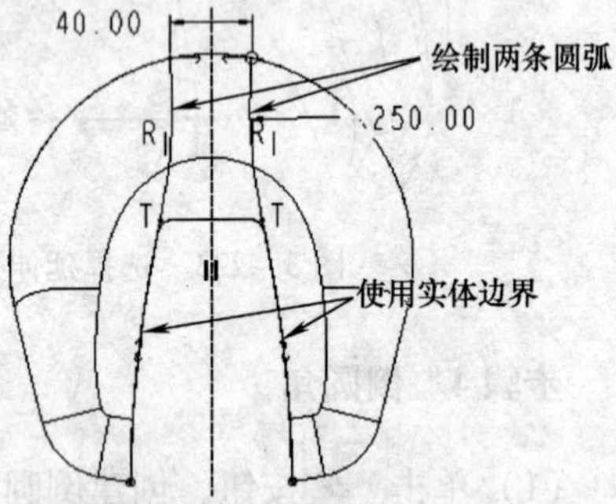

图 3 - 230　草绘截面

（5）完成草图绘制，完成曲线投影（共有两条线）。

（6）选中复制面，单击裁剪按钮——可以用于裁剪曲线和曲面。选择右侧的投影线，裁剪复制面的右侧（单击箭头可以反转保留侧），见图 3 - 231。

（7）选中复制面，单击裁剪按钮。选择左侧的投影线，裁剪复制面的左侧，见图 3 - 232。

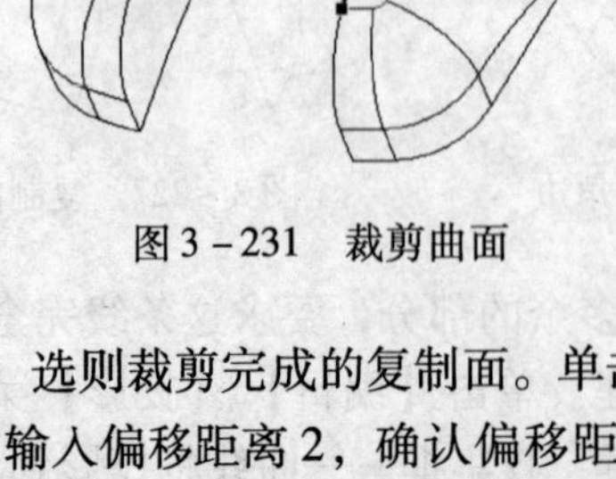

图 3 - 231　裁剪曲面

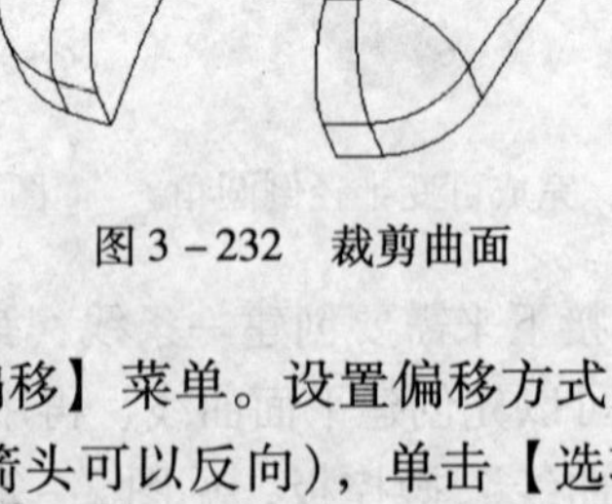

图 3 - 232　裁剪曲面

（8）选则裁剪完成的复制面。单击【编辑】⇨【偏移】菜单。设置偏移方式为“标准偏移”，输入偏移距离 2，确认偏移距离向上（单击箭头可以反向），单击【选项】展开下拉面板，选中“创建侧曲面”选项。完成曲面偏移。

（9）合并复制面与侧曲面，再与偏移曲面合并。

（10）用“实体化”命令将前面创建的面组转换为实体。

步骤6　抽壳

(1) 隐藏前面用过的曲线。单击图层命令钮，模型树变为图层列表，见图3－233。选中“03___PRT_ALL_CURVES”图层，单击右键，选择【隐藏】菜单，该图层中的所有曲线被隐藏。再次单击图层命令钮，图层列表关闭，模型树显示出来。

注：图层列表中的层是由模板创建，系统自动将创建的图素放到相应的图层。

(2) 单击抽壳命令按钮，在抽壳操控板中输入壳厚2。选择图3－234所示的表面为开口面。

(3) 单击按钮或单击中键完成命令，完成壳创建。

步骤7　倒圆角

(1) 对图3－235所示边倒$R1$圆角。

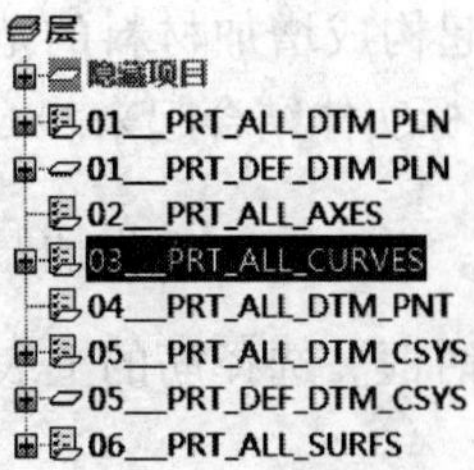

图3－233　移动插入点

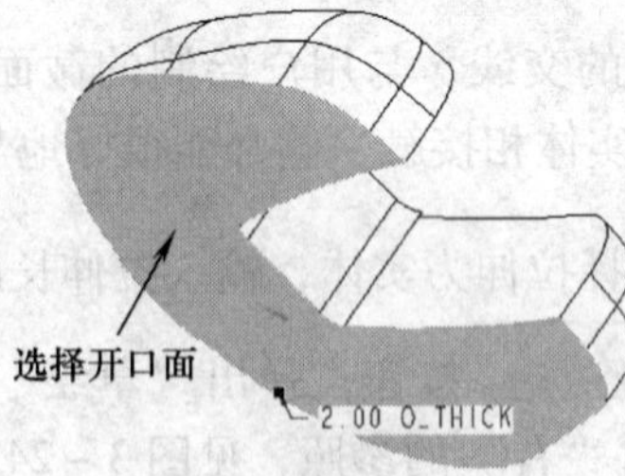

图3－234　选取开口的面

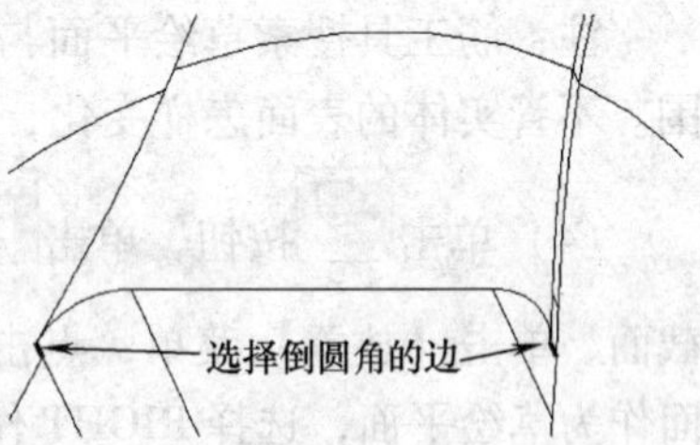

图3－235　倒$R1$圆角的边

(2) 对图3－236所示边倒$R0.5$圆角。

(3) 对图3－237所示边倒$R1$圆角。完成倒圆角的模型见图3－238。

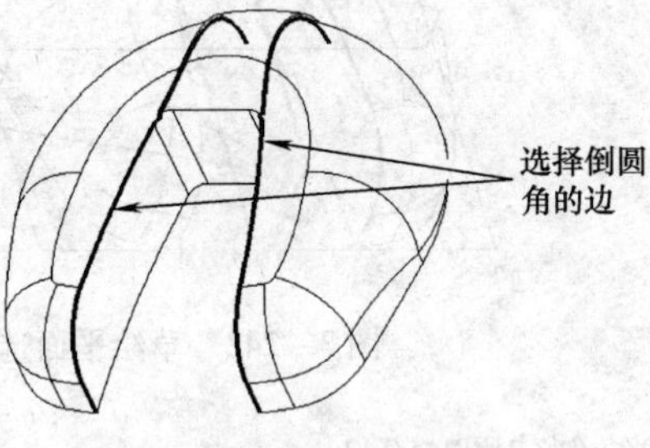

图3－236　倒$R0.5$圆角的边

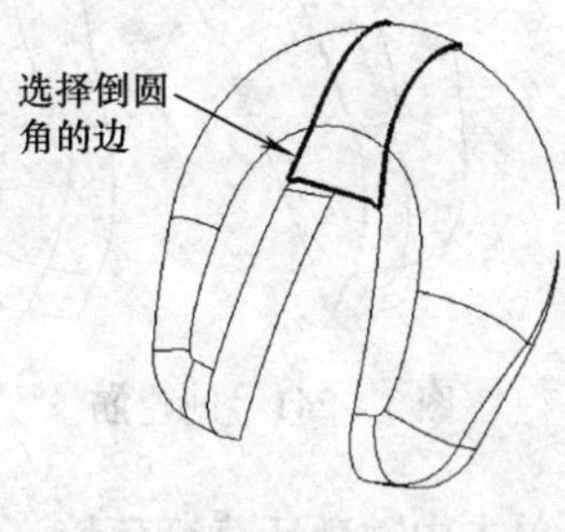

图3－237　倒$R1$圆角的边

步骤8　创建模型中部的结构

(1) 用“筋”工具创建图3－239所示板。单击筋工具按钮，单击【参照】展开下拉面板，选择“定义”创建筋的截面。

(2) 创建草绘平面。单击创建基准平面命令，选择TOP面，输入偏移距离40，单击中键完成基准平面创建。进入草绘环境，绘制图3－240所示截面（仅一条直线）。

（3）输入筋的厚度2，在缺省情况下，筋创建的材料对称地分布于草绘平面的两侧，单击按钮可以对材料的方向进行切换，本例要求筋的厚度材料增长在草绘平面的下方。填充材料的方向见图3－241。

图3－238　完成倒圆角的模型

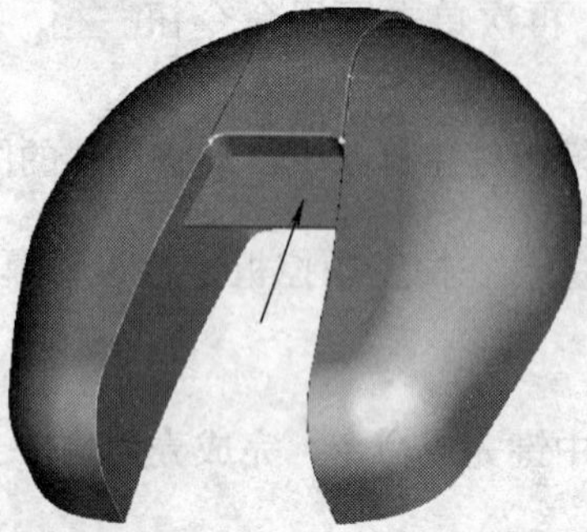
图3－239　创建目标预览

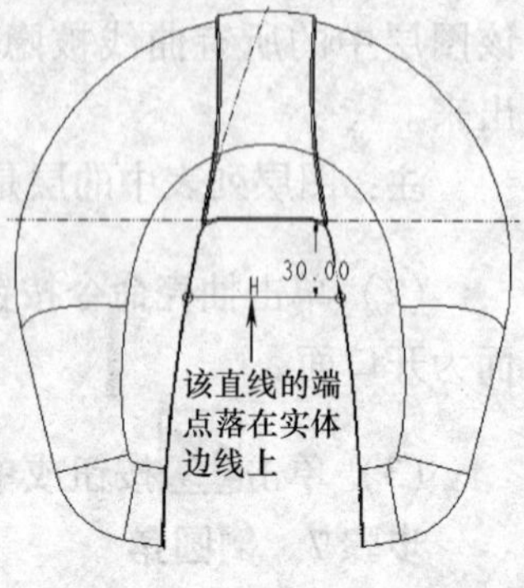

图3－240　草绘截面

注：筋工具搜索草绘平面与实体的交线，与用户绘制的截面一起构成增加材料的范围。不管实体的表面怎样变化，筋与实体相接触一侧都能很好地与目标实体结合起来。

（4）单击按钮，单击选择拉伸为实体，输入拉伸长度6，单击选择加厚截面，单击【放置】菜单，点击 定义... 按钮，弹出“草绘”对话框。选择筋的上表面作为草绘平面，选择RIGHT作为向“右”的参照，见图3－242。

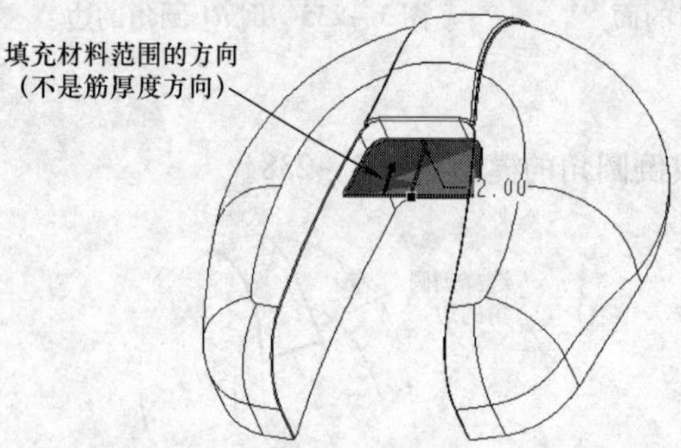

图3－241　创建筋

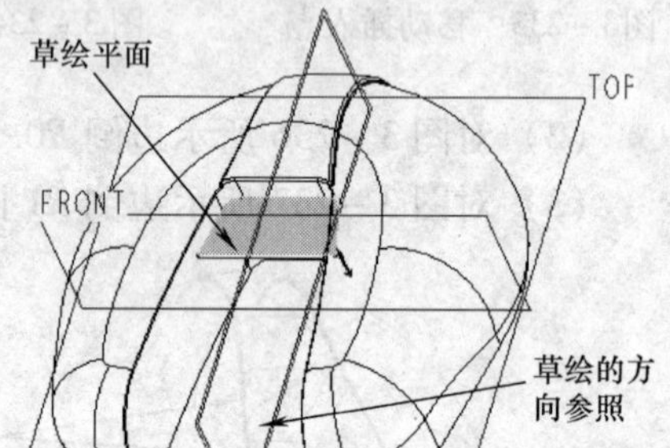

图3－242　草绘平面选取

（5）单击中键激活草绘环境。使用实体的边缘创建图3－243所示的截面。

（6）单击完成草绘，继续下一步设置。

（7）在拉伸操控板中，单击后面的反转加厚侧，见图3－244，使薄板向截面线的上方加厚，见图3－245。

（8）单击完成拉伸特征创建。

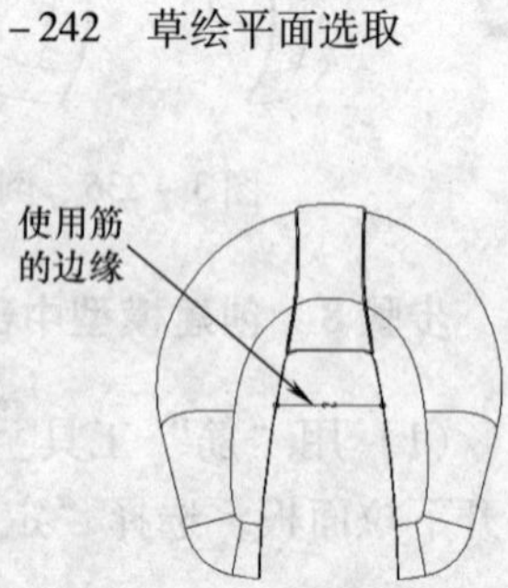

图3－243　草绘截面

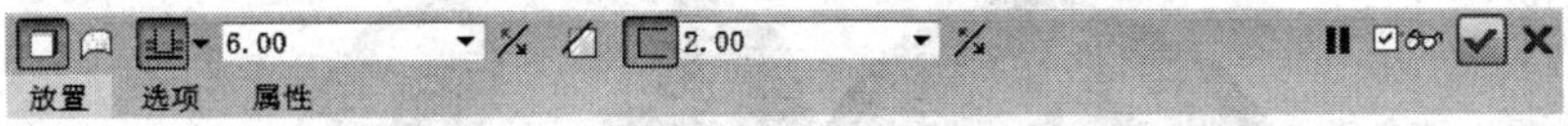

图 3 - 244　拉伸操控板

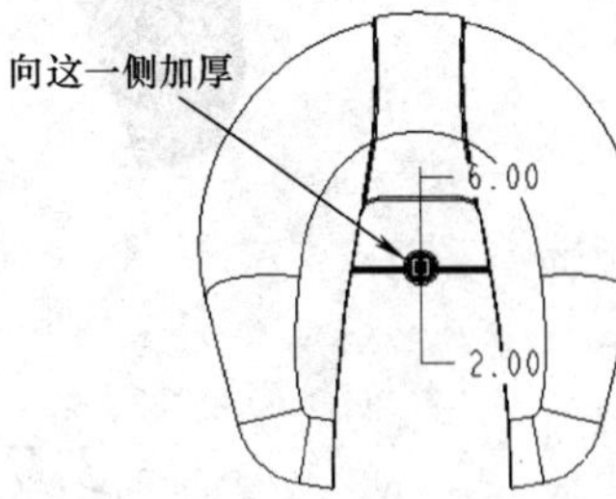

图 3 - 245　加厚

（9）单击按钮，单击【放置】菜单，点击定义...按钮，选择 FRONT 作为草绘平面，选择 RIGHT 作为向“右”的参照。

（10）单击中键激活草绘环境，绘制图 3 - 246 所示的截面，标注尺寸，修改尺寸值。

（11）单击按钮完成草绘，继续下一步设置。

（12）在拉伸操控板中，单击按钮选择拉伸为实体，选择拉伸“长度控制”方式为——拉伸至下一个曲面停止。单击【选项】，设置第 2 侧拉伸长度 5。

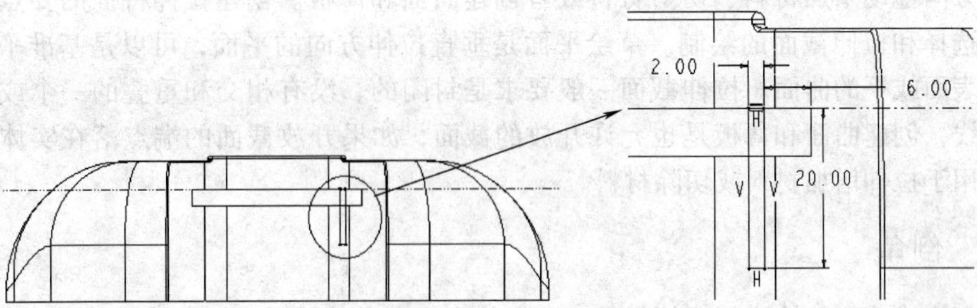

图 3 - 246　草绘截面

（13）单击按钮完成拉伸特征创建。

步骤 9　阵列最后创建的拉伸特征

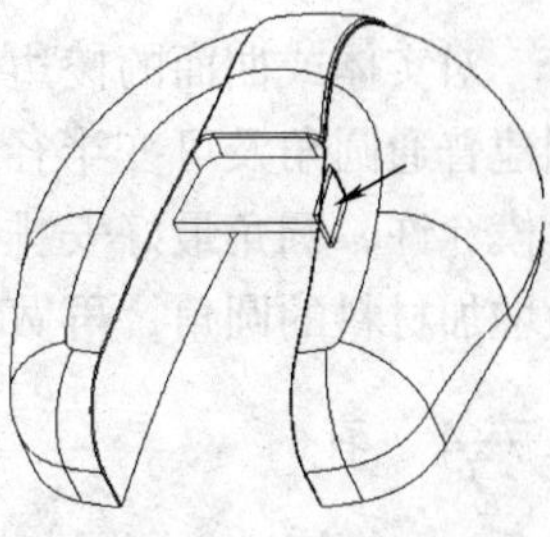

图 3 - 247　选择拔模面

（1）选中图 3 - 247 所示特征，单击创建阵列命令。也可以在模型树上选择特征，单击右键，选择【阵列】菜单。

（2）选择值为 6 的尺寸，在出现的输入框中输入 8——阵列的步距。在“方向一”输入框中输入 7——沿“方向一”阵列的成员数。

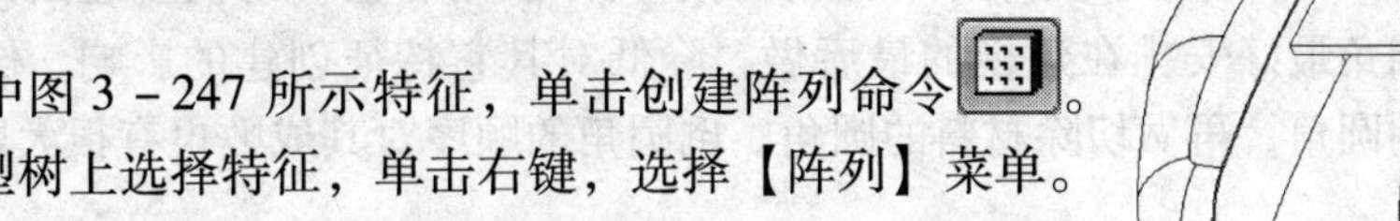

图 3 - 248　阵列操控板

（3）单击完成特征阵列，最终完成的零件见图 3 - 249。

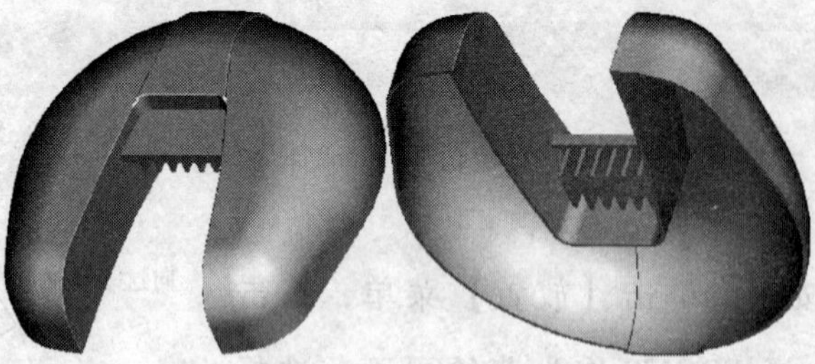

图 3 - 249　完成的零件

3.7　相关知识与命令总结

3.7.1　拉伸工具

拉伸工具是 ProE 最基本也是最重要的建模工具。拉伸工具用一个截面沿着垂直于该截面的方向拖动增加材料、切剪材料或者创建曲面和薄板。创建拉伸特征的要点是草绘平面的选择和拉伸截面的绘制。草绘平面是垂直拉伸方向的平面，可以是基准平面、平的实体表面或平的曲面。拉伸截面一般要求是封闭的、没有相交和重叠的一个或多个二维轮廓线，创建曲面和薄板是也允许开放的截面，如果开放截面的端点落在实体的边缘也可以用于拉伸增加材料或切除材料。

3.7.2　倒角

对实体或曲面的棱边创建倒斜角，选择的边线会自动扩展相切的棱边。

3.7.3　倒圆角

对实体或曲面的棱边创建倒圆角，选择的边线会自动扩展相切的棱边。该命令可以创建普通圆角及可变半径圆角；可以直接创建实体圆角、也可以仅创建圆角曲面。如果建模允许，圆角最好安排在建模的最后做，降低对其它特征创建的影响。倒圆角时，先做增加材料的圆角，再做切除材料的圆角。倒圆角的顺序对其成败也有很大影响。

3.7.4　孔

利用孔工具可以高效的创建简单直孔、沉孔、埋头孔。可以输入孔的尺寸，也可以利用孔表的标准尺寸，还可以用户自行绘制孔的截面。创建孔的主要操作是孔的形状和位置的确定。对于简单形状和标准形状的孔需要在【形状】下拉面板中输入相应的尺寸。

特殊截面形状的孔需要以草绘截面孔的方式，并创建其剖截面来完成。进入孔工具，选择草绘截面孔方式，单击激活草绘器按钮创建孔的截面，见图3 - 250。孔的截面必须是一个封闭的轮廓，必须要有一条竖直的中心线（孔的轴线）。完成截面后

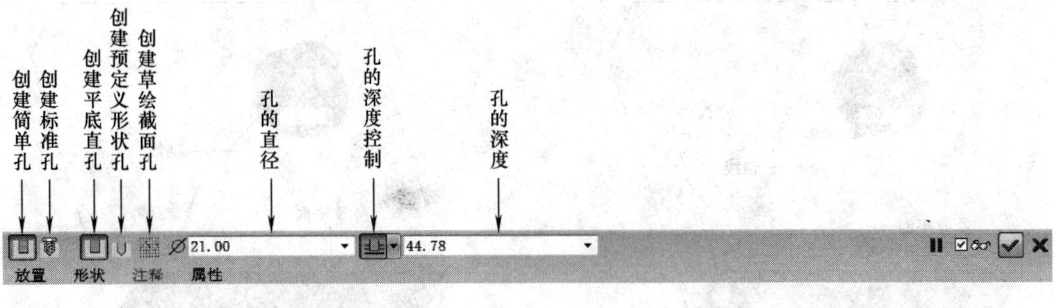

图3－250　创建孔面板

选择打孔平面，然后对孔进行定位。孔的定位方式有四种：同轴、线性、径向、直径。

（1）同轴：在选择打孔平面时，按着 Ctrl 选择参考轴。

（2）线性：见图3－252，拖动定位手柄到用于定位的边、面上（两个定位参考不能互相平行）。

【放置】——定义打孔平面及位置

【形状】——定义孔的尺寸及深度

【注释】——定义标准孔的注释

【属性】——孔的名称及参数

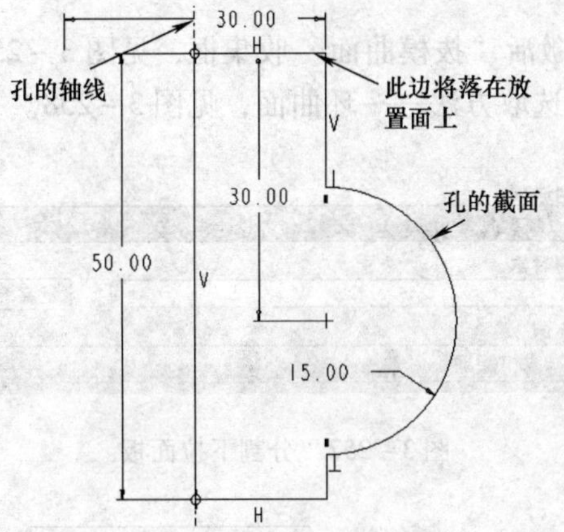

图3－251　草绘孔的截面

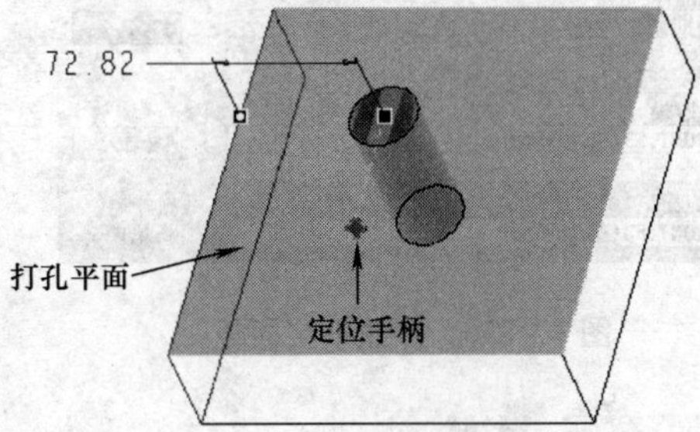

图3－252　线性定位孔

（3）径向：选择一条轴或边线，再选择一张平面。孔放置在以该轴为圆心，给定半径的圆周上，与选定的平面给定夹角的位置。见图3－253。

（4）直径：选择一条轴或边线，再选择一张平面。孔放置在以该轴为圆心，给定直径的圆周上，与选定的平面给定夹角的位置。见图3－254。

3.7.5　拔模

在模具设计中，常常需要对平行开模方向的零件表面添加拔模斜度。ProE 的拔模命令专门用于该项工作。拔模操控板见图3－255。

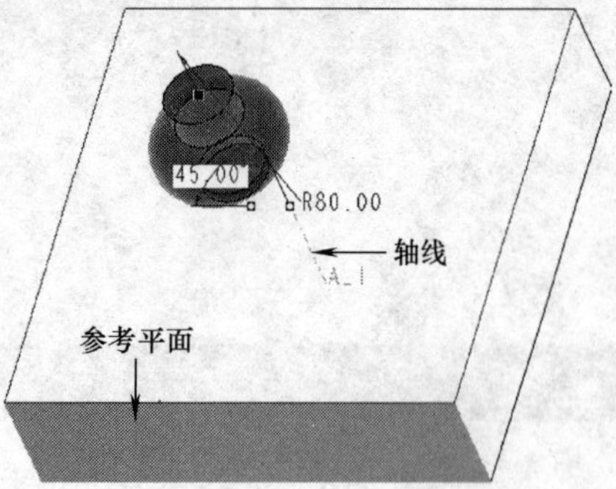

图 3－253　径向定位孔

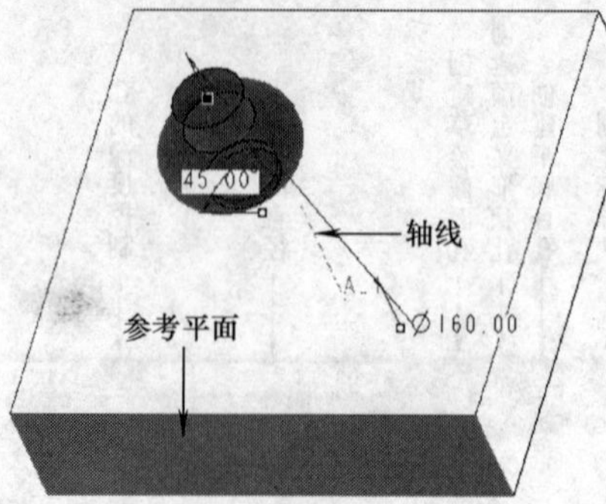

图 3－254　直径定位孔

【角度】——定义拔模的角度

【选项】——设定相交和相切曲面的选项

【属性】——拔模特征的名称

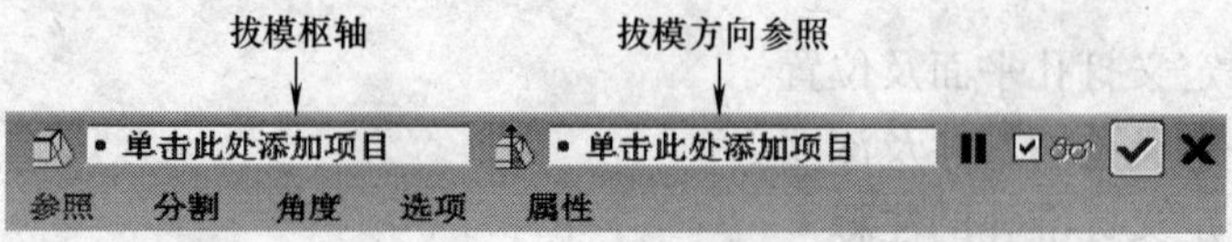

图 3－255　拔模操控板

拔模曲面选取：进入拔模工具后，系统自动激活“拔模曲面”收集框，见图 3－256、图 3－257，选择要拔模的曲面。拔模曲面常用的选取方法——环曲面，见图 3－258。

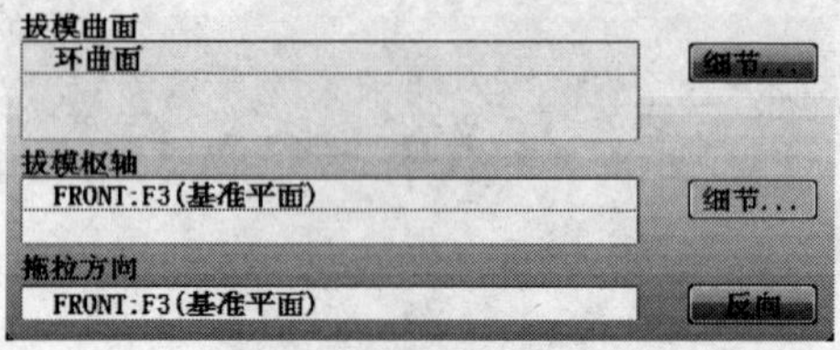

图 3－256　参照下拉面板

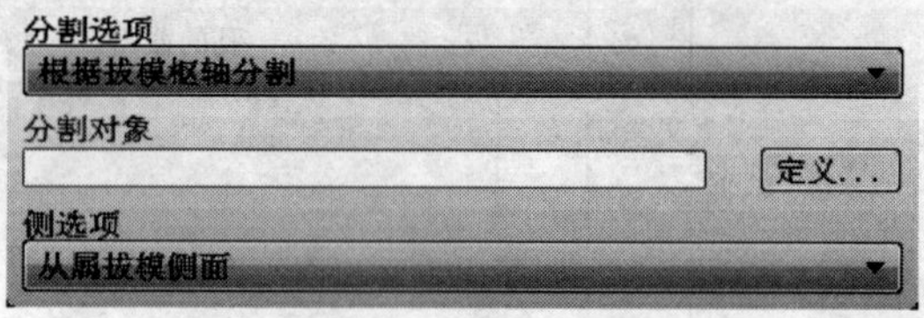

图 3－257　分割下拉面板

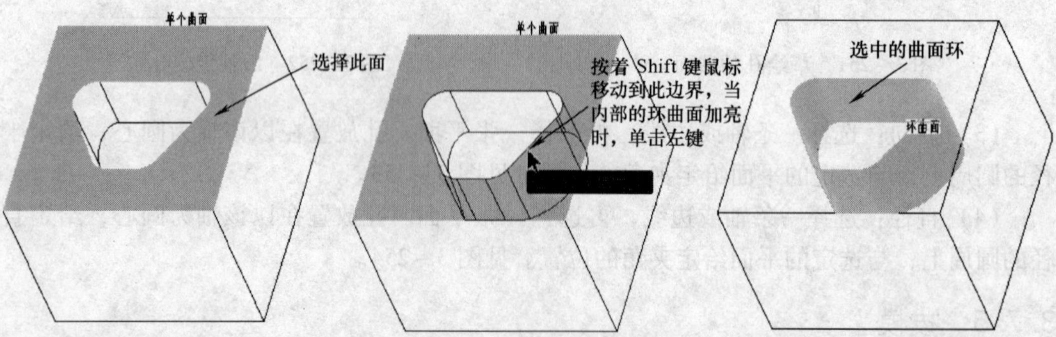

图 3－258　环曲面选择

拔模枢轴选取：激活拔模枢轴收集框，选择拔模枢轴（即拔模时拔模曲面尺寸不变的位置)。拔模枢轴可以是平面（与拔模曲面垂直的平的实体表面或基准平面)，见图3－259，拔模枢轴是平面时，系统会自动以其作为拔模的方向参照。拔模枢轴也可以是曲线，见图3－260，此时需要用户自己选择拔模的方向参照。

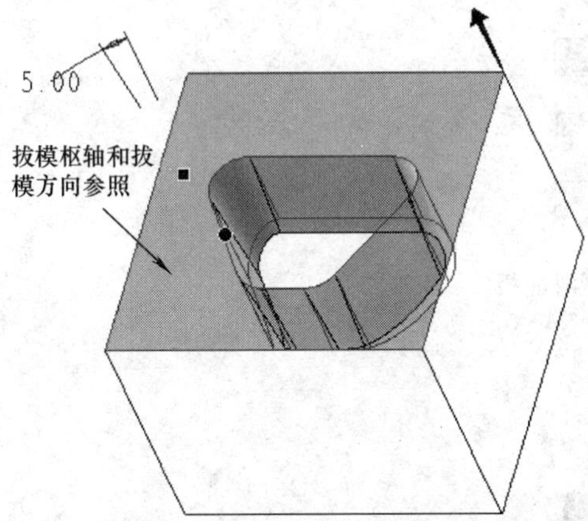

图3－259　拔模枢轴为平面

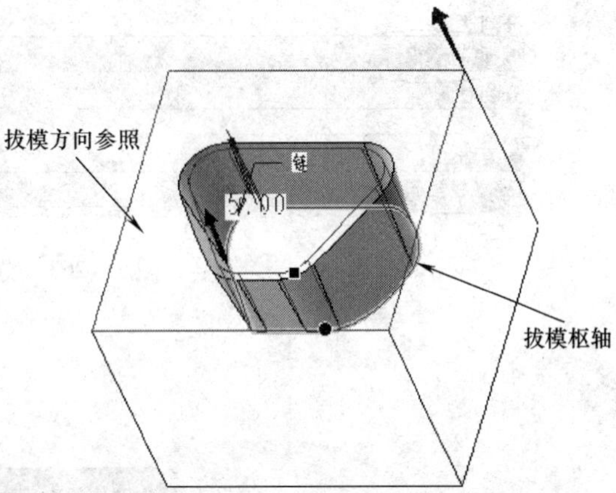

图3－260　拔模枢轴为曲线

曲线链的选取方法，见图3－261。

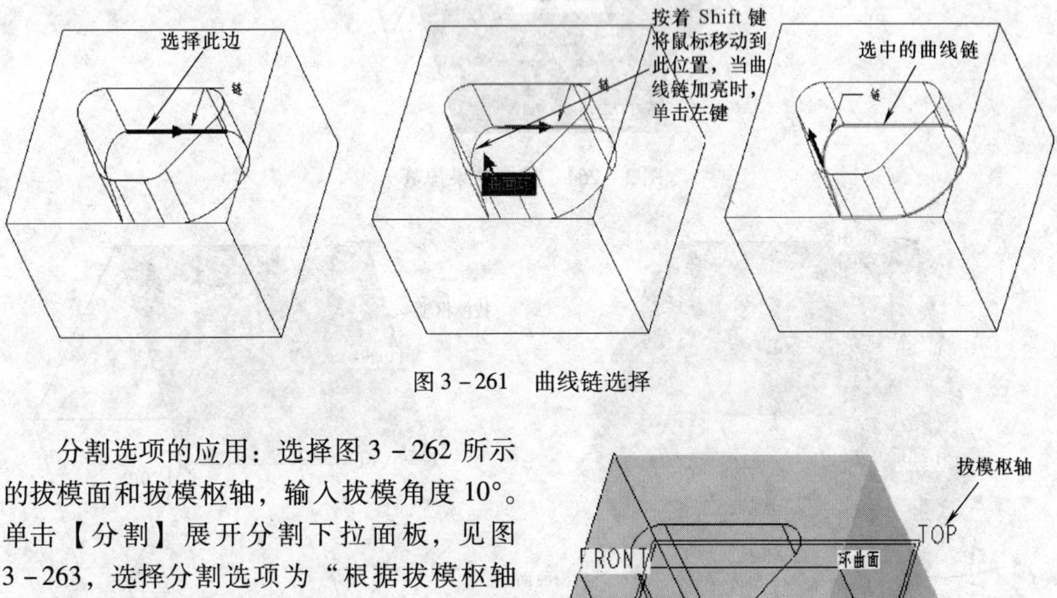

图3－261　曲线链选择

分割选项的应用：选择图3－262所示的拔模面和拔模枢轴，输入拔模角度10°。单击【分割】展开分割下拉面板，见图3－263，选择分割选项为“根据拔模枢轴分割”，设置的其它参数见图3－263。拔模的结果预览见图3－264。

可变角度拔模：选择图3－265所示的拔模面和拔模枢轴，输入拔模角度10°。单击【角度】展开角度下拉面板，见图3－266，在其中单击右键选择【添加角度】菜单，添加两个角度值，在绘图区将三个角度点分别移至图3－265所示位置。拔模结果见

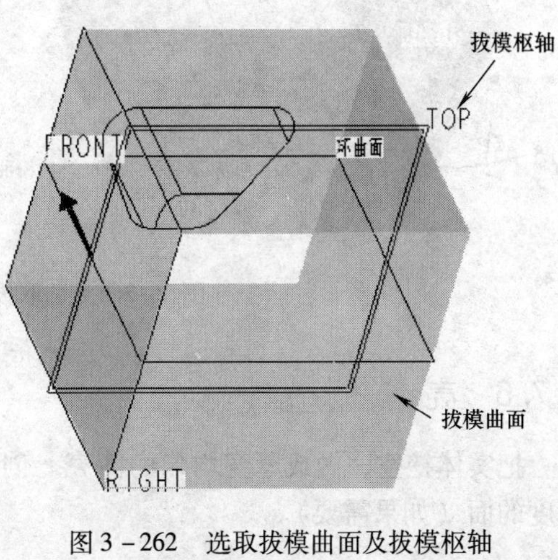

图3－262　选取拔模曲面及拔模枢轴

图 3－267。

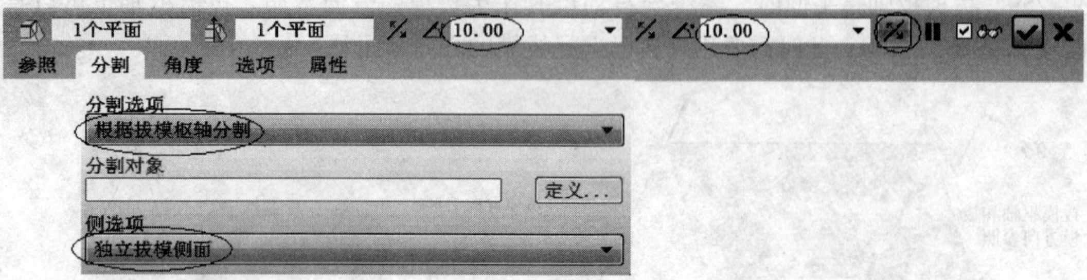

图 3－263　分割下滑面板

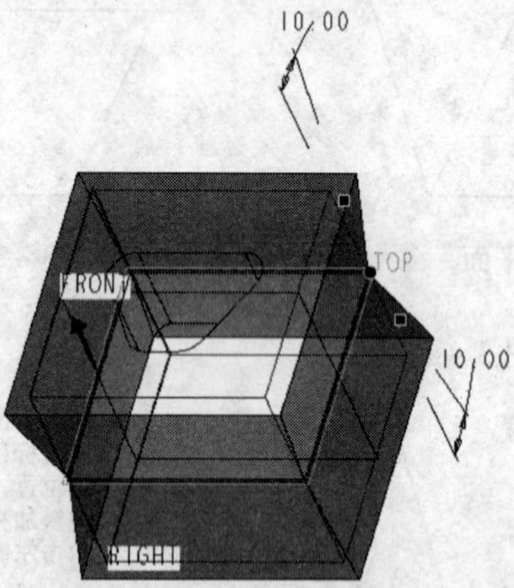

图 3－264　拔模结果预览

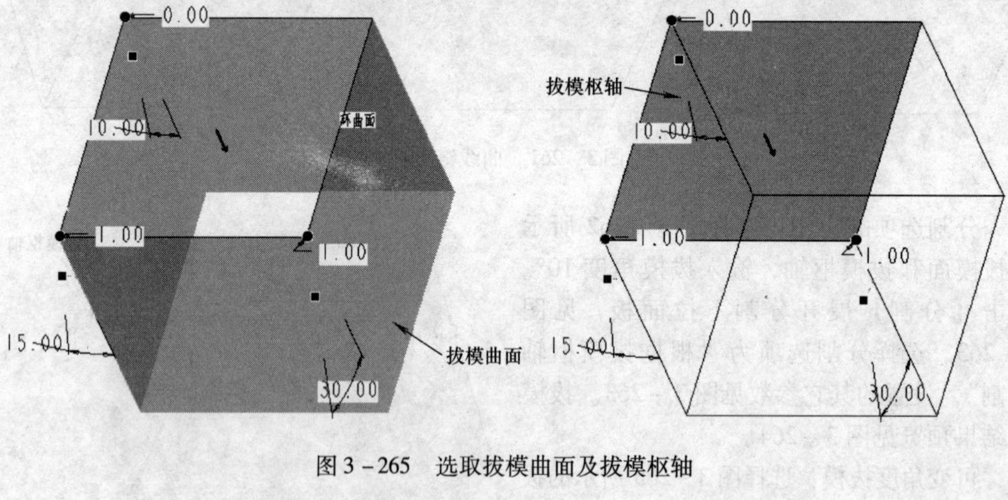

图 3－265　选取拔模曲面及拔模枢轴

3.7.6　壳

把实体挖空，做成厚度均匀的薄壳。创建的过程中需要用户选择开口的面或非均匀厚度的面（如果需要）。

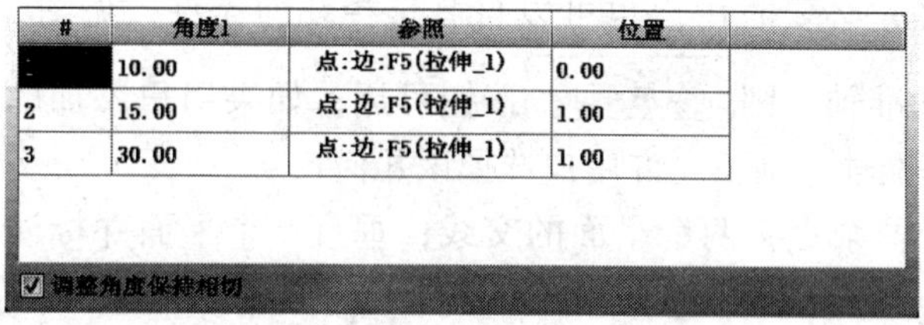

图3－266　角度下滑面板

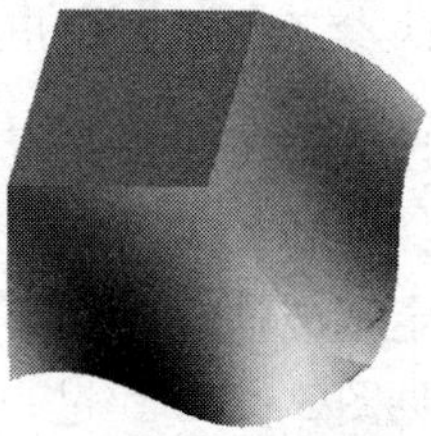

图3－267　拔模结果

3.7.7　筋

筋工具搜索其草绘平面与实体的交线，与用户绘制的截面一起构成增加材料的范围。不管实体的表面怎样变化，筋与实体相接触一侧都能很好地与目标实体结合起来（这也是不能用拉伸特征替代筋的原因）。筋的截面必须是开放的轮廓线，其端点落在实体的边线上。

3.7.8　创建基准平面

单击创建新的基准平面，基准平面是常用的参考特征，多用作草绘平面、打孔平面等。所有能确定一张平面的几何条件都可以创建一个基准平面。ProE 根据用户选择的参考，捕捉用户的意图，必要时用户也可以自己选择几何条件，见图3－268。当用户选择的条件能确定一个基准平面，则 确定 按钮可用；如果用户添加的几何与之前选择的冲突或不可能确定基准平面，则不允许用户选择该几何。

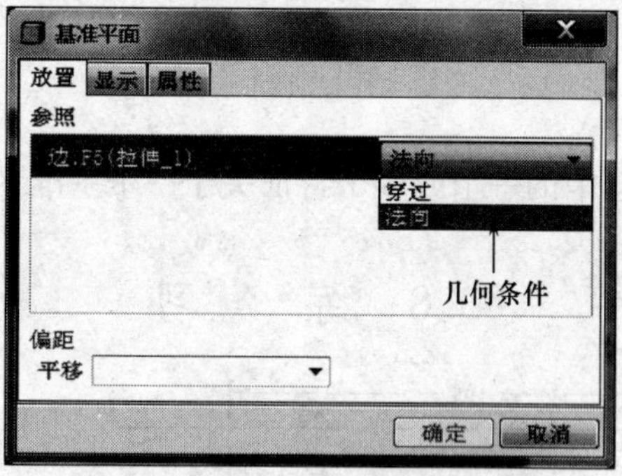

图3－268　创建基准平面

确定基准平面的几何条件有：两条相交或平行直线；一个平面及一条与其平行的直线（穿过该线与平面成一定夹角，穿过该线与平面平行，穿过该线与平面垂直）；三个不在同一条直线上的点；过一个点平行于一个平面；过一个点和一条直线；等等。

3.7.9　创建基准轴

单击按钮创建轴线。轴是常用的参考特征，一般用于孔的定位、辅助创建曲面和曲线等。所有能确定一条直线的几何约束都可以作为创建基准轴的条件。ProE 根据用户选择的参考，捕捉用户的意图，必要时用户也可以自己选择几何条件，见图 3-269。当用户选择的条件能确定一个基准轴，则 确定 按钮可用；如果用户添加的几何与之前选择的冲突或不可能确定基准轴，则不允许用户选择该几何。

确定基准轴的几何条件有：两个点；两个平面的交线；垂直一个平面并标注其位置尺寸，见图 3-270；过一个点垂直于一个平面；相切一条曲线过该线上一点；等等。

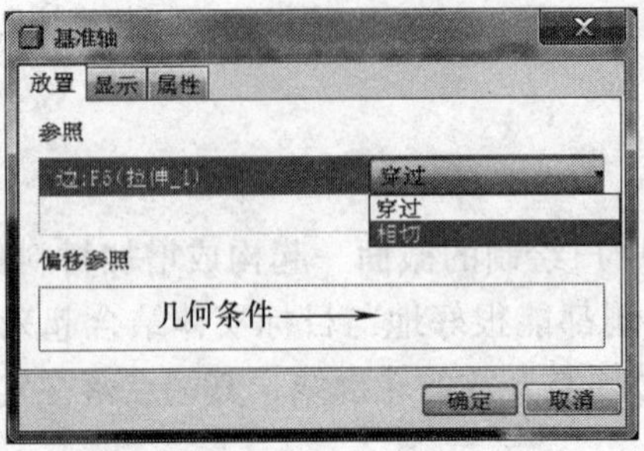

图 3-269　创建基准轴

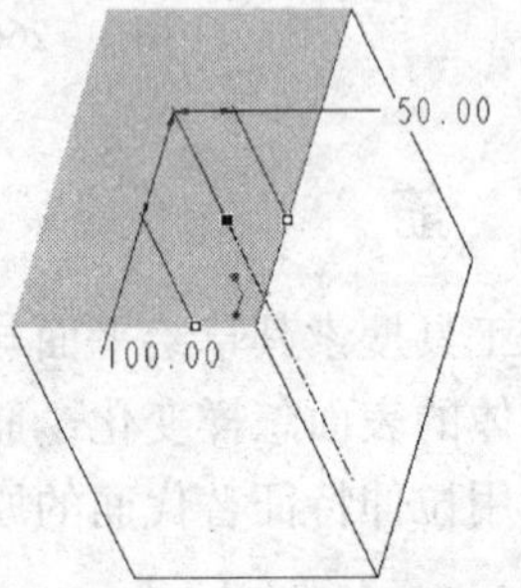

图 3-270　创建基准轴

3.7.10　创建基准点

单击按钮，创建基准点。基准点主要用于草绘参考、创建空间曲线等。所有能确定点位置的几何条件均可用于创建基准点。同样 ProE 也是根据用户的选择捕捉设计意图。

确定基准点的几何条件有：点的坐标；两条相交曲线；线与面的交点；落在面上并标注其位置尺寸；点在曲线上并距离其端点给定距离或比例；等等。

3.7.11　镜像

镜像工具可以对选中的一个或多个特征关于一个基准平面或其它平面进行镜像。

3.8　练　　习

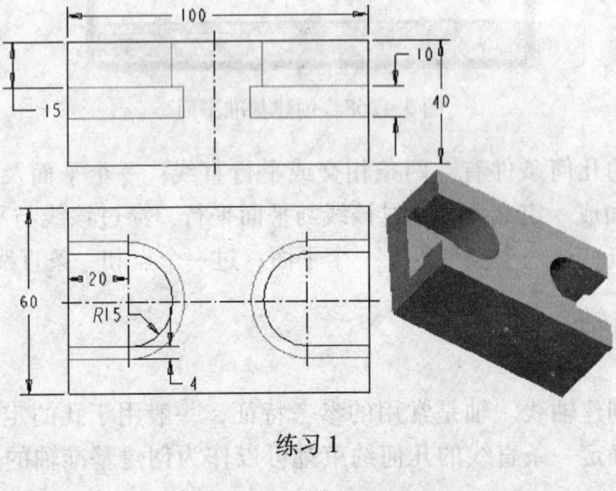

练习 1

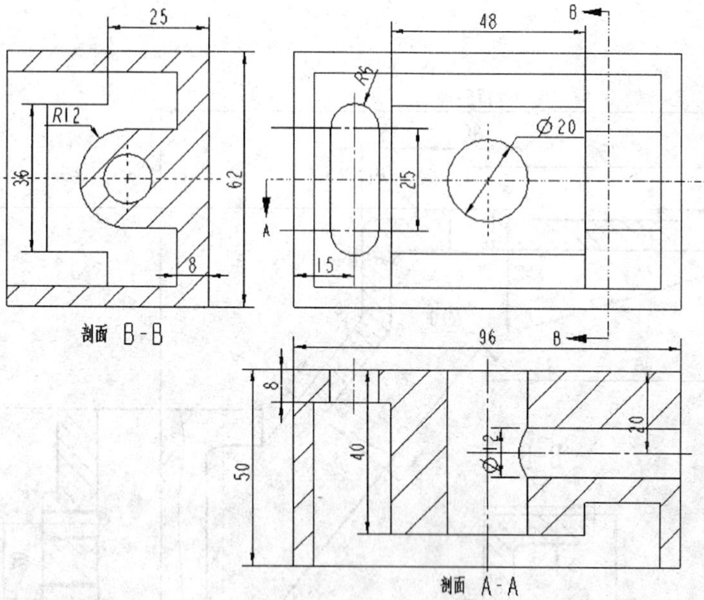
25
48
B
R12
R6
Ø20
36
62
25
A
15
8
剖面 B-B
96
B
8
40
50
Ø12
20
剖面 A-A

练习 2

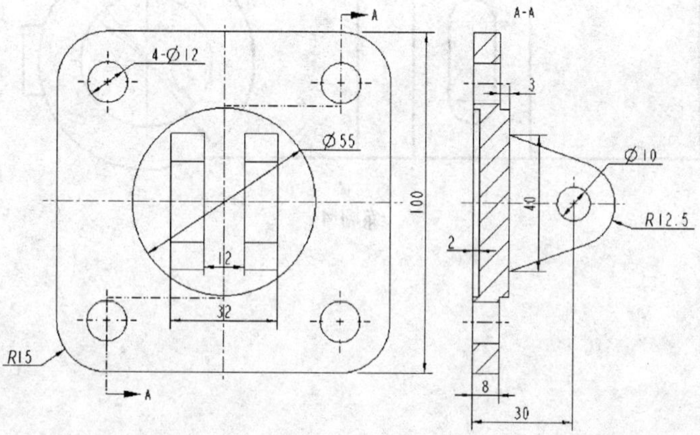
A
A-A
4-Ø12
3
Ø55
Ø10
100
40
R12.5
2
12
32
R15
A
8
30

练习 3

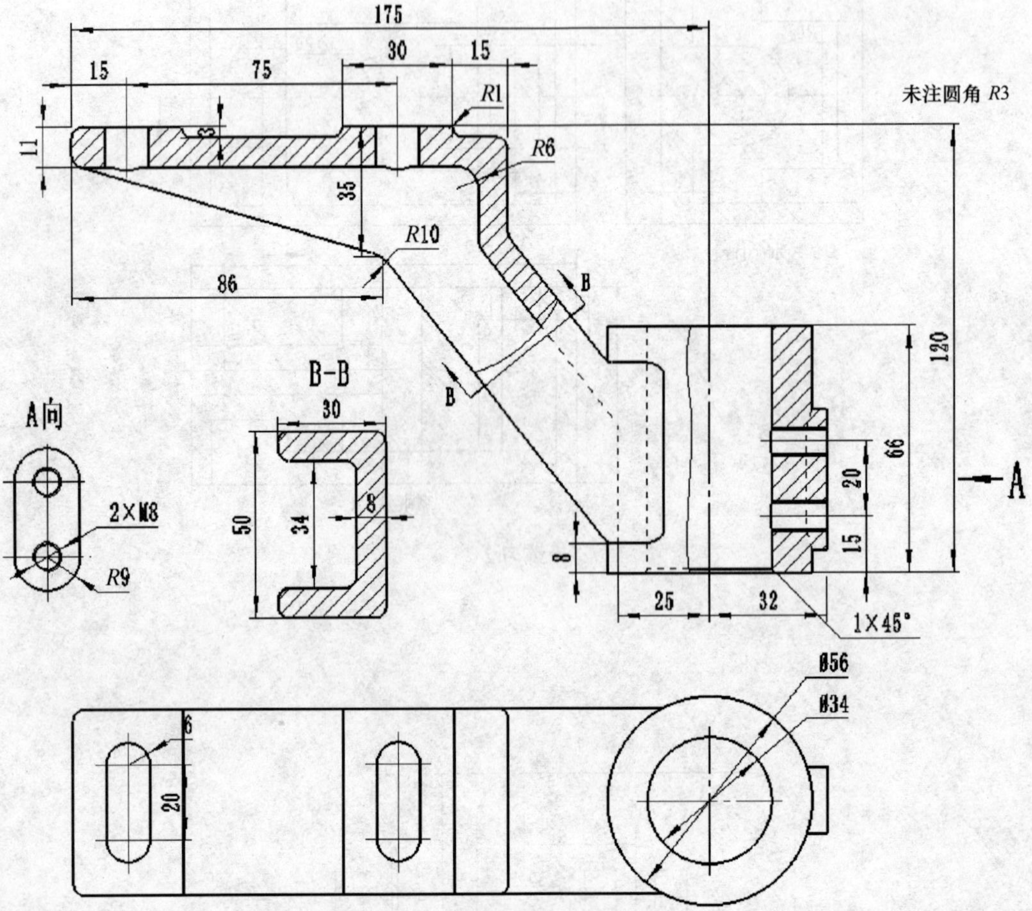
175
15
75
30
15
R1
R6
未注圆角 R3
11
3
35
R10
86
B
B
B-B
30
50
34
8
A向
2×M8
R9
120
66
20
15
8
25
32
1×45°
A
Ø56
Ø34
6
20

练习 4

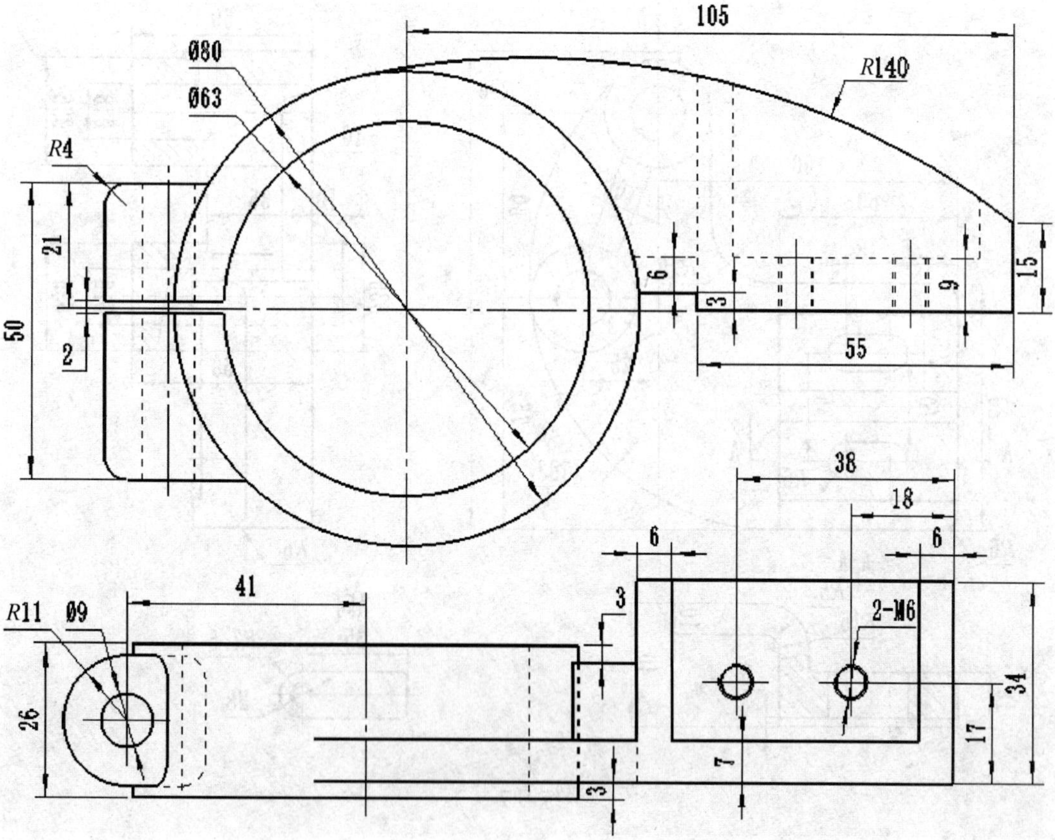
105
Ø80
Ø63
R140
R4
21
50
2
6
3
9
15
55
38
18
6
6
3
41
R11
Ø9
2-M6
26
34
17
7
3

练习5

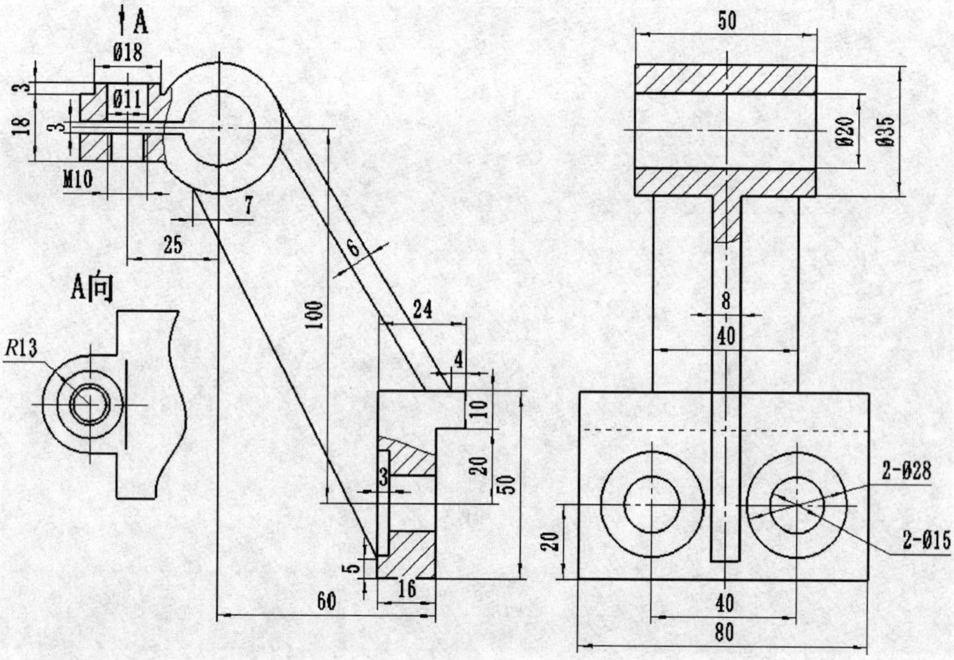
A
Ø18
Ø11
3
3
18
3
M10
7
25
A向
R13
6
100
24
4
10
20
50
3
5
16
60
50
Ø20
Ø35
8
40
2-Ø28
2-Ø15
20
40
80

练习6

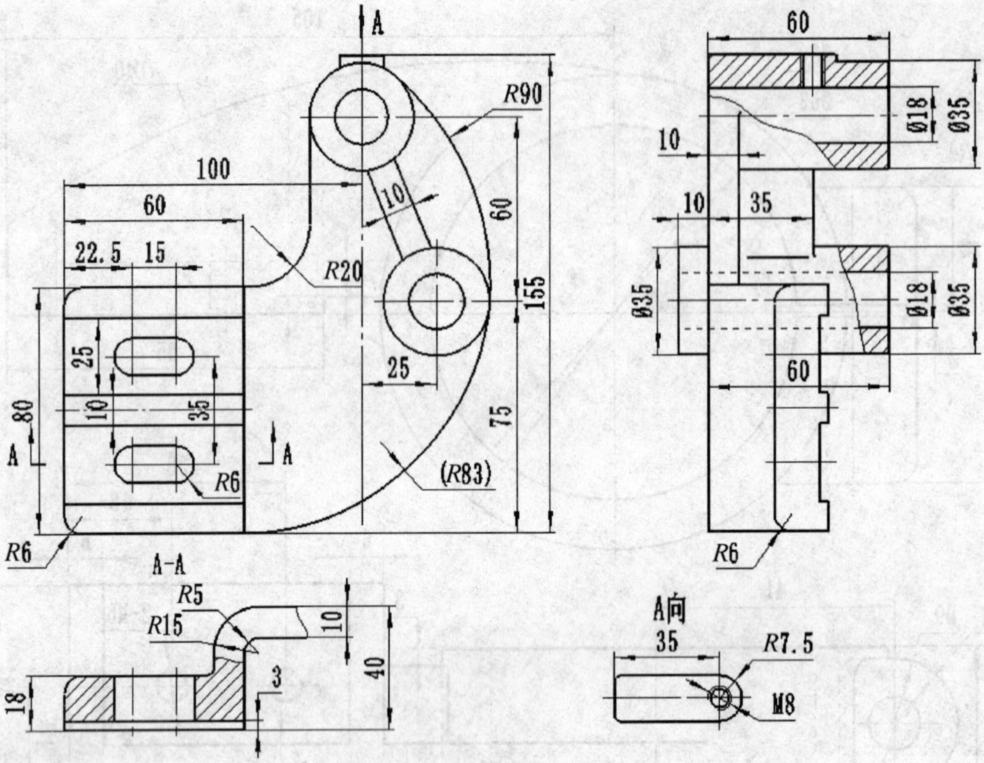
A
R90
100
10
60
60
22.5
15
R20
155
25
25
80
10
35
75
A
A
R6
(R83)
R6
A-A
R5
R15
10
40
3
18
60
10
Ø18
Ø35
10
35
Ø35
Ø18
Ø35
60
R6
A向
35
R7.5
M8

练习 7

项目4　基础建模——旋转

4.1　学 习 目 标

掌握旋转建模的用法及用途。旋转特征是回转体建模的主要方法。其特点是用一张平面沿中心轴“剖开”回转体零件，中心轴两侧的剖面呈现“对称”状态。旋转特征创建原理是：“半剖截面”绕中心轴（在 ProE 的草绘中以中心线表示）旋转特定角度的产生。旋转工具既可以创建“实体”特征，也可以创建“曲面”特征。

在利用旋转工具加入基础特征时，用户选取适当的平面来绘制中心线及二维“半剖截面”，此二维截面绕着中心线旋转，创建旋转实体、薄壳或曲面。如果创建的是实体或薄壳可以为现有零件添加材料，也可以从现有零件切除材料。

4.2　实　例　一

此实例将完成实体旋转加材料。

步骤1　新建文件

以公制模版新建零件，输入文件名“prt－4－1”，进入建模环境。模型预览见图4－1。

步骤2　进入草绘创建旋转实体

（1）选择菜单【插入】⇨【旋转】或者直接单击特征工具栏上“旋转”按钮，弹出“旋转操控板”（如图4－2）。

图4－1　模型预览

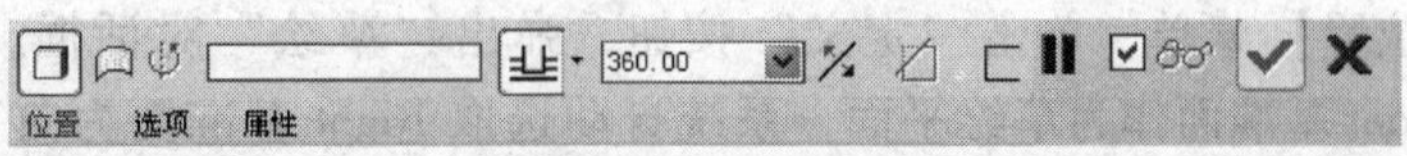

图4－2　旋转操控板

（2）单击【位置】，弹出下滑模版，点击“定义”按钮定义旋转截面。

（3）选择 FRONT 基准面作为草绘平面，在绘图区中，出现一个黄色箭头显示“查看草绘”的方向（如图4－3）。

（4）系统自动选取 RIGHT 基准面作为向“右”的草绘方向参考。单击“草绘”按钮进入草绘环境。

(5) 在草绘环境中绘制图 4 - 4 所示截面，单击 按钮完成截面绘制。

注意：一定要绘制用作旋转轴的中心线。

(6) 设定旋转特征参数。单击 选项以旋转生成实体，输入角度 360°，单击确认按钮，生成旋转特征如图 4 - 5 所示。

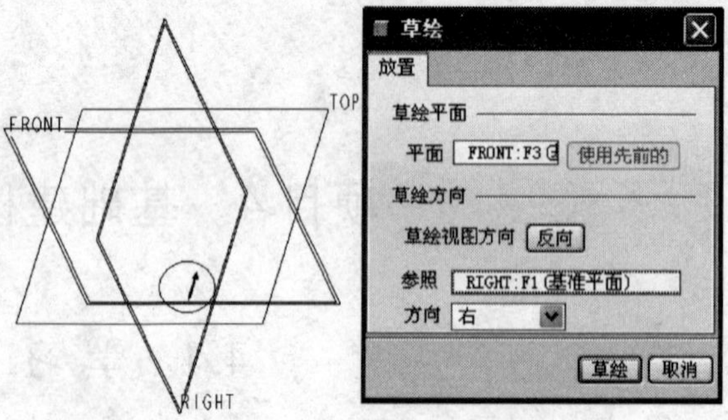

图 4 - 3 选择草绘平面

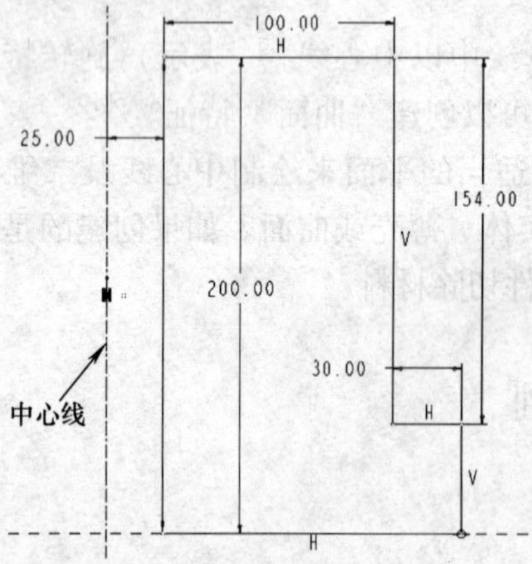

图 4 - 4 草绘截面

图 4 - 5 完成的特征

4.3 实 例 二

此实例将完成实体旋转减材料。

步骤 1 进入草绘界面

(1) 打开实例一的模型文件“prt - 4 - 1. prt”(模型见图 4 - 6)。

(2) 单击特征工具栏上 按钮，打开旋转特征操控板。单击【位置】菜单，单击“定义”按钮，弹出“草绘”对话框。选择 Front 基准面作为草绘平面，系统自动选取 Right 基准面为向“右”的草绘方向参考。单击“草绘”按钮进入草绘环境。

图 4 - 6 模型预览

步骤 2 增加参照

选择菜单栏【草绘】⇨【参照】，弹出“参照”对话框，见图 4 - 7。在草绘环境中选取圆柱顶面和右侧母线为参照(如图 4 - 8)，单击“关闭”按钮关闭“参照”对话框。

步骤 3 草绘截面

绘制如图 4 - 9 所示截面(注意：一定要绘制用作旋转轴的中心线)，并完成截面绘制。

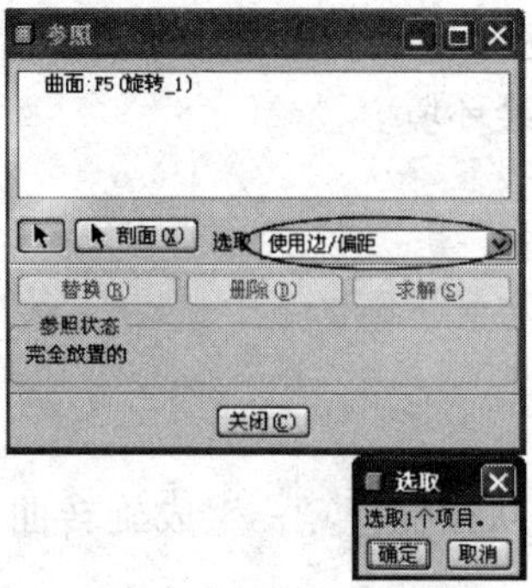

图4－7　参照对话框

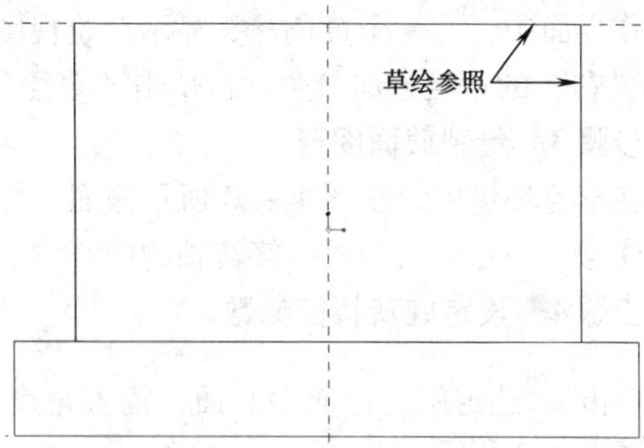

图4－8　增加草绘参照

步骤4　设定旋转特征参数

单击选项以旋转生成实体，输入旋转角度360°，然后选定“去除材料”选项，单击确认按钮，生成旋转特征如图4－10所示。

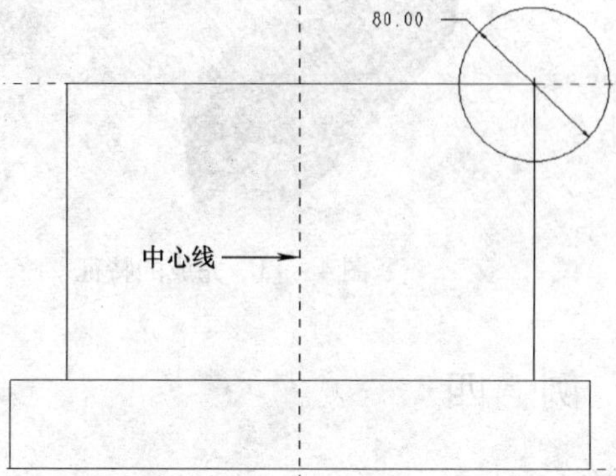

图4－9　草绘截面

图4－10　完成的特征

4.4　实　例　三

此实例将完成旋转生成曲面。

模型见图4－11。

步骤1　新建文件

以公制模板新建零件，文件名“prt－4－2”，进入零件设计环境。

步骤2　进入草绘创建旋转特征

选择菜单栏【插入】⇨【旋转】或者直接单击特征工具栏上“旋转”按钮，单击【位置】菜单，单击“定义”按钮，弹出“草绘”对话框。选择Front基准面作为草绘平面，

图4－11　模型预览

在工作界面中，有一个黄色箭头显示草绘视图的方向。参考平面会自动选取 Right 基准面为向“右”的草绘方向参照。再单击“草绘”按钮进入草绘环境。

步骤 3　绘制截面图形

在草绘环境中绘制图 4－12 所示截面，并完成截面绘制。

注意：一定要绘制用作旋转轴的中心线。

步骤 4　设定旋转特征参数

单击选定旋转特征为曲面，输入角度 180，单击确认按钮，生成旋转曲面特征如图 4－13 所示。

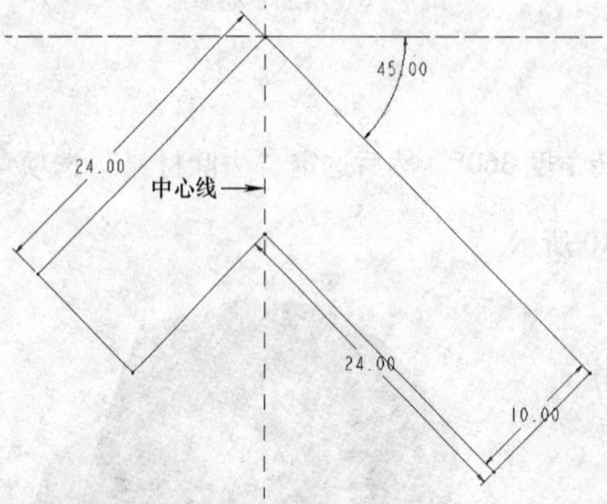

图 4－12　草绘截面

图 4－13　完成的特征

4.5　实　例　四

此实例将完成水杯。

模型见图 4－14。

步骤 1　新建文件

以公制模板新建零件，文件名“prt－4－3”，进入零件设计环境。

步骤 2　旋转实体材料

（1）选择菜单栏【插入】⇨【旋转】或者直接单击特征工具栏上“旋转”按钮，在旋转操控板单击【放置】菜单，单击“定义”按钮，弹出“草绘”对话框。选择 Front 基准面作为草绘平面，系统自动选取 Right 基准面为向“右”的草绘方向参考。单击“草绘”按钮进入草绘环境。

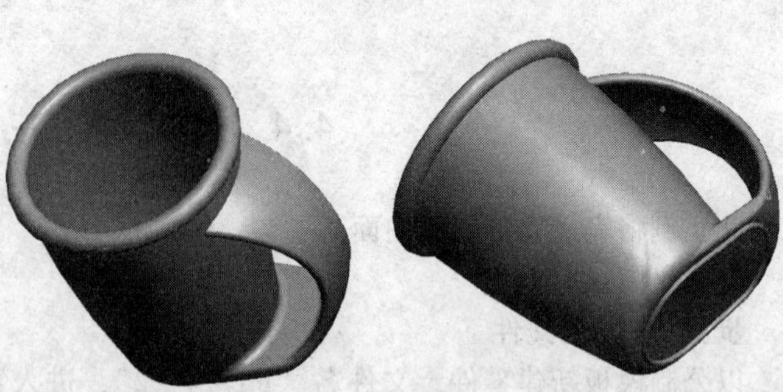

图 4－14　产品预览

（2）在草绘环境中绘制图 4－15 所示截面，单击按钮完成截面绘制。

注意：（1）一定要绘制用作旋转轴的中心线。

（2）截面必须封闭。

（3）设定旋转特征参数。单击选定旋转特征为实体，输入角度360，单击确认按钮，生成旋转特征如图4－16所示。

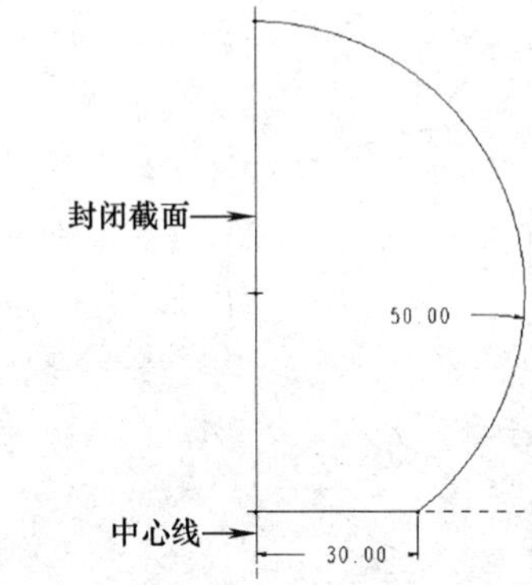

图4－15　草绘截面

图4－16　完成的特征

步骤3　拉伸剪切材料

（1）单击特征工具栏上“拉伸”按钮，弹出“拉伸”操控板，见图4－17，单击【放置】选项，单击“定义”按钮，弹出“草绘”对话框。选择Top基准面作为草绘平面，系统自动选取Right基准面为向“右”的草绘参照（如图4－18）。再单击“草绘”按钮进入草绘环境（如图4－19）。

图4－17　拉伸操控板

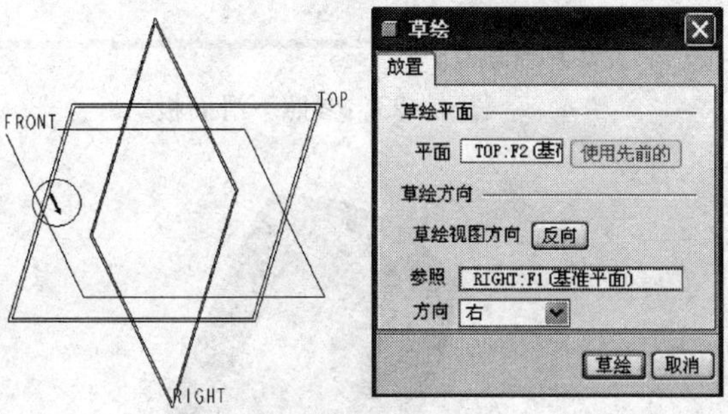

图4－18　选取草绘平面

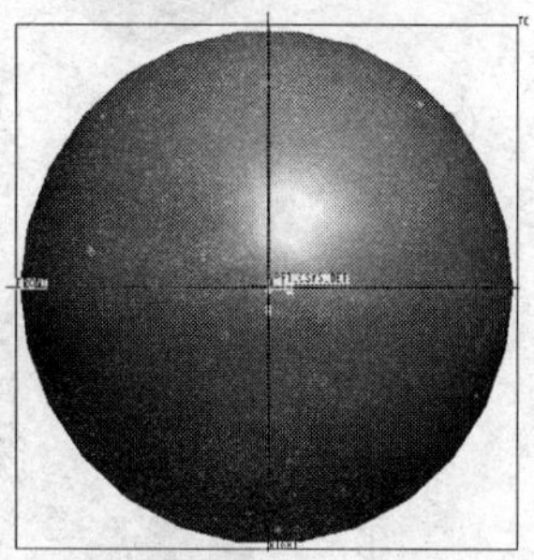

图4－19　草绘参照

（2）在草绘环境中绘制如图4－20所示椭圆截面，单击按钮完成截面绘制。

（3）设定拉伸特征参数。单击设置拉伸创建实体，输入厚度100，然后选定切除材料按钮，单击确认按钮，以建立拉伸切口特征，如图4－21所示。

步骤4　壳特征

（1）单击特征工具栏上“壳工具”按钮（如图4－22），输入壳厚度4。

（2）单击【参照】，弹出下滑面板（如图4－23）。激活“移去的曲面”收集框，按住 Ctrl 选取图 4－24 所示的两侧面①、②。激活“非缺省厚度”收集框，选取底面③（如图 4－24 所示），输入厚度 6。单击确认按钮 ✔，完成壳特征创建，见图 4－25。

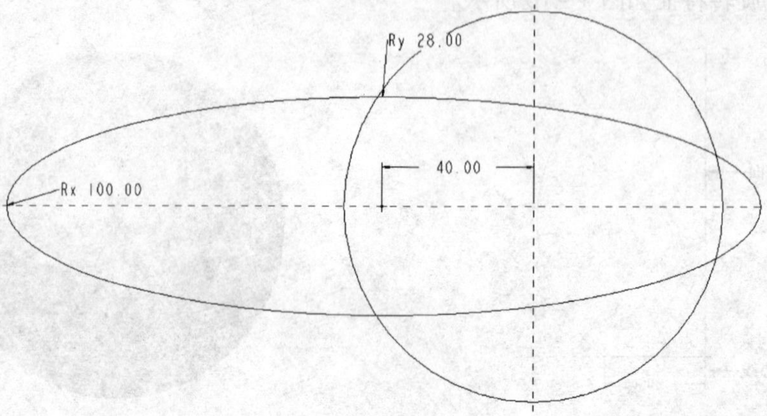

图 4－20　草绘截面

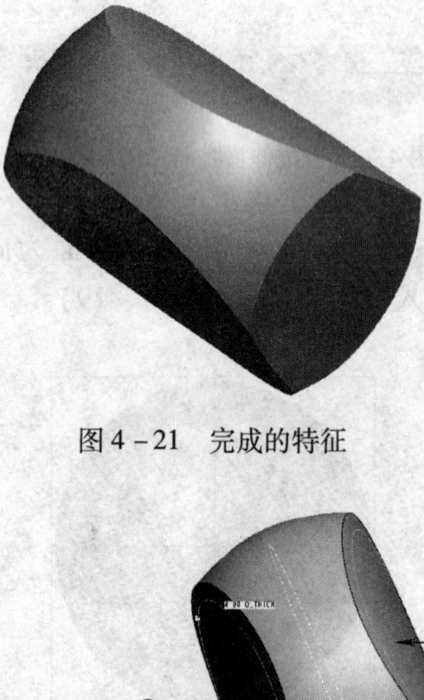

图 4－21　完成的特征

图 4－22　壳操控板

图 4－23　参照下滑面板

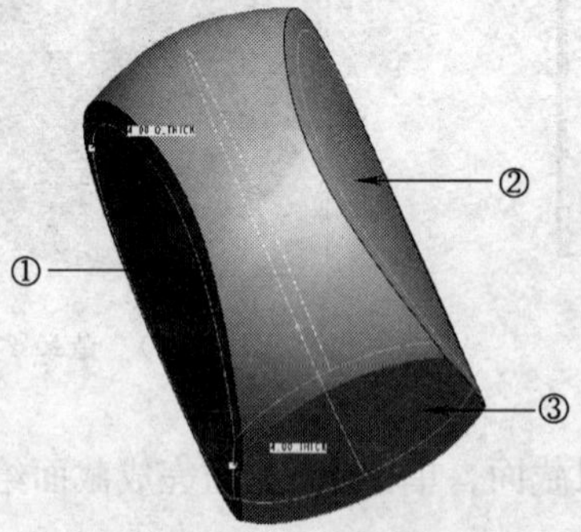

图 4－24　参照选取

图 4－25　完成特征

步骤 5　倒圆角

（1）单击特征工具栏上“倒圆角工具”按钮，弹出倒圆角工具条（如图 4－26）。

图 4－26　倒圆角工具条

（2）对图4－27所示加粗的边界，倒$R10$的圆角。

（3）对图4－28所示加粗的边界，倒$R4$的圆角。

（4）对图4－29所示加粗的边界，倒$R2$的圆角，完成的模型见图4－30。

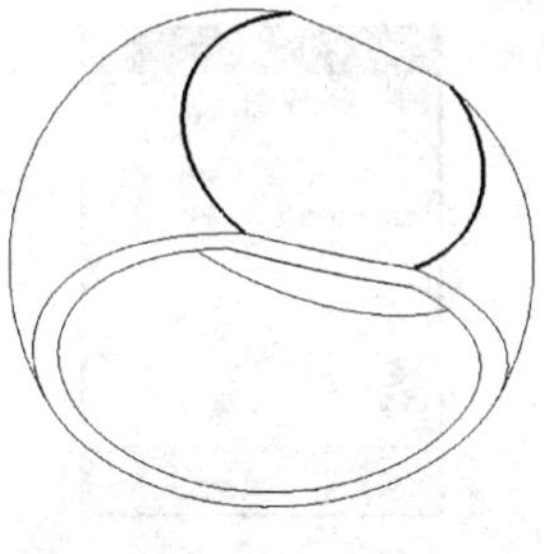

图4－27 倒$R10$圆角

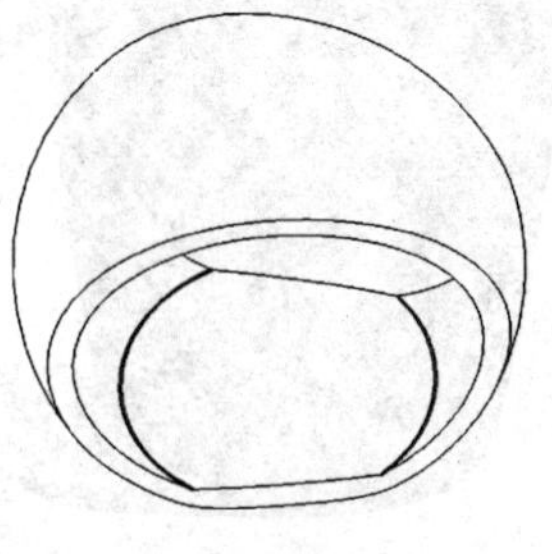

图4－28 倒$R4$圆角

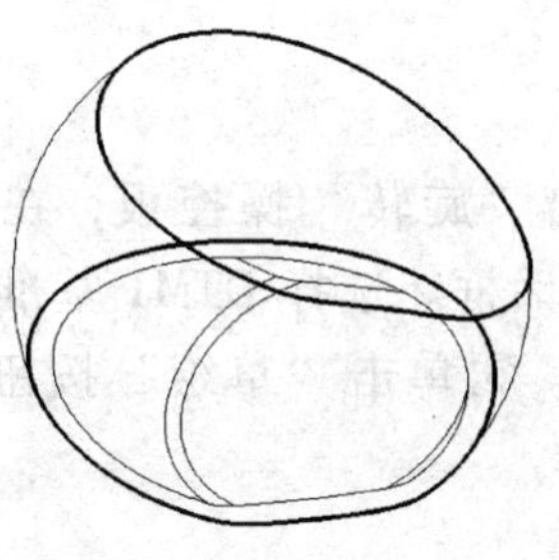

图4－29 倒$R2$圆角

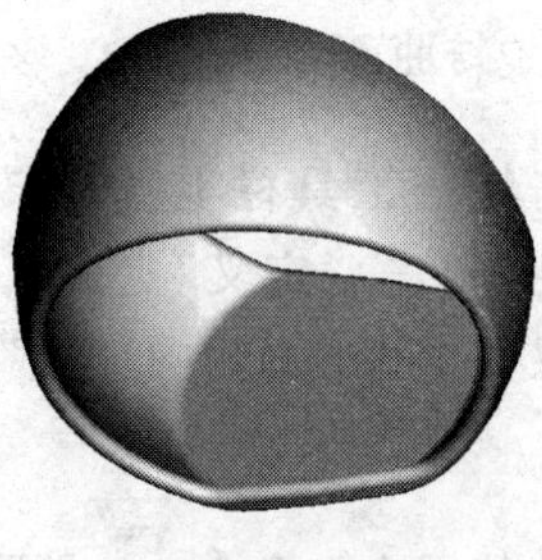

图4－30 完成倒圆角的模型

步骤6 旋转实体材料

（1）直接单击特征工具栏上“旋转”按钮，单击【位置】菜单，单击“定义”按钮，弹出“草绘”对话框。选择Front基准面作为草绘平面，系统自动选取Right基准面为向“右”的草绘方向参考。再单击“草绘”按钮进入草绘环境。

（2）在草绘环境中绘制如图4－31所示截面，单击按钮完成截面绘制。

注意：一定要绘制旋转中心线，截面需要封闭。

（3）设定旋转特征参数。单击选定旋转特征为实体，输入角度360，单击确认按钮，生成旋转特征如图4－32所示。

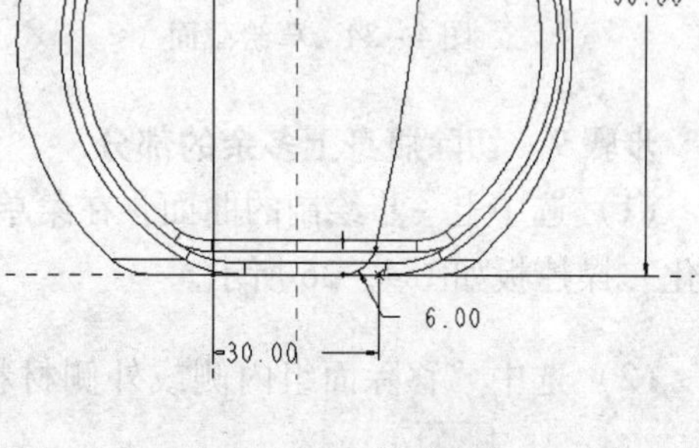

图4－31 参照选取

步骤7 创建基准平面

单击特征工具栏上“基准平面工具”按钮，弹出“基准平面”对话框，选取A－2轴，设置特性为“穿过”；选取Right基准面，设置特性为“平行”（如图4－33），单击“确定”完成基准平面创建。

图 4 – 32　完成特征

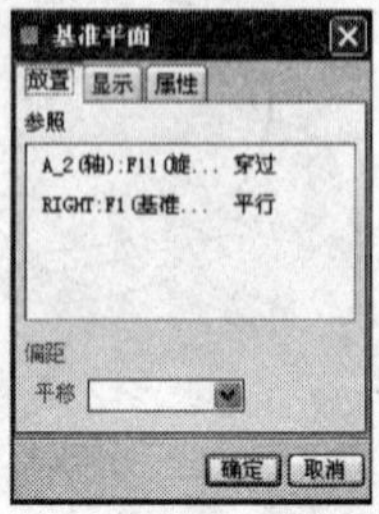

图 4 – 33　基准平面对话框

步骤 8　旋转曲面

（1）单击特征工具栏上“旋转”按钮，弹出“旋转”操控板，在其中单击【位置】菜单，单击“定义”按钮，弹出“草绘”对话框。选择 DTM1 基准面作为草绘平面，选取 Top 基准面为向“顶”的草绘方向参考。再单击“草绘”按钮进入草绘环境。

（2）用“使用边”命令抓取图 4 – 34 所示投影边作为旋转截面。

注意：别忘了绘制旋转中心线。

（3）设定旋转特征参数。单击选定旋转生成曲面，输入旋转角度 180，单击确认按钮完成旋转曲面创建，见图 4 – 35。

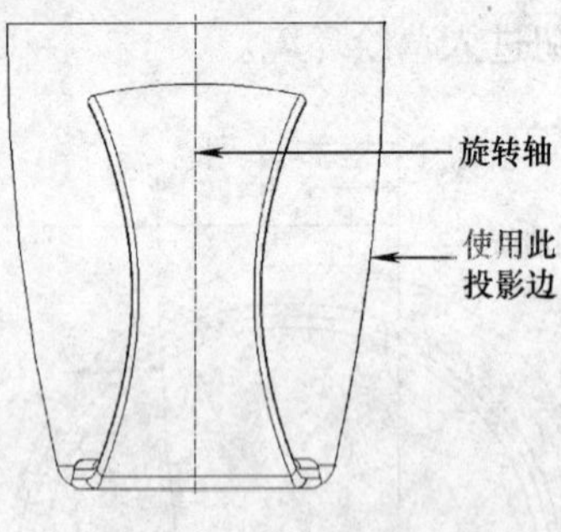

图 4 – 34　草绘截面

图 4 – 35　完成的特征

步骤 9　切除瓶身上多余的部分

（1）选中上一步绘制的曲面，在菜单栏选择【编辑】⇨【实体化】菜单，弹出的“实体化”操控板如图 4 – 36 所示。

（2）选中“移除面组内侧或外侧材料”选项，单击反转移除材料的方向。单击确认按钮完成特征创建，见图 4 – 37。

图4－36 实体化操控板

图4－37 完成的特征

步骤10 旋转剪切材料

（1）单击特征工具栏上“旋转”按钮，弹出“旋转”操控板。在其中单击【位置】菜单，单击“定义”按钮，弹出“草绘”对话框。选择Front基准面作为草绘平面，系统自动选取Right基准面为向“右”的草绘方向参考。单击“草绘”按钮进入草绘环境。

（2）绘制图4－38所示截面（注意截面必须封闭），单击按钮完成截面绘制。

（3）设定旋转特征参数。单击选定旋转特征为实体，输入旋转角度360，选中“去除材料”选项。单击确认按钮完成旋转特征创建，见图4－39。

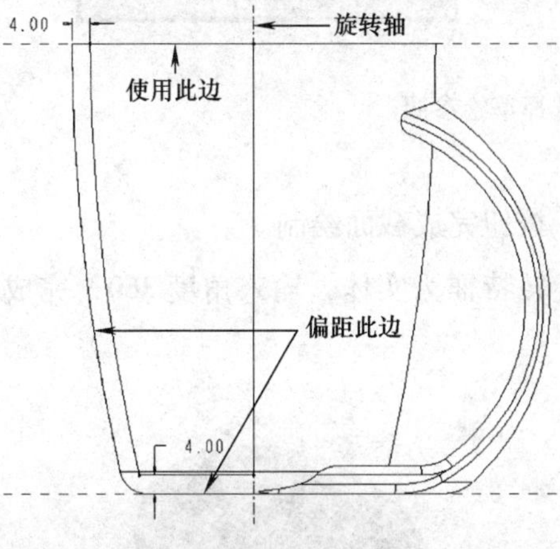

图4－38 草绘截面

图4－39 完成的特征

步骤11 倒圆角

（1）对图4－40所示加粗的边界，倒$R2$的圆角。

（2）对图4－41所示加粗的边界，倒$R3$的圆角。

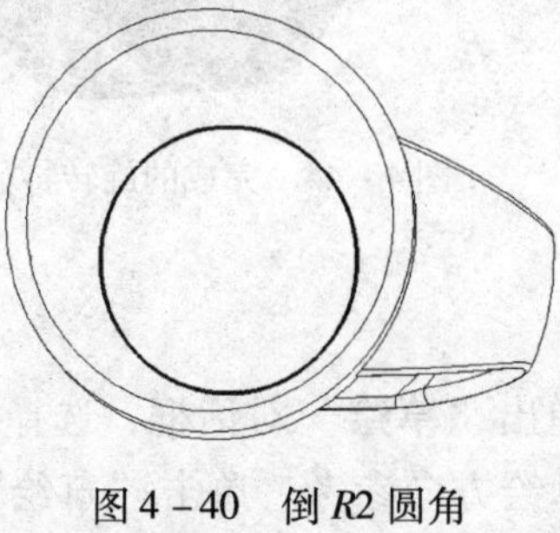

图4－40 倒$R2$圆角

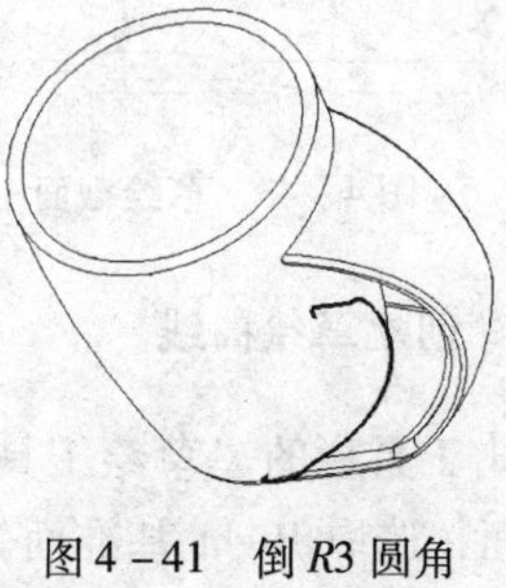

图4－41 倒$R3$圆角

步骤 12　旋转加材料

（1）单击特征工具栏上“旋转”按钮，弹出“旋转”操控板，在其中单击【位置】菜单，单击“定义”按钮，弹出“草绘”对话框。选择 Front 基准面作为草绘平面，系统自动选取 Right 基准面为向“右”的草绘方向参考。单击“草绘”按钮进入草绘环境。

（2）选择菜单栏【草绘】⇨【参照】菜单，弹出“参照”对话框，选取如图 4－42 所示的要素作为草绘参照。

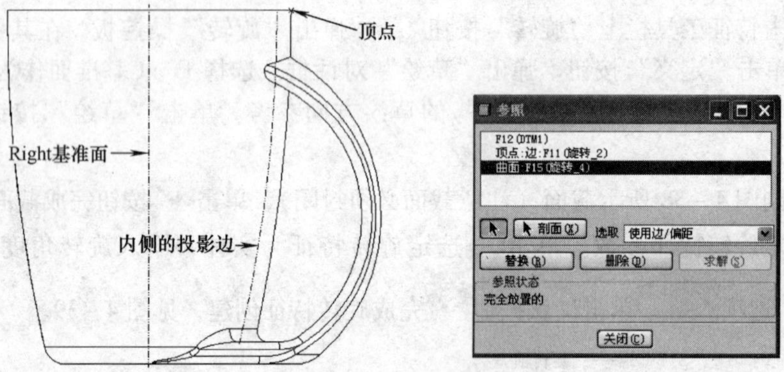

图 4－42　选择草绘参照

（3）绘制如图 4－43 所示截面。单击按钮完成截面绘制。

（4）设定旋转特征参数。单击选定旋转特征为实体，输入角度 360，完成的旋转特征如图 4－44 所示。

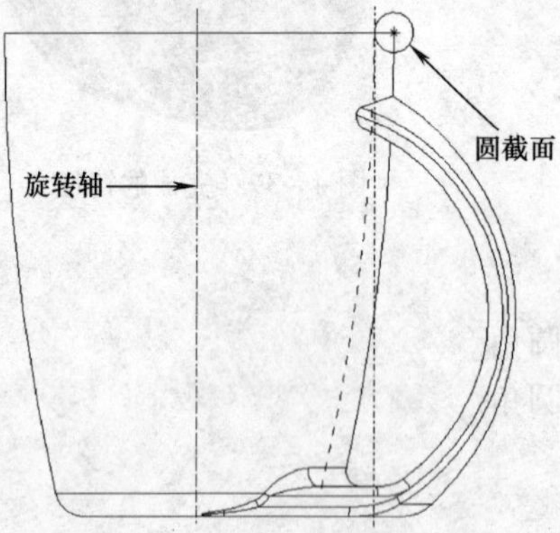

图 4－43　草绘截面

图 4－44　完成的旋转特征

步骤 13　创建草绘曲线

（1）单击工具栏的“草绘工具”按钮，弹出“草绘”对话框，选择 Top 基准面作为草绘平面，选取 Right 基准面为向“右”的草绘方向参考。单击“草绘”按钮进入草绘环境。

（2）单击偏移边命令，选取偏移的边如图 4 – 45，输入偏移距离 – 2，回车，确认输入。

（3）选取偏移的边如图 4 – 46，输入偏移距离 – 2，回车，确认输入。

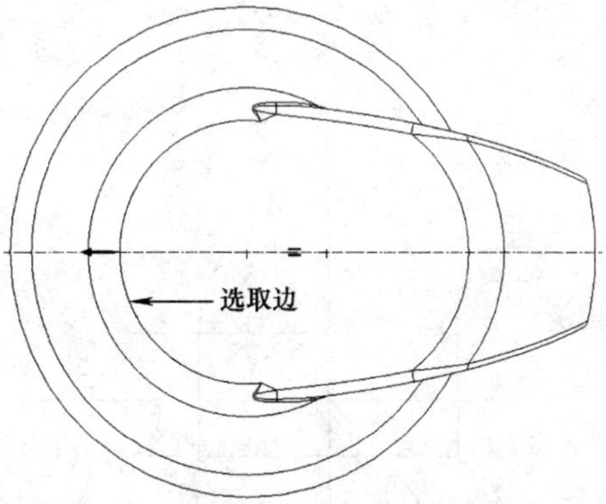

图 4 – 45　选取边

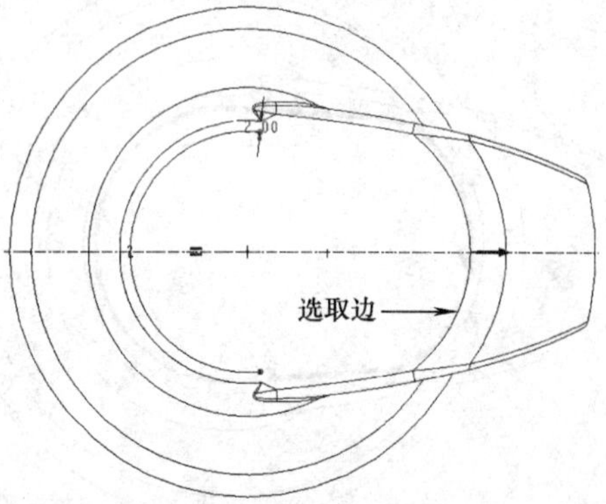

图 4 – 46　选取边

（4）单击，将两圆弧相连，倒圆角 *R*10（如图 4 – 47），单击完成草绘。

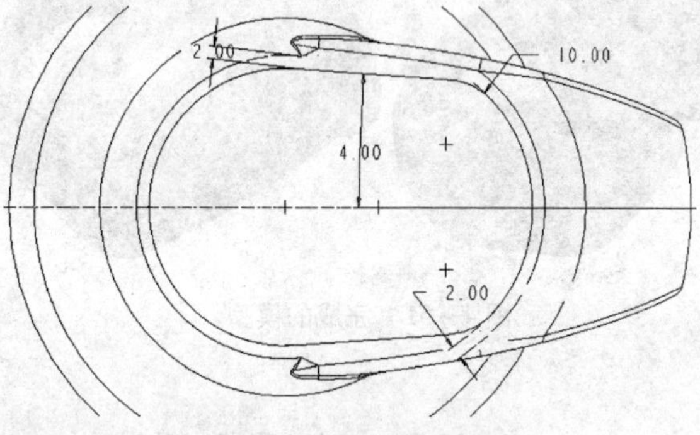

图 4 – 47　完成的草绘截面

步骤 14　扫描杯底的凸台

（1）单击工具栏的“可变截面扫描”按钮，弹出“可变截面扫描”操控板，见图 4 – 48。

图 4 – 48　可变截面扫描操控板

（2）选取上一步绘制的曲线，见图4 – 49。

(3) 在“可变截面扫描”操控板，单击“创建或编辑扫描剖面”按钮。草绘环境十字线的交点是扫描的起点，绘制扫描剖面如图 4-50，完成扫描截面绘制。再单击完成按钮，完成扫描特征创建。最终完成的模型见图 4-51。

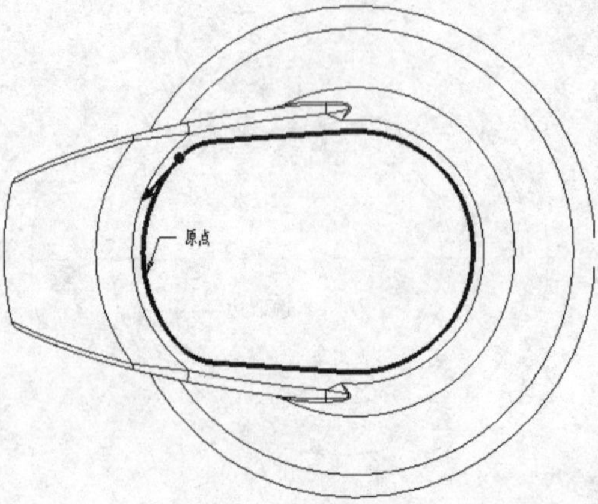

图 4-49　选取曲线

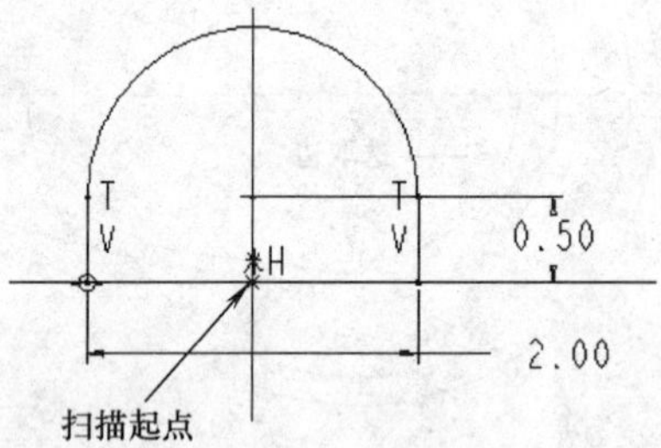

图 4-50　扫描截面

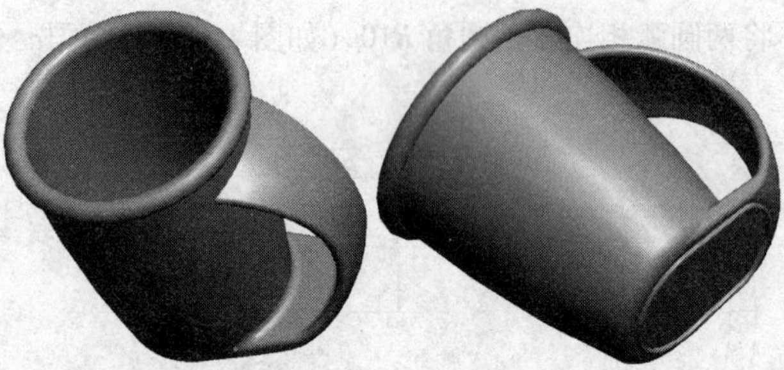

图 4-51　完成的模型

4.6　相关知识与命令总结

4.6.1 “旋转”操控面板

选择主菜单【插入】⇨【旋转】或者直接单击特征工具栏上旋转按钮，系统显示图 4-52 所示的“旋转”操控板。第一行为属性面板，下面的一行为下滑面板。

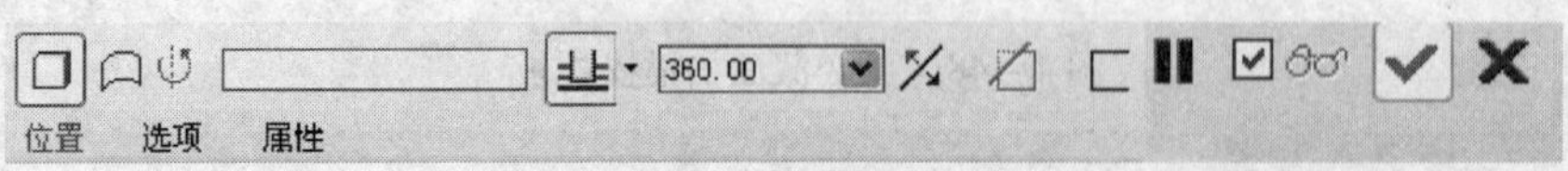

图 4-52　旋转操控板

（1）属性面板

：旋转为实体特征。

：旋转为曲面特征。

内部 CL：“旋转轴”收集器，用于选择旋转轴。在Pro/E 4.0中建立旋转特征，用户既可以在草绘环境中绘制旋转中心线作为旋转轴，也可以在非草绘环境中选定边或轴线作为旋转轴。在操控板中选择或设定参照时，应首先激活对应的栏目（也称收集器，激活后的背景颜色为黄色）使其处于工作状态。

（可变）：从草绘平面旋转指定的角度。

（对称）：从草绘平面向其两侧，对称旋转指定的角度值。

（到选定项）：从草绘平面旋转到选定的点、线或曲面。

360.00：“角度”输入框，系统提供四种默认的旋转角度值（90，180，270，360），也可以直接输入0.001～360任一值。当选择选项时，该栏中显示旋转角度的参照对象 选取 1 个项，激活该栏设计者可以选择旋转角度的参照对象。

：相对于草绘平面反转特征旋转方向。

：以去除材料的方式创建切口特征，配合其后的按钮，选择创建切口时要移除材料的侧。

：通“加厚”截面轮廓创建薄板特征，配合其后的按钮，选择增加厚度的方向。

（2）下滑面板

位置：定义旋转截面并指定旋转轴。单击“定义”按钮创建旋转的截面。在“轴”收集器中单击以选取旋转轴。

选项：定义草绘的一侧或两侧的旋转方式及旋转角度。

属性：编辑特征名，也可以在Pro/E浏览器中打开特征信息。

4.6.2　创建旋转特征的基本步骤

（1）选择菜单栏【插入】⇨【旋转】或者直接单击特征工具栏上旋转按钮。

（2）绘制或选取旋转特征的横截面。

（3）选择旋转轴线。也可以使用旋转截面中的中心线作为旋转轴，此步可以省略。

（4）选定旋转为实体或者旋转为曲面。设定旋转的角度、方向等参数。

（5）完成旋转特征创建。

4.7 练　　习

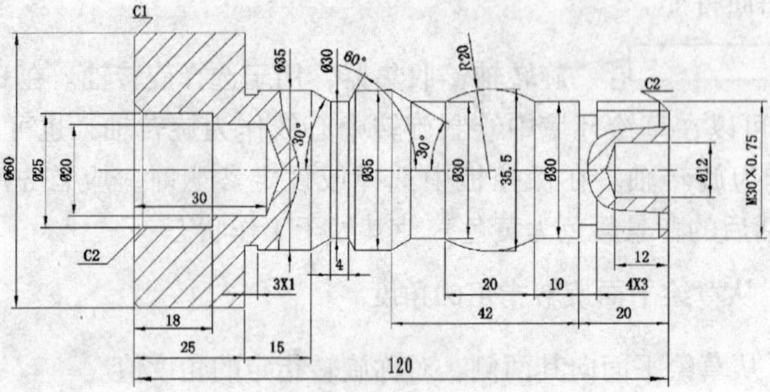

练习 1

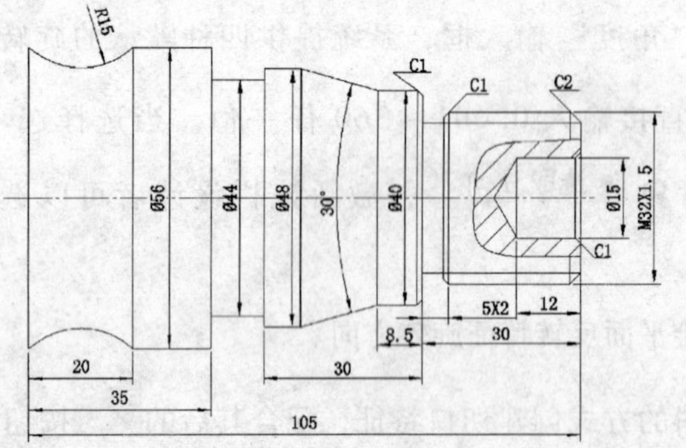

练习 2

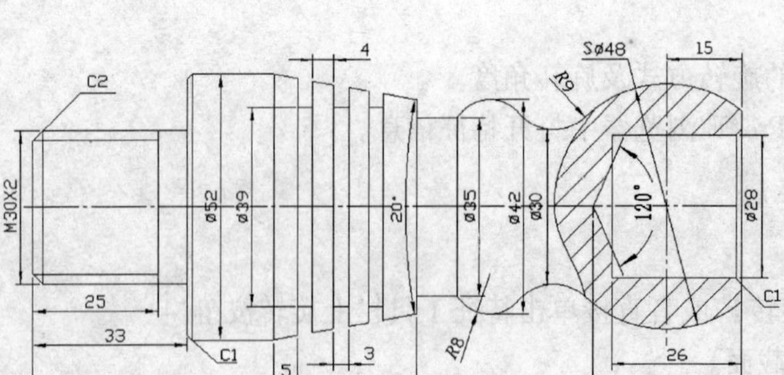

练习 3

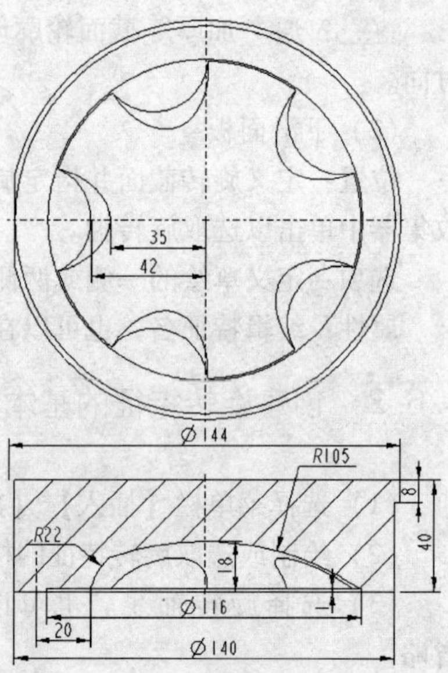

练习 4

项目5 基础建模——扫描

扫描特征是指草绘剖面沿着一定的轨迹线扫描而成的一类特征。它需要分别创建出或选取扫描轨迹线和扫描剖面，在最终创建的实体上，特征的横断面和扫描剖面相对应，特征的外轮廓与扫描轨迹线对应。从建模原理上来说，拉伸实体特征和旋转实体特征都是扫描实体特征的特例，拉伸实体特征是将剖面沿直线扫描，旋转实体特征是将剖面沿圆周扫描。

利用扫描方式创建特征时，用户首先要设置特征的类型：伸出项、薄板伸出项、切口、薄板切口、曲面等。创建扫描实体特征时，其主要步骤如下：确定扫描轨迹线⇨设置特征属性参数⇨绘制扫描剖面图⇨修改完善设计参数，生成扫描实体特征。本项目以数个实例讲解 Pro/ENGINEER Wildfire 4.0 扫描特征的应用，然后再对扫描命令的详细用法进行总结，项目中还涉及零件的设计修改方法。

5.1 学习目标

掌握扫描建模的用法及用途，掌握零件的设计修改方法：编辑尺寸、编辑定义、编辑参照，掌握再生失败的处理方法。

5.2 实例一

此例将完成图5－1所示的零件（管接头），讲解扫描特征的基本创建方法。

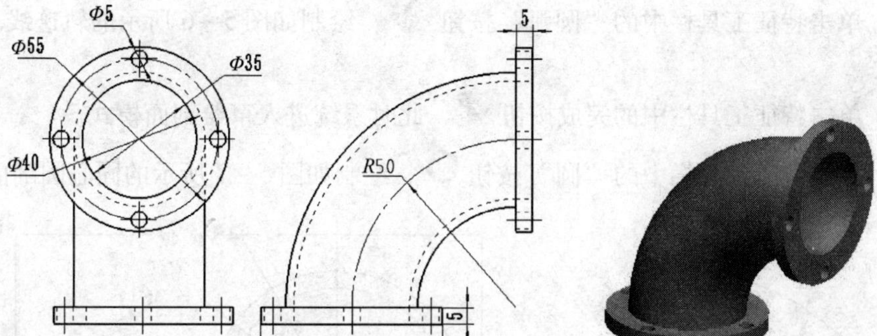

图5－1 管接头

步骤1 新建零件

以公制模板新建零件，文件名“prt－5－1”。

步骤2 建立扫描特征

（1）在菜单栏中选择【插入】⇨【扫描】⇨【伸出项】命令，此时系统弹出“伸出项：

扫描”对话框和【扫描轨迹】菜单管理器，如图 5 -2 所示。

(2) 在【扫描轨迹】菜单管理器中选择“草绘轨迹”选项，此时在消息区出现提示信息：选取或创建一个草绘平面，并且系统打开【设置草绘平面】和【设置平面】菜单管理器，见图 5 - 3 所示。

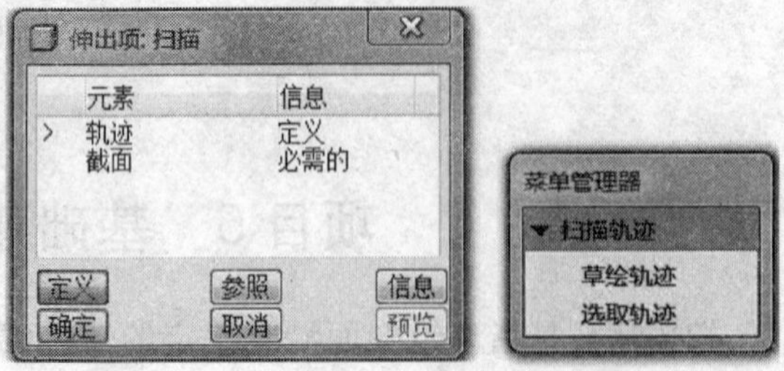

图 5 -2 “伸出项：扫描”对话框和【扫描轨迹】菜单管理器

(3) 在菜单管理器中依次选取“新设置”“平面”选项，然后在绘图区域选取基准面 FRONT 作为轨迹线的草绘平面，此时系统打开【方向】菜单管理器，见图 5 -4 所示。

(4) 此时在基准面 FRONT 上有箭头指示视图的方向，在【方向】菜单管理器中选取“正向”选项，此时系统打开【草绘视图】菜单管理器，见图 5 -5 所示。

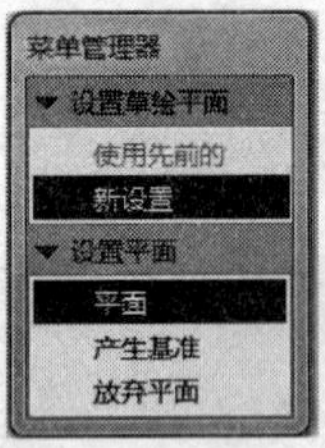

图 5 -3 菜单管理器

图 5 -4 菜单管理器

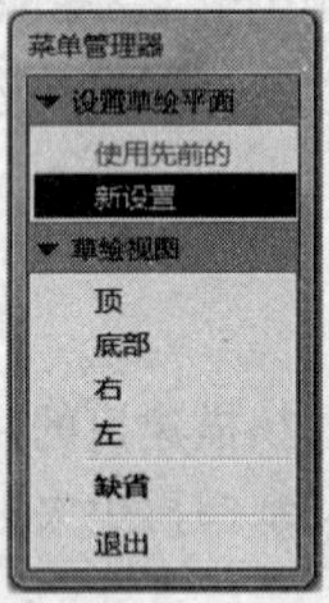

图 5 -5 菜单管理器

(5) 单击“草绘视图”菜单管理器中的【缺省】菜单，进入草绘模式。

(6) 单击特征工具栏中的“圆弧”按钮，绘制如图 5 -6 所示的轨迹线。

(7) 单击特征工具栏中的完成按钮，此时系统进入草绘剖面模式。

(8) 单击特征工具栏中的“圆”按钮，绘制如图 5 -7 所示的同心圆剖面。

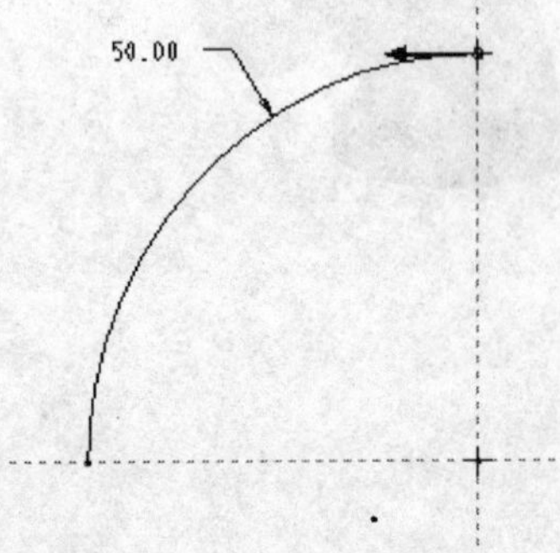

图 5 -6 草绘轨迹线

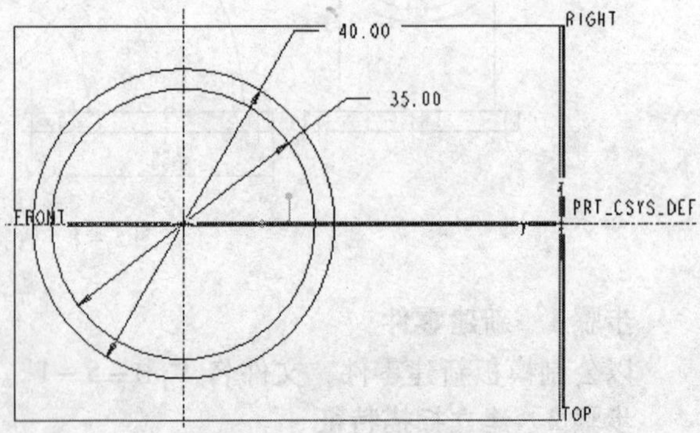

图 5 -7 扫描剖面

(9) 单击特征工具栏中的完成按钮，退出草绘模式，再单击“伸出项：扫描”对话框中的“确定”按钮，完成绘制管体的操作，如图5－8所示。

步骤3 建立拉伸特征

(1) 单击特征工具栏中的拉伸按钮，拉伸特征操控板出现，见图5－9所示。

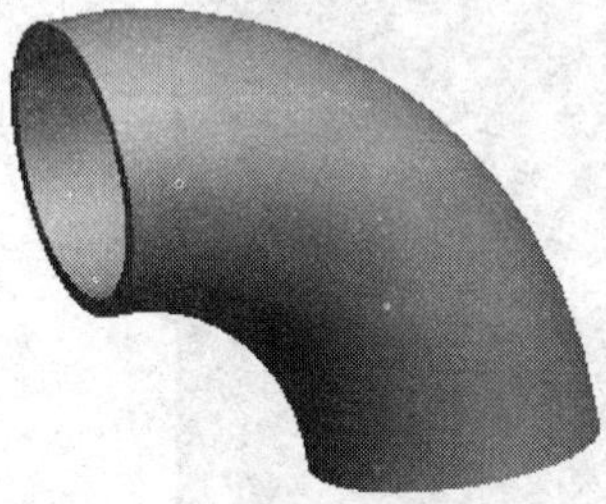

图5－8 管体

图5－9 拉伸特征操控板

(2) 在操控板中单击【放置】菜单，此时系统打开“放置”下滑面板，如图5－10所示。

(3) 单击“放置”下滑面板中的“定义”按钮，此时系统打开“草绘”对话框。

(4) 此时在信息栏中出现提示信息：选取一个平面或曲面以定义草绘平面，单击图5－11中箭头所指的平面，此时在“草绘方向”栏中会自动出现默认的草绘参照和方向，接受默认的设置，单击“草绘”对话框中的“草绘”按钮，进入草绘模式。

(5) 单击特征工具栏中的“通过边创建图元”按钮，此时系统打开“类型”对话框，如图5－12所示。

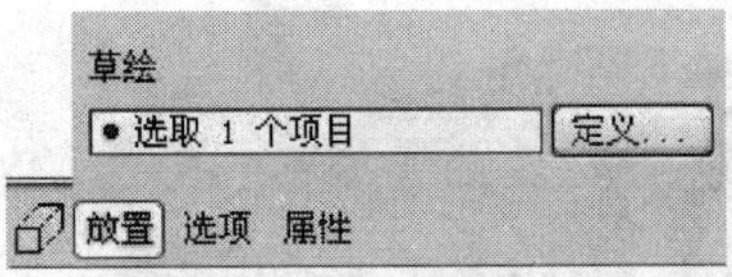

图5－10 “放置”下滑面板

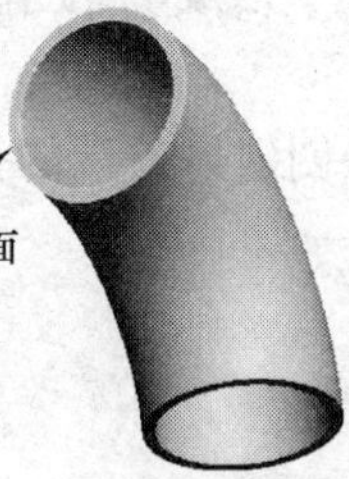

图5－11 草绘平面选择

图5－12 “类型”对话框

(6) 在“类型”对话框中选取“单个”选项，然后在模型上选取图5－13中箭头所指的圆弧（分上下两段选取），再单击“类型”对话框中的“关闭”按钮，完成创建圆弧的操作。

(7) 单击特征工具栏中的“圆”按钮，与图5－13的圆弧同心创建另一个圆。单击中键结束命令或单击工具栏中的“选取项目”按钮，双击圆的尺寸，在打开的文本框内输入55（即圆的直径）绘制其它的圆见图5－14所示。

(8) 单击特征工具栏中的完成按钮，退出草绘模式，返回到“拉伸”操控板，此时在绘图区有浅黄色的模型预览。

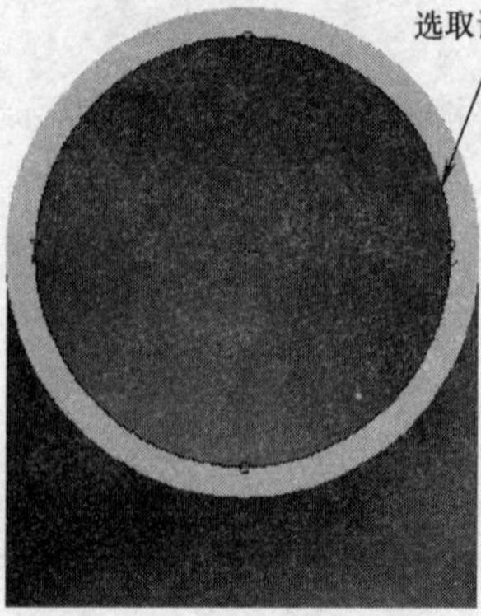

图 5 – 13　使用边

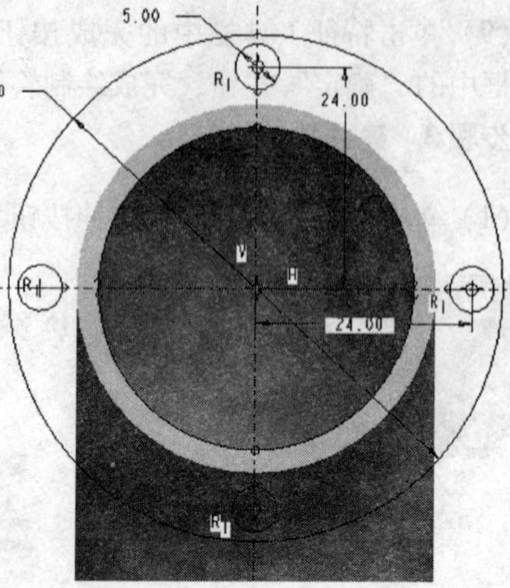

图 5 – 14　草绘截面

(9) 采用默认的拉伸为实体类型，设置拉伸方式为，在深度文本框内输入 5，如图 5 – 15 所示。

图 5 – 15　拉伸方式和深度设置

(10) 单击操控板中的【完成】按钮，完成特征创建的操作，如图 5 – 16 所示。

(11) 类比前面的操作，创建另一端的拉伸特征，结果如图 5 – 17 所示。

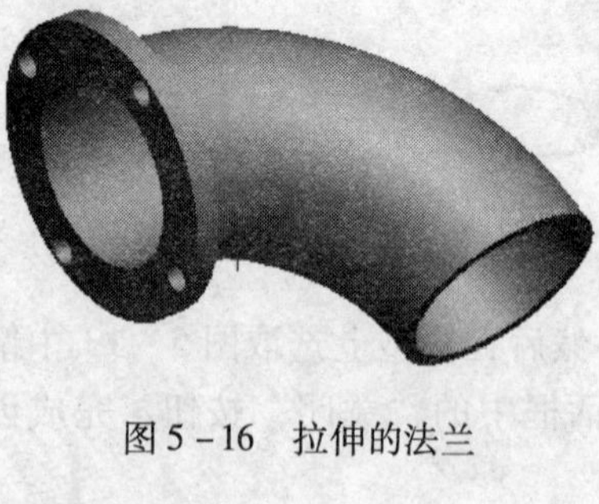

图 5 – 16　拉伸的法兰

图 5 – 17　完成的零件

5.3　实　例　二

此例将完成图 5 – 18 所示的零件图（带柄的茶杯）。

步骤 1　新建零件

以公制模板新建零件，输入文件名“prt – 5 – 2”。

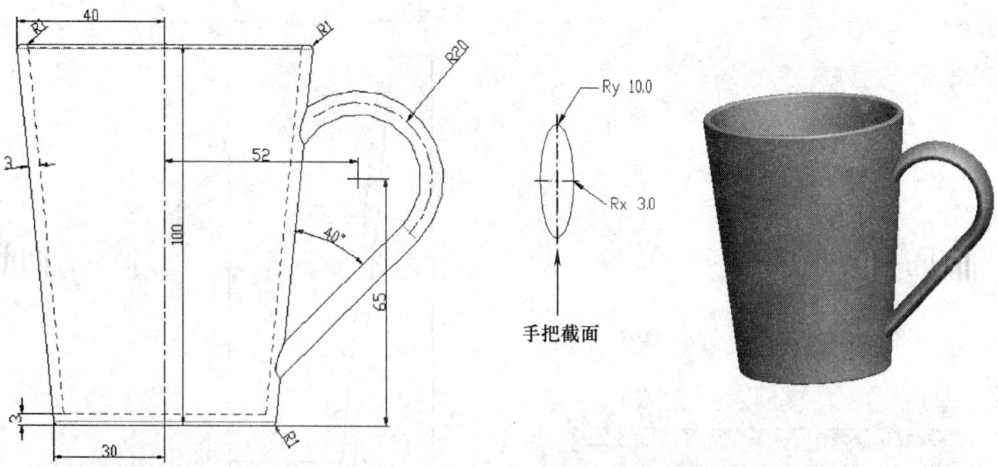

图5－18 带柄茶杯

步骤2 建立旋转特征

（1）单击特征工具栏中的“旋转”按钮，此时主视区上方出现旋转特征操控板，如图5－19所示。

图5－19 旋转特征操控板

（2）在操控板中单击【位置】菜单，此时系统打开“位置”下滑面板，如图5－20所示。

（3）单击“位置”下滑面板中的“定义”按钮，此时系统打开“草绘”对话框。

（4）此时在信息栏中出现提示信息：选取一个平面或曲面以定义草绘平面。在绘图区域选取基准面FRONT作为草绘平面，此时在“草绘方向”栏中会自动出现默认的草绘参照和方向，接受默认的设置，单击“草绘”对话框中的“草绘”按钮，进入草绘环境。

（5）绘制如图5－21所示的旋转剖面。

（6）单击特征工具栏中的完成草绘按钮，退出草绘模式，返回到“旋转”操控板，此时在绘图区有浅黄色的模型生成预览。

（7）采用默认的生成实体方式，设置旋转方式为——输入角度，在旋转角度文本框内输入360，见图5－22所示。

（8）单击操控板中的完成按钮，完成特征创建的操作，见图5－23所示。

步骤3 建立倒圆角特征

（1）单击特征工具栏中的“倒圆角”按钮，对图5－24所示的棱边倒*R*1的圆角。

图 5－20 “位置”面板

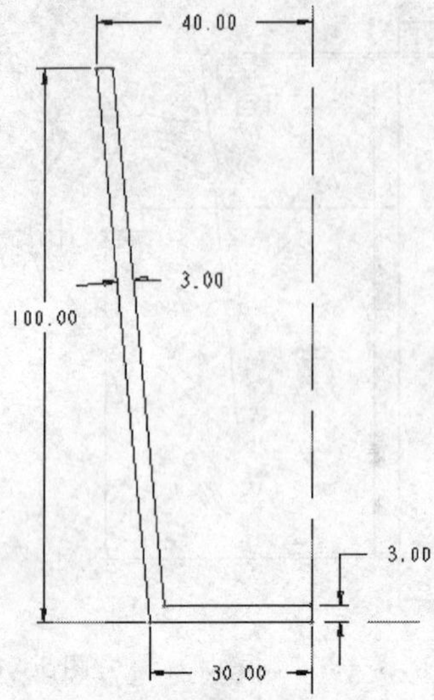

图 5－21 草绘的剖面

图 5－22 旋转方式和旋转角度设置

（2）单击操控板中的完成按钮，完成倒圆角特征，见图 5－25。

图 5－23 杯体

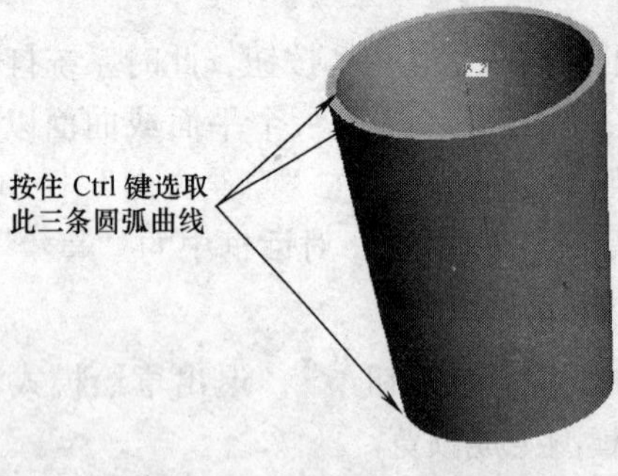

图 5－24 倒圆角棱边选择

图 5－25 完成的倒圆角

步骤 4 建立扫描特征

（1）在菜单栏中选择【插入】⇨【扫描】⇨【伸出项】命令，此时系统弹出“伸出项：扫描”对话框和【扫描轨迹】菜单管理器，如图 5－26 所示。

（2）在“扫描轨迹”菜单管理器中选择【草绘轨迹】选项，此时在消息区出现提示信息：选取或创建一个草绘平面。在菜单管理器中依次选取【新设置】⇨【平面】选项，然后在绘图区域选取基准面 FRONT 作为轨迹线的草绘平面，在“方向”菜单管理器中选取【正向】选项，单击“草绘视图”菜单管理器中的【缺省】选项，进入草绘模式。

（3）绘制如图5－27所示的轨迹线。

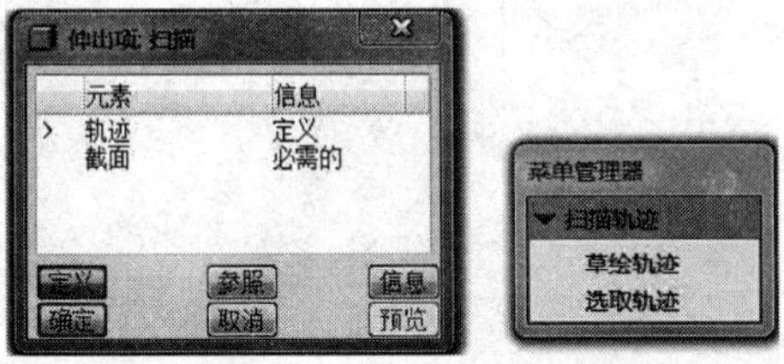

图5－26 “伸出项：扫描”对话框

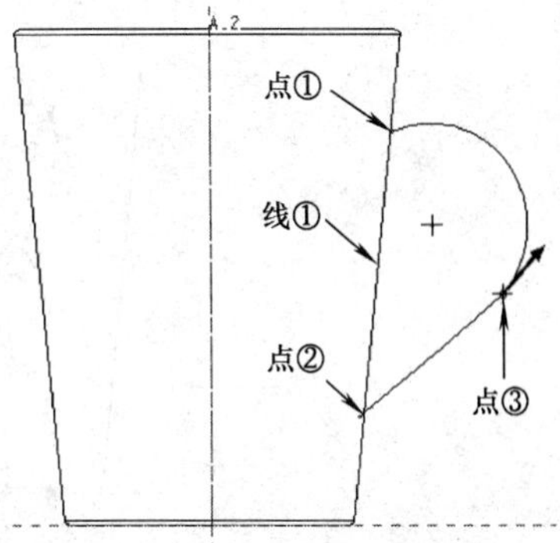

图5－27 草绘轨迹

（4）单击按钮添加约束，弹出图5－28所示对话框，单击“点在线上”约束，依次选择图5－27中的“点①”与“线①”及“点②”与“线①”，将图5－27所示的“点①”和“点②”分别约束到“线①”上；单击“相切”约束，依次选择“点③”处的直线和圆弧使之相切。

图5－28 约束对话框

（5）选择图5－27的“点①”；单击鼠标右键弹出快捷菜单，见图5－29；选择【起始点】菜单，把“点①”设置为扫描的起始点，见图5－30所示。

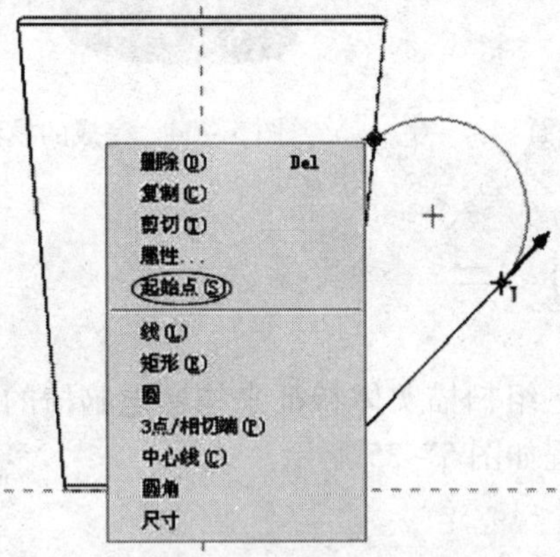

图5－29 改变扫描起始点

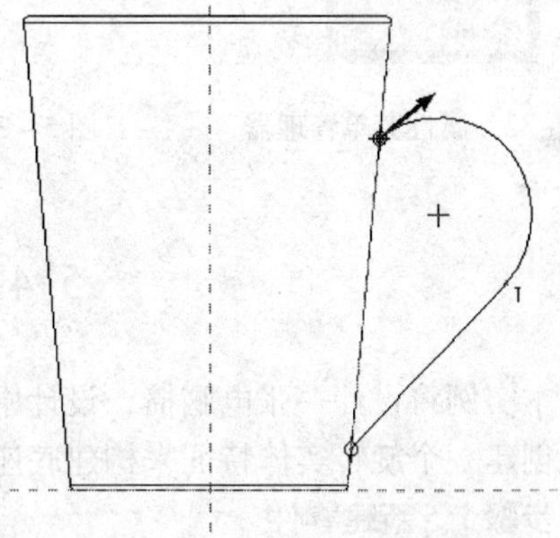

图5－30 起始点改变后

（6）单击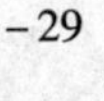标注尺寸，并修改尺寸值如图5－31所示。

（7）单击特征工具栏中的完成按钮，此时系统进入属性选择，选择【合并端点】，单击【完成】菜单，如图5－32所示。系统进入草绘环境，绘制扫描的截面。

（8）绘制图5－33所示的椭圆剖面。

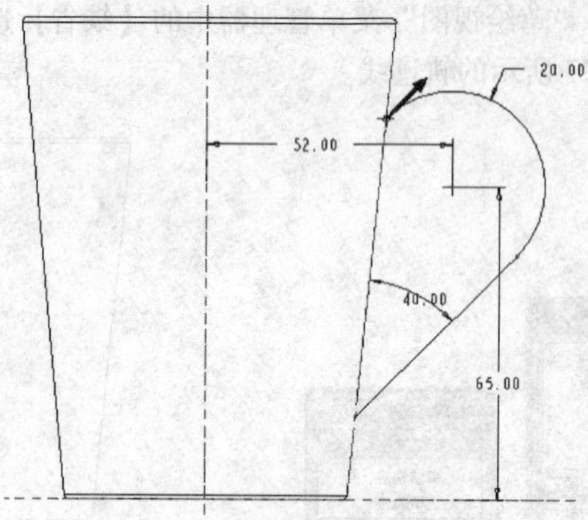

图 5－31　轨迹线示意图

（9）单击特征工具栏中的完成按钮 ✓，退出草绘模式。再单击“伸出项：扫描”对话框中的“确定”按钮，完成绘制茶杯柄的创建，完成的模型见图 5－34。

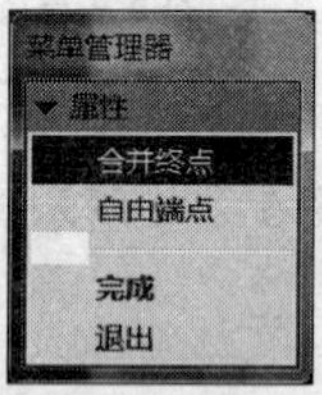

图 5－32　属性菜单管理器

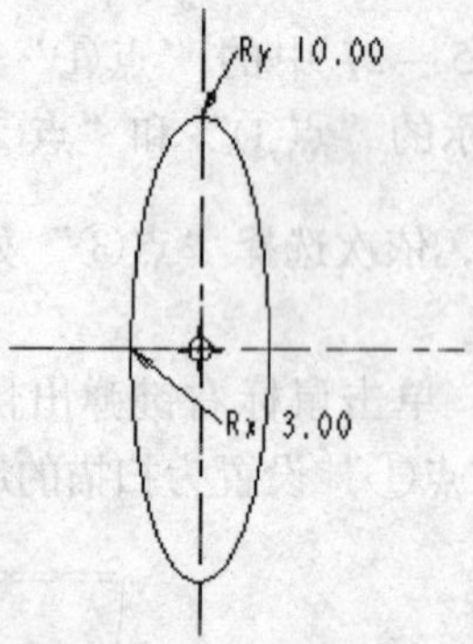

图 5－33　扫描的截面

图 5－34　完成的模型

5.4　实　例　三

本实例将设计一张电脑椅，设计中依次创建一组扫描实体特征来构建电脑椅的主体，最后创建一个旋转实体特征来构建底座，建模流程如图 5－35 所示。

步骤 1　新建零件

以公制模板创建零件，文件名“prt－5－3”。

步骤 2　创建第一个扫描实体特征——底座

（1）在菜单栏中选择【插入】⇨【扫描】⇨【伸出项】命令，此时系统弹出“伸出项：扫描”对话框和“扫描轨迹”菜单管理器，选取【草绘轨迹】选项，系统接着弹出“设置草绘平面”菜单，选取基准平面 TOP 作为草绘平面。在“方向”菜单中选取【正向】选项，接受缺省的草绘视图方向。在“草绘视图”菜单中选取【缺省】选项，按照系统缺省的方式放置草绘平面，进入二维草绘模式。

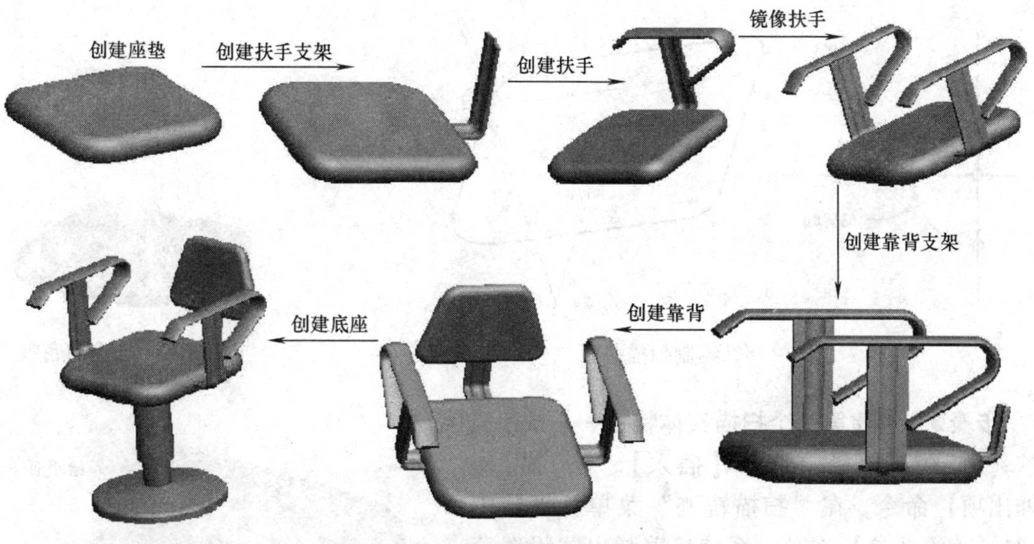

图 5-35　电脑椅建模过程示意图

（2）在草绘平面内绘制如图 5-36 所示的扫描轨迹线，在绘图时注意约束工具的使用。完成后单击特征工具栏中的完成按钮，完成轨迹线绘制。

（3）在弹出的“属性”菜单中选取【增加内部因素】选项，然后再选取【完成】选项，如图 5-37 所示。

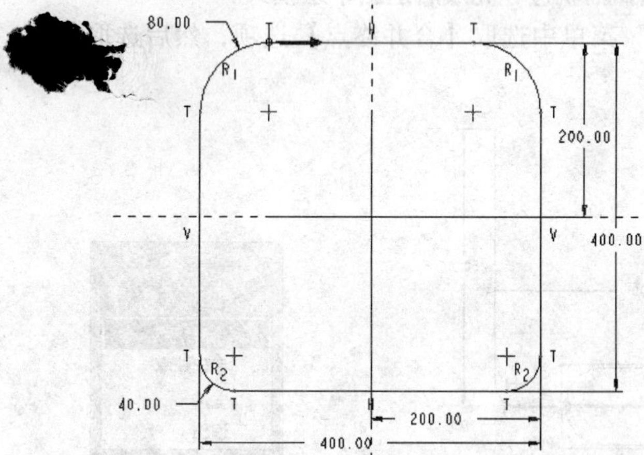

图 5-36　绘制扫描轨迹线

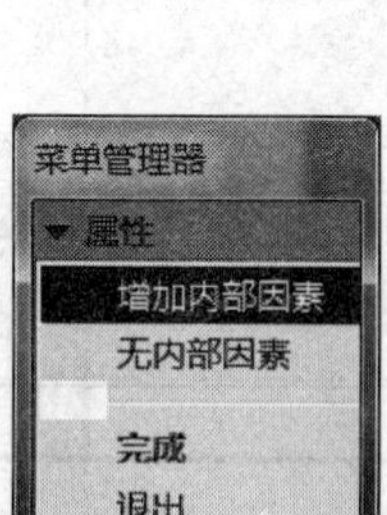

图 5-37　属性菜单

（4）系统再次切换到二维草绘模式，在草绘界面的十字交叉线处绘制如图 5-38 所示的剖面图，该剖面为一半圆。

注意：选择【增加内部因素】选项，扫描的截面必须是开放的二维图。注意剖面相对于扫描轨迹线的位置，此例的半圆截面的圆心落在扫描起点上。

（5）单击特征工具栏的按钮完成截面草绘，再单击“伸出项：扫描”对话框中的“确定”按钮，完成底座创建，见图 5-39。

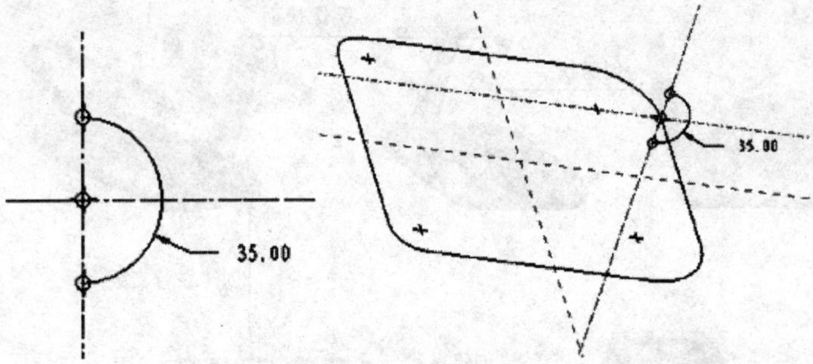

图 5－38　绘制扫描截面

图 5－39　创建的底座

步骤 3　创建第二个扫描实体特征——扶手支架

（1）在菜单栏中选择【插入】⇨【扫描】⇨【伸出项】命令，在“扫描轨迹”菜单管理器中选取【草绘轨迹】选项，系统接着弹出“设置草绘平面”菜单，选取基准平面 FRONT 作为草绘平面，如图 5－40 所示。在“方向”菜单中选取【正向】选项，接受缺省的草绘视图方向。在“草绘视图”菜单中选取【缺省】选项，按照系统缺省的方式放置草绘平面，进入二维草绘模式。

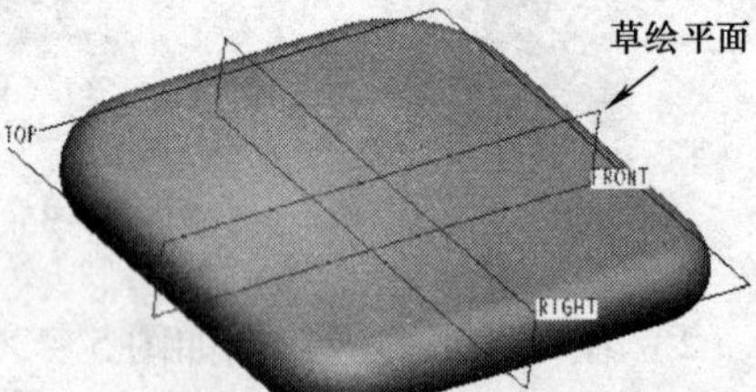

图 5－40　选取草绘平面

（2）在草绘平面内绘制 5－41 所示扫描轨迹，完成后退出草绘模式。

（3）在如图 5－42 所示的“属性”菜单中选取【合并终点】选项，然后选取【完成】选项。

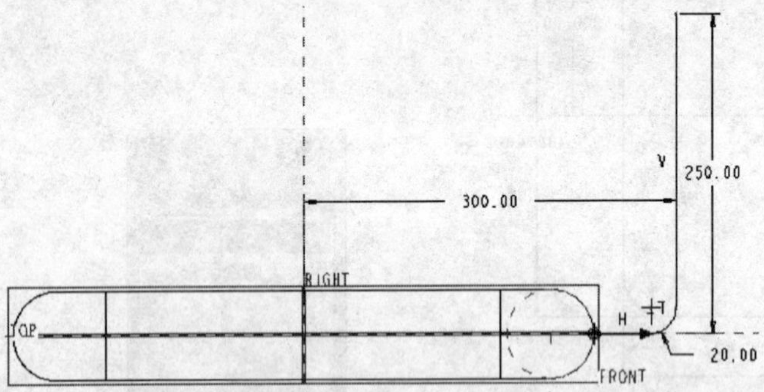

图 5－41　绘制扫描轨迹线

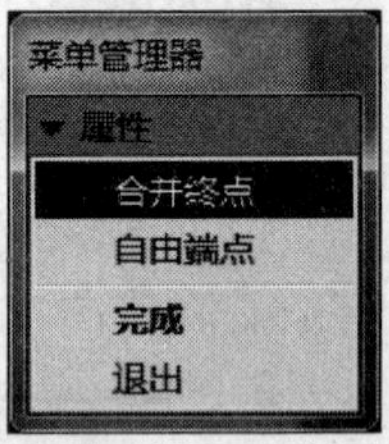

图 5－42　属性菜单

（4）在草绘平面的十字交叉线处绘制如图 5－43 所示剖面图，完成后退出二维草绘模式。

（5）单击“伸出项：扫描”对话框中的“确定”按钮，完成创建扶手支架，创建的第二个扫描实体特征如图 5－44 所示。

步骤 4　创建第三个扫描实体特征——扶手

（1）在菜单栏中选择【插入】⇨【扫描】⇨【伸出项】命令，此时系统弹出“伸出项：扫描”对话框和“扫描轨迹”菜单管理器，选取【草绘轨迹】选项，系统接着弹出“设置草绘平面”菜单。

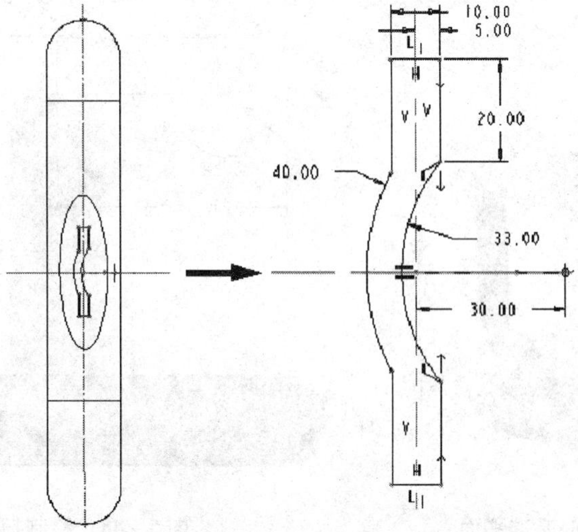

图5－43　绘制扫描剖面

（2）在“设置平面”菜单中选取【产生基准】选项；在“基准平面”菜单中选取【偏距】选项，然后根据系统提示选取基准平面RIGHT作为偏移参考，在弹出的“偏距”菜单中在选取【输入值】选项，依次选取的菜单如图5－45所示。根据如图5－46中箭头指示的偏移方向输入偏移距离：－300，单击✔按钮或Enter键确认输入参数。在【设置平面】菜单中在选取【完成】菜单，最后创建的临时基准平面DTM1如图5－47所示。

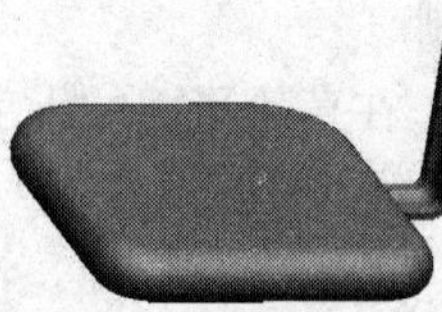

图5－44　创建的扶手支架

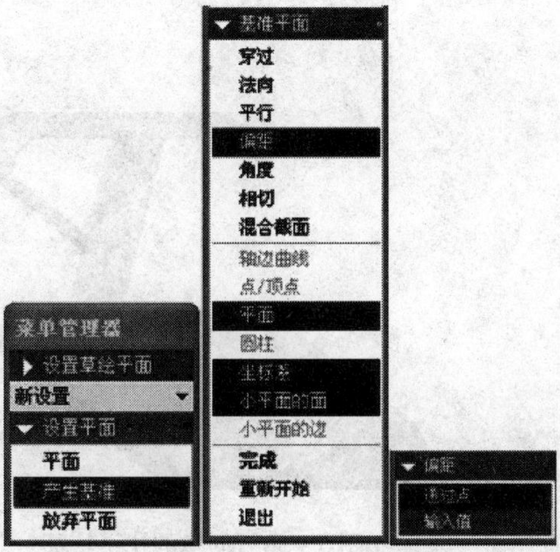

图5－45　依次选取的菜单

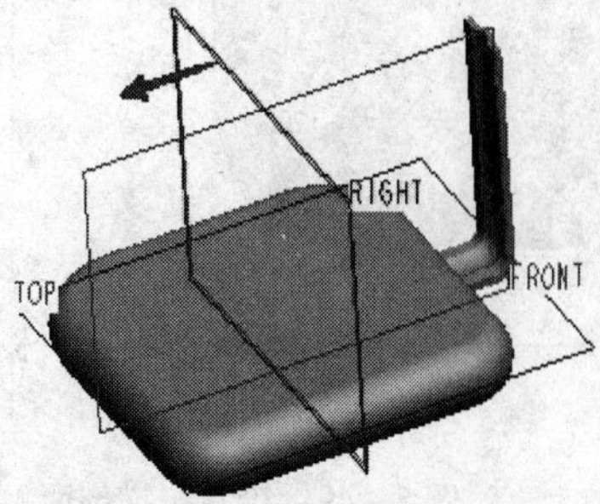

图5－46　选择偏移参考平面

（3）在“方向”菜单中选取【正向】选项。再在“草绘视图”菜单中选取【缺省】选项，按照系统缺省的方式设置草绘平面，进入二维草绘模式。

（4）绘制图 5－48 所示扫描轨迹线，完成后，退出草绘模式。

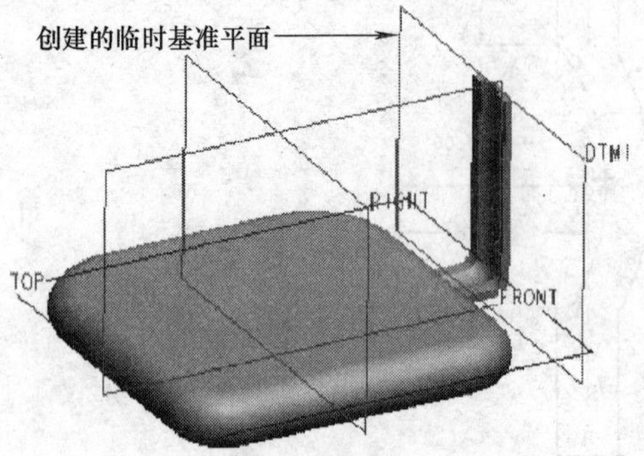

图 5－47　创建的临时基准平面

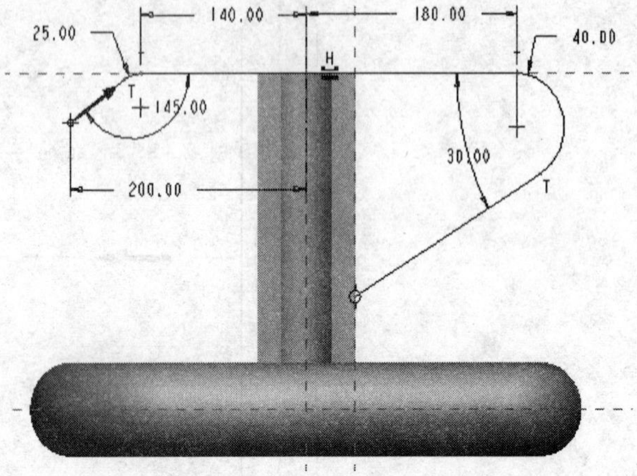

图 5－48　绘制扫描轨迹线

（5）在“属性”菜单中选取【自由端点】选项，然后选取【完成】选项。开始扫描截面绘制。

（6）在草绘平面的十字交叉线处绘制如图 5－49 所示剖面图，剖面为一椭圆。完成后退出二维草绘模式。

（7）单击“伸出项：扫描”对话框中的【确定】按钮，完成绘制扶手的操作，最后创建的第三个扫描实体特征如图 5－50 所示。

图 5－49　绘制扫描剖面

图 5－50　创建的扶手特征

步骤 5　镜像复制特征

（1）在设计窗口中选中第二个和第三个扫描实体特征（选取一个后按住 Ctrl 键再选取另一个，也可以在模型树窗口中选取）。

（2）单击【编辑】⇨【镜像】菜单，镜像操控板出现，并提示选取镜像参照平面。选取 RIGHT 基准平面作为镜像参照平面，如图 5－51 所示。

（3）单击操控板上的✔按钮，镜像后的设计结果如图 5－52 所示。

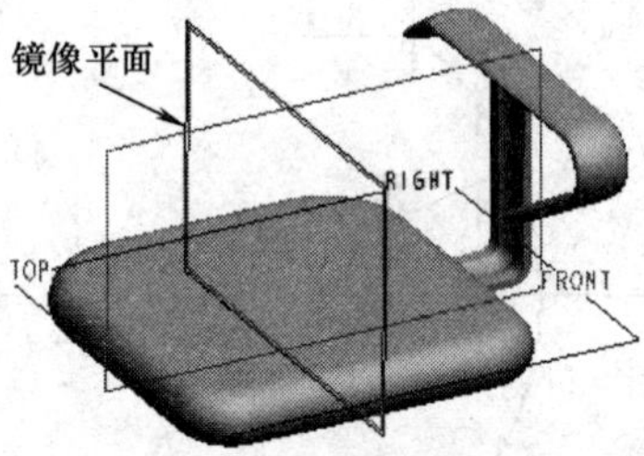

图 5－51　选取镜像参照平面

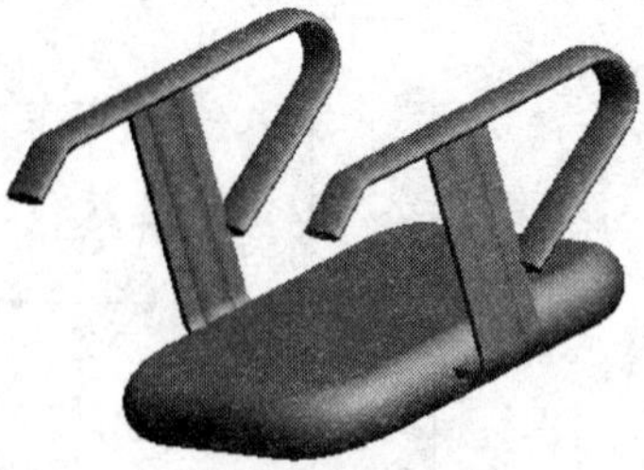

图 5－52　镜像后的模型

提示：镜像是一种复制特征的方法，就是像一个特征在镜子中成像一样生成另一个特征，因此这两个特征是关于镜面对称的。前面的操作中以 RIGHT 作为镜像参照，RIGHT 基准平面就是这样一面“镜子”。

步骤 6　创建第四个扫描实体特征——靠背支架

（1）在菜单栏中选择【插入】⇨【扫描】⇨【伸出项】命令，此时系统弹出“伸出项：扫描”对话框和“扫描轨迹”菜单管理器，选取【草绘轨迹】选项，系统接着弹出“设置草绘平面”菜单。

（2）选取基准平面 RIGHT 作为草绘平面，使用系统缺省参照放置草绘平面，进入二维草绘模式。

（3）在草绘平面内绘制如图 5－53 所示轨迹线，完成后退出草绘模式。

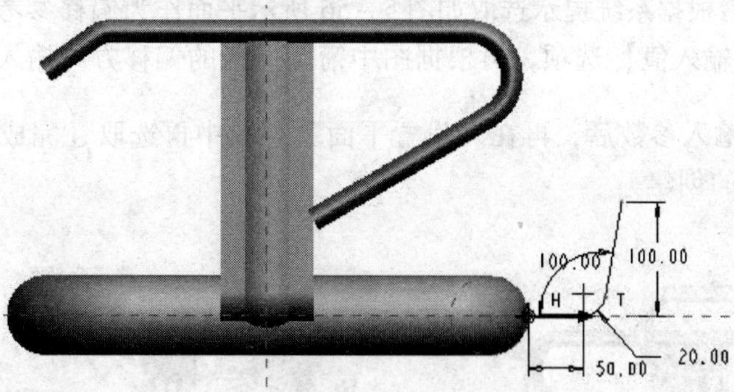

图 5－53　绘制扫描轨迹线

（4）在“属性”菜单中选取【合并终点】选项，然后选取“完成”选项。开始绘制扫描截面。

（5）在草绘平面内绘制如图 5－54 所示扫描剖面，完成后单击特征工具栏中的完成按钮✔，退出二维草绘模式。

（6）单击“伸出项：扫描”对话框中的【确定】按钮，完成绘制靠背支架的操作，最后创建的第四个扫描实体特征如图 5－55 所示。

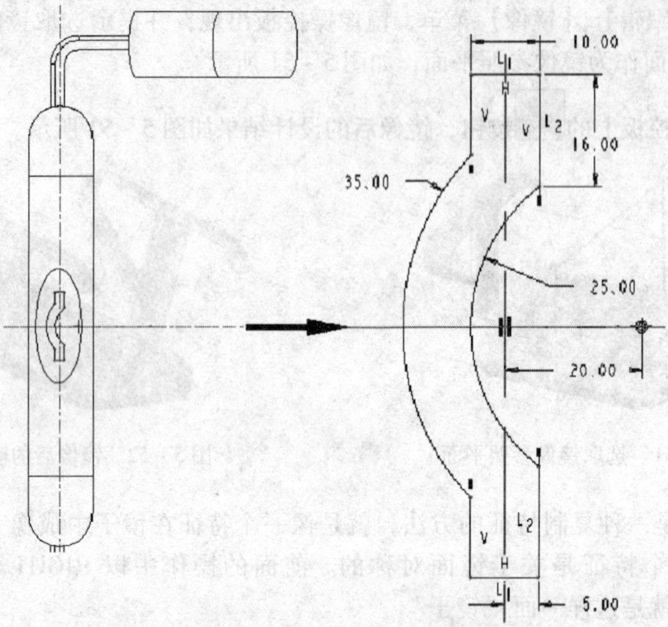

图 5－54　绘制扫描剖面

步骤 7　创建第五个扫描实体特征——靠背

（1）在菜单栏中选择【插入】⇨【扫描】⇨【伸出项】命令，此时系统弹出“伸出项：扫描”对话框和“扫描轨迹”菜单管理器，选取【草绘轨迹】选项，系统接着弹出“设置草绘平面”菜单。

（2）在“设置平面”菜单中选取【产生基准】选项；在“基准平面”菜单中选取【偏距】选项，然后根据系统提示选取如图 5－56 所示平面作为偏移参考，在弹出的“偏距”菜单中选取【输入值】选项，再根据图中箭头所指的偏移方向输入偏移距离：－5，单击按钮确认输入参数后，再在“设置平面”菜单中再选取【完成】选项，完成临时基准平面 DTM2 的创建。

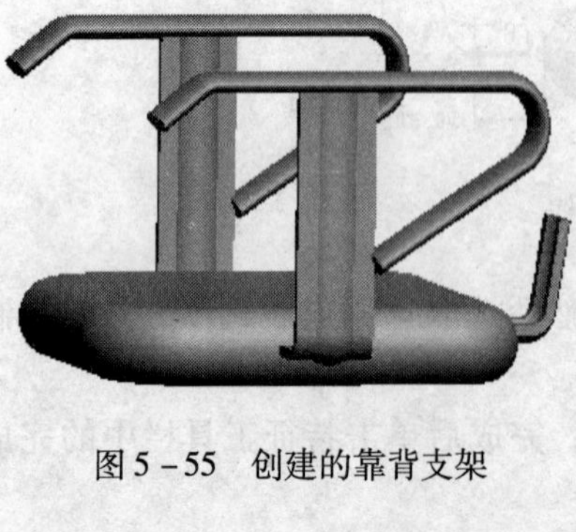

图 5－55　创建的靠背支架

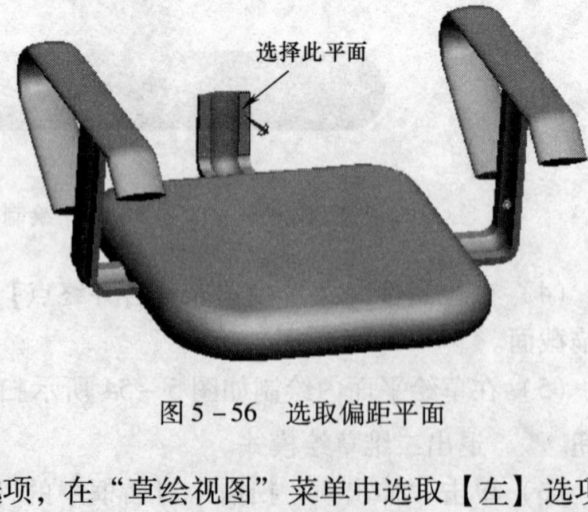

图 5－56　选取偏距平面

（3）在“方向”菜单中选取【正向】选项，在“草绘视图”菜单中选取【左】选项，然后选取标准基准平面 RIGHT 作为参考平面，如图 5－57 所示。完成后进入二维草绘模式。

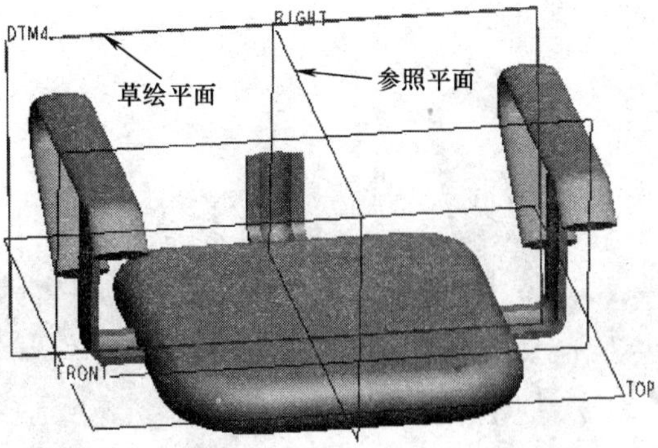

图5－57　指定放置参照

（4）在草绘平面内绘制如图5－58所示轨迹线，完成后退出草绘模式。

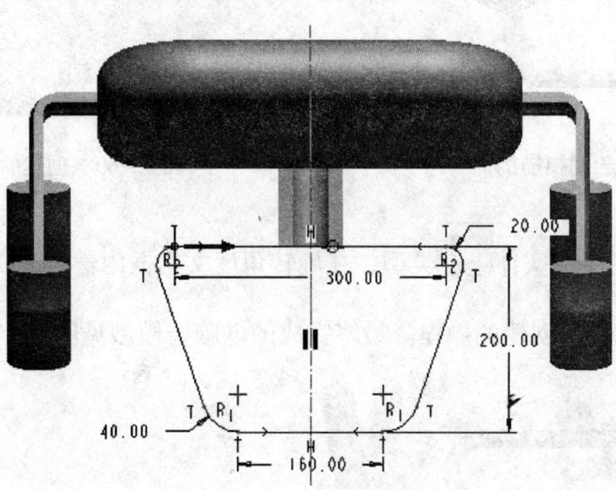

图5－58　绘制扫描轨迹线

（5）在“属性”菜单中选取【增加内部因素】选项，然后选取【完成】选项。

（6）在草绘平面内绘制如图5－59所示剖面图，完成后退出草绘模式。

（7）单击“伸出项：扫描”对话框中的“确定”按钮，完成绘制靠背的操作，最后创建的第五个扫描实体特征如图5－60所示。

步骤8　建立旋转特征——底座

（1）单击特征工具栏中的“旋转”按钮，此时主视区上方出现旋转特征操控板。

（2）在操控板中单击【放置】菜单，此时系统打开“放置”下滑面板。

（3）单击“放置”下滑面板中的“定义”按钮，此时系统打开“草绘”对话框。

（4）此时在信息栏中出现提示信息：选取一个平面或曲面以定义草绘平面。在绘图区域选取基准面RIGHT作为草绘平面，此时在“草绘方向”栏中会自动出现默认的草绘参照，接受默认的设置，单击“草绘”按钮，进入草绘模式。

（5）绘制如图5－61所示的旋转剖面。注意该剖面一定要闭合。

（6）完成旋转截面绘制后退出草绘模式，返回到“旋转”操控板，此时在绘图区有浅黄色的模型生成预览。

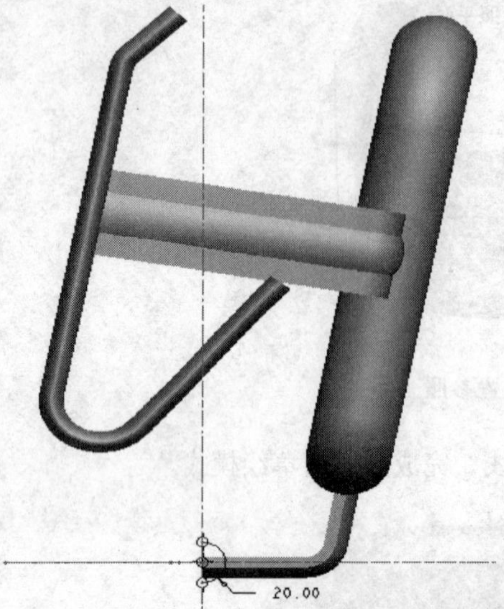

图 5－59　绘制扫描剖面

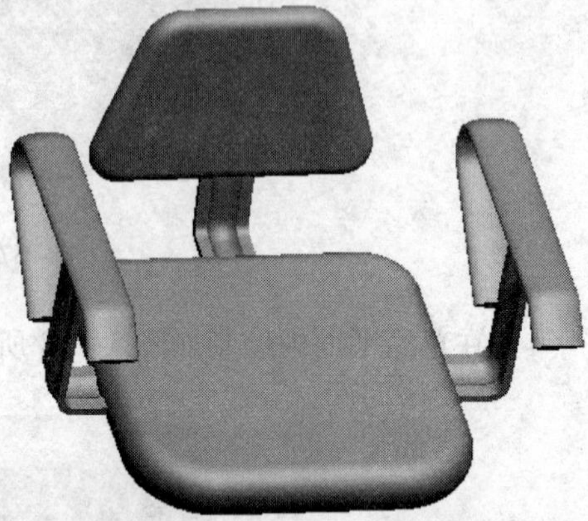

图 5－60　创建的电脑椅靠背

（7）采用默认的生成实体□类型，在旋转角度文本框内输入 360，单击操控板中的完成按钮✓，完成特征创建的操作。最终完成的电脑椅模型见图 5－62。

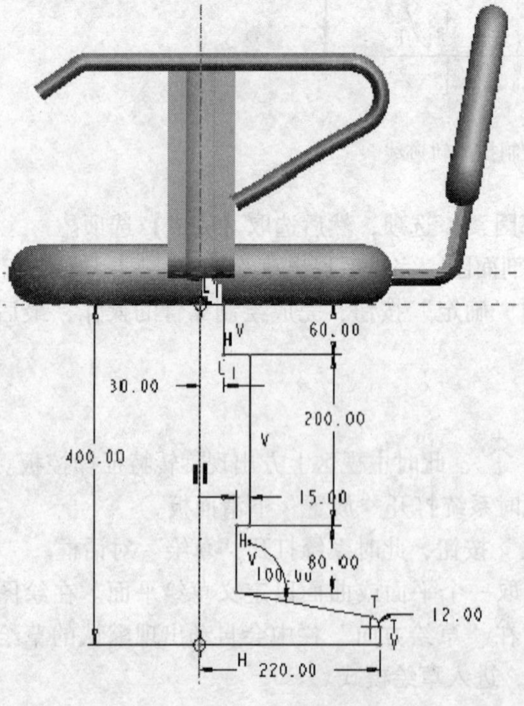

图 5－61　绘制旋转剖面

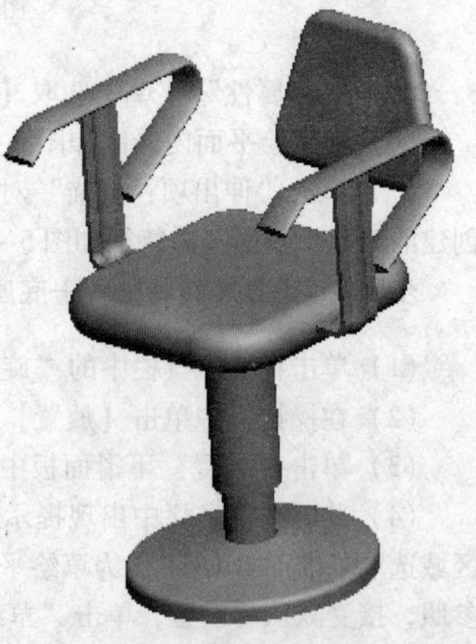

图 5－62　最终设计的模型

5.5　相关知识与命令总结

5.5.1　扫描工具

（1）确定扫描轨迹线　确定扫描轨迹线是创建扫描特征的首要步骤，系统提供了两种扫描轨迹的基本方法。

草绘轨迹：在二维草绘平面内绘制二维曲线作为扫描轨迹线。这种方法只能创建二维轨迹线。

选取轨迹：选取已有的二维或三维曲线作为轨迹线。例如可以选取实体特征的边线或基准曲线作为扫描轨迹线。这种方法可以创建空间三维轨迹线。

在“扫描轨迹”菜单管理器中选择【选取轨迹】命令后，系统将弹出“链”菜单管理器，在该菜单管理器中，列举了选取曲线的方法，如图5－63所示（读者可以打开文件select_curve. prt练习）。

➢依次：按任意顺序选取实体边线或基准曲线作为轨迹线，一次只能选取一个对象，但同时按住Ctrl键一次可以选取多个对象。

➢相切链：一次选中多个相切的实体边线或基准曲线作为轨迹线。如图5－64所示，在模型实体上加上了圆角特征，使实体表面的边线两两相切，构成了相切链，在【链】菜单管理器中选择了“相切链”命令后，单击模型实体上任一条边线即可选中整个边界曲线，如图5－64箭头所指。

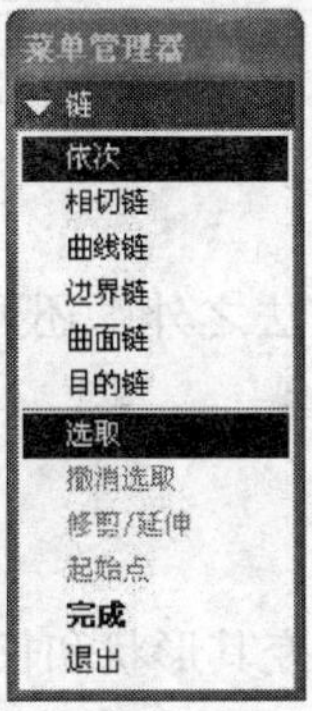

图5－63　“链”菜单管理器

图5－64　相切链选取轨迹线

➢曲线链：选取基准曲线作为轨迹线。当选定某一曲线后，系统会自动选取所有与之相切的基准曲线作为轨迹线。

➢边界链：选取曲面特征的某一边线后。可以一次选中所有与该边线相切的边界曲线作为轨迹。

➢曲面链：选取一张曲面，将其边界曲线作为轨迹线。在如图5－65所示实体模型中选中上表面，由于该表面有两条封闭边线，在弹出的“选取”菜单管理器中单击【下一个】菜单可以切换预选的边界曲线。

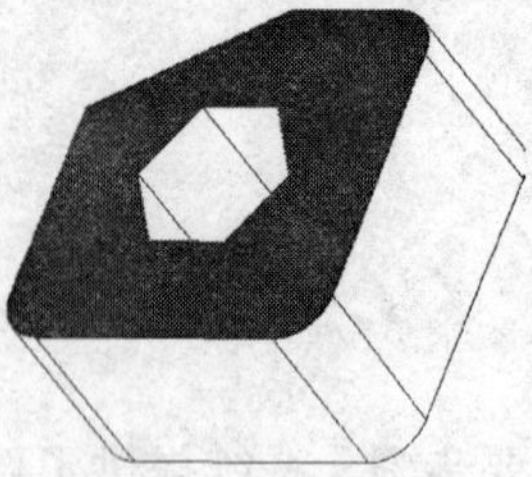

图 5－65　选取表面

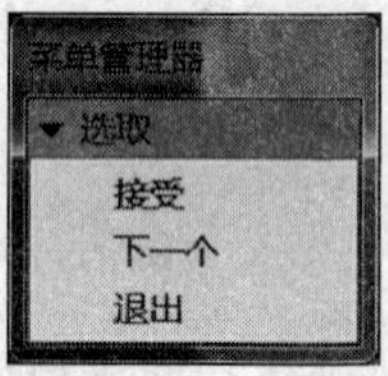

图 5－66　“选取”菜单管理器

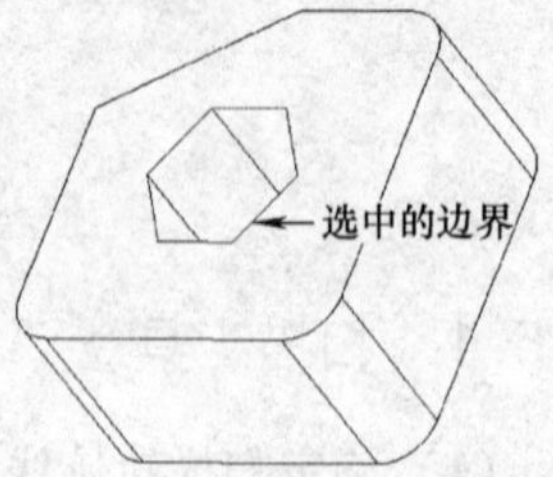

图 5－67　选中内侧边界边线

如果在“选取”菜单管理器中选择了【接受】菜单，系统将弹出“链选项”菜单管理器，以确定是选取所有边界还是部分边界，如图 5－68 所示。其中，选择【选取全部】命令将选中整个边界曲线，如图 5－69 所示；选择【从－到】命令，系统将加亮所选边界曲线的顶点，如图 5－70 所示，单击任意两个顶点将整个边界分为两部分，再通过【选取】菜单管理器决定选取哪一部分曲线。

图 5－68　“链选项”菜单

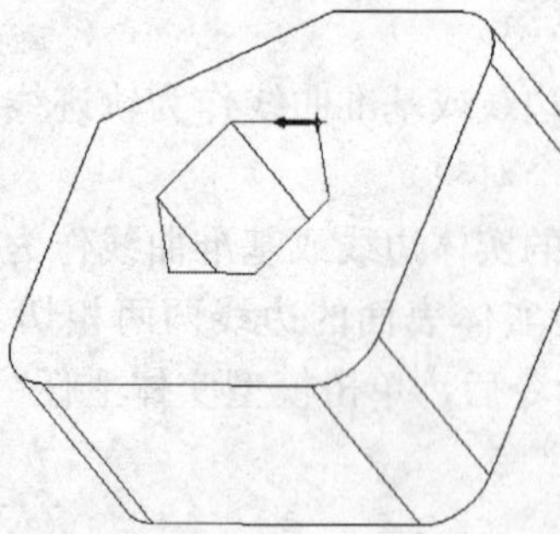

图 5－69　选取全部边界

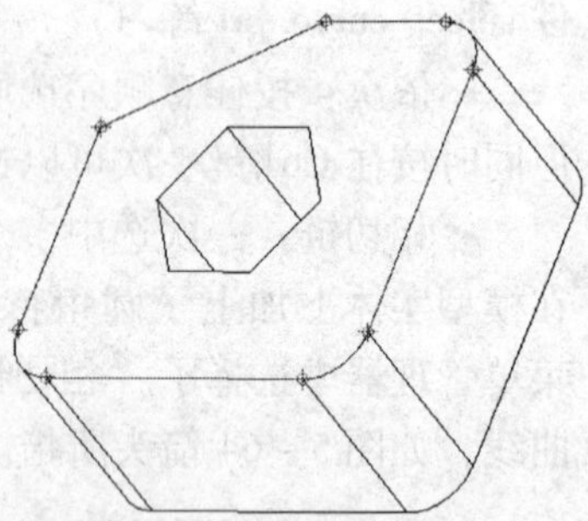

图 5－70　选取部分边界

➢ 目的链：选取环形的边线或曲线作为轨迹线。

在【链】菜单管理器中，除了列举了选取和操作曲线的方法之外，还列出了对已选取的轨迹线进行操作的选项。

➢ 选取：依照上面方式选取轨迹线。

➢ 撤消选取：放弃已选出的轨迹线。

➢ 修剪/延伸：对已经选出的轨迹线进一步裁减或延伸以改变其形状和长度。

➢ 起始点：指定扫描轨迹的起始位置，完成轨迹选取后系统将把视角切换至该点处以绘制草绘剖面。

当选取轨迹线或对轨迹线操作已完成，选择【完成】命令接受已选取的轨迹线，退出“链”菜单管理器；选择【退出】命令放弃已选取的轨迹线，退出“链”菜单管理器。

（2）设置属性参数　属性参数用于确定扫描实体特征的外观以及和其它特征的连接方式。

①端点属性。如果在已有的实体模型上创建扫描实体特征，同时扫描轨迹为开放曲线时，根据扫描实体特征和其它特征在相交处的连接方式不同，可以为扫描特征设置不同的属性。当完成轨迹后，系统弹出如图 5－71 所示的“属性”菜单管理器，其中有两

个选项：

➢合并终点：新建扫描特征和另一个实体特征相接后，两实体自然融合，光滑连接，形成一个整体，如图5－72所示。

➢自由端点：新建扫描特征和另一个实体特征相接后，两实体保持各自的自然状态，互不融合，如图5－73所示。

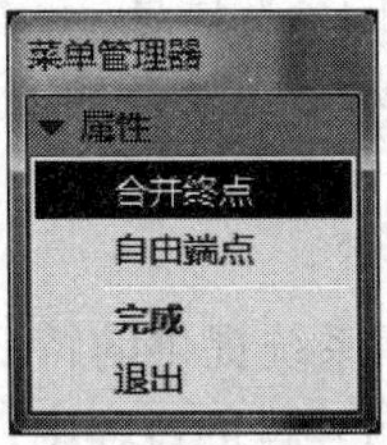

图5－71 “属性”菜单

图5－72 合并端点

图5－73 自由端点

②内部属性。如果扫描轨迹为封闭曲线，系统会弹出如图5－74所示“属性”菜单管理器。在该菜单中有两个选项：（读者可以打开文件sweep_par.prt练习）

➢增加内部因素：草绘剖面沿着轨迹线扫描产生实体特征后，自动补充上下表面，形成封闭结构。此时，草绘剖面必须是开放的，如图5－75上图所示。

➢无内部因素：草绘剖面沿着轨迹线扫描产生实体特征后，不补充上下表面。此时，草绘剖面必须是封闭的，如图5－75下图所示。

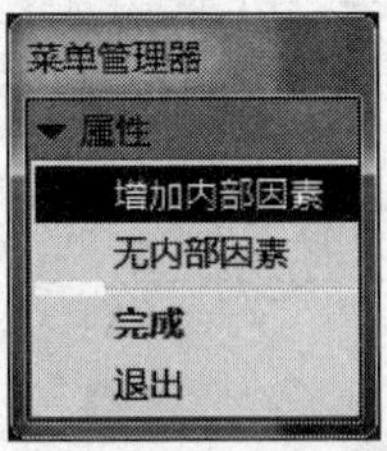

图5－74 “属性”菜单

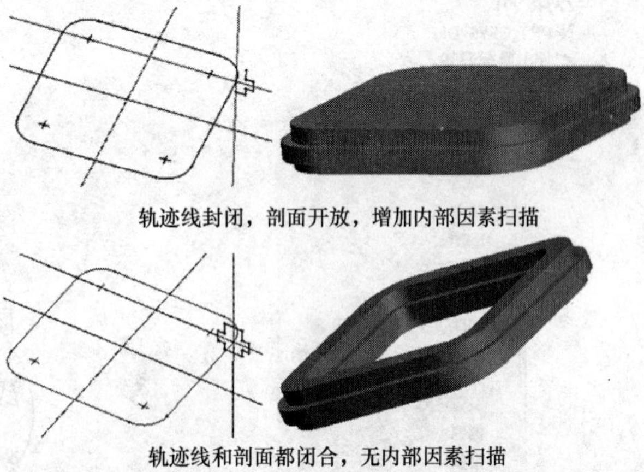

图5－75 增加内部因素和无内部因素扫描

（3）绘制扫描剖面 进入草绘界面绘制二维剖面，扫描剖面的绘制平面过扫描起点且垂直于扫描轨迹线。在完成创建扫描特征所需的所有参数设置后，在如图5－76所示的模型对话框中将显示所有参数信息。模型对话框具有以下功能。

①完成设计。单击“确定”按钮，根据设置的参数创建特征。

②重新定义参数特征。先在对话框中选取需要重新定义的项目，如轨迹、属性或剖面等，然后单击“定义”按钮，根据系统提示重新设置相关参数即可修改特征。

③显示项目参照信息。首先在对话框中选取需要显示参照的项目，然后单击“参照”按钮，系统会在视图中使用加亮的方式显示选取对象的参照。

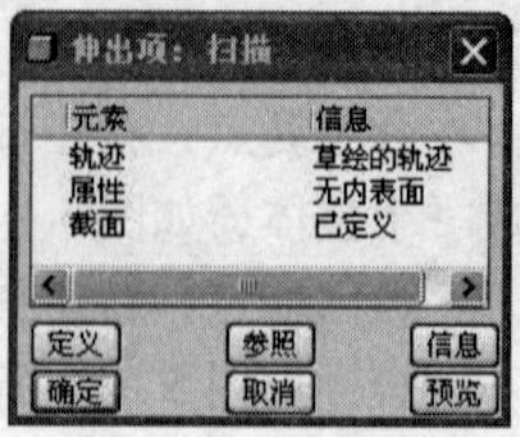

图 5－76 “伸出项：扫描”对话框

④预览设计效果。单击“预览”按钮可以在不退出设计环境情况下预览设计结果。

⑤显示模型信息。单击“信息”按钮可以在设计窗口中显示模型的全部信息。

⑥放弃设计。单击“取消”按钮放弃特征的创建。此时系统会提示是否放弃。

5.5.2 编辑特征和编辑定义特征

（1）编辑特征 如果对设计完成后创建的模型不满意，可以使用系统提供的特征修改编辑工具对模型中的特征进行修改编辑。实际上，在使用 Pro/E 进行建模的过程中，设计者必须熟练掌握设计修改工具，方便修改设计内容，直至满意为止，这也是 Pro/E 设计的重要特点之一。

在进行特征修改之前，首先在模树窗口中选取需要修改的特征，然后在其上单击鼠标右键，在右键快捷菜单中选取“编辑”选项，如图 5－77 所示。此时，系统将显示该特征的所有尺寸参数。双击需要修改的尺寸参数后，输入新的尺寸即可，如图 5－78 所示。

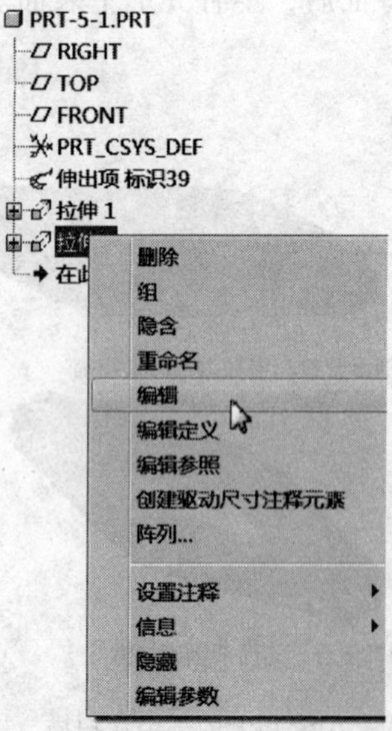

图 5－77 特征编辑

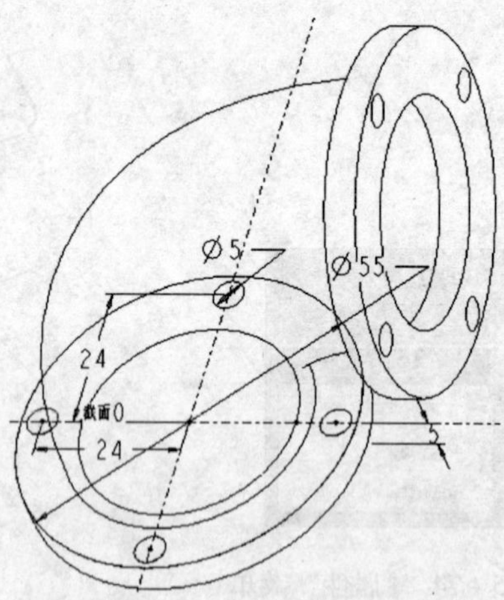

图 5－78 修改特征参数

①修改特征定位尺寸和形状尺寸。按照前述方法在模树窗口中选取需要修改的特征后在其上单击鼠标右键，在右键快捷菜单中选取“编辑”选项，双击需要修改的尺寸参数后，输入新的尺寸。最后在【编辑】主菜单中选取【再生】命令或单击上工具箱中的

按钮再生模型即可。

②修改阵列特征。如果选取特征阵列作为修改对象，系统将显示该阵列的尺寸增量和阵列特征数目，双击尺寸值也可以对齐进行修改，见图5－79（读者可以打开文件edit_pattern. prt练习）。

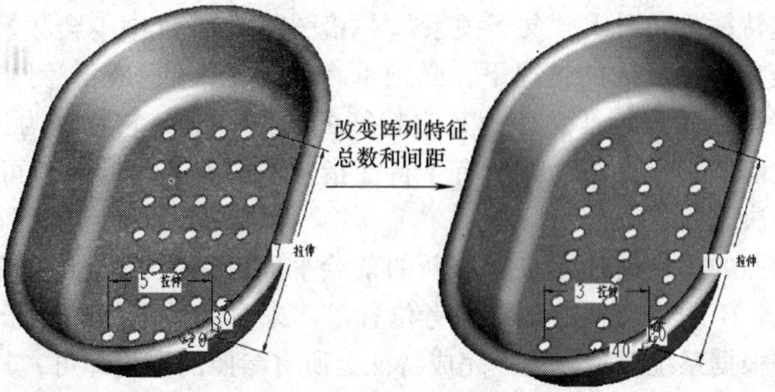

图5－79　修改阵列特征

提示：修改特征的尺寸参数后，系统并不会立即再生模型。必须在【编辑】菜单中选取【再生】命令，系统使用新的参数再生模型。再生模型时，系统会根据特征创建的先后顺序依次再生每一个特征。当然，如果使用了不合理的设计参数，可能导致特征再生失败。

（2）编辑定义特征　使用特征编辑的方法来修改设计意图操作简单、直观，但是这种方法功能比较单一，主要用于修改特征的尺寸参数。如果需要全面修改特征创建过程中的设计内容，包括草绘平面、参照以及草绘剖面的尺寸等则应该使用“编辑定义”特征的方法。

编辑定义特征的用途是重新定义特征的创建方式，其操作流程如下：

①在绘图区或模型树中选取需要编辑定义的特征，然后在其上单击鼠标右键，在右键快捷菜单中选取【编辑定义】命令，或者在菜单栏中选择【编辑】⇨【定义】命令，系统将打开创建该特征的设计操控板。

②编辑特征的定义方式随着特征种类的不同而有所差异，详述如下：

欲编辑的为基础特征——下列数据可以被重新编辑：

➢ 特征的剖面数据，包括草绘平面的更换、方向参考平面的更换、剖面的编辑（如增加/删减线条、修改尺寸、增加/删除几何限制条件等）。

➢ 特征的创建方向。

➢ 加入材料或移除材料的方向。

➢ 特征的深度。

欲编辑的为工程特征——下列数据可以被重新编辑：

➢ 特征的放置平面/参考面。

➢ 放置边/参考边或放置点/参考点。

➢ 工程特征的剖面尺寸。

欲编辑的为基准平面——下列数据可以被重新编辑：

➢ 基准平面的正负方向。

➢ 创建基准平面时所用到的参考几何和相对应尺寸。

5.5.3 特征参照编辑

在创建三维模型时，每新建一个特征都需要选取一系列对象作为参照，同时也为参照的对象和新建特征之间引入“父子关系”。一般来说，设计中不会频繁更改一个特征的创建参照，但是在有些特殊的情况下，必须重新设计特征的参照。例如，如果要删除模型上的某一个特征，而该特征又作为其它特征的参照，即其它特征为该特征的子特征，在删除该特征之前，必须重新为其所有子特征指定新的参照，此时就可以使用编辑特征参照的方法来解决。

编辑特征参照的用途是让用户选取新的草绘平面、新的方向参考平面、新的尺寸标注参考面/线/点、工程特征新的放置参考位置等，来改变特征间的父子关系。操作流程比较简单，只需根据系统提示，逐一完成特征上所有参照的变更即可，其操作流程如下：

（1）在绘图区或模型树窗口中选取需要编辑参照的特征，然后在其上单击鼠标右键，在右键快捷菜单中选取“编辑参照”命令，或者在菜单栏中选择【编辑】⇨【参照】命令。此外，当要删除一个特征时，若此特征有子项，则子特征以绿色显示出，且出现删除对话框，如图 5－80 所示。在此对话框中选取“选项”，则出现“子项处理”的对话框，在对话框中点选子项，然后按住鼠标右键点选“替换参照”，即可编辑特征参照。(读者可以打开文件 edit_reference. prt 练习)

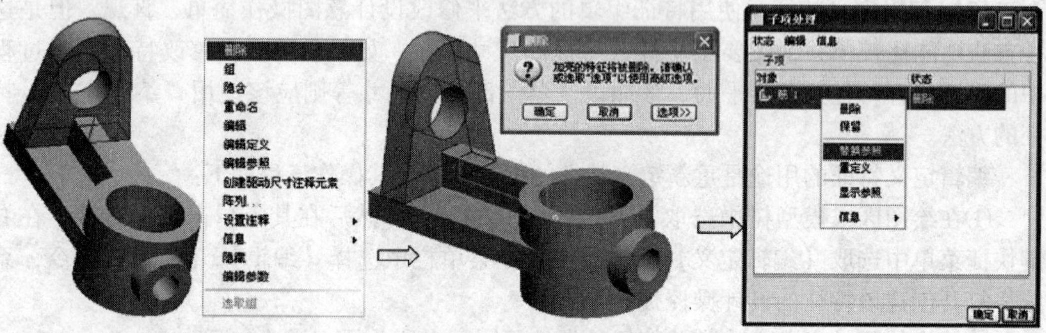

图 5－80 删除父特征

（2）信息窗口会出现如下问题：“是否恢复模型？[否]”，询问用户是否要使零件恢复到所选特征正在创建时的几何状态，若单击“否”，则用户所有的特征都会显示出来，若单击“是”，则所选特征的所有子项都将从屏幕上消失，一般单击“否”即可。

（3）出现重定特征路径或替换参照的菜单管理器，如图 5－81 所示。系统默认选择“重定特征路径”，所选特征的参考几何一个一个以“绿色”的线条凸显出来。

若所选特征为基础特征，则参考几何以下列顺序显示出：

①一个剖面的草绘平面。

②一个垂直或水平的方向参考平面。

③一个或数个剖面的位置尺寸标注参考几何或几何限制条件的参考几何。

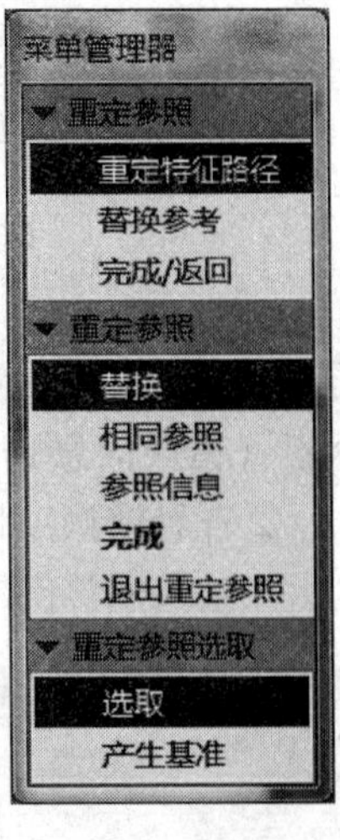

图5-81　编辑参照

若所选特征为工程特征，则参考几何显示出此特征所用到的：

①特征的放置面或参考面。

②特征的放置边或参考边。

③特征的放置点或参考点。

(4) 对每一个凸显出来的参考几何，用户可以进行下列的选择：

➢ 替换：选择不同的参考几何（此为默认选项）。

➢ 同一参考：参考几何不变。

➢ 参照信息：列出参照几何的信息。

➢ 完成：完成参照几何的编辑。

➢ 退出重定参照：放弃参照几何的编辑。

(5) 当参照几何被一一编辑过后，Pro/E 系统会对整个零件自动进行几何计算，若几何重新计算成功，则新的父子关系将被创建；若重新计算失败，则弹出“诊断失败”对话框，需进行修复或取消更改。

5.5.4　特征再生失败及其处理

在使用 Pro/E 进行三维建模时，每当设置完特征参数或更新特征参数后，系统都会按特征创建顺序、并根据特征间父子关系的层次逐个重新计算模型。但是，不适合的参数或操作可能导致特征无法计算成功。这就需要对失败的特征进行解决以获得正确的结果。

(1) 特征再生失败的原因　导致特征再生失败的原因很多，归纳起来主要有以下几种情况。

➢ 在创建实体模型时，指定了不合适的尺寸参数。例如在创建扫描实体（曲面）特征时，如果扫描轨迹线的转折过急，而剖面尺寸较大时将导致特征生成失败。

➢ 在创建实体模型时，指定了不合适的方向参数。例如创建筋特征时指定了不合理的材料填充方向，创建减材料特征时指定了不正确的特征生成方向。

➢ 设计者删除或隐含了特征。如果设计者删除或隐含了特征，却并未为该特征的子特征重新设定父特征，也将导致特征再生失败。

➢ 设计参照缺失。在变更模型设计意图的过程中，如果对其它特征的修改操作而导致某一特征的设计参照丢失，也将导致该特征再生失败。

对于再生失败的模型，可以通过模型诊断来发现问题所在，然后再根据问题的特点采用适当的方法来修复模型，下面将介绍具体的解决方法。

(2) “故障排除器”对话框　当特征再生失败后，可以打开“故障排除器”对话框查看再生过程中遇到的警告及错误信息，加亮这些项目还可以在模型中为错误信息定位。

对于某些特征，完成参数设置后单击按钮创建特征时，如果使用当前参数不能够创建特征，“故障排除法”对话框会自动打开。如果当前正在使用特征设计工具创建特征，此时系统会打开“故障排除器”对话框以便给出特征再生失败的相关信息。诊断问题后，将打开“特征诊断”对话框和“求解特征”菜单解决问题。此时的设计操控板上将显示再生失败图标，如图5-82所示。

①“故障排除器”对话框的使用。在“故障排除器”对话框中将列出再生失败的特

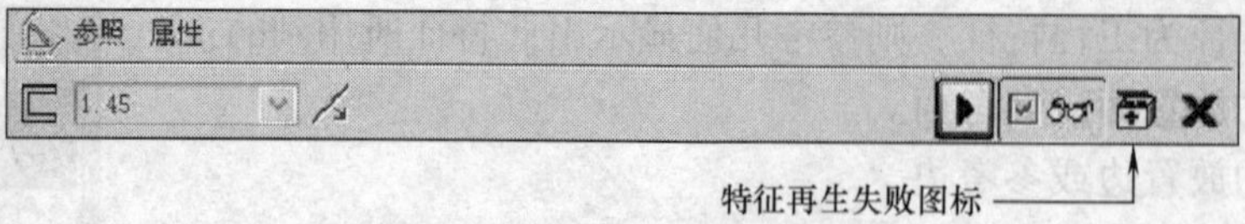

图 5－82　设计失败操控板

征，其下跟有包含错误的项目。每一项目前面均带有黄点“●”（警告信息）或红点“●”（错误信息），如图 5－83 所示。

②查看错误项目。在“故障排除器”对话框中选中错误项目，在其下的列表框中将显示一条描述该问题的消息。如果几何存在，便会在模型中加亮显示，如图 5－84 所示。

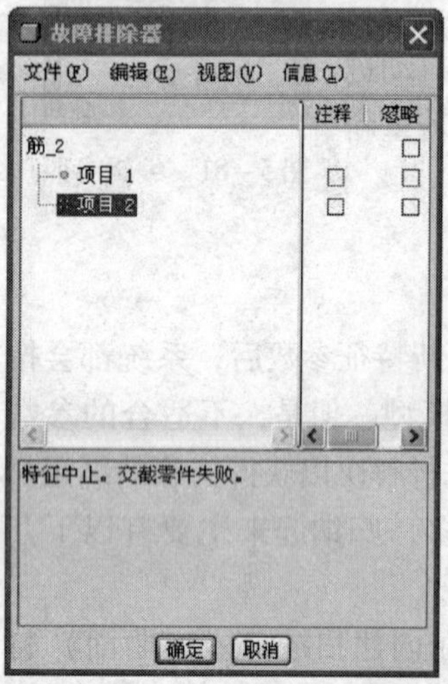

图5－83　“故障排除器”对话框

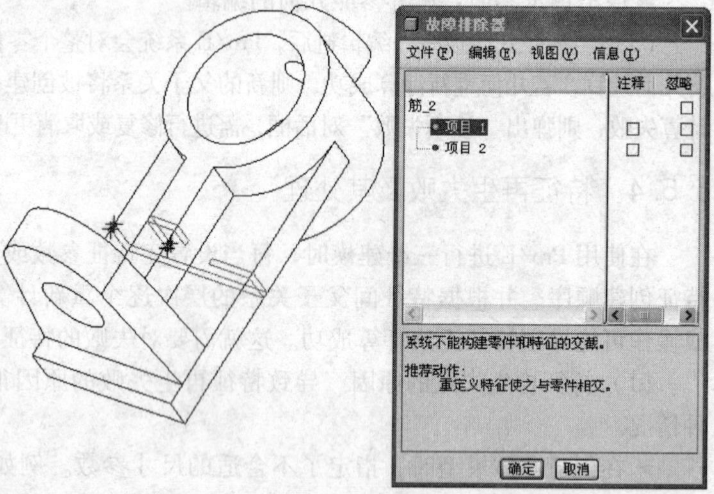

图 5－84　显示故障位置

③处理错误项目。查看错误信息后，可以在该项目右侧的对应复选框中选取处理方法，选中“注释”复选框将在模型上为该错误项目添加注释，选中“忽略”复选将忽略该错误。

使用“故障排除器”对话框中查看完相关信息后，单击“确定”按钮，如果此时尚在使用设计工具进行设计，既可以单击图标板上的 ▶ 按钮进一步修改设计参数，也可以单击 按钮打开如图 5－85 所示的“诊断失败”窗口和如图 5－86 所示的【求解特征】菜单来解决问题。

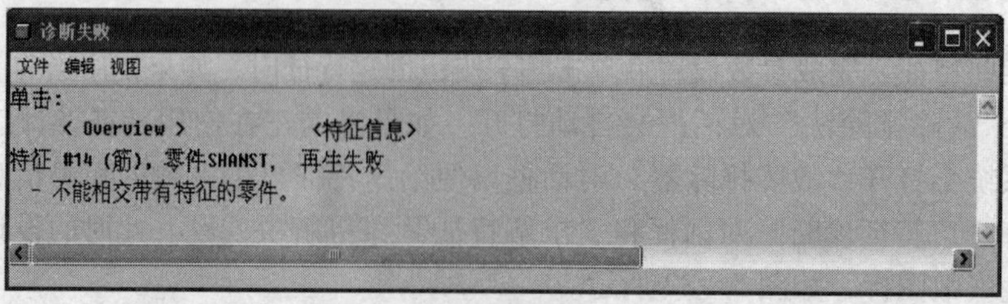

图 5－85　诊断失败窗口

(3) 诊断及解决特征失败

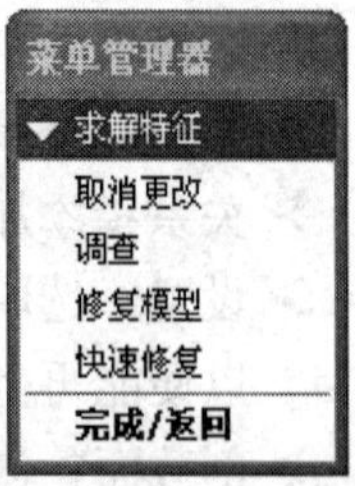

图5-86　求解特征菜单

①"诊断失败"窗口的使用。特征再生失败后，在如图5-85所示"诊断失败"窗口中，将显示特征再生失败的原因。如果要了解更多信息，可以单击"Overview"打开"信息"窗口显示详细信息；单击"特征信息"可以在设计工作区全面查看特征信息。有的情况下，窗口中会显示"解决提示"，单击后可以获得关于修复失败特征的建议。

通过"诊断失败"窗口了解了失败特征的有关信息后，最小化该窗口。接下来使用如图5-86所示的"求解特征"菜单中的命令修复失败的特征。解决问题后该"诊断失败"窗口会自动关闭。

②"求解特征"菜单的使用。在"求解特征"菜单中包含以下操作：

➢ 取消更改：撤消致使再生失败的操作，返回到最后成功再生的模型。系统显示用户确认的信息后，用户可以确认或取消该命令。

➢ 调查：使用调查子菜单调查再生失败的原因。

➢ 修复模型：将模型修复到失败前状态，并选取命令来修复问题。

➢ 快速修复：快速修复失败的模型。

③修复模型。如果在"求解特征"菜单中选取【修复模型】选项，系统将打开如图5-87所示的"修复模型"菜单，其中各选项的用法如下。

➢ 当前模型：对当前打开的失败模型执行修复操作。

➢ 备份模型：对备份模型执行修复操作，活动窗口中的当前模型将显示到另一个单独窗口中。

➢ 特征：选取【特征】选项，将打开如图5-88所示【特征】菜单，对模型执行各项特征操作。

➢ 修改：选取【修改】选项，将打开如图5-89所示【修改】菜单，对模型执行修改特征尺寸的操作。

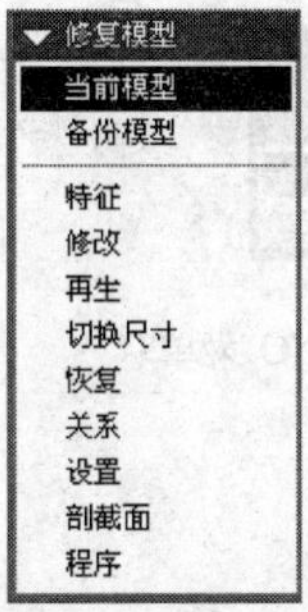

图5-87　修复模型菜单

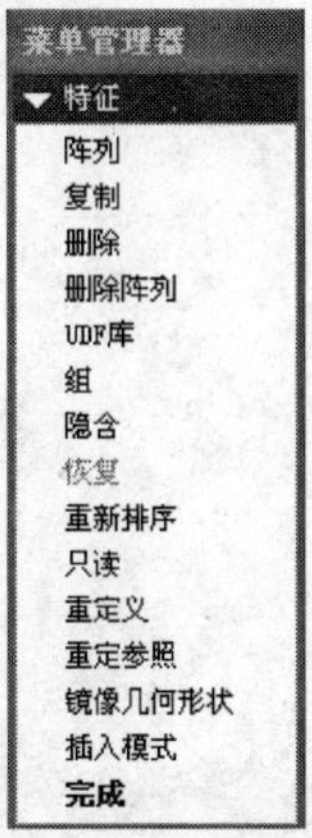

图5-88　特征菜单

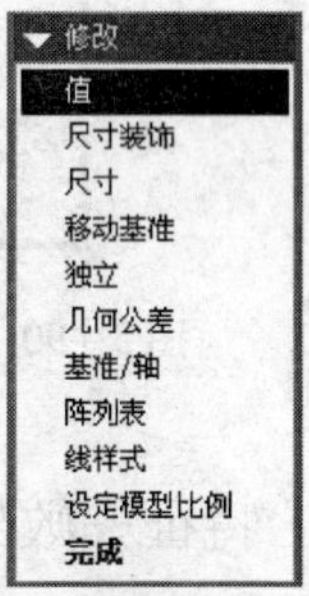

图5-89　修改菜单

➢ 再生：再生修改后的模型。

➢ 切换尺寸：在符号尺寸和数值尺寸之间切换。

➢ 恢复：将模型上的尺寸、参数以及关系等对象恢复为失败前的值。

➢ 关系：添加、删除或修改模型中的关系，以便能够再生模型。

➢ 设置：选取【设置】选项，将打开如图 5－90 所示【零件设置】菜单，设置有关项目，以便能再生模型。

➢ 剖截面：创建、修改或删除模型中的剖截面视图，以便能够再生模型。

➢ 程序：访问 Pro/PROGRAM 模块。

提示：在【工具】主菜单中选取【环境】菜单打开“环境”面板，选中其中的“制作备份系统”复选项，这样在模型再生前，将首先创建模型的副本，如果特征再生成功，将移除副本，这就是“备份模型”的应用。

④快速修复模型。如果在“求解”菜单中选取【快速修复】选项，将打开如图5－91所示的“快速修复”菜单，其中各选项的含义如下：

➢ 重定义：重新定义失败的特征。

➢ 重定参照：重新定义失败特征的参照。

➢ 隐含：隐含失败的特征及其子特征。

➢ 修剪隐含：隐含失败的特征及其后面的特征。

➢ 删除：删除失败的特征。

修复完成后，如果再生成功，系统弹出如图 5－92 所示的【YES/NO】菜单，选取“YES”选项将退出解决特征模式。如果希望保存已经作出的修改，接着寻找其它修复失败特征的方法，在退出解决特征模式之前，在【文件】主菜单选取【保存】或【另存为】选项保存设计结果，然后选取“NO”选项重新尝试另一种解决失败的方法。

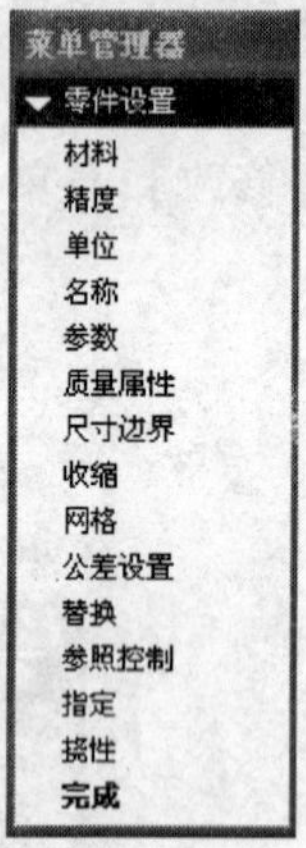

图 5－90　零件设置菜单

图 5－91　快速修复菜单

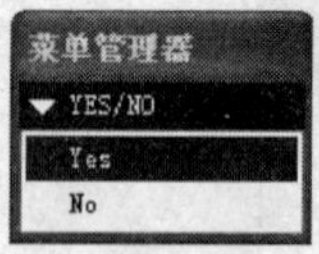

图 5－92　YES/NO 菜单

5.5.5　特征失败处理范例

步骤 1　打开文件

在开始该范例前，打开资源文件夹的“modify. prt”，该文件相应的模型如图 5－93 所示，该模型由 2 个拉伸特征和一个孔特征组成。现打算删除第二个拉伸实体特征，但是该特征是第三个孔特征的设计参照，因此需要使用编辑特征参照的方法为孔特征重新设计参照。

步骤2　删除特征

（1）如图5－94所示，在模型树的第二个拉伸实体上单击鼠标右键，在弹出的快捷菜单中选取“删除”选项。系统弹出如图5－95所示的“删除”对话框，单击 选项>> 按钮打开“子项处理”对话框。

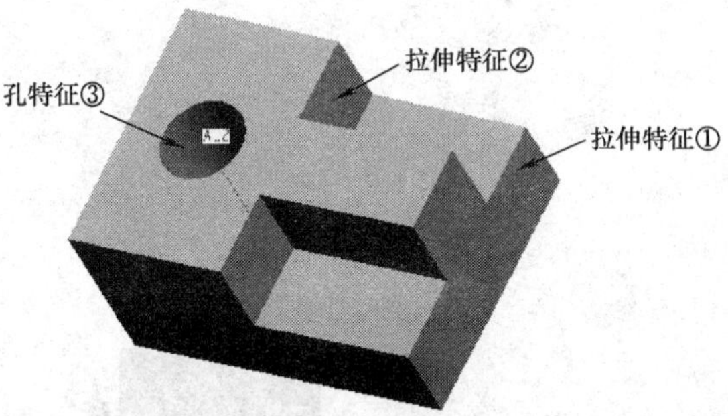

图5－93　编辑参照前模型

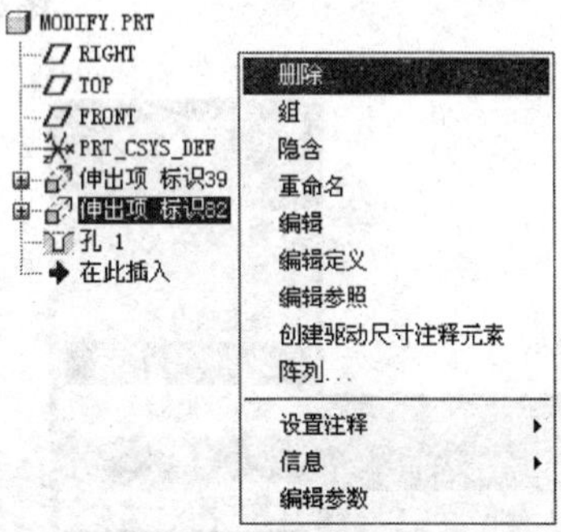

图5－94　删除特征

（2）在“子项处理”对话框中显示被删除特征具有一个子特征：孔1在右侧的下拉列表中选取“挂起”选项，如图5－96所示，然后单击“确定”按钮关闭对话框。

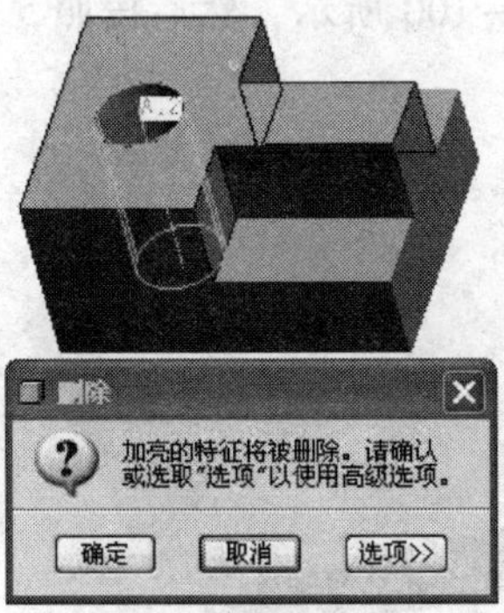

图5－95　“删除”对话框

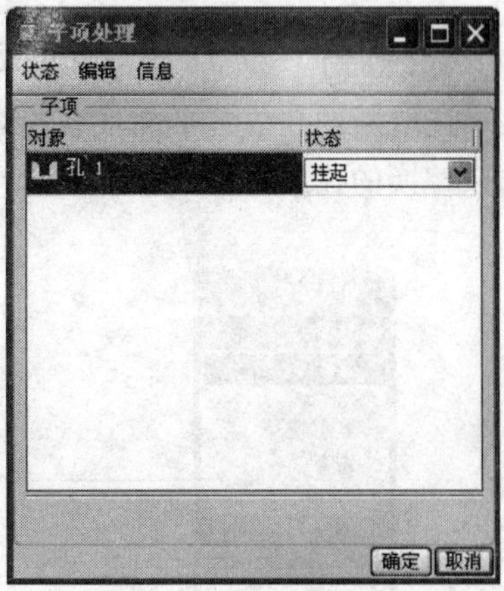

图5－96　“子项处理”对话框

步骤3　参照编辑

（1）系统弹出如图5－97所示的“诊断失败”对话框，并提示缺少特征参照。

（2）同时系统打开“求解特征”菜单，在“快速修复”菜单中选取【重定参照】选项，系统提示：◆此操作之后要撤消此操作的改变是不可能的。请确认。，在“确认”菜单中选取【确定】选项，依次选取的菜单如图5－98所示。

（3）在如图5－99所示的“特征重定参照”菜单中选取【缺少参照】选项，仅定义特征缺少的参照，然后选取【完成】选项。

图 5－97 “诊断失败”对话框

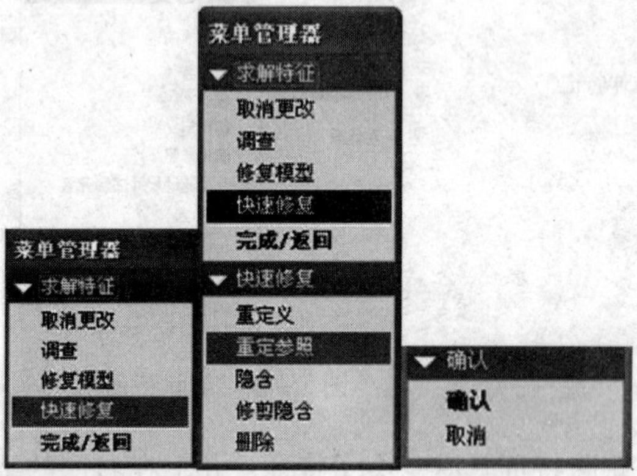

图 5－98 依次选取的菜单

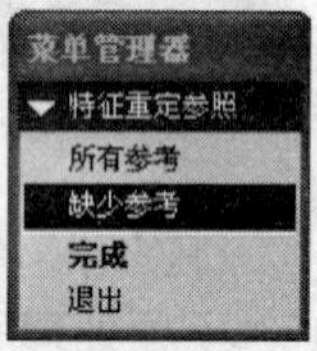

图 5－99 特征重定参照菜单

（4）系统提示：➪选取一个替代曲面。，首先接受“重定参照”菜单中的【替换】选项，表示选取新的孔放置平面代替原来的放置平面，如图 5－100 所示，然后按照 5－101 所示选取替换的孔放置平面。

图 5－100 重定参照选取菜单

图 5－101 选取替换的孔放置平面

①系统提示：➪为特征选取选项重定参照。，在如图 5－102 所示的“重定特征路径”菜单中选取【当前特征】选项为当前特征重定义参照。

②系统提示：➪选取一个替代曲面。，接受“重定参照”菜单中的【替换】选项，表示选取孔新的定位平面代替原来的定位平面，然后按照 5－103 所示选取替换的定位平面。

③系统提示：➪失败已解决。是否退出“解决特征模式”?，选取【YES】选项，重定参照的结果见图 5－104。这样在删除拉伸特征②后，孔特征仍旧保留下来了。

图5－102　重定特征路径菜单

图5－103　选取替换的定位平面

图5－104　重定义参照后结果

5.6　练　　习

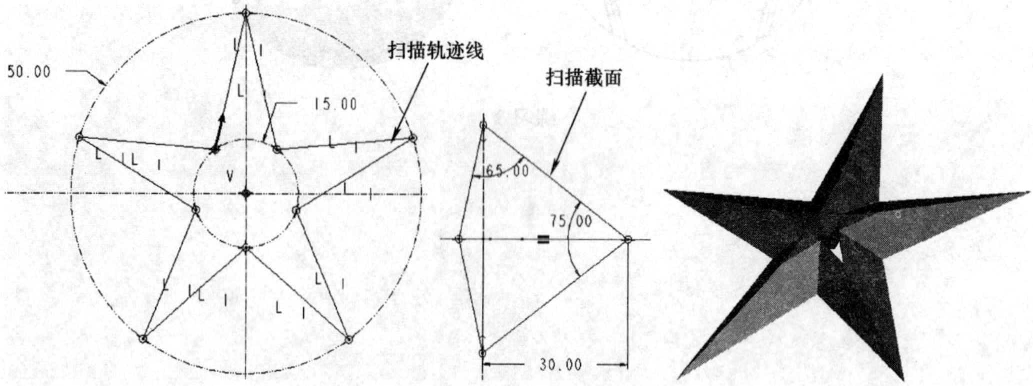

练习1

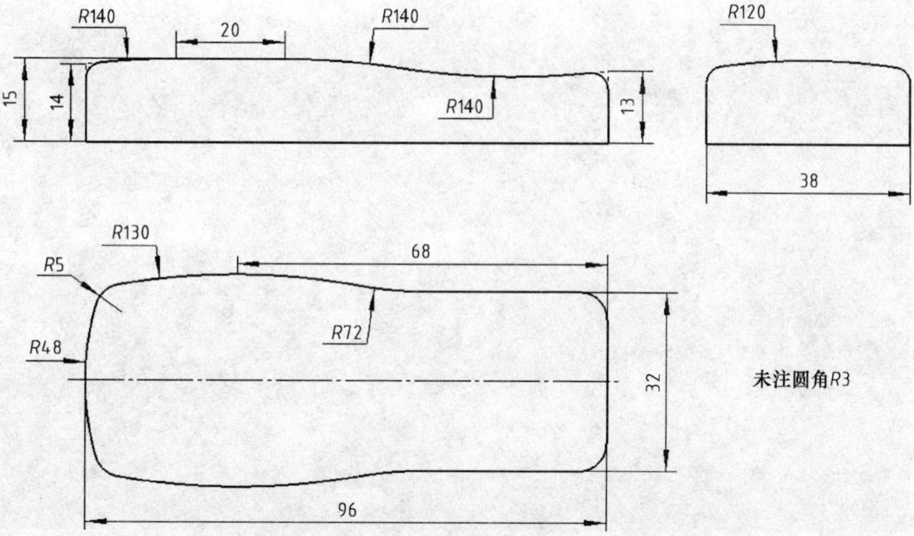

未注圆角R3

练习2

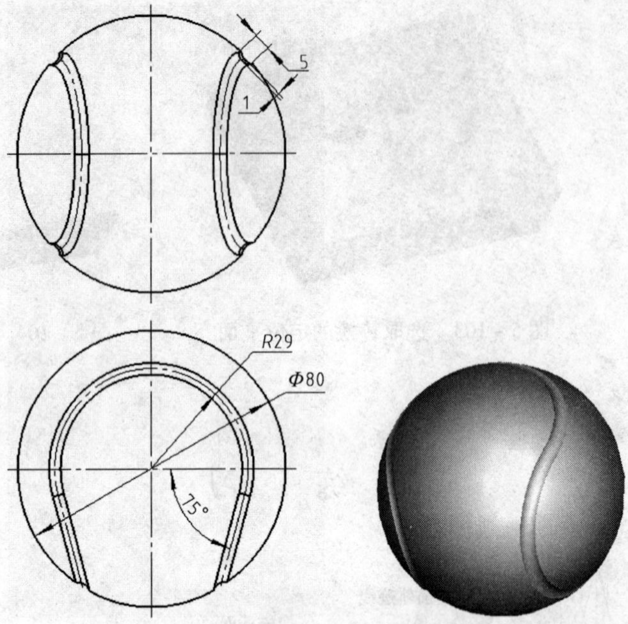

练习 3

项目6　基础建模——混合

扫描工具是单一剖面沿着一条或者多条轨迹扫描生成实体的方法。在扫描特征中，草图剖面虽然可以按照轨迹的变化而变化，但其剖面基本形状是不变的。如果一个单一的实体特征中有多个形状各异的剖面，就可以用混合工具创建。

混合工具将不同的截面按照定义的约束和方式“过渡”为实体或曲面。混合特征建模不需要轨迹曲线，用户设置混合的截面的关系（平行、旋转或者一般）及过渡方式（直线、光滑），再绘制特征“拐点”处的截面，即可完成混合特征创建。

6.1　学习目标

本项目讲解混合工具的用法及用途，讲解平行、旋转和一般混合的详细用法及混合截面的要求及绘制技巧。

6.2　实　例　一

本例创建图6－1所示零件，讲解“平行”截面类的混合特征的创建及混合截面的要求、混合顶点的使用。

（1）以公制模板新建一个零件，文件名“prt－6－1”。

（2）选择【插入】⇨【混合】⇨【伸出项】菜单，选择【平行】截面类型，草图绘制方式为【规则截面】，单击【完成】菜单。

（3）设定截面之间过渡方式为【光滑】，选择FRONT基准平面为草图绘制平面，操作过程如图6－2所示。

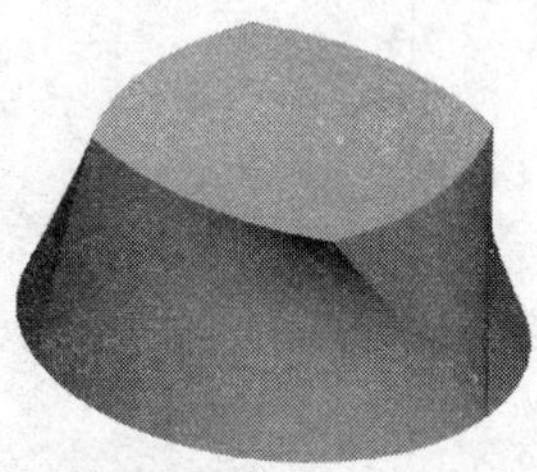

图6－1　例子预览

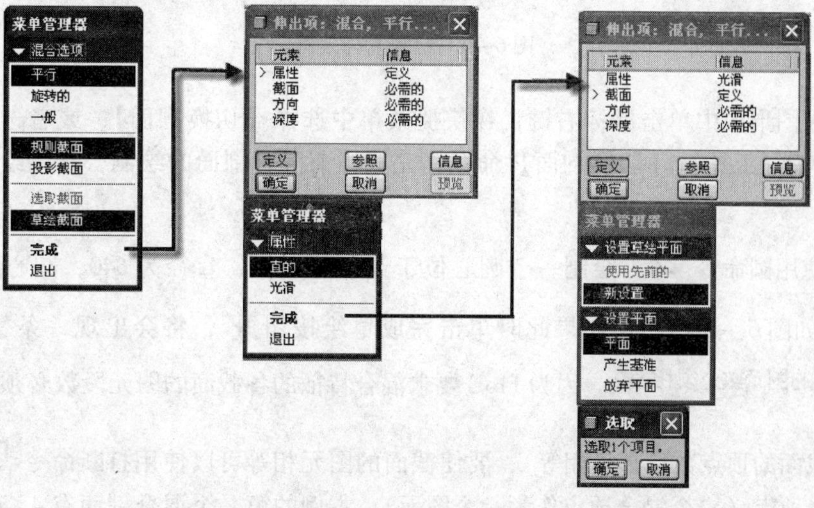

图6－2　混合选项设置

（4）使草图绘制方向与图 6－3 相同，如果相反，可以在菜单管理器中单击【反向】菜单，或者单击鼠标右键切换，单击鼠标中键确认。再次单击鼠标中键，采用缺省方式设定草图平面的方向参照，此时系统进入草图绘制环境。

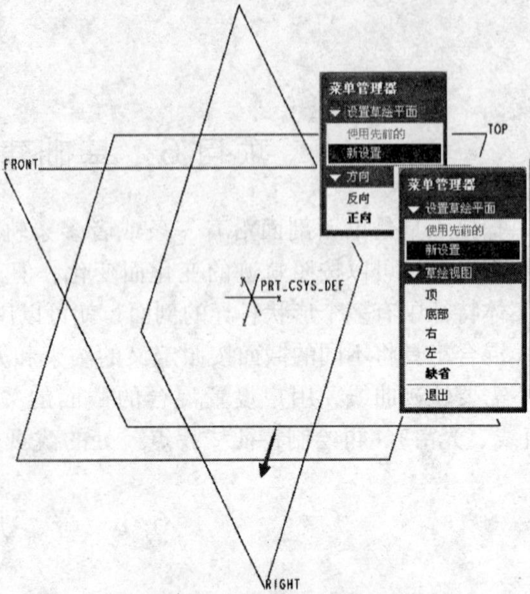

图 6－3　选择草绘平面

（5）应用 绘制一个边长为 360 的正方形，其底边与 X 轴重合，并且以 Y 轴为对称轴。框选该正方形，选择【编辑】⇨【切换构造】将其转换为构造线。如图 6－4 所示。

（6）使用弧线命令 ，绘制四条以正方形顶点为端点的圆弧，约束四条圆弧为等半径，标注圆弧半径尺寸为 450，结果如图 6－5 所示。注意在绘制的第一条圆弧起点出现一个箭头，此为草图剖面的起始点及线串的方向。

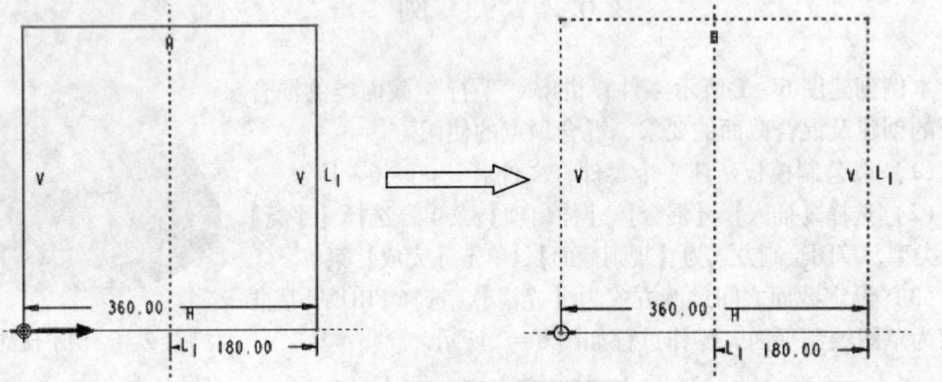

图 6－4　绘制混合截面

（7）在图形区中单击鼠标右键，在快捷菜单中选择【切换剖面】，或者选择主菜单【草绘】⇨【特征工具】⇨【切换剖面】命令，完成当前混合剖面的绘制，开始绘制第二个混合剖面。

（8）使用圆命令 ，绘制一个圆心位于 Y 轴上的圆，直径为 640，圆心距离 X 轴 180，结果如图 6－6 所示。如果此时单击完成草绘按钮 ，将会出现一条警告信息：每个截面的图元数必须相等。因为 ProE 要求混合特征的各截面的图元段数必须相等（也可以说各截面的顶点数目必须相等），要使截面的图元相等可以使用打断命令 ，也可以添加混合顶点（一个混合顶点作为一个图元）。本例的第一个混合剖面有 4 条圆弧，图元数为4（顶点数也是4）；而第二个混合剖面为圆，只有一个分段数（顶点只有1）。先使用分割命令将第二个混合剖面在合适的位置分割为3段（当然分割位置不同，创建的混合特征也不同），如图6－7所示。注意按照图中所示的次序选择分割点，草图剖面起点必须保持与第一个草图剖面的起点一致。如果出现顶点位置和线串方向不一致，可以选中正确的顶点，单击右键，选择【起始点】菜单将其设置为混合的起始点。

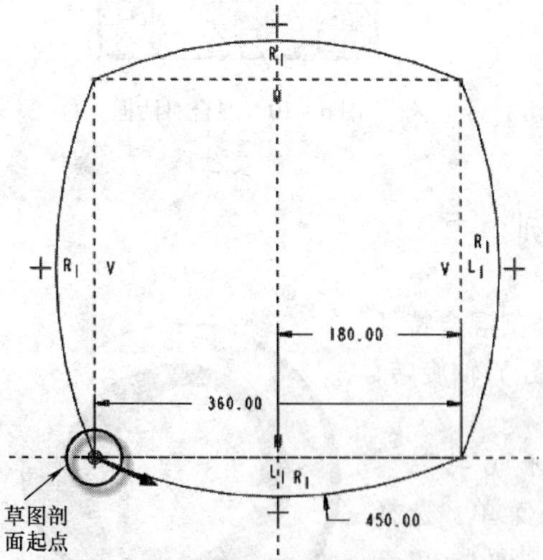

图6－5　第一个混合截面

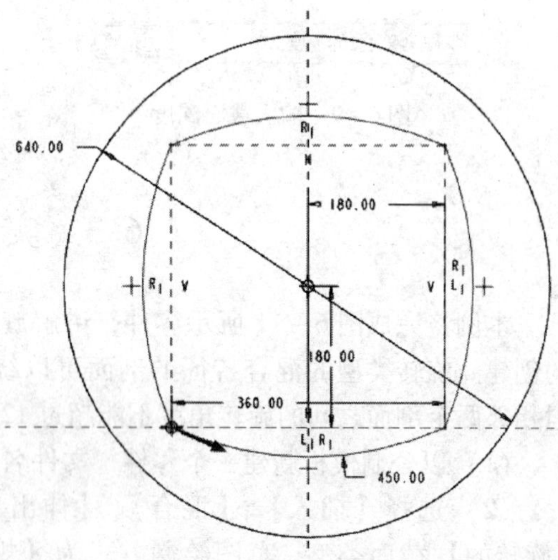

图6－6　第二个混合截面

（9）此时第二个草图剖面的分段数为3，仍然无法与第一个草图剖面的分段数一致。选择第二个混合剖面中的第二个分割点（注意：混合顶点不能设置在混合起始点），如图6－8所示，单击鼠标右键，选择【混合顶点】，或者选择主菜单【草绘】⇨【特征工具】⇨【混合顶点】命令将该位置设置为混合顶点。

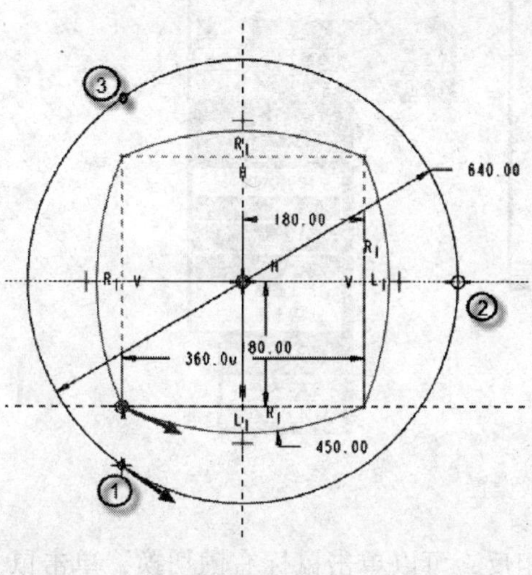

图6－7　打断

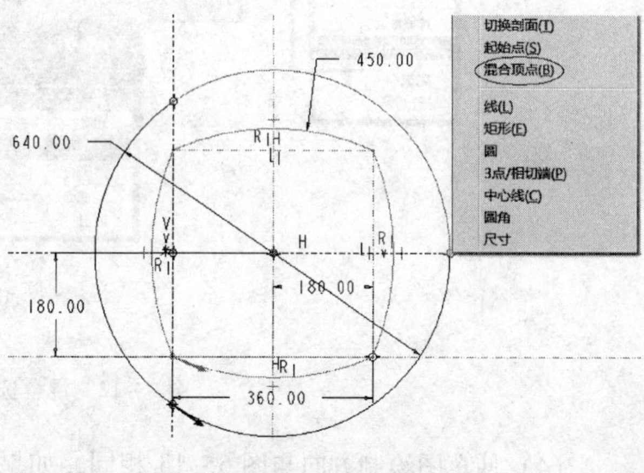

图6－8　设置混合顶点

（10）单击✔完成草图剖面的绘制，此时在信息区中出现一个图 6－9 所示的输入框，输入截面 2 距离截面 1 的距离 270，单击鼠标中键或回车完成输入，在图 6－10 的“混合”对话框中单击【确定】或者单击鼠标中键完成混合特征的造型。

图 6－9　输入截面深度

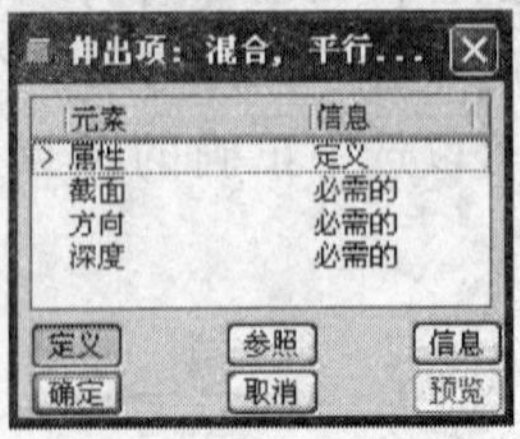

图 6－10　混合对话框

6.3　实　例　二

本例将完成图 6－11 所示零件，讲解旋转类型混合特征的创建。旋转类型的混合特征的剖面可以绕草图 Y 轴旋转，但相邻两个剖面之间的旋转角度不能超过 120°。

图 6－11　例子预览

（1）以公制模板新建一个零件，文件名“prt－6－2”。

（2）选择【插入】⇨【混合】⇨【伸出项】菜单，选择【旋转的】截面类型，草图绘制方式为【规则截面】，单击【完成】菜单。

（3）设定截面之间过渡方式为【直的】，选择 FRONT 基准平面为草图绘制平面，操作过程如图 6－12 所示。

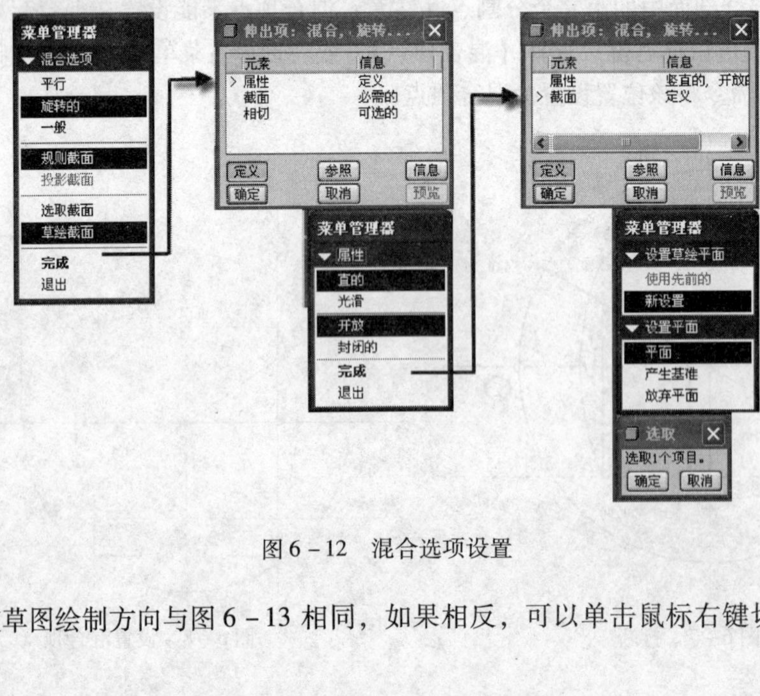

图 6－12　混合选项设置

（4）使草图绘制方向与图 6－13 相同，如果相反，可以单击鼠标右键切换，单击鼠标中键确认。再次单击鼠标中键，接受缺省的草图平面参照方向，此时进入草图绘制环境。

（5）用直线命令绘制图6－14所示的4段直线组成的草图。注意草图剖面的起始点位置。

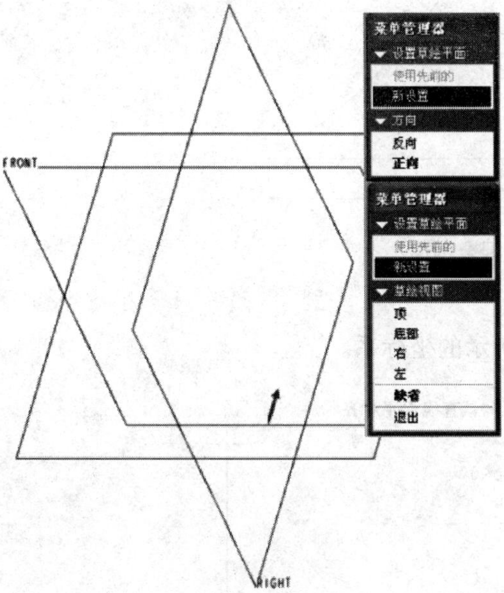

图6－13　选择草绘平面

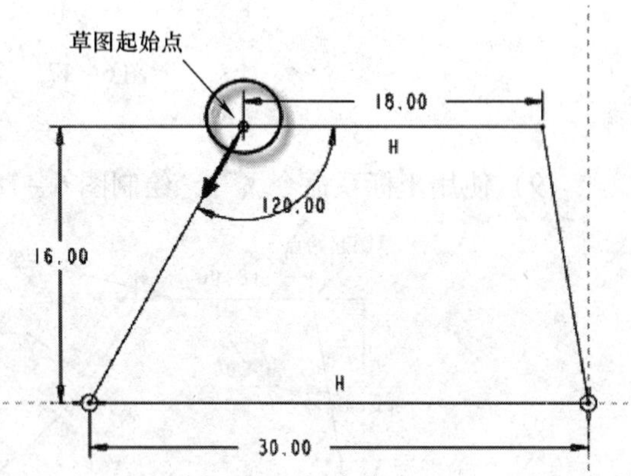

图6－14　绘制混合截面

（6）用坐标系命令，绘制一个与X轴相重合的坐标系，标注坐标系原点与已经绘制直线端点之间的尺寸，如图6－15所示。单击完成草图剖面的绘制。

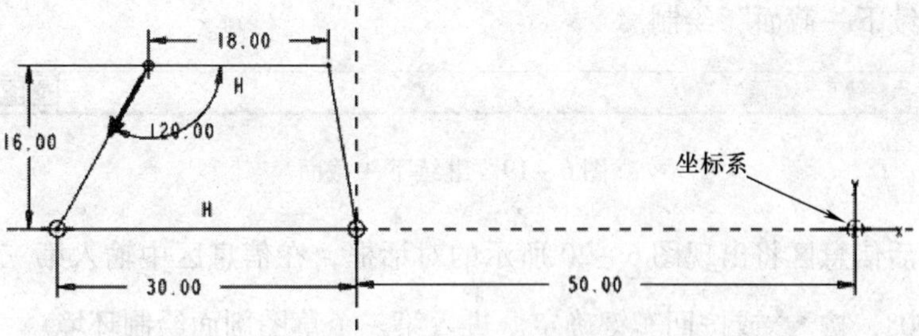

图6－15　绘制坐标系

（7）在信息区中输入第二个草图剖面的旋转角度为90°，如图6－16所示，单击中键或回车键确定。进入第二个草图剖面绘制环境。

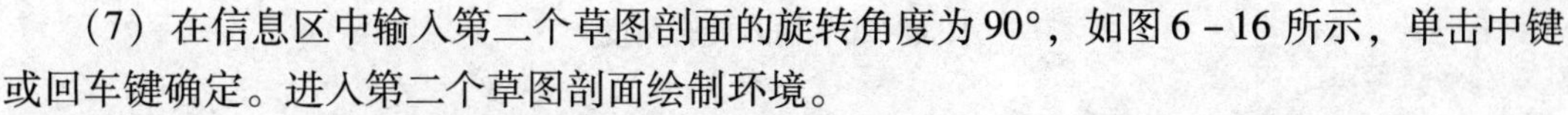

图6－16　输入旋转角度

(8) 绘制图 6－17 所示的剖面，注意草图剖面的起始点位置位于左上角。

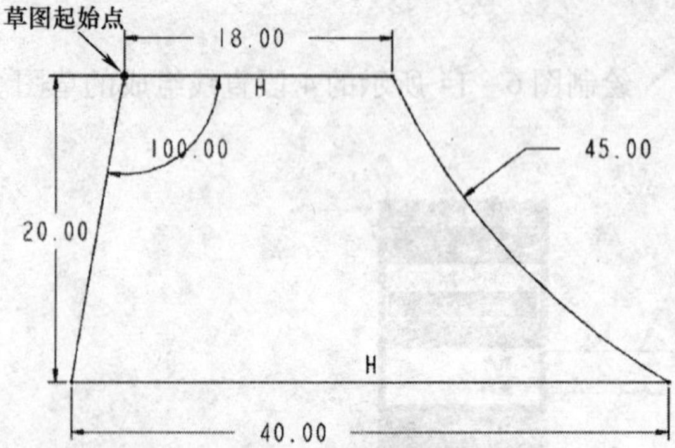

图 6－17　绘制混合剖面

(9) 使用坐标系命令，绘制图 6－18 所示的坐标系。

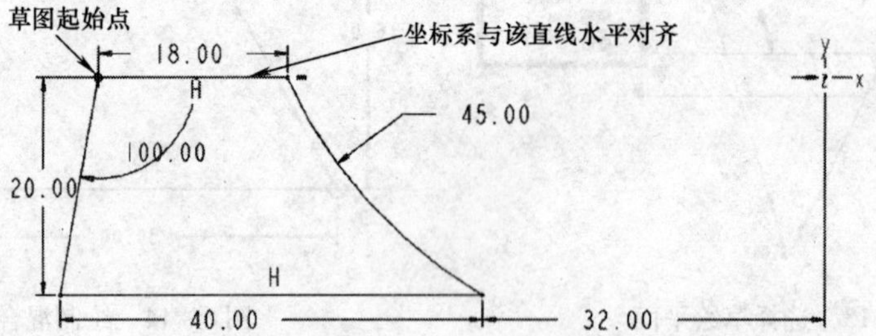

图 6－18　绘制坐标系

(10) 单击✔完成混合剖面的绘制。信息区出现图 6－19 所示的信息对话框，单击是确认“继续下一截面”绘制。

图 6－19　继续下一截面

(11) 然后信息区将出现图 6－20 所示的对话框，在信息区中输入第三个草图剖面的旋转角度为 90°，按✔或按回车键确定。进入第三个草图剖面绘制环境。

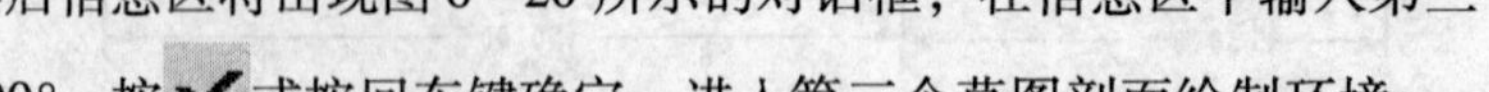

图 6－20　输入旋转角度

(12) 使用□绘制图 6－21 所示的草图剖面，注意草图剖面的起始点位置位于左上角。

(13) 单击✔完成草图剖面的绘制后，信息区出现图 6－19 所示的信息对话框，单

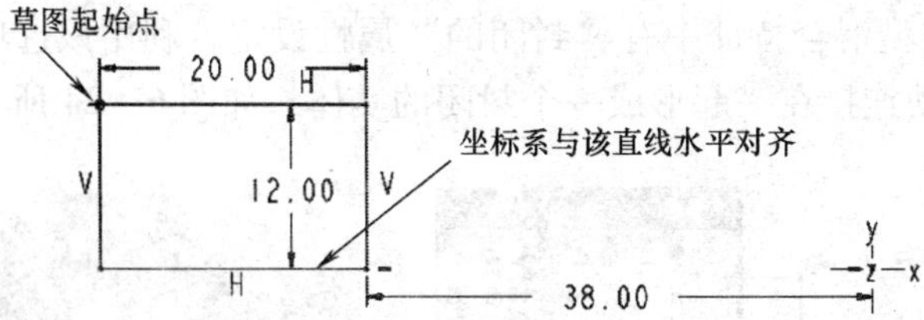

图 6 – 21　绘制混合截面

击否结束混合剖面绘制。

（14）在“伸出项：混合，旋转的”对话框中单击【确定】，生成图 6 – 22 所示的旋转混合特征。这是“直的”过渡生成的模型（前面的混合“属性”中设定的过渡形式为【直的】）。

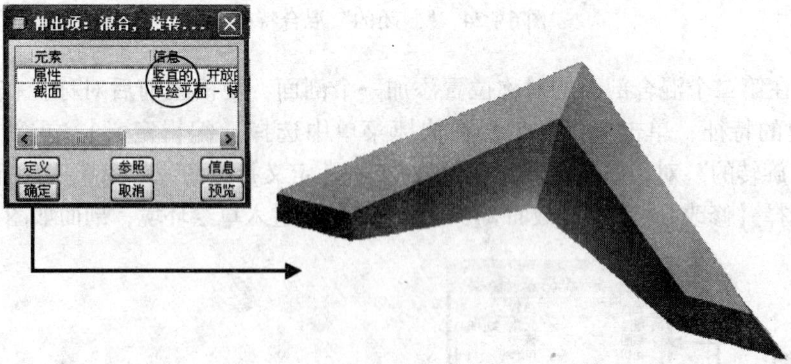

图 6 – 22　“直的”混合特征

（15）在特征树中选中刚才生成的特征，单击鼠标右键，在快捷菜单中选择【编辑定义】，重新出现“伸出项：混合，旋转的”对话框。选择“属性”，单击【定义】按钮，将其设定为【光滑】，按【完成】或按中键，然后单击【确认】按钮，结果如图 6 – 23 所示。

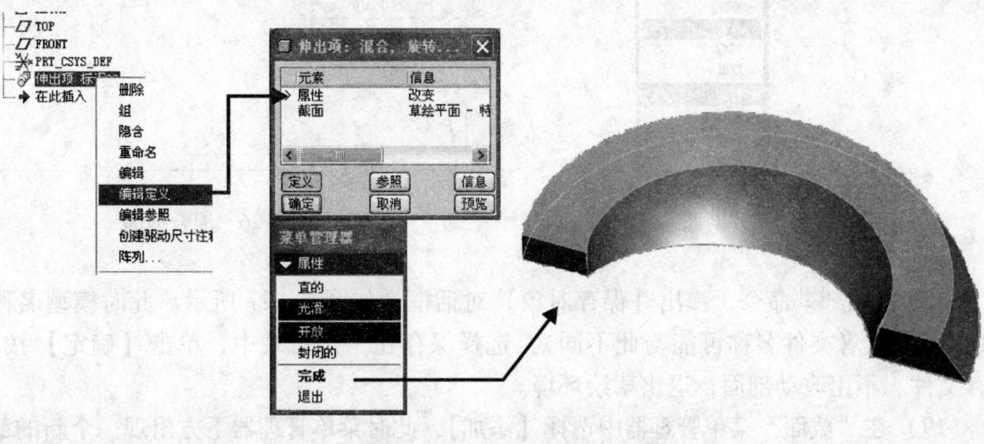

图 6 – 23　“光滑”的混合特征

（16）在旋转类型混合特征中有“封闭的”属性设定，利用该选项混合工具可以将首尾两个混合剖面自动连接在一起形成一个封闭的实体，如图 6－24 所示。

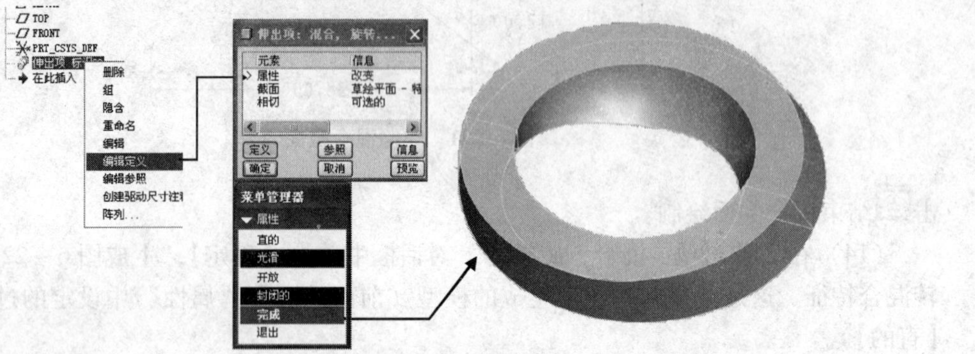

图 6－24 “封闭的”混合特征

（17）在第二个混合剖面的对称位置添加一个剖面，使模型前后对称。在特征树中选中刚才创建的特征，单击鼠标右键，在快捷菜单中选择【编辑定义】，重新出现“伸出项：混合，旋转的”对话框。选择“截面”，单击【定义】按钮，如图 6－25 所示。在菜单管理器中选择【修改】，选择【截面 2】为编辑对象，进入草绘环境，剖面如图 6－26 所示。

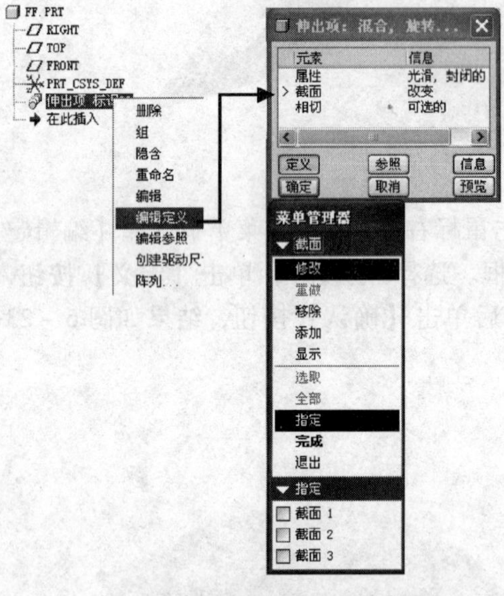

图 6－25 修改剖面

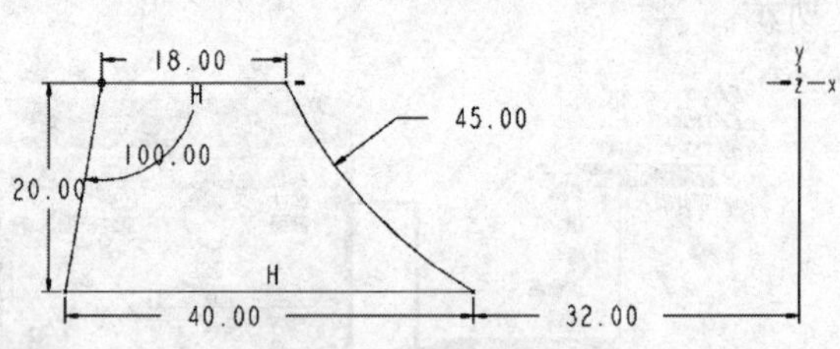

图 6－26 混合截面

（18）单击命令，弹出【保存对象】对话框，如图 6－27 所示。此时模型名称为 S2D0005（读者文件名称可能与此不同），选择保存在工作目录中，单击【确定】按钮，保存文件。不用改动剖面，退出草绘环境。

（19）在“截面”菜单管理器中选择【添加】，此时菜单管理器下方出现一个新的截面 4。单击截面 4，在信息区中设定截面 4 相对于截面 3 的旋转角度为 90°，如图 6－28 所示。

（20）单击中键，进入截面 4 的草绘环境，在主菜单中选择【草绘】⇨【数据来自文

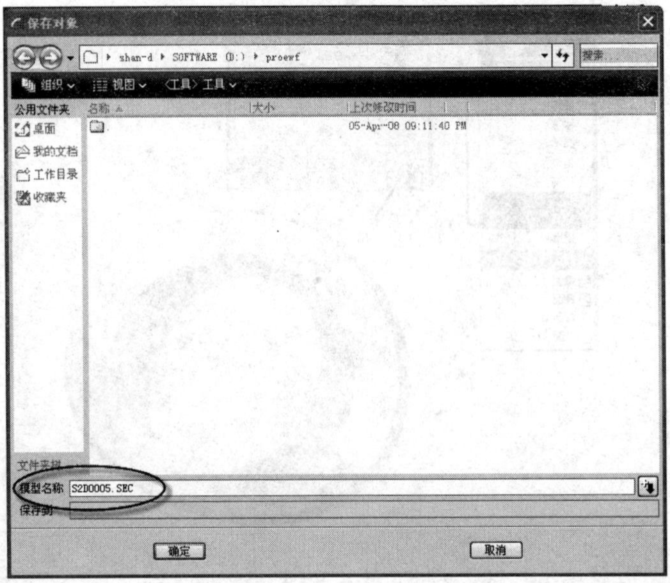

图6－27 保存对象话框

图6－28 旋转角度

件】⇨【文件系统……】菜单。在“打开”对话框中选择图6－27保存的草绘文件，单击“确定”返回草绘环境。在绘图区点击放置导入的草绘，弹出图6－29的“缩放旋转”对话框，输入比例为1，单击✔完成放置。此时注意检查草图剖面起始点与截面2的起始点是否一致，如果不一致，需要选中与截面2相同角点，并单击鼠标右键，在出现快捷菜单中选择【起始点】，如图6－30所示。修改后退出草绘环境。

提示：起始点不一致，会导致创建的模型发生扭曲。

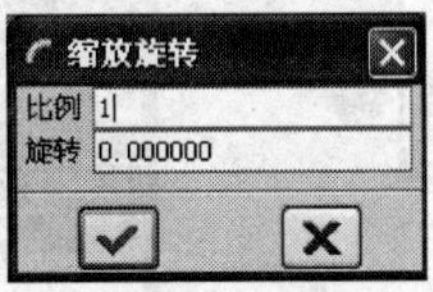

图6－29 缩放旋转对话框

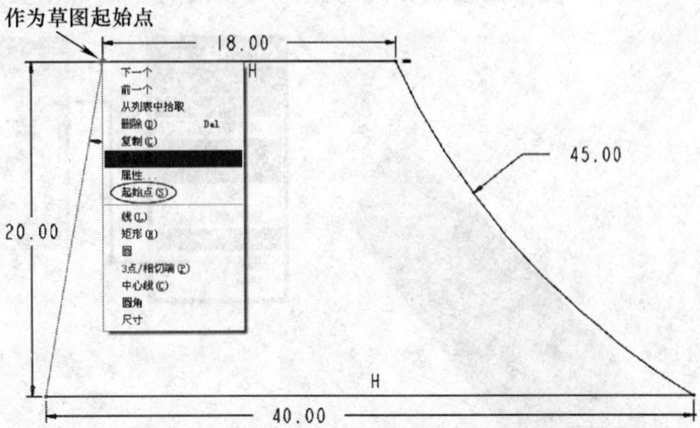

图6－30 调整混合起始点

（21）在“截面”菜单管理器中单击【完成】，然后在“伸出项：混合，旋转的”对话框中单击【确定】按钮，最终完成对称的、圆滑过渡的模型。如图6－31所示。

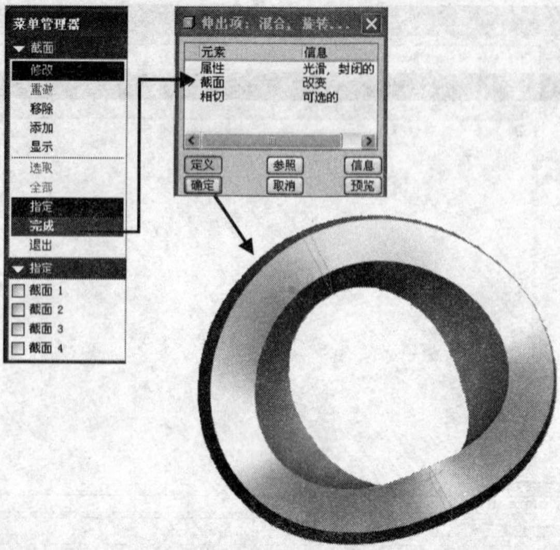

图 6－31　完成的模型

6.4　实　例　三

本例主要讲解一般类型混合特征的创建。一般类型的混合特征的混合截面可以绕草绘截面的坐标系 X、Y 和 Z 轴同时旋转，并且还可以沿这 3 个轴平移。如图 6－32 所示的实体是由三个截面沿着定义的坐标系的坐标轴旋转、平移混合生成的。

（1）以公制模板新建一个零件文件，文件名“prt－6－3”。

（2）在主菜单选择【插入】⇨【混合】⇨【伸出项】菜单，选择【一般】类型，草图绘制方式为【规则截面】，在“属性”菜单管理器中设定草图剖面之间的过渡形式为“直的”，选择 FRONT 面为草图绘制平面。操作过程如图 6－33 所示。

（3）使草图绘制方向与图 6－34 相同，如果相反，可以选择菜单管理器中的【反向】

图 6－32　模型预览

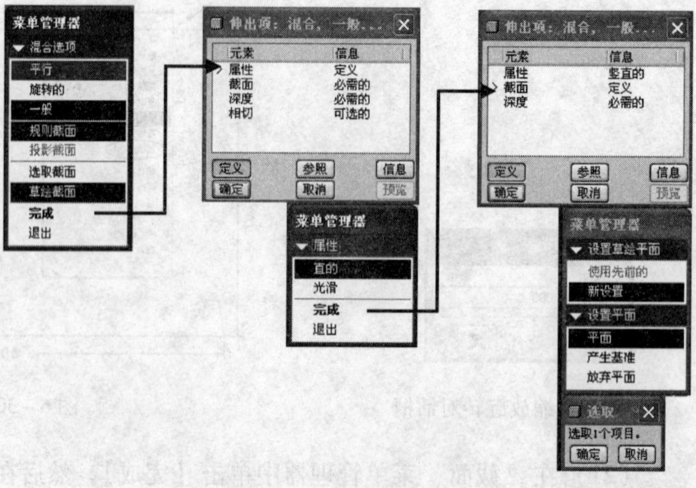

图 6－33　设置混合选项

菜单，或者单击鼠标右键切换，单击鼠标中键确认。再次单击鼠标中键，接受缺省的草绘参照方向，此时进入草图绘制环境。

（4）进入草绘界面后，单击坐标系命令，在绘图区创建一个相对坐标系。

（5）使用命令绘制如图6－35所示的草图剖面，注意草图剖面起始点位置。

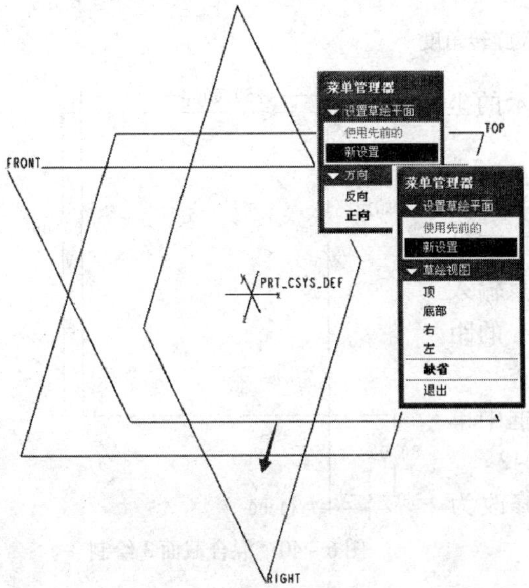

图6－34 选择草绘平面

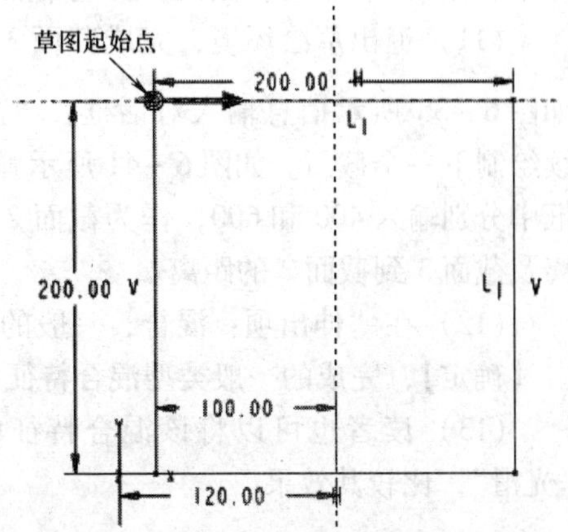

图6－35 绘制混合截面

（6）单击工具栏中的，完成截面1的绘制，在弹出的信息对话框中依次输入绕截面1的相对坐标系的X、Y、Z轴的旋转角度分别为45°、45°、0°，如图6－36所示。进入第二个草图剖面绘制环境。

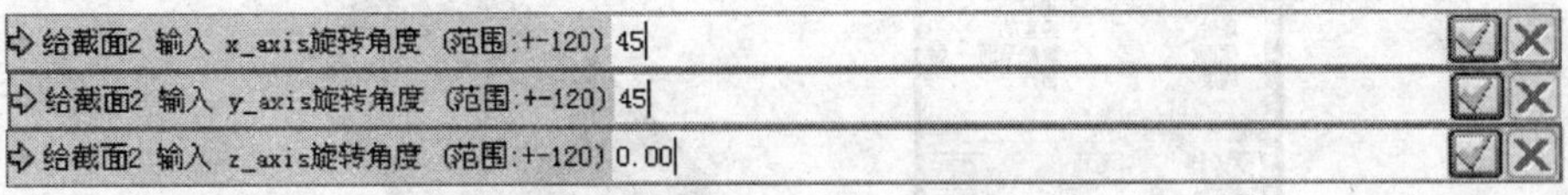

图6－36 输入旋转角度

（7）进入草绘界面后，创建图6－37所示的坐标系和截面，注意草图剖面的起始点位置。

（8）退出草绘环境，完成截面2的绘制。弹出图6－38所示信息输入对话框，单击，继续绘制下一个截面。

（9）然后在弹出的信息对话框中依次输入绕定义截面2的相对坐标系的X、Y、Z轴的旋转角度30°、30°、45°，如图6－39所示。进入第三个草图剖面绘制环境。

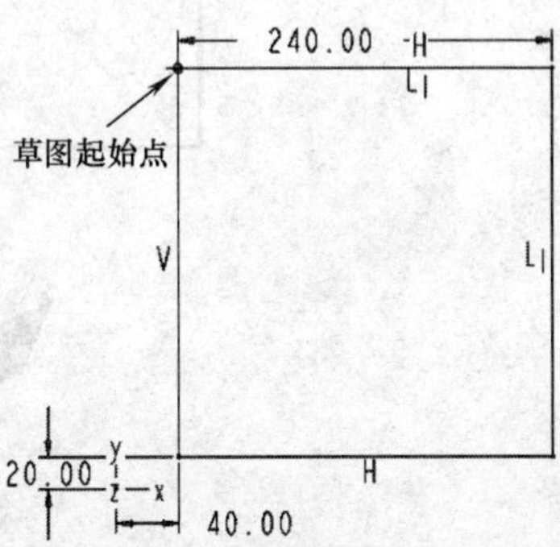

图6－37 混合截面2绘制

图 6－38　继续下一个截面

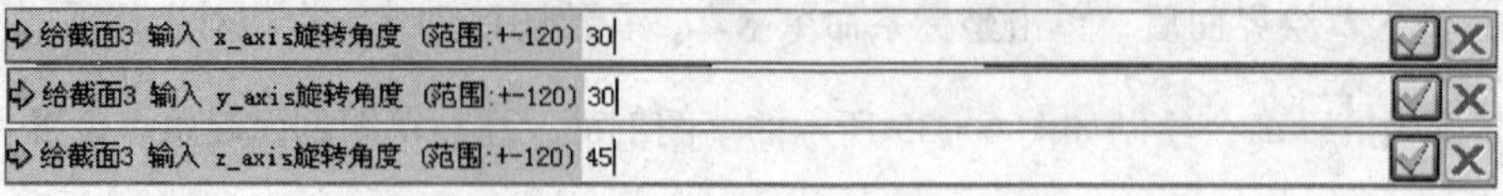

图 6－39　输入旋转角度

（10）进入草绘界面后，创建图 6－40 所示的坐标系和截面 3。注意草图剖面的起始点位置。

（11）退出草绘环境，完成截面 3 的绘制，弹出如图 6－38 所示信息输入对话框，单击否，不再继续绘制下一个截面。如图 6－41 所示弹出的信息输入框中分别输入 400 和 600，作为截面 2 到截面 1 的距离及截面 3 到截面 2 的距离。

（12）在“伸出项：混合，一般的”对话框中单击【确定】，完成的一般类型混合特征见图 6－42。

（13）读者也可以将该混合特征的属性修改为“光滑”，比较其效果。

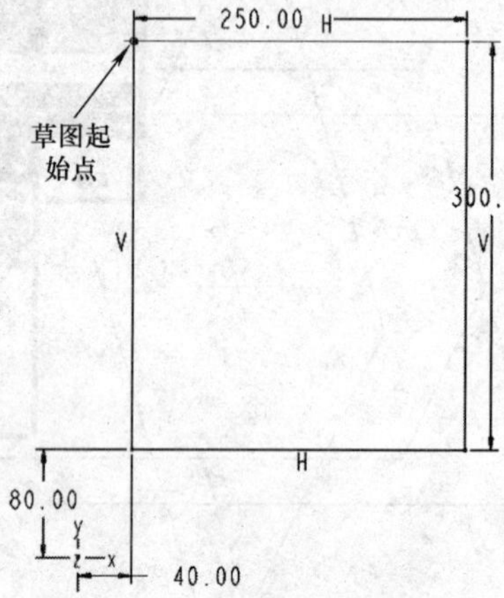

图 6－40　混合截面 3 绘制

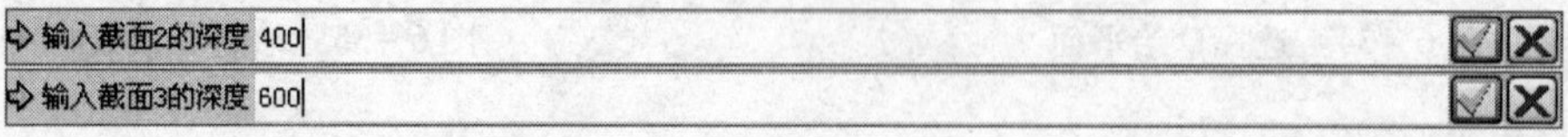

图 6－41　输入界面距离

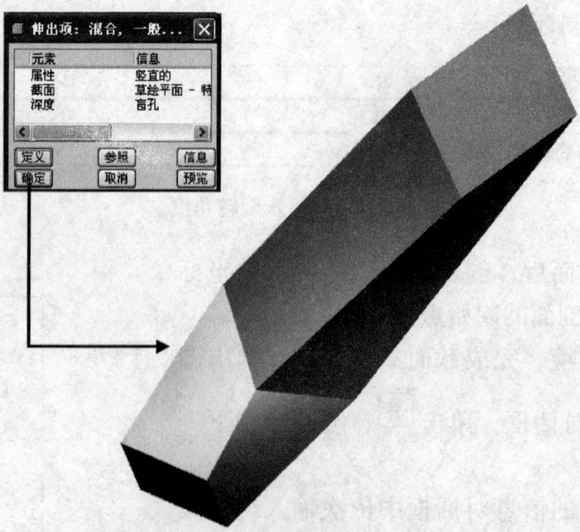

图 6－42　一般类型混合特征

6.5 相关知识与命令总结

(1) 平行类型：各个草图剖面之间相互平行，且各个草图剖面在同一个草图环境中绘制完成，采用切换剖面命令进行草图剖面的切换，各个草图剖面的分段数目必须相同，草图剖面之间的空间关系通过草图剖面之间的深度进行设定。

(2) 旋转类型：各个草图剖面之间围绕 Y 轴方向旋转，最大角度可达到 120°。每个草图剖面在独立的草图环境中绘制，并且需要绘制一个坐标系，其中，第 1 个截面图形的坐标系被作为基准坐标系，其他截面图形的坐标系要与之对齐。坐标系与草图对象中心的距离决定草图剖面的旋转半径。各个草图剖面的分段数目必须相同，混合特征生成时，采用对齐草图剖面坐标系的方式确定各个草图剖面之间的空间关系。

(3) 一般类型：各个草图剖面之间在 X、Y、Z 轴方向存在旋转关系，因此草图剖面之间的空间关系十分灵活。每个草图剖面在独立的草图环境中绘制，并且需要绘制一个坐标系，允许各个草图剖面之间的 X、Y、Z 轴三个方向的角度可独立变化，各个草图剖面的坐标系原点自然不会对齐，用户可以设定草图剖面坐标系之间的距离，从而最终确定各个草图剖面之间的空间关系。各个草图剖面的分段数目必须相同，混合特征生成时，设定各个草图剖面坐标系之间距离的方式确定各个草图剖面之间的空间关系。

6.6 练　　习

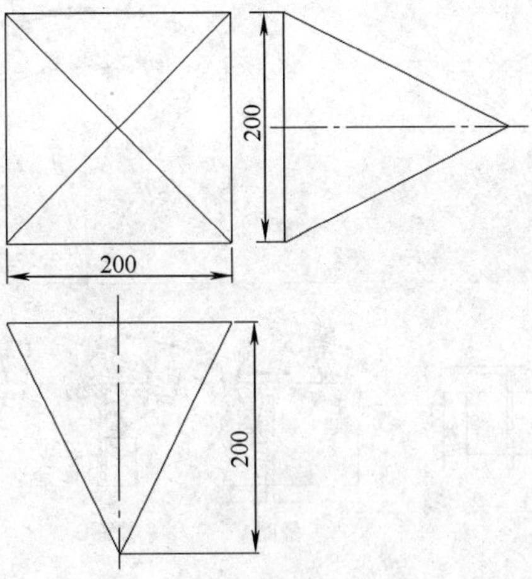

练习 1

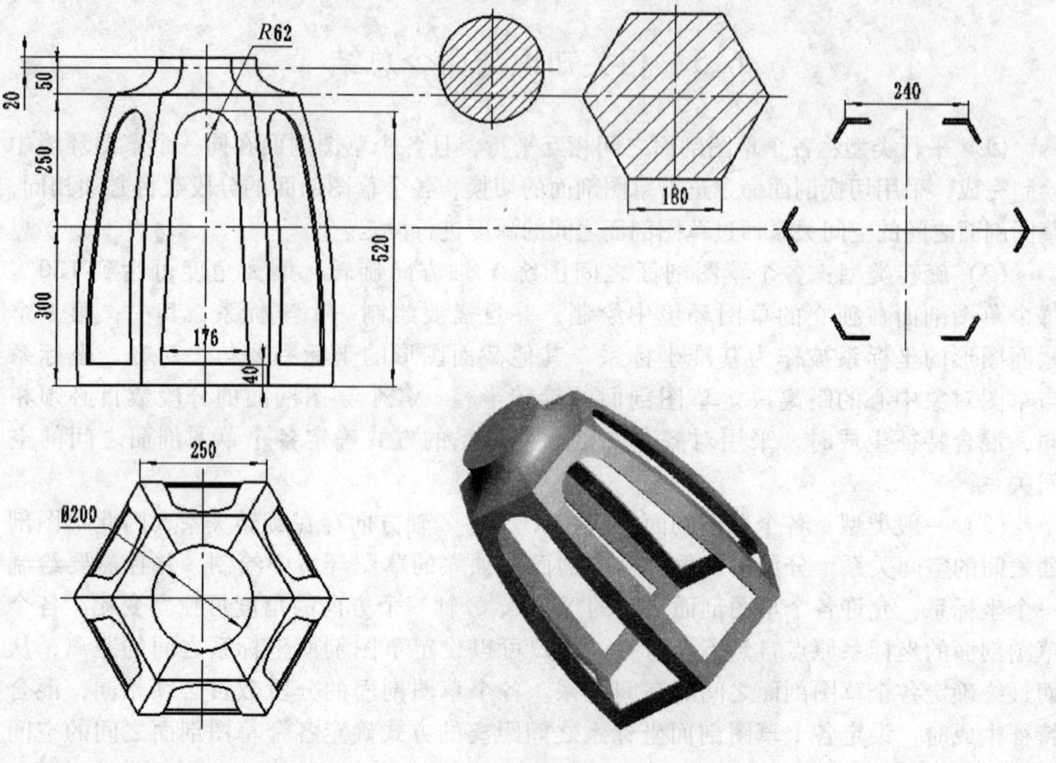
R62
50
20
250
520
300
176
40
240
180
250
Ø200

练习 2

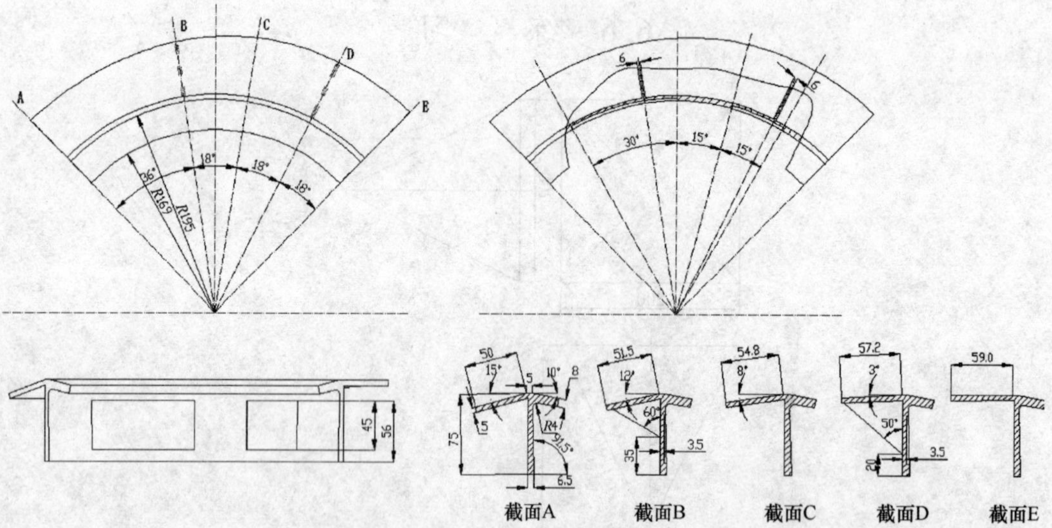
A
B
C
D
E
18°
36°
R169
R195
6
30°
15°
45
56
50
15°
10°
8
5
75
R47
91.5°
6.5
51.5
12°
60°
35
3.5
54.8
8°
57.2
3°
50°
20
59.0
截面A
截面B
截面C
截面D
截面E

练习 3

项目7 阵列专题

在建模过程中，如果需要创建许多按一定规则排列的相同或相似特征，如手机的按键孔等，就可以使用特征阵列工具非常方便地完成建模。特征阵列是指将一定数量的对象按照规则有序地进行排列，常用于快速、准确地创建数量较多、排列规则且形状相近的一组结构。在进行阵列之前，首先要创建一个阵列对象作为原始特征。特征阵列工具每次只能对一个特征进行阵列操作，如果需要同时阵列多个特征，可以将这些特征先创建成一个局部组，然后对这个组进行阵列。

阵列的方法形式多样，根据阵列参照以及方法的不同，系统提供了尺寸阵列、方向阵列、轴阵列、填充阵列、参照阵列、表阵列、曲线阵列等类型。

使用特征阵列的优势如下：

①利用阵列特征可建立多个相同或相似的特征，设计效率非常高。

②特征阵列受阵列的参数控制，通过改变阵列参数（例如实体总数、实体之间的间距和原始特征的尺寸等）可方便地修改阵列结果。

③阵列特征及其实体通常被作为一个整体进行操作，对包含在一个阵列中的多个特征同时进行操作，比单独操作特征更为方便和高效。例如可方便地隐含阵列或将其添加到图层。

④特征阵列中包含了严格的父子关系，修改原始特征，系统自动更新整个阵列。

本项目先以数个实例讲解ProE特征阵列的应用，然后再对各种阵列方式的要点进行详细总结。

7.1 学习目标

掌握特征阵列的各种方法：尺寸阵列、方向阵列、轴阵列、填充阵列、参照阵列、表阵列、曲线阵列。

7.2 实例一

此例将完成图7－1所示零件（香皂盒）的建模，讲解尺寸阵列的用法。

步骤1 新建零件

以公制模板新建零件，输入文件名称“prt－7－1”，进零件设计环境。

步骤2 建立拉伸特征

（1）启动拉伸工具。

（2）以TOP平面作为草绘平面，进入草绘模式，创建图7－2所示的二维截面。

（3）完成截面后退出草绘模式，返回到“拉伸”操控板，此时在绘图区有浅黄色的

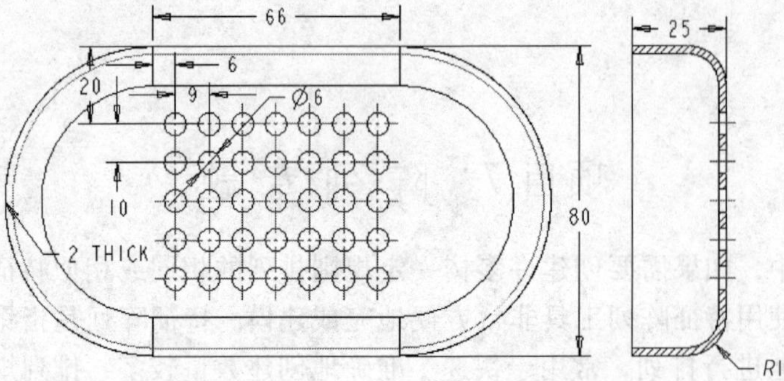

图 7－1　香皂盒

模型预览。

（4）采用默认的“拉伸为实体”类型，设置拉伸方式为，在深度文本框内输入 25。

（5）单击操控板中的完成按钮，完成特征创建的操作，如图 7－3 所示。

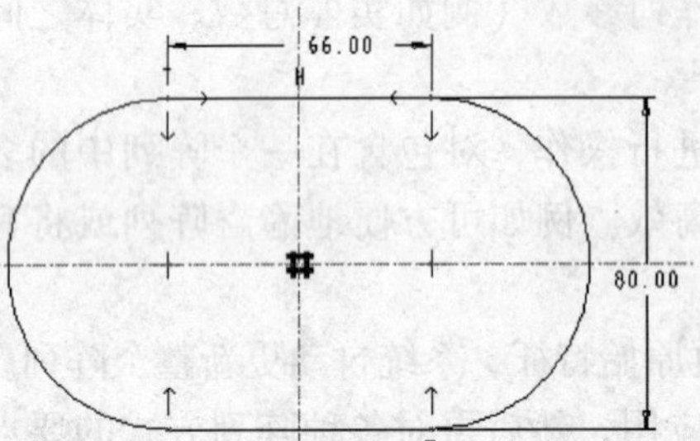

图 7－2　草绘剖面

图 7－3　拉伸实体

步骤 3　建立倒圆角特征

（1）单击特征工具栏中的“倒圆角”按钮，输入倒圆角半径 10。

（2）选取如图 7－4 所示的棱边作为倒圆角目标线。

（3）在倒圆角操控板单击完成按钮，完成倒圆角特征创建，见图 7－5。

图 7－4　倒圆角边线的选取

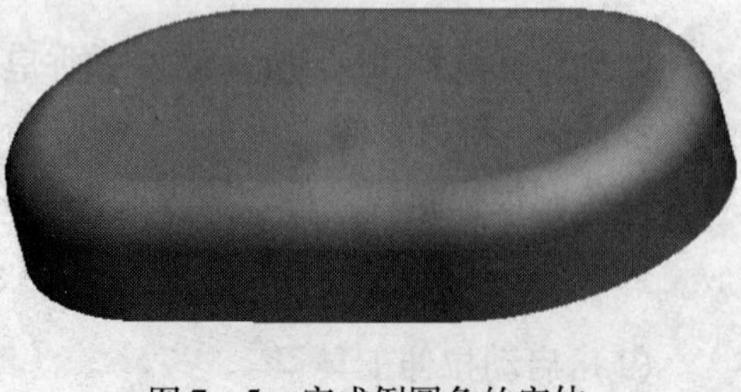

图 7－5　完成倒圆角的实体

步骤4　建立抽壳特征

（1）单击特征工具栏中的“抽壳”按钮，启动抽壳工具。

（2）选取如图7－6所示的面作为抽壳移除面。

（3）在抽壳操控板中设置薄壳厚度为2，单击操控板中的完成按钮，完成特征创建的操作，结果如图7－7所示。

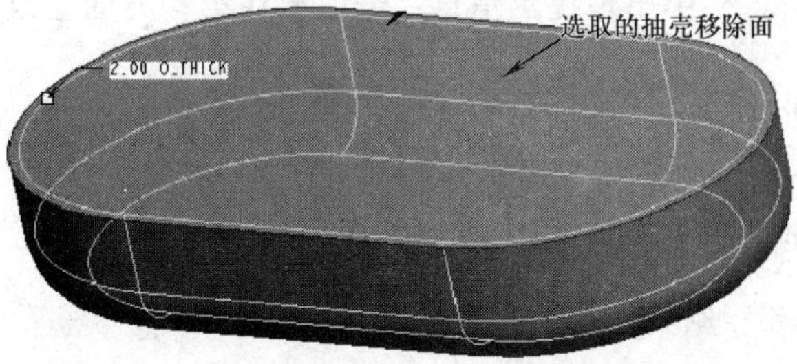

图7－6　抽壳移除面的选取

图7－7　抽壳后的实体

步骤5　建立圆孔特征

（1）单击特征工具栏中的“拉伸”按钮，启动拉伸工具，选择去除材料按钮。

（2）以零件的底面作为草绘平面，进入草绘模式，创建图7－8所示的二维截面。

（3）完成截面后退出草绘模式，返回到“拉伸”操控板，此时在绘图区有浅黄色的模型预览。

（4）采用默认的“拉伸为实体”类型，设置拉伸方式为“穿透所有”，单击操控板中的完成按钮，完成拉伸切除材料特征创建，见图7－9。

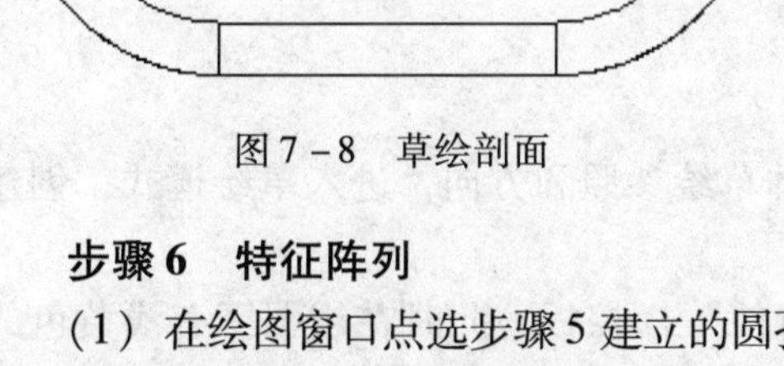

图7－8　草绘剖面

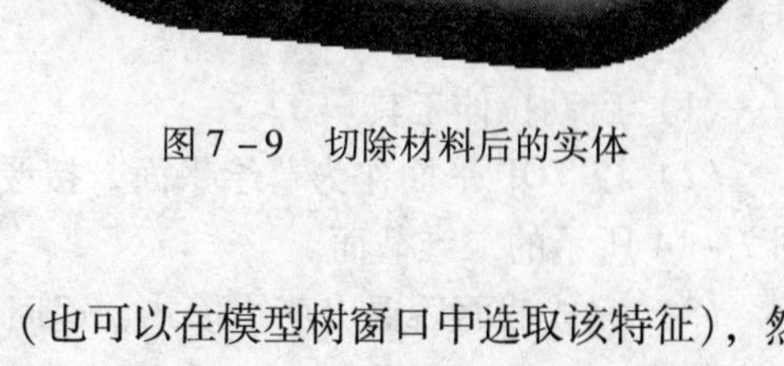

图7－9　切除材料后的实体

步骤6　特征阵列

（1）在绘图窗口点选步骤5建立的圆孔特征（也可以在模型树窗口中选取该特征），然后单击鼠标右键，在右键快捷菜单中选取【阵列】命令（或在主菜单中选择【编辑】⇨【阵列】菜单,或在特征工具栏单击阵列按钮），此时主视区上方出现特征阵列操控板，如图 7 – 10 所示。

图 7 – 10　阵列命令操控板

（2）系统默认为尺寸阵列。此时在信息栏中出现提示信息：选取要在第一方向上改变的尺寸。

（3）选取图 7 – 8 所示孔的定位尺寸 20 作为第一方向上的驱动尺寸，设置其增量为 10；选取孔的定位尺寸 6 作为第二方向上的驱动尺寸，设置其增量为 9，如图 7 – 11 所示。

（4）在阵列操控板中设置第一方向阵列总数为 5，第二方向阵列总数为 7，单击操控板中的完成按钮，完成特征阵列的操作，结果如图 7 – 12 所示。

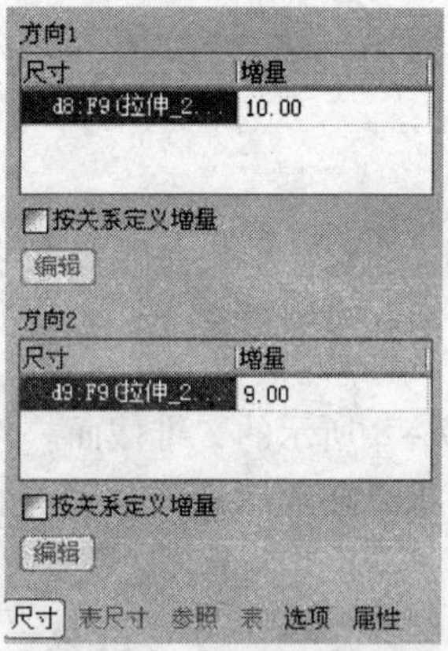

图 7 – 11　驱动尺寸及增量设置

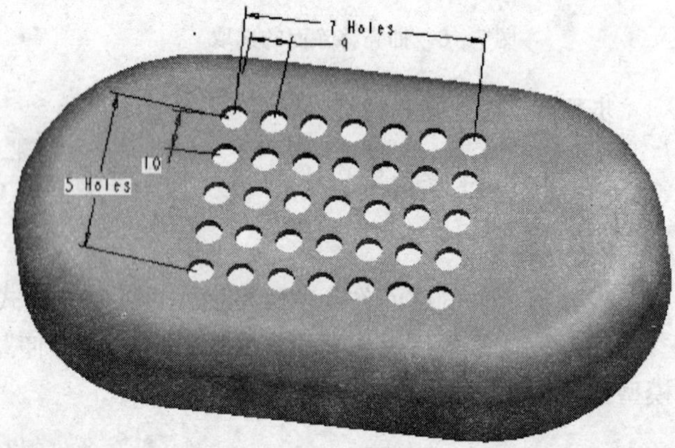

图 7 – 12　特征阵列后的实体

7.3　实　例　二

此例将完成图 7 – 13 所示零件（轴阵列）的建模，讲解轴阵列方法创建特征的螺旋形阵列。

步骤 1　新建零件

以公制模板新建零件，输入文件名称“prt – 7 – 2”，进零件设计环境。

步骤 2　建立拉伸特征

（1）启动拉伸工具。

（2）以 TOP 平面作为草绘平面，接受默认的草绘参照和方向，进入草绘模式，创建图 7 – 14 所示的二维截面。

（3）完成截面后退出草绘模式，返回到“拉伸”操控板，此时在绘图区有浅黄色的模型预览。

（4）采用默认的“拉伸为实体”类型，设置拉伸方式为“盲孔”，在深度

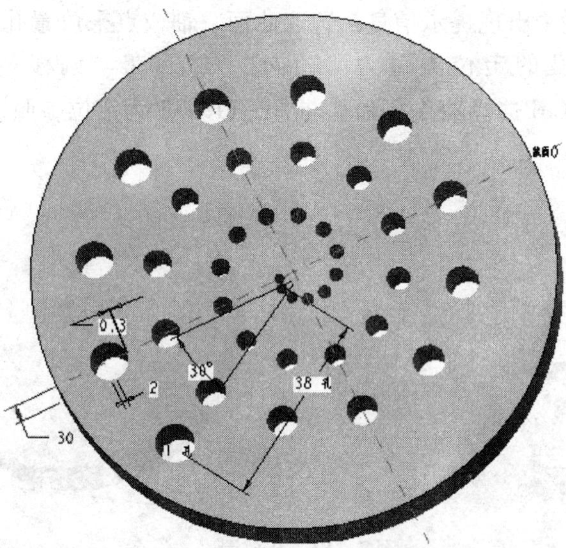

图 7－13 螺旋阵列

文本框内输入 30。

（5）单击操控板中的完成按钮，完成特征创建，如图 7－15 所示。

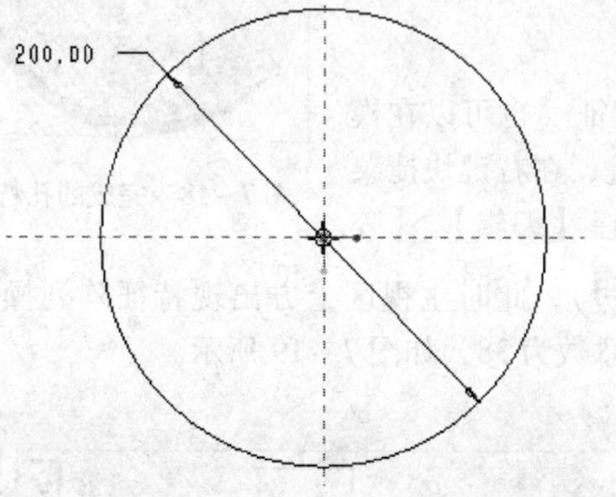

图 7－14 草绘剖面

图 7－15 拉伸实体

步骤 3 建立圆孔特征

（1）单击特征工具栏中的“孔”按钮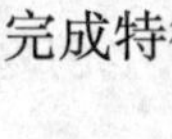，此时主视区上方出现孔特征操控板，如图 7－16 所示。

图 7－16 孔特征操控板

（2）此时在信息栏中出现提示信息：选取曲面、轴或点来放置孔。单击零件顶面作为孔放置平面，选择孔的定位类型为“径向”，然后在“偏移参照”列表中单击单击此处添加...，按着 Ctrl 选择轴 A_2 和基准平面 FRONT 为定位参照，输入半径 80 和角度值 30°，见图 7－17。

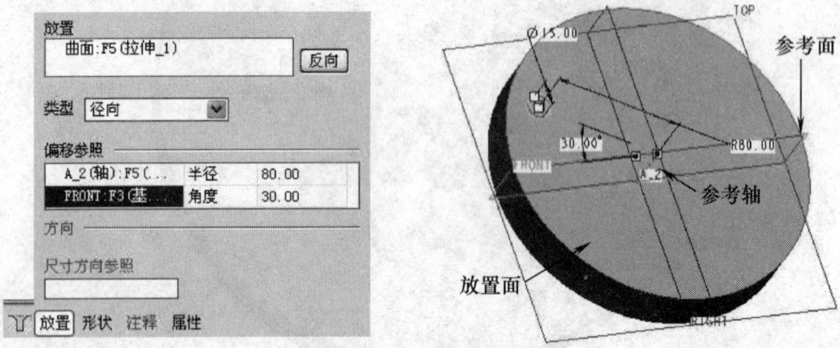

图 7－17　孔放置

（3）在孔特征操控板中设置孔的直径为 15，深度设置为“穿透所有”。

（4）单击操控板中的完成按钮，完成孔特征创建，见图 7－18 所示。

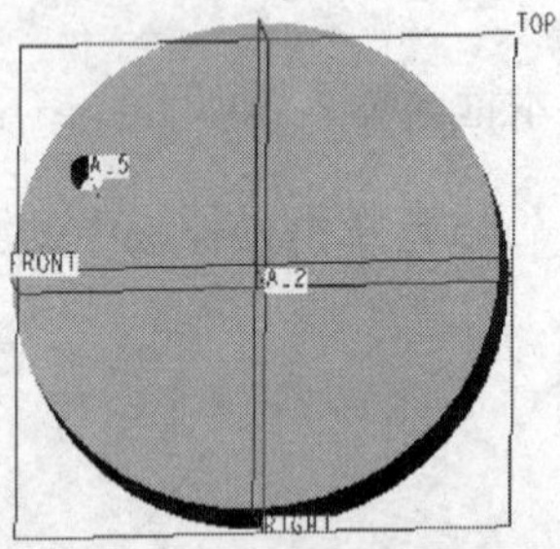

图 7－18　完成的孔特征

步骤 4　特征阵列

（1）在绘图窗口点选步骤 3 建立的孔特征（也可以在模型树窗口中选取该特征），然后单击鼠标右键，在右键快捷菜单中选取【阵列】命令（或在主菜单中选择【编辑】⇨【阵列】菜单，或在特征工具栏单击阵列按钮），此时主视区上方出现特征阵列操控板，选择“轴阵列”，设置角度间距为 30，阵列总数为 38，如图 7－19 所示。

图 7－19　轴阵列命令操控板

（2）此时在信息栏中出现提示信息：选取基准轴来定义阵列中心。选择轴 A_2 作为阵列中心。

（3）单击控制面板中的【尺寸】菜单，在系统弹出的“尺寸”下滑面板的方向 1 列表中单击单击此处添加...，选取图 7－17 所示中孔的定位尺寸 *R*80 作为第一驱动尺寸，设置其增量为 －2；按住 Ctrl 键选取孔的直径尺寸 *Φ*15 为第一驱动尺寸，设置其增量为 －0.3，如图 7－20 所示。

（4）单击操控板中的完成按钮，完成特征阵列的操作，结果如图 7－21 所示。

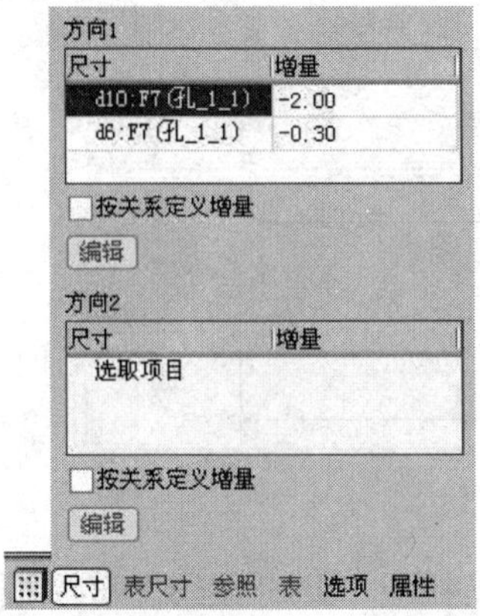

图7－20　驱动尺寸及增量设置

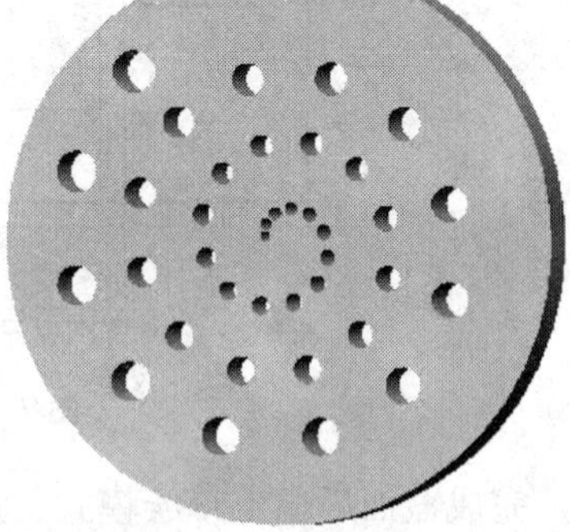

图7－21　螺旋阵列

7.4　实　例　三

此例将完成图7－22所示零件（填充阵列）的建模，讲解轴阵列和填充阵列的用法。

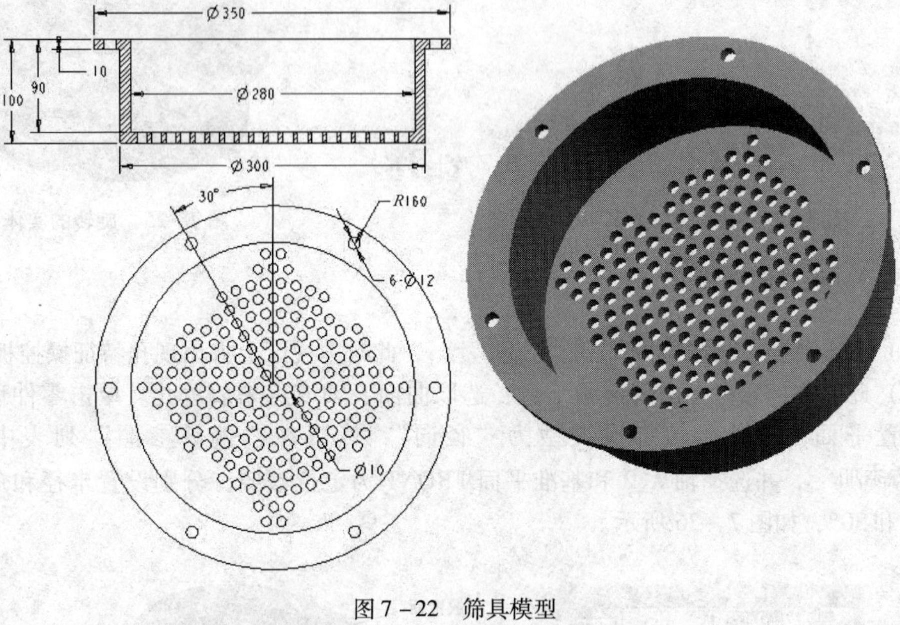

图7－22　筛具模型

步骤1　新建零件

以公制模板新建零件，输入文件名称“prt－7－3”，进零件设计环境。

步骤2　建立旋转特征

（1）单击特征工具栏中的“旋转”按钮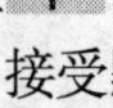，此时主视区上方出现旋转特征操控板。

（2）以基准平面FRONT作为草绘平面，接受默认的草绘参照和方向，进入草绘模式。

（3）绘制如图7－23所示的旋转剖面（注意一定要有中心线）。

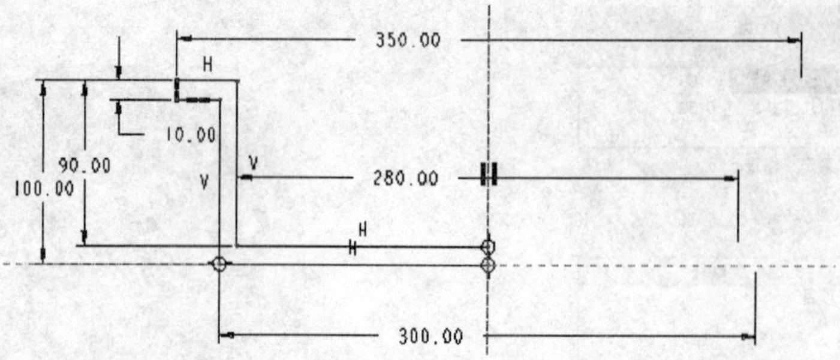

图 7－23　草绘剖面示意图

（4）完成截面后退出草绘模式，返回到“旋转”操控板，此时在绘图区有浅黄色的模型预览。

（5）采用默认的“拉伸为实体”类型，设置旋转角度方式为，在旋转角度文本框内输入 360°，如图 7－24 所示。

（6）单击操控板中的完成按钮，完成旋转特征创建，如图 7－25 所示。

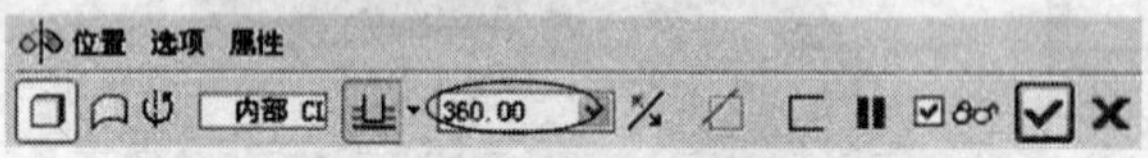

图 7－24　旋转方式和旋转角度设置

图 7－25　旋转的实体

步骤 3　建立圆孔特征

（1）单击特征工具栏中的“孔”按钮，此时主视区上方出现孔特征操控板。

（2）此时在信息栏中出现提示信息：选取曲面、轴或点来放置孔。单击零件顶面作为孔放置平面，选择孔的定位类型为“径向”，然后在“偏移参照”列表中单击单击此处添加...，并选择轴 A_2 和基准平面 FRONT 为定位参照，分别设置半径和角度值为 160°和 30°，如图 7－26 所示。

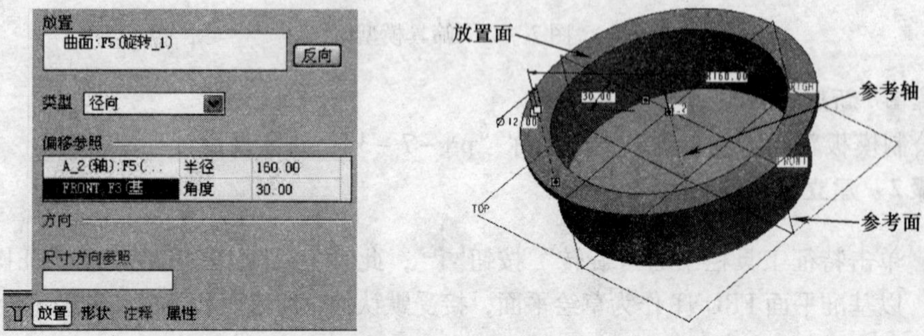

图 7－26　孔放置

图 7－27 孔特征

（3）在“孔”操控板中设置孔的直径为 12，深度设置为“穿透所有”。

（4）单击操控板中的完成按钮，完成孔特征创建，如图7－27 所示。

步骤 4 特征阵列

（1）在绘图区中选中步骤 3 建立的孔特征（或者在模型树窗口中选取该特征），然后单击鼠标右键，在右键快捷菜单中选取【阵列】命令，此时绘图区上方出现特征阵列操控板，选择“轴”阵列，设置角度间距为 60，阵列总数为 6，如图 7－28 所示。也可以设置阵列总数为 6，单击按钮设置为均布于 360°区间。

图 7－28 轴阵列参数设置

图 7－29 孔阵列

（2）此时在信息栏中出现提示信息：选取基准轴来定义阵列中心。选择轴 A_2 作为阵列中心。单击操控板中的完成按钮，完成特征阵列的操作，结果如图 7－29 所示。

步骤 5 建立圆孔特征

（1）单击特征工具栏中的“孔”按钮，主视区上方出现孔操控板。

（2）此时在信息栏中出现提示信息：选取曲面、轴或点来放置孔。先单击选取轴A_2 作为放置参照，按住 Ctrl 键选取零件底面作为另一放置参照，此时孔的定位类型自动设置为“同轴”，如图 7－30 所示。

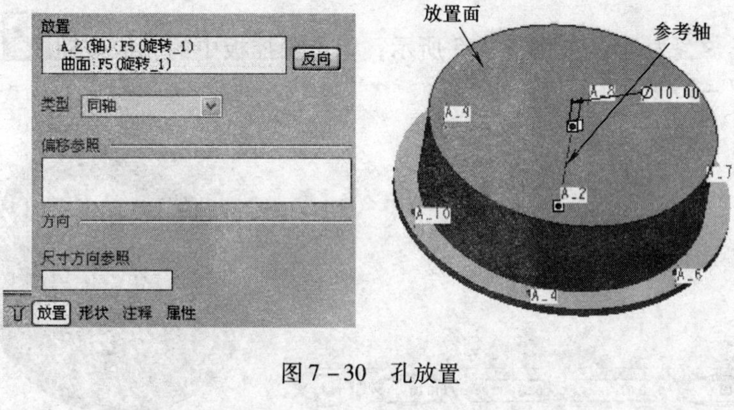

图 7－30 孔放置

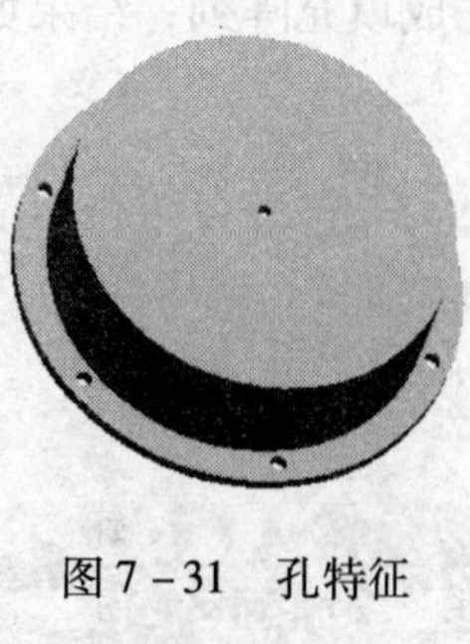

图 7－31 孔特征

步骤 6 填充阵列

（1）在绘图区中选中步骤 5 建立的孔特征，然后单击鼠标右键，在右键快捷菜单中选取【阵列】命令，此时主视区上方出现特征阵列操控板，选择“填充”阵列，如图

7－32 所示。

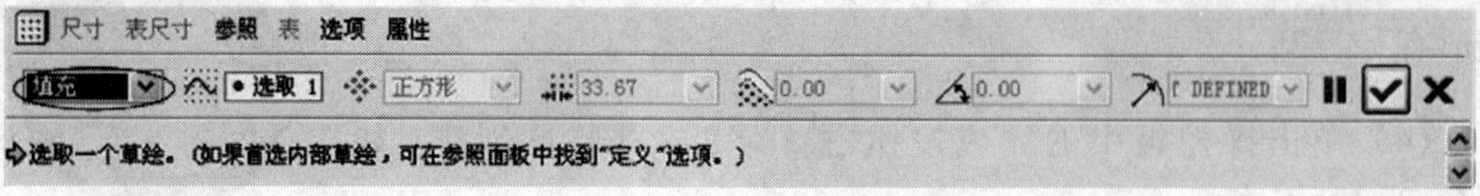

图 7－32　填充阵列操控板

（2）此时在信息栏中出现提示信息：选取一个草绘。(如果首选内部草绘，可在参照面板中找到"定义"选项。)。单击操控板的【参照】菜单，在“参照”下滑面板中单击“定义”按钮，见图 7－33。选取基准平面 TOP 作为草绘平面，接受默认的草绘参照和方向，单击“草绘”对话框中的“草绘”按钮，进入绘制填充区域的草绘模式。

（3）绘制如图 7－34 所示的填充区域，单击特征工具栏中的完成按钮，退出草绘模式，返回到填充阵列操控板。

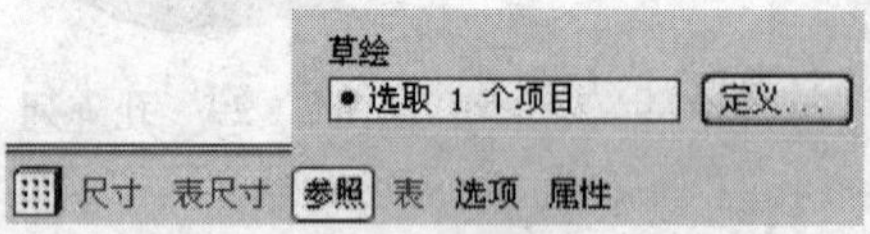

图 7－33　参照下滑面板

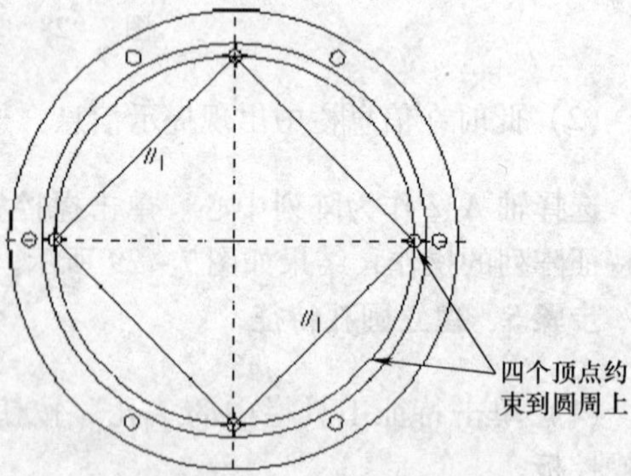

图 7－34　绘制填充区域

（4）在操控板中设置“填充格式”为“圆”，设置“各实例中心间距”为 15，设置“径向间隔大小”为 15，如图 7－35 所示，单击操控板中的完成按钮，完成填充阵列，结果如图 7－36 所示。

图 7－35　填充阵列参数设置

图 7－36　填充阵列

7.5　实　例　四

此例将完成图 7－37 所示的零件图（组阵列），讲解组阵列的用法。

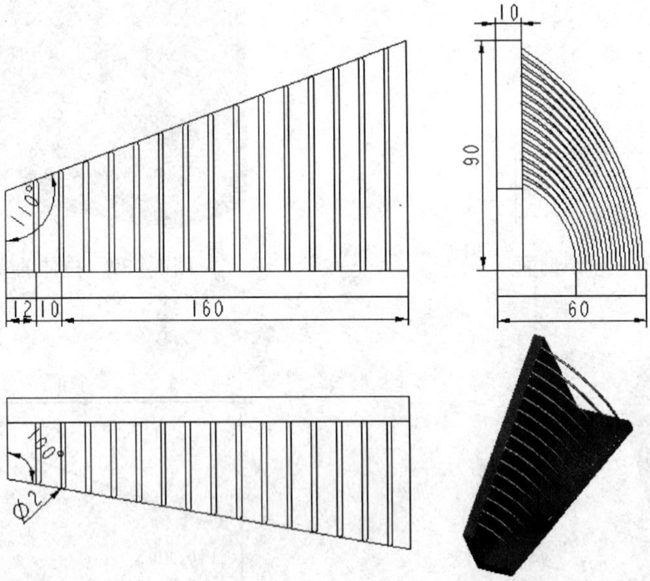

图 7－37　笼架

步骤 1　新建零件

以公制模板新建零件，并输入文件名称“prt－7－4”，进入零件设计环境。

步骤 2　建立拉伸特征

（1）启动拉伸工具。

（2）以 FRONT 平面作为草绘平面，接受默认的草绘参照和方向，进入草绘模式，创建图 7－38 所示的二维截面。

（3）完成截面后退出草绘模式，返回到“拉伸”操控板，此时在绘图区有浅黄色的模型预览。

（4）采用默认的“拉伸为实体”类型，设置拉伸方式为，在深度文本框内输入 160。

（5）单击操控板中的完成按钮，完成特征创建，如图 7－39 所示。

步骤 3　建立拉伸去材料特征

（1）启动拉伸工具，选择去除材料按钮。

（2）在操控板中单击【放置】菜单，此时系统打开“放置”下滑面板，单击“放置”下滑面板中的“定义”按钮，此时系统打开“草绘”对话框。

（3）选择图 7－40 所示表面作为草绘平面，接受默认的草绘参照和方向，进入草绘模式。绘制如图 7－41 所示的剖面图。

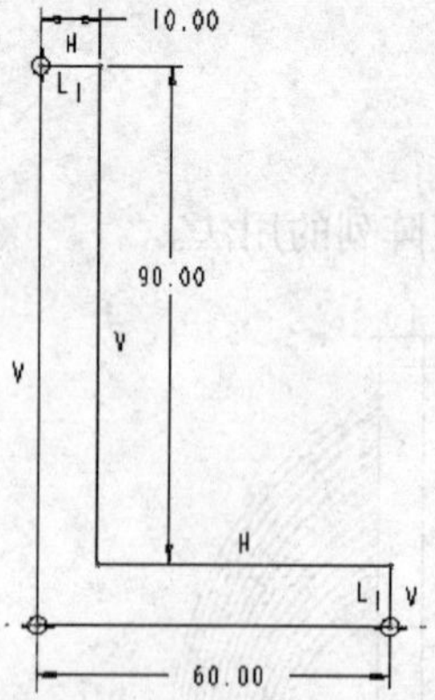

图 7－38　草绘剖面

图 7－39　拉伸的实体

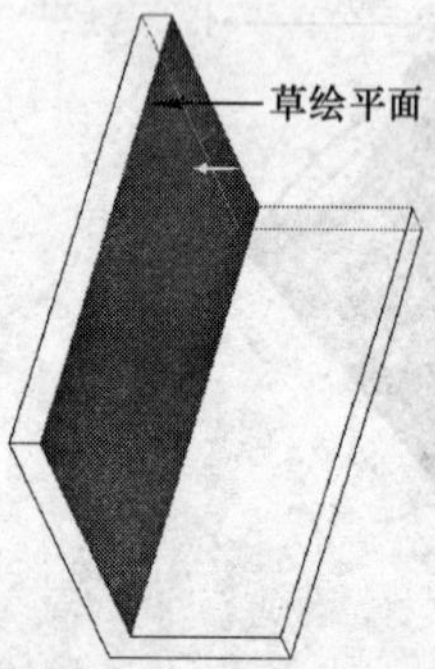

图 7－40　选择草绘平面

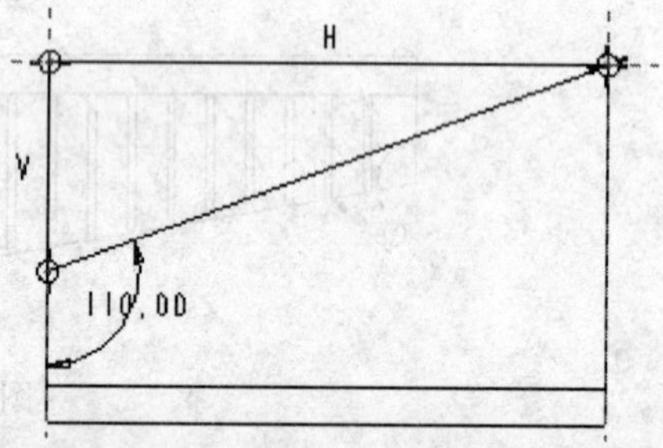

图 7－41　草绘截面

（4）完成截面绘制后退出草绘模式，返回到“拉伸”操控板。

（5）采用默认的“拉伸为实体”类型，设置拉伸方式为“穿透所有”，单击操控板中的完成按钮，完成特征创建。此时零件的 90 高边已被切割成斜边。

（6）再次启动拉伸工具，选择去除材料按钮。

（7）选择图 7－42 所示表面作为草绘平面，接受默认的草绘参照和方向，进入草绘模式。以图 7－43 所示的剖面图再次切割零件。

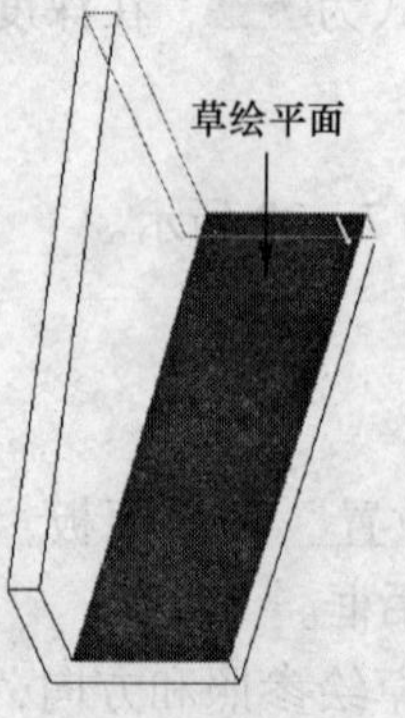

图 7－42　选择草绘平面

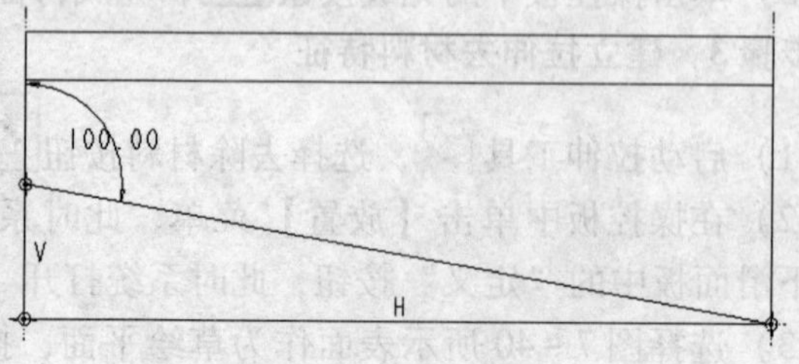

图 7－43　草绘截面

步骤4 建立基准点

单击特征工具栏中的“基准点”按钮，此时系统弹出“基准点”对话框，选取图7-44中所示的边作为参照，在“偏移参照”中选取“参照”选项，选择零件左端面作为偏移参照，并设置偏移值为-12，设置如图7-45所示。

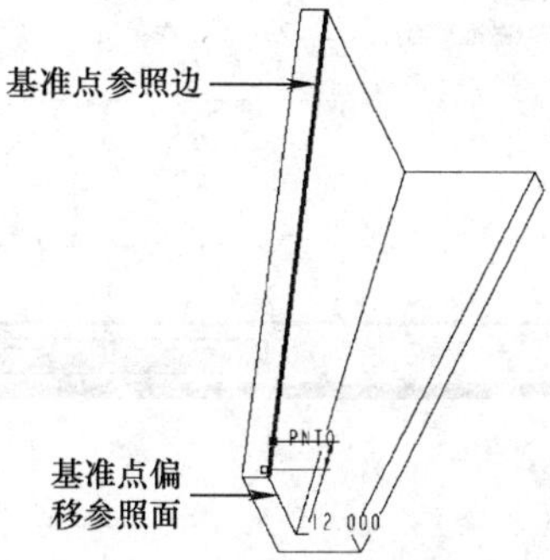

图7-44 基准点参照选取

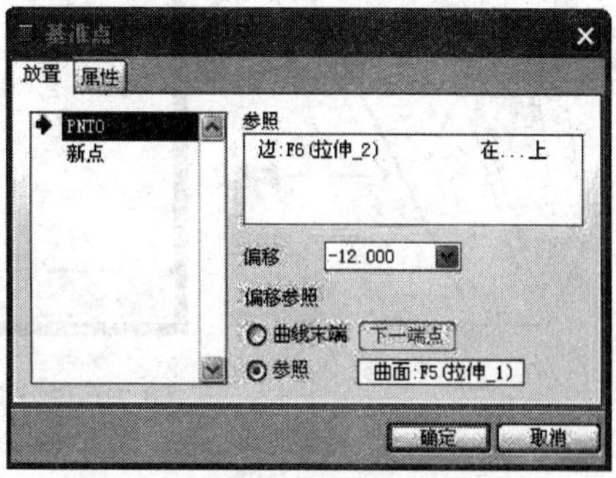

图7-45 “基准点”对话框

步骤5 建立基准平面

单击特征工具栏中的“基准平面”按钮，此时系统弹出“基准平面”对话框，按住Ctrl键选取步骤4中创建的基准点和基准平面FRONT为放置参照（见图7-46），并把FRONT平面的放置类型设置成“平行”（见图7-47）。单击“基准平面”对话框的“确定”，完成基准平面DTM1的创建。

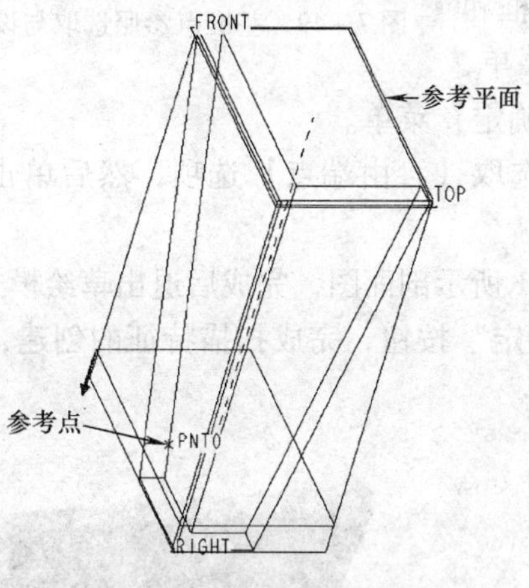

图7-46 基准平面参照选取

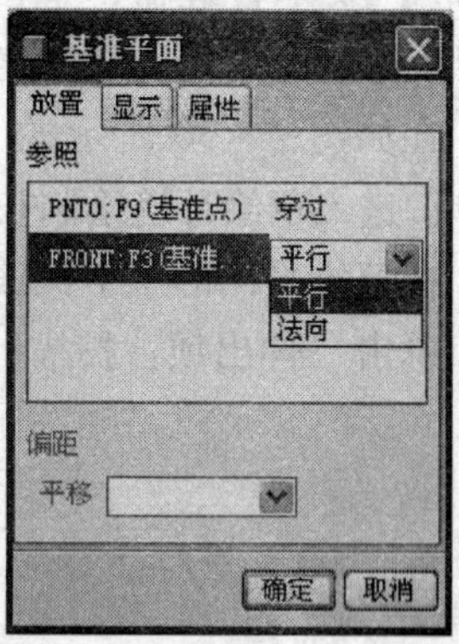

图7-47 “基准平面”对话框

步骤6 建立基准点

单击特征工具栏中的“基准点”按钮，此时系统弹出“基准点”对话框，按住Ctrl键选取图7-48中所示的边和基准平面DTM1作为参照，单击“确定”完成基准点的创建。

步骤7 建立扫描轨迹

单击特征工具栏中的“草绘”按钮，此时系统弹出“草绘”对话框，选取步骤5

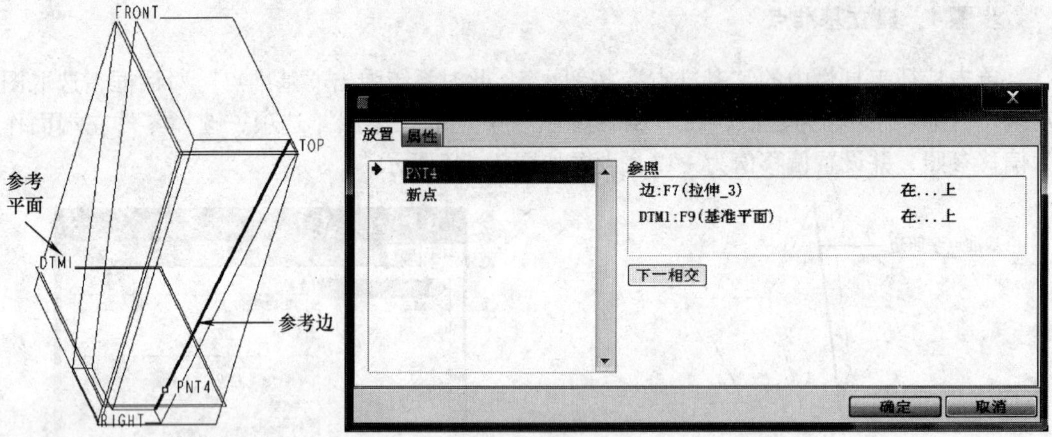

图 7－48　基准点参照选取与设置

创建的基准平面 DTM1 为草绘平面，接受默认的草绘参照和方向，进入草绘模式。绘制图 7－49 所示的草绘。

提示：圆弧端点约束至步骤 4 和步骤 6 创建的两个基准点，并在 PNT4 处与边线垂直，见图 7－49。

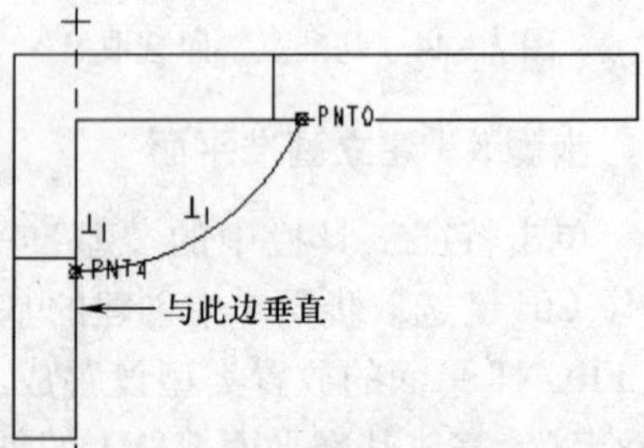

图 7－49　基准点参照选取与设置

步骤 8　创建扫描实体特征

（1）在菜单栏中选择【插入】⇨【扫描】⇨【伸出项】命令，此时系统弹出“伸出项：扫描”对话框和【扫描轨迹】菜单管理器，单击【选取轨迹】菜单，选取步骤 7 创建的曲线，单击菜单管理器中的【确定】菜单。

（2）在如图 7－50 所示的【属性】菜单中选取【自由端点】选项，然后单击【完成】菜单，进入草绘环境绘制扫描截面。

（3）在草绘平面的十字叉线处绘制如图 7－51 所示剖面图，完成后退出草绘模式。

（4）单击“伸出项：扫描”对话框中的“确定”按钮，完成扫描特征的创建，见图 7－52。

图 7－50　属性菜单

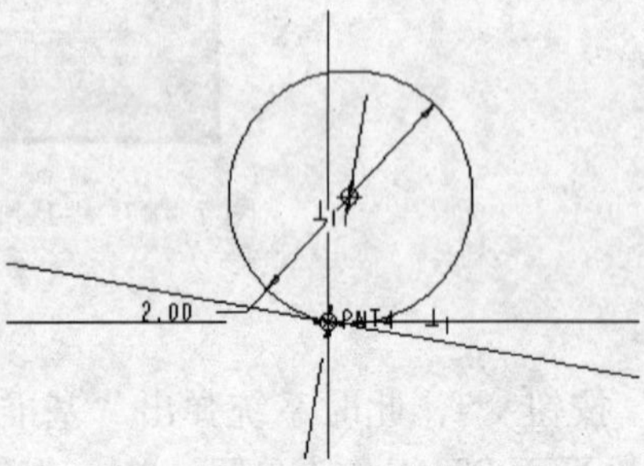

图 7－51　“基准平面”对话框

图 7－52　扫描的实体

步骤 9　特征阵列

（1）按住 Ctrl 键，在模型树中选取步骤 4～步骤 8 所创建的特征。单击鼠标右键弹出快捷菜单，选取【组】菜单，把这些特征创建成一个局部组，为后续的阵列做好准备，见图7－53所示。

（2）在模型树窗口中选取上一步创建的“组”，然后单击鼠标右键，在右键快捷菜单中选取【阵列】菜单，此时主视区上方出现特征阵列操控板。

（3）系统默认为尺寸阵列，此时在信息栏中出现提示信息：选取要在第一方向上改变的尺寸。选取图7－54所示中尺寸12作为第一方向上的驱动尺寸，设置其增量为10，如图7－55所示。

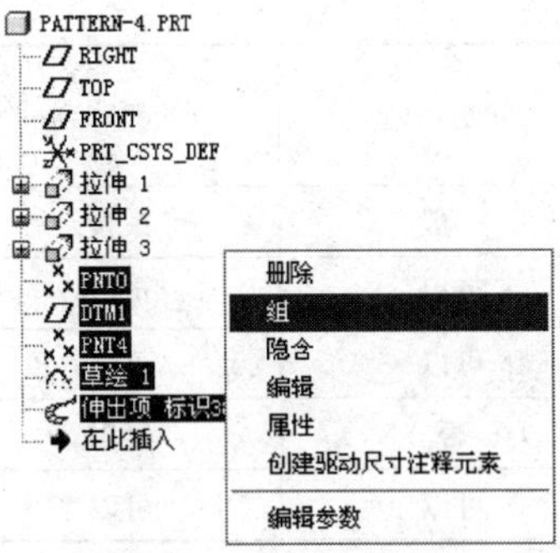

图7－53　创建组

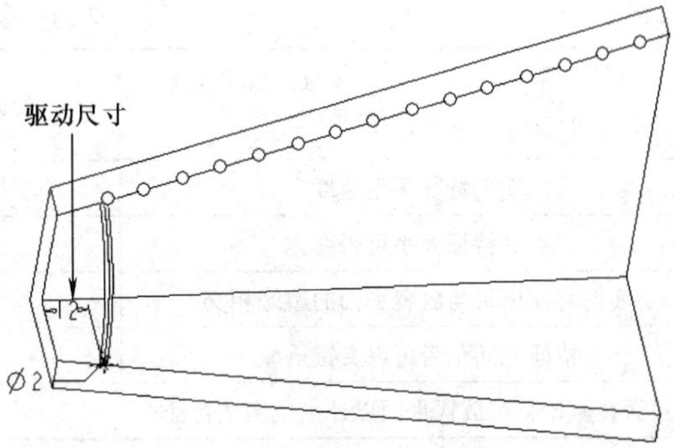

图7－54　选取驱动尺寸

（4）在阵列操控板中设置第一方向阵列总数为15，单击操控板中的完成按钮，完成特征阵列，结果见图7－56。

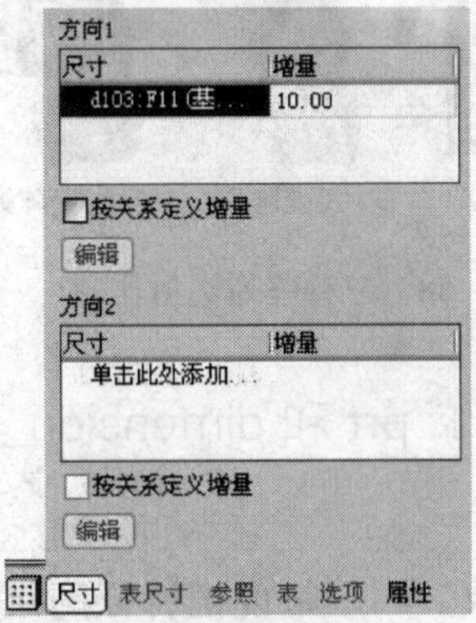

图7－55　驱动尺寸设置

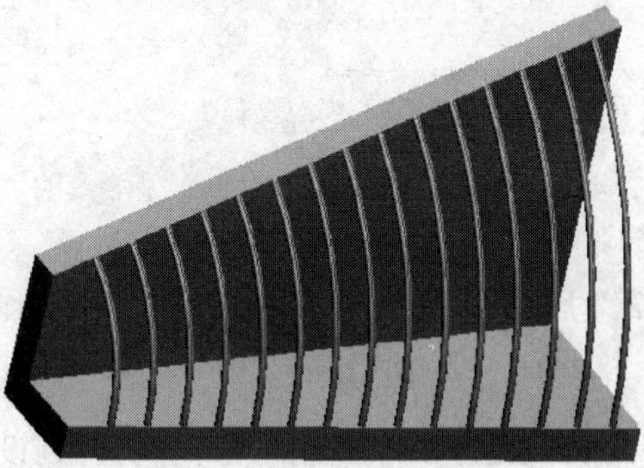

图7－56　阵列完成后实体

7.6　相关知识与命令总结

7.6.1　阵列的“选项”

打开特征阵列的操控板后，单击【类型】菜单弹出“选项”下滑面板，如图7－57所示。可以看到，ProE提供了三种类型的阵列选项：“相同”、“可变”和“一般”。

（1）相同阵列：这种类型创建的阵列特征与原始特征具有较大的相似性，不但特征的形状和大小相同，而且其放置平面也与原始特征一致；

（2）可变阵列：这种类型创建的阵列特征在原始特征的基础上具有一定的变化，其形状、大小和放置的平面可以改变；

（3）一般阵列：这是一种全面的特征阵列类型，阵列的特征具有更大的自由设计空间。

三种阵列类型的详细对比见表 7－1 和图 7－58，系统默认选择“一般”阵列。

表 7－1　　阵列类型比较

比较项目 ＼ 阵列类型	相同阵列	可变阵列	一般阵列
实例特征再生速度	最快	一般	最慢
实例特征大小可否变化	否	可以	可以
实例特征可否与放置平面的边缘相交	否	可以	可以
特征之间是否可以交错重叠	否	否	可以
可否在原始特征放置平面以外生成实例特征	否	可以	可以

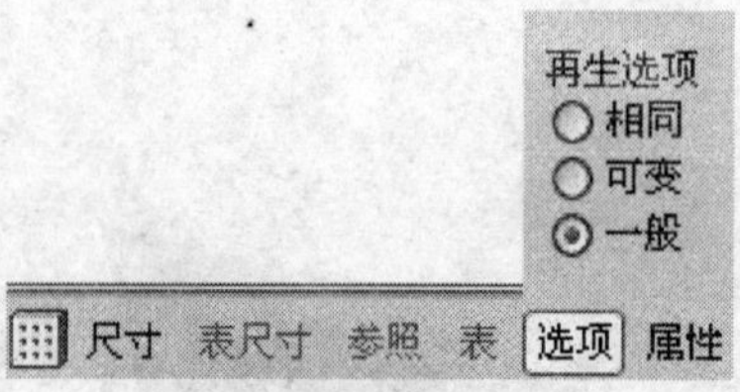

图 7－57　阵列选项

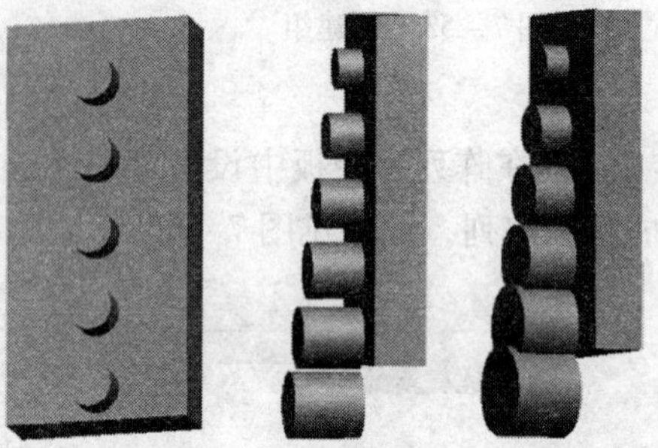

图 7－58　三种阵列类型比较

7.6.2　尺寸阵列（参见文件 dimension_pattern－1. prt 和 dimension_pattern－2. prt）

尺寸阵列是选取特征上的尺寸作为阵列设计的驱动参数。一般来说把特征的定位尺寸作为驱动尺寸来确定阵列生成方向；特征的形状尺寸作为驱动尺寸时，在阵列的过程中改变阵列实例的大小和形状。

尺寸阵列创建流程为：选取阵列类型→确定驱动尺寸→确定驱动增量→确定阵列总数，具体步骤如下：

（1）选取阵列类型。在阵列操控板中单击【选项】菜单，如图 7－57 所示，选择“一般”单选按钮。

（2）选取驱动尺寸。在创建尺寸阵列时，必须从原始特征上选取一个或多个定形或定位尺寸作为驱动尺寸，驱动尺寸用于确定实例特征的生成方向。选定原始特征的某一个定位尺寸作为驱动尺寸后，以该尺寸的标注参照为基准，沿着标注尺寸的方向创建实例特征，如图7－59所示。如果选取的定位尺寸为角度尺寸，则可以形成环形阵列，如图7－60所示。如果想在阵列的同时改变实例的大小，可以按住Ctrl键，继续选取原始特征的定形尺寸作为该方向的驱动尺寸。创建双方向阵列时，只需依照相同的原则在第二个方向选择另一驱动尺寸即可。

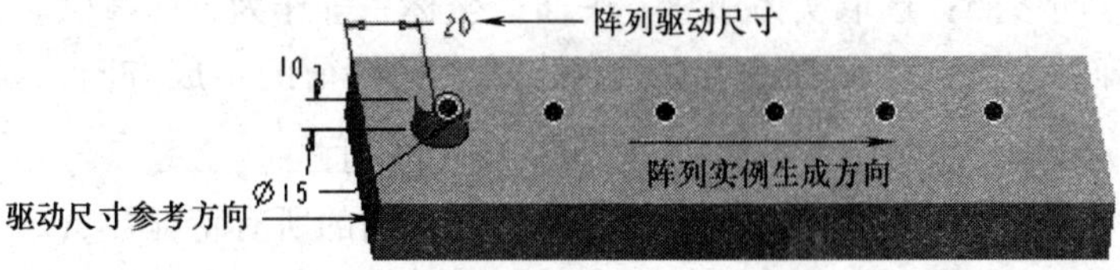

图7－59 驱动尺寸应用

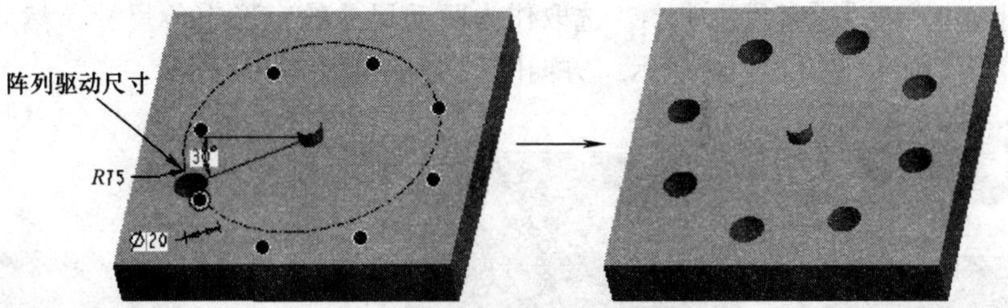

图7－60 驱动尺寸为角度尺寸

在选取驱动尺寸后，阵列实例的生成方向总是从驱动尺寸标注参照开始沿着尺寸标注的方向。因此，在创建原始特征时，必须注意标注参照的选取。

（3）确定尺寸增量：根据驱动尺寸类型的不同，尺寸增量有两种形式。

● 原始特征的定位尺寸为驱动尺寸：尺寸增量指明在该尺寸方向上相邻实例的间距。

● 原始特征的形状尺寸为驱动尺寸：尺寸增量指明在该阵列方向上各实例对应尺寸依次增加或减小量的大小，正号增加，负号减小。

（4）确定阵列特征总数。确定在每一个阵列方向上需要创建的特征总数，阵列总数包含原始特征在内。

7.6.3 方向阵列（参见文件 direction_pattern. prt）

方向阵列是使用方向参照来确定阵列方向，方向阵列的属性操控板如图7－61所示。创建方向阵列，需要指定适当的方向参照。可以作为方向参照的元素如下：

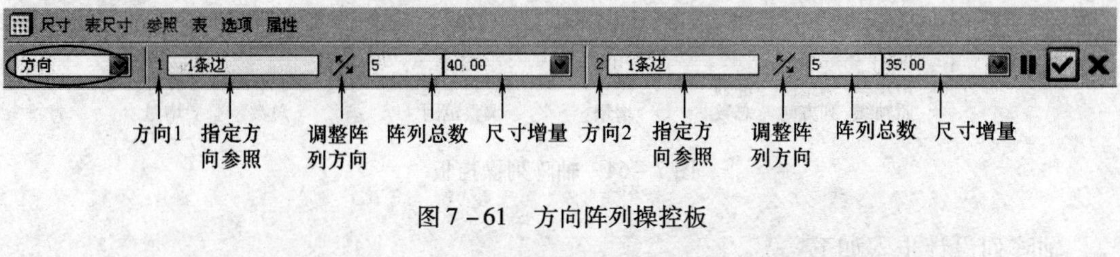

图7－61 方向阵列操控板

实体模型上的平直边线：阵列方向与边线的延伸方向一致。

平面或平整曲面：阵列方向与该平面垂直。

线性曲线：阵列方向与该曲线的延伸方向一致。

坐标系：阵列方向与坐标系中选定坐标轴的指向一致。

基准轴：阵列方向与该基准轴的指向一致。

方向阵列创建步骤如下：

（1）选取方向参照：选取实体边线、平面、坐标系等作为方向参照。

（2）确定阵列方向：系统通过实心黑点表示实例特征的生成方向，如果显示方向与用户需要不一致，则单击操控板中的按钮 ，反转阵列方向。

（3）阵列特征总数：输入该方向包括原始特征在内的所有特征数量。

（4）尺寸增量：在同一方向上相邻两实例间距。输入负值可以反转阵列方向。

（5）增加驱动尺寸：单击操控板中的【尺寸】菜单，在“尺寸”下滑面板的方向 1 或方向 2 列表中单击**单击此处添加**...，选取作为驱动尺寸的定形定位尺寸，然后再设置相应的增量即可，设置如图 7－62 所示，方向阵列结果如图 7－63 所示。

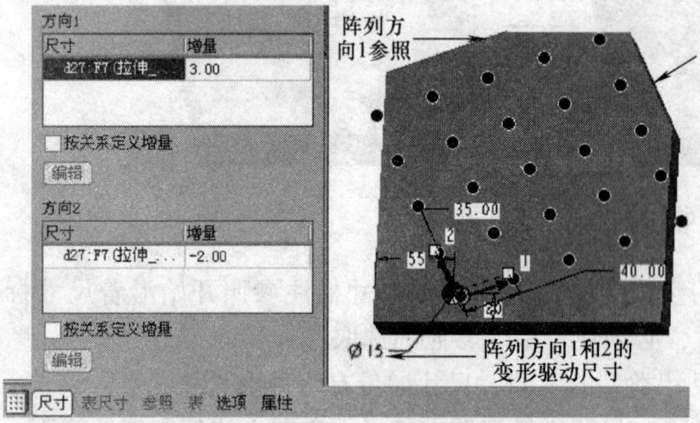

图 7－62　方向阵列设置

图 7－63　方向阵列

7.6.4　轴阵列（参见文件 axis_pattern. prt）

轴阵列主要用于旋转或螺旋阵列。在创建过程中需要选取一个旋转轴作为参照，然后围绕该旋转轴创建旋转阵列，既可以创建一维旋转阵列，也可以创建二维旋转阵列。

轴阵列的属性操控板如图 7－64 所示。

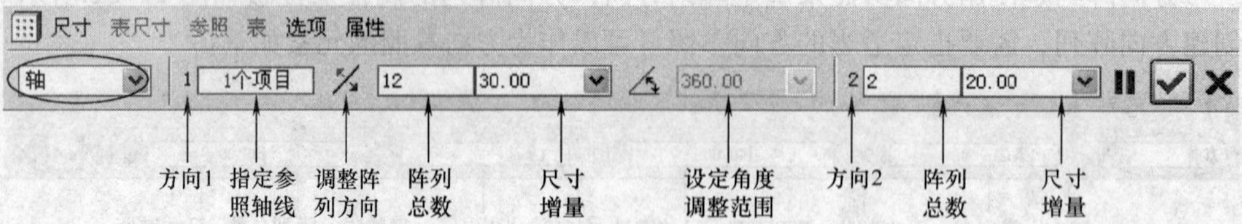

图 7－64　轴阵列操控板

轴阵列设计步骤如下：

（1）选取旋转轴参照：选取轴线等作为旋转参照。

（2）确定角度方向（第一方向）的有关参数：在该方向上，阵列成员绕轴旋转从而构成旋转阵列，缺省情况下，阵列后的实例特征按逆时针方向旋转并且等间距排列，如果要更改阵列方向，则单击操控板中的按钮 。

（3）设置径向（第二方向）的有关参数：缺省情况下将在远离轴线的一侧创建实例特征，如果要更改阵列方向，可在尺寸增量中输入负值。

（4）阵列特征总数：输入两方向包括原始特征在内的所有特征数量。

（5）增加其他驱动尺寸：单击操控板中的【尺寸】菜单，在“尺寸”下滑面板的方向1或方向2列表中单击单击此处添加...，选取作为驱动尺寸的定位定形尺寸，然后再设置相应的增量即可创建变化丰富的轴阵列，设置如图7-65所示，轴阵列结果如图7-66所示。

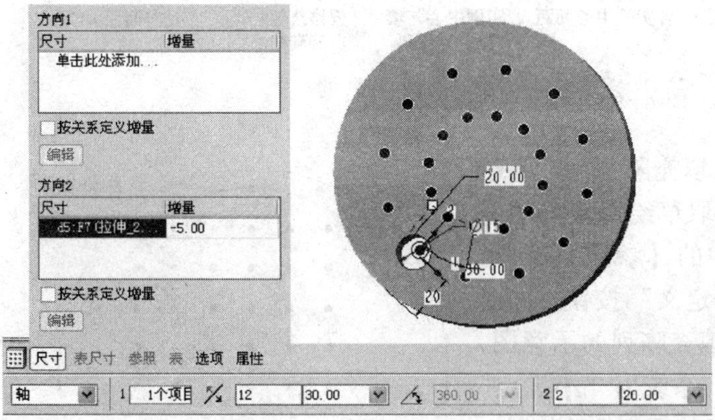

图7-65 轴阵列设置

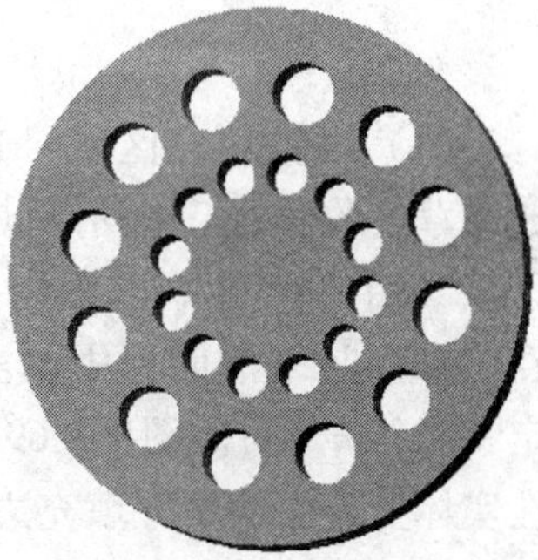

图7-66 轴阵列

7.6.5 参照阵列（参见文件 reference_pattern. prt）

在创建一个阵列之后，如果在原始特征上继续添加新特征并希望在各实例特征上都添加相同的特征，可以使用参照阵列。在阵列的原始特征上添加倒圆角特征，选中倒圆角特征后，单击阵列按钮，系统立即在所有阵列实例上创建倒圆角特征，如图7-67所示。

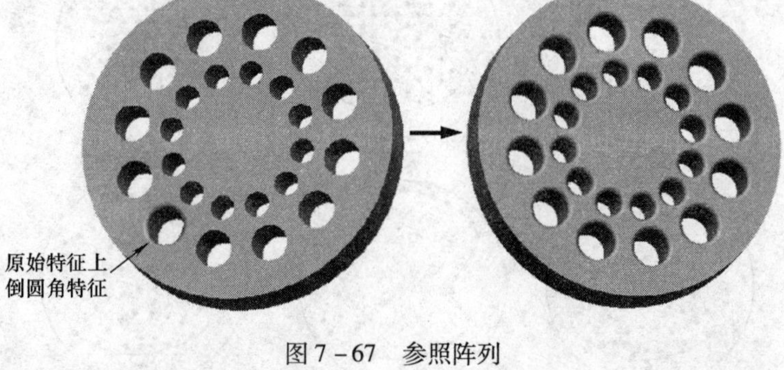

图7-67 参照阵列

参考阵列时，只有在原始特征上创建新特征后才可以使用参照阵列的方法在各实例上创建相同特征，而在各实例特征上创建新特征后并不能使用参照阵列。在模型树窗口中展开相应阵列组，列表中的第一个特征即为原始特征。

7.6.6 填充阵列（参见文件 filled_pattern. prt）

填充阵列是一种操作简便、实现方式多样化的特征阵列方法。在创建填充阵列时，首先划定阵列的布置范围，然后指定特征阵列的排列方式并微调有关参数，系统将按照指定的格式在指定区域内创建阵列特征。

选取阵列原始特征并选取阵列工具后，选择“填充”阵列，操作面板的如图 7－68 所示。

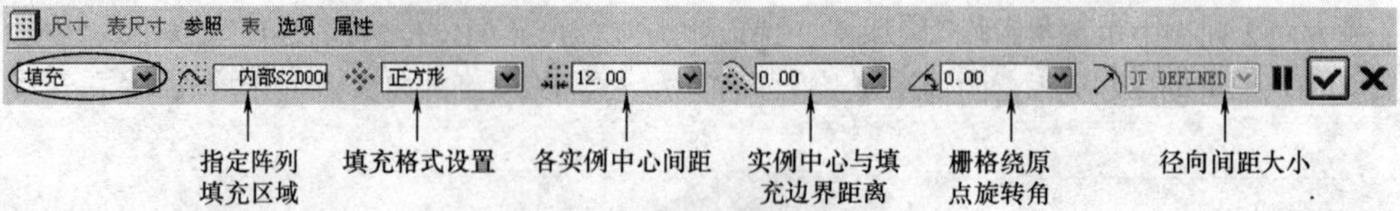

图 7－68 填充阵列操控板

（1）设置填充区域　选取填充阵列后，系统激活草绘收集器，提示用户选取草绘以定义填充区域（用户也可单击操控板中的【参照】菜单，在“参照”下滑面板中单击“定义”按钮，即时定义二维草绘）。图 7－69 为填充阵列的示意图，在实体上表面绘制好填充边界，系统以“小黑点”标示按当前的填充方法阵列后各特征实例的位置。

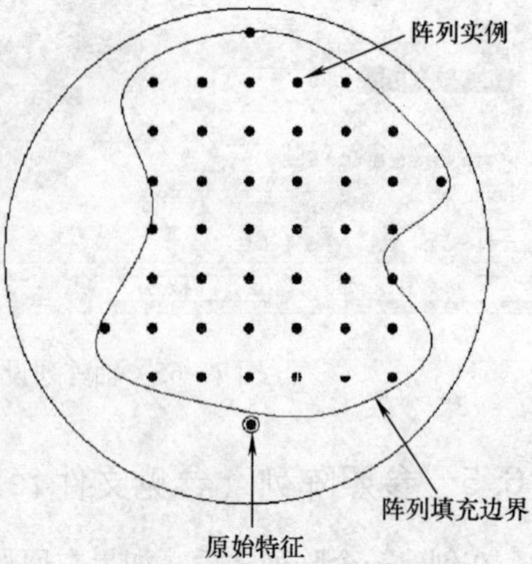

图 7－69 设置填充区域

（2）设置填充格式　在操控板的列表框中选取填充栅格类型，系统提供的填充类型的效果如图 7－70 所示。

（3）微调参数 10.00：调整各阵列实例中心距的大小。

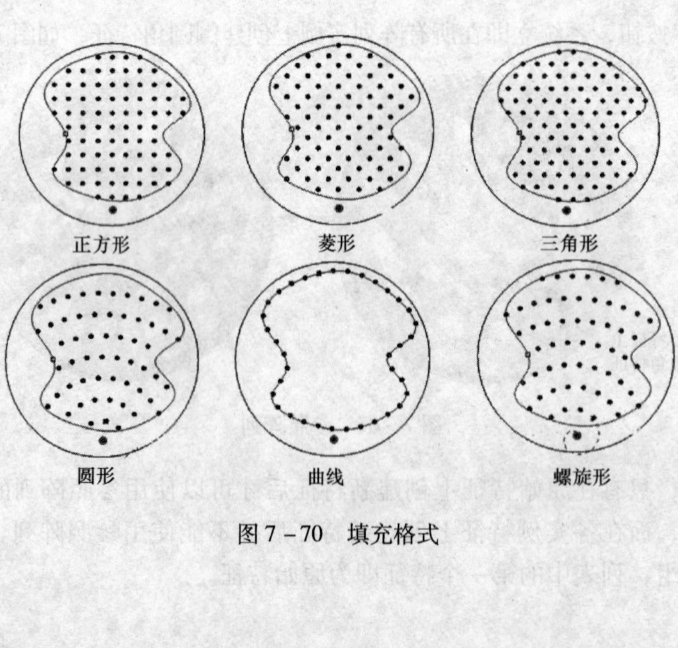

图 7－70 填充格式

：调整各阵列实例中心到填充边界的距离。若为负值，则实例中心位于填充边界之外。

：设置栅格绕原点的旋转角度。

：设置圆形或螺旋形阵列径向间隔大小。

7.6.7 曲线阵列（参见文件 curve_pattern. prt）

使用曲线阵列工具可创建沿指定曲线轨迹的特征阵列或组阵列。选定“曲线”方式阵列特征时，显示如图 7－71 所示的操控板。

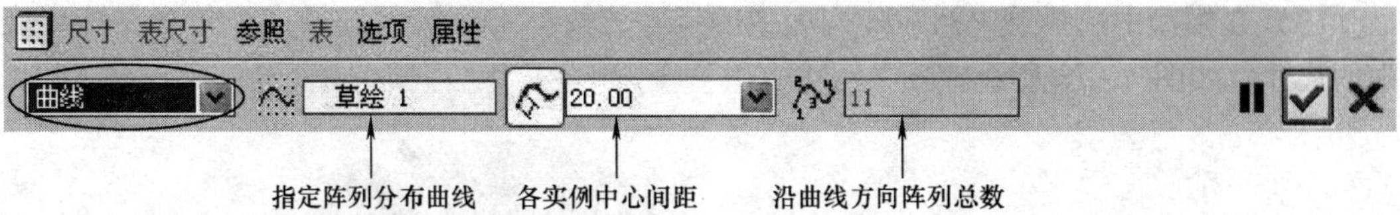

图 7－71 曲线阵列操控板

选取曲线阵列后，系统激活草绘收集器，提示用户选取草绘以定义填充区域（用户也可单击操控板中的【参照】菜单，在“参照”下滑面板中单击“定义”按钮，即时定义二维草绘）。

：设置沿曲线阵列的实例之间的距离。

：设置沿曲线阵列的实例总数。

创建曲线阵列的操作步骤如下：

（1）选择要创建阵列的特征，然后单击【阵列】工具按钮，打开阵列特征操控板。

（2）在阵列特征操控板中选择“曲线”阵列类型。

（3）单击“参照”下滑面板中的“定义”按钮，打开“草绘”窗口。

（4）选择绘制阵列曲线的草绘平面和视图参照，在草绘环境中绘制阵列曲线。

（5）在阵列特征操控板中设置阵列特征在曲线上的间距或阵列特征个数。

（6）单击阵列特征操控板的按钮，完成曲线阵列的建立。阵列示意图见图 7－72。

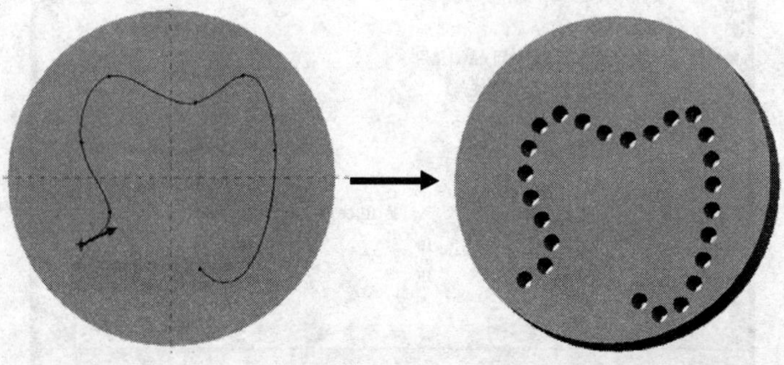

图 7－72 阵列曲线的绘制与曲线阵列结果

7.6.8 表阵列（参见文件 table_pattern. prt）

使用表阵列工具可创建复杂的、不规则的特征阵列或组阵列。在阵列表中可对每一个子特征单独定义，而且可以随时修改该表。在装配模式时可以使用阵列表阵列装配特征或零件。

提示：阵列表不同于族表，除非被解除阵列，否则每一个阵列子特征不是独立的特征。

创建表阵列的操作步骤如下：

（1）选择要创建阵列的特征，然后单击“阵列”工具按钮，打开阵列特征操控板。

（2）在阵列特征操控板中选择阵列类型为“表”。

（3）在模型中选择要包括在阵列表中的尺寸，按下 Ctrl 键可选择多个包含在阵列表中的尺寸，如图 7－73 所示。

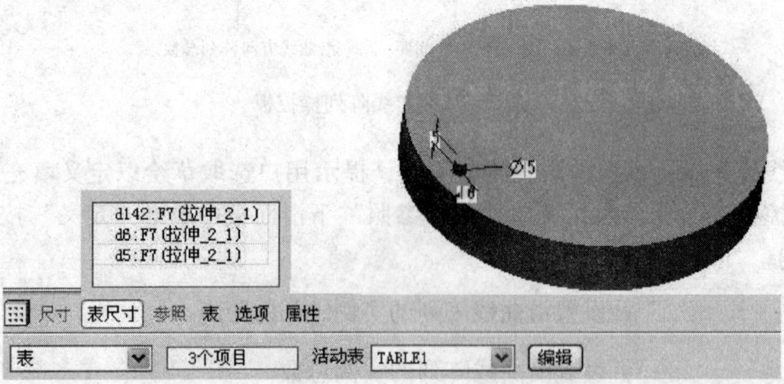

图 7－73 表尺寸的选取

（4）单击阵列特征操控板中的“编辑”按钮，打开“表编辑”窗口。

（5）对应阵列表中相应的尺寸，依次添加子特征的顺序号和尺寸，如图 7－74 所示。

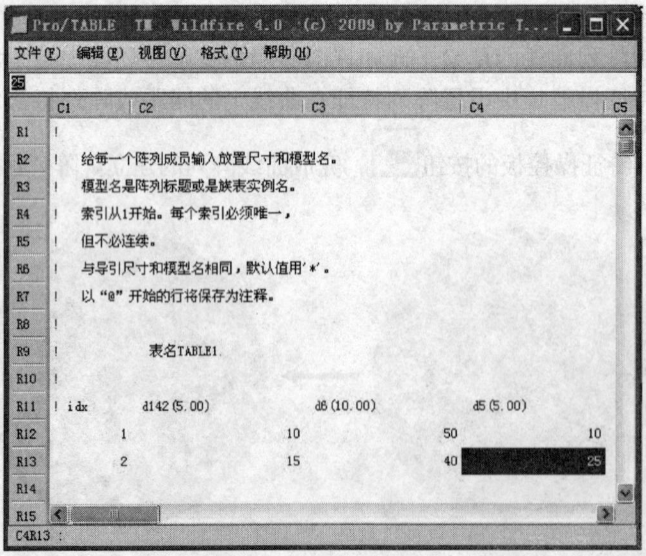

图 7－74 编辑表

(6) 完成阵列表的编辑。单击表编辑窗口中的菜单【文件】⇨【保存】选项，保存所做的更改。单击菜单【文件】⇨【退出】选项，退出“表编辑”窗口。

(7) 如果还想创建另外的阵列表，单击“表”按钮，在打开的面板中单击右键，在弹出的快捷菜单中单击“添加”选项，该面板中添加1个新的表名称。方法同上，编辑第2个表。

(8) 单击阵列面板中的按钮，完成表阵列的建立，结果如图7-75所示。

图7-75 表阵列

提示：在表格中每一行中输入子特征尺寸值，在该行的第1个字段输入行号，行号必须是唯一的。如果子特征的某一尺寸与原始特征相等，在相应尺寸字段输入星号“*”即可。如果在此之前已保存了表文件，可单击【文件】⇨【读取】读入需要的表文件，如果想保存当前设置的表文件，可单击【文件】⇨【保存】或【另存为】，输入新文件名保存即可。

7.6.9 使用关系式创建阵列

在阵列原始特征上选取驱动尺寸后，可以通过关系式为其指定尺寸增量。使用关系式控制驱动尺寸，可以创建变化更复杂的规则变化的特征阵列。在此情况下，驱动尺寸的尺寸增量能够按照一定的关系式约束呈规律性变化。下面通过实例来说明使用关系式创建尺寸阵列的基本过程，其他阵列方式使用关系式的过程与其在尺寸阵列中的应用方法相同。

实例——使用关系式来创建尺寸阵列。

步骤1 新建零件

以公制模板新建零件，文件名“prt-7-5”，进入建模环境。

步骤2 创建一个长方体

使用拉伸方法创建如图7-76所示的长方体，该模型长宽高分别为“600”、“400”和“25”。

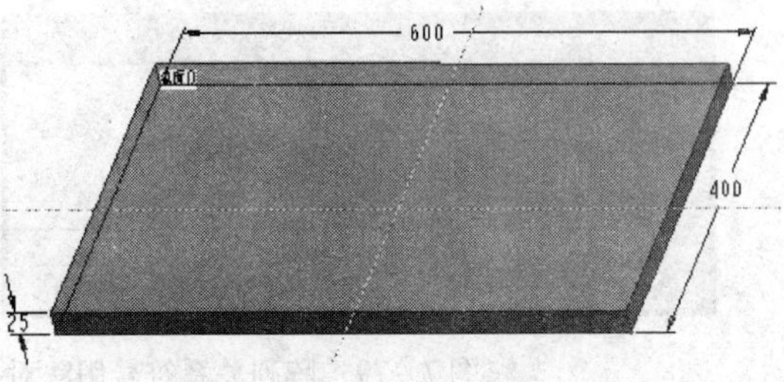

图7-76 长方体实体

步骤3 创建原始特征

在长方体实体的右下角使用拉伸方法切出一个圆孔。该圆孔尺寸如图7-77所示。

步骤4 创建阵列特征

(1) 选中步骤3创建的原始特征，然后在特征工具栏单击阵列按钮，此时主视区上方出现特征阵列操控板。

(2) 选取阵列方式为尺寸阵列，此时在信息栏中出现提示信息：选取要在第一方向上改变的尺寸。

(3) 单击控制面板中的【尺寸】菜单，在系统弹出的“尺寸”下滑面板中激活“方向 1”收集框，选取图 7－77 所示中孔的定位尺寸 40 作为第一方向上的驱动尺寸，设置其增量为 40；按住 Ctrl 键，选取孔的直径尺寸 $\Phi 6$ 也作为第一方向上的驱动尺寸，设置其增量为－1.5，并在阵列操控板中设置第一方向阵列总数为 13。

（4）激活“方向 2”收集框，选取图 7－77 所示中孔的定位尺寸 80 作为第二方向上的驱动尺寸，暂时接受系统给出的尺寸增量参数。然后勾选上 ☑按关系定义增量，单击 编辑 按钮，如图 7－78 所示。系统打开“阵列关系符号用法”和“关系”对话框，如图 7－79 所示。

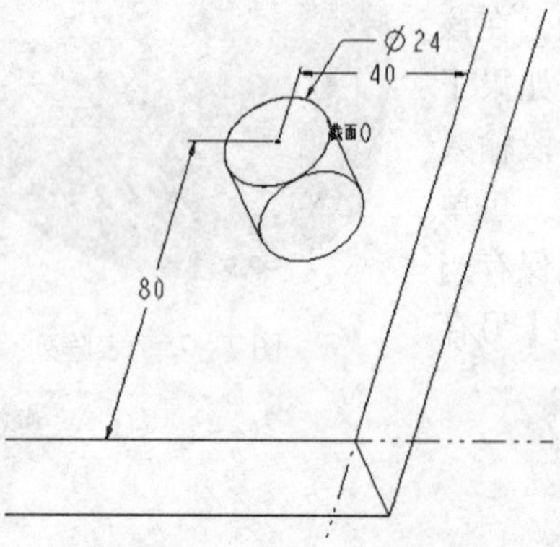

图 7－77　创建的原始特征

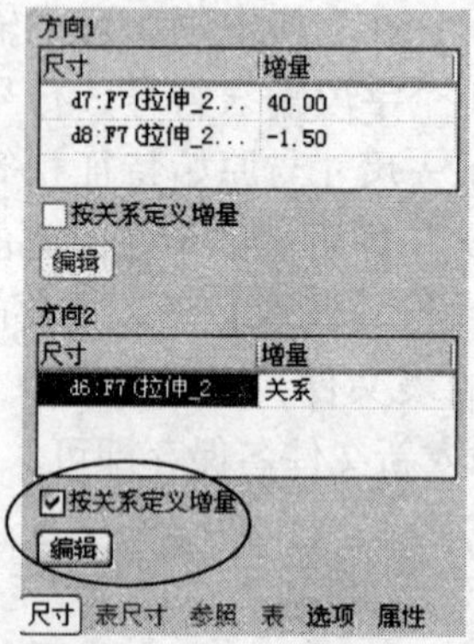

图 7－78　方向参数面板

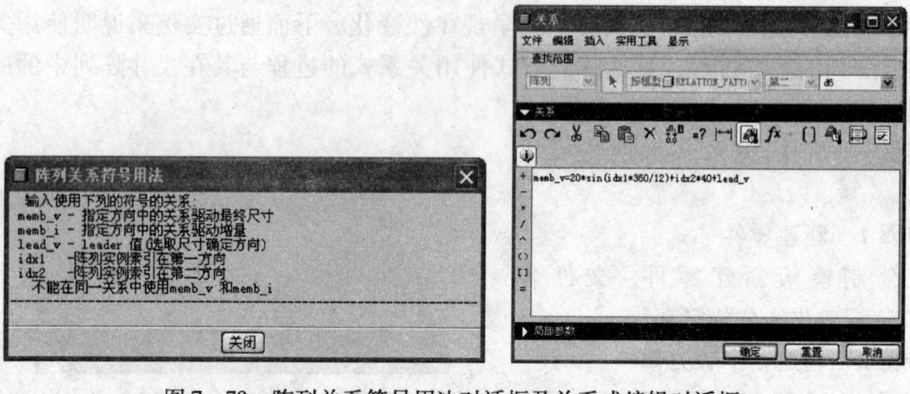

图 7－79　阵列关系符号用法对话框及关系式编辑对话框

（5）在“关系”对话框输入关系式“memb_v＝20＊sin（idx1＊360/12）＋idx2＊40＋lead_v”，完成后单击“确定”关闭对话框。

（6）设置第二两个方向阵列总数为 6，单击操控板中的完成按钮 ☑，完成特征阵列的操作，结果如图 7－80 所示。

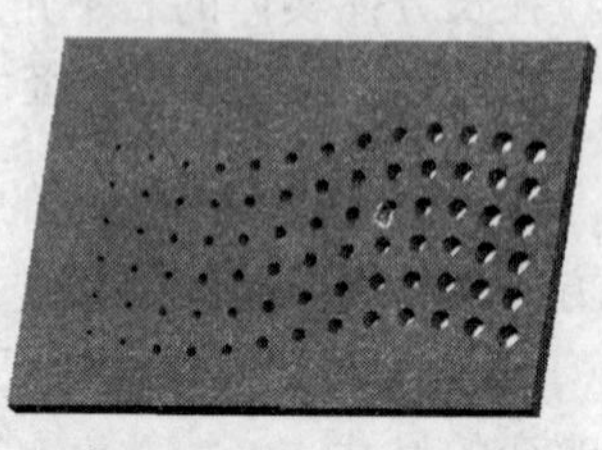

图 7－80　阵列后的特征

阵列关系符号用法要点提示：

①阵列关系符号的含义：

- memb_v：每一阵列实例该驱动尺寸的最终尺寸值。
- memb_i：每一阵列实例该驱动尺寸的尺寸增量值。

● lead_v：驱动尺寸原始值。

● idx1：阵列实例第一方向索引，是个变量。初始值为“0”，在第一方向每创建一个实例，其值增加1。

● idx2：阵列实例第二方向索引，与第一方向索引一样是个变量。初始值为“0”，在第二方向每创建一个实例后，其值增加1。

注意：不能在同一关系中使用memb_v和memb_i。

②关系式“memb_v = 20 * sin（idx1 * 360/12）+ idx2 * 40 + lead_v”说明：

●“memb_v”每一阵列实例的当前驱动尺寸的最终尺寸值。在本例中为阵列出来的各实例的定位尺寸（即原始特征定位尺寸80）的尺寸值；

●“lead_v”驱动尺寸原始值，此处为驱动尺寸原始值80；

●“20 * sin（idx1 * 360/12）+ idx2 * 40”为每一个实例特征相对于原始特征的位移增量。本例中将沿一条正弦曲线阵列特征，“360”为角度值；12为阵列特征总数减1；“idx1”为阵列实例第一方向索引，初始值为“0”，每创建一个实例后，其值增加1，最终值为“12”；“idx1 * 360/12”表示角度范围从初始的0°变化到360°；“idx2 * 40”表示给尺寸增量在正弦变化的周期变化上加一个常量值，增加相邻实例的间距；

● 该关系式的含义是在竖直方向（即原始特征定位尺寸80的方向）上，各实例特征的位置在原始特征的基础上按正弦规率变化。

思考：如果是在第一个方向上加正弦关系式，如何实现相同的效果？

7.7 练　　习

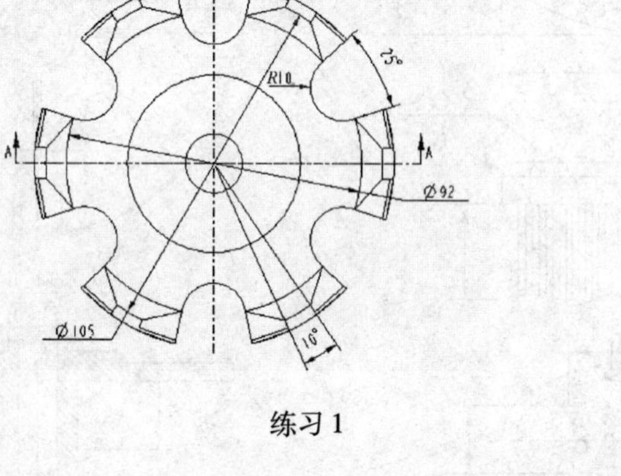

练习1

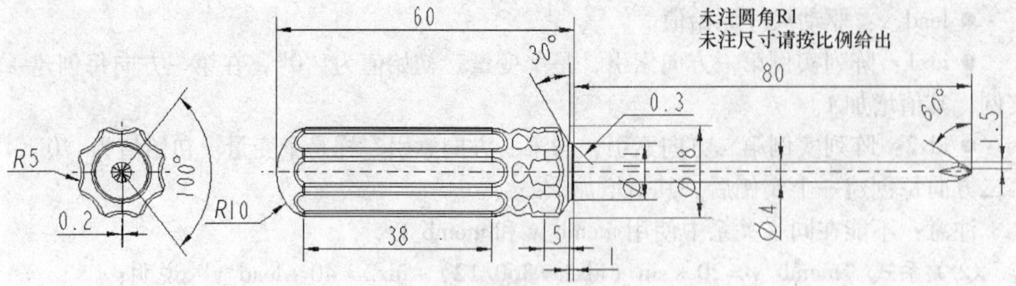

练习 2

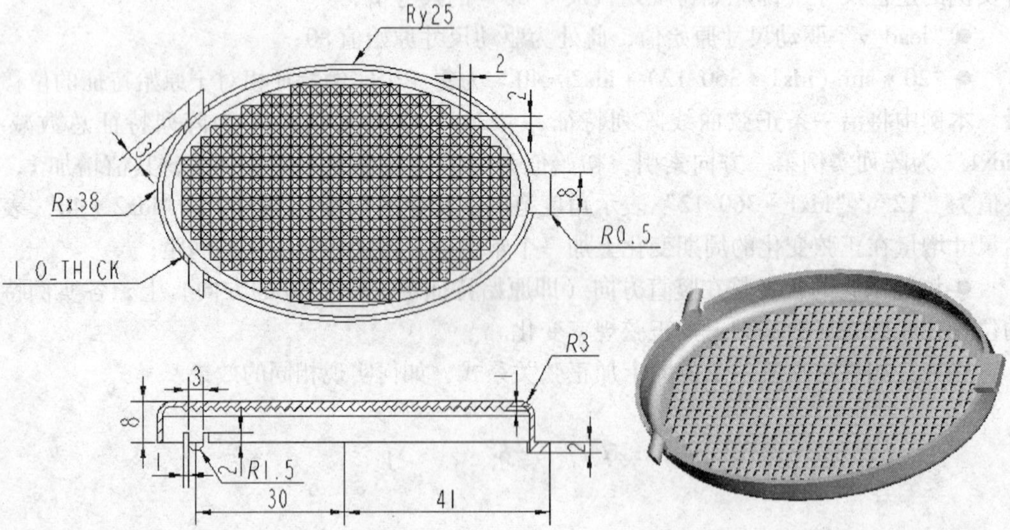

练习 3

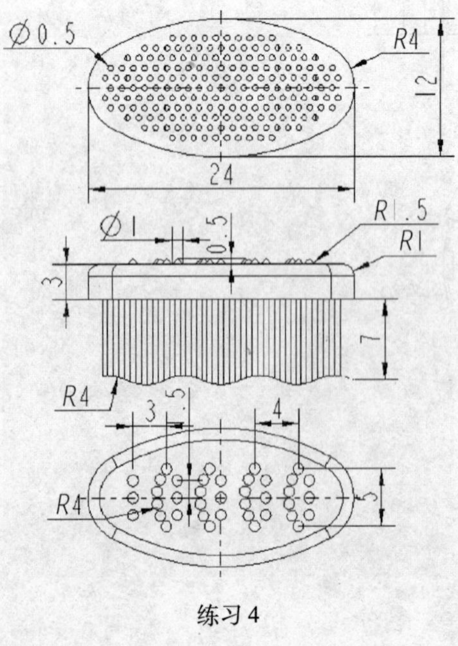

练习 4

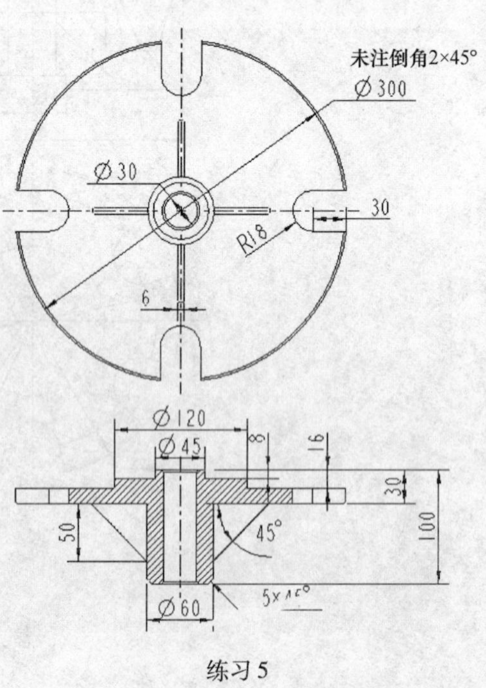

练习 5

项目8　曲 面 建 模

8.1　学 习 目 标

掌握过点曲线、公式曲线、文件创建曲线、曲线投影等曲线创建方法；掌握特征和几何的复制及线、面的修剪；掌握边界曲面的基本应用；掌握曲面的合并。

8.2　曲线创建实例

曲线是曲面的基础，创建曲面前往往都需先创建各种曲线。本小节的例子将介绍三种常见的曲线的创建方法：（1）在一个平面内创建曲线；（2）过点创建曲线；（3）输入方程式创建曲线。

8.2.1　实例一　绘制平面曲线

此种曲线是最基本的曲线，直接在草绘器中绘制，与草绘模块绘制平面曲线完全相同，其操作如下。

（1）以公制模板创建新零件，点击草绘工具按钮。

（2）选取基准平面 TOP 为草绘平面，接受缺省的草绘参照和方向，点击草绘按钮进入草绘模式。

（3）绘制如图 8－1 左图所示草绘曲线。绘制完线条后，点击按钮，完成平面曲线的绘制。

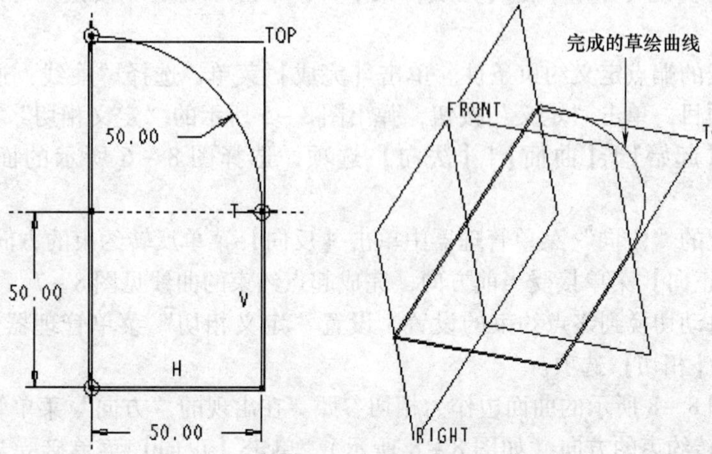

图 8－1　草绘曲线

8.2.2　实例二　经过点创建样条曲线

“经过点”曲线是通过连接一系列点来创建，通过的点通常为基准点和模型棱边的端点。有三种类型：样条、单一半径、多重半径。

（1）从资源文件夹打开练习文件“thru_points - 1. prt”。

（2）单击曲线创建工具图标，弹出图 8 - 2 所示的“曲线选项”菜单管理器。单击【完成】菜单，接受默认的“经过点”的方式创建曲线，弹出图 8 - 3 所示的“曲线：通过点”对话框和菜单管理器。

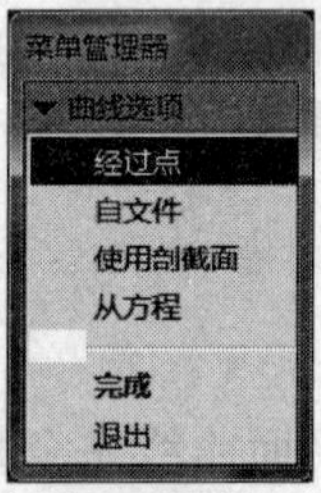

经过点：经过点创建曲线
自文件：利用文件中的点坐标创建曲线
使用剖截面：以剖截面的边界线创建曲线
从方程：创建方程式曲线

图 8 - 2　曲线选项

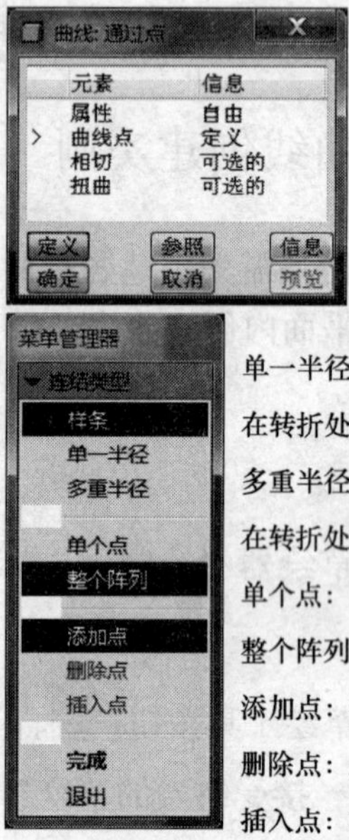

属性：选择创建“自由”曲线或“曲面/面组”曲线
曲线点：定义曲线点
相切：设置曲线的端点约束
扭曲：调整过两点的曲线控制点
样条：创建过点的样条曲线
单一半径：曲线为多段直线（直线的段数和选点的数目有关），在转折处倒统一半径圆角
多重半径：曲线为多段直线（直线的段数和选点的数目有关），在转折处可以分别指定圆角半径
单个点：逐个选取点
整个阵列：一次可以选中一系列点
添加点：添加曲线点
删除点：删除曲线点
插入点：在选定的曲线点之前插入点

图 8 - 3　曲线对话框及菜单管理器

（3）按着 Ctrl 键，沿箭头方向依次选取图 8 - 4 所示的端点和基准点，创建的样条曲线预览见图 8 - 4（此时如果单击【完成】菜单，再单击“确定”按钮就可以完成过点样条曲线的创建）。

（4）为曲线的端点定义约束条件。单击【完成】菜单，选择“曲线：通过点”对话框的“相切”项目，单击“定义”按钮，弹出图 8 - 5 所示的“定义相切”菜单管理器。

（5）选择【起始】|【曲面】|【法向】选项，选择图 8 - 6 所示的面使曲线与之正交。

（6）在出现的“方向”菜单管理器中单击【反向】菜单反转约束的方向（如图 8 - 6 所示），单击【正向】菜单接受当前方向，完成起点约束的曲线见图 8 - 7。

（7）系统自动切换到终点约束的设置。设置“定义相切”菜单管理器为【终止】|【曲线/边/轴】|【相切】选项。

（8）选择图 8 - 8 所示的曲面边作为相切参照。在出现的“方向”菜单管理器中单击【反向】菜单反转约束的方向（如图 8 - 8 所示），单击【正向】菜单接受当前方向，完成起点约束的曲线见图 8 - 9。

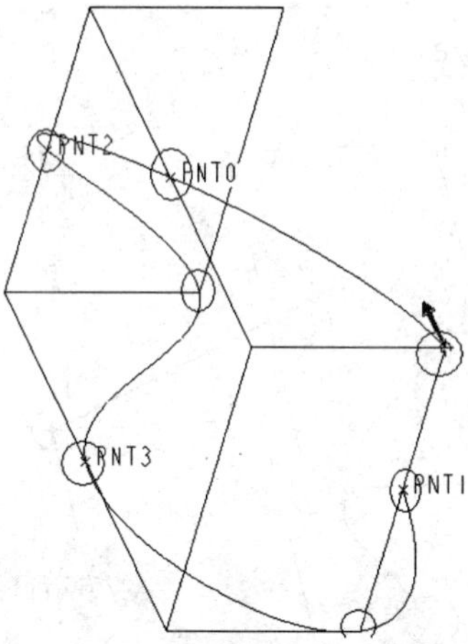

图 8－4 创建过点样条曲线

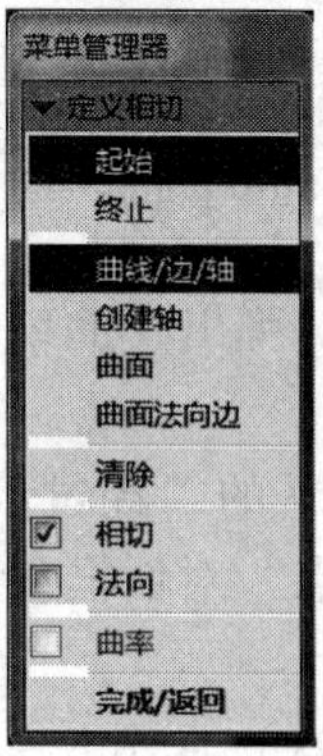

起始：定义曲线起始点的约束条件

终止：定义曲线终点的约束条件

曲线/边/轴：选择曲线、边或轴作为约束参照

创建轴：创建内部轴作为约束参照

曲面：选择曲面、基准平面作为约束参照

曲面法向边：选择曲面、基准平面作为约束参照，曲线与其法线相切

清除：清除约束

相切：添加相切约束

法向：添加法向约束

曲率：添加曲率连续约束

图 8－5 定义相切菜单管理器

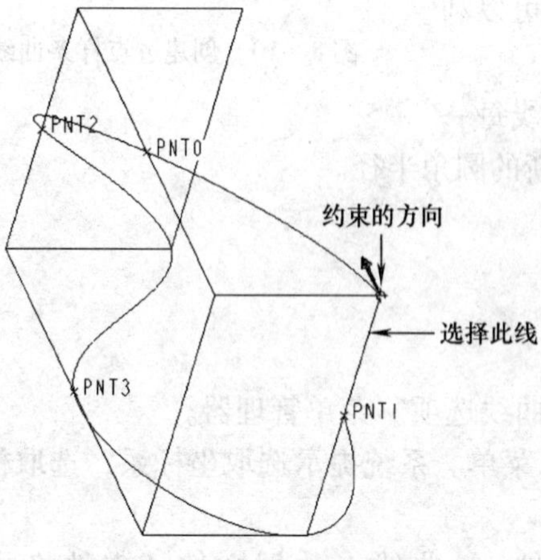

图 8－6 约束曲线起点

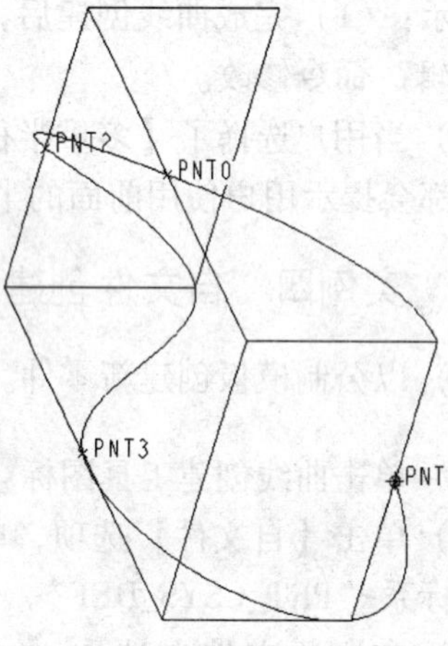

图 8－7 完成约束的曲线

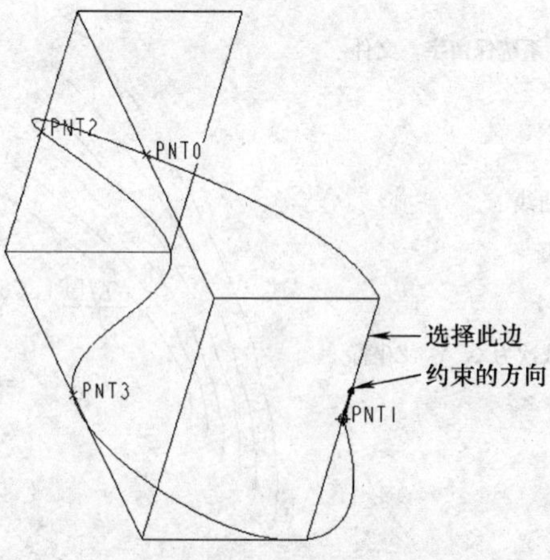

图 8－8 约束曲线终点

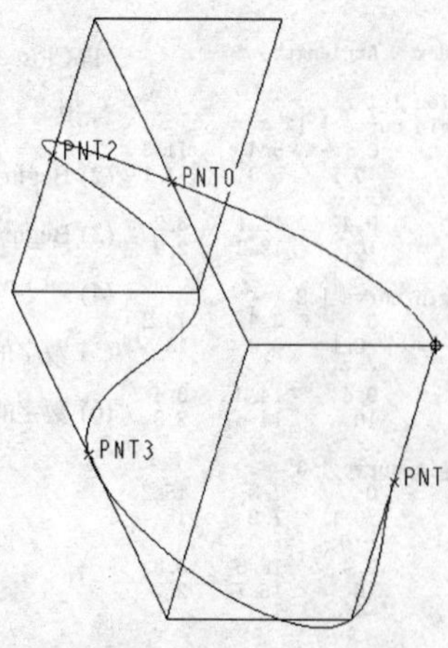

图 8－9 完成约束的曲线

（9）单击【完成】菜单，单击“确定”按钮完成曲线创建。

8.2.3 实例三 经过点创建单一半径和多重半径曲线

（1）从资源文件夹打开练习文件“thru_points - 2. prt”。

（2）单击曲线创建工具图标，弹出“曲线选项”菜单管理器。

（3）单击【完成】菜单，接受默认的“经过点”的方式创建曲线，弹出“曲线：通过点”对话框和菜单管理器。选择【单一半径】选项。

（4）按着 Ctrl 键，沿箭头方向依次选取图 8 - 10 所示的端点和基准点，在出现第一次转折时，系统要求输入折线转折处的倒圆角半径（此例输入 2。半径太大会出现倒圆角失败，导致曲线不能创建）。

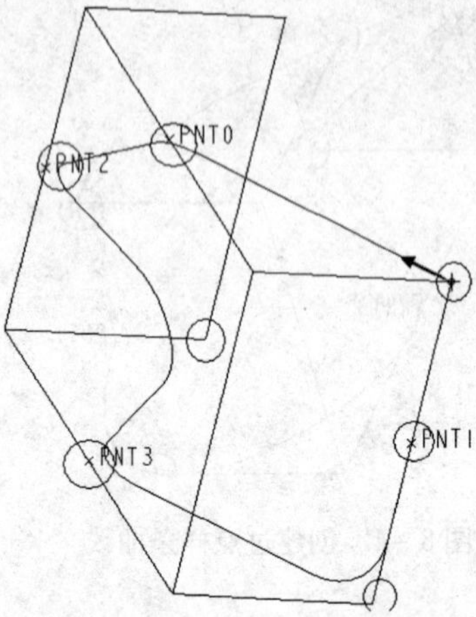

图 8 - 10 创建过点样条曲线

提示：（1）完成曲线创建后，倒圆角半径可以利用“编辑”命令修改。

（2）当用户选择了【多重半径】选项，曲线每一次转折都会提示用户使用前面的半径值或输入新的圆角半径。

8.2.4 实例四 自文件创建曲线

（1）以公制模板创建新零件。

（2）单击曲线创建工具图标，弹出“曲线选项”菜单管理器。

（3）单击【自文件】选项，单击【完成】菜单。系统提示选取坐标系，选取模板创建的坐标系“PRT_CSYS_DEF”。

（4）在资源文件夹选取“curve. ibl”文件——曲线点数据文件（文件格式见图 8 - 11），创建的曲线见图 8 - 12。

```
Closed  Index  Arclength

Begin section ! 1
        Begin curve ! 1
        1       0       5.4     11.3
        2       -0.1    5.8     11.1
                ......
        17      9.4     12.1    3.2
        18      10      12.2    2.9

        Begin curve ! 2
        1       0       6.4     13.2
        2       -0.1    6.8     13
                ......
        17      9.4     14.3    3.4
        18      10      14.4    2.8

        Begin curve ! 3
        1       0       7.3     15.2
        2       -0.1    7.8     15
                ......
        17      9.4     16.5    3.3
        18      10      16.7    2.7
                ......
```

(1) Closed Index Arclength：系统保留字，文件标识

(2) Begin section：开始一段

(3) Begin curve：开始一条曲线

(4) “！”后面的文字为注释

(5) 数字的第一列为点的序号

(6) 数字的第二、三、四列依次为X、Y、Z坐标

图 8 - 11 曲线点文件格式

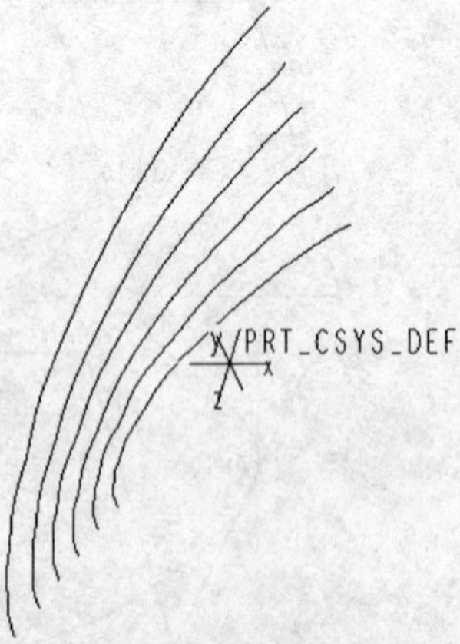

图 8 - 12 创建的曲线

（5）在模型树中选中上一步创建的曲线，单击右键，在右键菜单中选则【编辑定

义】。在弹出的“重定义”菜单管理器中单击【完成】，进入“编辑曲线”菜单管理器，见图8－13，“样条点”菜单管理器见图8－14。读者按照各命令的提示选取需要编辑的曲线或曲线点，在此不再赘述。

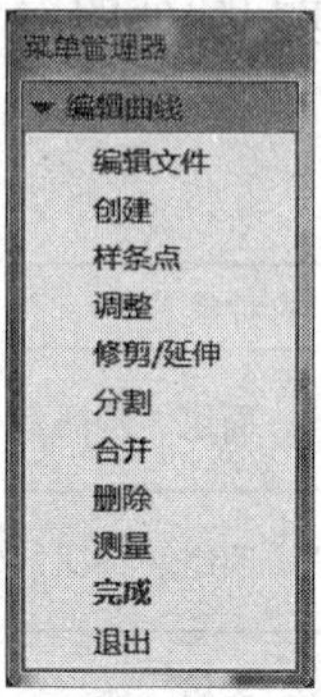

(1) 编辑文件：打开编辑器编辑点数据文件

(2) 创建：以过点的方式创建新的样条曲线

(3) 样条点：打开“样条点”菜单，编辑样条点

(4) 调整：调整两条曲线上的样条点

(5) 修剪/延伸：利用参照（曲线、曲面、点）修剪或延伸曲线

(6) 分割：利用参照（曲线、曲面）分割曲线

(7) 合并：将两条曲线或曲线链合并为一

(8) 删除：删除曲线

(9) 测量：弹出“曲线信息”菜单，测量曲线

图8－13 编辑曲线菜单管理器

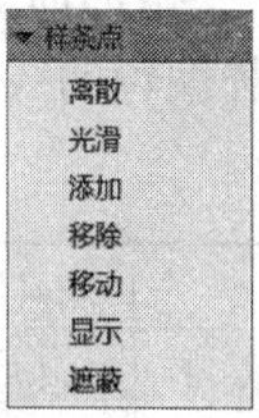

(1) 离散：输入稀疏的偏差值光顺曲线

(2) 光滑：输入在平均值中使用的点的奇数数目光顺曲线

(3) 添加：添加样条点

(4) 移除：移除样条点

(5) 移动：用鼠标拖动样条点位置

(6) 显示：显示选中曲线的样条点

图8－14 样条点菜单管理器

8.2.5 实例五 使用方程式创建曲线

此种曲线的创建方式是通过输入方程式生成曲线，如三角函数曲线、渐开线等。以下示范一条余弦函数曲线的绘制方法。

(1) 以公制模板创建新零件。单击工具栏的创建曲线按钮。

(2) 在弹出的菜单管理器中选择【从方程】选项，后单击【完成】。

(3) 在绘图区中选取模板创建的坐标系“PRT_CSYS_DEF”，然后选取坐标系类型——笛卡尔坐标。进入曲线方程编辑记事本，输入曲线方程（见图8－15），保存后退出。

(4) 最后点击 确定 完成曲线的创建。

提示：方程式中的 t 为系统变量，在计算方程的过程中其值以计算精度为间隔自动从“0”变为“1”。

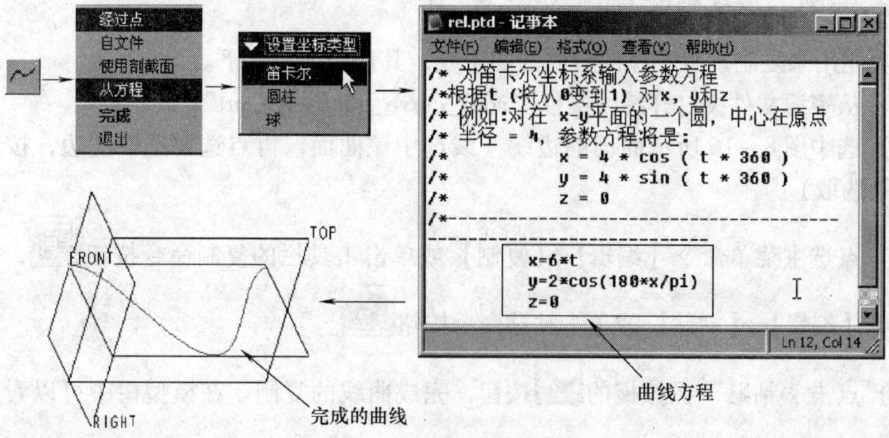

图8－15 创建方程式曲线

8.3 曲线编辑

ProE 提供了丰富的曲线编辑命令（这些命令中，有一些也可以用于曲面和特征的编辑），常用的几种编辑曲线的方法见表 8－1。

表 8－1　　常用的编辑工具

菜单命令	工具栏按钮	功能	可以操作的对象
【编辑】⇨【复制】		复制现有的几何（边线、面）、面组、特征等	几何（边线、面）、面组、特征
【编辑】⇨【粘贴】		将复制的对象放置下来	几何（边线、面）、面组、特征
【编辑】⇨【选择性粘贴】		特殊放置对象。可以变换对象，或重新选择对象的参照	几何（边线、面）、面组、特征
【编辑】⇨【镜像】		关于平面镜像对象	几何（边线、面）、面组、特征
【编辑】⇨【投影】		将曲线投影至曲面上	几何边线、曲线
【编辑】⇨【修剪】		用点、线、面裁剪曲线；用曲面上的线、其它曲面、平面裁剪曲面	曲线、曲面
【编辑】⇨【偏移】		偏移选中的对象	几何（边线、面）、面组
【编辑】⇨【求交】		求取两面（基准平面或曲面）之间的交线；或者草绘两条二维曲线，求其拉伸面得交线	基准平面、曲面或草绘
【编辑】⇨【包络】		将平面曲线“包络”到曲面上	曲线

注：表中的面组指的是多张单一曲面合并形成的几何体。

8.3.1 实例一　复制现有的边线

此功能用来复制现有实体或者曲面的边线，其使用方法如下。

（1）从资源文件夹打开练习文件“copy_curve_from_edge. prt”。

（2）选中图 8－16 所示曲面的边线（线选中该曲面，再点选要选取的边，按着 Shift 可以串联选取）。

（3）点选主菜单命令【编辑】⇨【复制】或单击工具栏的复制命令按钮，然后点击主菜单【编辑】⇨【粘贴】或单击粘贴命令按钮。

（4）点击“粘贴”操控板的按钮，完成曲线的复制。在模型树中可以看到复制的曲线。

提示：复制曲线两端的尺寸值可以更改，在原曲线的基础上可以将复制曲线延长或缩短。双击复制曲线两端的尺寸值可更改其数值。

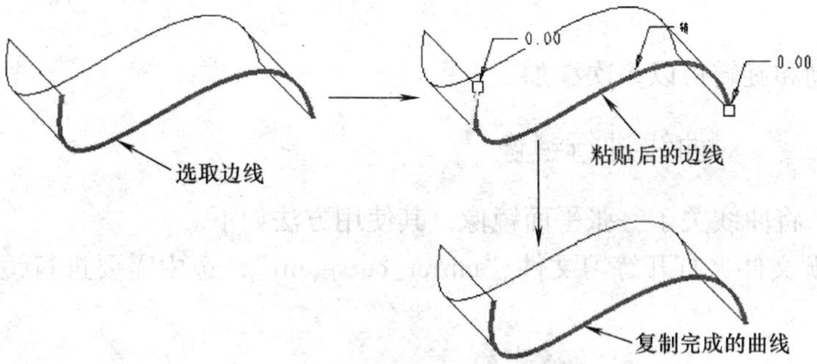

图 8-16 复制曲线

8.3.2 实例二 将曲线进行移动

此功能用来将曲线进行移动，包括沿着指定方向平移或绕着轴线旋转，其使用方法如下（见图 8-17）。

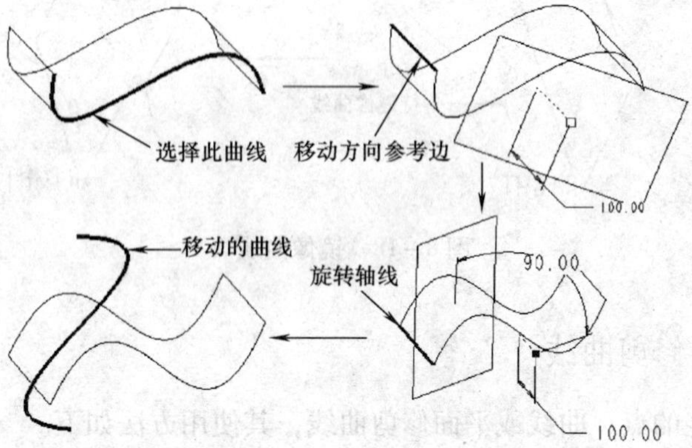

图 8-17 移动的曲线

（1）选取上一个实例创建的曲线。

（2）点选主菜单命令【编辑】⇨【复制】或单击工具栏的复制命令按钮，然后点击主菜单【编辑】⇨【选择性粘贴】或单击选择性粘贴命令按钮。

（3）弹出“选择性粘贴”对话框，选中第二个选项 □ 对副本应用移动/旋转变换(A)（该对话框中另两个选项在后面的章节细述）。

（4）接受默认的移动方式——平移变换，可以选定基准平面、零件上的平面、直边线、轴线作为平移的参照，用以设定平移的方向。在此选择图 8-17 所示平移方向参考边。

（5）在“变换”操控板中单击【变换】，弹出下滑面板。单击“新移动”项目，再单击旋转变换图标——添加新的旋转变换。旋转变换方式用于对曲线进行旋转操作，可以选定直边线、轴线作为旋转的参照，用以设定旋转的轴线。在此选择图 8-17 所示旋转轴线。

提示：移动和旋转可以多次叠加。

8.3.3 实例三 对曲线进行镜像

此功能用来将曲线关于一张平面镜像，其使用方法如下。

（1）从资源文件夹打开练习文件“mirror_curve. prt”，选中需要进行镜像的曲线（也可以是几何线）。

（2）点选工具栏的镜像按钮，也可以单击【编辑】⇨【镜像】菜单。

（3）选则镜像参照平面（基准平面或特征的平面均可），之后点击完成镜像操作（图8－18）。

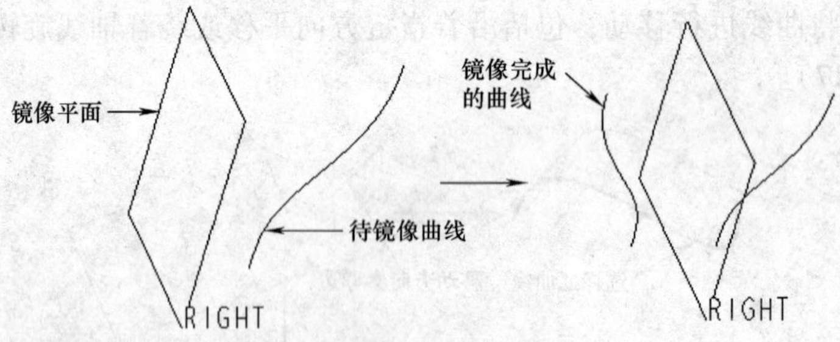

图8－18 镜像曲线

8.3.4 实例四 修剪曲线

此功能利用指定的点、曲线或平面修剪曲线，其使用方法如下。

（1）从资源文件夹打开练习文件“trim_curve. prt”，选中需要进行修剪的曲线。

（2）点选工具栏修剪按钮，也可以单击【编辑】⇨【修剪】菜单。

（3）选取任何点、曲线或平面作为修剪工具，通过方向切换按钮选取保留的部分（切换时图中的箭头会随之换向），曲线的另一端将被修剪掉，之后点击即完成操作（图8－19）。

8.3.5 实例五 对曲线进行投影

此功能将选中的曲线按照指定的方式投影到指定的曲面上，其使用方法如下。

（1）从资源文件夹打开练习文件“project_curve. prt”，选定需要进行投影的曲线。

（2）在主菜单中选取【编辑】⇨【投影】菜单，打开“投影”操控板，如图8－20所示。

（3）选取图8－21所示的曲面为投影曲面。

（4）此时可以预览投影结果，默认的投影方向是“沿方向”——即待投影曲线所在平面的法向，其预览结果如图8－21中右下角图示；投影方向还可以有另外一种选择，即

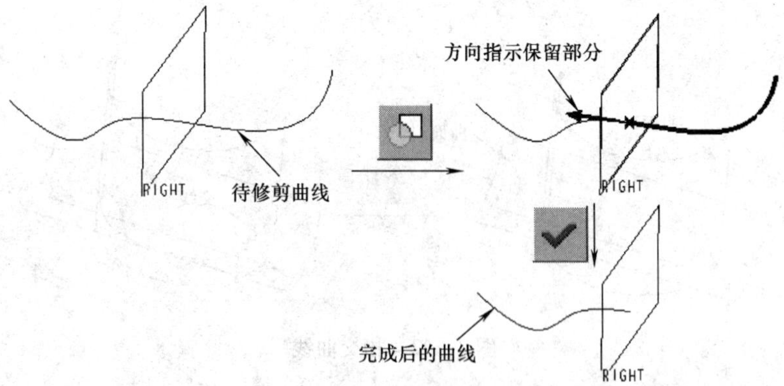

图 8－19 修剪曲线

图 8－20 投影曲线操控板

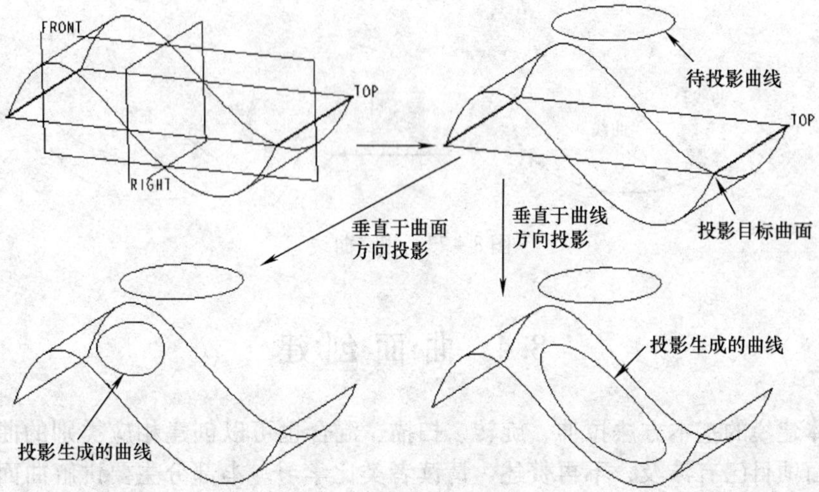

图 8－21 投影曲线

垂直于曲面选项，其预览结果如图 8－21 中左下角图示，通过方向切换按钮切换投影方向，点击完成操作。

8.3.6 实例六 求取交线

此功能用来求取两相交曲面的交线，其使用方法如下：

（1）从资源文件夹打开练习文件“intersect_curve_1. prt”，按着 Ctrl 键选中图示两相交曲面。

（2）选取下拉菜单【编辑】⇨【相交】，或单击工具栏按钮即可生成图 8－22 所示相交曲线。

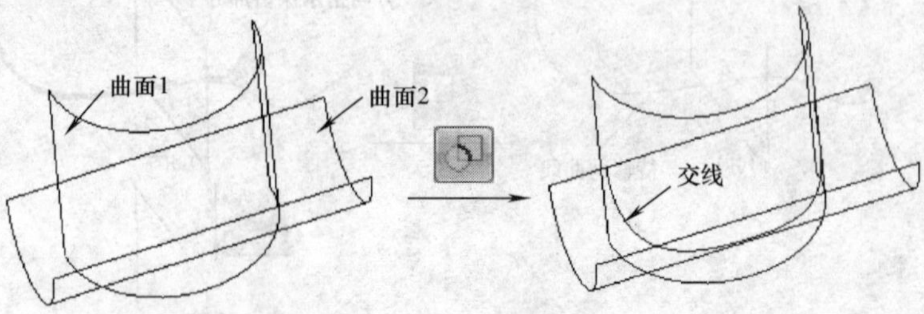

图 8－22　相交曲线

上例中，曲面 1 和曲面 2 都可看做是草绘的平面曲线经拉伸方式生成。与此类似，可以直接对两条平面曲线（两平面不能平行）求取交线。此项操作通常用来将两平面曲线相交，生成一条空间曲线，其操作过程如下：

（1）从资源文件夹打开练习文件“intersect_curve_2. prt”，按住 Ctrl 键选取图示两曲线。

（2）选取下拉菜单【编辑】⇨【相交】，即可生成图 8－23 所示相交曲线。

图 8－23　相交曲线

8.4　曲面创建

用实体建模的基本方法拉伸、旋转、扫描、混合也可以创建相应类别的曲面，这些方法在前面项目已有涉及，不再赘述，请读者类比学习。本部分主要讲解曲面特有的建模方法——填充曲面、边界混合曲面以及曲面的编辑等方法。

8.4.1　实例一　以扫描方式创建曲面

扫描方法创建曲面关键在于创建轨迹曲线及截面曲线。

（1）创建用作扫描轨迹的曲线，本例利用草绘工具绘制扫描轨迹。

（2）单击工具栏的可变截面扫描按钮，弹出“扫描”操控板，单击扫描为曲面选项。

（3）选择扫描轨迹（可以有多条扫描轨迹，但是截面只能有一个），单击“扫描”操控板的按钮启动草绘器，绘制扫描的截面。

（4）点击草绘环境的✔按钮完成草绘。单击“扫描”操控板的【选项】菜单，出现下滑面板，如果扫描的截面封闭可以选择“封闭端”选项。

（5）单击“扫描”操控板的✓完成扫描曲面创建。建模过程见图8－24。

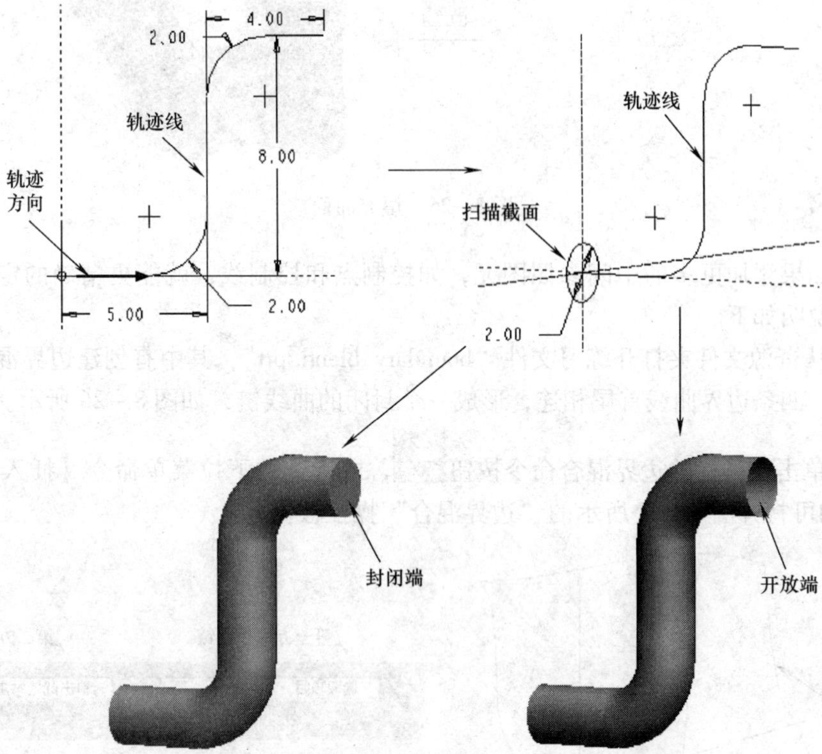

图8－24 扫描曲面

8.4.2 实例二 创建填充曲面

填充工具用于在封闭的二维边界内部填充创建平整曲面。要求二维边界必须封闭，若有多个环，各环互相嵌套，不允许有相交。

（1）从资源文件夹打开练习文件“intersect_curve_2. prt”。

（2）单击工具栏的填充曲面按钮，选取下拉菜单【编辑】⇨【填充】，弹出“填充”操控板。

（3）选择图8－25所示的草绘。用户也可以单击【参照】菜单，在弹出的下滑面板中单击“定义”按钮定义新的草绘。

（4）填充边界准备好后，单击“填充”操控板的✓完成填充曲面创建。

8.4.3 实例三 以边界混合方式创建曲面

边界混合工具可以构建“网状”的曲面，该工具参照一个或者两个方向若干曲线或点定义曲面。在每个方向的第一个和最后一个边界可以添加与其它几何的约束关系。边界混合曲面最常见的形式是将四条首尾相连的曲线铺设成一张曲面，四条曲线决定曲面

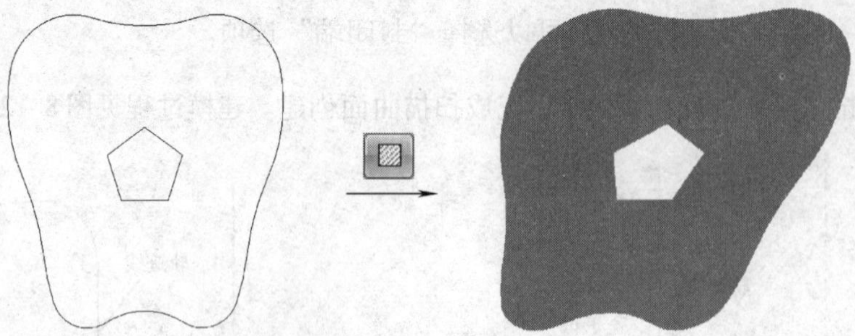

图 8－25　填充曲面

的边界，如果添加更多的中间参照图元，如控制点和控制线，就能更精确的定义曲面形状。举例说明如下。

(1) 从资源文件夹打开练习文件“boundary_blend. prt”，其中有创建边界混合曲面的边界曲线，四条边界曲线首尾相连，形成一个封闭的曲线链，如图 8－26 所示。

(2) 单击工具栏的边界混合命令按钮，或者选取下拉菜单命令【插入】⇨【边界混合】，均可打开图 8－27 所示的“边界混合”操控板。

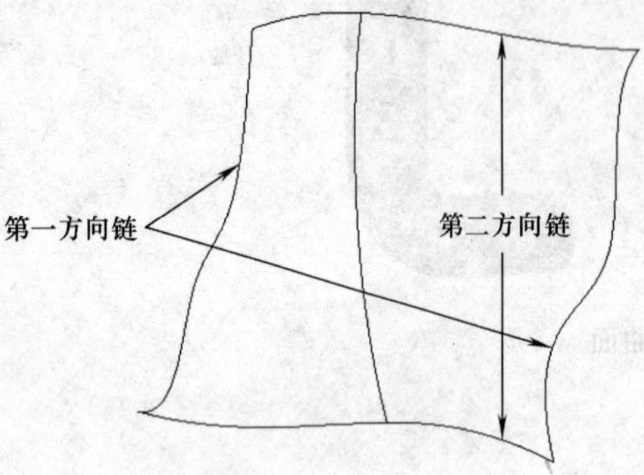

图 8－26　混合曲面的边界

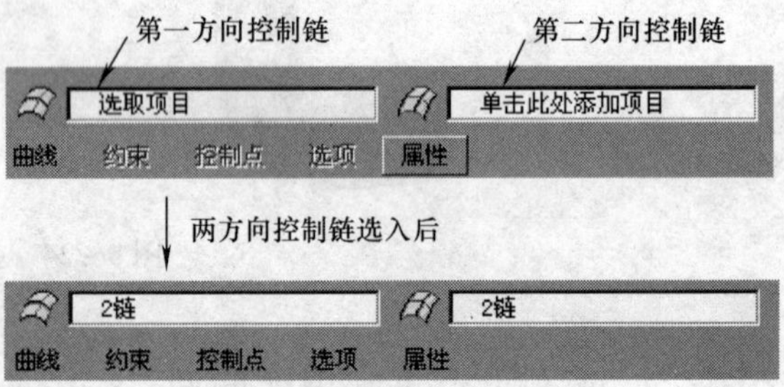

图 8－27　边界混合操控板

(3) 单击第一方向控制链收集框，按住 Ctrl 键选取图 8－26 所示的第一方向两条边界曲线；单击第二方向控制链收集框，按住 Ctrl 键选取图 8－26 所示的第二方向两条边界曲线，“边界混合”操控板如图 8－27 下图所示。

(4) 此时绘图区显示边界混合曲面预览，单击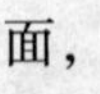完成边界混合曲面创建，如图 8－28 所示。

(5) 在模型树中选中前面创建的边界混合曲面，单击右键，在右键菜单中选择【编辑定义】，重新进入“边界混合”操控板。

(6) 激活“第一方向链收集器”，按着 Ctrl 添加内部控制曲线，如图 8－30 左图所示。此时边界混合曲面预览消失，表明按照当前选取的边界不能创建曲面。

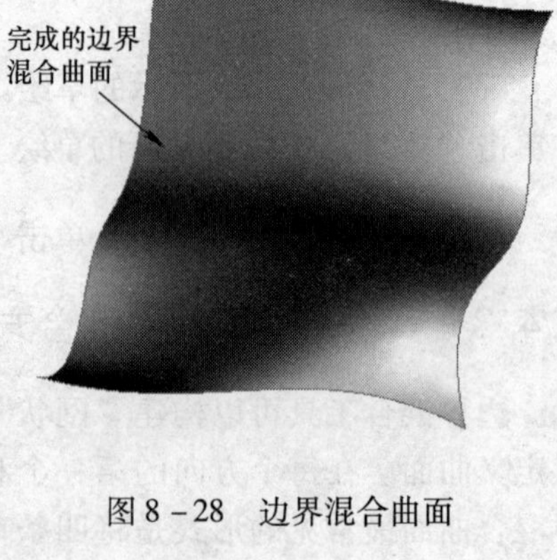

图 8－28　边界混合曲面

（7）在“边界混合”操控板中单击【曲线】菜单，展开下滑面板，在“第一方向链收集器”中将三条边界链调整为从左至右的顺序（在收集器中选中链，单击该收集器右边的上下箭头可以调整选中链的顺序），见图 8－29。完成的曲面见图 8－30右图。

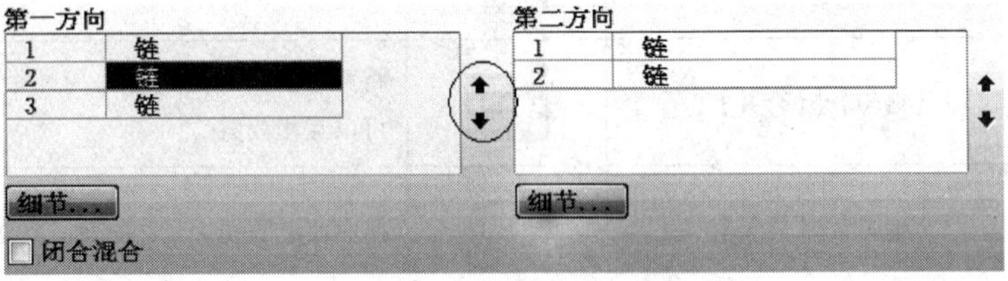

图 8－29 曲线下滑面板

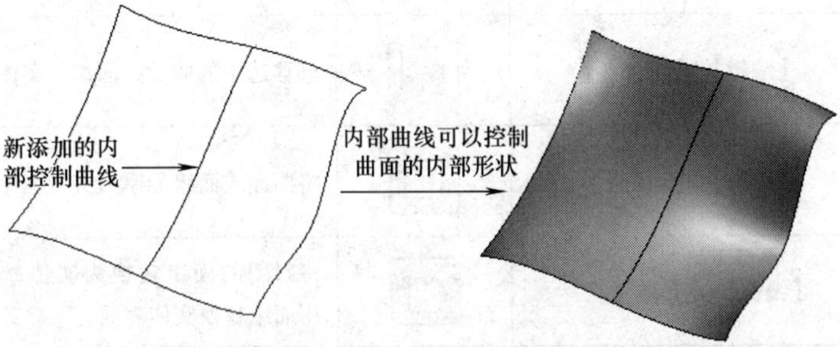

图 8－30 边界混合曲面

8.5 曲面编辑

曲面的编辑命令是曲面建模的利器，曲面建模的灵活性大多体现于此。大部分曲线编辑的方法都可以用于编辑曲面，读者可以类比学习。常用的曲面编辑方法见表 8－2。使用曲面编辑命令前，一般都需要先选定待编辑曲面，然后才可以使用编辑命令。

表 8－2 常用的曲面编辑方法

曲面编辑方法	菜单命令	工具栏按钮	功能
曲面的复制	【编辑】⇨【复制】 【编辑】⇨【粘贴】	 	复制现有的曲面、面组、实体表面
曲面的变换	【编辑】⇨【复制】 【编辑】⇨【选择性粘贴】	 	可以移动、旋转对象，或重新选择对象的参照。与曲线变换的操作相同

续表

曲面编辑方法	菜单命令	工具栏按钮	功能
曲面的镜像	【编辑】⇨【镜像】		关于平面镜像对象。与曲线变换的操作相同
曲面的合并	【编辑】⇨【合并】		将两张曲面或面组合并为一个面组，在合并时可以互相裁剪
曲面的修剪	【编辑】⇨【修剪】		用曲面上的线、其它曲面、平面裁剪曲面
曲面的延伸	【编辑】⇨【延伸】		在曲面边界处延伸曲面（需要选中曲面的单侧边或边链）
曲面的偏移	【编辑】⇨【偏移】		偏移选中的曲面、面组、实体表面
曲面的加厚	【编辑】⇨【加厚】		将曲面或面组加厚为实体薄片
面组实体化	【编辑】⇨【实体化】		将封闭的面组转换为实体；用面组修剪实体；用面组替换实体表面

注：表中所说的面组指的是多张单一曲面合并形成的几何。

8.5.1 实例一 曲面的复制

此功能用于复制实体表面或曲面，复制时可以“修补”曲面内部的孔。曲面复制功能在模具设计中定义分型面时很常用。其操作步骤如下。

（1）从资源文件夹打开练习文件“surface_copy_1. prt”，选取待复制的面。

方法一：逐个选取曲面先点选实体特征，再次点选时即可选中实体上的几何要素（顶点、棱边、曲面）。按着Ctrl 键选取实体模型图 8 - 31 所示表面（提示：选择少数曲面时可以用这种选择方法。在绘图区右下角的“选取过滤器”中设置“几何”过滤，可以直接选取所需几何）。

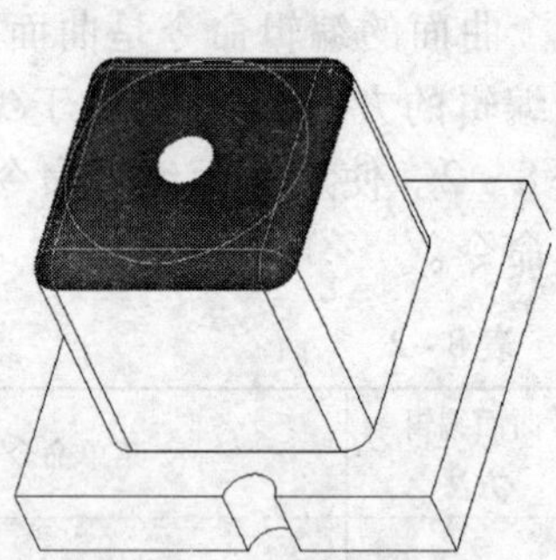

图 8 - 31　方法一选中的表面

方法二：环曲面选择。先选中图 8 - 32 左图所示表面，按着 Shift 将鼠标移到该表面的边缘，当该表面周边的其它表面加亮显示时单击左键，即可选中该表面周边的所有表面，见 8 - 32 右图。

方法三：种子边界曲面选择。先选中图 8 - 33 左图所示表面（作为种子面），按着Shift 将鼠标点选图 8 - 33 中图所示表面（作为边界曲面），释放 Shift 键时，系统从“种子面”开始搜索直到遇到边界曲面，将搜索到的表面全部纳入选择集，选择的结果见图8 - 33右图。

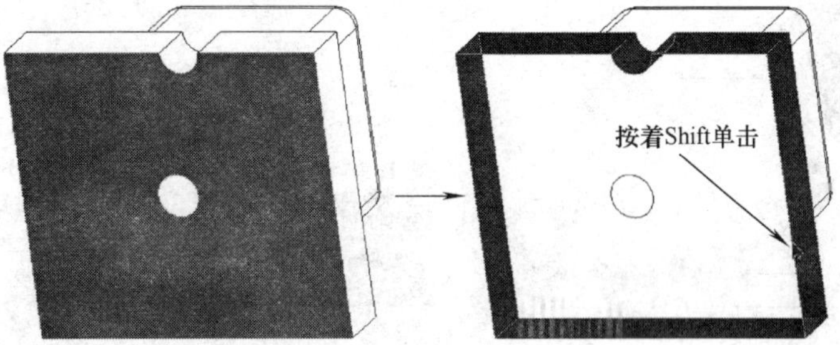

图 8－32 环曲面选择

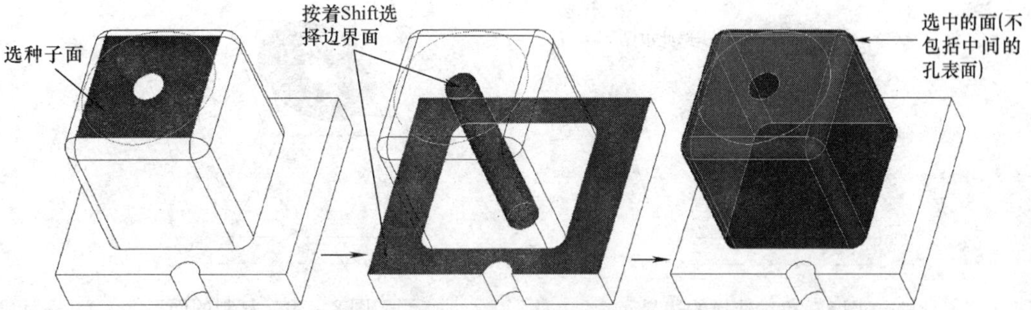

图 8－33 种子边界曲面选择

（2）单击复制命令按钮，然后单击粘贴命令按钮。

情况一：如果按照原样复制表面，直接单击“粘贴”操控板的完成按钮即可。

情况二：如果要修补中间的孔洞，在“粘贴”操控板单击【选项】菜单，展开下滑面板，选择“排除曲面并填充孔”选项，见图 8－34。激活图 8－34 所示的收集器，选择图 8－35 所示将要修补孔的面，单击“粘贴”操控板的完成按钮即可复制曲面并修补内部孔，见图 8－36。

图 8－34 选项下滑面板

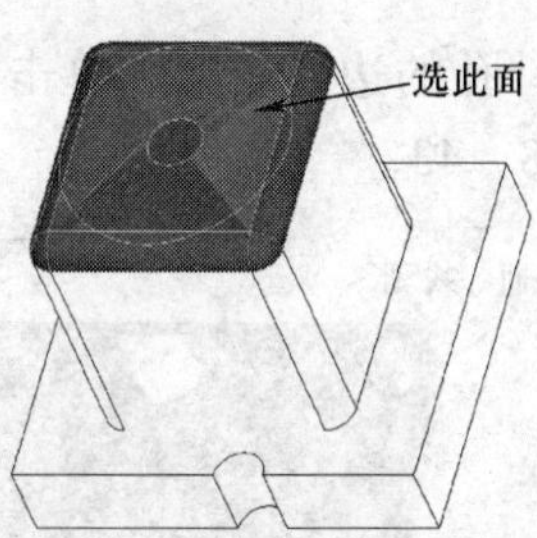

图8－35 选择修补孔的面

情况三：如果只想保留复制面的一部分，可以事先绘制范围边界（该边界一定要落在复制面上）。在“粘贴”操控板单击【选项】菜单，展开下滑面板，选择“复制内部边界”选项，见图 8－37。激活图 8－37 所示的收集器，选择图 8－38 所示的边界，单击“粘贴”操控板的完成按钮即可得到图 8－39 所示的复制面。

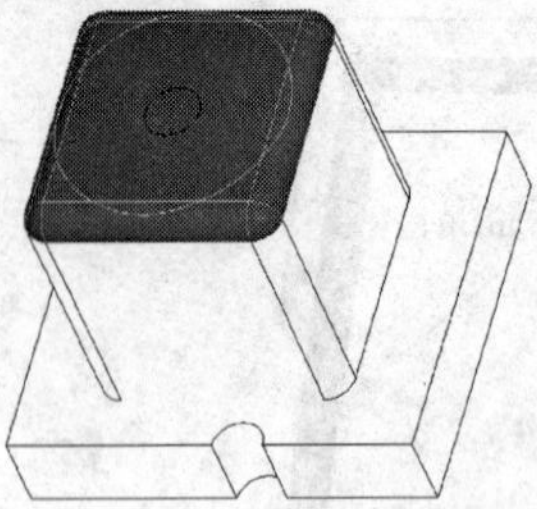

图 8-36　复制的面

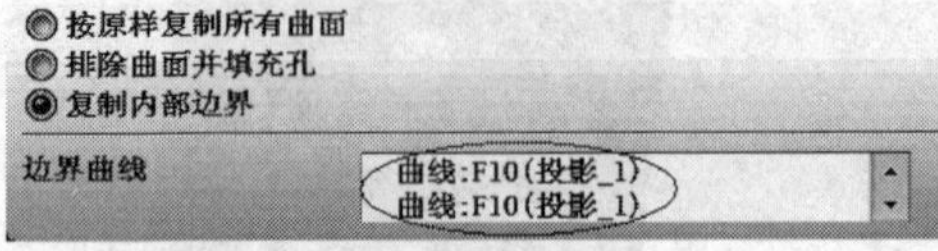

图 8-37　选项下滑面板

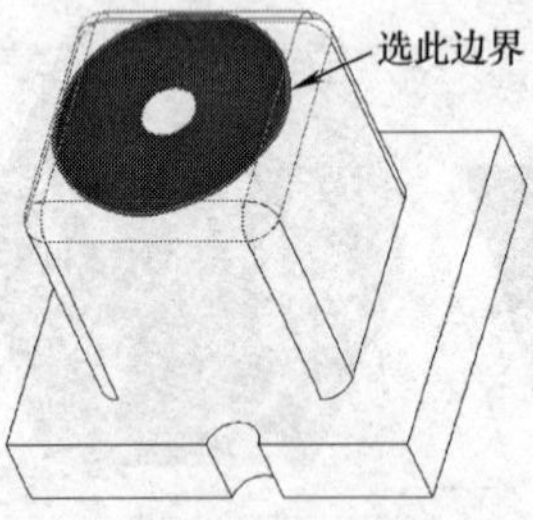

图 8-38　选择的边界

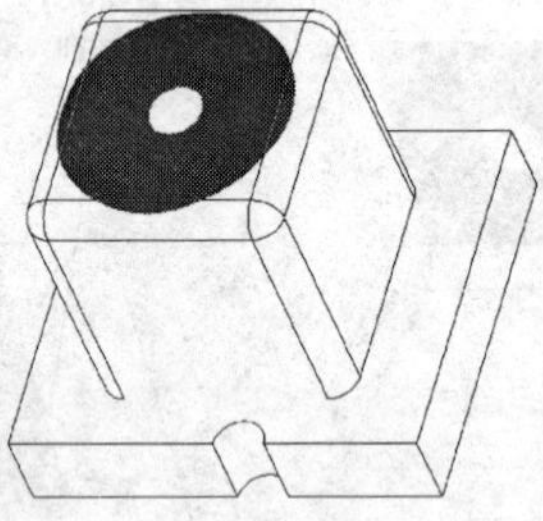

图 8-39　复制的面

8.5.2　实例二　曲面的复制

此例讲解孔洞不在“独立表面”内部的修补方法。其操作步骤如下。

(1) 从资源文件夹打开练习文件“surface_copy_2. prt”，选取待复制的面，见图 8-40。

(2) 单击复制命令按钮，然后单击粘贴命令按钮。

(3) 在“粘贴”操控板单击【选项】菜单，展开下滑面板，选择“排除曲面并填充孔”选项，见图 8-41。激活图 8-41 所示的收集器，按着 Ctrl 选择图 8-42 所示将要修补孔的边界和面，单击“粘贴”操控板的完成按钮即可复制曲面并修补孔，见图 8-43。

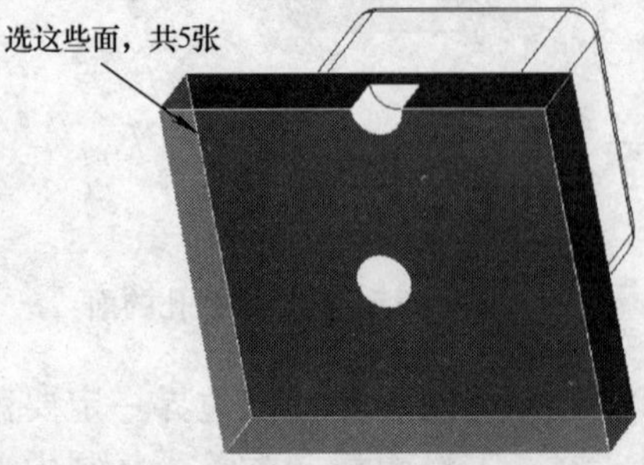

图 8-40　待复制的面

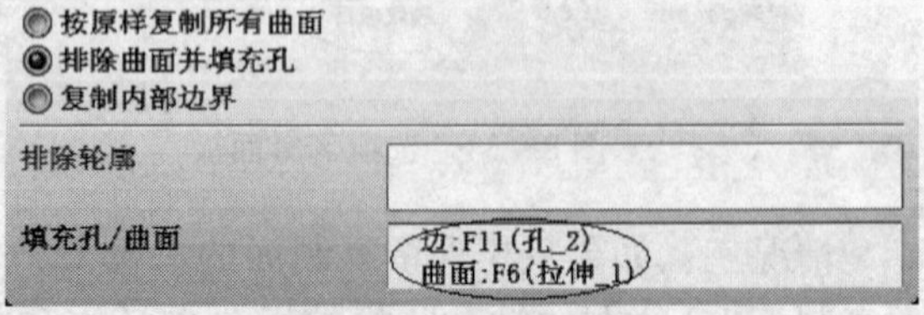

图 8-41　选项下滑面板

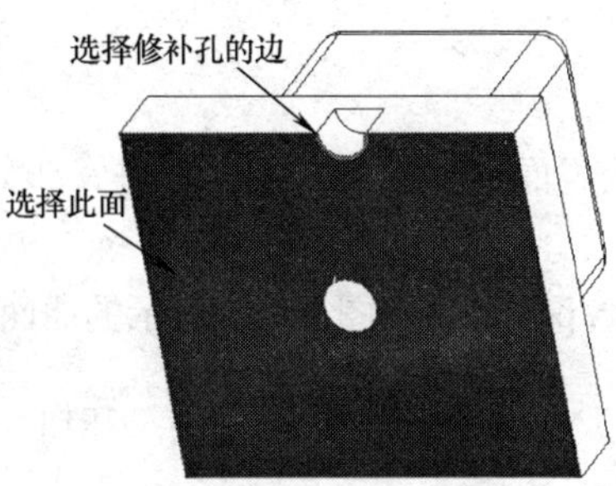

图 8-42 选择的边界和面

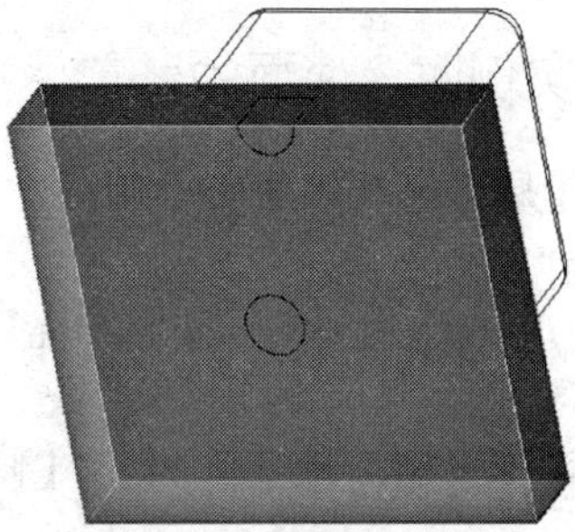

图 8-43 复制的面

8.5.3 实例三 曲面的合并

曲面合并是使用非常多的曲面编辑工具。此功能用来合并两个单一曲面或面组，产生一个曲面组，在合并的过程中可以裁减曲面，使用方法如下。

（1）从资源文件夹打开练习文件“merge_surface. prt”，选取需要进行合并的曲面，见图 8-44。

（2）单击工具栏的合并按钮，也可以在主菜单选取【编辑】⇨【合并】命令。打开“合并”操控板，如图 8-45。

图 8-44 选择合并的曲面

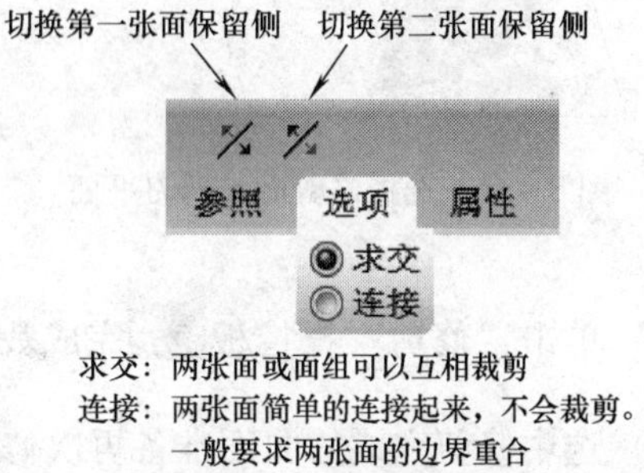

图 8-45 合并操控板

（3）选择图 8-46 所示的保留侧。单击完成曲面合并，结果如图 8-47 所示。

图 8-46 选择保留侧

图 8-47 合并完成的曲面

8.5.4　实例四　曲面的修剪

此功能是将现有的曲面，用一个剪刀（曲线、面、曲面），将曲面的一部分区域修剪掉。其使用方法如下。

（1）从资源文件夹打开练习文件“trim_surface. prt”，选中图 8－48 所示的曲面准备修剪。

（2）在主菜单点选【编辑】⇨【修剪】命令，或单击修剪按钮，开启“修剪”操控板。

（3）选取 Right 基准平面为“剪刀”，绘图区将显示被裁剪曲面保留部分的预览，单击箭头可以切换保留侧，箭头指向一侧将被保留，见图 8－49。

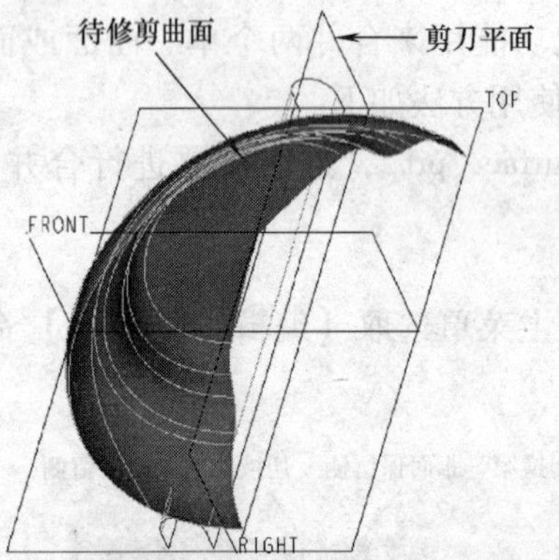

图 8－48　选择修剪面及剪刀平面

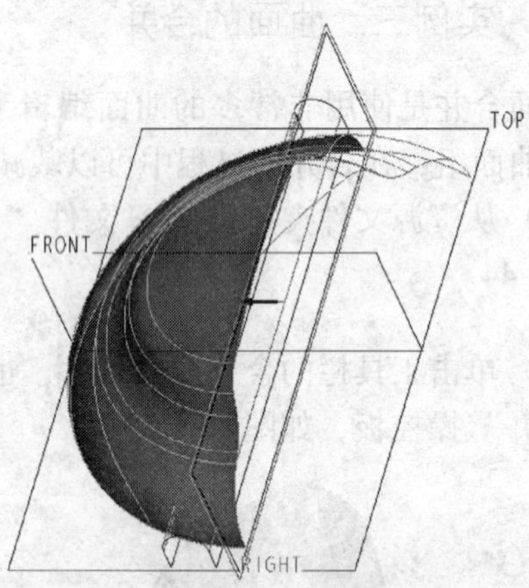

图 8－49　选择保留侧

（4）单击“修剪”操控板完成裁剪，裁剪的结果见图 8－50。

（5）选中修剪完成的曲面准备再次修剪，见图 8－51。单击工具栏的修剪按钮，开启“修剪”操控板。

（6）选取图 8－51 所示的曲面为“剪刀”，选择图 8－52 所示的保留侧。单击“修

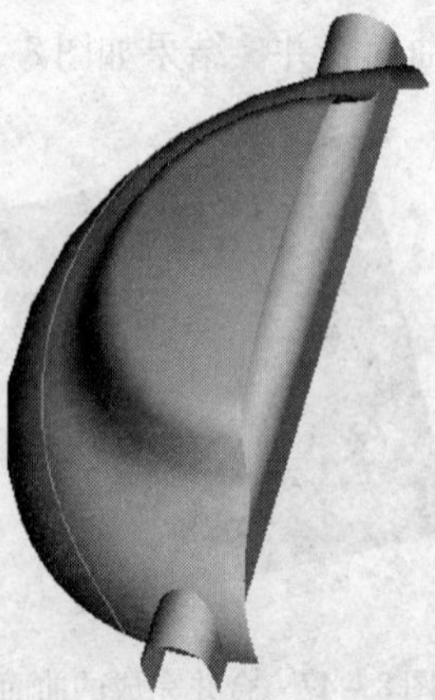
图 8－50　修剪完成的曲面

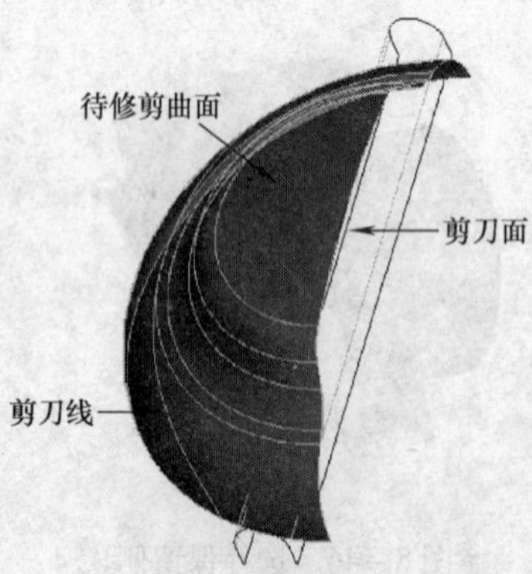

图 8－51　选择修剪面及剪刀面

剪”操控板的【选项】菜单，打开的设置面板，去掉“保留修剪曲面”选项，剪刀曲面将不保留（剪刀曲面以后不能用于其它特征）。

（7）单击“修剪”操控板✓完成裁剪，裁剪的结果见图8－53。

图8－52 选择保留侧

图8－53 修剪完成的曲面

（8）选中修剪完成的曲面准备再次修剪，见图8－54。单击工具栏的修剪按钮，开启“修剪”操控板。

（9）选取图8－54所示的曲线为“剪刀”，选择图8－55所示的保留侧。

图8－54 选择修剪面及剪刀线

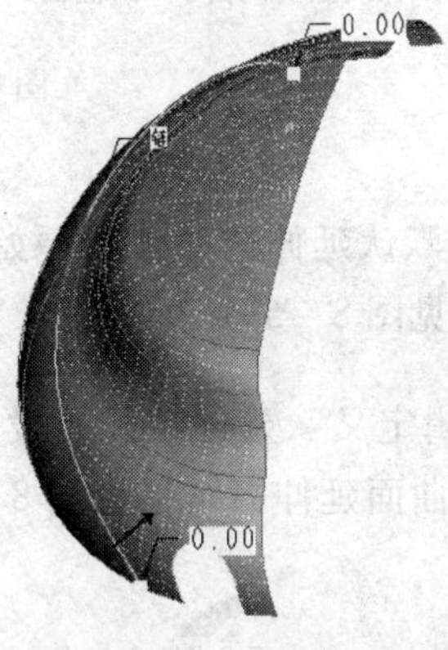

图8－55 选择保留侧

（10）单击“修剪”操控板✓完成裁剪，裁剪的结果见图8－56。

8.5.5 实例五 曲面的延伸

此功能用于延伸现有曲面的单侧边。使用时需先选定待延伸的单侧边，延伸命令才会激活。延伸使用方法如下。

（1）从资源文件夹打开练习文件“extend_surface.prt”，选中图8－57所示的曲面边界。

图 8－56　修剪完成的曲面

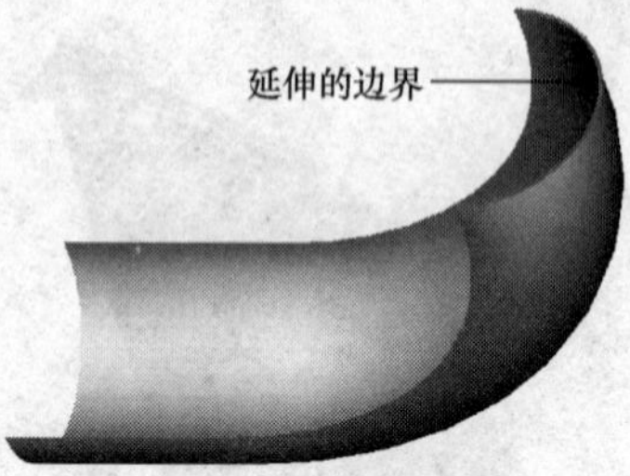

图 8－57　选择延伸边界

（2）在主菜单点选【编辑】⇨【延伸】命令，或单击工具栏的延伸按钮，开启“延伸”操控板，见图 8－58。

沿原始曲面延伸；将曲面边界“拉伸”到参照平面；反转延伸方向，向曲面内部延伸时即修剪曲面

图 8－58　延伸操控板

（3）接受默认延伸选项（沿原始曲面延伸），设定延伸距离为 8，单击完成曲面延伸，结果见图 8－59。

（4）“编辑定义”延伸特征，设置延伸方式为延伸到面，选择图 8－60 所示的参考面，完成曲面延伸，结果见图 8－60。

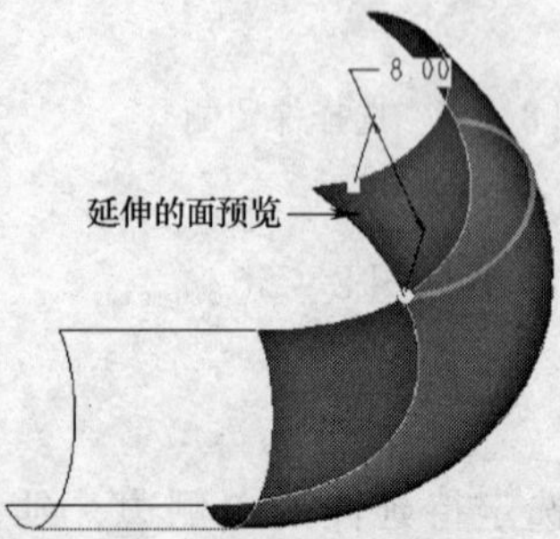

图 8－59　延伸预览

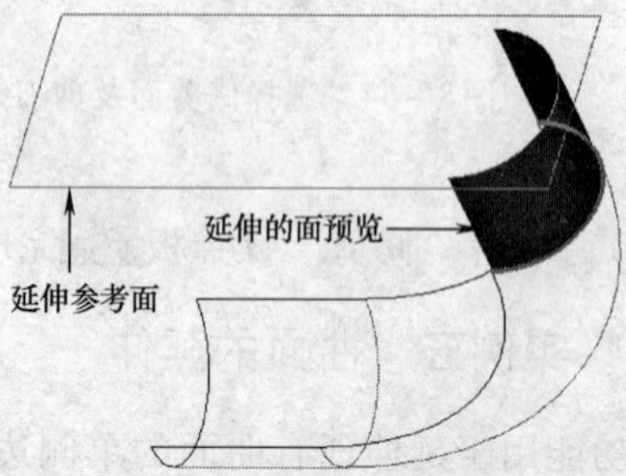

图 8－60　延伸预览

提示：如果要延伸曲面的多条边界，需要按照图 8－61 所示方法选择边界。

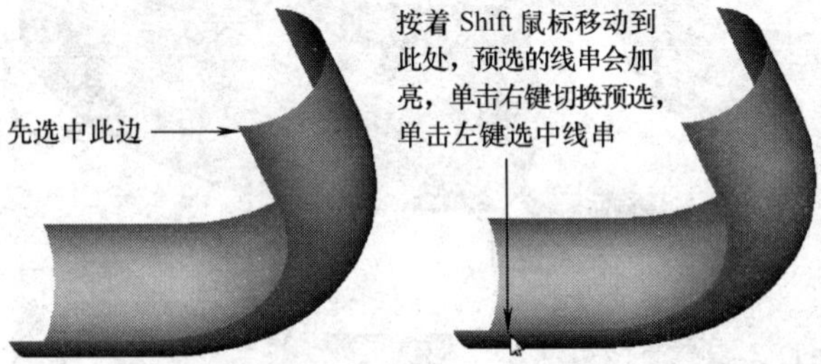

图 8－61　线串选择方法

8.5.6　实例六　曲面的偏移

此功能用于在现有曲面基础上偏移创建曲面。使用时需先选定待偏移曲面，“偏移”命令才会激活。偏移工具有图 8－62 所示四种类型。

标准(Standard)偏移——给定偏移距离偏移曲面或实体表面

具有斜度(With Draft)的偏移——偏移曲面的侧曲面可以给定斜度

展开(Expand)偏移——“扩展”封闭面组的选定面。对于开放的面组或实体表面需要用草绘来约束偏移的区域

替换(Replace)偏移——用基准平面或面组替换实体上指定的曲面。曲面替换不同于伸出项或切口，因为它能在某些位置添加材料而在其它位置去除材料

图 8－62　偏移的四种方法

标准（Standard）偏移的使用方法如下（见图 8－63）：

（1）从资源文件夹打开练习文件“offset_surface－1. prt”。选择图 8－63 所示曲面，在主菜单点选【编辑】⇨【偏移】菜单，或单击工具栏的偏移按钮，“偏移”操控板打开。

（2）接受默认的偏移方式（标准偏移），输入偏移距离 3。单击图标可以切换偏移方向。此默认的偏移方式，其偏移方向垂直于原始曲面。单击可预览偏移的曲面。

（3）退出预览模式，单击“偏移”操控板【选项】菜单，勾选“创建侧曲面”选项，将会为偏移曲面创建侧曲面，单击完成带侧曲面的标准偏移。

注意：带侧曲面的标准偏移并未形成封闭的曲面组，原始曲面、侧曲面、偏移曲面各自独立，需要合并才能成为一个封闭的面组。

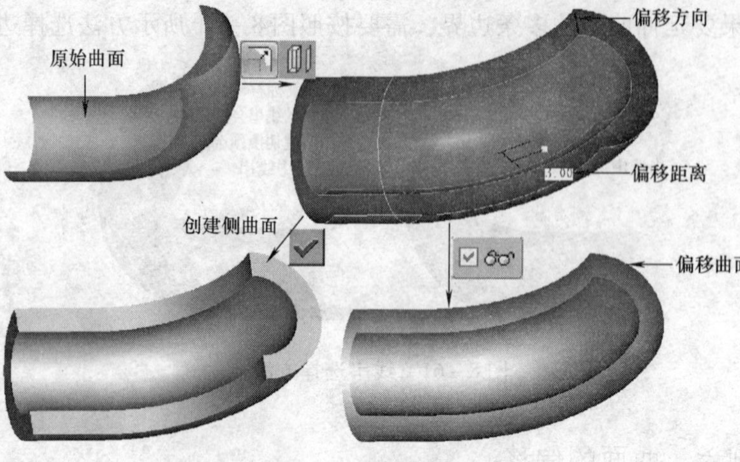

图 8－63　标准偏移

具有斜度（With Draft）的偏移的使用方法如下（见图 8－64）：

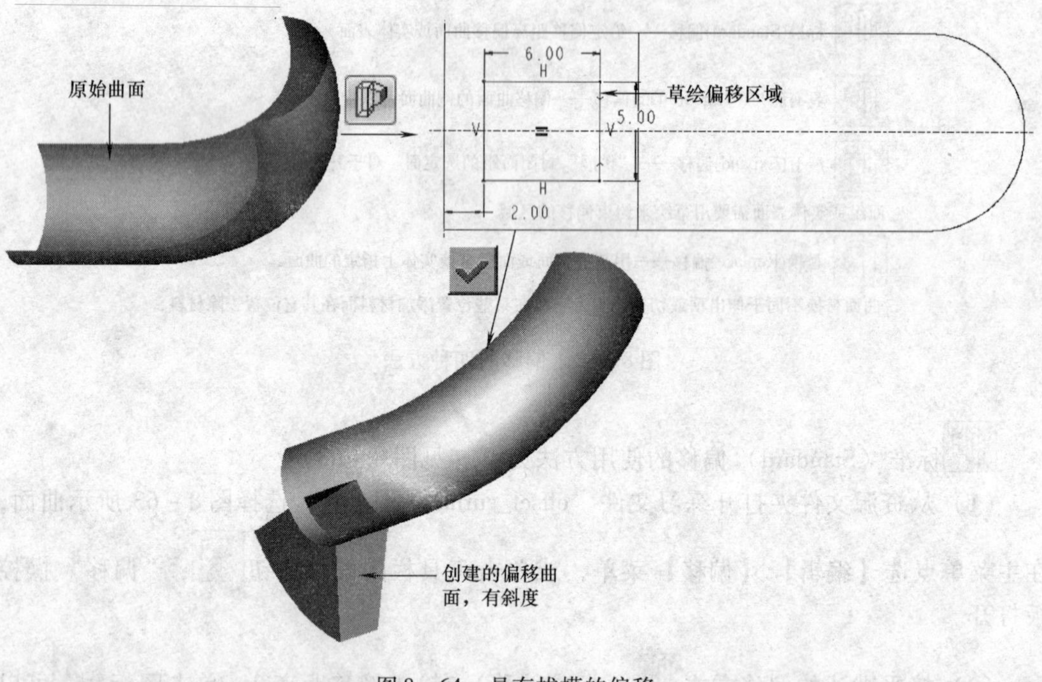

图 8－64　具有拔模的偏移

（1）从资源文件夹打开练习文件“offset_surface－1. prt”。选择图 8－64 所示原始曲面，单击工具栏的偏移按钮，“偏移”操控板打开。

（2）选择偏移方式（具有斜度的偏移），输入偏移距离 10，拔模角度 5，见图 8－65。单击图标可以切换偏移方向。

图 8－65　偏移操控板

（3）定义草绘限制偏移区域。在“偏移”操控板中单击【参照】菜单，在弹出的下滑面板中单击“定义”按钮，定义内部草绘。

（4）选择 TOP 平面作为草绘平面，接受缺省的草绘参照及方向，进入草绘模式，绘制图 8－64 中的草绘。

（5）完成草绘后，单击完成即可得到具有拔模的偏移曲面。

展开（Expand）偏移的使用方法如下（见图 8－66）：

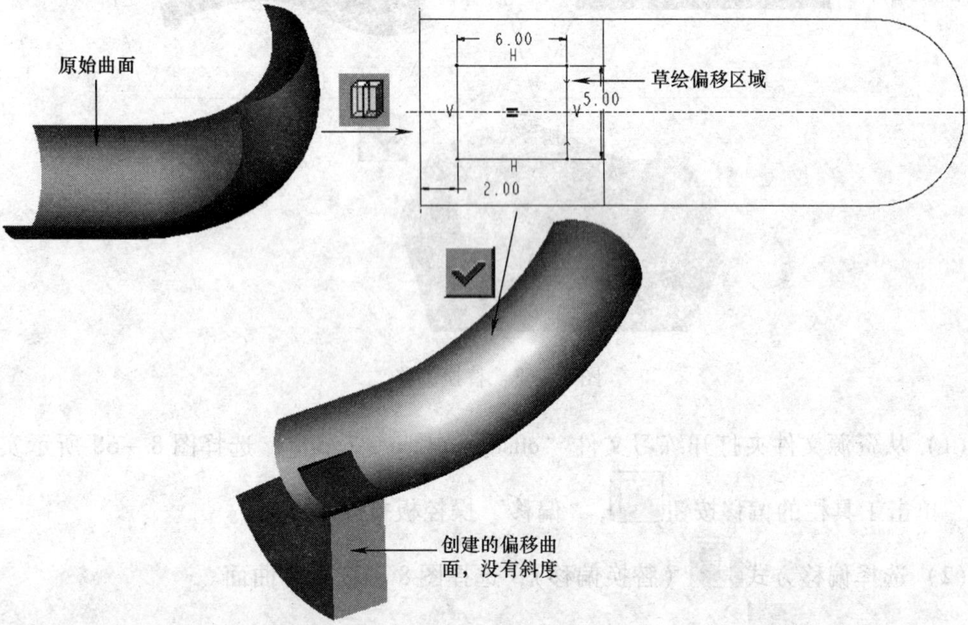

图 8－66　展开偏移

（1）从资源文件夹打开练习文件“offset_surface－1. prt”。选择图 8－66 所示原始曲面，单击工具栏的偏移按钮，“偏移”操控板打开。

（2）选择偏移方式（展开偏移），输入偏移距离 10，见图 8－67。单击图标可以切换偏移方向。

（3）定义草绘限制偏移区域（如果偏移的面是实体或封闭面组的一部分，可以不创建偏移区域）。在“偏移”操控板中单击【参照】菜单，在弹出的下滑面板中单击“定义”按钮，定义内部草绘。

（4）选择 TOP 平面作为草绘平面，接受缺省的草绘参照及方向，进入草绘模式，

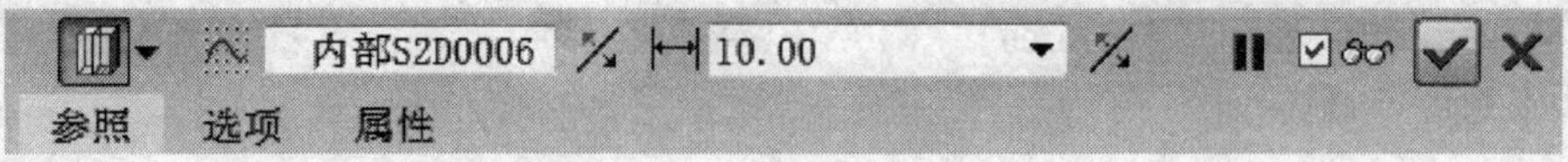

图 8－67　偏移操控板

绘制图 8－66 中的草绘。

（5）完成草绘后，单击完成即可得到展开的偏移曲面。

替换（Replace）偏移的使用方法如下（见图 8－68）：

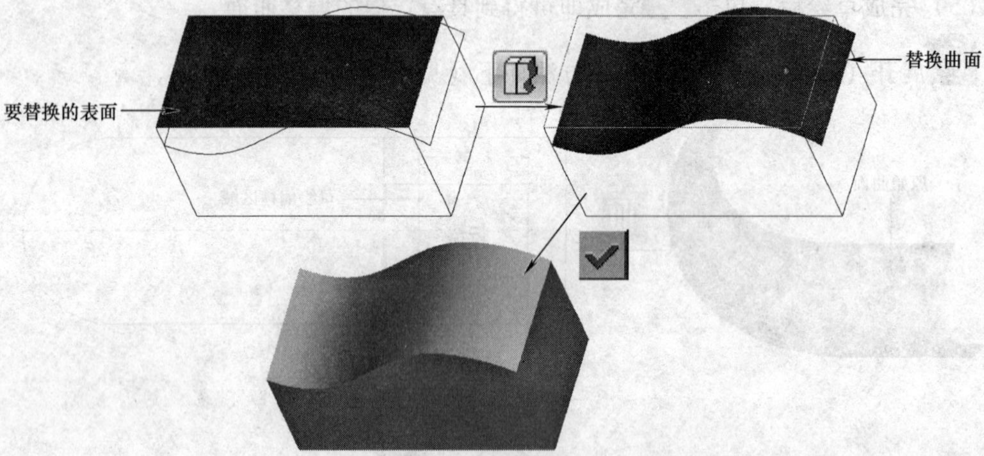

图 8－68　替换偏移

（1）从资源文件夹打开练习文件“offset_surface－2. prt”，选择图 8－68 所示实体表面，单击工具栏的偏移按钮，“偏移”操控板打开。

（2）选择偏移方式（替换偏移），选择图 8－68 所示曲面。

（3）单击完成即可得到替换表面后的实体。

8.5.7　实例七　曲面的加厚

此功能用于加厚一个曲面或面组，添加一个实体薄壁特征或从现有实体上移除该薄壁材料。操作时需先选定待加厚的原始曲面，“加厚”命令才会激活。其使用方法如下。

（1）从资源文件夹打开练习文件“thichen_surface. prt”，选择图 8－69 所示的待加厚曲面。

（2）选取主菜单的【编辑】⇨【加厚】命令，或单击工具栏按钮，“加厚”操控板打开，见图 8－70。

（3）设置加厚的厚度为 3，调整好加厚方向，预览符合要求后单击完成加厚

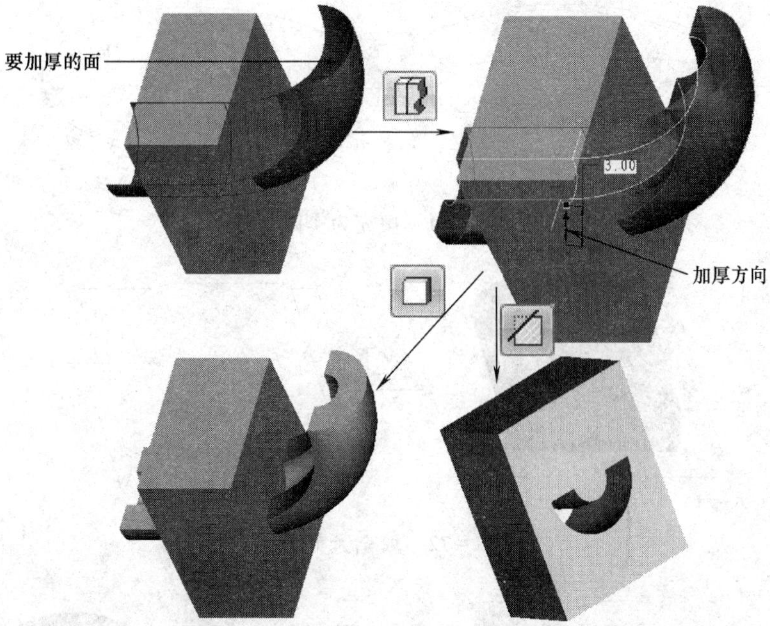

图 8－69　加厚曲面

添加材料；切除材料；加厚厚度；加厚的方向，曲面的正侧、负侧、两侧

图 8－70　加厚操控板

操作。

注：【选项】下滑面板中有三种拟合方式。缺省的拟合方式“垂直与曲面”控制加厚的方向垂直于原始曲面；“自动拟合”由系统控制加厚的方向，可能会造成薄板厚度不均，边缘不整齐；“控制拟合”由用户指定加厚的方向。

8.5.8　实例八　曲面的实体化

实体化工具的三个用途：

填充为实体，使用曲面特征或面组几何作为边界来添加实体材料。曲面或面组可以是封闭的，也可以有开口，如果是有开口的面组，要求能与实体表面构成封闭的“腔”。该方法始终可用。见图 8－71，图 8－72。

移除材料，使用曲面特征或面组几何作为边界来移除实体材料。曲面或面组可以是封闭的，也可以有开口，如果是有开口的面组，要求能与实体表面构成封闭的“腔”。该方法始终可用。见图 8－73。

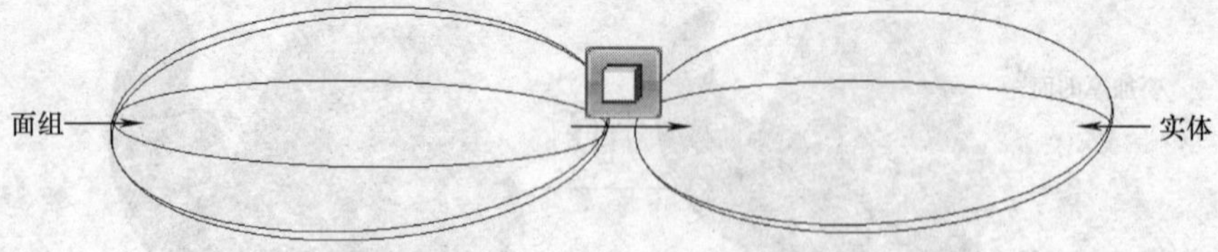

图 8 – 71　填充为实体

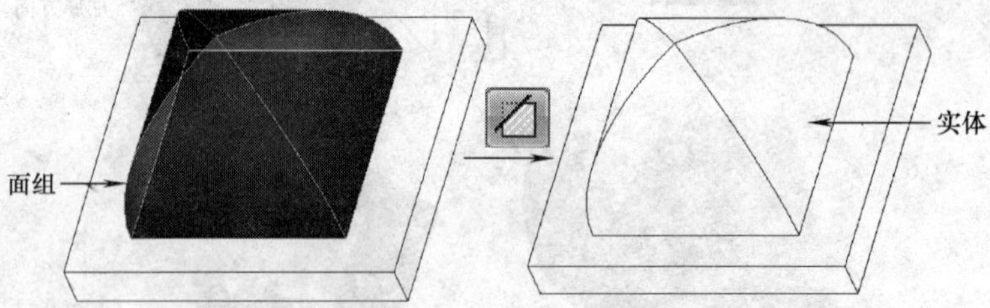

图 8 – 72　填充为实体

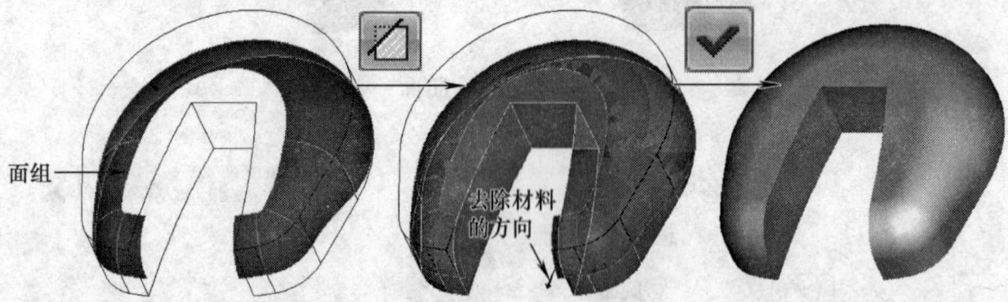

图 8 – 73　移除材料

替换曲面，使用曲面特征或面组几何替换实体的部分表面。只有当选定的曲面或面组边界位于实体几何上时才可用。见图 8 – 74。

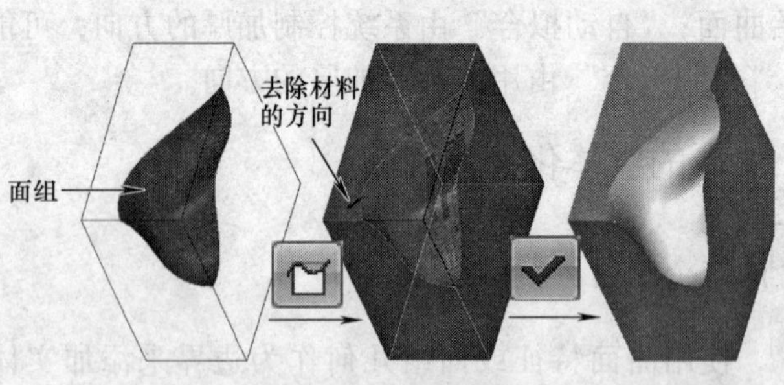

图 8 – 74　替换曲面

实体化命令的操作步骤（读者可以使用资源文件夹的文件——“solidify_1. prt”、“solidify_2. prt”、“solidify_3. prt”、“solidify_4. prt”，练习实体化的各种用法，体会其区别）：

（1）选中要进行操作的曲面或面组。

（2）在主菜单选取【编辑】⇨【实体化】，或在工具栏单击实体化按钮，打开“实体化”操控板。

（3）选择实体化方法，设定“操作方向”，单击“实体化”操控板的完成操作。

8.6 曲面建模综合实例

本例的零件是一个塑料制品的上盖，见图8－75。详细讲解了其设计过程，综合应用了曲线、曲面的创建和编辑命令。曲面建模通常先创建一系列骨架曲线，然后利用创建的曲线构建若干独立的曲面，再利用修剪、合并等编辑工具将独立的曲面构造成一个整体面组，最后将面组转变成实体模型。建模流程见图8－76。

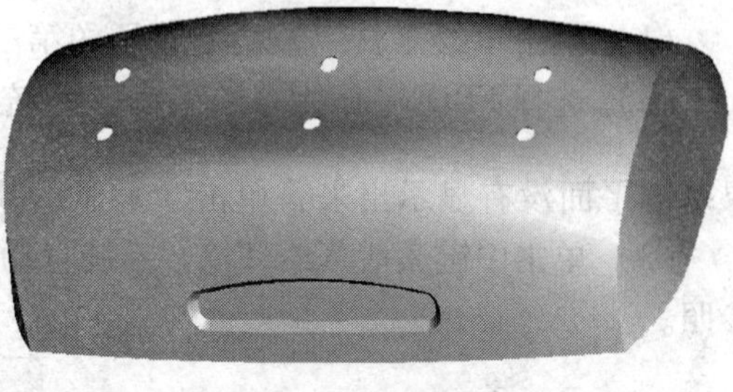

图8－75 零件模型

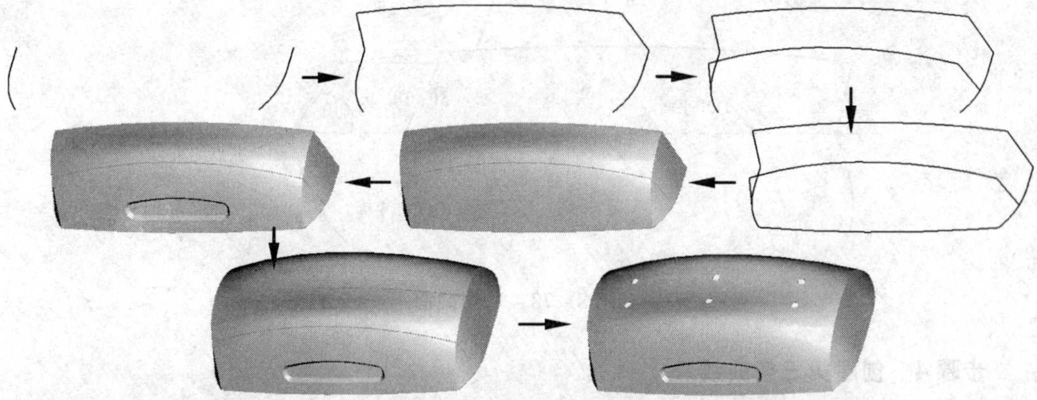

图8－76 建模流程

步骤1 新建零件

以公制模板创建新零件，文件名“cover. prt”。

步骤2 创建第一条曲线

（1）单击草绘工具绘制盖子的外形线。

（2）选择TOP作为草绘平面，系统自动选择RIGHT作为向“右”的参照。

（3）单击中键激活草绘环境，系统选择RIGHT和FRONT平面作为绘制二维截面的参照。

（4）绘制图8－77所示的截面，单击和隐藏基准平面和坐标系。单击完成草绘。

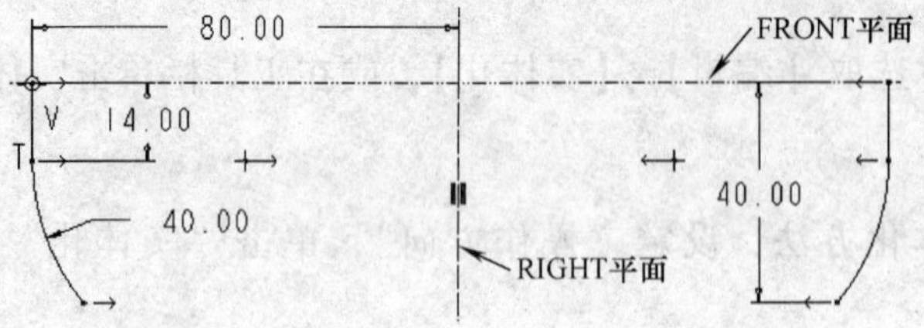

图 8－77　草绘截面

步骤 3　创建第二条曲线

（1）单击草绘工具绘制盖子的第二条外形线。

（2）选择 FRONT 作为草绘平面，系统自动选择 RIGHT 作为向“右”的参照。如果基准平面没有显示出来，单击显示基准平面。

（3）单击中键激活草绘环境，系统自动选择 RIGHT 和 TOP 平面作为绘制二维截面的参照。

（4）绘制图 8－78 所示的截面。单击完成草绘。

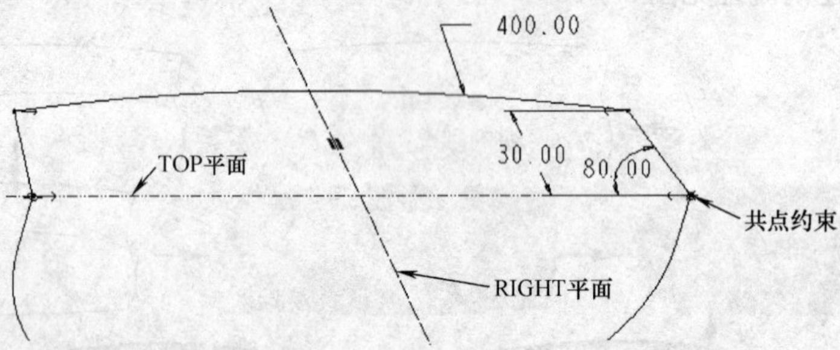

图 8－78　草绘截面

步骤 4　创建第三条曲线

（1）单击草绘工具绘制盖子的第三条外形线。

（2）单击创建基准平面工具，选择 FRONT 平面作为参考面，输入平移距离 25。创建平行于 FRONT 平面的基准平面 DTM1。

（3）创建用于截面绘制时定位的基准点。单击按钮，创建基准点。创建 DTM1 基准平面与盖子轮廓线的交点 PNT0，见图 8－79。

（4）选择 DTM1 作为草绘平面，系统自动选择 RIGHT 作为向“右”的参照。如果基准平面没有显示出来，单击显示基准平面。

（5）单击中键激活草绘环境，系统自动选择 RIGHT 和 TOP 平面作为绘制二维截面的参照。单击【草绘】⇨【参照】菜单，选择上一步创建的基准点 PNT0 作为绘图参照。

（6）绘制图 8－80 所示的截面。单击完成草绘。

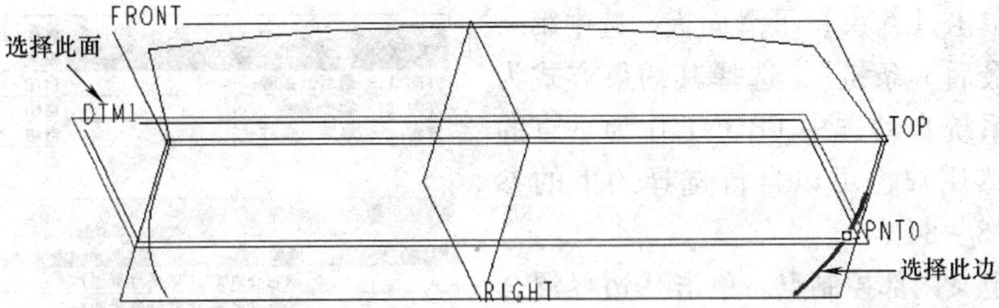

图8－79　创建基准点

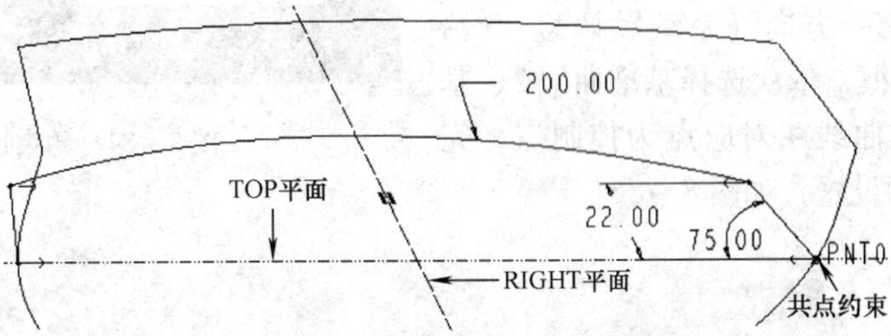

图8－80　草绘截面

步骤5　创建第四条曲线

（1）单击草绘工具绘制盖子的第四条外形线。

（2）选择TOP作为草绘平面，系统自动选择RIGHT作为向“右”的参照。如果基准平面没有显示出来，单击显示基准平面。

（3）单击中键激活草绘环境。

（4）绘制图8－81所示的截面。单击完成草绘。

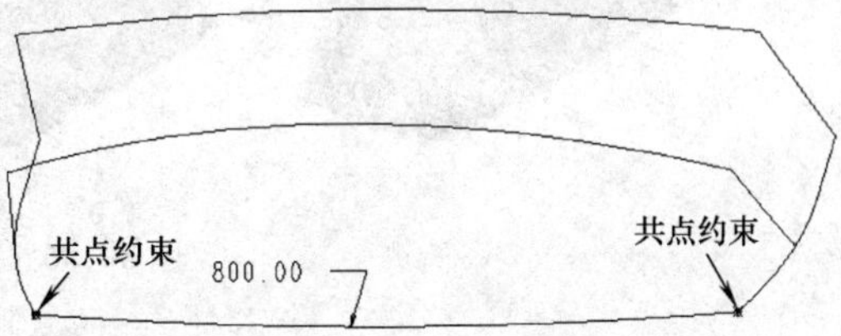

图8－81　草绘截面

步骤6　创建边界混合曲面

（1）单击按钮，创建边界混合曲面。

（2）选择图8－82所示的轮廓线作为第一方向链。

（3）选择图8－83所示的轮廓线作为第二方向线。

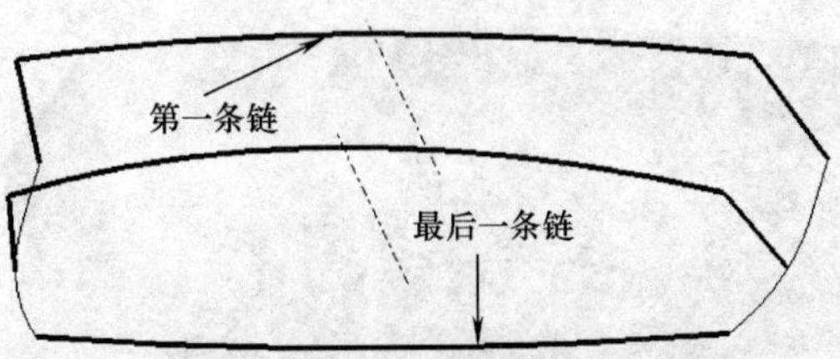

图8－82　第一方向链

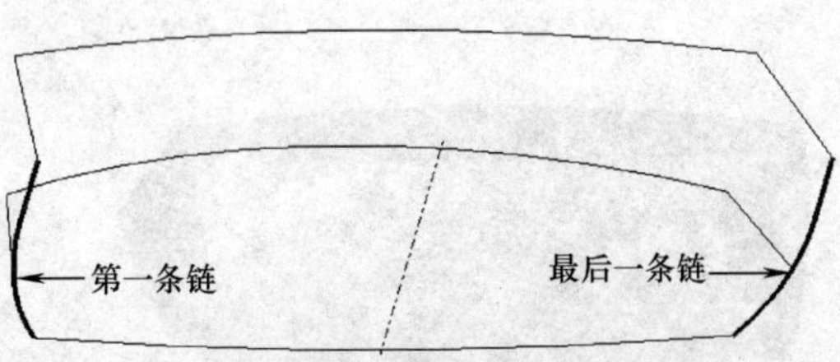

图8－83　第二方向链

(4) 单击【约束】下滑面板，选中第一方向的“最后一条链”，选择其约束方式为“垂直”，系统自动选中 FRONT 作为垂直的参考（当然用户也可以自行选择约束的参考），见图 8-84。

(5) 定义内部控制点。单击“边界混合曲面”操控板上【控制点】菜单，打开“控制点”下滑面板，见图 8-85。

(6) 选择第一方向（系统默认）。激活“控制点”收集框，依次选择基准曲线 2、基准曲线 3、基准曲线 4 对应点为控制点，完成“设置 1”的设置，如图 8-86。

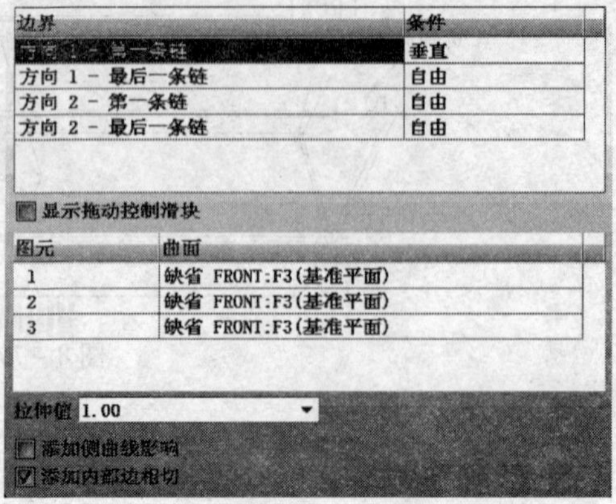

图 8-84 约束边界

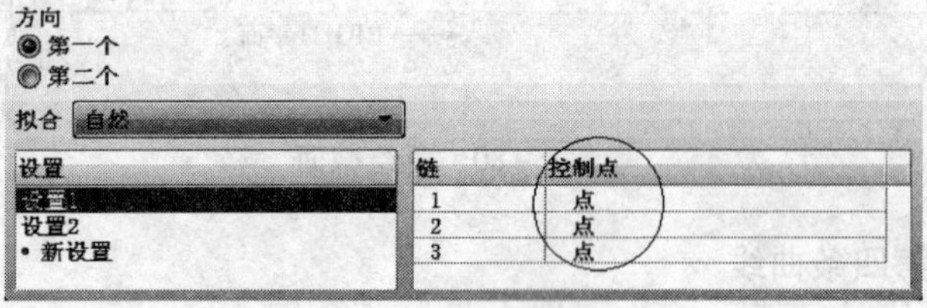

图 8-85 控制点下滑面板

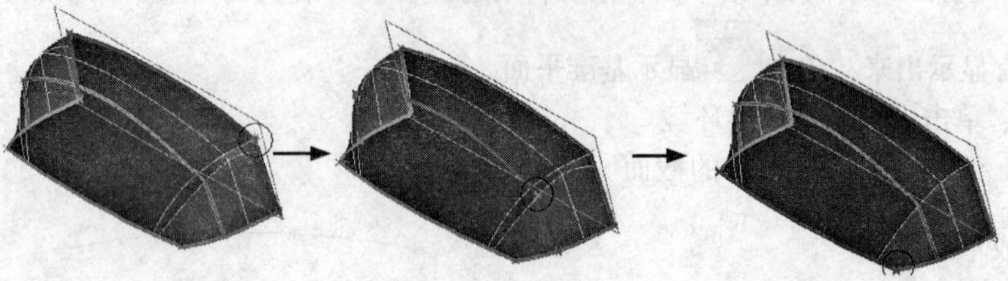

图 8-86 对齐控制点

(7) “设置 1”配置完成后，系统自动切换到“设置 2”配置，对齐左侧的控制点，操作方法与上步类似。

(8) 完成“控制点”设置后，单击完成按钮 ✔，完成的边界混合曲面见图 8-87。

步骤 7 利用偏移命令创建图 8-88 所示的内凹特征

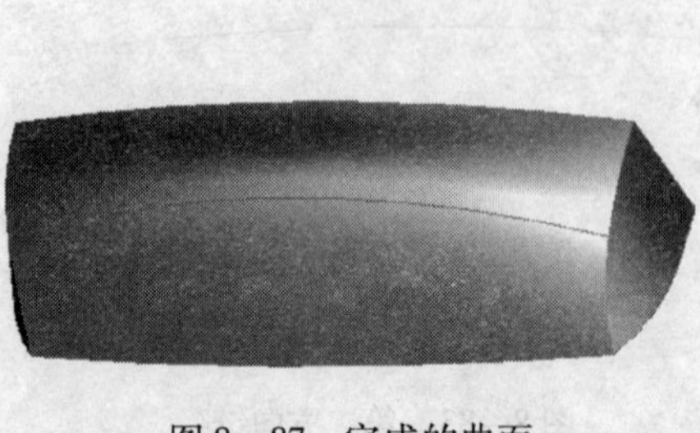

图 8-87 完成的曲面

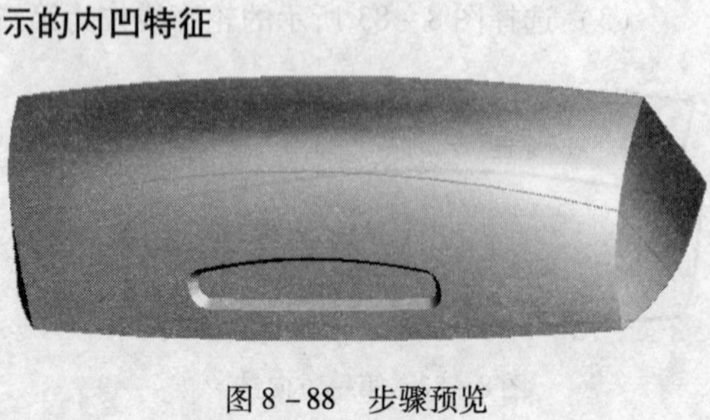

图 8-88 步骤预览

（1）选取步骤 6 中创建的边界混合曲面，在主菜单选取【编辑】⇨【偏移】命令，“偏移”操控板打开。

（2）选取“具有拔模”的偏移方式，单击“偏移”操控板的【参照】菜单，在展开的下滑面板中单击“定义”按钮，以定义内部草绘限定偏移的范围。

（3）选取 FRONT 平面作为草绘平面，TOP 平面作为朝向“顶”部的草绘参照，单击中键进入草绘模式，绘制图 8－89 所示草绘。

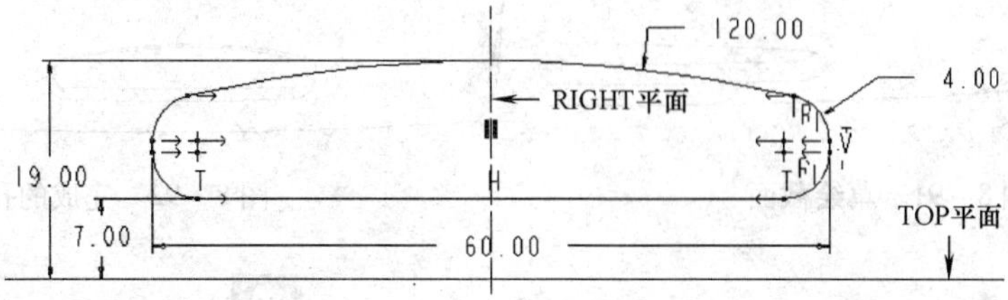

图 8－89　草绘截面

（4）在“偏移”操控板中设置拔模偏移参数

，设置成内凹的方向，即可得到图 8－88 所示的拔模偏移曲面。

步骤 8　镜像、合并曲面并加厚

（1）先选取整个面组作为源曲面，再单击镜像按钮，然后选取 FRONT 基准平面作为镜像平面，最后单击即完成操作（图 8－90）。

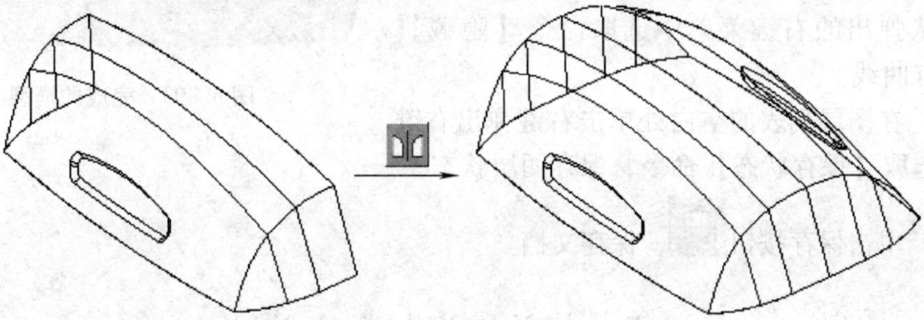

图 8－90　镜像曲面

（2）将窗口右下角的选择过滤器设置为“面组”过滤模式。

（3）按住 Ctrl 键选取前面创建的两张曲面。

（4）单击工具栏的合并按钮，单击完成合并操作。

（5）利用加厚命令将面组转变成实体薄板。加厚厚度为 0.5，向曲面内侧加厚。

步骤 9　拉伸切除盖子顶部的小孔并阵列

（1）在 TOP 平面上创建图 8－91 所示的草绘圆。

（2）单击工具栏的拉伸按钮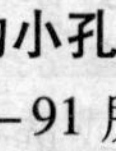，选择前面创建的草绘，设置拉伸贯穿所有实体

，单击激活去除材料选项，最后单击完成操作，完成的孔见图 8 -92。

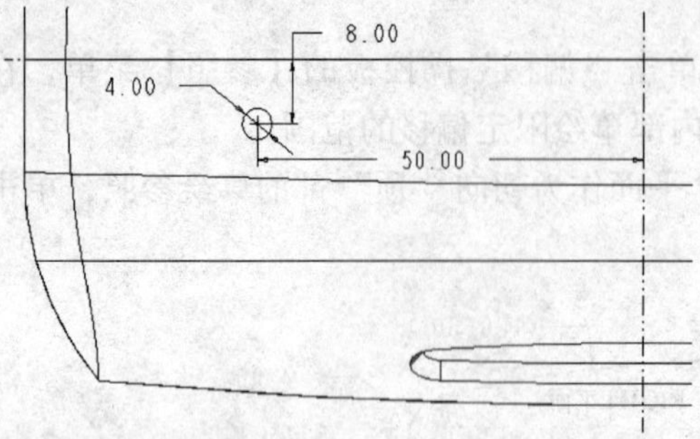

图 8 -91　草绘截面

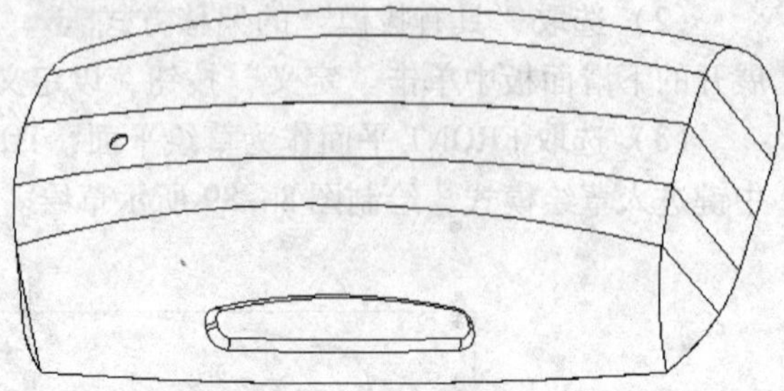

图 8 -92　完成的孔

（3）选中前面创建的小孔，单击工具栏的阵列按钮，“阵列”操控板打开。

（4）选取小孔的定位尺寸“50”为第一方向上的阵列驱动尺寸，输入阵列增量“-50”，阵列数目“3”。

（5）选取小孔的定位尺寸“8”为第二方向上的阵列驱动尺寸，输入阵列增量“-16”，阵列数目“2”。

（6）单击完成阵列操作，结果见图 8 -93。

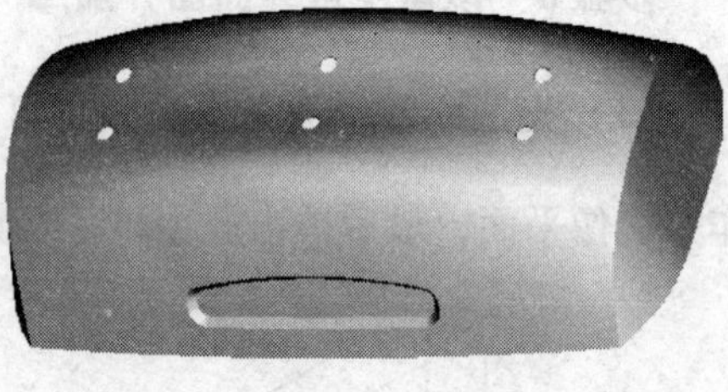

图 8 -93　完成的模型

（7）单击图层命令按钮将模型树切换到图层列表模式，右键单击“03___PRT_ALL_CURVES”图层，从弹出的右键菜单中选取命令【隐藏】，隐藏所有曲线。

（8）在图层列表的空白处单击右键弹出右键菜单，选取【保存状态】命令，保存图层状态。

（9）单击保存按钮，保存文档。

8.7　相关知识与命令总结

8.7.1　合并

合并的主要功能是对两个面组进行裁剪操作，然后将其组合成一个面组。曲面合并类似于曲线的相互裁剪功能，曲面合并工具仅对两个面组（面组指的是单个特征曲面，或经过合并的多个曲面）操作，可以对两个面组或其中之一进行裁剪，然后将两者合并为一个面组。选择两个面组，单击曲面合并按钮。单击【选项】展开下拉面板，选择“求交”（图 8 -94）——两个面组互相裁剪，或选择“连接”（图 8 -95）——对两个面组的其中之一进行裁剪，单击按钮或单击绘图区曲面上的箭头可以反转对应曲面的保留区域。

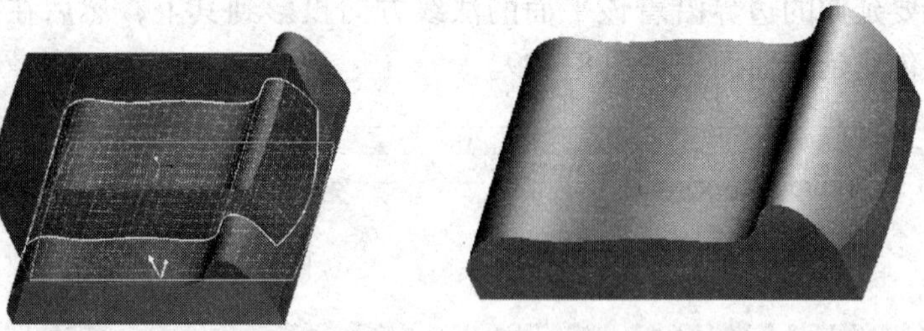

图 8-94 曲面“求交”

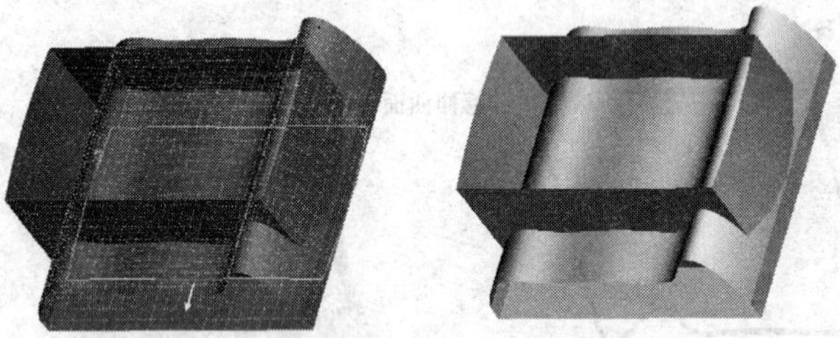

图 8-95 曲面“连接”

8.7.2 复制

复制实体表面为曲面，或复制曲面、某些特征。复制曲面时可以修补曲面内部的孔，见图 8-96；使用选择性（特殊）粘贴还可以对复制的几何或特征应用移动或旋转变换，见图 8-97。

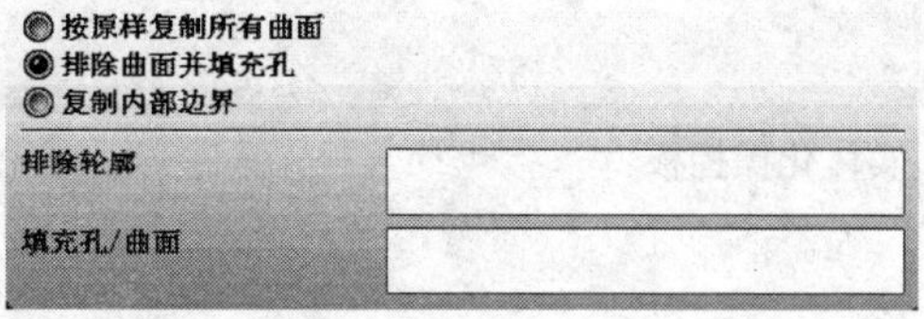

图 8-96 填充曲面内孔

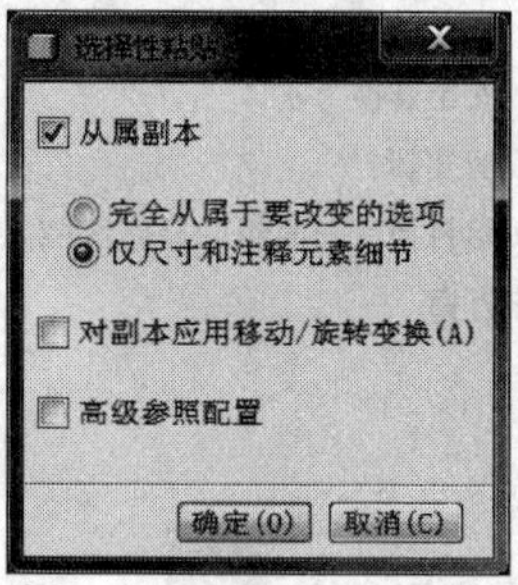

图 8-97 选择性（特殊）粘贴

8.7.3 裁剪

利用曲面、曲线、平面裁剪曲面或曲线。如果用曲线裁剪曲面，曲线必须落在曲面上。

8.7.4 延伸

对曲面的边界进行延伸，延伸的方法有两种：沿着原始曲面延伸和延伸到参考平面。

沿着原始曲面延伸时需要指定延伸的距离，见图 8－98；延伸到参考平面需要选择一个平面，系统将需要延伸的边界沿着该平面的法线方向投影到其上，然后在投影线与所选的曲面边界之间创建延伸曲面，见图 8－99。

图 8－98　延伸曲面距离的指定方式

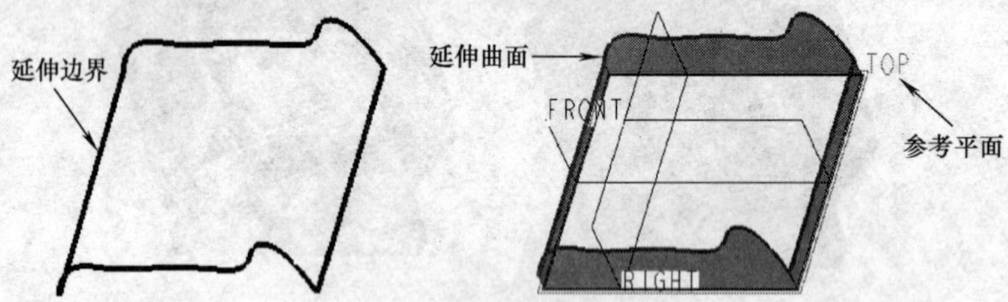

图 8－99　延伸到参考平面

8.7.5　实体化

该命令可以将封闭的面组转换为实体、用曲面裁剪实体、还可以用曲面替代实体表面。进入实体化命令后，可以看到图 8－100 所示操控板。

图 8－100　实体化操控板

用曲面裁剪实体，见图 8－101。

图 8－101　曲面裁剪实体

用曲面替代实体表面，见图 8 - 102。使用曲面特征或面组几何替换指定的曲面部分，只有当选定的曲面或面组边界位于实体几何上才可用。

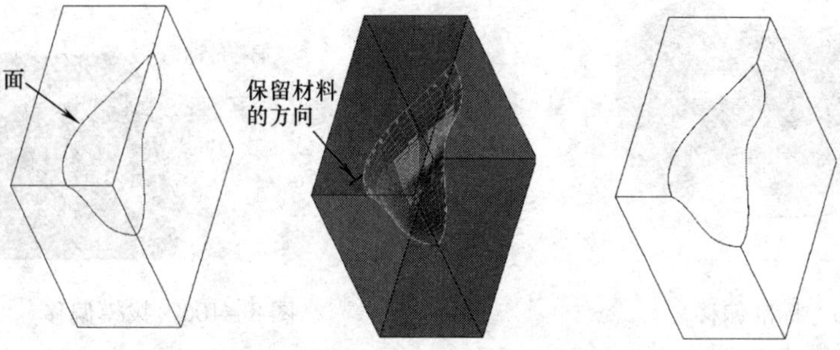

图 8 - 102　曲面替代实体表面

8.7.6　投影曲线

沿给定方向投影曲线、边线、草绘至选定的曲面上，见图 8 - 103。

曲面：投影的目标曲面（也可以是实体表面）

方向：投影的方向，沿方向——沿着选定平面的法线方向或沿着选定的直线；垂直于曲面——垂直目标曲面投影

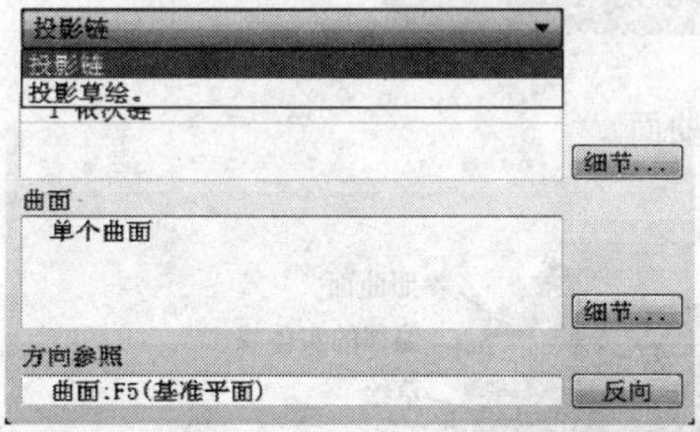

被投影的对象可以是链——曲线链、实体或曲面的边线链；草绘——用户绘制的二维截面

图 8 - 103　投影操控板

标准偏移——偏移一个面组、曲面或实体面（图 8 - 104），见图 8 - 105。

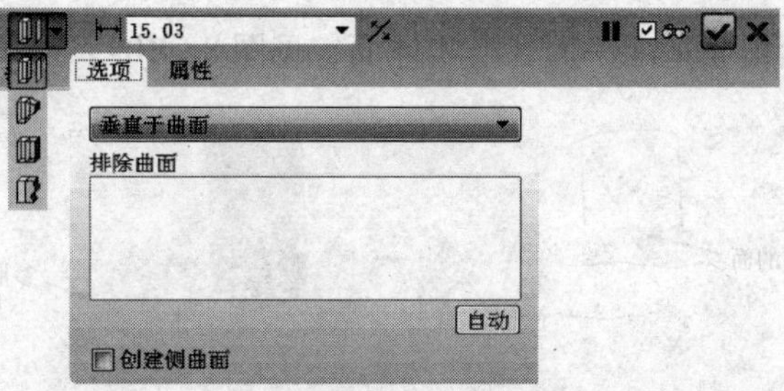

图 8 - 104　偏移曲面操控板

拔模偏移——草绘一个轮廓，偏移草绘内部的面组或曲面区域，并拔模侧曲面。还可使用此选项来创建直的或相切侧曲面轮廓，设置的选项及结果见图 8－106。

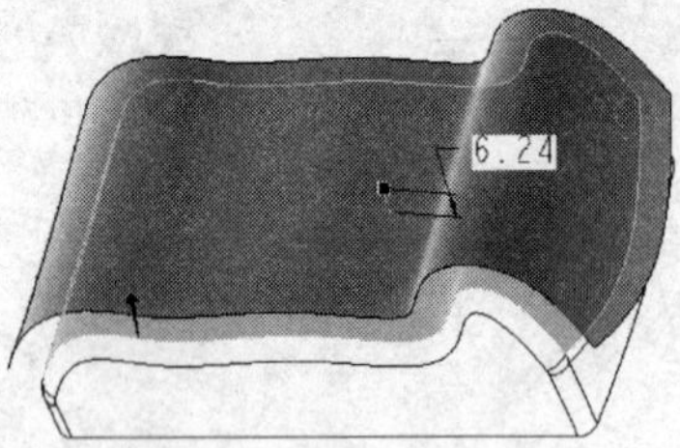

图 8－105　标准偏移

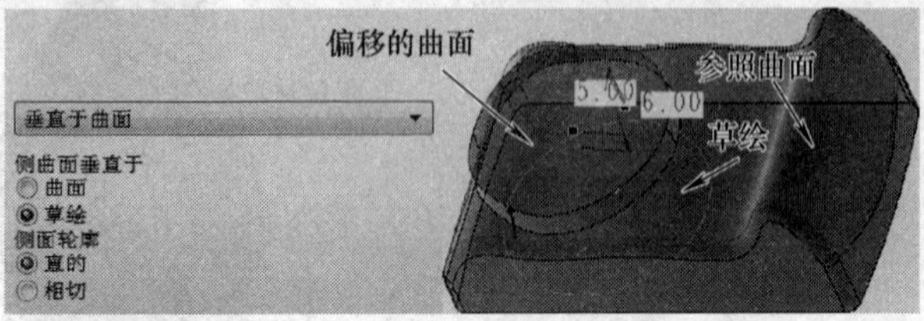

图 8－106　拔模偏移

展开（Expand 延伸）偏移——对封闭面组或实体表面进行偏移创建实体，见图 8－107；对开放的面组或实体表面展开偏移时，必须使用“草绘区域”选项，将在开放面组或实体表面的草绘范围内创建连续的体积块，见图 8－108。

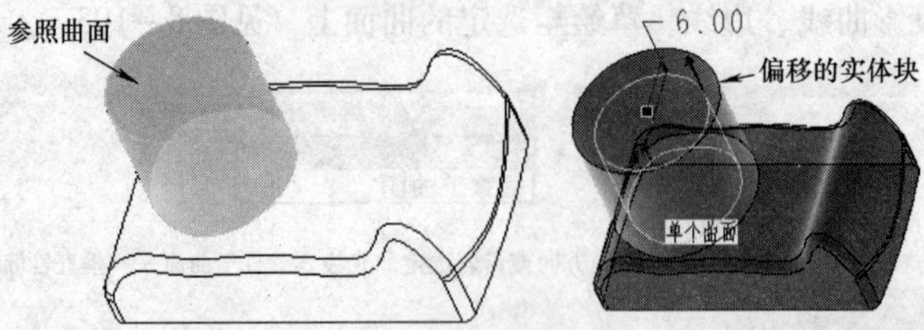

图 8－107　展开偏移（封闭曲面）

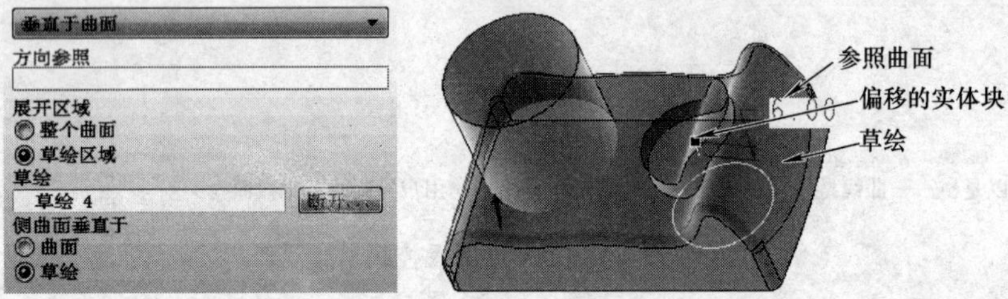

图 8－108　展开偏移（开放曲面、草绘区域）

替换——用面组或基准平面替换实体面，见图 8－109。

图 8－109　替换偏移

当偏移曲线时，出现图 8－110 所示操控板。

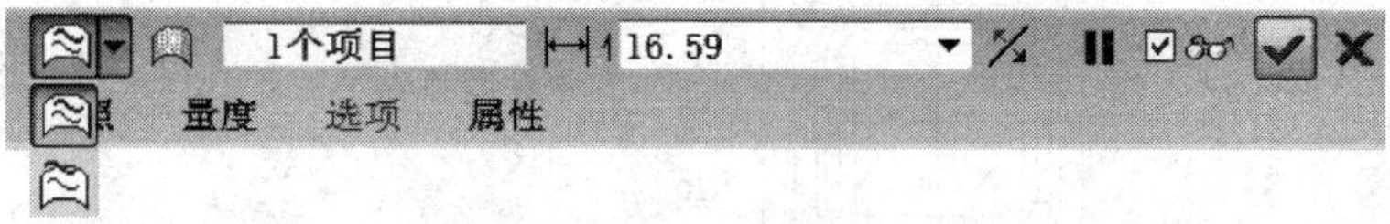

图 8－110　偏移曲线操控板

沿参照曲面偏移（如果选择的是曲面边界只能用此方式偏移），垂直参照曲面偏移，见图 8－111。

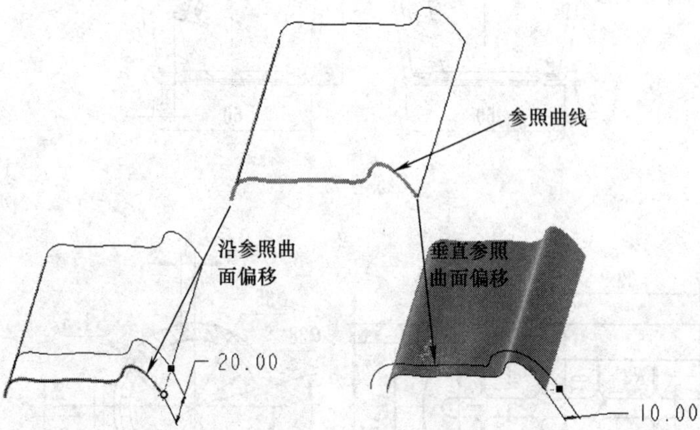

图 8－111　偏移曲线

8.8　练　　习

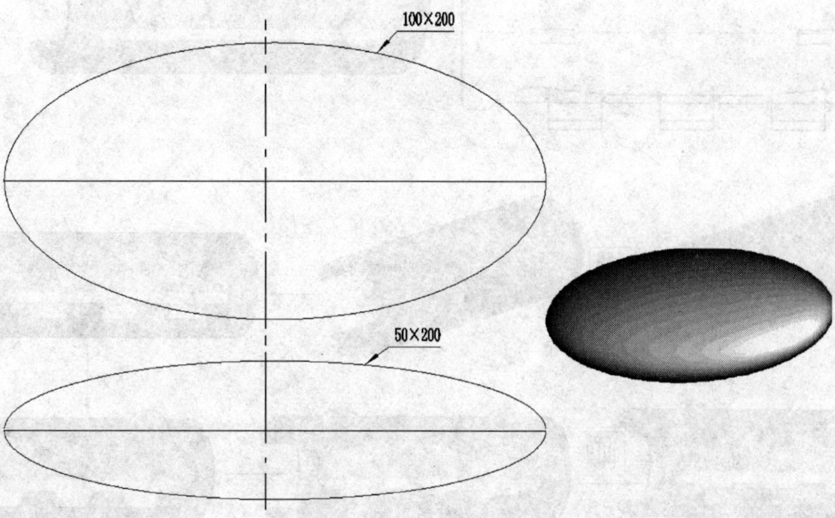

练习 1

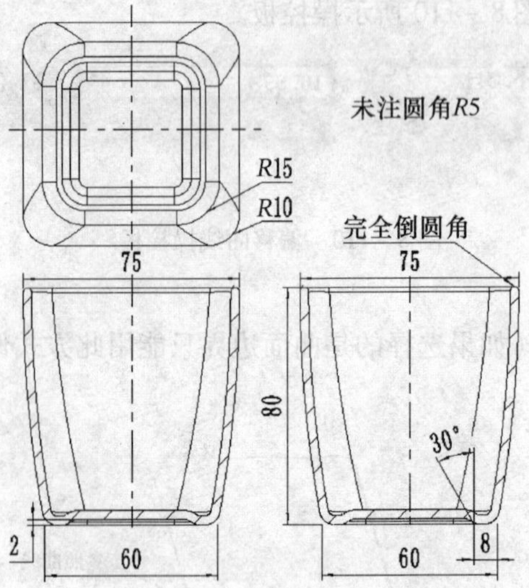
未注圆角R5
R15
R10
完全倒圆角
75
75
80
30°
2
60
60
8

练习 2

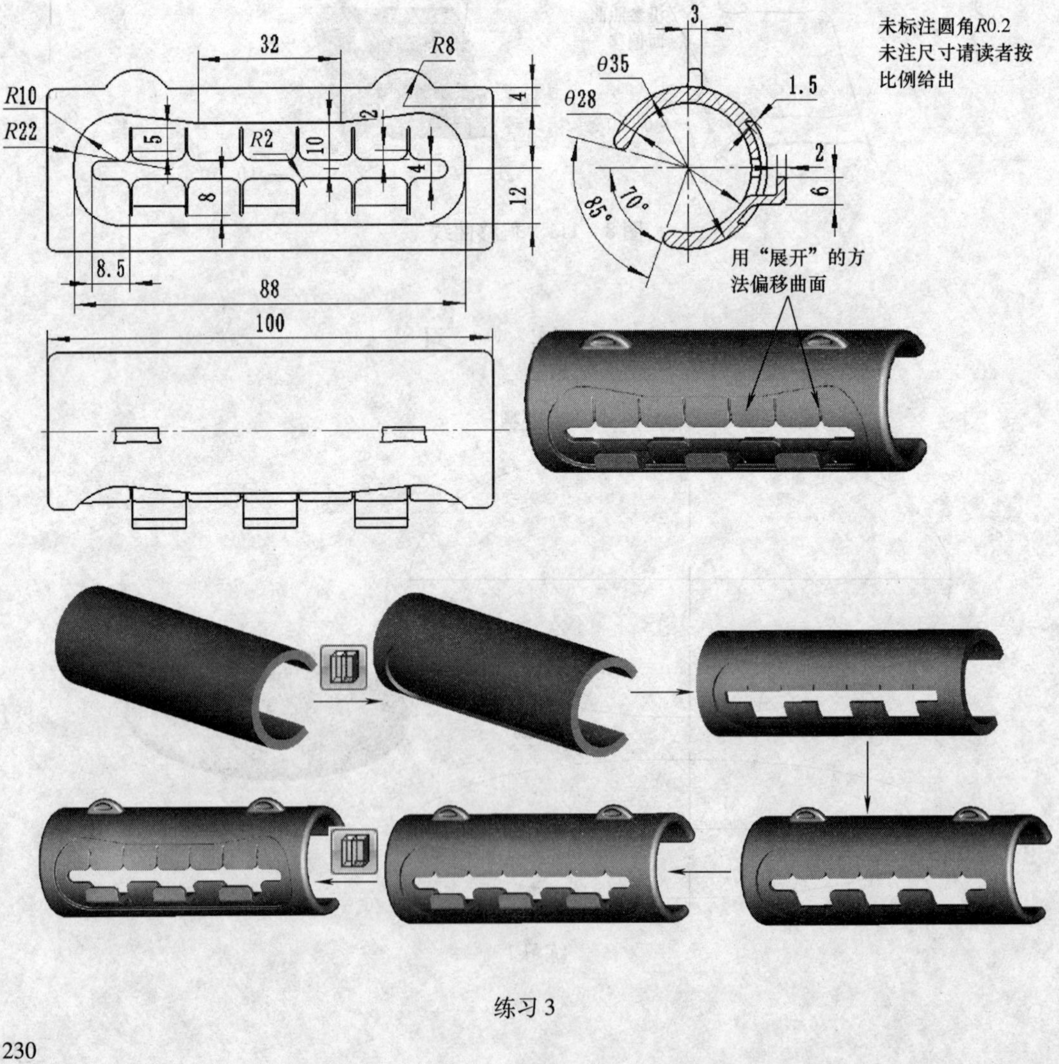
未标注圆角R0.2
未注尺寸请读者按
比例给出
32
R8
R10
R22
5
R2
10
2
4
4
8
12
8.5
88
100
3
θ35
θ28
1.5
2
6
70°
85°
用“展开”的方
法偏移曲面

练习 3

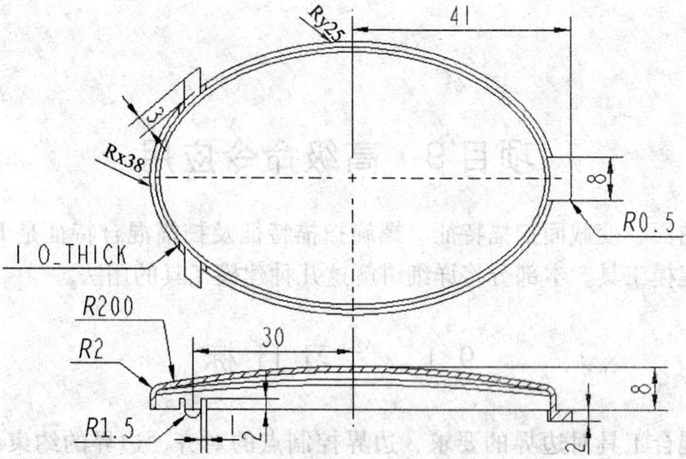

练习 4

项目9　高级命令应用

边界混合曲面、变截面扫描特征、螺旋扫描特征及扫描混合特征是ProE建模使用频率很高的高级建模工具。本部分将详细讲解这几种建模工具的用法。

9.1　学习目标

掌握边界混合工具对边界的要求、边界控制点的对齐、边界的约束条件设置等；掌握变截面扫描工具对轨迹和截面的要求、截面与轨迹的关系、截面变化的方法等；掌握螺旋扫描工具对轨迹和截面的要求、截面与轨迹的关系等；掌握扫描混合工具对轨迹和截面的要求、截面与轨迹的关系等。并理解上述高级建模工具的用途及特点。

9.2　实　例　一

此实例将完成图9－1所示零件的绘制。主要运用ProE边界混合曲面创建零件复杂型面，涉及边界混合曲面的边界约束及其对边界的要求。该零件创建中也用到了螺旋扫描工具。建模流程见图9－2。

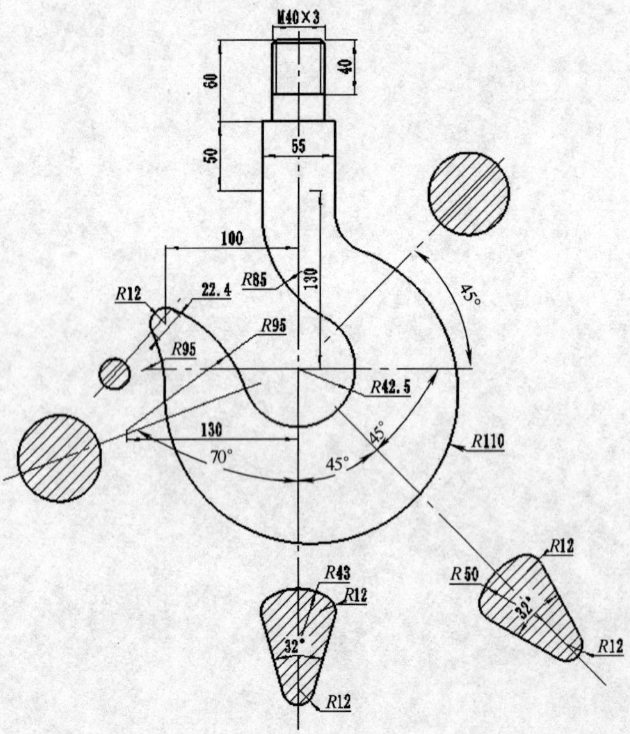

图9－1　零件图纸

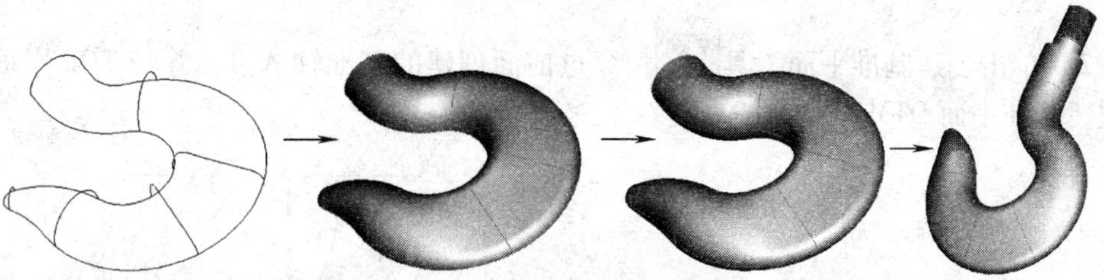

图 9－2　建模流程

步骤 1　新建零件

利用公制模板创建新零件，文件名称“prt－9－1”。

步骤 2　创建吊钩曲面的轮廓线

（1）单击草绘工具绘制吊钩外形线。

（2）选择 FRONT 作为草绘平面，系统自动选择 RIGHT 作为向“右”的参照。

（3）单击中键激活草绘环境，系统自动选择 RIGHT 和 TOP 基准平面作为绘制二维截面的参照。

（4）绘制图 9－3 所示的截面，标注尺寸并修改尺寸值，单击和隐藏基准平面和坐标系。

（5）单击完成草绘，见图 9－4。

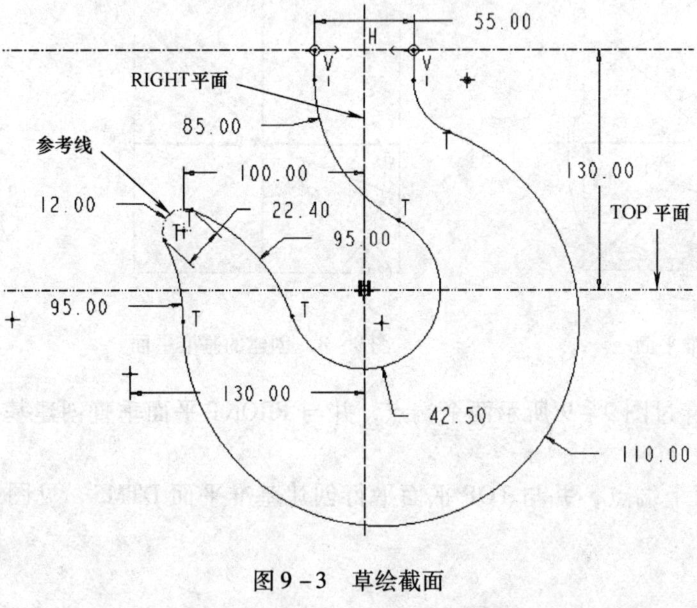

图 9－3　草绘截面

图 9－4　完成的轮廓线

步骤 3　创建基准平面

（1）为后续截面准备草绘平面。单击创建基准轴工具，选择 TOP 和 RIGHT 基准平面，在其交线处创建基准轴 A_1，见图 9－5。

（2）单击创建基准平面工具，穿过前面创建的基准轴 A_1，并与 TOP 平面夹角 45°创建基准平面 DTM1，见图 9－6。

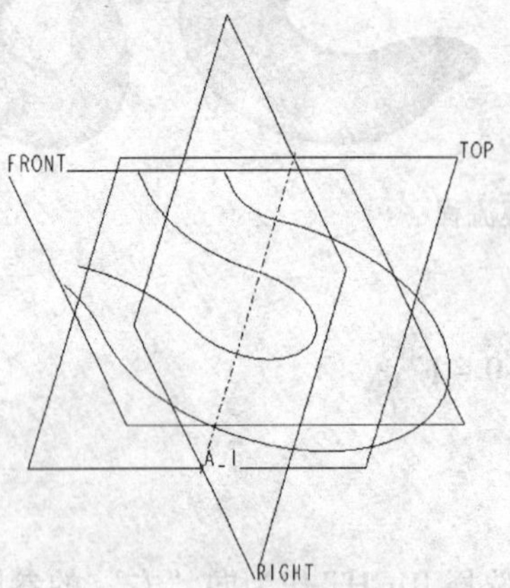

图 9－5　创建的基准轴

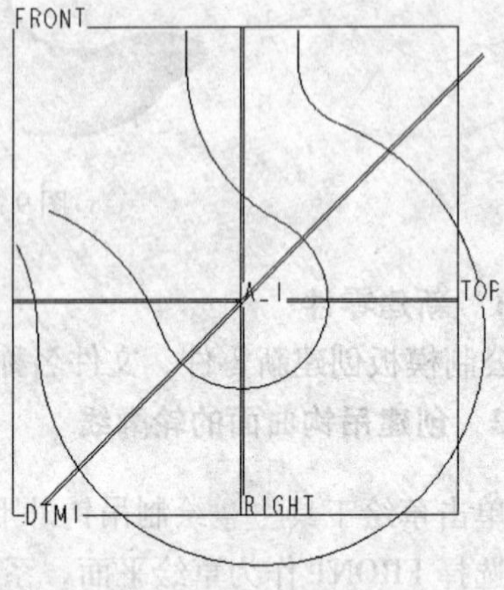

图 9－6　创建的基准平面

（3）再创建一个基准平面，同样穿过基准轴 A_1，并与 TOP 平面夹角 45°创建基准平面 DTM2，见图 9－7。

（4）再创建一个基准平面，同样穿过基准轴 A_1，并与 RIGHT 平面夹角 70°创建基准平面 DTM3，见图 9－8。

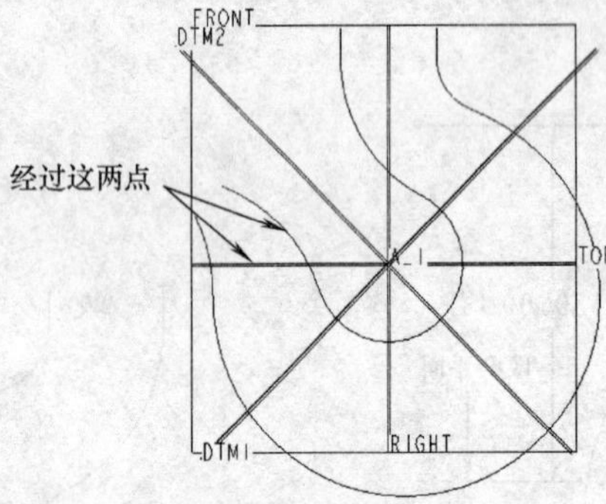

图 9－7　创建的基准平面

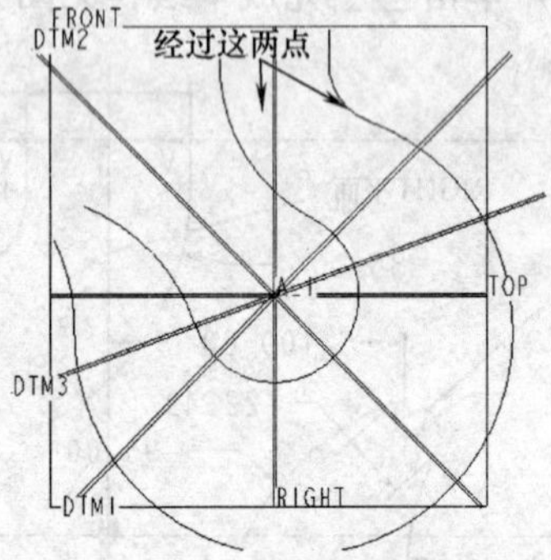

图 9－8　创建的基准平面

（5）继续创建基准平面，穿过图 9－9 所示两个端点，并与 FRONT 平面垂直创建基准平面 DTM4，见图 9－9。

（6）穿过图 9－10 所示两个端点，并与 TOP 平面平行创建基准平面 DTM5，见图 9－10。

步骤 4　创建基准点

创建用于截面绘制时定位的基准点。单击按钮，创建基准点。分别创建 DTM1、DTM2、DTM3、RIGHT 基准平面与吊钩轮廓线的交点，见图 9－11。

步骤 5　创建吊钩曲面的骨架线

注意：在创建截面线中，读者的参考点名称和草绘方位与书中不一定相同，要根据

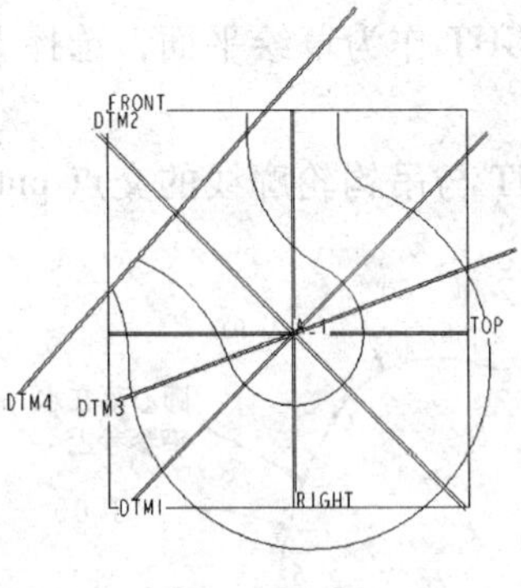

图 9－9　创建的基准平面

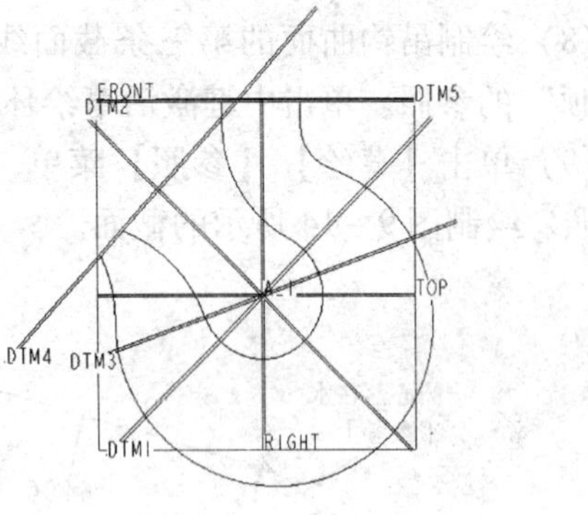

图 9－10　创建的基准平面

实际情况选取参考点，确定截面的绘制位置。

（1）单击草绘工具绘制吊钩曲面的第一条截面线。

（2）选择 DTM1 作为草绘平面，选择 FRONT 作为向“顶”的参照。单击中键激活草绘环境。

（3）单击【草绘】⇨【参照】菜单，选择 DTM1 与吊钩轮廓线的交点 pnt0 和 pnt1 作为参照。绘制图 9－12 所示的半圆截面。

（4）单击完成草绘。

（5）绘制吊钩曲面的第二条截面线。选择 DTM2 作为草绘平面，选择 FRONT 作为向“顶”的参照。单击中键激活草绘环境。

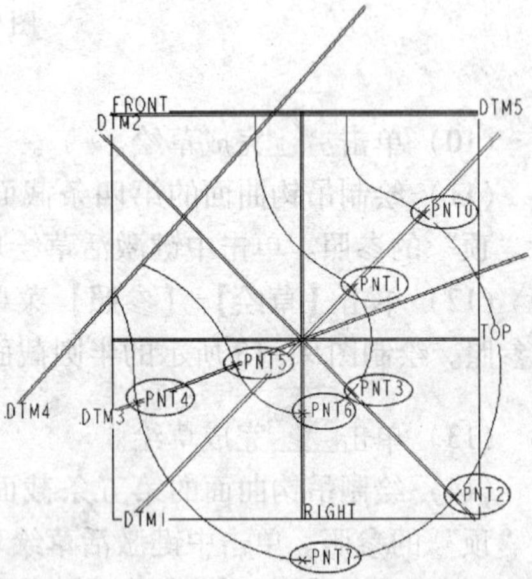

图 9－11　创建基准点

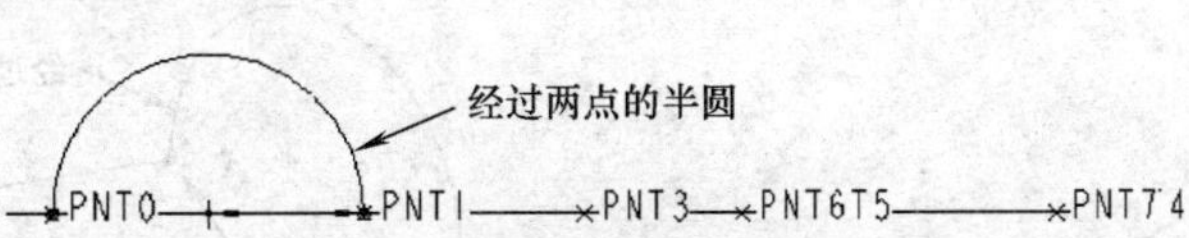

图 9－12　吊钩截面一

（6）单击【草绘】⇨【参照】菜单，选择 DTM2 与吊钩轮廓线的交点 pnt2 和 pnt3 作为参照。绘制图 9－13 所示的截面。

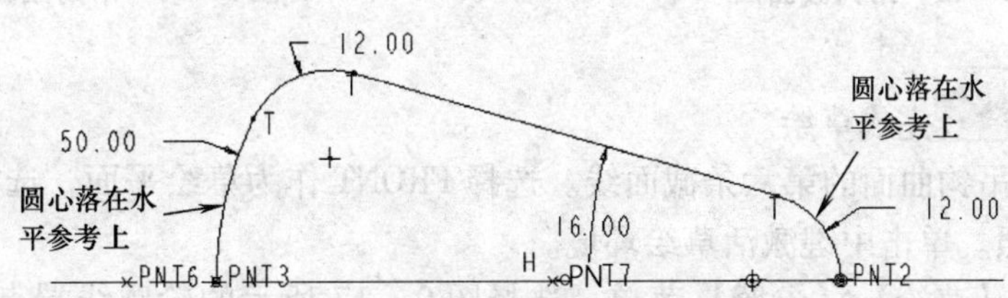

图 9－13　吊钩截面二

（7）单击完成草绘。

（8）绘制吊钩曲面的第三条截面线。选择 RIGHT 作为草绘平面，选择 FRONT 作为向“顶”的参照。单击中键激活草绘环境。

（9）单击【草绘】⇨【参照】菜单，选择 RIGHT 与吊钩轮廓线的交点 pnt6 和 pnt7 作为参照。绘制图 9 – 14 所示的截面。

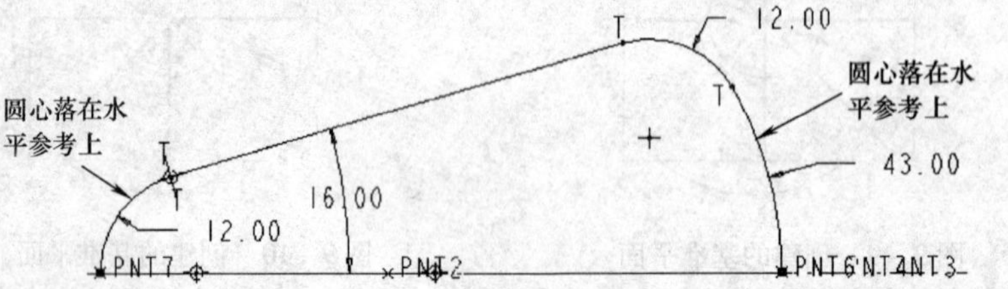

图 9 – 14　吊钩截面三

（10）单击完成草绘。

（11）绘制吊钩曲面的第四条截面线。选择 DTM3 作为草绘平面，选择 FRONT 作为向“顶”的参照。单击中键激活草绘环境。

（12）单击【草绘】⇨【参照】菜单，选择 DTM3 与吊钩轮廓线的交点 pnt4 和 pnt5 作为参照。绘制图 9 – 15 所示的半圆截面。

（13）单击完成草绘。

（14）绘制吊钩曲面的第五条截面线。选择 DTM4 作为草绘平面，选择 FRONT 作为向“顶”的参照。单击中键激活草绘环境。

（15）单击【草绘】⇨【参照】菜单，选择图 9 – 16 所示的轮廓线端点作为参照。绘制图 9 – 16 所示的半圆截面。

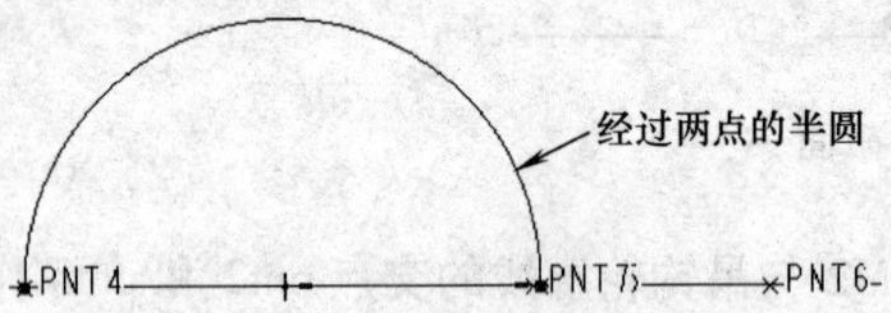

图 9 – 15　吊钩截面四

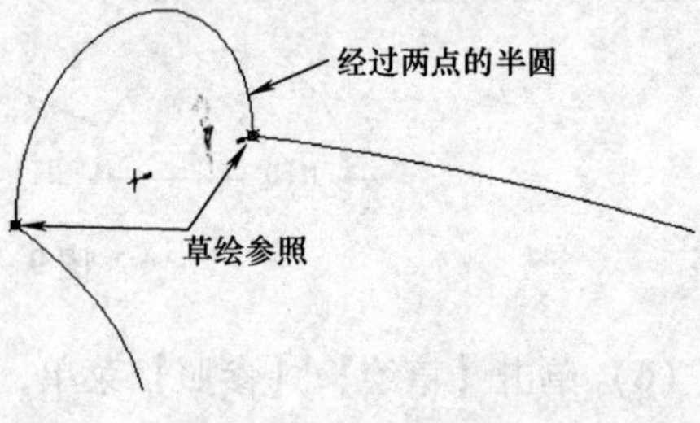

图 9 – 16　吊钩截面五

（16）单击完成草绘。

（17）绘制吊钩曲面的第六条截面线。选择 FRONT 作为草绘平面，选择 RIGHT 作为向“右”的参照。单击中键激活草绘环境。

（18）单击【草绘】⇨【参照】菜单，选择图 9 – 17 所示的轮廓线端点作为参照。绘制图 9 – 17 所示的半圆截面。

（19）单击完成草绘。

（20）绘制吊钩曲面的第七条截面线。选择 DTM5 作为草绘平面，选择 RIGHT 作为向

“右”的参照。单击中键激活草绘环境。

(21) 单击【草绘】⇨【参照】菜单，选择图 9 – 18 所示的轮廓线端点作为参照。绘制图 9 – 18 所示的半圆截面。

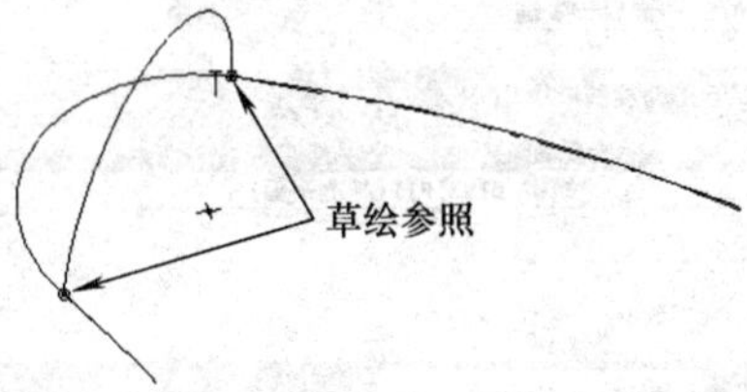

图 9 – 17 吊钩截面六

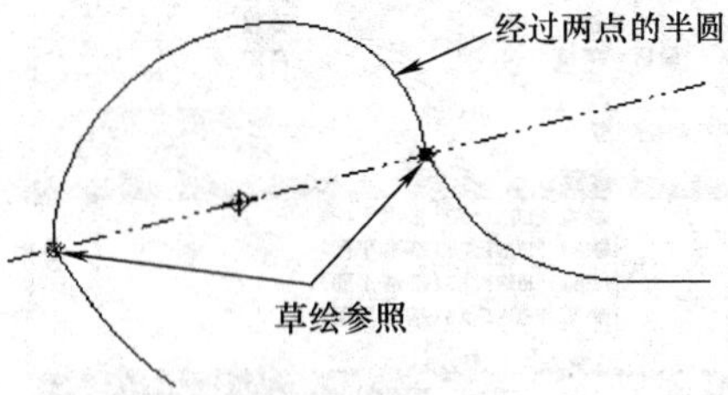

图 9 – 18 吊钩截面七

(22) 单击✔完成草绘。完成的吊钩曲面骨架线见图 9 – 19。

步骤 6 创建边界混合曲面

(1) 单击按钮，创建边界混合曲面。

(2) 选择图 9 – 20 所示的轮廓线作为第一方向链。

(3) 选择图 9 – 21 所示的轮廓线作为第二方向链。

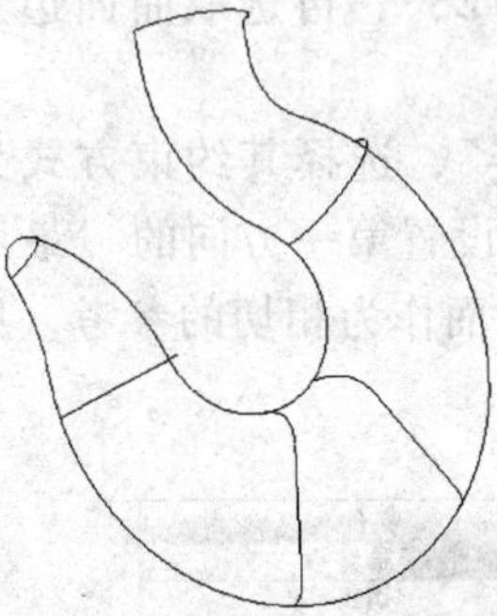

图 9 – 19 吊钩曲面骨架线

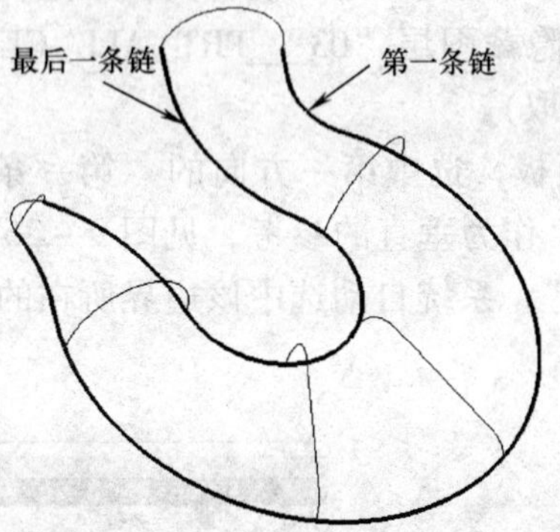

图 9 – 20 选择第一方向链

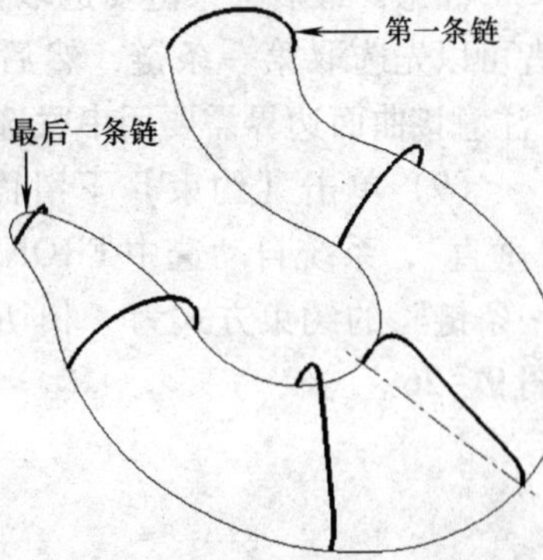

图 9 – 21 选择第二方向链

(4) 单击【约束】下滑面板，选中第一方向的“第一条链”，选择其约束方式为“垂直”，系统自动选中 FRONT 作为垂直的参考（当然用户也可以自行选择约束的参考），见图 9 – 22。以同样的方法设置第一方向的“最后一条链”的约束方式为“垂直”。

(5) 设置第二方向的“第一条链”的约束方式为“垂直”，见图 9 – 23。在该位置边界曲面垂直 DTM5 基准平面。

提示 1：边界混合曲面的边界约束可以操作该曲面的第一、第二方向的首尾曲线链，使其垂直、相切、曲率连续与其它曲面或基准平面。

提示 2：选择多条链需要按着 Ctrl 选择；如果一条链由多条线组成，需要按着 Shift 串联选取。

提示 3：ProE 的边界混合曲面不允许任何两条边界相切；不允许同一方向的边界相交；不允许边界自相交；第一方向链必须与第二方向链相交；ProE 允许仅利用一个方向

的链创建曲面。

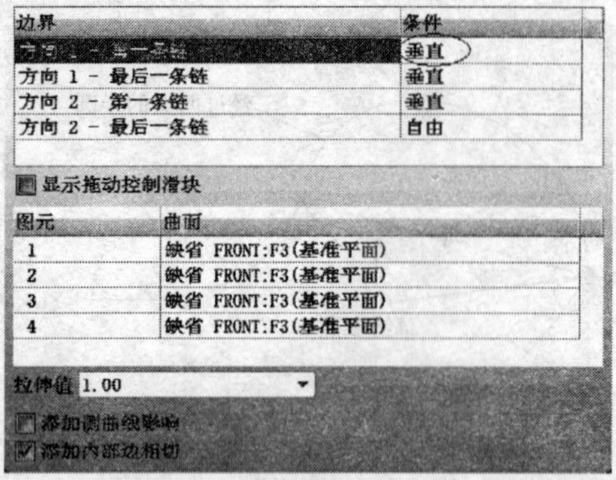

图 9 - 22　约束边界

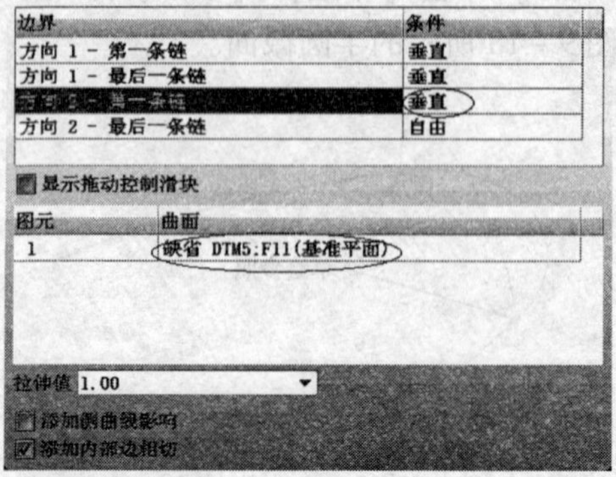

图 9 - 23　约束边界

（6）单击完成边界混合曲面创建。

（7）单击按钮，创建另一个边界混合曲面。

（8）选择图 9 - 24 所示的轮廓线作为第一方向链。

注意：最后一条链要选取前面创建的边界混合曲面的边界，便于后面添加约束。读者可以先选取第一条链，然后隐藏图层“03___PRT_ALL_CURVES”，再选取曲面边界（注意该曲面边界需要用串联选取）。

（9）单击【约束】下滑面板，选中第一方向的“第一条链”，选择其约束方式为“垂直”，系统自动选中 FRONT 作为垂直的参考，见图 9 - 25。设置第一方向的“最后一条链”的约束方式为“相切”，系统自动选中该边界所在的曲面作为相切的参考，见图 9 - 26。

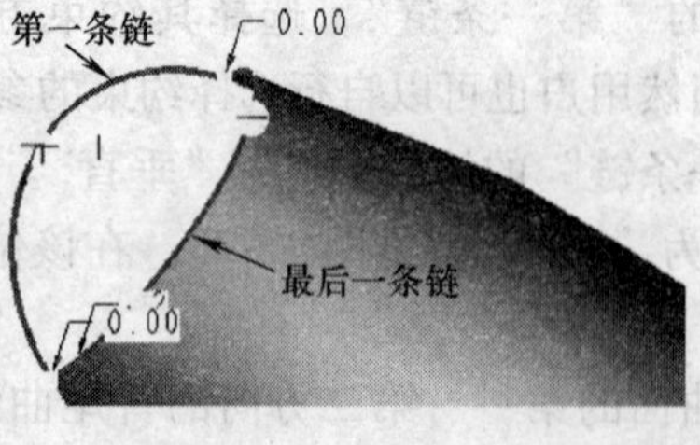

图 9 - 24　草绘对话框

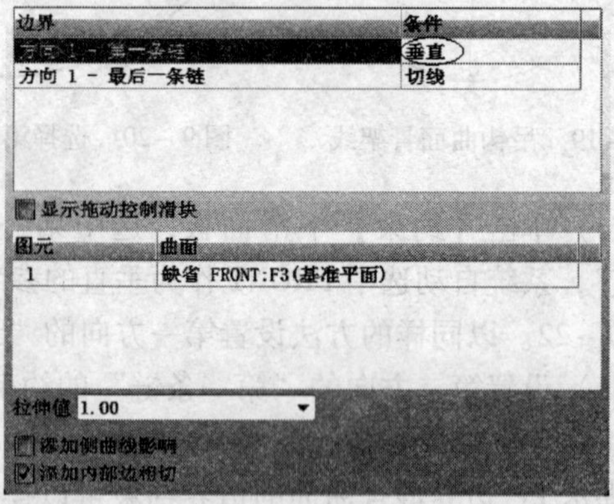

图 9 - 25　约束边界

（10）单击完成边界混合曲面创建，完成的边界混合曲面见图 9 - 27。

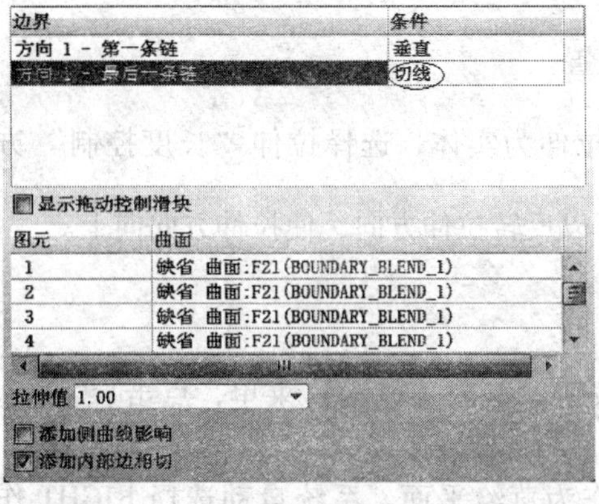

图 9－26　约束边界

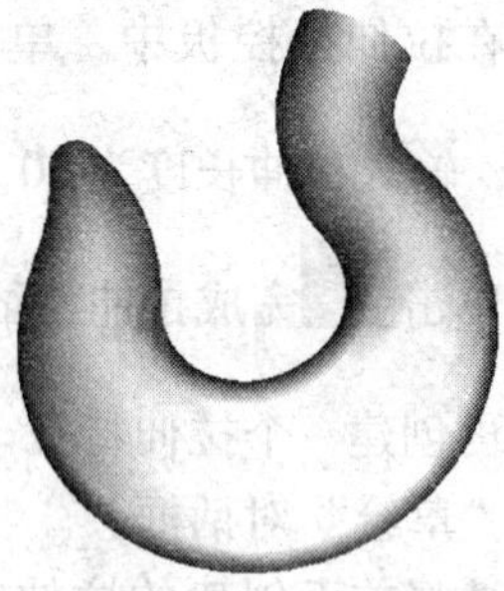

图 9－27　完成的边界混合曲面

步骤 7　合并及镜像曲面

(1) 选中前面创建的两张曲面。

(2) 单击按钮合并曲面，单击完成曲面合并。

(3) 点击“两次”合并完成的曲面，选中面几何，单击镜像工具。

(4) 选择 FRONT 基准平面作为镜像的参考面，单击完成曲面镜像。

(5) 选中原始面组及镜像曲面，单击曲面合并工具。

(6) 单击完成曲面合并。完成的曲面见图 9－28。

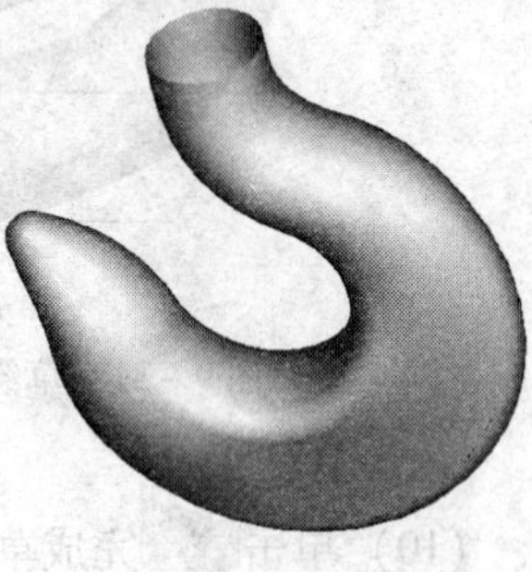

图 9－28　完成的曲面

步骤 8　创建拉伸特征

(1) 单击按钮。单击【放置】菜单，点击 定义... 按钮，弹出“草绘”对话框。

(2) 选择 DTM5 作为草绘平面，系统自动选择 RIGHT 作为向“右”的参照，见图 9－29。

(3) 单击中键激活草绘环境，草绘图 9－30 所示的截面。

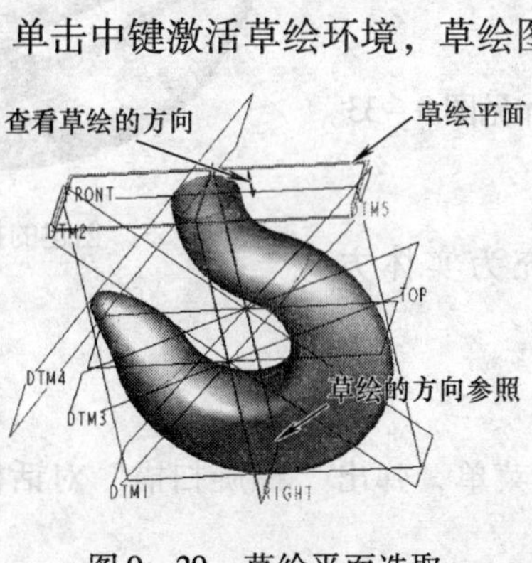

图 9－29　草绘平面选取

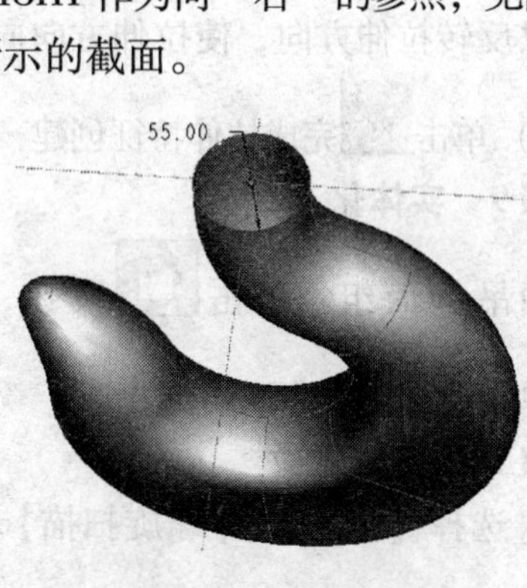

图 9－30　草绘截面

(4) 单击完成草绘，继续下一步设置。

(5) 在拉伸操控板中，单击选择拉伸为实体，选择拉伸“长度控制”方法为——，输入拉伸长度为50。单击可以反转拉伸方向，使拉伸方向向上。

(6) 单击完成拉伸特征创建。

(7) 再创建一个拉伸特征。单击按钮。单击【放置】菜单，点击 定义... 按钮，弹出“草绘”对话框。

(8) 选择前面创建的拉伸特征的顶面作为草绘平面，系统自动选择 RIGHT 作为向“右”的参照，见图 9－31。

(9) 单击中键激活草绘环境，草绘图 9－32 所示的截面。

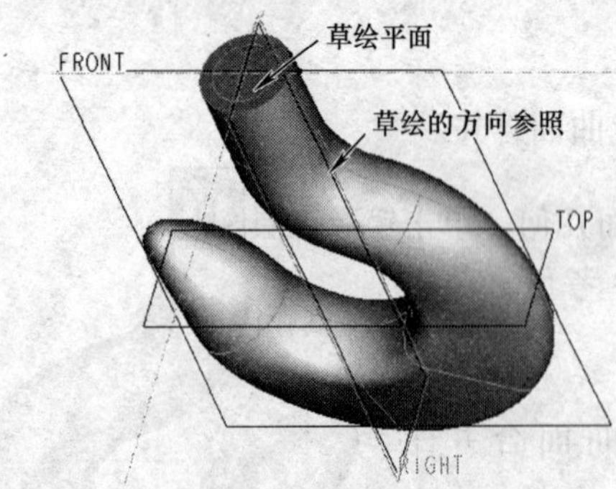

图 9－31　草绘平面选取

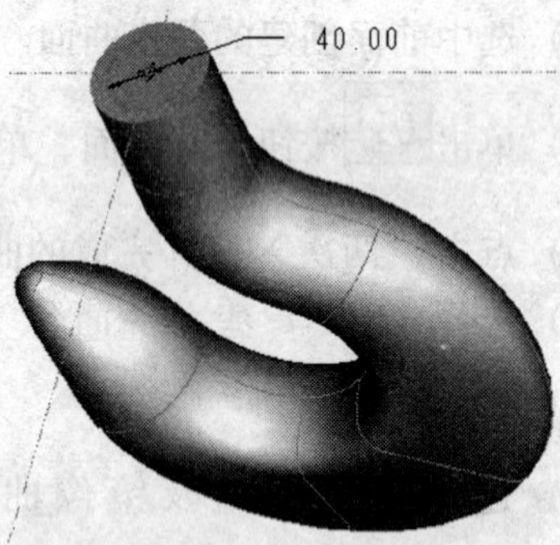

图 9－32　草绘截面

(10) 单击完成草绘，继续下一步设置。

(11) 在拉伸操控板中，单击选择拉伸为实体，选择拉伸“长度控制”方法为，输入拉伸长度为60。单击可以反转拉伸方向，使拉伸方向向上。

(12) 单击完成拉伸特征创建，创建的实体见图 9－33。

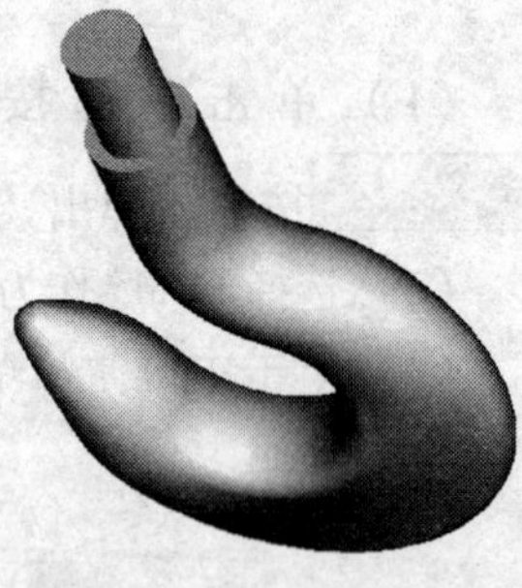

图 9－33　创建的拉伸特征

步骤 9　实体化

选中吊钩面组，单击按钮，选择填充为实体方式，单击完成曲面实体化。

步骤 10　创建螺纹

(1) 选择【插入】⇨【螺旋扫描】⇨【切口】菜单，弹出“螺旋扫描”对话框，见图 9－34。

(2) 在“菜单管理器”中选择图 9－35 所示的选项，单击【完成】。

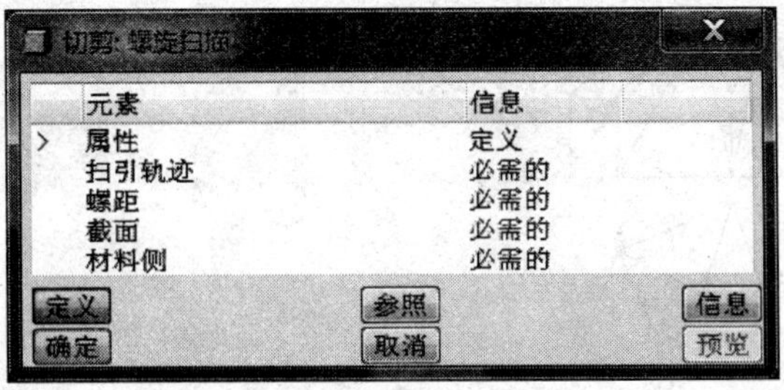

图9－34　“螺旋扫描”对话框

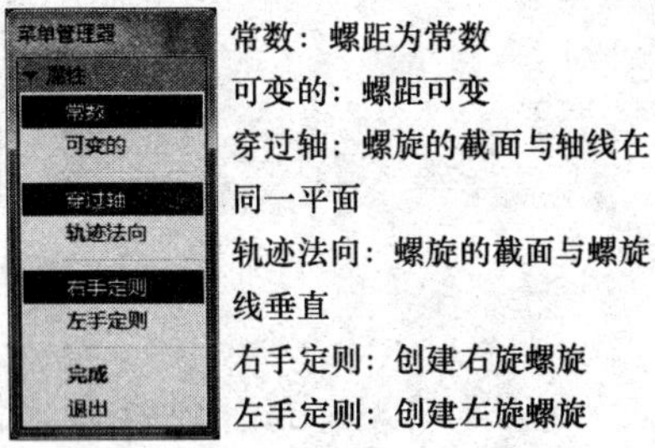

图9－35　螺旋扫描“属性”菜单

(3) 选择FRONT作为草绘平面，单击【正向】接受缺省的方向，单击【缺省】接受缺省的草绘方位参照。

(4) 进入草绘环境，绘制图9－36所示的螺旋轴线与母线。

(5) 单击✔完成草绘，输入螺距3。

(6) 系统重新进入草绘环境，绘制图9－37所示的螺旋截面。

(7) 单击✔完成截面草绘，单击【正向】接受去除材料的方向。

(8) 单击【确定】完成螺旋扫描特征创建，结果见图9－38。

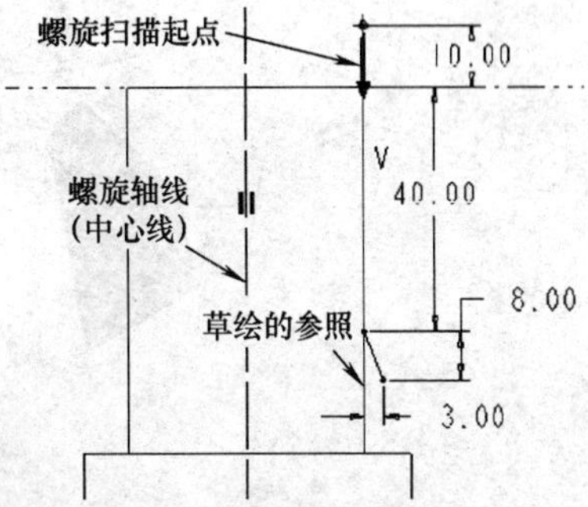

图9－36　螺旋轴线和母线

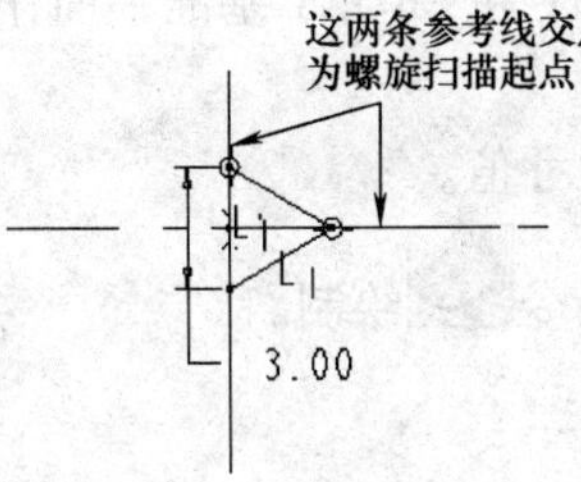

图9－37　螺旋截面

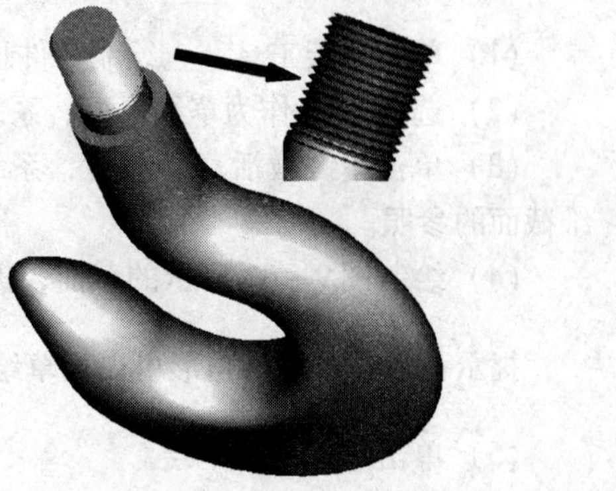

图9－38　完成的模型

9.3　实　例　二

此实例将完成图9－39所示零件的建模。通过此例学习ProE边界混合曲面控制点的对齐。建模流程见图9－40。

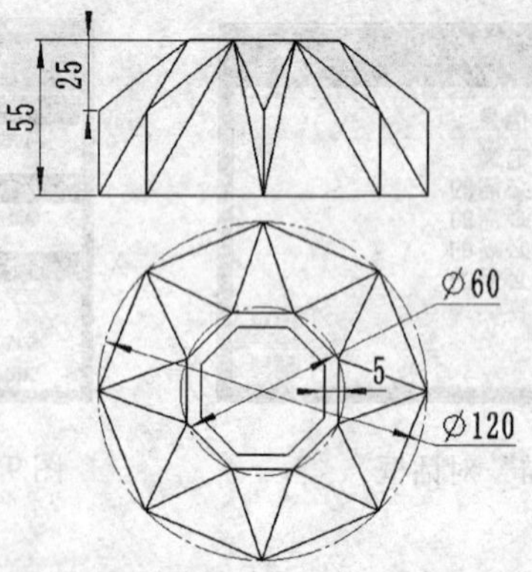

图 9－39　零件图纸

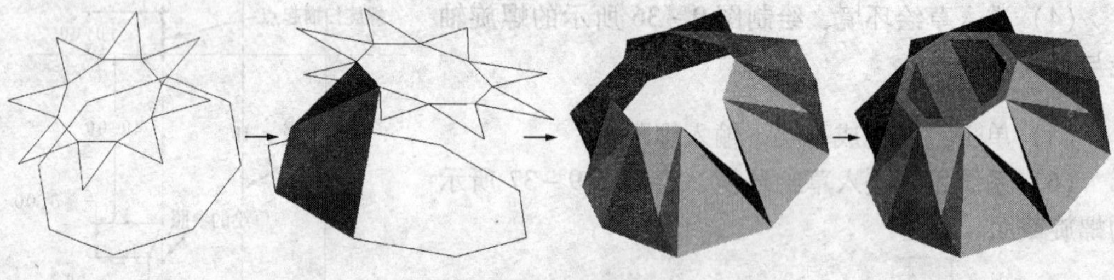

图 9－40　建模流程

步骤 1　新建零件

利用公制模板创建新零件，文件名称“prt－9－2”。

步骤 2　创建截面线

（1）单击草绘工具 绘制零件顶面的轮廓线。

（2）选择 TOP 作为草绘平面，系统自动选择 RIGHT 作为向“右”的参照。

（3）单击中键激活草绘环境，系统自动选择 RIGHT 和 FRONT 基准平面作为绘制二维截面的参照。

（4）绘制图 9－41 所示的截面，标注尺寸并修改尺寸值。

提示：八边形和八角形可以用草绘的“调色板”命令 绘制。

（5）单击 完成草绘。

（6）单击草绘工具 绘制零件底面的轮廓线。

（7）将 TOP 平面向下平移 55 创建基准平面 DTM1 作为草绘平面，选择 RIGHT 作为向“右”的参照。

（8）单击中键激活草绘环境，系统自动选择 RIGHT 和 FRONT 基准平面作为绘制二维截面的参照。

（9）绘制图 9－42 所示的截面，标注尺寸并修改尺寸值。

提示：八边形可以用草绘的“调色板”命令 绘制。

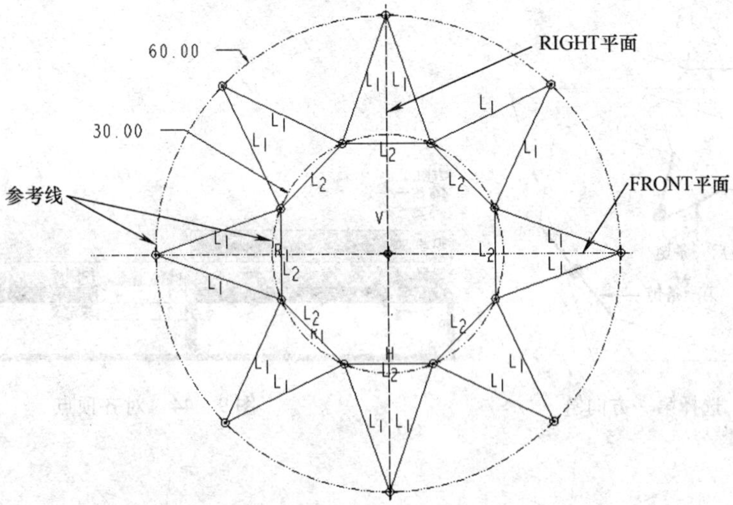

图9－41　草绘截面

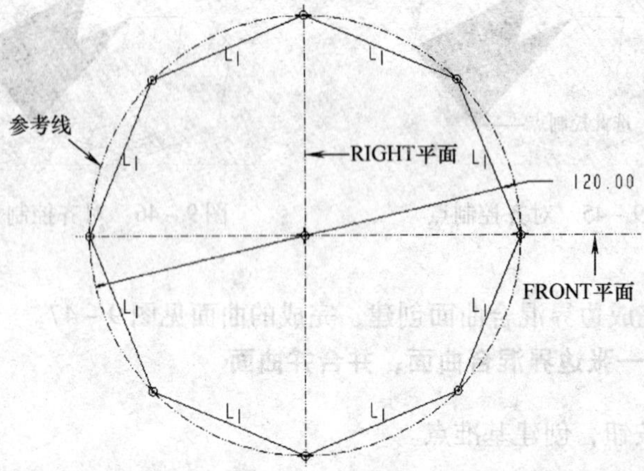

图9－42　草绘截面

（10）单击完成草绘。

步骤3　创建边界混合曲面

（1）单击按钮，创建边界混合曲面。

（2）选择图9－43所示的轮廓线作为第一方向链（最后一条链需要串联选取。点选时，如果预选的对象不是所需要的，单击右键切换预选其它可能的要素，下同）。

（3）单击【控制点】下滑面板，选中方向的"第一个"，选择"链1"的"未定义"控制点，见图9－44。

（4）在绘图区选择图9－45所示的控制点。

（5）再选择图9－46所示的控制点。

提示：调整边界混合曲面的控制点可以调节边界混合曲面的边界间连接状况，进而改变边界混合曲面形状或质量。

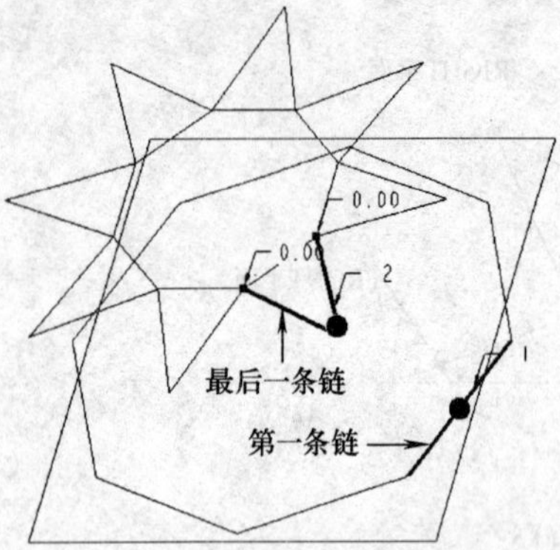

图 9-43　选择第一方向链

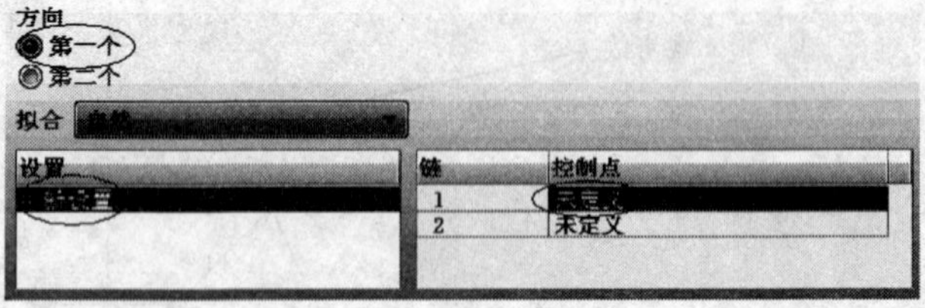

图 9-44　对齐顶点

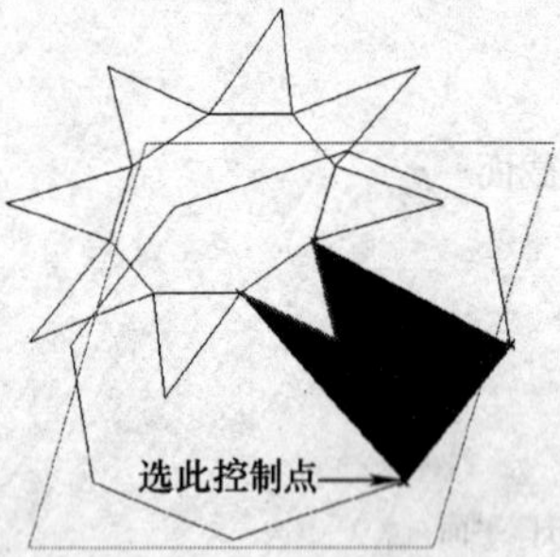

图 9-45　对齐控制点

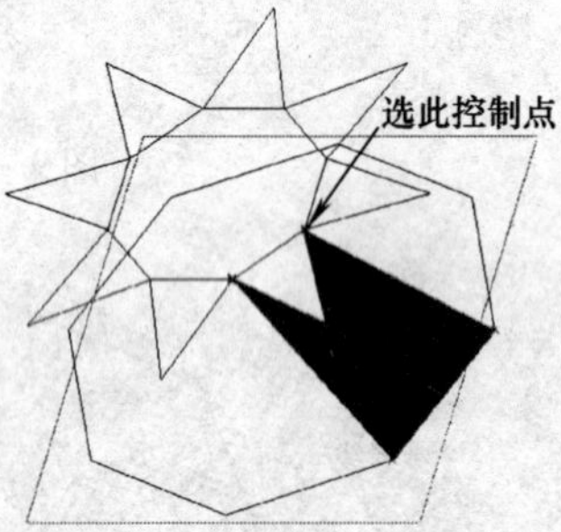

图 9-46　对齐控制点

（6）单击完成边界混合曲面创建，完成的曲面见图 9-47。

步骤 4　创建另一张边界混合曲面，并合并曲面

（1）单击按钮，创建基准点。

（2）选择图 9-48 所示的曲面棱边。如果基准平面未显示出来，单击显示基准平面。

图 9-47　完成的曲面

图 9-48　选取参考边

（3）在“基准点”对话框中选择【参照】，激活参照收集框，选择 TOP 作为基准点位置的参照，输入偏移值 -25，见图 9-49。完成基准点创建。

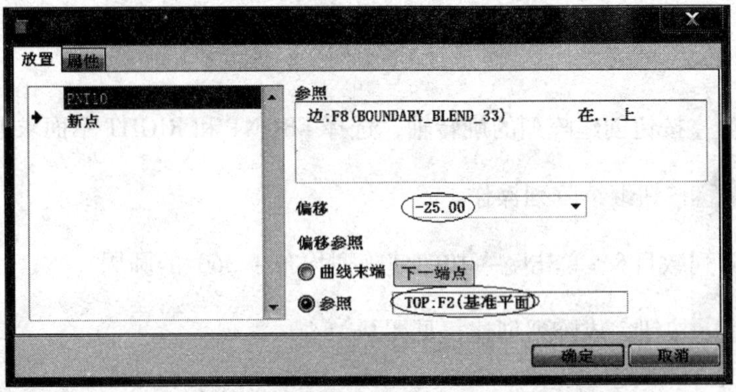

图 9-49　选取参考平面

（4）单击按钮，再创建一张边界混合曲面。

（5）选择图 9-50 所示的曲线及刚刚创建的基准点作为曲面边界线。

（6）单击完成边界混合曲面创建。

（7）选中前面创建的两张边界混合曲面。单击混合曲面，注意曲面的保留方向，见图 9-51。

步骤 5　阵列曲面，并合并所有曲面

（1）将前面创建的两张边界混合曲面、基准点、合并特征创建为一个局部组，见图 9-52。

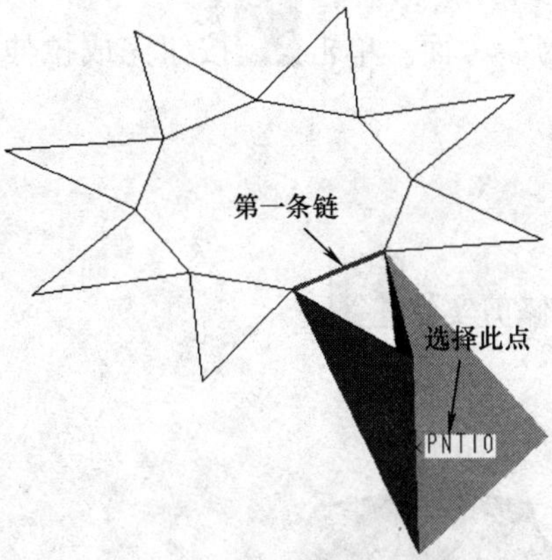

图 9-50　选择曲线链

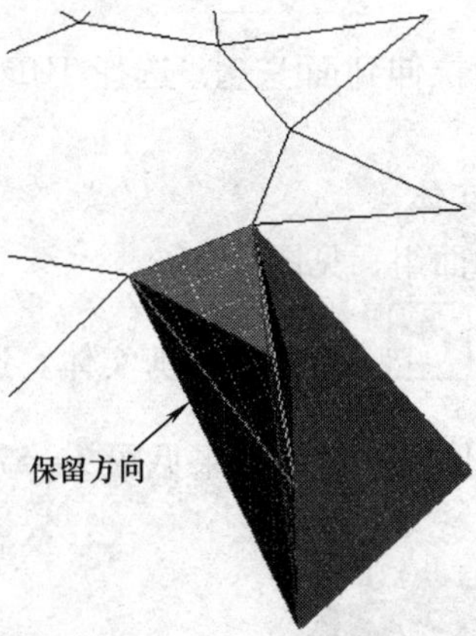

图 9-51　曲面混合

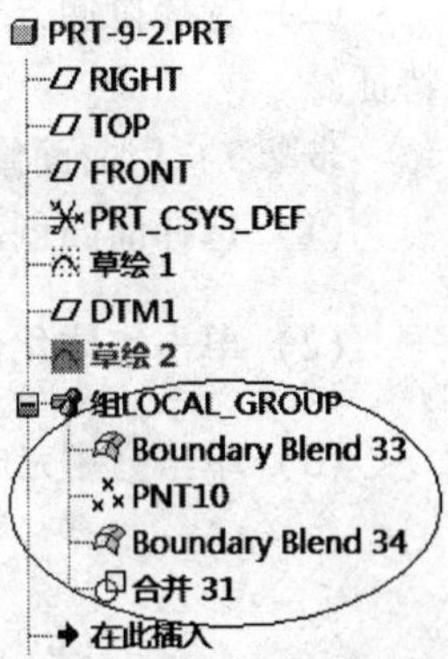

图 9-52　创建组

（2）选中上一步创建的“局部组”，单击右键，选择【阵列】菜单。

（3）在弹出的阵列操控板中，选择阵列方式为“轴”，见图 9-53。

图 9－53　阵列操控板

（4）单击按钮创建阵列的旋转轴，选择 FRONT 和 RIGHT 平面求取其交线。

（5）单击按钮继续阵列操作。

（6）输入阵列数目 8，单击按钮使阵列均布于 360°的圆周。

（7）单击按钮完成阵列创建，见图 9－54。

（8）合并所有曲面。

步骤 6　拉伸八棱柱

（1）单击按钮，选择图 9－55 所示截面。

图 9－54　完成阵列

图 9－55　拉伸截面

（2）选择拉伸方式为拉伸到面，选择 TOP 作为参考面。单击按钮完成拉伸特征。

步骤 7　用曲面修剪实体

（1）选择前面创建的面组，见图 9－56。

（2）单击实体化命令，用曲面修剪实体。选择修剪实体。

（3）单击完成实体化命令，结果见图 9－57。

图 9－56　选择曲面

图 9－57　修剪完成

步骤8　拉伸八棱柱孔

（1）单击按钮，选择TOP作为草绘平面，用偏距边命令创建图9－58所示截面。

（2）选择拉伸方式为贯穿，选择去除材料的方式。单击按钮完成拉伸特征，完成的模型见图9－59。

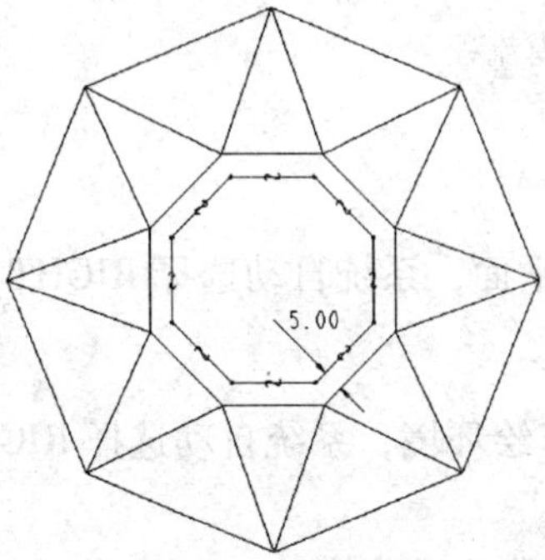

图9－58　拉伸截面

图9－59　完成的模型

9.4　实　例　三

此实例将完成图9－60所示零件的绘制。通过此例学习可变截面扫描工具利用关系式控制截面变化的方法。建模流程见图9－61。

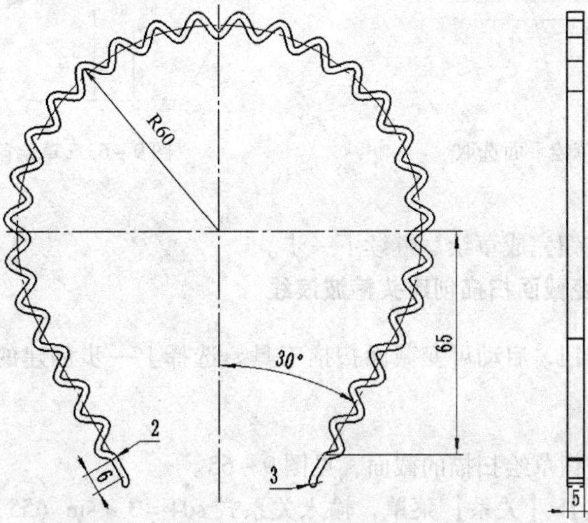

图9－60　头箍零件图纸

步骤1　新建零件

用公制模板创建新零件，文件名称“prt－9－3”。

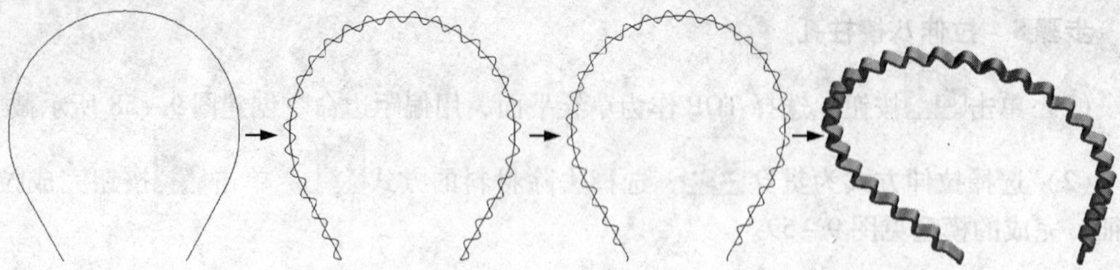

图 9-61　建模流程

步骤 2　创建头箍的骨架线

（1）单击按钮，选择 FRONT 作为草绘平面，系统自动选择 RIGHT 作为向“右”的参照，见图 9-62。

（2）单击 草绘 按钮或单击中键激活草绘环境，系统自动选择 RIGHT 和 FRONT 基准平面作为绘制二维截面的参照。

（3）绘制图 9-63 所示的截面，标注尺寸，修改尺寸值。

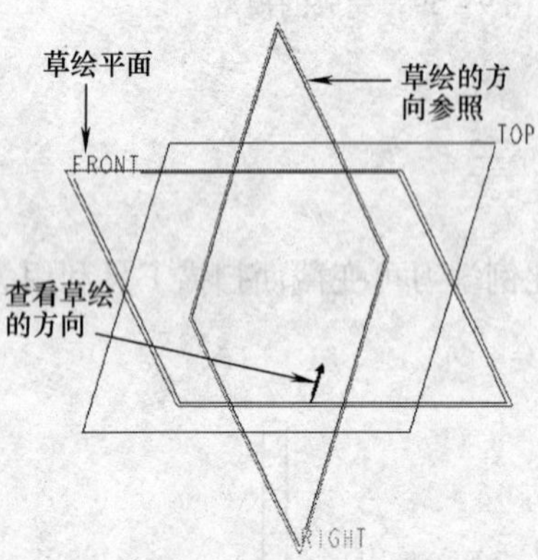

图 9-62　草绘平面选取

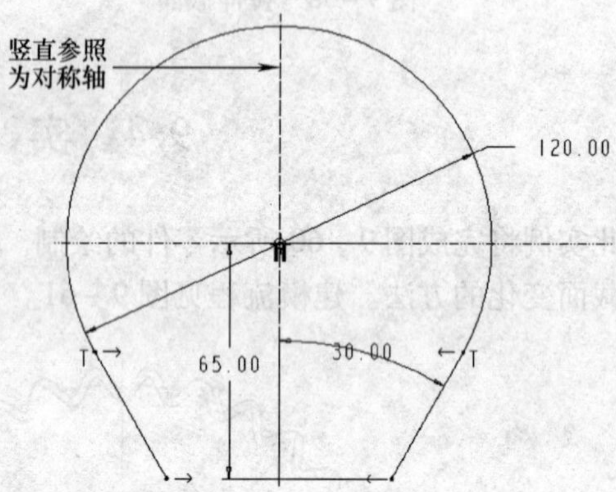

图 9-63　草绘截面

（4）单击按钮完成草绘，继续下一步。

步骤 3　利用可变截面扫描创建头箍波浪线

（1）单击按钮，启动可变截面扫描工具。选择上一步创建的曲线作为扫描的轨迹，见图 9-64。

（2）单击按钮草绘扫描的截面，见图 9-65。

（3）单击【工具】⇨【关系】菜单，输入关系式 sd4 = 3 * sin（55 * 180 * trajpar）。读者的尺寸名称可能与此不同，请确认是图 9-65 所示尺寸的名称。

提示 1：进入“关系”工具，草绘中的所有尺寸将以其名称显示。读者也可以点击【信息】⇨【切换尺寸】菜单，切换尺寸显示的状态。

提示 2：ProE 的关系式中可以进行加（+）、减（-）、乘（*）、除（/）及各种函数运算，可用的函数请参考相关帮助。

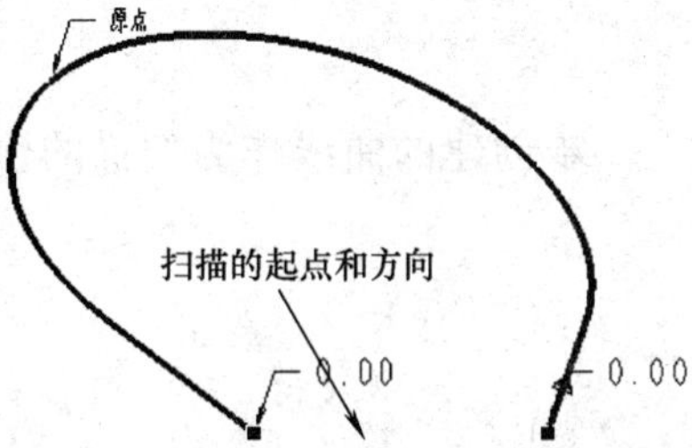

图 9－64　选取扫描轨迹

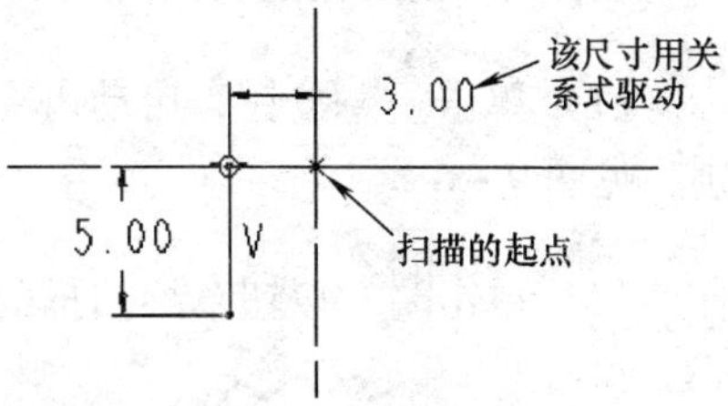

图 9－65　创建扫描截面

提示 3：上述关系式中的参数 trajpar 为 ProE 的系统参数，在扫描过程中其值从 0 均匀的变为 1。

（4）单击按钮完成扫描截面绘制。

（5）单击按钮完成可变截面扫描特征创建。完成的特征见图 9－66。

图 9－66　扫描的曲面

步骤 4　创建头箍扫描的轨迹线

（1）单击按钮，选择 FRONT 作为草绘平面，系统自动选择 RIGHT 作为向“右”的参照。

（2）单击中键激活草绘环境，系统自动选择 RIGHT 和 FRONT 基准平面作为绘制二维截面的参照。

（3）以命令使用前面扫描曲面的边界，创建图 9－67 所示的截面，标注尺寸，修改尺寸值。单击按钮完成草绘，继续下一步。

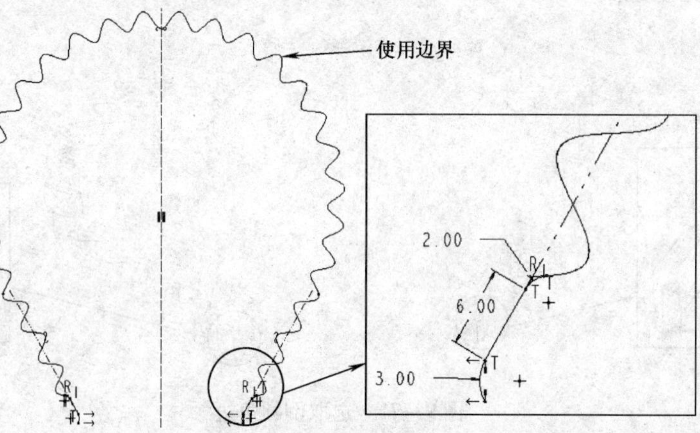

图 9－67　草绘扫描轨迹

步骤 5　创建头箍实体

（1）单击按钮，启动可变截面扫描工具。选择上一步创建的曲线作为扫描的轨迹，见图 9 - 68。

（2）单击按钮草绘扫描的截面，见图 9 - 69。

图 9 - 68　选择扫描轨迹

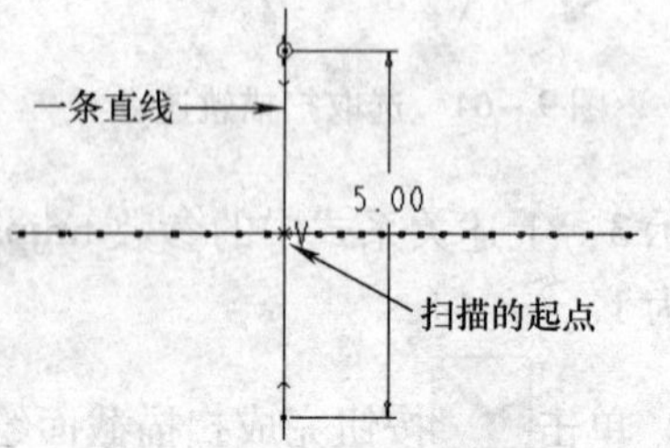

图 9 - 69　创建扫描截面

（3）单击按钮完成扫描截面绘制。

（4）单击设置扫描为实体，选择创建薄板选项，输入板厚 2，单击按钮使特征关于截面线对称加厚。

（5）单击按钮完成可变截面扫描特征创建。完成的特征见图 9 - 70。

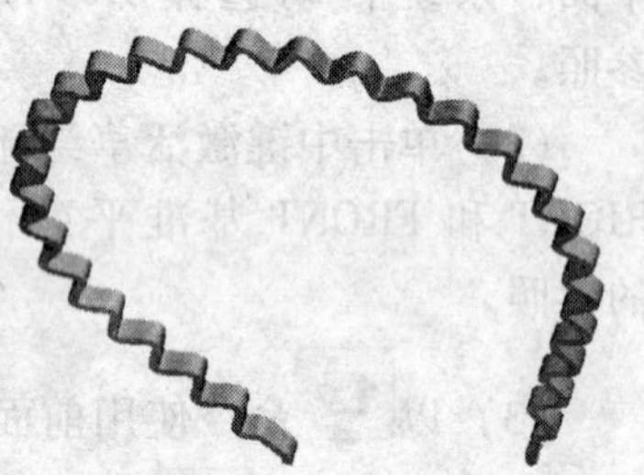

图 9 - 70　创建的特征

步骤 6　倒圆角

（1）单击按钮，创建倒圆角特征。

（2）按着 Ctrl 选择图 9 - 71 所示的边——设置 1。单击【设置】下拉面板，单击【完全倒圆角】按钮在这一对边之间创建完全倒圆角。

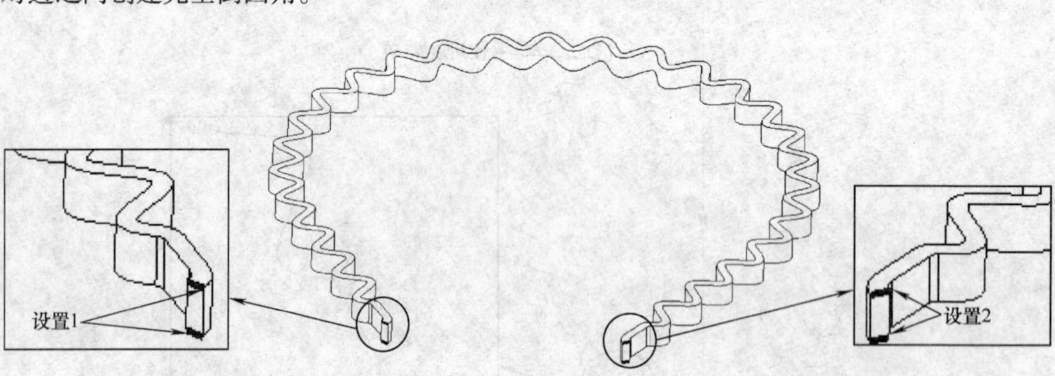

图 9 - 71　选取倒圆角边

（3）在【设置】下拉面板中单击“新组”创建新的设置。按着 Ctrl 选择图 9 - 71 所示的边——设置 2。单击【完全倒圆角】按钮在这一对边之间也创建完全倒圆角。

（4）单击按钮完成倒圆角，最终完成的模型见图9－72。

图9－72　完成的模型

9.5　实　例　四

此实例将完成图9－73所示的灯罩。在该模型创建中需要用到另一种控制可变截面扫描截面变化的方法——利用基准图形控制截面变化。建模流程见图9－74。

图9－73　零件预览

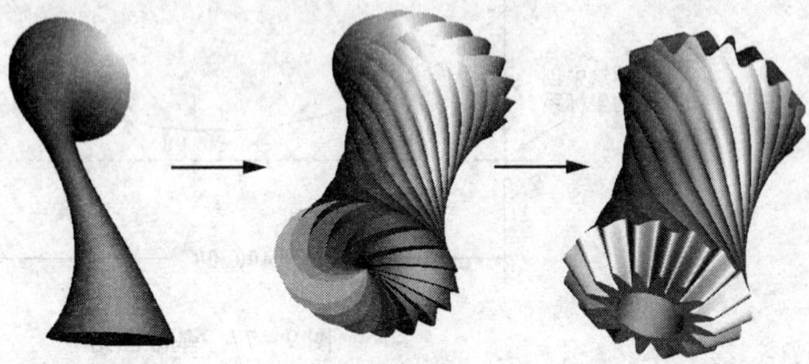

图9－74　建模流程

步骤1　新建零件

用公制模板创建新零件，文件名称“prt－9－4”。

步骤2　创建扫描的轨迹线

（1）单击按钮，在菜单管理器选择【从方程】，单击【完成】。

（2）选择模板创建的坐标系“PRT_CSYS_DEF”，坐标系类型选择【圆柱】。

（3）在弹出的编辑器中输入图9－75所示的方程式。

提示：方程式中的r是半径；theta是角度；z是沿z轴（即圆柱轴向）的坐标；参数t是0变化到1的变量。

（4）保存方程式文件退出编辑器，单击 确定 按钮或单击中键完成方程式曲线创建，完成的曲线见图9－76。

r=100
theta=t*180
z=250-500*t

图 9－75　曲线方程式

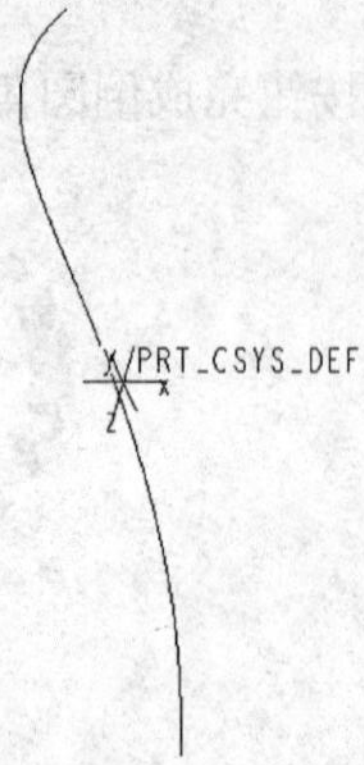

图 9－76　方程式曲线

步骤 3　创建控制扫描截面变化的基准图形

（1）单击【插入】⇨【模型基准】⇨【图形】菜单。

（2）输入特征名称“G”，回车，系统进入草绘环境。

（3）绘制图 9－77 所示截面，单击按钮完成基准图形绘制。

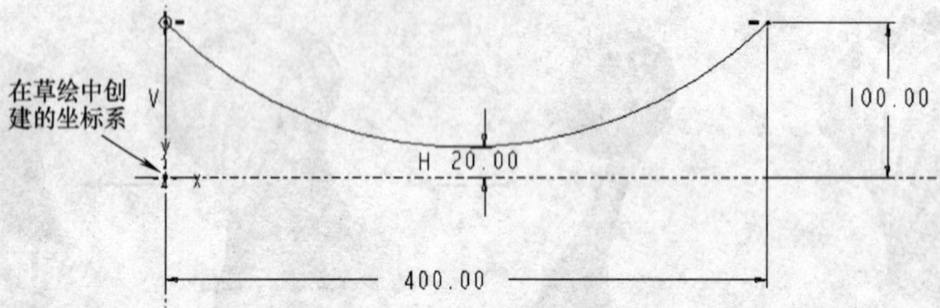

图 9－77　基准图形

提示：基准图形中必须创建坐标系——用命令创建。基准图形中的线条沿着 Y 轴方向不允许出现多值（即平行 Y 轴画线不能与基准图形有多个交点）。

步骤 4　创建可变截面扫描特征

（1）单击按钮，启动可变截面扫描工具。选择上一步创建的曲线作为扫描的轨迹。

（2）单击按钮草绘扫描的截面，见图 9－78。

（3）单击【工具】⇨【关系】菜单，输入关系式 sd4 = evalgraph（"g"，400 * trajpar）。读者的尺寸名称可能与此不同，请确认是图 9－78 所示尺寸的名称。

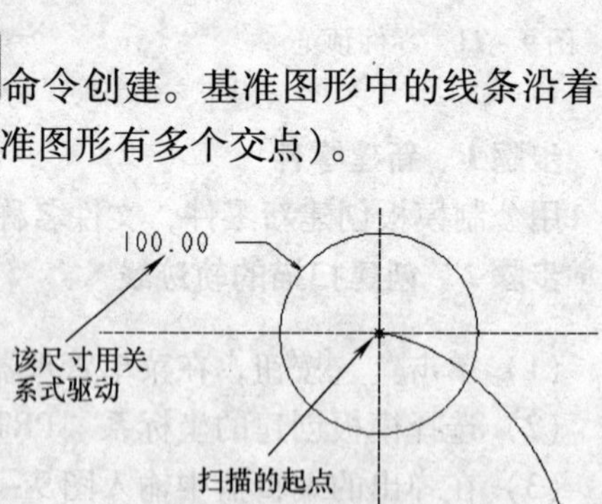

图 9－78　创建扫描截面

提示：上述关系式中的参数 trajpar 为 ProE 的系统参数，在扫描过程中其值从 0 均匀地变为1。函数 evalgraph 的功能是取基准图形相应 X 点的 Y 坐标值，其前一个参数是基准图形的名称，后一个参数是基准图形 X 坐标值。

（4）单击按钮完成扫描截面绘制。

（5）单击按钮完成可变截面扫描特征创建。完成的特征见图 9－79。

步骤 5　阵列扫描特征

（1）在模型树中选中前面创建的扫描特征，单击右键，选择【阵列】菜单。

（2）在弹出的阵列操控板中，选择阵列方式为“轴”。

（3）单击按钮创建阵列的旋转轴，选择 TOP 和 RIGHT 平面求取其交线。

（4）单击按钮继续阵列操作。

（5）输入阵列数目 16，单击按钮使阵列均布于 360°的圆周。

（6）单击按钮完成阵列创建，见图 9－80。

图 9－79　完成的特征

图 9－80　完成阵列

步骤 6　创建旋转特征封闭内部空隙

（1）单击按钮，启动旋转工具。选择 TOP 作为草绘平面，系统自动选择 RIGHT 为向“右”的参照。绘制图 9－81 所示截面。

（2）单击按钮完成扫描截面绘制。单击按钮完成旋转特征创建。

步骤 7　扫描曲面用于切割灯罩上下的花边

（1）单击按钮，创建扫描轨迹。

（2）偏移 FRONT 平面 270 创建基准平面，以其作为草绘平面，见图 9－82。RIGHT 平面作为向“右”的参照。

（3）绘制图 9－83 所示截面。

（4）单击按钮，启动可变截面扫描工具。选择上一步创建的曲线作为扫描的轨迹，见图 9－84。

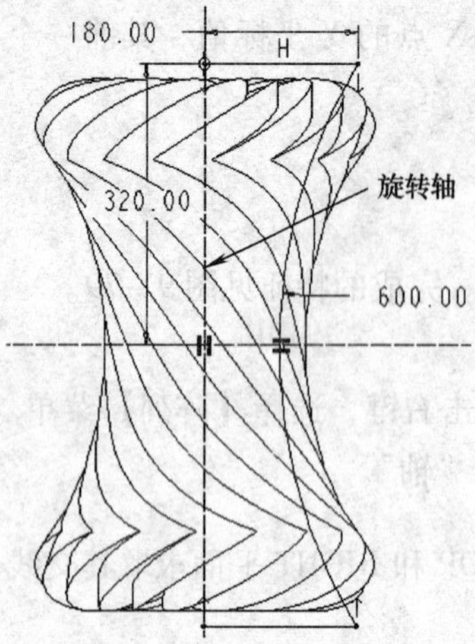

图 9 - 81 旋转的截面

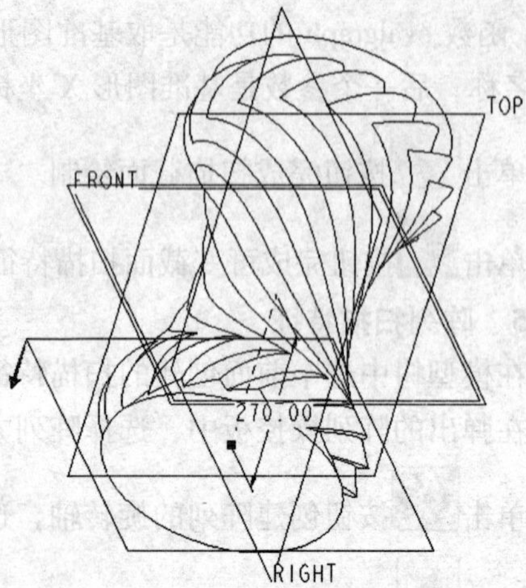

图 9 - 82 创建基准平面

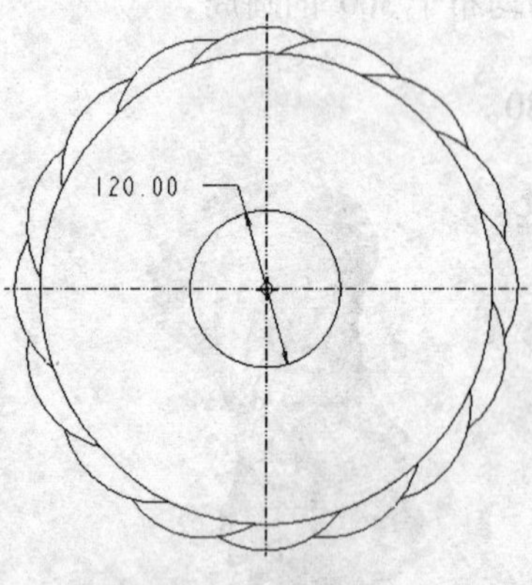

图 9 - 83 扫描的轨迹

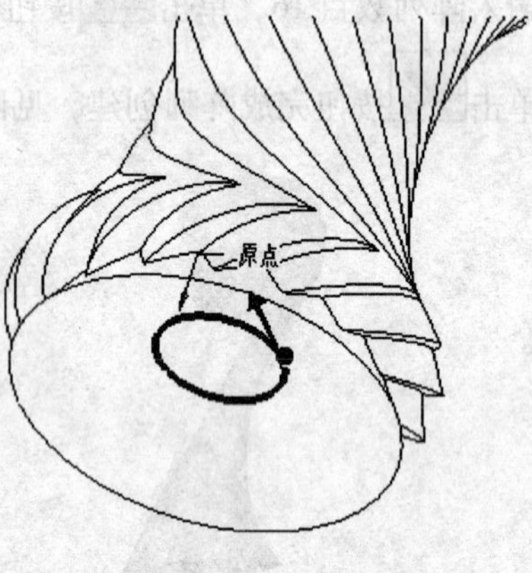

图 9 - 84 选择扫描轨迹

（5）单击按钮草绘扫描的截面，见图 9 - 85。

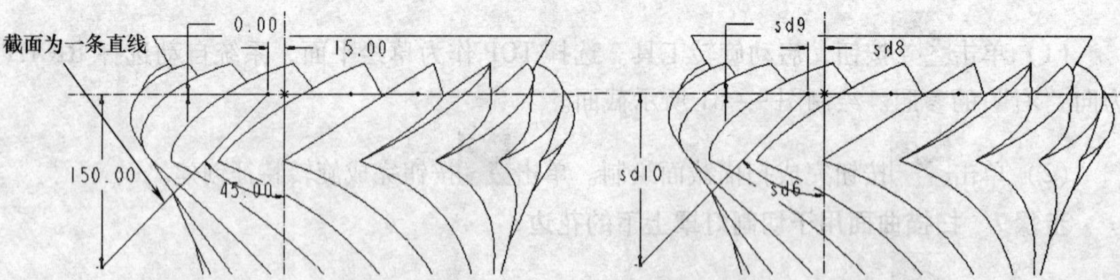

图 9 - 85 扫描的截面

（6）单击【工具】⇨【关系】菜单，输入关系式 sd9 = 20 * sin （16 * 360 * trajpar）; sd10 = 50 * sin （16 * 360 * trajpar）+ 150。读者的尺寸名称可能与此不同，请确认是图 9 - 85所示尺寸的名称。

（7）单击按钮完成扫描截面绘制。

（8）单击按钮完成可变截面扫描特征创建。完成的特征见图9－86。

图9－86　创建的曲面

步骤8　拉伸平面

（1）单击按钮，选择TOP作为草绘平面，单击设置拉伸为面，选择拉伸方式为对称拉伸，输入拉伸长度400。

（2）创建图9－87所示截面。

（3）单击按钮完成拉伸特征。

（4）选择刚拉伸的平面和前面扫描的花边曲面，见图9－88。

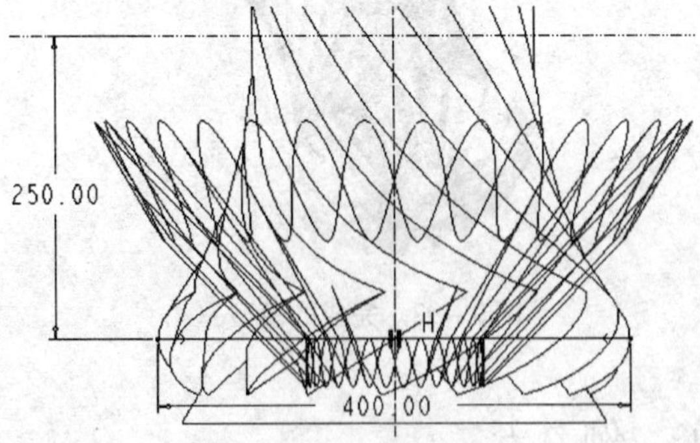

图9－87　拉伸截面

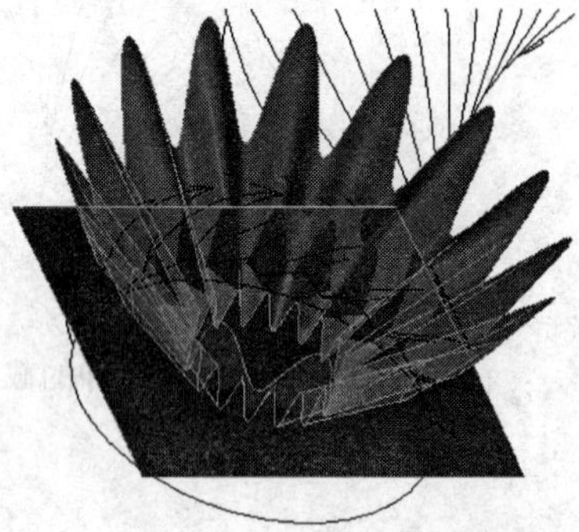

图9－88　选择曲面

（5）单击合并曲面，合并的结果见图9－89。

（6）选中合并完成的曲面，单击关于FRONT平面镜像曲面。

（7）用实体化命令的修剪实体功能，以两张花边曲面分别裁剪实体，结果见图9－90。

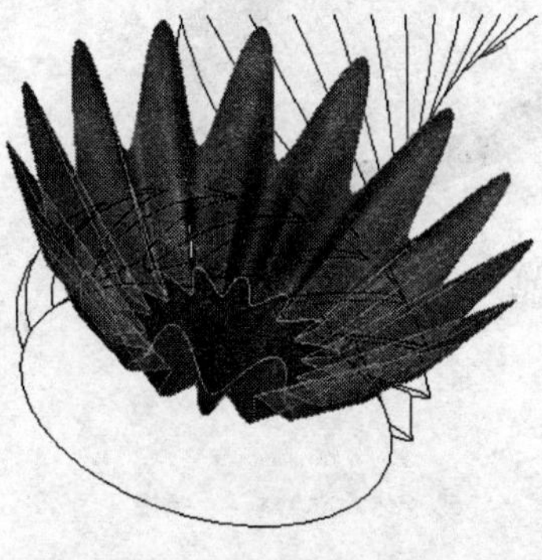

图9－89　合并完成的曲面

图9－90　修剪完成的模型

步骤 9　拉伸灯罩的中孔

（1）单击按钮，出现拉伸操控板。选择图 9－91 所示的草绘（即扫描花边的轨迹线）作为拉伸的截面。

（2）在拉伸操控板中，单击切除材料方式，选择拉伸“长度控制”方法方式为贯穿。

（3）单击完成拉伸特征创建，完成的模型见图 9－92。

图 9－91　拉伸的截面

图 9－92　完成的模型

9.6 实　例　五

此实例将完成图 9－93 所示的戒指模型。在该模型创建中学习利用轨迹线控制可变截面扫描截面的变化。

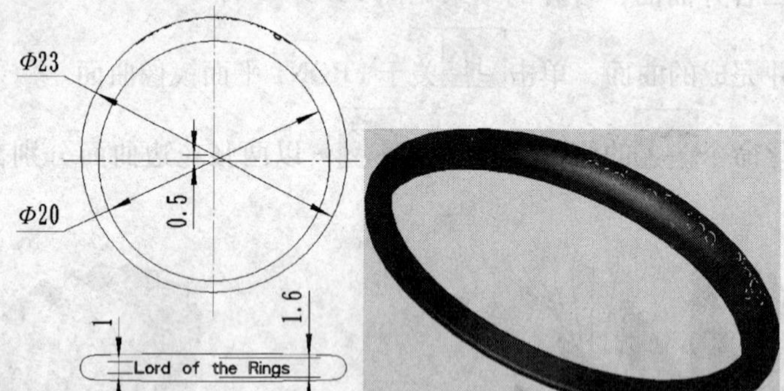

图 9－93　模型预览

步骤 1　新建零件

利用公制模板创建新零件，文件名称“prt－9－5”。

步骤 2　创建扫描的轨迹线

（1）单击按钮，创建扫描轨迹。

（2）选择 TOP 平面作为草绘平面，系统自动选择 RIGHT 平面作为向“右”的参照。

（3）绘制图 9 -94 所示截面。

步骤 3　创建可变截面扫描特征

（1）单击按钮，启动可变截面扫描工具。单击按钮设置扫描为实体。

（2）按着 Ctrl 选择上一步创建的两个圆（先选择小圆，再选择大圆）作为扫描的轨迹。

（3）单击按钮草绘扫描的截面，见图 9 -95。单击按钮完成扫描截面绘制。

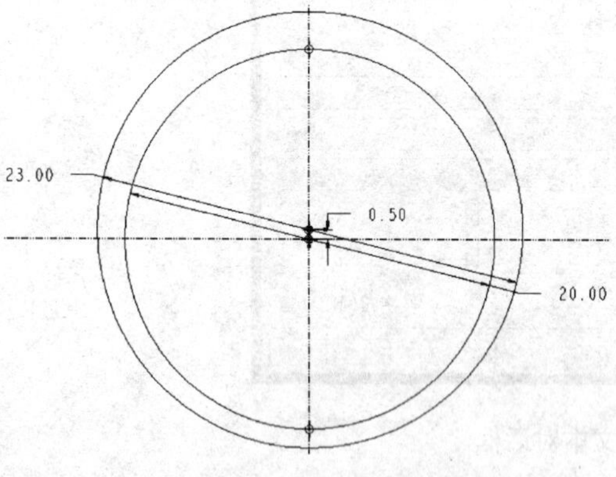

图 9 -94　扫描的轨迹

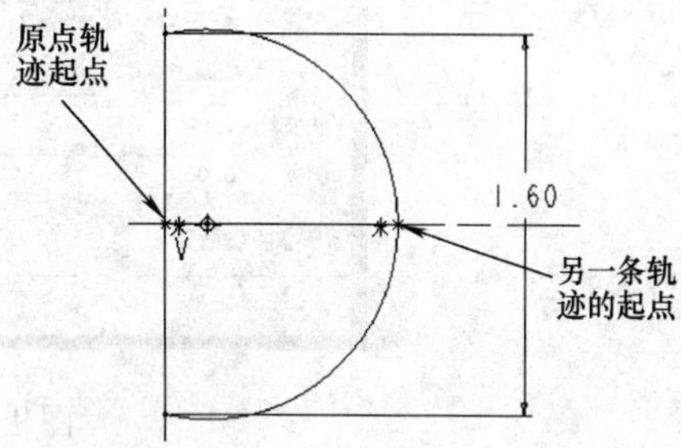

图 9 -95　创建扫描截面

（4）单击按钮完成可变截面扫描特征创建。完成的特征见图 9 -96。

步骤 4　倒圆角

对图 9 -97 所示的棱边倒 0.2 的圆角。

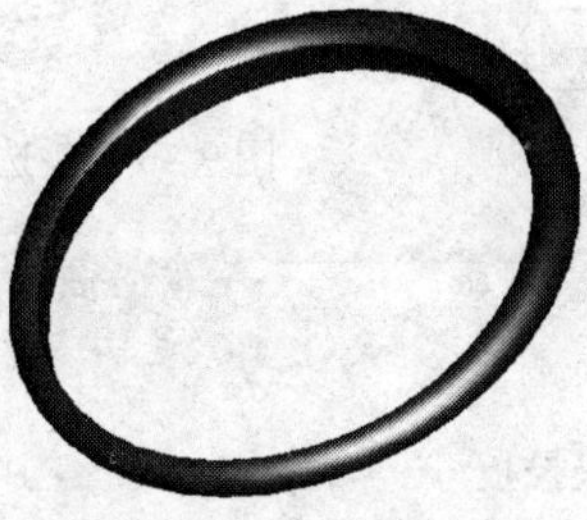

图 9 -96　完成的特征

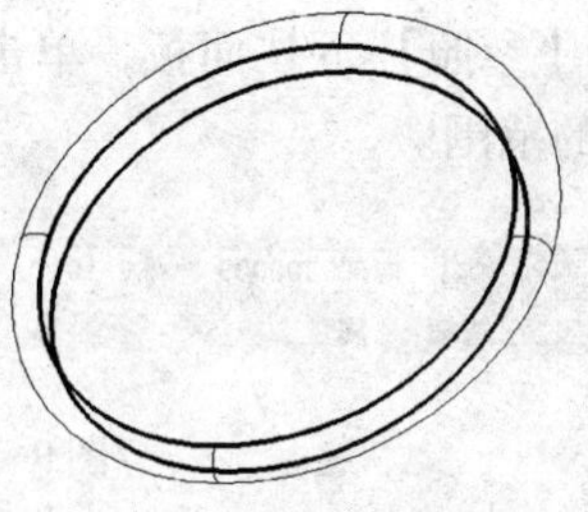

图 9 -97　倒圆角的边

步骤 5　创建文字

（1）单击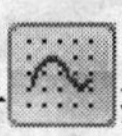按钮，创建草绘。选择 FRONT 作为草绘平面，系统自动选择 RIGHT 为向“右”的参照。

（2）利用文字工具，创建图 9 -98 所示文字，文本对话框的设置见图 9 -99。

（3）单击按钮完成文字创建。

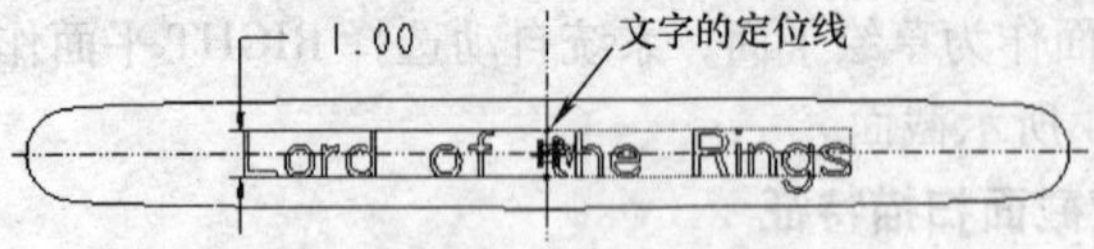

图 9－98　绘制文字

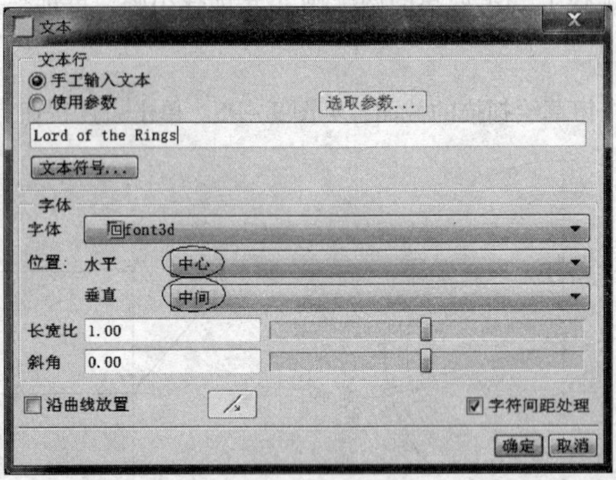

图 9－99　文本对话框

步骤 6　利用偏距命令在曲面上刻字

（1）选择图 9－100 所示的实体表面。

（2）单击【编辑】⇨【偏移】菜单，在出现的偏移操控板中选择偏移方式为“具有拔模” ，输入偏移距离 0.1，拔模角度 3°，见图 9－101。

（3）单击【参照】下拉面板，单击 定义... 按钮绘制曲面偏移的范围。

图 9－100　选取偏移面

图 9－101　偏移操控板

（4）选择 FRONT 作为草绘平面，系统自动选择 RIGHT 为向“右”的参照。

（5）在草绘环境中利用 命令使用上一步绘制的文字边线。

（6）完成草绘，单击 完成偏移特征创建。完成的模型见图 9－102。

图 9－102　完成的模型

9.7　实　例　六

此实例将完成图 9－103 所示的弹簧模型。在该模型创建中学习螺旋扫描的基本用法。首先用螺旋扫描创建曲面，复制该曲面的边界线，再以创建曲线的方法构造弹簧两端的弯钩，然后扫描出弹簧模型。

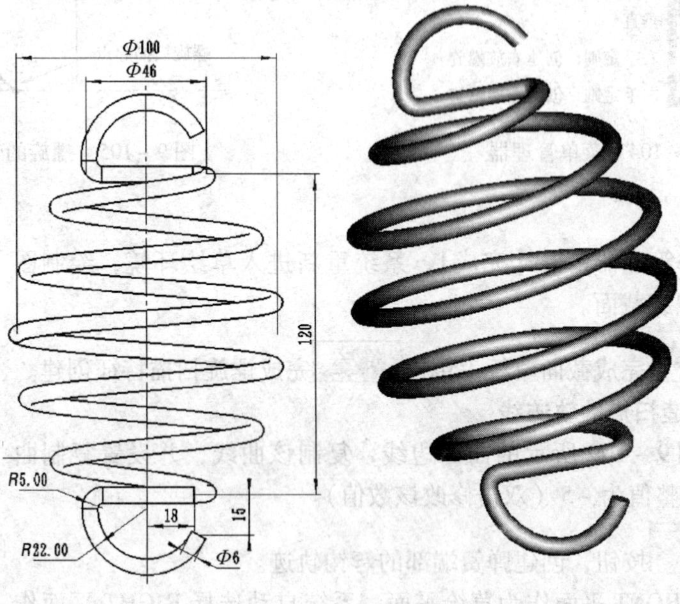

图 9－103　零件图纸

步骤 1　新建零件

利用公制模板创建新零件，文件名称“prt－9－6”。

步骤 2　螺旋扫描曲面

（1）单击【插入】⇨【螺旋扫描】⇨【曲面】菜单，在弹出的菜单管理器中选择图 9－104 所示选项。

（2）绘制螺旋扫描的旋转的轴线和母线。选择 FRONT 作为草绘平面，单击【正向】接受缺省的方向，单击【缺省】接受缺省的草绘方位参照。

（3）进入草绘环境，绘制图 9－105 所示的螺旋的轴线与母线。

注意：用创建点命令，在螺旋母线上创建两个点用于定义螺距的变化位置。图 9－105 中的尺寸 117 是为了光滑连接弹簧与其末端的弯钩而做成的调整，必须小于 120，但也不宜太小，免得连接部位太长。

（4）单击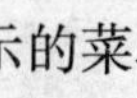完成草绘，输入轨迹起始点节距 12，输入轨迹末端节距 12。将会弹出图 9－106 所示的菜单管理器。

（5）在绘图区点选前面创建的点①，输入节距 24；点选点②，输入节距 24。节距的分布见图 9－107 所示。

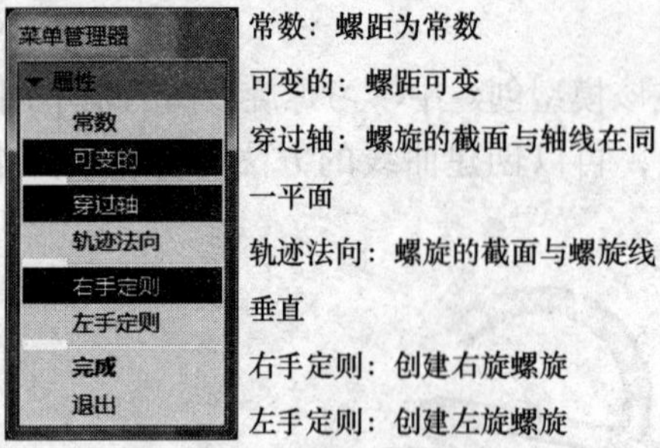

图 9－104　菜单管理器

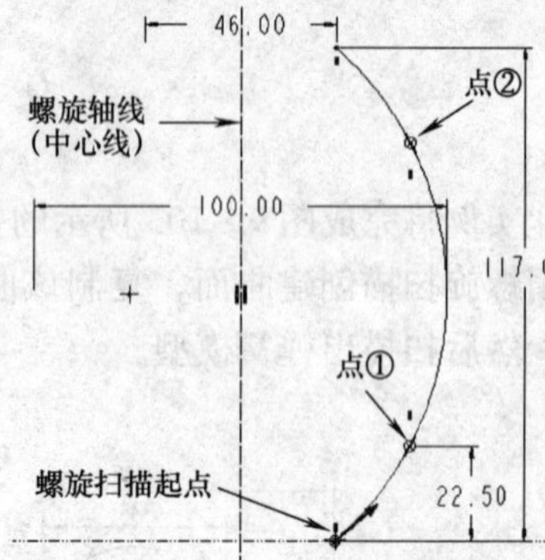

图 9－105　螺旋的轴线和母线

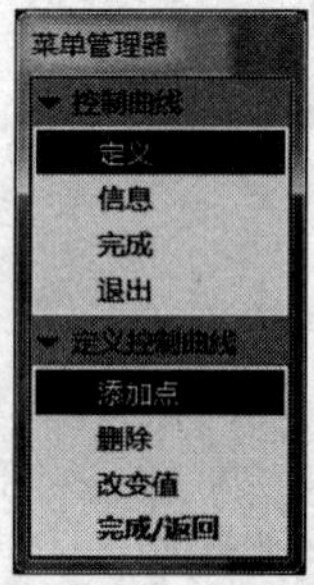

图 9－106　控制曲线菜单管理器

（6）在菜单管理器单击【完成】，系统重新进入草绘环境，绘制图 9－108 所示的螺旋截面。

（7）单击✓完成截面草绘。单击确定完成螺旋扫描特征创建。

步骤 3　构造扫描的轨迹线

（1）选择图 9－109 所示的曲面边线，复制该曲线，并设置复制曲线端点的长度调整值为 －5（双击修改该数值）。

（2）单击按钮，创建弹簧端部的弯钩轨迹。

（3）选择 FRONT 平面作为草绘平面，系统自动选择 RIGHT 平面作为向“右”的参照。

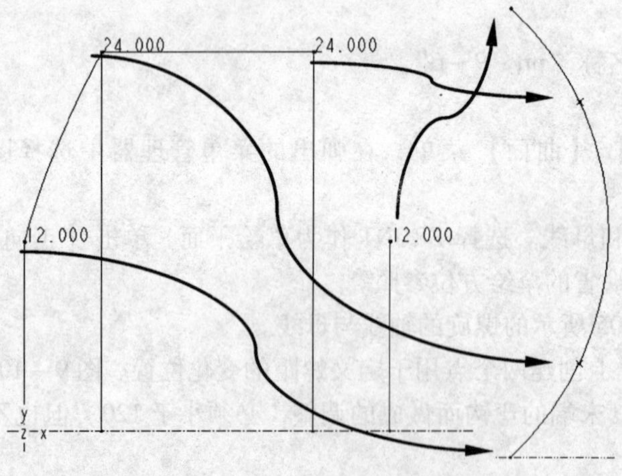

图 9－107　节距分布图

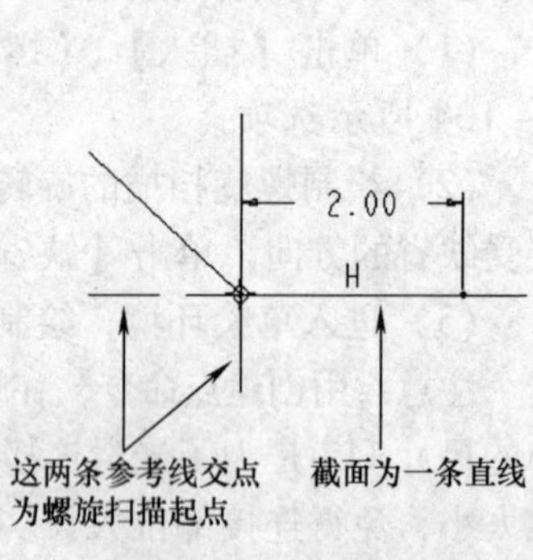

图 9－108　螺旋截面

（4）绘制图 9－110 所示截面。

（5）隐藏螺旋曲面。单击创建曲线，将草绘的平面弯钩与复制的螺旋曲线光滑连接起来。选择【经过点】方式，单击【完成】菜单。

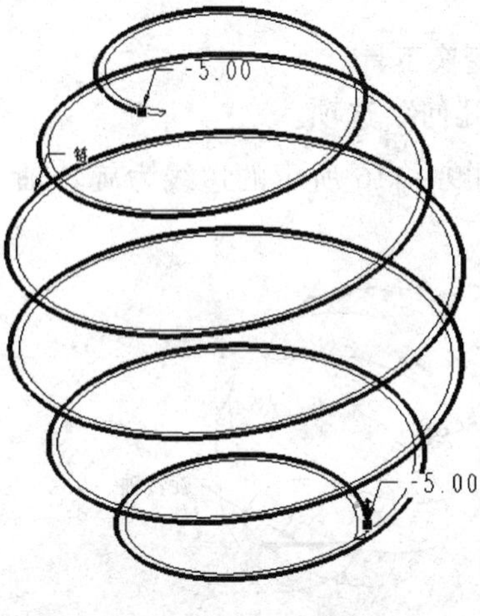

图9－109　扫描的轨迹

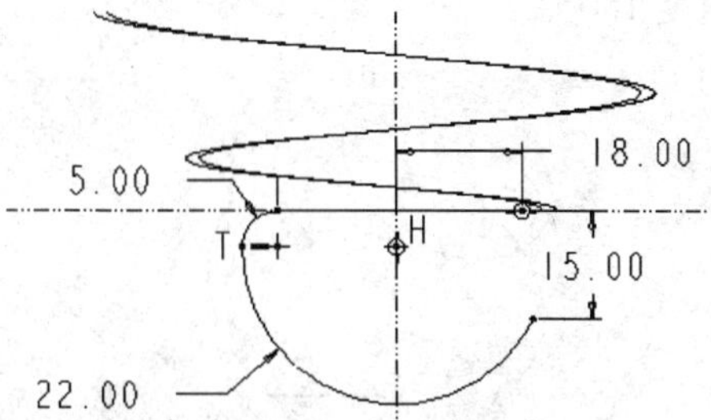

图9－110　扫描的轨迹

（6）选择图9－111所示的点①和点②，单击【完成】菜单。

（7）在“曲线”对话框中选中“相切”项目，单击定义按钮，参见图9－112。

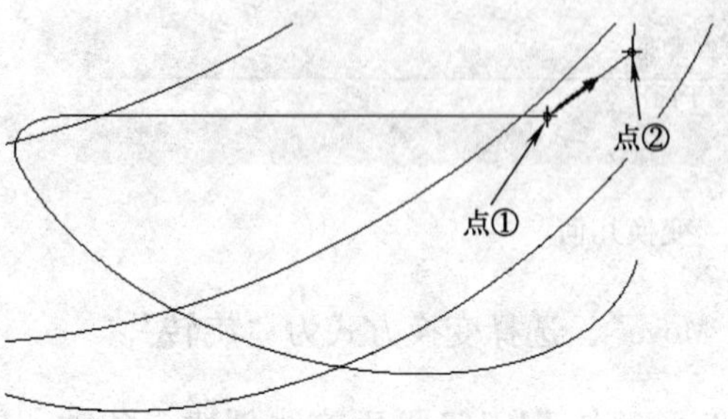

图9－111　选择点

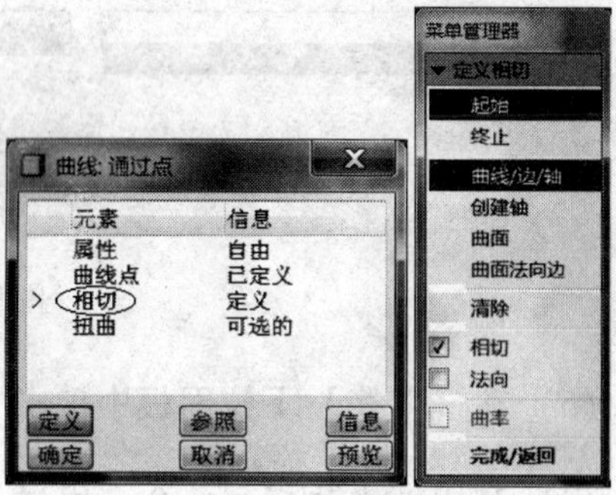

图9－112　定义相切约束

（8）选择图9－113所示的起点切线及切线方向；选择图9－114所示的终点切线及切线方向。完成过点曲线创建。

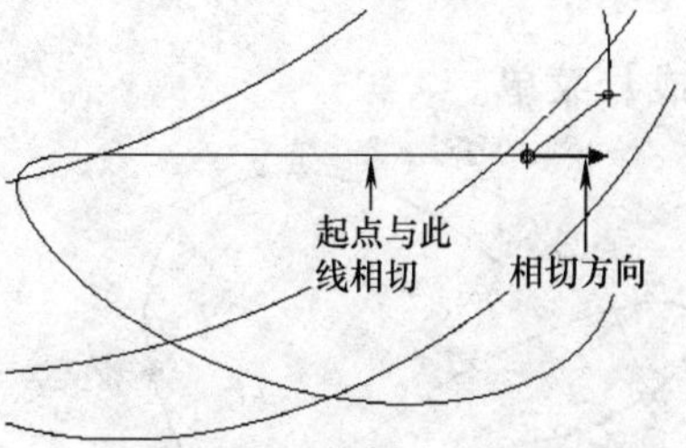

图9－113　定义起点相切约束

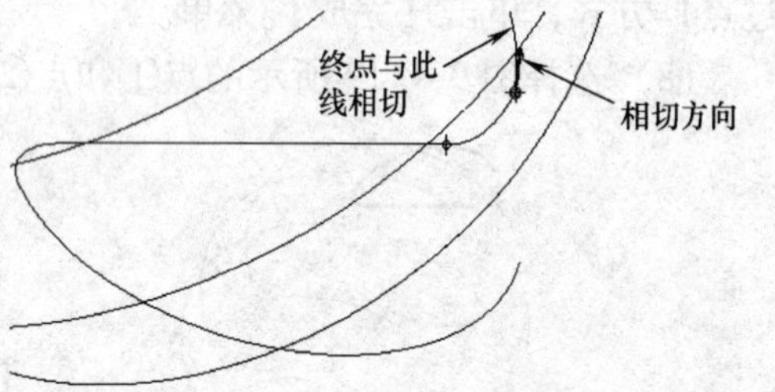

图9－114　定义终点相切约束

步骤4　创建另一端的弯钩曲线

（1）选择前面创建平面曲线（选中其几何线，不要选特征），见图9－115，单击复制按钮，再单击“特殊粘贴”按钮，启动变换工具。

（2）单击【选项】下滑面板，取消“隐藏原始几何”选项。

（3）单击按钮设置变换方式为旋转，选择图 9－116 所示的边线为旋转轴，输入旋转角度 180°。

图 9－115　选择曲线

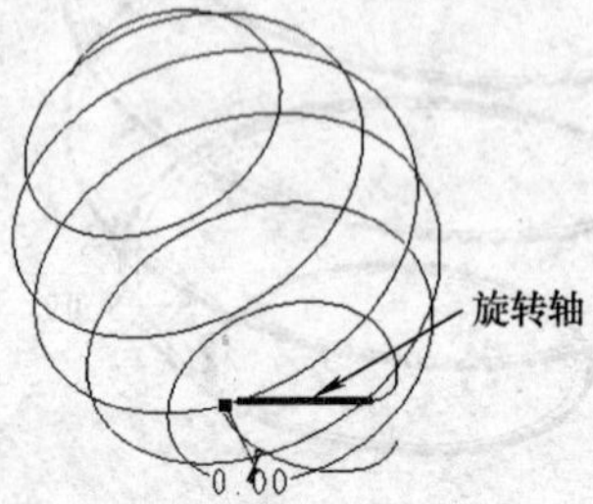

图 9－116　旋转变换几何

（4）在【变换】下拉面板中单击“New Move”，选择变换方式为“移动”，选择 TOP 作为移动参照，输入移动距离 117，见图 9－117。

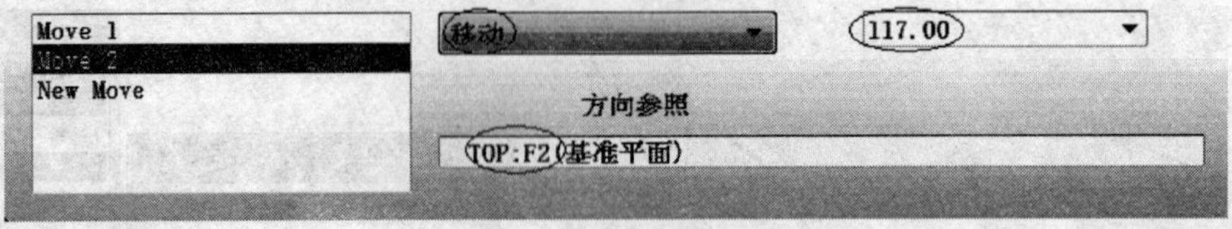

图 9－117　变换几何

（5）在【变换】下拉面板中单击“New Move”，选择变换方式为“旋转”。

（6）利用创建轴命令，通过 FRONT 平面与 RIGHT 平面交线创建一条轴。单击按钮继续变换命令，系统自动选择该轴作为旋转变换的轴线，输入旋转角度 180°。变换完成的曲线见图 9－118。

（7）单击创建曲线，将变换的曲线与复制的螺旋曲线光滑连接起来。选择【经过点】方式，单击【完成】菜单。

（8）选择图 9－119 所示的点①和点②，单击【完成】菜单。

图 9－118　变换完成的曲线

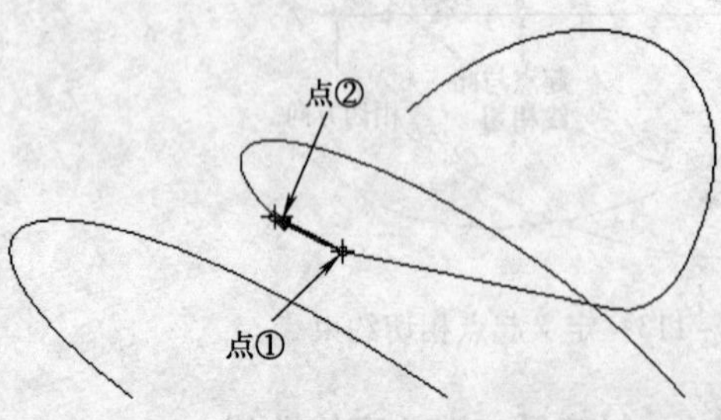

图 9－119　创建过点曲线

(9) 在“曲线”对话框中选中“相切”，单击定义按钮。

(10) 选择图9－120所示的起点切线及切线方向；选择图9－121所示的终点切线及切线方向。完成过点曲线创建。

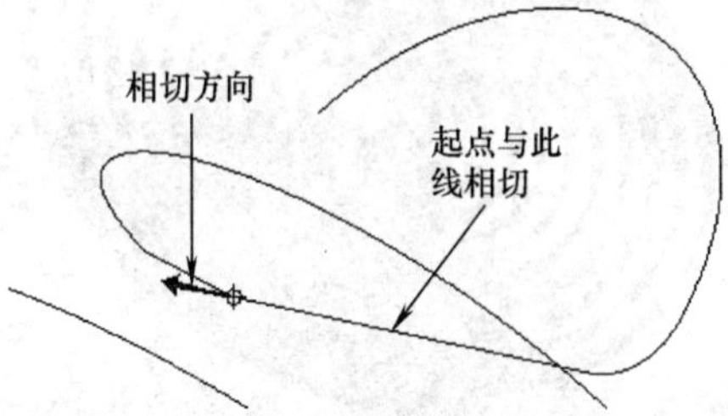

图9－120　定义起点相切约束

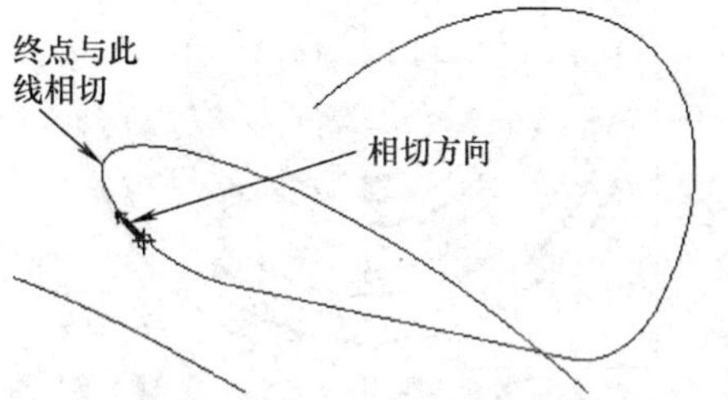

图9－121　定义终点相切约束

步骤5　创建可变截面扫描特征

(1) 单击按钮，启动可变截面扫描工具。单击按钮设置扫描为实体。

(2) 按着Shift将图9－122所示的曲线串成一条作为扫描的轨迹。

(3) 单击按钮草绘扫描的截面（圆心位于扫描起点的圆），见图9－123。

(4) 单击按钮完成扫描截面绘制。

(5) 单击按钮完成可变截面扫描特征创建。完成的特征见图9－124。

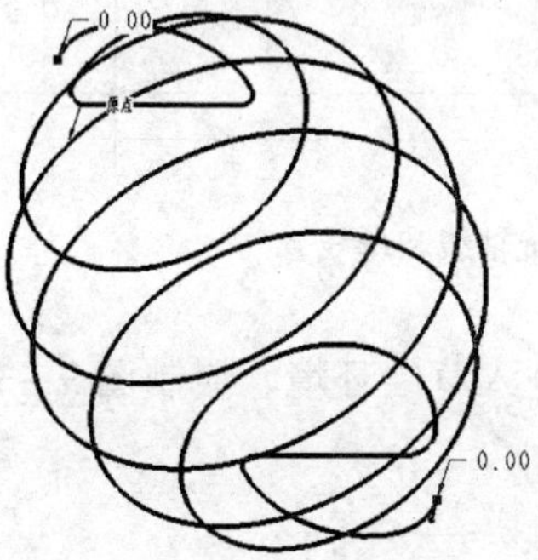

图9－122　扫描的轨迹

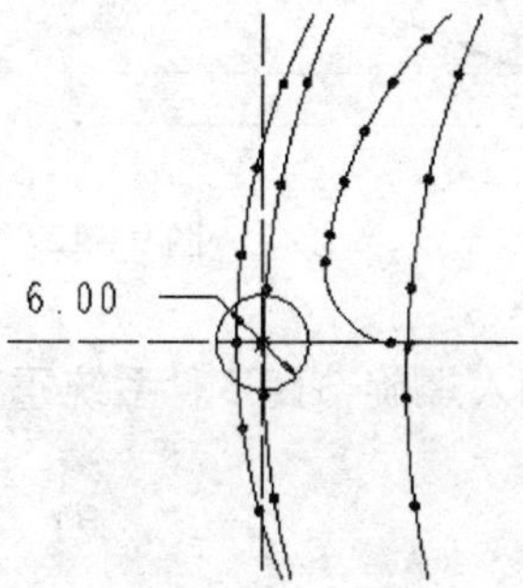

图9－123　创建扫描截面

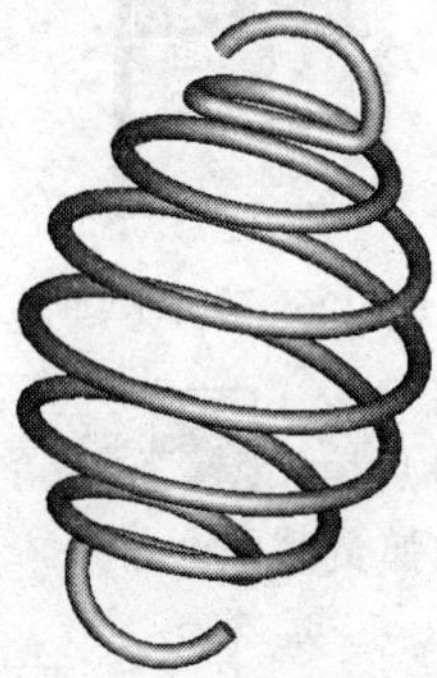

图9－124　完成的模型

9.8　实　例　七

此实例将完成图9－125所示的平面涡卷弹簧模型。在该模型创建中学习螺旋扫描中截面约束及关系式的用法。

步骤1　新建零件

利用公制模板创建新零件，文件名称“prt－9－7”。

步骤2　螺旋扫描创建弹簧

(1) 单击【插入】⇨【螺旋扫描】⇨【实体】菜单，在弹出的菜单管理器中选择图

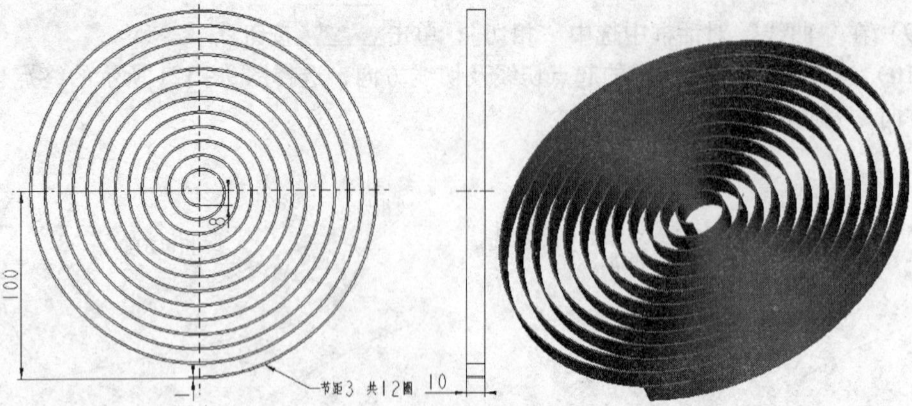

图 9－125　零件图纸

9－126所示选项。单击【完成】。

（2）选择 FRONT 作为草绘平面，单击【正向】接受缺省的方向，单击【缺省】接受缺省的草绘方位参照。

（3）进入草绘环境，绘制图 9－127 所示的螺旋轴线与母线。尺寸 36 为螺距乘以圈数。

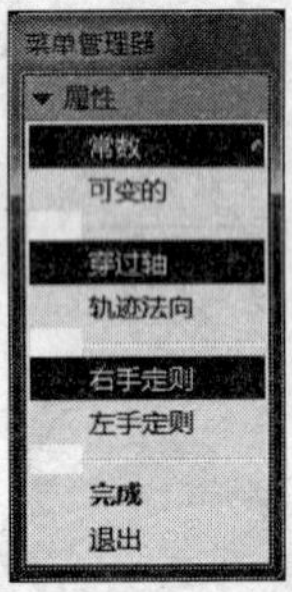

图 9－126　菜单管理器

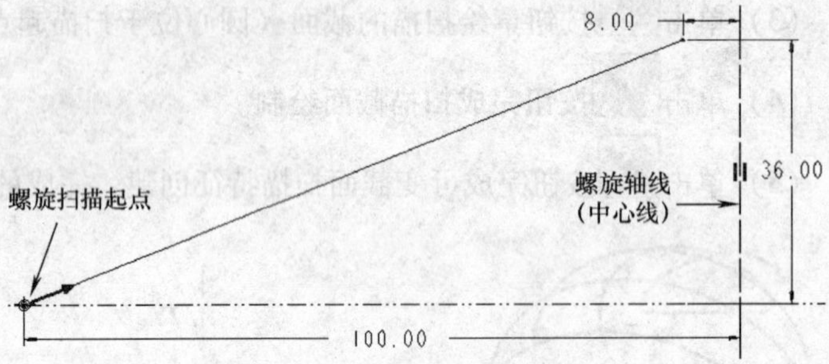

图 9－127　螺旋轴线和母线

（4）单击✔完成草绘，输入螺旋节距 3。系统重新进入草绘环境，绘制图 9－128 所示的弹簧截面。

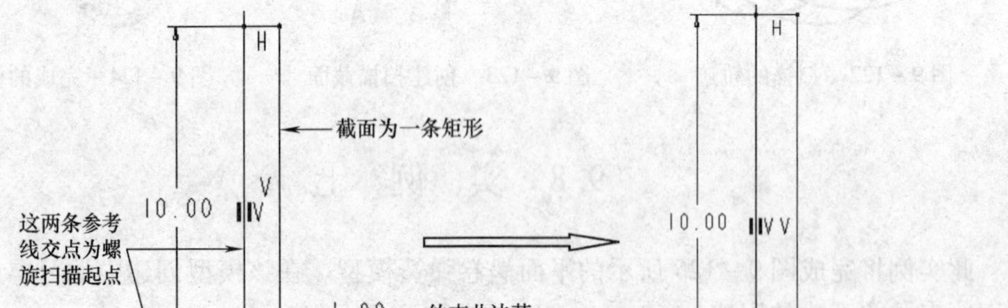

图 9－128　螺旋扫描截面

（5）单击完成截面草绘。单击确定完成螺旋扫描特征创建，见图 9－129。

步骤 3　改变弹簧形状

（1）在模型树中选中前面创建的螺旋扫描特征，单击右键，选择右键菜单【编辑定义】。

（2）弹出图 9－130 所示的“螺旋扫描”对话框，选择“截面”项，单击“定义”按钮。

图 9－129　完成的弹簧模型

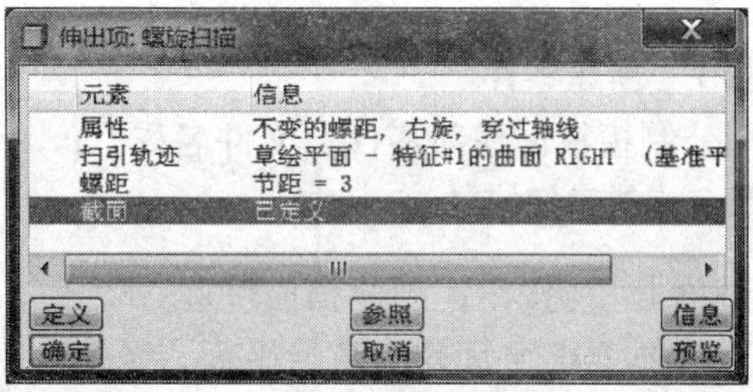

图 9－130　螺旋扫描对话框

（3）进入草绘环境，编辑螺旋扫描截面。

（4）单击菜单【工具】⇨【关系】，对图 9－131 所示尺寸添加关系 sd7 = 10 + 8 * sin（2 * 360 * trajpar）。

（5）单击完成截面编辑。单击确定完成螺旋扫描特征创建。

（6）编辑完成的模型见图 9－132。

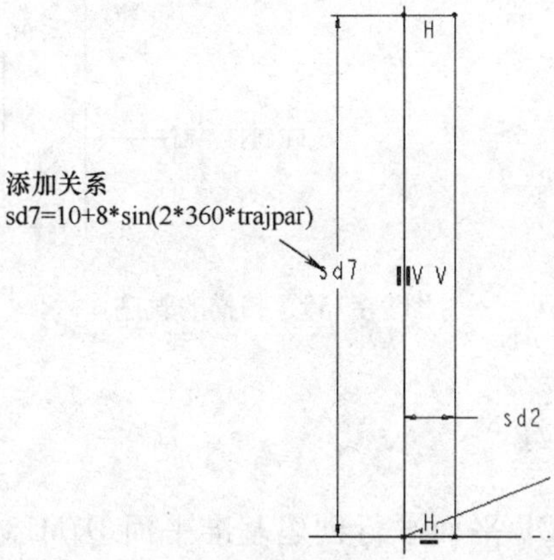

图 9－131　定义截面尺寸关系

图 9－132　完成的模型

9.9 实　例　八

此实例将完成图 9－133 所示的模型。在该模型创建中学习扫描混合特征的基本用法。

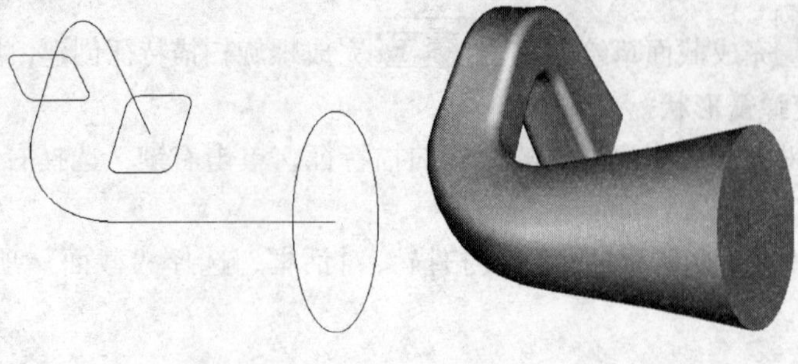

图 9－133　零件预览

步骤 1　新建零件

利用公制模板创建新零件，文件名称“prt－9－8”。

步骤 2　创建扫描轨迹

（1）单击按钮，创建扫描轨迹。

（2）选择 TOP 平面作为草绘平面，系统自动选择 RIGHT 平面作为向“右”的参照。

（3）绘制图 9－134 所示截面。

（4）单击按钮，创建扫描轨迹。

（5）选择 RIGHT 平面作为草绘平面，系统自动选择 TOP 平面作为向“顶”的参照。

（6）绘制图 9－135 所示截面，注意圆弧的左端点参考前面草绘曲线的端点。

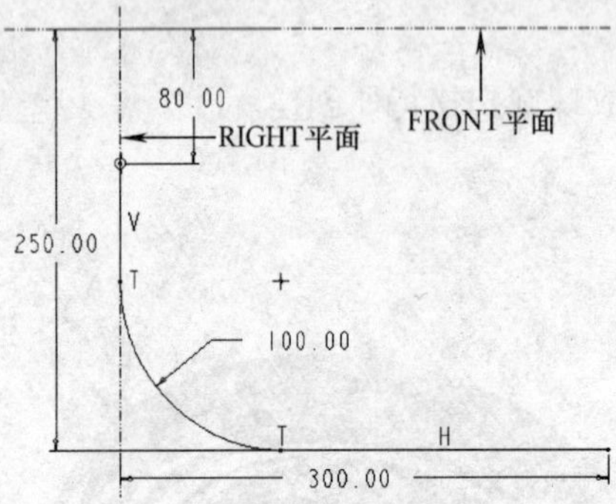

图 9－134　扫描的轨迹

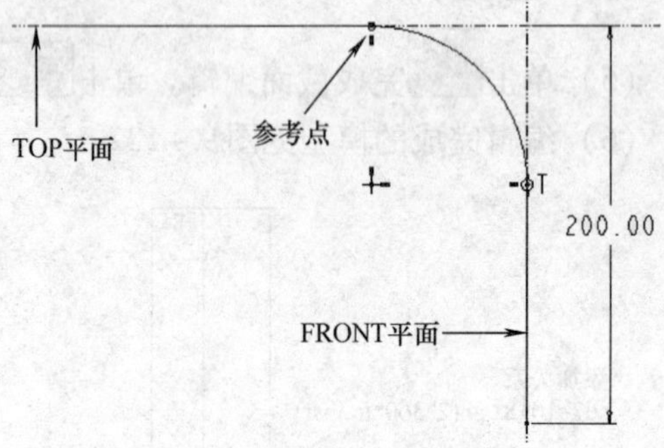

图 9－135　扫描的轨迹

步骤 3　创建扫描的截面

（1）单击按钮，创建扫描截面。

（2）过图 9－136 所示的曲线端点，并与 TOP 平面平行创建基准平面 DTM1。选择 DTM1 作为草绘平面，系统自动选择 RIGHT 平面作为向“右”的参照。

（3）绘制图 9－137 所示截面。

（4）单击按钮，创建扫描轨迹。

（5）选择 TOP 平面作为草绘平面，系统自动选择 RIGHT 平面作为向“右”的参照。

（6）绘制图 9－138 所示截面。

（7）单击按钮，创建扫描轨迹。

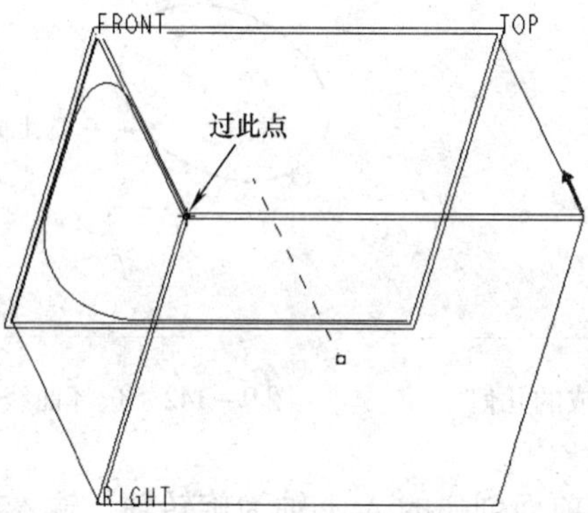

图 9 – 136　创建基准平面

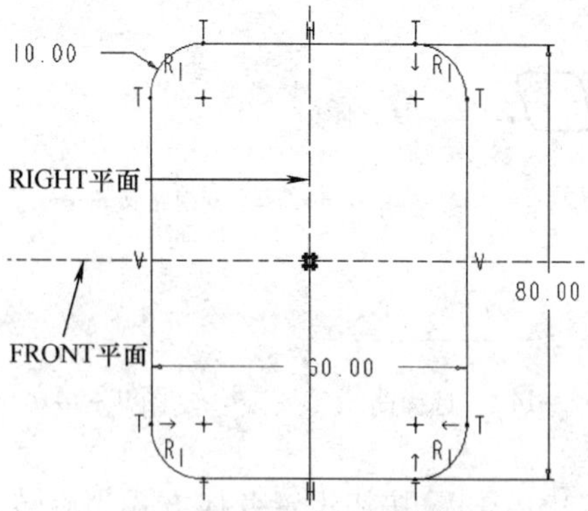

图 9 – 137　扫描的截面 1

（8）选择 TOP 平面作为草绘平面，系统自动选择 RIGHT 平面作为向“右”的参照。

（9）绘制图 9 – 139 所示截面。

注意：需要选择截面 2 的圆角作为参照，创建经过截面 3 圆心与圆角端点的中心线，在中心线与截面 3 圆的交点处将圆打断为 8 段。

提示：混合特征各截面的线段数或顶点数（包括混合顶点）必须相等。

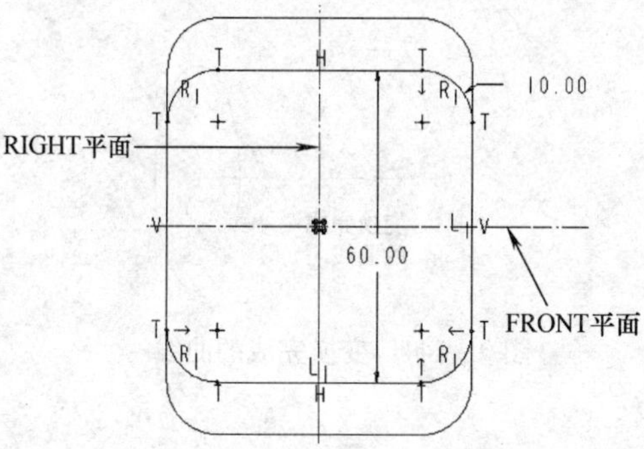

图 9 – 138　扫描的截面 2

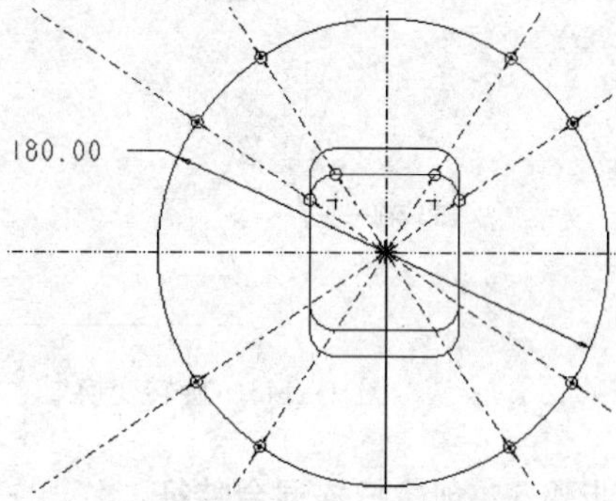

图 9 – 139　扫描的截面 3

步骤 4　变换截面的位置

（1）求取 TOP 平面与 FRONT 平面的交线，创建基准轴 A_1。

（2）选择前面创建的截面 2 曲线（选中其几何线，而不是特征），见图 9 – 140，单击复制按钮，再单击特殊粘贴按钮，启动变换工具。

（3）单击按钮设置变换方式为旋转，选择前面创建的 A_1 轴为旋转轴，输入旋转角度 90°。

（4）在【变换】下拉面板中单击“New Move”，选择变换方式为“移动”，选择 FRONT 作为移动参照，输入移动距离 100。

（5）变换完成的曲线见图 9 – 141。

（6）选择前面创建的截面 3 曲线（选中几何线，而不是特征），见图 9 – 142，单击复制按钮，再单击特殊粘贴按钮，启动变换工具。

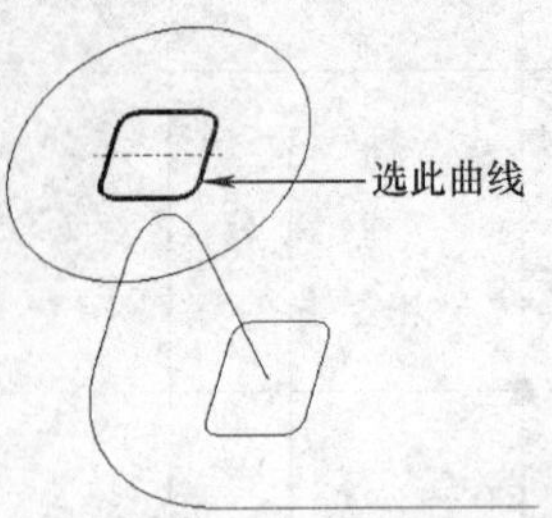

图 9 - 140　选择曲线

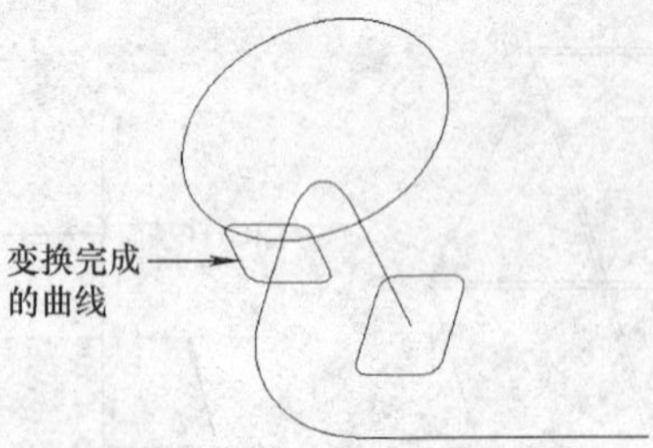

图 9 - 141　变换完成的几何

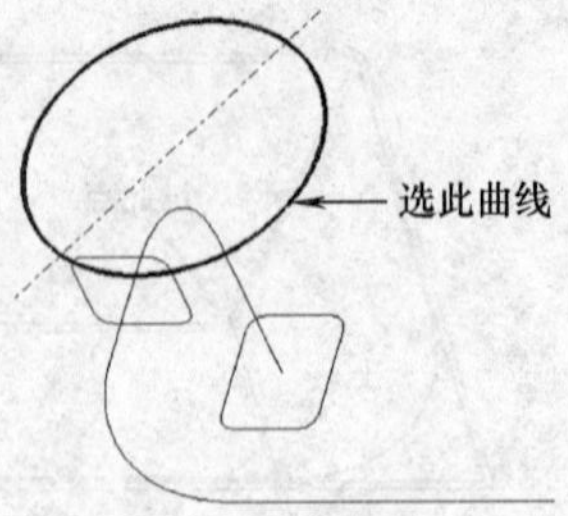

图 9 - 142　选择曲线

（7）单击按钮设置变换方式为旋转，选择前面创建的 A_1 轴为旋转轴，输入旋转角度 90°，见图 9 - 143。

（8）在【变换】下拉面板中单击“New Move”，选择变换方式为“移动”，选择 FRONT 作为移动参照，输入移动距离 250。

（9）在【变换】下拉面板中再次单击“New Move”，选择变换方式为“移动”，选择 RIGHT 作为移动参照，输入移动距离 300。

（10）变换完成的曲线见图 9 - 144。

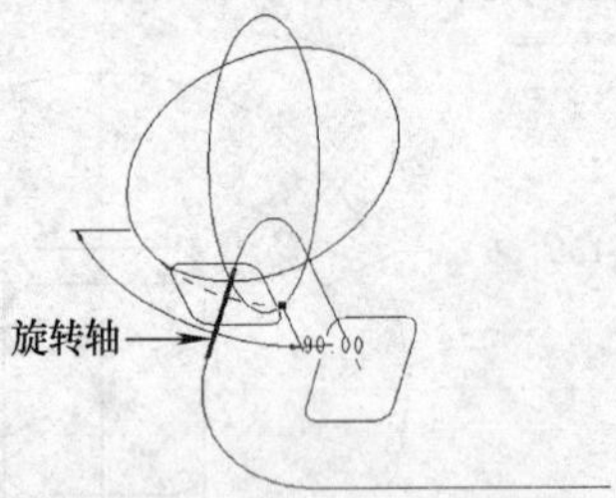

图 9 - 143　旋转变换

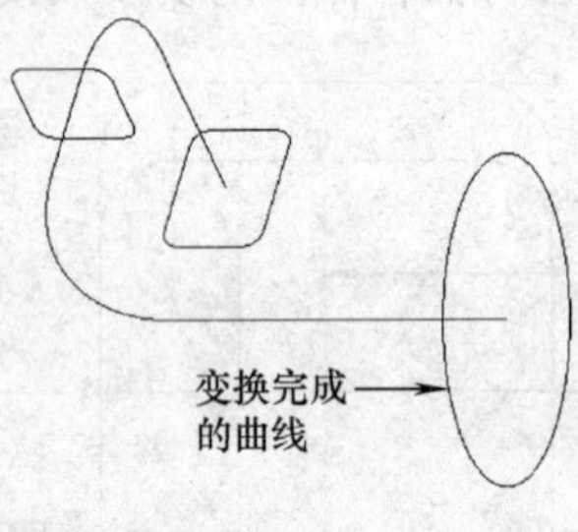

图 9 - 144　变换完成的曲线

步骤 5　创建扫描混合特征

（1）单击【插入】⇨【扫描混合】菜单，启动扫描混合工具。

（2）单击按钮扫描为实体。选择图 9 - 145 所示轨迹（需要按着 Shift 串联选取）。

（3）单击【剖面】展开下滑面板，选择“所选截面”，见图 9 - 146。

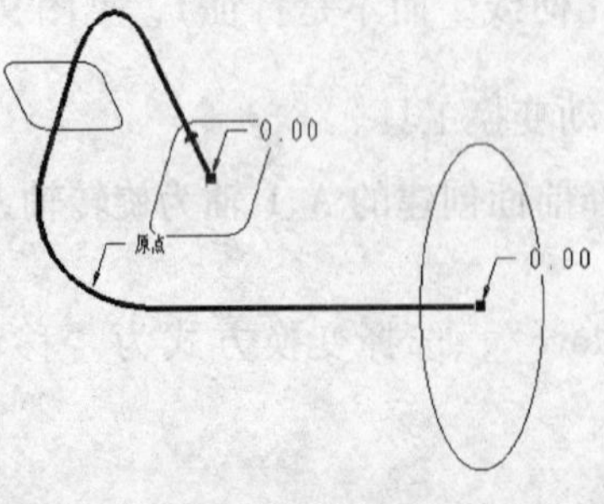

图 9 - 145　扫描的轨迹

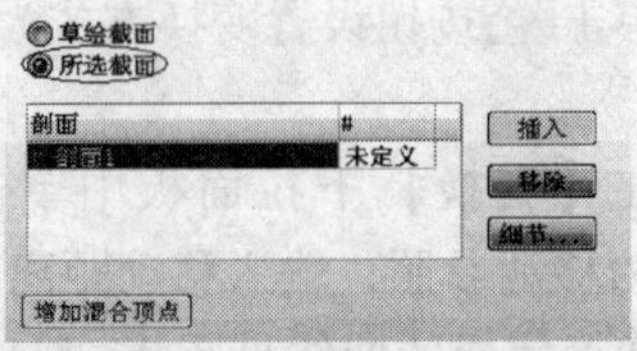

图 9 - 146　剖面下滑面板

（4）选择图 9 - 147 所示的三个截面（需要按着 Shift 串联选取，并注意起点的位置及串联的方向一致。拖动起点符号可以移动其位置，单击箭头可以反转串联方向。选完一个截面单击“剖面”下滑面板的插入按钮选择下一个截面)。

(5) 单击扫描混合特征的创建，完成的模型见图 9－148。

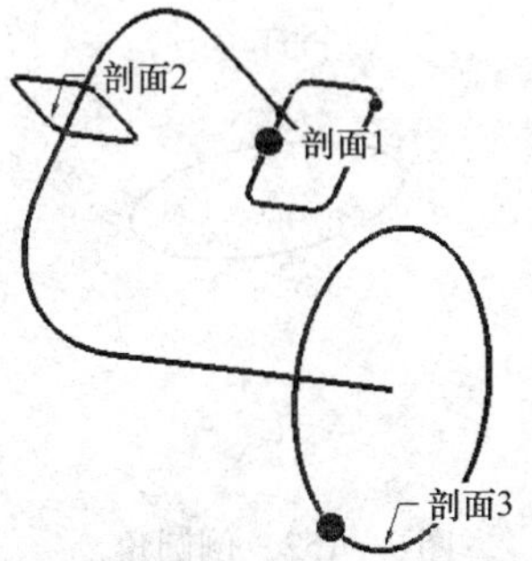

图 9－147　选择扫描截面

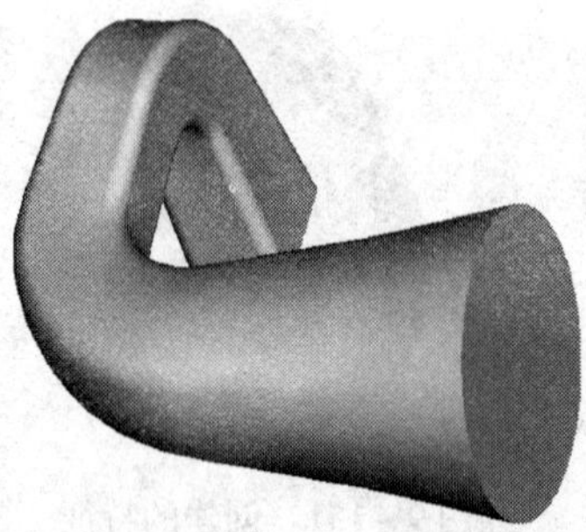
图 9－148　完成的模型

9.10　实　例　九

此实例将完成图 9－149 所示的企鹅玩具模型。在该模型创建中学习扫描混合特征的基本用法。

步骤 1　新建零件

利用公制模板创建新零件，文件名称“prt－9－9”。

步骤 2　创建模型基体

(1) 单击创建旋转特征按钮，出现旋转操控板。

(2) 单击【放置】展开下滑面板，点击定义...按钮，弹出“草绘”对话框。选择 TOP 作为草绘平面，系统自动选择 RIGHT 作为向“右”的参照。

(3) 单击中键激活草绘环境，绘制图 9－150 所示的截面。

图 9－149　模型预览

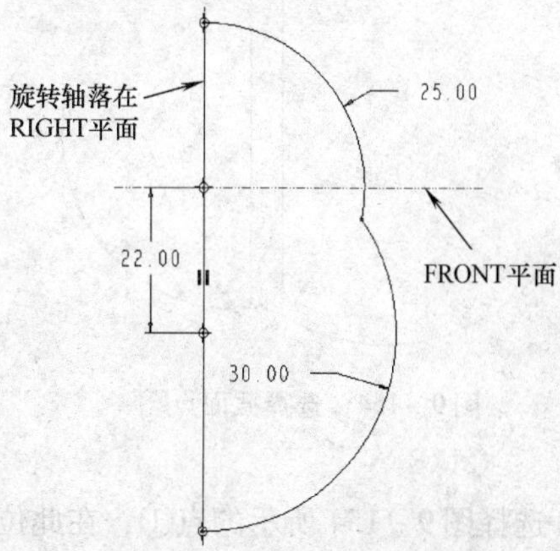

图 9－150　草绘旋转截面

（4）单击完成草绘，继续下一步设置。

（5）创建旋转 360°的实体，单击完成拉伸特征创建，创建的实体见图 9－151。

（6）对图 9－152 所示的边倒 R8 的圆角。

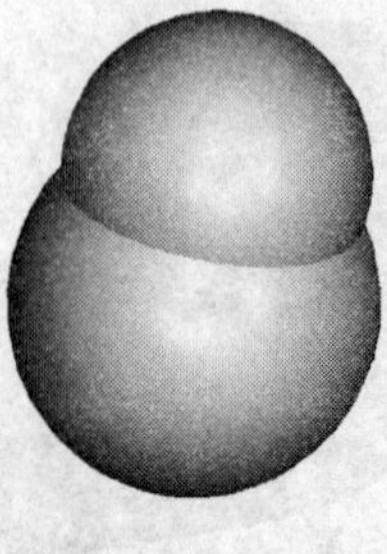

图 9－151　创建的特征

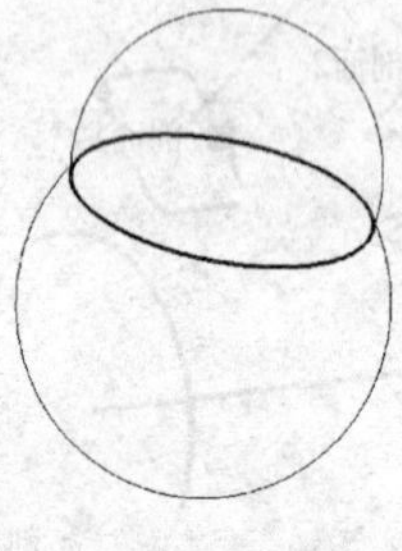

图 9－152　倒圆角

步骤 3　创建企鹅嘴巴

（1）单击按钮，创建扫描轨迹。

（2）选择 RIGHT 平面作为草绘平面，选择 TOP 平面作为向“顶”的参照。

（3）绘制图 9－153 所示截面。

（4）单击【插入】⇨【扫描混合】菜单，启动扫描混合工具。

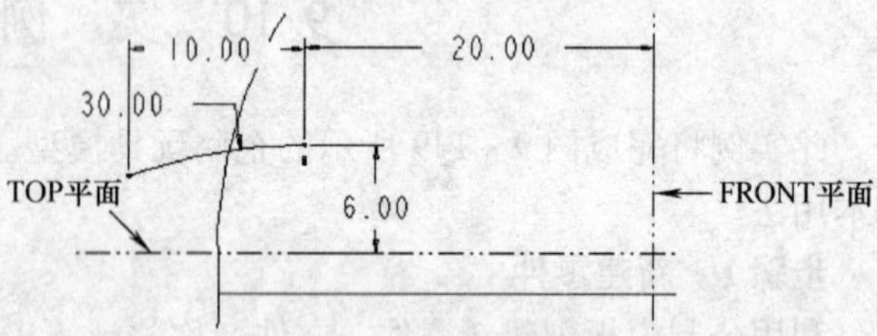

图 9－153　扫描的轨迹

（5）单击按钮扫描为实体。选择图 9－154 所示轨迹。

（6）单击【剖面】展开下滑面板，选择“草绘截面”，见图 9－155。

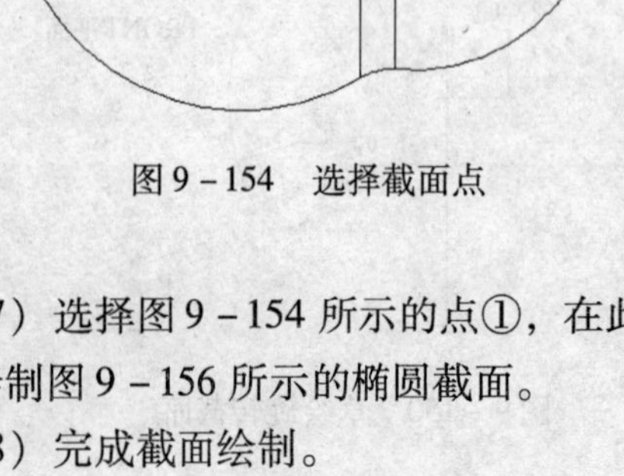

图 9－154　选择截面点

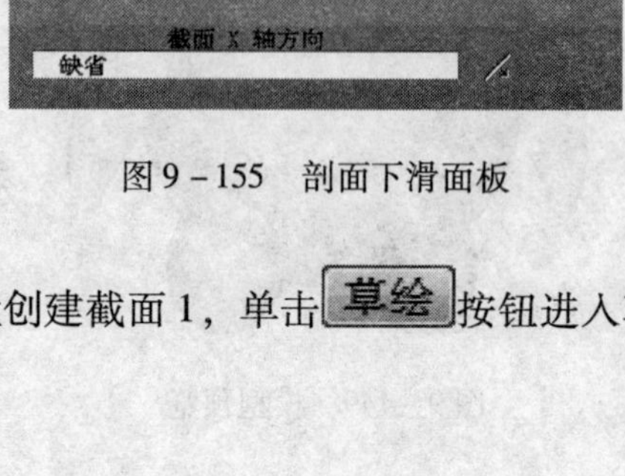

图 9－155　剖面下滑面板

（7）选择图 9－154 所示的点①，在此位置创建截面 1，单击草绘按钮进入草绘环境，绘制图 9－156 所示的椭圆截面。

（8）完成截面绘制。

（9）单击【剖面】下滑面板的 插入 按钮，选择图 9－154 所示的点②，在此位置创建截面 2，单击 草绘 按钮进入草绘环境，绘制图 9－157 所示的截面，此截面为一个点。

（10）完成截面绘制。

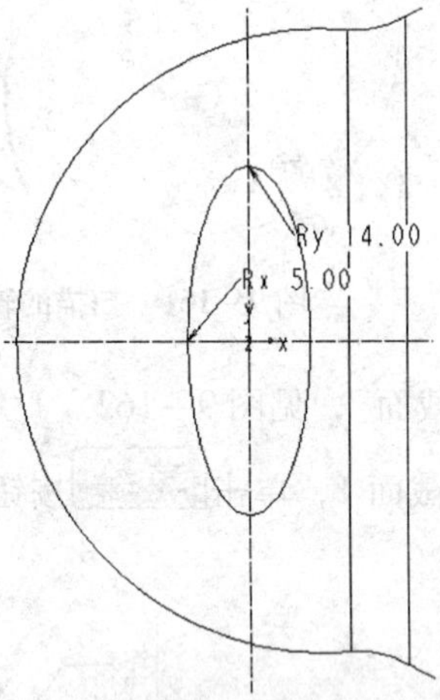

图 9－156　截面 1

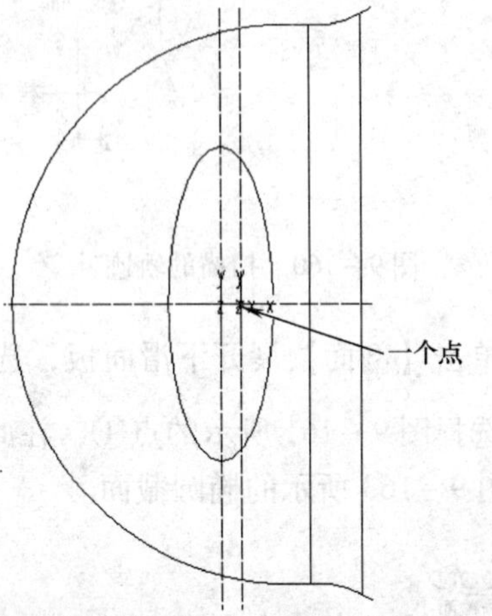

图 9－157　截面 2

（11）单击【相切】展开下滑面板，设置图 9－158 所示的选项。

（12）单击 扫描混合特征的创建，完成的模型见图 9－159。

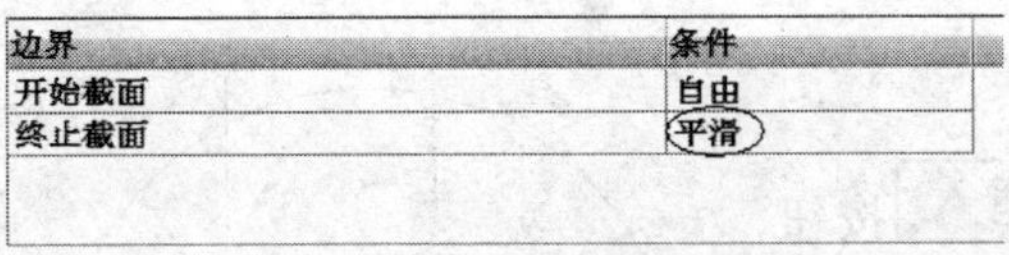

图 9－158　设置终止截面约束条件

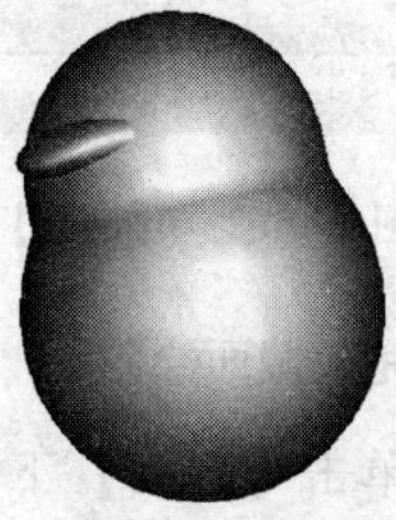

图 9－159　完成的特征

步骤 4　创建企鹅翅膀

（1）单击 按钮，创建扫描轨迹。

（2）选择 TOP 平面作为草绘平面，选择 RIGHT 平面作为向“右”的参照。

（3）绘制图 9－160 所示截面。

（4）单击【插入】⇨【扫描混合】菜单，启动扫描混合工具。

（5）单击 按钮扫描为实体。选择图 9－161 所示轨迹。

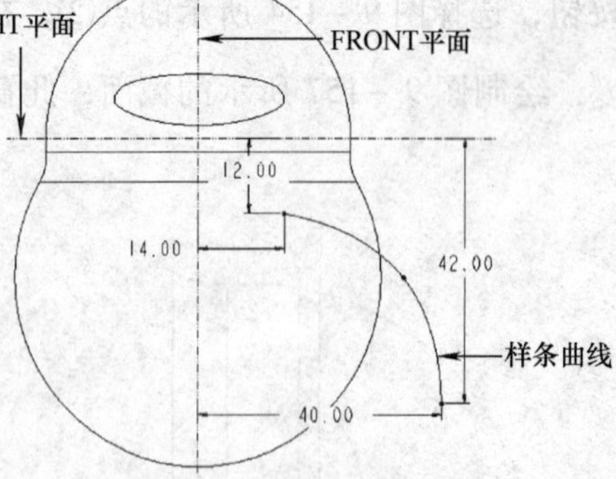

图 9－160 扫描的轨迹

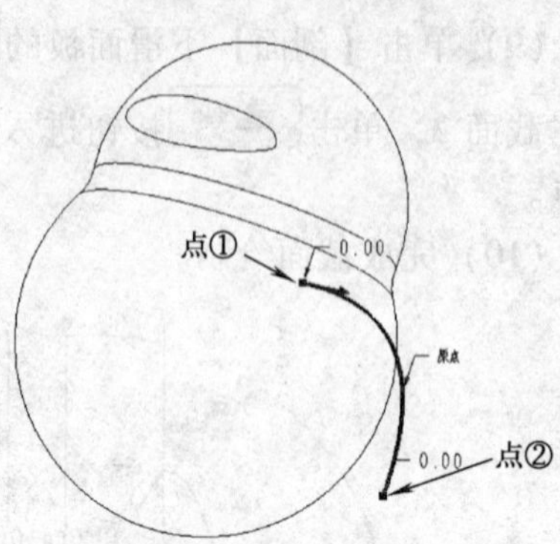

图 9－161 扫描的轨迹

（6）单击【剖面】展开下滑面板，选择“草绘截面”，见图 9－162。

（7）选择图 9－161 所示的点①，在此位置创建截面 1，单击 草绘 按钮进入草绘环境，绘制图 9－163 所示的椭圆截面。

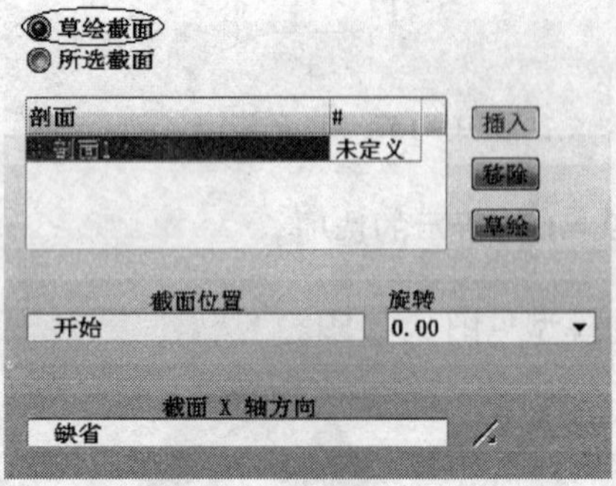

图 9－162 【剖面】下滑面板

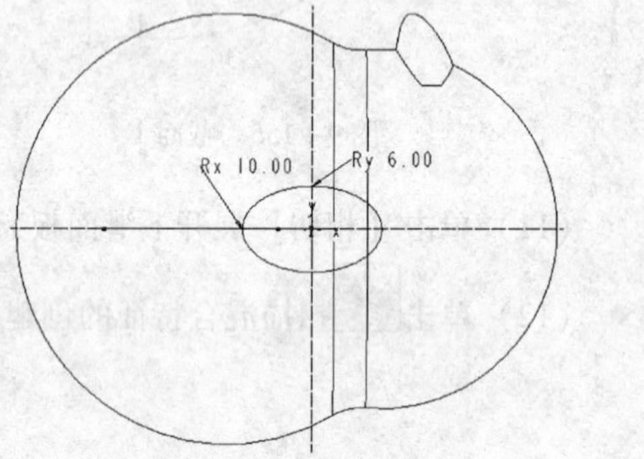

图 9－163 截面 1

（8）完成截面绘制。

（9）单击【剖面】下滑面板的 插入 按钮，选择图 9－161 所示的点②，在此位置创建截面 2，单击 草绘 按钮进入草绘环境，绘制图 9－164 所示的截面，该截面为一个点。

（10）完成截面绘制。

（11）单击【相切】展开下滑面板，设置图 9－165所示的选项。

（12）单击 ✓ 扫描混合特征的创建，完成的模型见图 9－166。

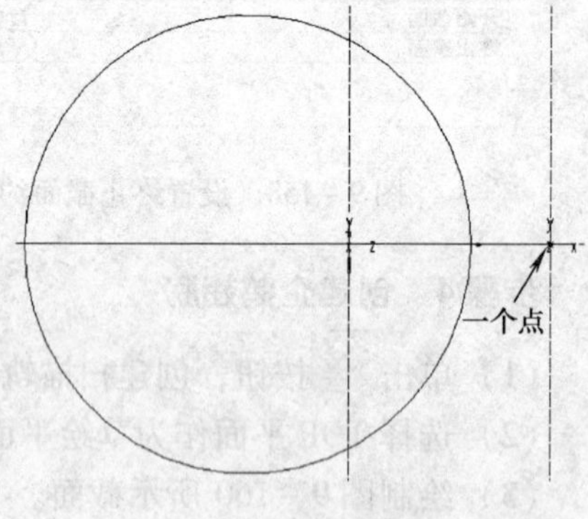

图 9－164 截面 2

步骤 5 创建企鹅脚

（1）求取 FRONT 平面与 RIGHT 平面的交线，创建基准轴 A_3。过 A_3 轴并与 RIGHT 平面夹角 18°创建基准平面 DTM2，见图 9－167。

边界	条件
开始截面	自由
终止截面	平滑

图 9 – 165　设置终止截面约束条件

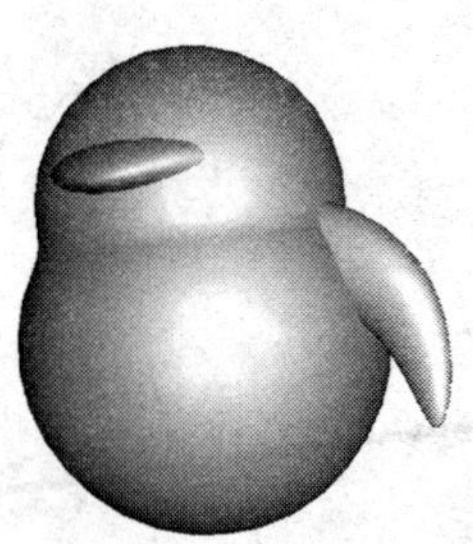

图 9 – 166　完成的特征

（2）单击按钮，创建扫描轨迹。

（3）选择 DTM2 平面作为草绘平面，选择 TOP 平面作为向“左”的参照。

（4）绘制图 9 – 168 所示截面。

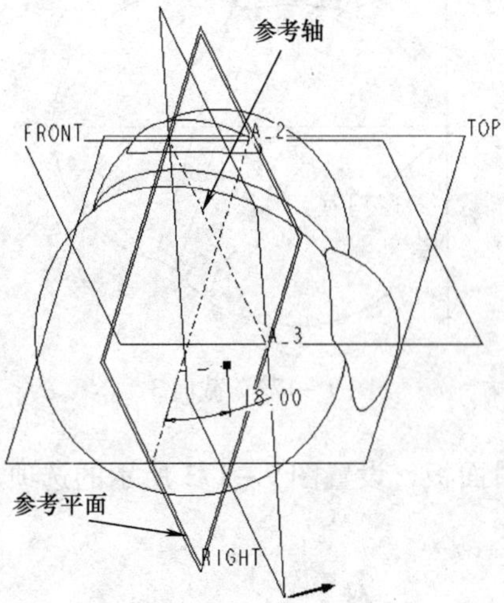

图 9 – 167　创建草绘平面

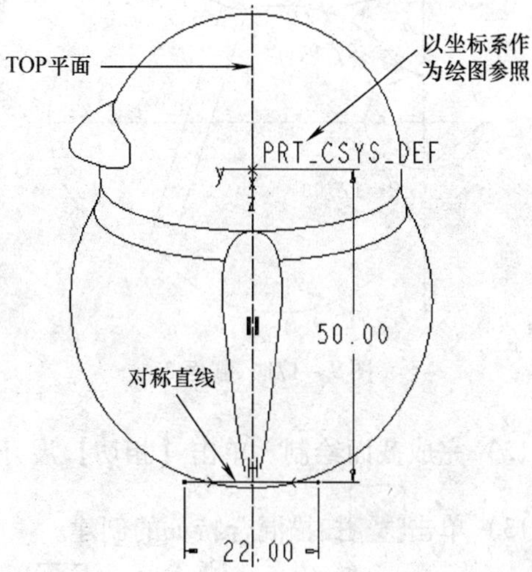

图 9 – 168　轨迹线

（5）完成轨迹线绘制后，再以创建基准点工具在轨迹线的中点创建基准点。

（6）单击【插入】⇨【扫描混合】菜单，启动扫描混合工具。

（7）单击按钮扫描为实体。选择图 9 – 169 所示轨迹。

（8）单击【剖面】展开下滑面板，选择“草绘截面”。

（9）选择图 9 – 169 所示的点①，在此位置创建截面 1，单击草绘按钮进入草绘环境，绘制图 9 – 170 所示的点。

（10）完成截面绘制。单击【剖面】下滑面板的插入按钮，选择图 9 – 169 所示的点②，在此位置创建截面 2，单击草绘按钮进入草绘环境，绘制图 9 – 171 所示的椭圆截面。

（11）完成截面绘制。单击【剖面】下滑面板的插入按钮，选择图 9 – 169 所示的点③，在此位置创建截面 3，单击草绘按钮进入草绘环境，绘制图 9 – 172 所示的截面为一个点。

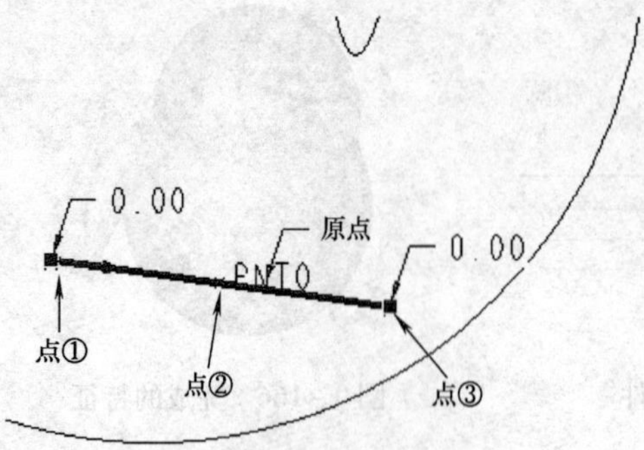

图 9 – 169　扫描的轨迹

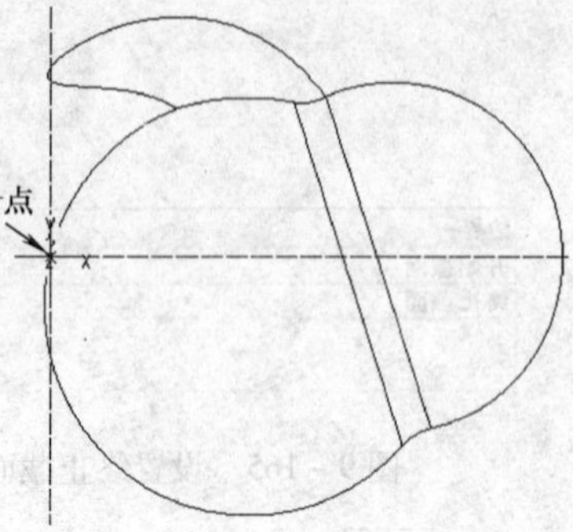

图 9 – 170　截面 1

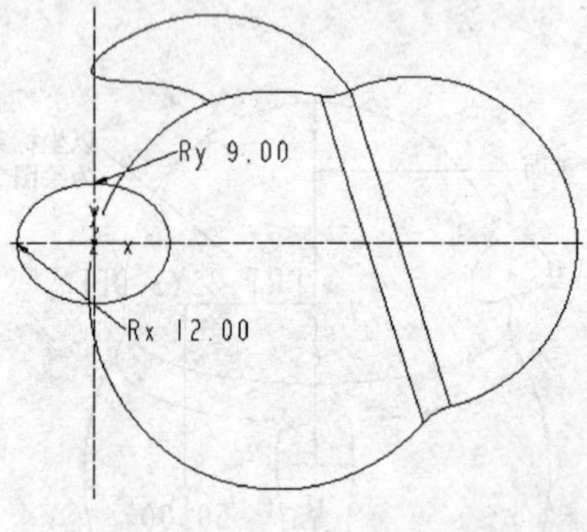

图 9 – 171　截面 2

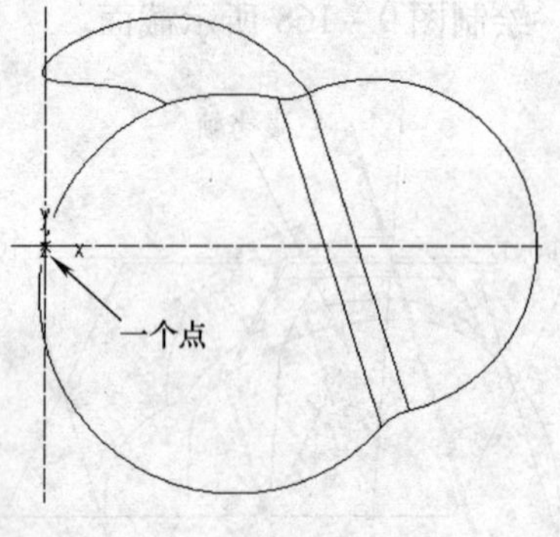

图 9 – 172　截面 3

（12）完成截面绘制。单击【相切】展开下滑面板，设置图 9 – 173 所示的选项。

（13）单击✔扫描混合特征的创建。

（14）选中企鹅的翅膀和脚，单击按钮，参照 RIGHT 平面镜像特征，完成的模型见图 9 – 174。

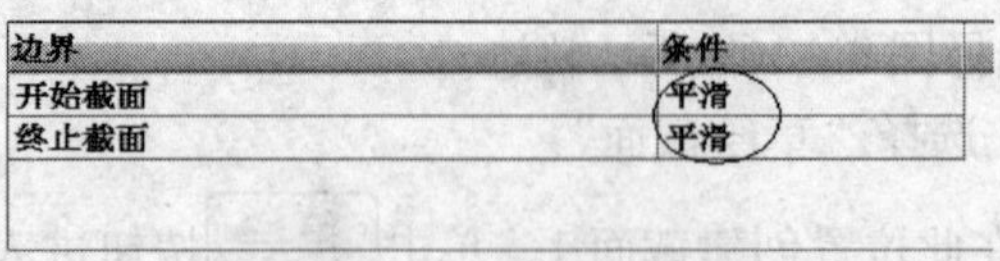

图 9 – 173　设置终止截面约束条件

图 9 – 174　完成的特征

步骤 6　创建企鹅围巾的轨迹线

（1）单击按钮，创建用于投影的草绘。

（2）选择 TOP 平面作为草绘平面，选择 RIGHT 平面作为向“右”的参照。

（3）绘制图 9 – 175 所示截面。

（4）复制图 9 – 176 所示的实体表面，用于创建投影曲线的参照。

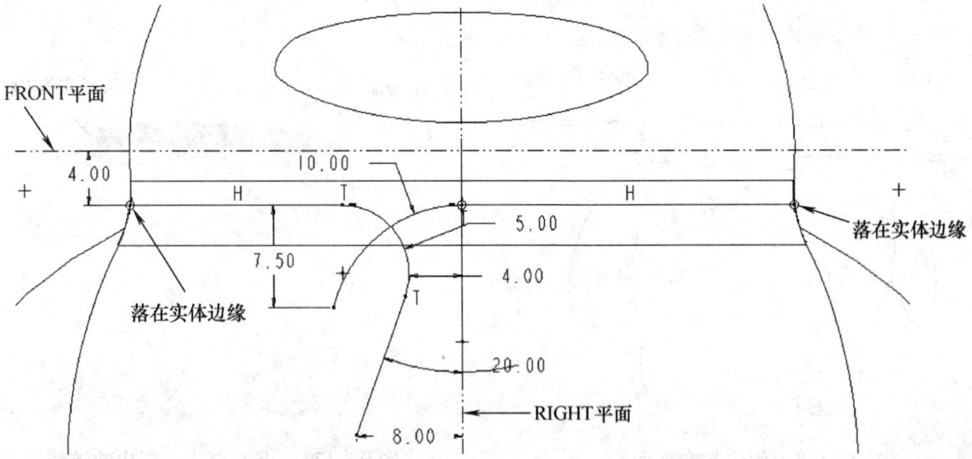

图9－175　草绘曲线

（5）选择稍前绘制的草绘曲线（该曲线隐没在实体内部，读者可以在模型树中选取该曲线），见图9－177。单击按钮，启动投影工具。

（6）选择复制曲面作为投影的目标面，完成曲线投影。

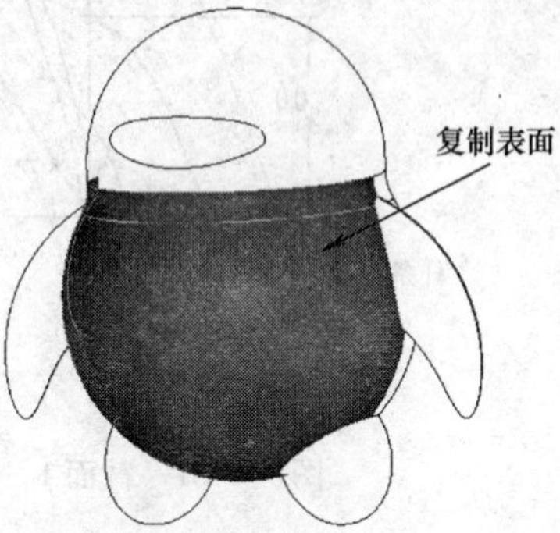

图9－176　复制表面

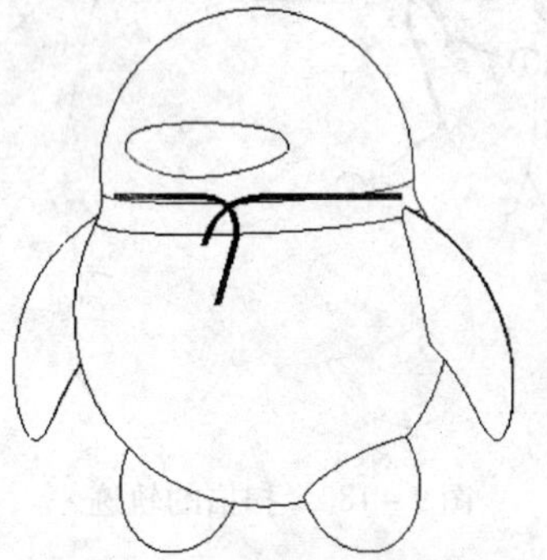

图9－177　被投影的几何

（7）单击按钮，选择FRONT平面和图9－178所示的点（前面投影曲线的端点）创建基准平面DTM3。

（8）选中DTM3与图9－179所示的实体表面，单击【编辑】⇨【相交】菜单，创建交线。此交线是企鹅围巾在企鹅身体上的轨迹线。

步骤7　创建企鹅的围巾

（1）单击【插入】⇨【扫描混合】菜单，启动扫描混合工具。

（2）单击按钮扫描为曲面。选择图9－180所示轨迹（按着Shift串联选取）。

（3）单击【剖面】展开下滑面板，选择“草绘截面”。

（4）选择图9－180所示的点①，在此位置创建截面1，单击 草绘 按钮进入草绘环境，绘制图9－181所示的截面。

（5）完成截面绘制。单击【剖面】下滑面板的 插入 按钮，选择图9－180所示的

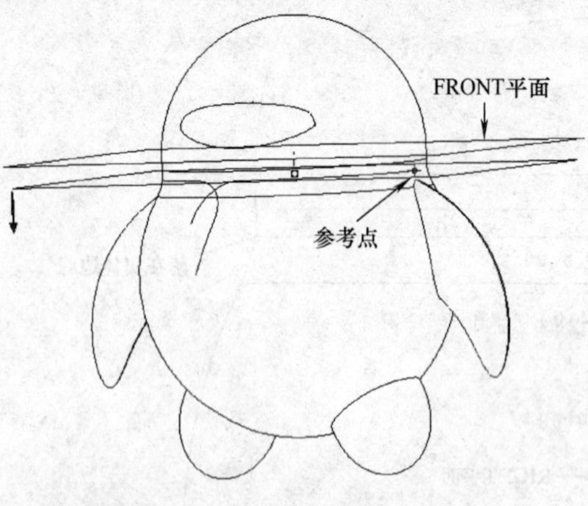

图 9 - 178　创建基准平面

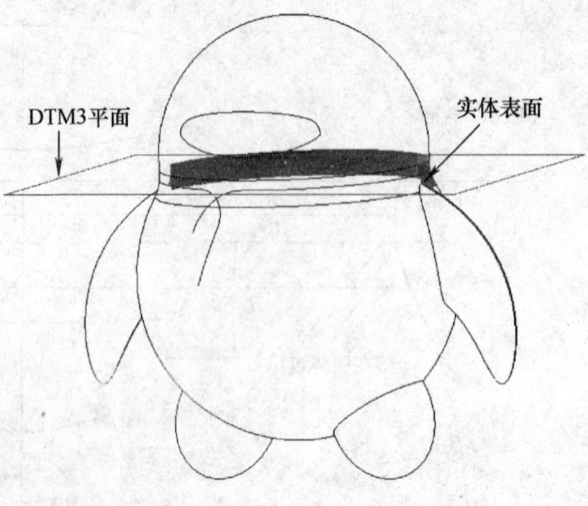

图 9 - 179　求取交线—围巾轨迹线

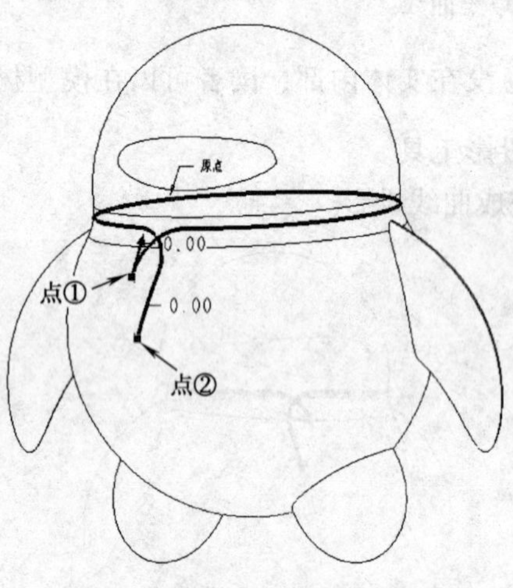

图 9 - 180　扫描的轨迹

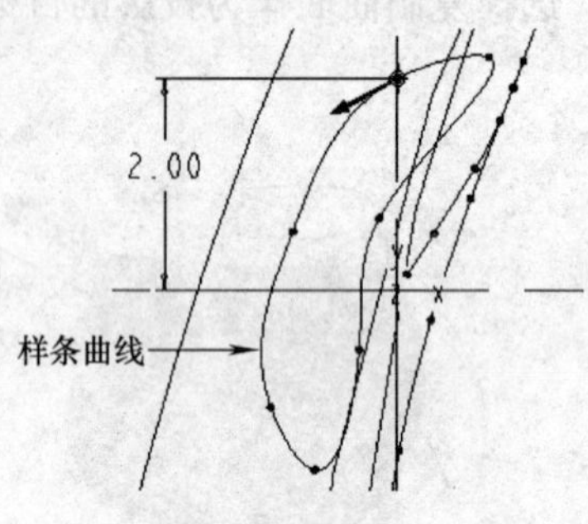

图 9 - 181　截面 1

点②，在此位置创建截面 2，单击 草绘 按钮进入草绘环境，绘制图 9 - 182 所示的截面。

（6）完成截面绘制。单击【选项】展开下滑面板，设置“封闭端点”选项。

（7）单击 ✔ 完成扫描混合特征的创建。完成的模型见图 9 - 183。

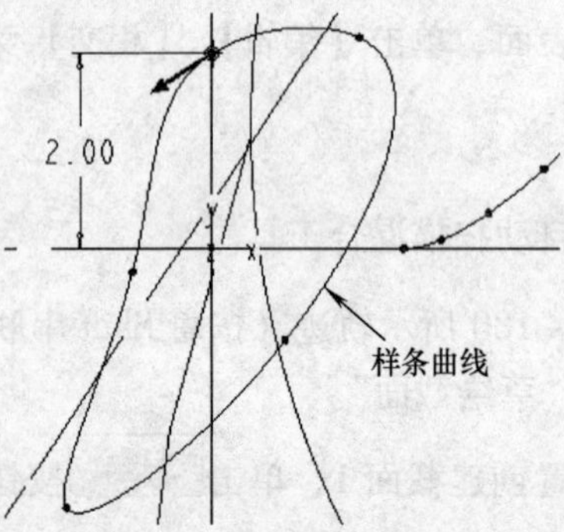

图 9 - 182　截面 2

图 9 - 183　完成的模型

9.11　练　　习

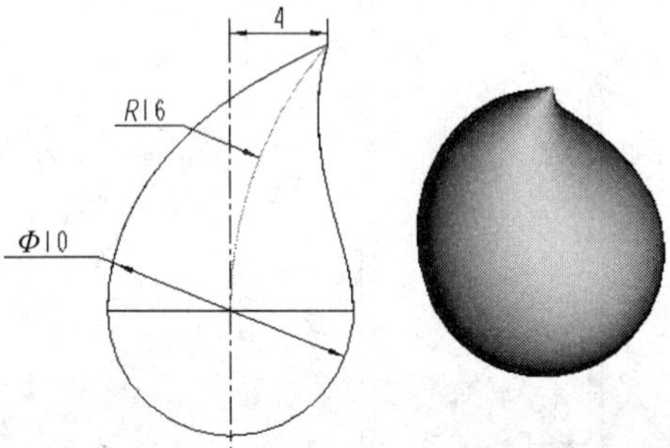

练习 1

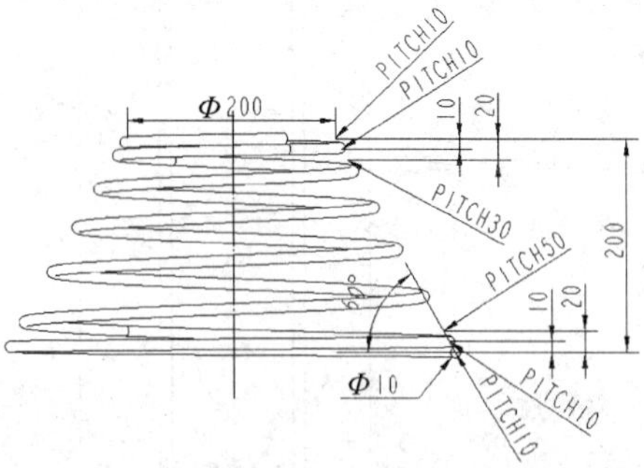

练习 2

导入左图所示线框，创建右图所示曲面。

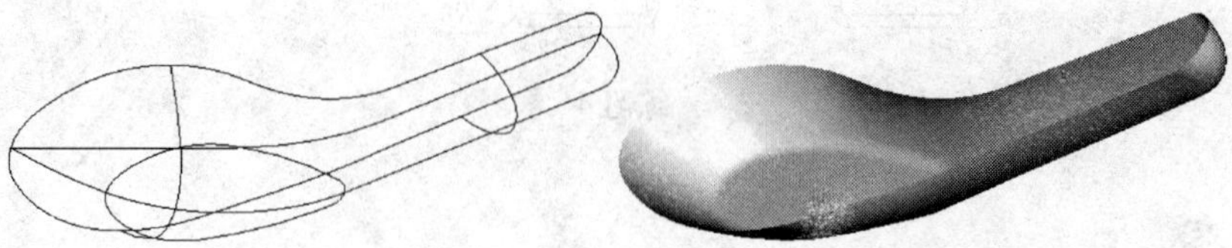

1. 以公制模板新建零件。
2. 单击主菜单【插入】⇨【共享数据】⇨【自文件】。
3. 选择资源文件夹的“exercise. igs”文件，导入其中数据。

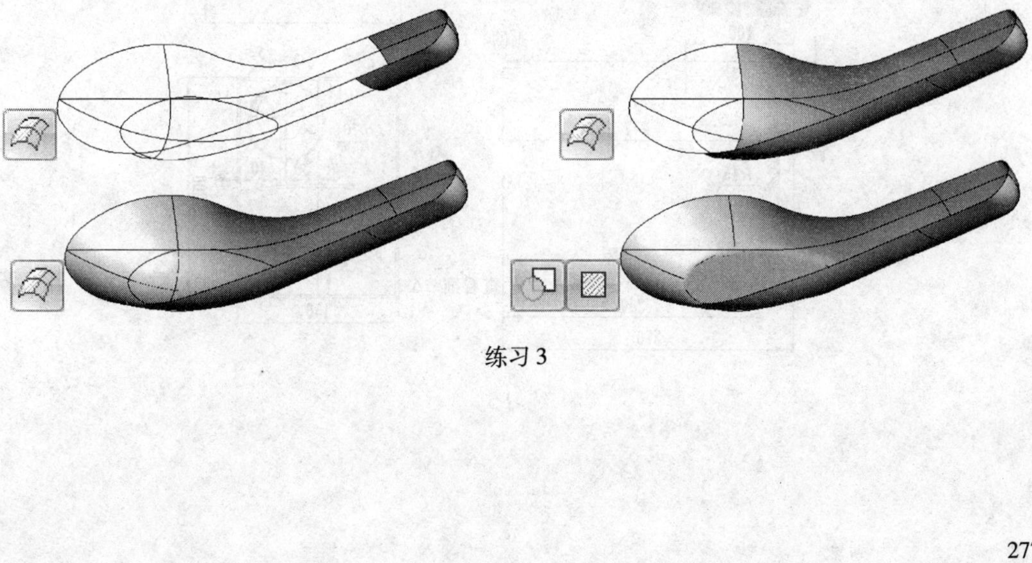

练习 3

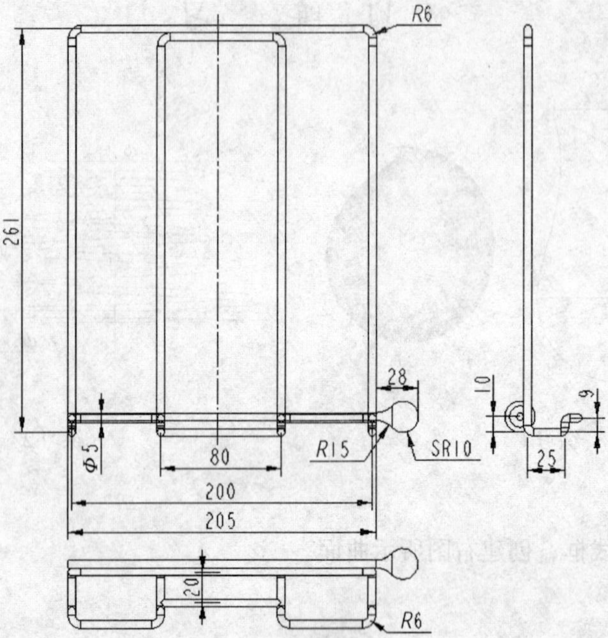
R6
261
28
10
9
Φ5
80
R15
SR10
25
200
205
20
R6

练习 4

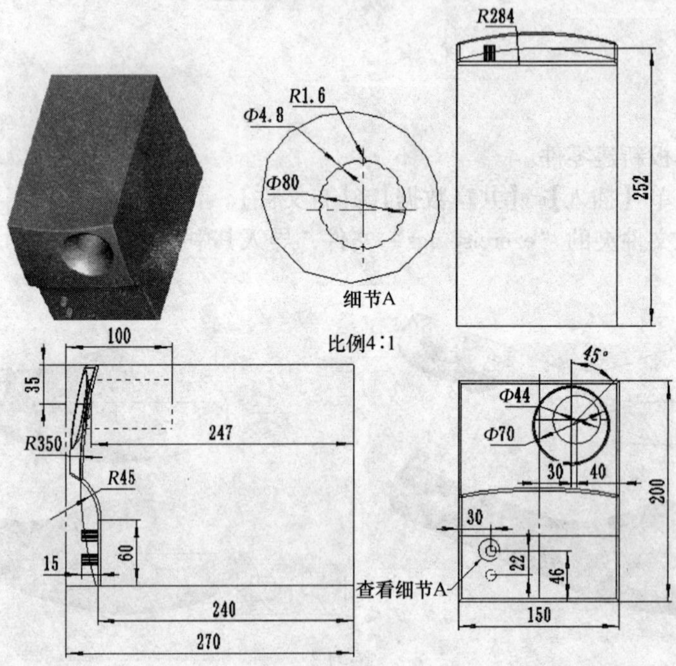
R284
R1.6
Φ4.8
Φ80
252
细节A
比例4:1
100
35
R350
247
R45
60
15
240
270
45°
Φ44
Φ70
30
40
200
30
22
46
查看细节A
150

练习 5

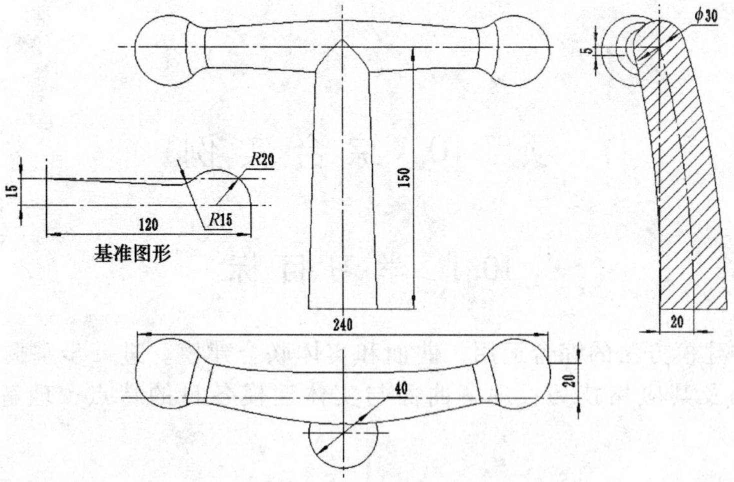

练习6

项目 10　综 合 实 例

10.1　学 习 目 标

ProE 各种建模方法的综合运用，曲面和实体联合建模。进一步掌握 ProE 各种建模方法的选用及其应用技巧；理解曲面与实体建模各自的特点；理解曲面的应用场合。

10.2　实　例　一

此实例将完成图 10 –1 所示零件的绘制。主要讲解特征的识别和划分，特征草绘平面的选取或创建。建模流程见图 10 –2。

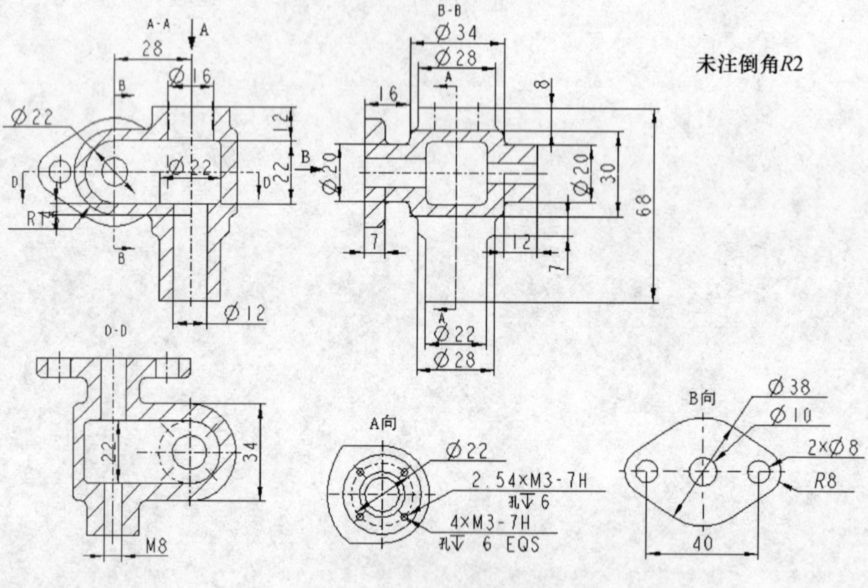

图 10 –1　零件图纸

步骤 1　新建零件

（1）启动 ProE，仍旧使用“项目三”的环境配置。单击按钮，进入“新建”对话框。

（2）创建实体零件，输入文件名称“prt –10 –1”，单击“确定”使用缺省模板。

（3）模板自动创建 FRONT、RIGHT、TOP 基准平面及坐标系。

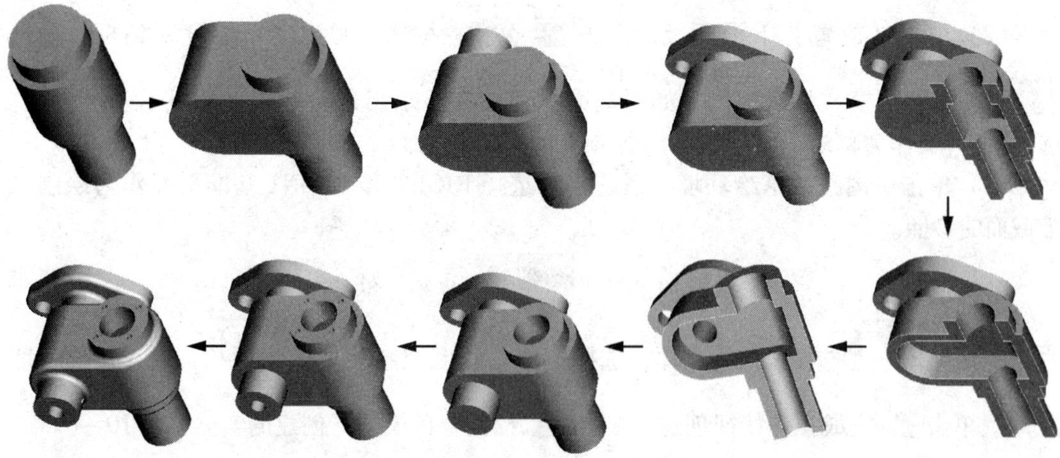

图 10－2 建模流程

步骤 2 创建旋转增料特征

（1）单击创建旋转特征按钮，出现旋转操控板。

（2）单击【放置】下滑面板，点击定义...按钮，弹出“草绘”对话框。选择 FRONT 作为草绘平面，系统自动选择 RIGHT 作为向“右”的参照。

（3）单击中键激活草绘环境，系统自动选择 RIGHT 和 FRONT 基准平面作为绘制二维截面的参照。

（4）绘制图 10－3 所示的截面。

（5）单击完成草绘，继续下一步设置。

（6）创建旋转 360°的实体，单击完成旋转特征创建，创建的实体见图 10－4。

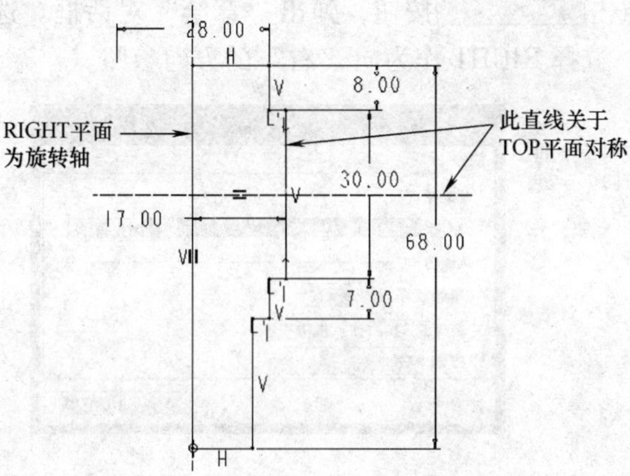

图 10－3 草绘截面

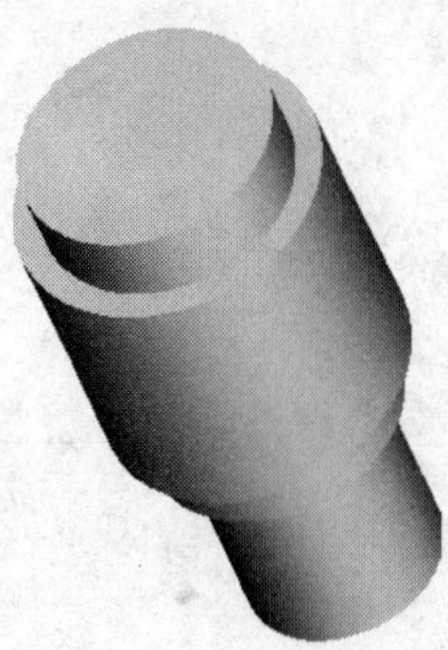

图 10－4 创建的特征

步骤 3 创建拉伸增料特征

（1）单击按钮，创建拉伸特征。

（2）单击【放置】下滑面板，点击 定义... 按钮，弹出“草绘”对话框。单击按钮以线框模式显示模型。如果基准平面没有显示出来，单击显示基准平面。选择 FRONT 作为草绘平面，系统自动选择 RIGHT 作为向“右”的参照。

（3）单击中键激活草绘环境，系统自动选择 RIGHT 和 FRONT 基准平面作为绘制二维截面的参照。

（4）绘制图 10－5 所示的截面。单击完成草绘，继续下一步设置。

（5）单击选择拉伸为实体，选择拉伸“长度控制”方式为，输入拉伸长度为 34。单击完成拉伸特征创建，单击按钮着色模型，创建的实体见图 10－6。

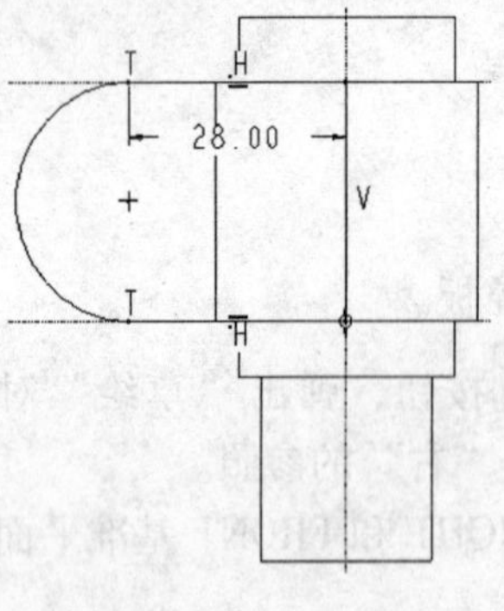

图 10－5　草绘截面

图 10－6　创建的特征

步骤 4　创建拉伸增料特征

（1）单击按钮，创建拉伸特征。

（2）单击【放置】下滑面板，点击 定义... 按钮，弹出“草绘”对话框。选择图 10－7 所示的实体表面作为草绘平面，选择 RIGHT 作为向“右”的方向参照。

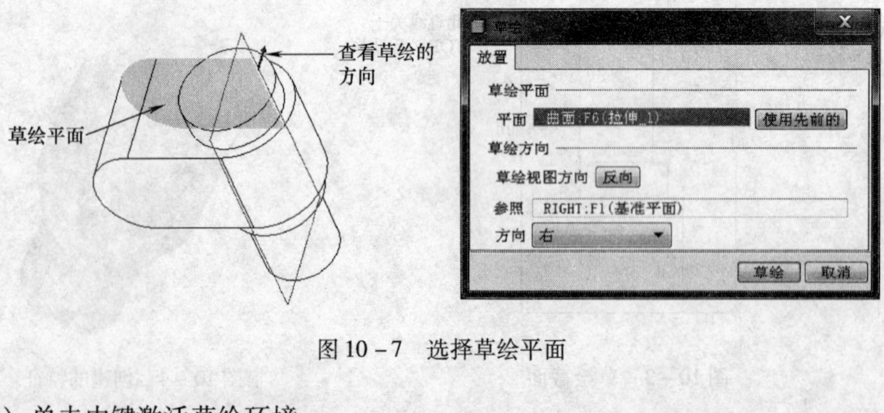

图 10－7　选择草绘平面

（3）单击中键激活草绘环境。

（4）以同心圆命令绘制图 10－8 所示的圆截面，并修改尺寸值。

（5）单击完成草绘，继续下一步设置。

（6）单击选择拉伸为实体，选择拉伸“长度控制”方式为，输入拉伸长度为16。单击完成拉伸特征创建，单击按钮着色模型，创建的实体见图10-9。

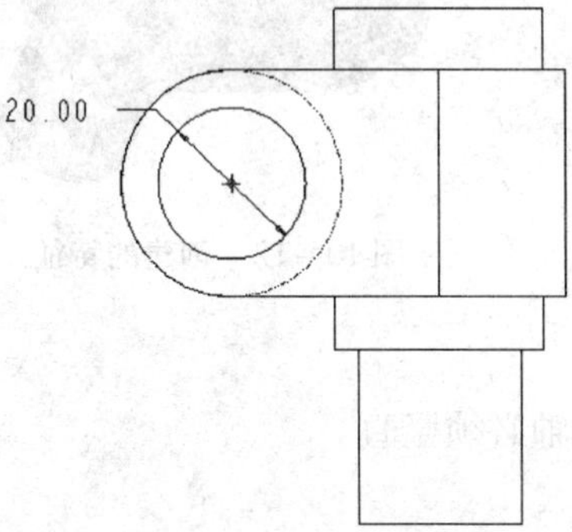

图10-8 草绘截面

图10-9 创建的特征

步骤5 创建拉伸增料特征

（1）单击按钮，创建拉伸特征。

（2）单击【放置】下滑面板，点击 定义... 按钮，弹出“草绘”对话框。选择图10-10所示的实体表面作为草绘平面，选择RIGHT作为向“右”的方向参照。

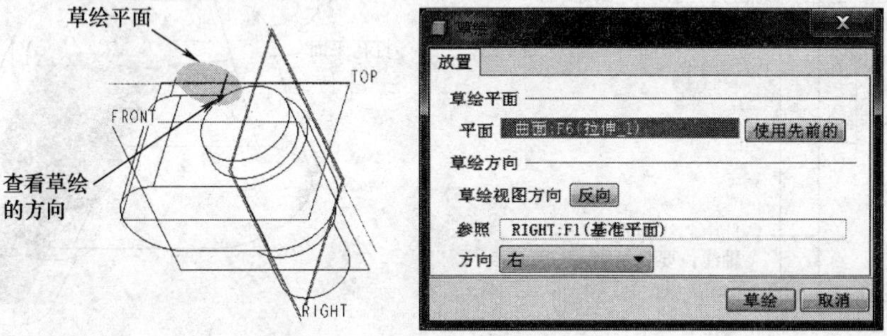

图10-10 选择草绘平面

（3）单击中键激活草绘环境。

（4）绘制图10-11所示的截面，标注图示尺寸，并修改尺寸值。

（5）单击完成草绘，继续下一步设置。

（6）单击选择拉伸为实体，选择拉伸“长度控制”方式为，输入拉伸长度为7。单击完成拉伸特征创建，单击按钮着色模型，创建的实体见图10-12。

步骤6 创建异型孔

（1）单击按钮，创建孔特征，单击创建草绘截面孔，单击激活草绘

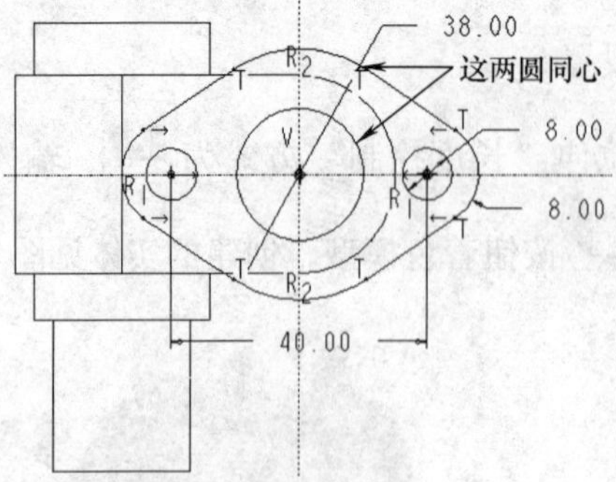

图 10 - 11　草绘截面

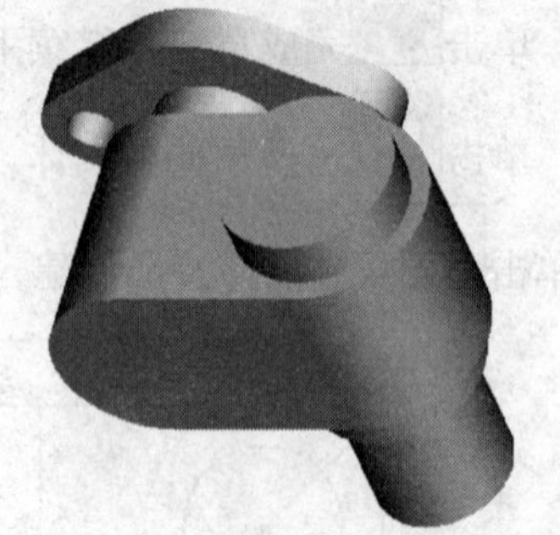

图 10 - 12　创建的特征

器。绘制图 10 - 13 所示截面。

注意：草绘孔的截面必须闭合，且孔的旋转轴必须竖直。

（2）单击✔完成草绘，继续下一步设置。

（3）选择图 10 - 14 所示的面为打孔平面，按着 Ctrl 选择图示轴线。如果轴线没有显示出来，可以单击按钮显示轴线。

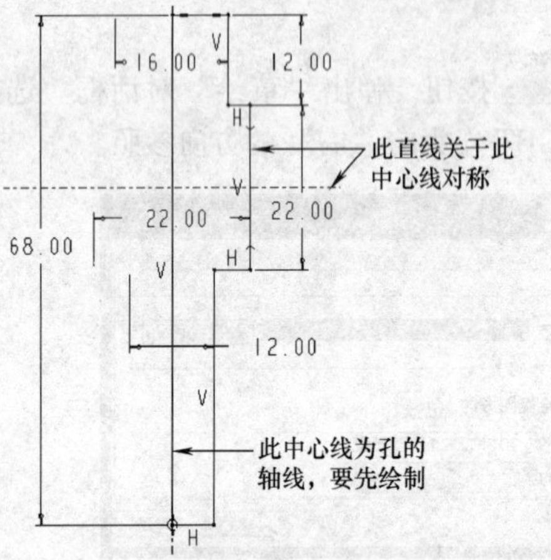

图 10 - 13　创建孔的截面

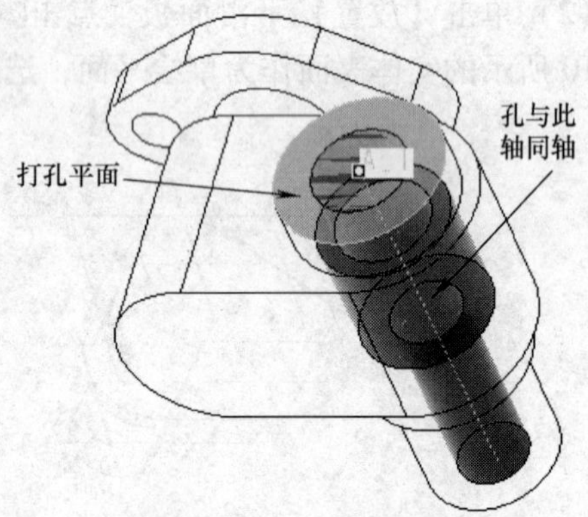

图 10 - 14　选取打孔的要素

（4）单击✔按钮完成孔特征，见图 10 - 15。

步骤 7　创建拉伸切除材料

（1）单击按钮，创建拉伸特征。

（2）单击【放置】菜单，点击 定义... 按钮，弹出“草绘”对话框。选择 FRONT 作为草绘平面，选择 RIGHT 作为向“右”草绘的方向参照。

图 10 - 15　完成的孔

（3）单击中键激活草绘环境。

（4）单击偏距边命令，用“链”的方式偏距图 10－16 所示的实体边。用直线封闭之。单击完成草绘，继续下一步设置。

（5）单击选择拉伸为实体，选择对称拉伸，选择切除材料方式，输入拉伸长度 22。

（6）单击完成拉伸特征创建，此特征完全在实体的内部，切开的效果见图10－17。

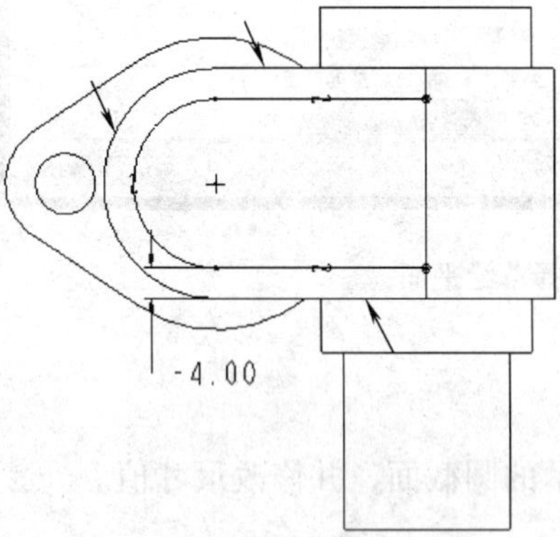

图 10－16 使用边

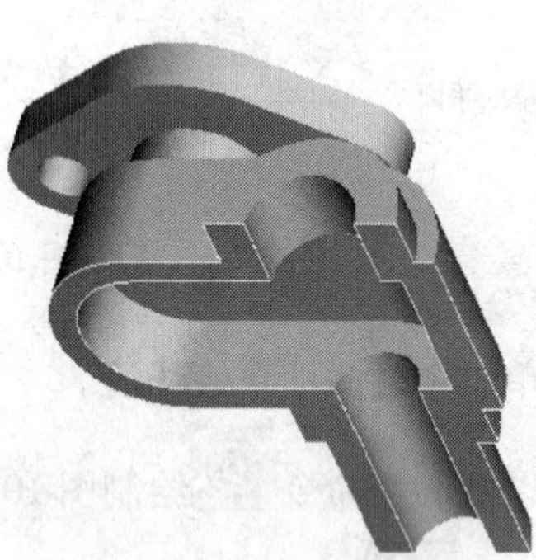
图 10－17 创建的特征

步骤 8 创建孔

（1）单击按钮，创建简单孔特征，输入孔直径 10，设置孔深度为穿过下一个。

（2）选择图 10－18 所示的面为打孔平面，按着 Ctrl 选择图示轴线。如果轴线没有显示出来，可以单击按钮显示轴线。

（3）单击按钮完成孔特征，见图 10－19。

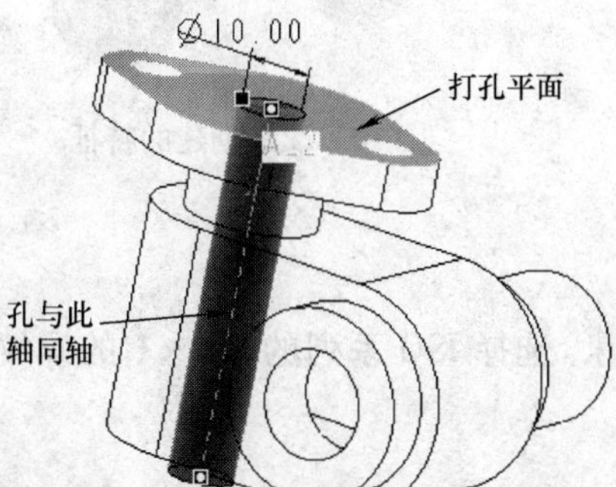

图 10－18 选取打孔的要素

图 10－19 完成的孔

步骤 9　创建拉伸增料特征

（1）单击按钮，创建拉伸特征。

（2）单击【放置】下滑面板，点击 定义... 按钮，弹出“草绘”对话框。选择图 10－20 所示的实体表面作为草绘平面，选择 RIGHT 作为向“右”的方向参照。

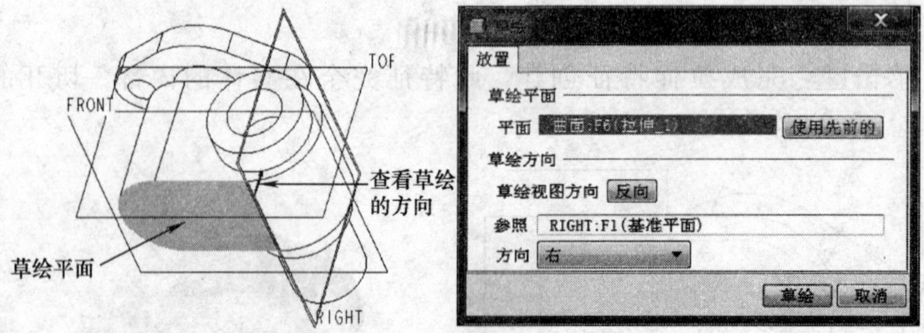

图 10－20　选择草绘平面

（3）单击中键激活草绘环境。

（4）以同心圆命令绘制图 10－21 所示的圆截面，并修改尺寸值。

（5）单击完成草绘，继续下一步设置。

（6）单击选择拉伸为实体，选择拉伸“长度控制”方式为，输入拉伸长度为 12。单击完成拉伸特征创建，单击按钮着色模型，创建的实体见图 10－22。

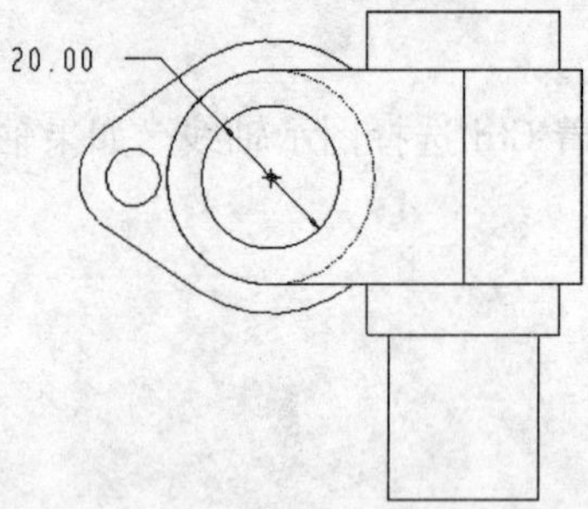

图 10－21　草绘截面

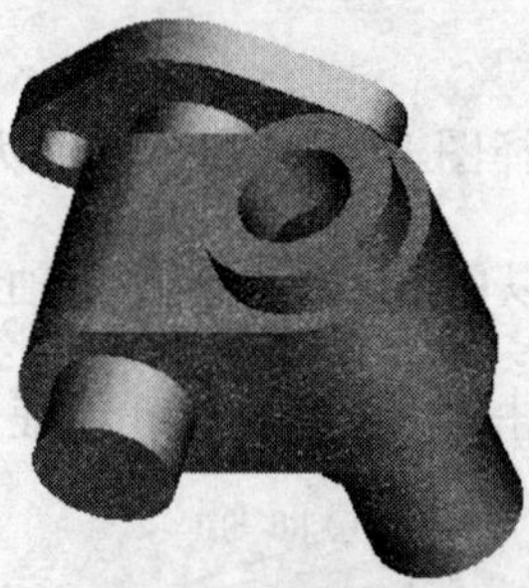

图 10－22　创建的特征

步骤 10　创建螺纹孔

（1）单击按钮，创建标准孔特征，选择 ISO 系列的 M8 ×1 的螺纹，设置孔深度为穿过下一个。

（2）选择图 10－23 所示的面为打孔平面，按着 Ctrl 选择图示轴线。如果轴线没有显示出来，可以单击按钮显示轴线。

（3）单击按钮完成孔特征，见图 10－24。

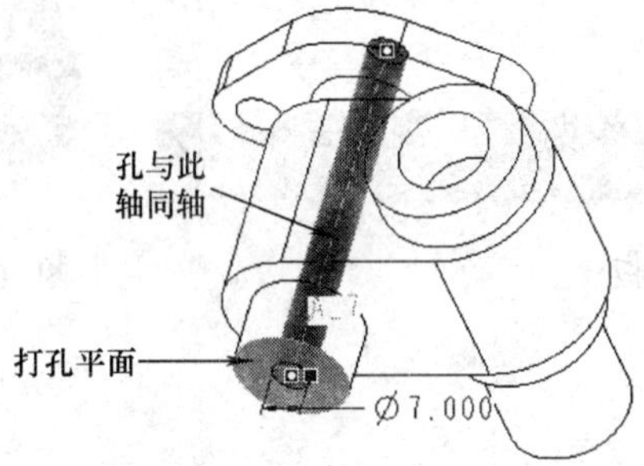

图 10－23 选取打孔的要素

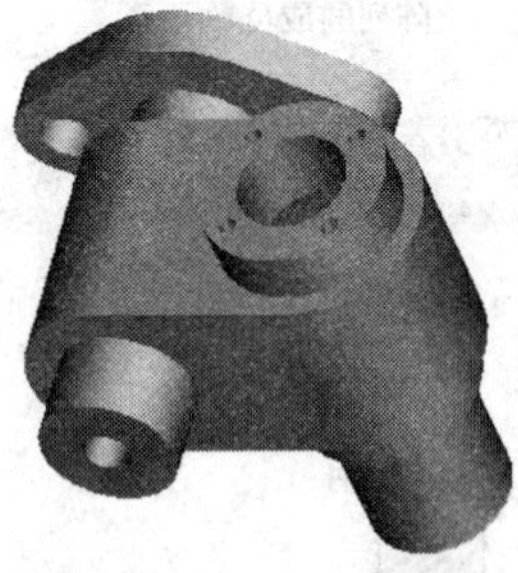
图 10－24 完成的孔

步骤 11 创建螺纹孔并阵列

（1）单击按钮，创建标准孔特征，选择 ISO 系列的 M3×5 的螺纹，设置孔深度为 6。

（2）选择图 10－25 所示的面为打孔平面。

（3）单击【设置】下滑面板，设置孔的放置“类型”为直径。激活“偏移参照”收集器，按着 Ctrl 选择图示轴线和 FRONT 平面。如果轴线没有显示出来，可以单击按钮显示轴线。输入直径尺寸 22，角度尺寸 45。

（4）单击按钮完成孔特征，见图 10－26。

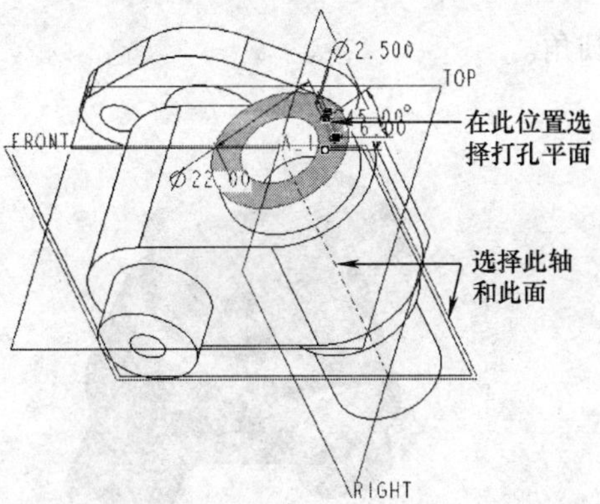

图 10－25 选取打孔的要素

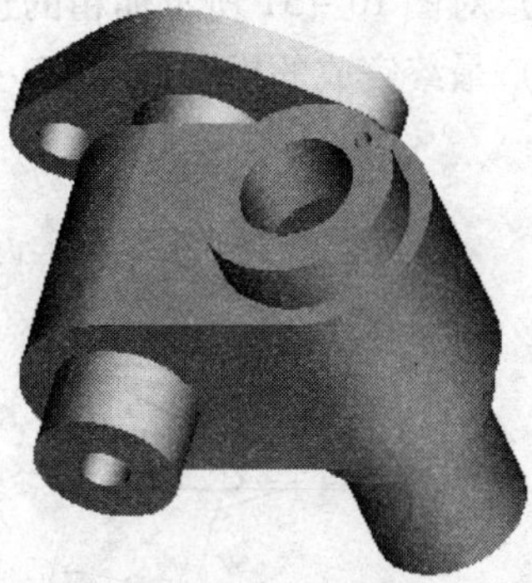
图 10－26 完成的孔

（5）选中前面创建的 M3 螺纹孔特征，单击创建阵列命令。也可以在模型树上选择特征，单击右键，选择【阵列】菜单。

（6）选择值为 45°的尺寸，在出现的输入框中输入 90——阵列的步距，在“方向一”输入框中输入 4——沿“方向一”阵列的成员数，见图 10－27。

（7）单击完成特征阵列，最终完成的零件见图 10－28。

图 10－27　阵列操控板

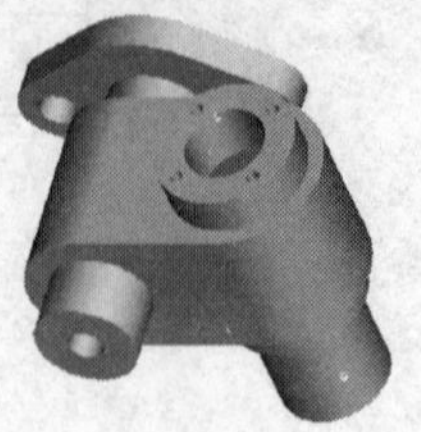

图 10－28　完成的阵列

步骤 12　倒圆角

（1）单击按钮，创建倒圆角特征。

（2）对图 10－29 所示加粗的边倒 R2 圆角。

（3）对图 10－30 所示加粗的边倒 R2 圆角。

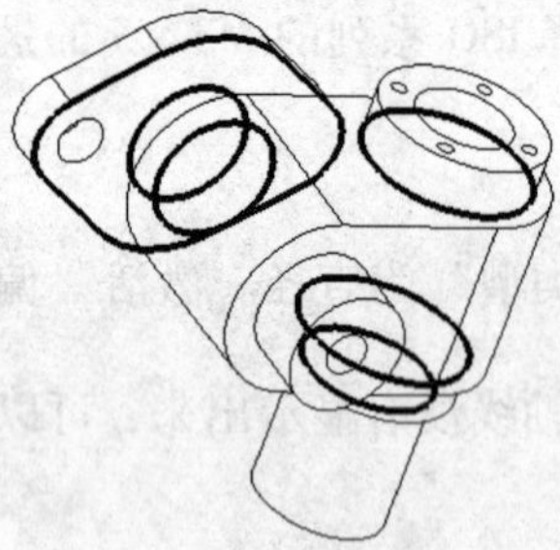

图 10－29　倒圆角的边

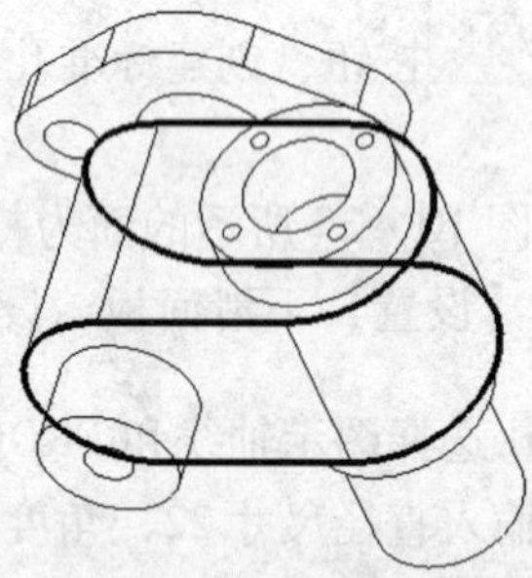

图 10－30　倒圆角的边

（4）对图 10－31 所示加粗的边倒 R2 圆角。

（5）最终完成的模型见图 10－32。

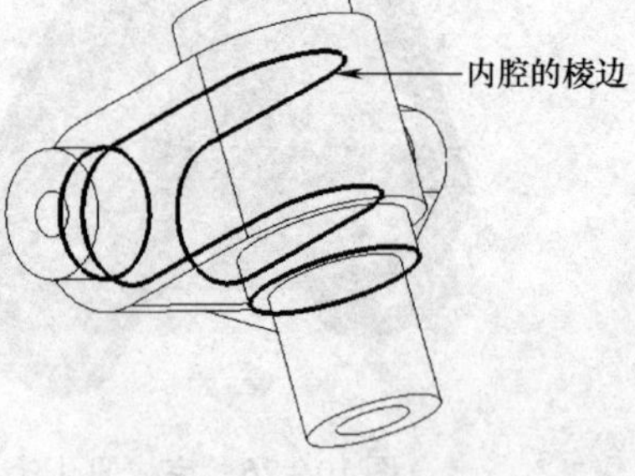

图 10－31　倒圆角的边

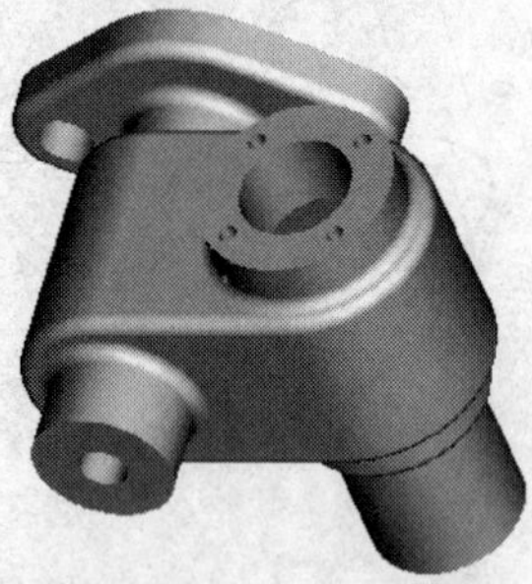

图 10－32　完成的模型

10.3　实　例　二

此实例将完成图 10－33 所示零件的建模。通过此例进一步学习特征的识别和划分及其草绘平面的选择或创建。建模流程见图 10－34。

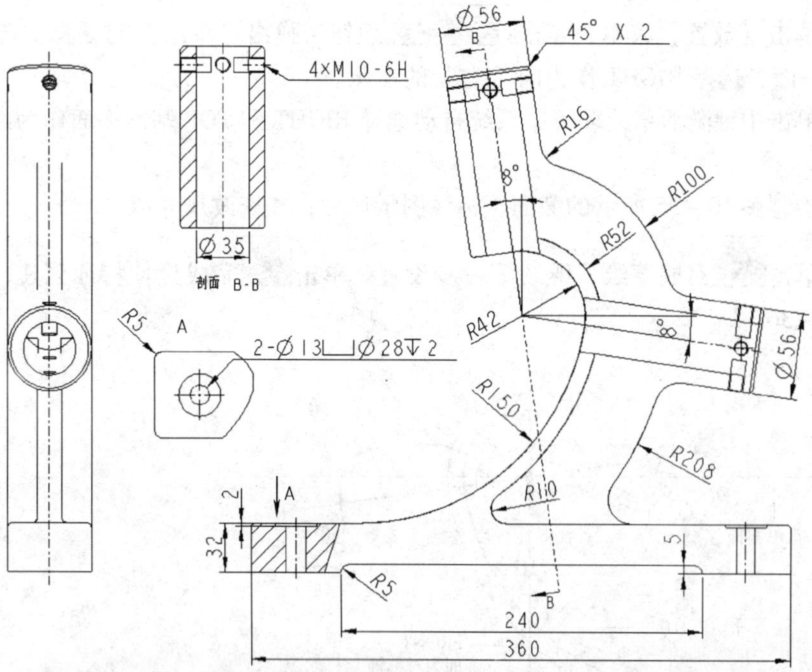

图 10－33　零件图纸

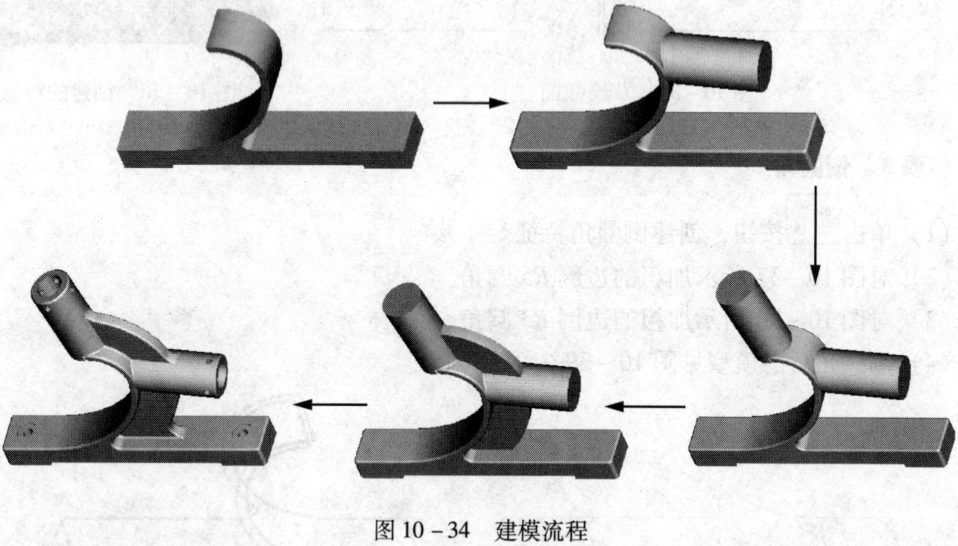

图 10－34　建模流程

步骤 1　新建零件

以公制模板新建零件，输入文件名称“prt－10－2”，进入零件设计环境。

步骤 2　创建拉伸增料特征

（1）单击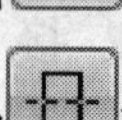按钮，出现拉伸操控板。单击选择拉伸为实体，选择拉伸“长度控制”方式为对称拉伸，输入拉伸长度为 56。

（2）单击【放置】菜单，点击按钮，弹出“草绘”对话框。选择 FRONT 作为草绘平面，选择 RIGHT 作为向“右”的参照。

（3）单击中键激活草绘环境，系统自动选择 RIGHT 和 TOP 基准平面作为绘制二维截面的参照。

（4）绘制图 10－35 所示的截面，标注图示尺寸，并修改尺寸值。

（5）单击完成草绘，继续下一步设置。单击完成拉伸特征创建，创建的实体见图 10－36。

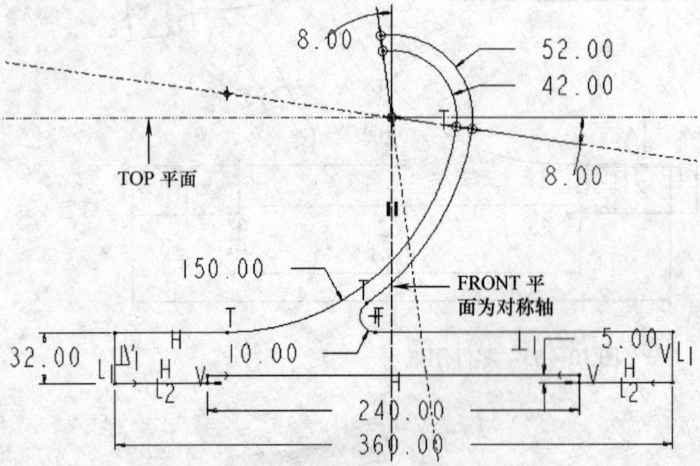

图 10－35　草绘截面

图 10－36　创建的特征

步骤 3　倒圆角

（1）单击按钮，创建倒圆角特征。

（2）对图 10－37 所示加粗的边倒 *R*5 圆角。

（3）对图 10－38 所示加粗的边倒 *R*3 圆角。

（4）倒圆角后的模型见图 10－39。

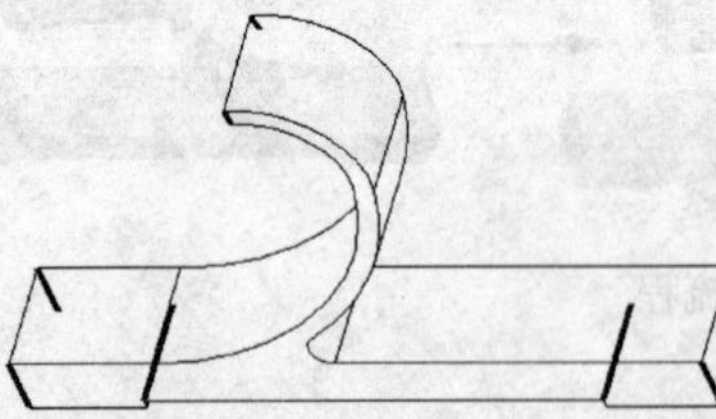

图 10－37　倒圆角的边

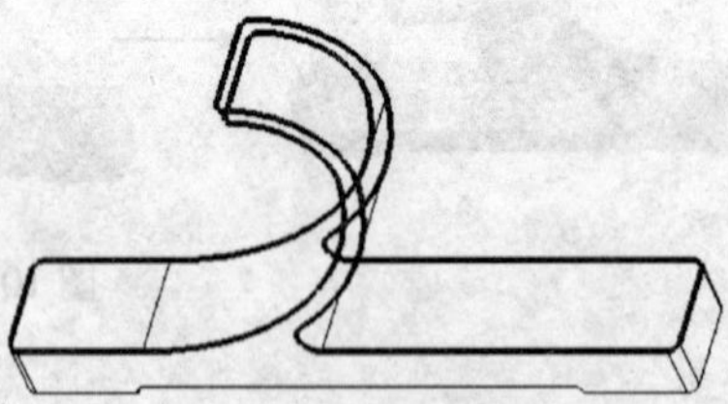

图 10－38　倒圆角的边

步骤 4　创建模型中部的圆柱体

（1）该圆柱体可以用旋转的方法创建，但是其左端与基座结合的部位不好处理，见图 10－40。用拉伸的方法就很容易处理，故该特征用拉伸的方法创建，接下来需要创建拉伸的草绘平面。

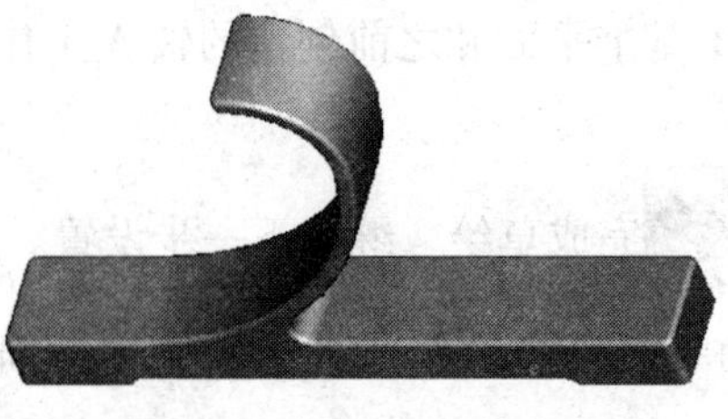

图 10－39 完成的特征

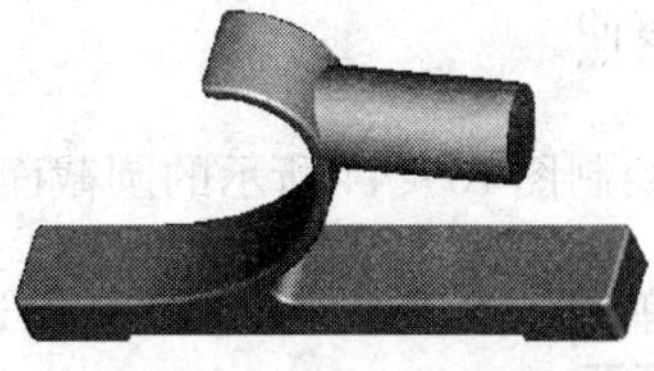

图 10－40 本步骤预览

（2）单击创建基准轴，选择 FRONT 和 TOP 面以其交线创建轴。如果基准平面没有显示出来，单击显示基准平面。

（3）单击创建基准平面，选择上一步创建的轴线和 TOP 平面，输入角度 98°，见图 10－41。如果基准轴没有显示出来，单击显示基准轴。

（4）单击创建草绘平面，选择上一步创建的基准平面 DTM1，输入平移距离 160，见图 10－42。

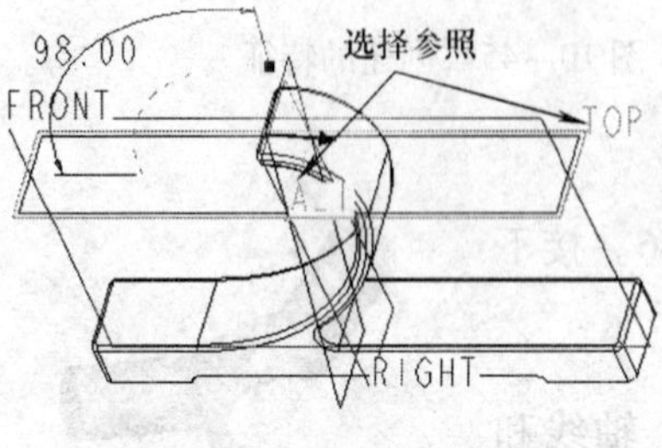

图 10－41 创建基准平面

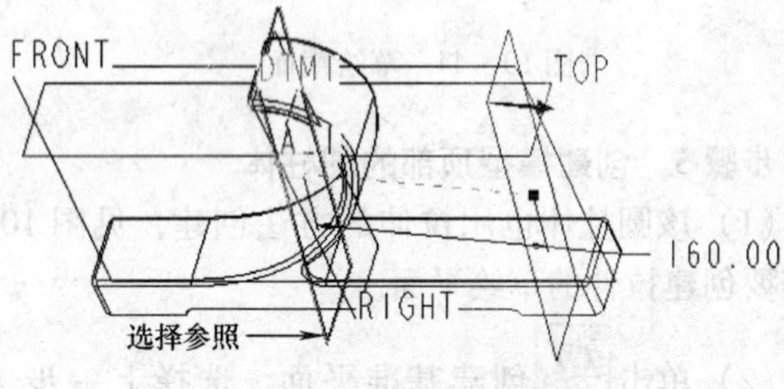

图 10－42 创建基准平面

（5）单击按钮，创建拉伸特征。

（6）单击【放置】菜单，点击 定义... 按钮，弹出“草绘”对话框。选择前面创建的 DTM2 为草绘平面，选择 FRONT 为向“左”的参照，见图 10－43。

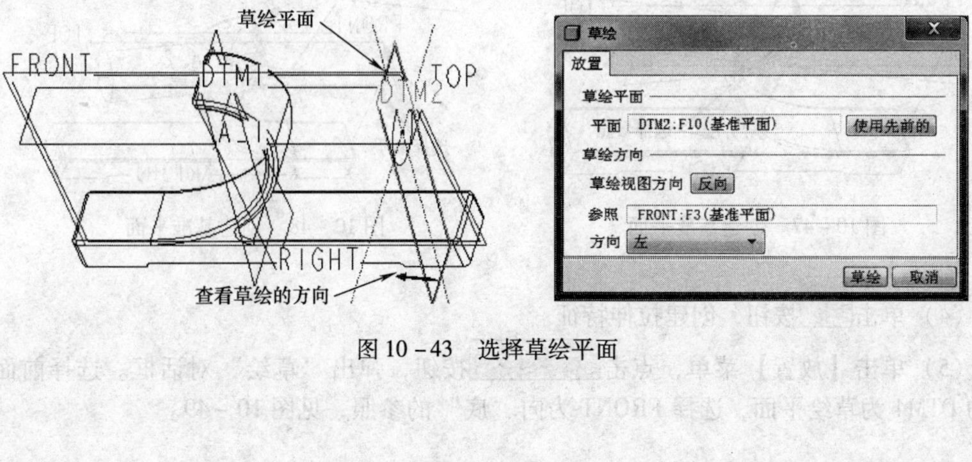

图 10－43 选择草绘平面

（7）单击中键激活草绘环境。选择 FRONT 基准平面和之前创建的轴 A_1 作为绘制二维截面的参照。

（8）绘制图 10－44 所示的圆截面。单击完成草绘，继续下一步设置。

（9）单击选择拉伸为实体，选择拉伸“长度控制”方式为拉伸到下一个曲面。单击可以反转拉伸方向，使拉伸方向向左。

（10）单击完成拉伸特征创建，单击按钮着色模型，创建的实体见图10－45。

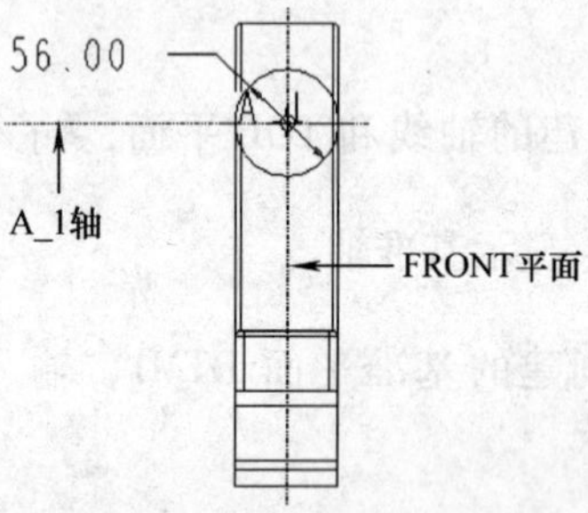

图 10－44　草绘截面

图 10－45　创建的特征

步骤 5　创建模型顶部的圆柱体

（1）该圆柱体也用拉伸的方法创建，见图 10－46。接下来需要创建拉伸的草绘平面。

（2）单击创建基准平面，选择上一步 A_1 轴线和 RIGHT 平面，输入角度 82°，见图 10－47。

（3）单击创建草绘平面，选择上一步创建的基准平面 DTM3，输入平移距离 160，见图 10－48。

图 10－46　本步骤预览

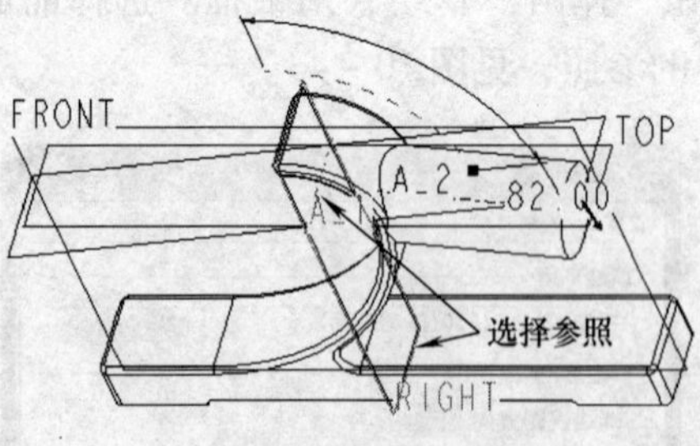

图 10－47　创建基准平面

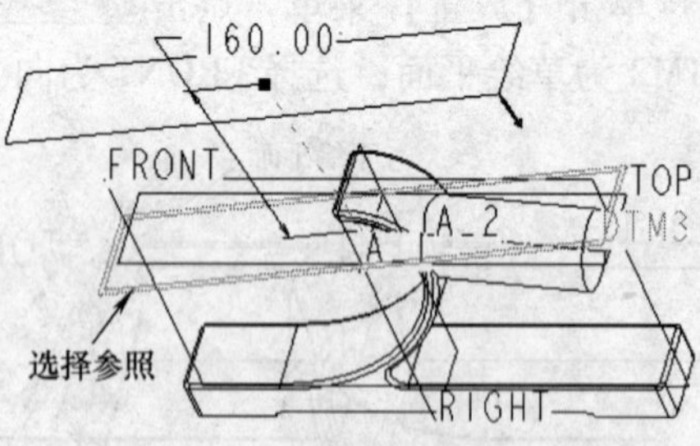

图 10－48　创建基准平面

（4）单击按钮，创建拉伸特征。

（5）单击【放置】菜单，点击 定义... 按钮，弹出“草绘”对话框。选择前面创建的 DTM4 为草绘平面，选择 FRONT 为向“底”的参照，见图 10－49。

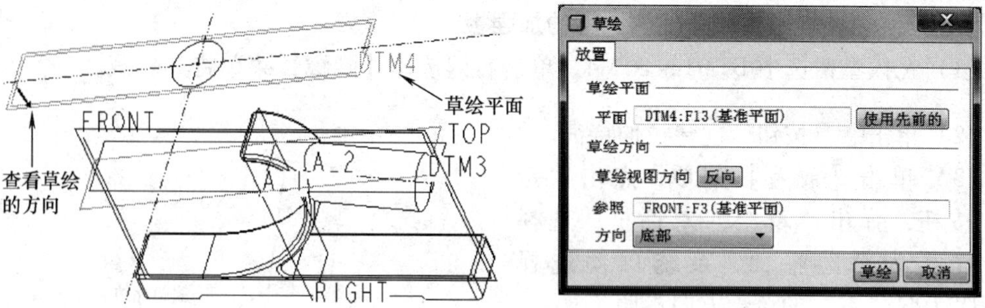

图 10－49　选择草绘平面

（6）单击中键激活草绘环境。选择FRONT基准平面和之前创建的轴A_1作为绘制二维截面的参照。

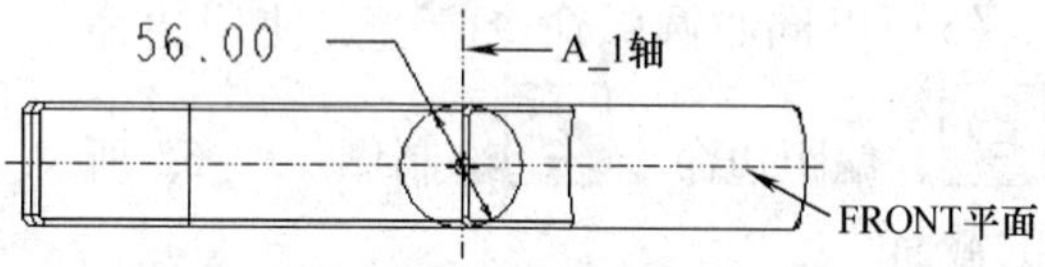

图 10－50　草绘截面

（7）绘制图 10－50 所示的圆截面。单击完成草绘，继续下一步设置。

（8）单击选择拉伸为实体，选择拉伸“长度控制”方式为拉伸到选定的面、线、点，选择图 10－51 所示的边线。单击可以反转拉伸方向，使拉伸方向向下。

（9）单击完成拉伸特征创建，单击按钮着色模型，创建的实体见图 10－52。

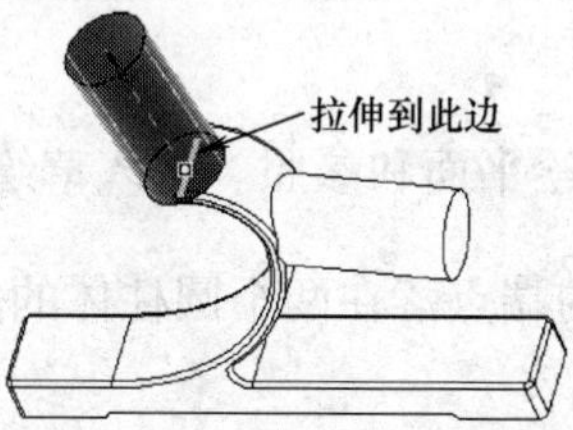

图 10－51　拉伸到此边

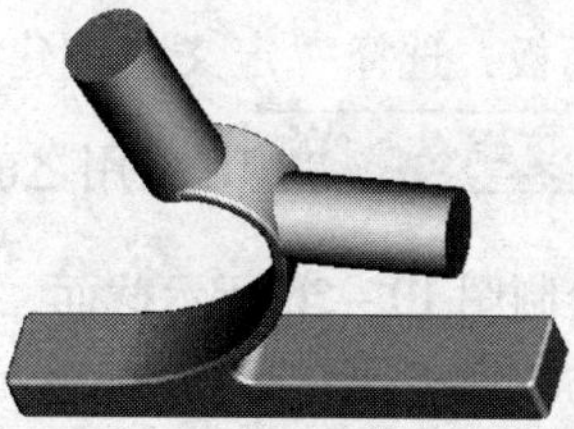

图 10－52　创建的特征

步骤 6　倒圆角

（1）单击按钮，创建倒圆角特征。

（2）对图 10－53 所示加粗的边倒 $R3$ 圆角。

（3）对图 10－54 所示加粗的边倒 $R3$ 圆角。

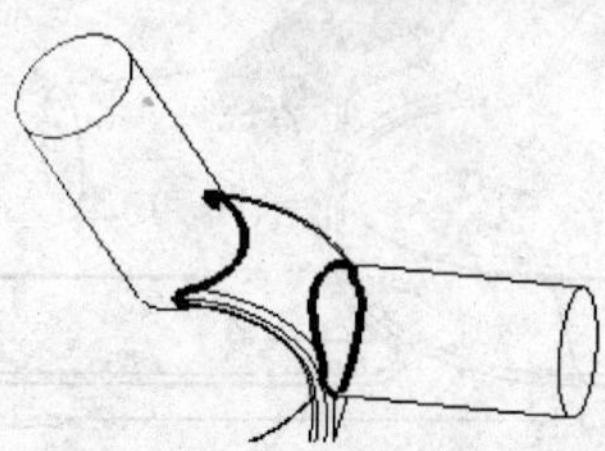

图 10－53　倒圆角的边

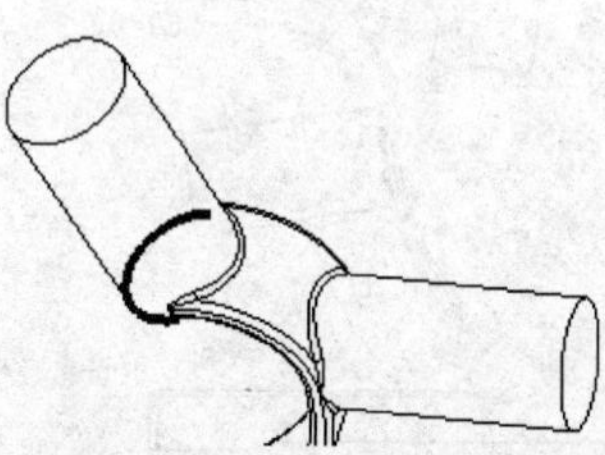

图 10－54　倒圆角的边

步骤 7　创建矩形块和圆柱体之间的加强板

（1）在模型树选中 DTM1 ~ DTM4，单击右键选择【隐藏】菜单将其隐藏。

（2）单击按钮，创建拉伸特征。

（3）单击【放置】菜单，点击“定义”按钮，弹出“草绘”对话框。选择 FRONT 作为草绘平面，系统自动选择 RIGHT 为向“右”的草绘方向参照。

（4）单击中键激活草绘环境。

（5）以同心圆弧命令、使用边命令、偏距边命令绘制图 10－55 所示的截面。

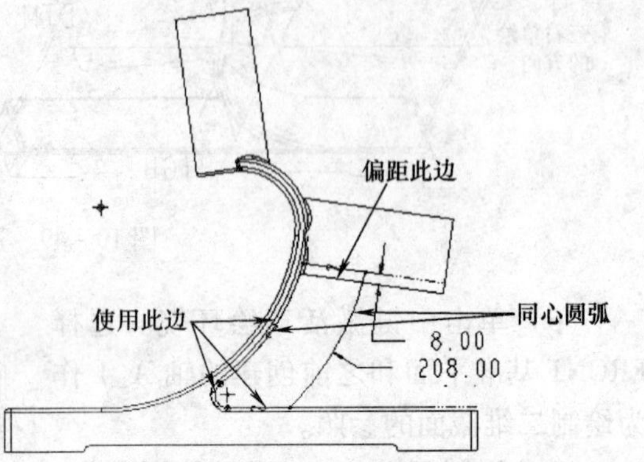

图 10－55　草绘截面

注意：截面必须构成封闭的环。

（6）单击完成草绘，继续下一步设置。

（7）单击选择拉伸为实体，选择拉伸“长度控制”方式为对称拉伸，输入拉伸长度为 16。单击完成拉伸特征创建。

（8）用“筋”工具创建圆柱体之间的加强板。单击筋工具按钮，单击【参照】展开下滑面板，选择“定义”创建筋的截面。

（9）单击 使用先前的，使用之前使用的草绘平面和参照。进入草绘环境后以同心圆弧命令绘制图 10－56 所示截面，并使圆弧的端点落在两个圆柱体的侧面投影线上。

注意：筋的截面必须是开放的。

（10）单击完成草绘，继续筋的参数设置。

（11）输入筋的厚度 16，使筋创建的材料对称的分布在草绘平面的两侧，单击按钮可以对材料的方向进行切换。增加材料范围的方向见图 10－57。

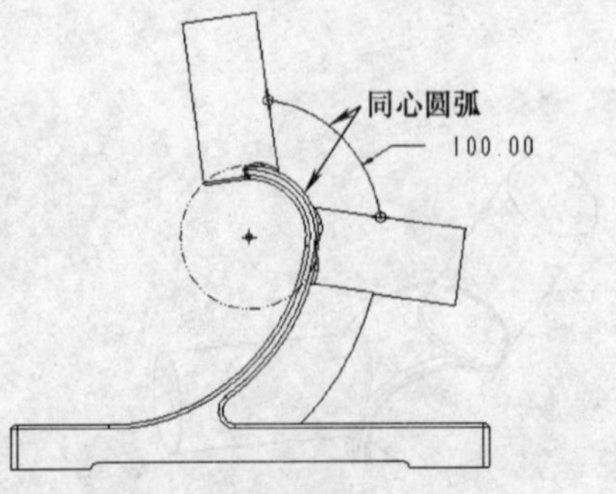

图 10－56　创建目标预览

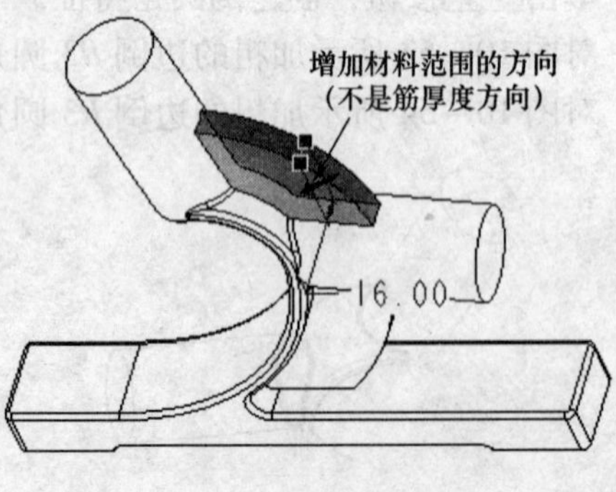

图 10－57　增加材料范围的方向

(12) 单击完成拉伸特征创建。完成的特征见图 10－58。

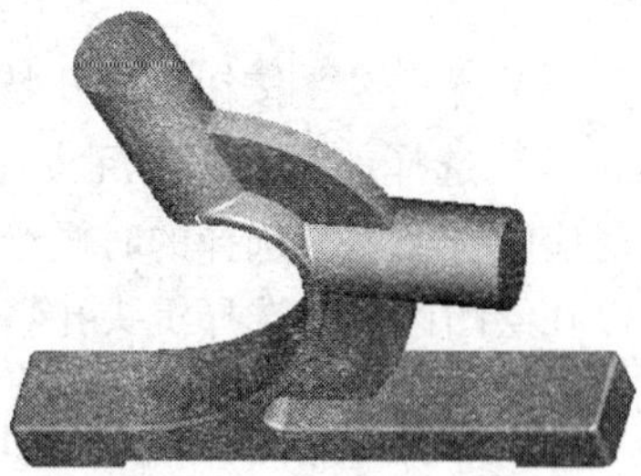

图 10－58 完成的特征

步骤 8 创建孔

(1) 单击按钮，创建直径 Φ35 的通孔（选择深度控制为穿过下一个），选择图 10－59 所示的参照。

(2) 以图 10－60 所示的参照，再创建一个直径 Φ35 的通孔（选择深度控制为穿过下一个）。

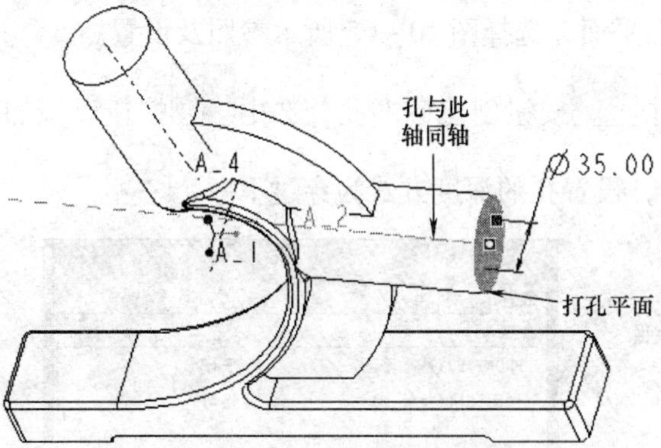

图 10－59 选取孔的放置参照

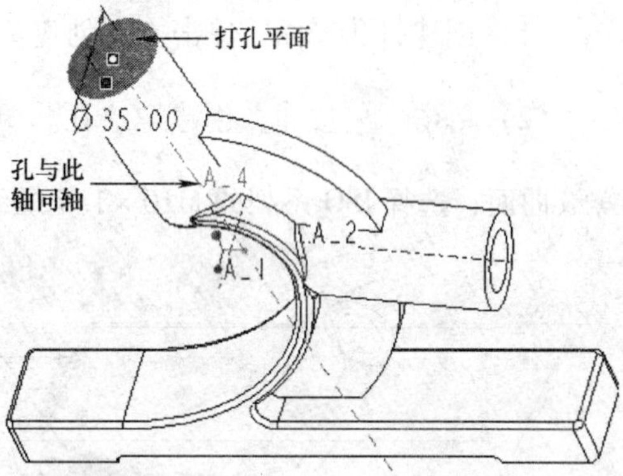

图 10－60 选取孔的放置参照

(3) 单击按钮，创建底板上的沉头孔。单击按钮创建预定义形状孔，单击按钮以创建沉头孔，设置孔的深度方式为贯通。

(4) 单击“孔”操控板的【形状】菜单，在弹出下滑面板中输入图 10－61 所示尺寸。

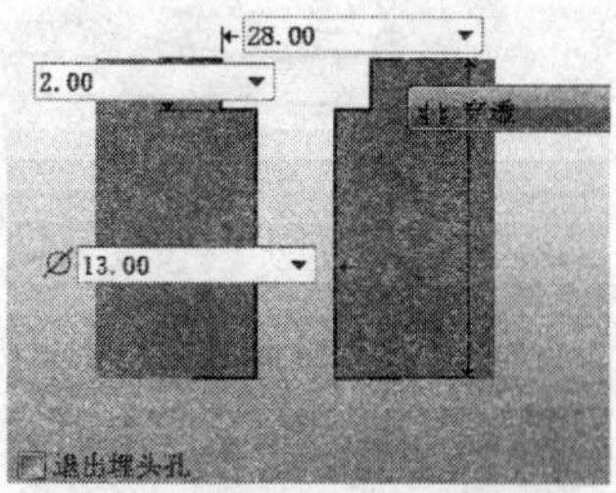

图 10－61 形状下拉面板

(5) 选择图 10－62 所示的打孔平面，放置类型为“线性”，其位置参照见图 10－63。

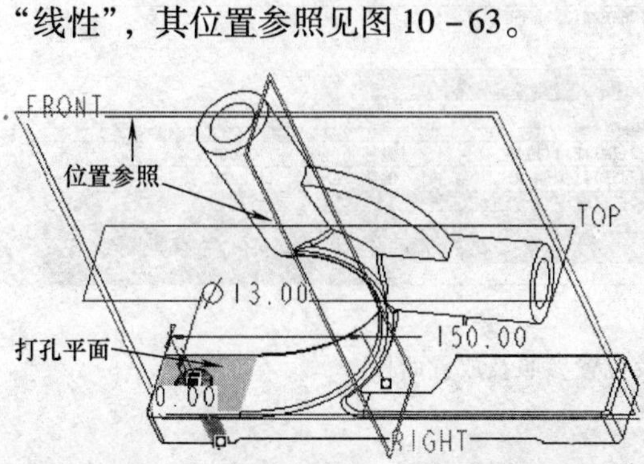

图 10－62 选取打孔平面及位置参照

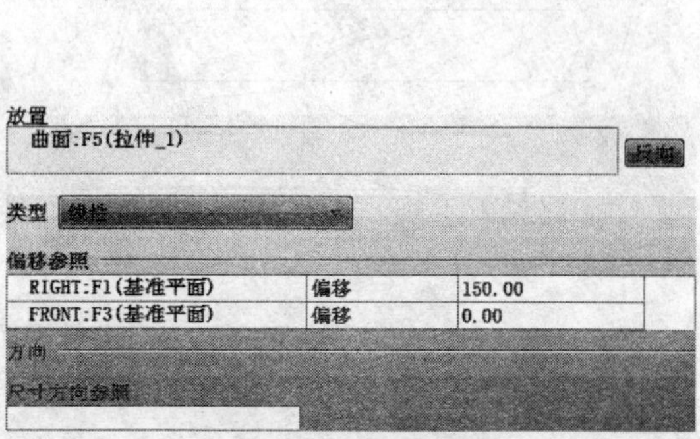

图 10－63 放置面板

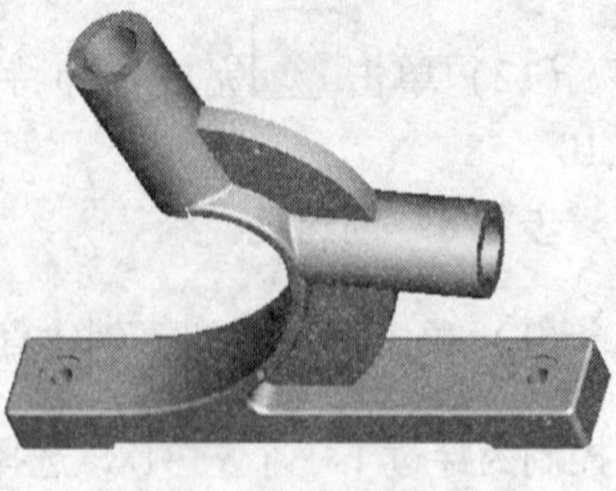

图 10－64　完成的孔

（6）单击按钮完成孔特征。

（7）选择前面创建的沉头孔：在模型树中选择沉头孔对应的特征——选择的时候绘图区的特征会加亮；也可以在绘图区直接选择沉头孔特征。

（8）单击镜像按钮，此时系统提示选择“镜像平面”，选择 RIGHT 基准平面。

（9）单击中键完成特征镜像，见图 10－64。

步骤 9　创建螺纹孔

（1）创建打孔平面，单击创建基准平面，选择图 10－65 所示参照及设置。

（2）单击按钮，创建螺纹孔。单击按钮创建标准孔，选中按钮以添加螺纹曲面，选择 ISO 系列的 M10×1.5 螺纹，设置孔的深度方式为穿过下一个。

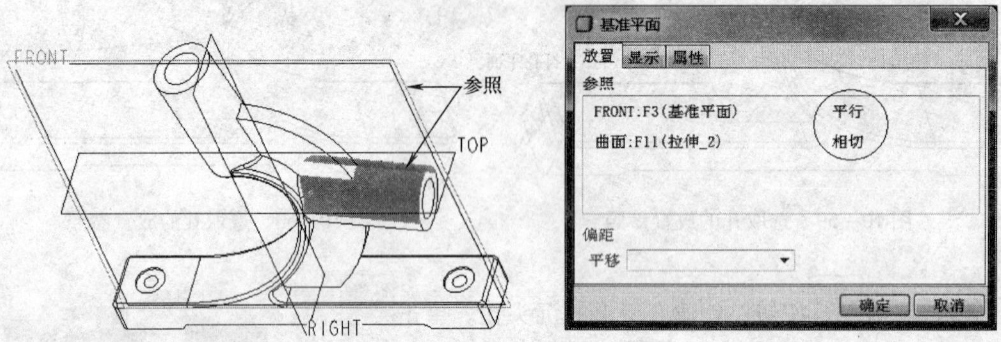

图 10－65　选取参照及设置参照类型

（3）选择前面创建的 DTM5 平面为打孔平面，放置类型为“线性”，其位置参照见图 10－66。

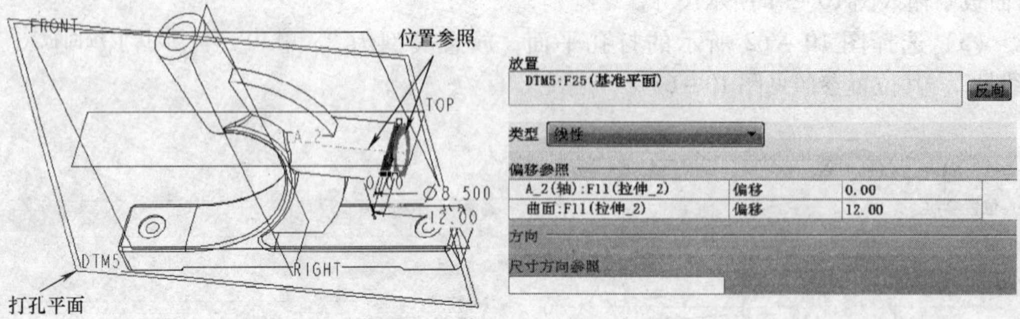

图 10－66　选取打孔平面及位置参照及放置面板

（4）单击按钮完成孔特征。

（5）选中刚刚创建的螺纹孔，单击按钮，复制该特征。单击选择性（特殊）粘贴按钮，弹出图10－67所示“选择性粘贴”对话框，选择图示选项以“移动/旋转”特征。

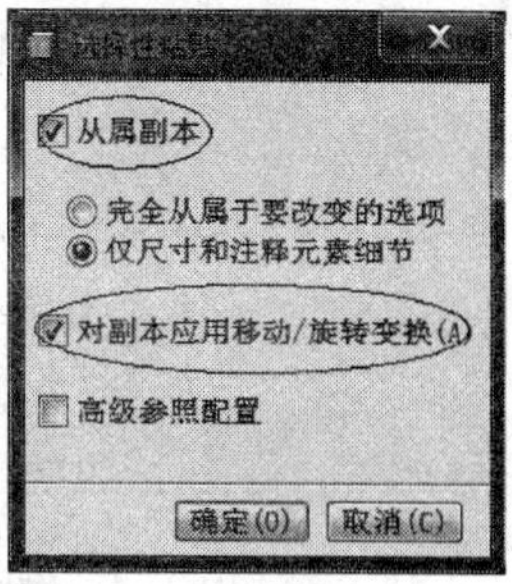

图10－67　选择性粘贴对话框

（6）在“变换”操控板中，单击按钮对特征进行旋转变换，如图10－68所示。

（7）选择图10－69所示的轴线，输入旋转角254°，单击完成特征变换。

图10－68　变换操控板

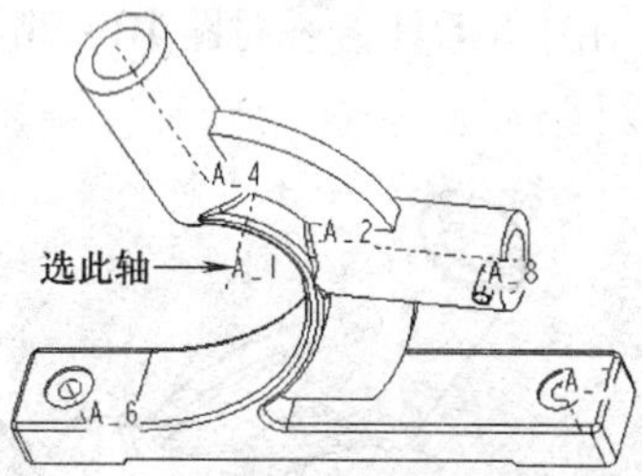

图10－69　选取旋转轴

（8）选择前面创建的螺纹孔，单击阵列按钮，设置阵列方式为“轴”，见图10－70。选择图10－71所示轴线。

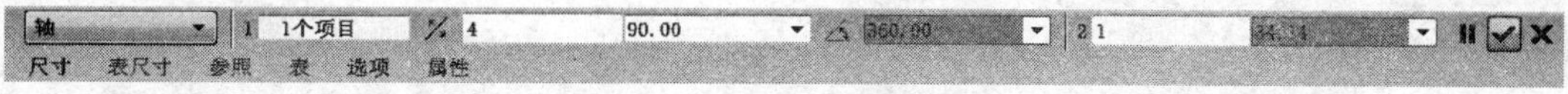

图10－70　阵列操控板

（9）输入阵列个数4，特征间夹角90°。单击中键完成阵列。

（10）以类似的方法阵列复制的螺纹孔，选择图10－72所示轴线，完成阵列的模型见图10－73。

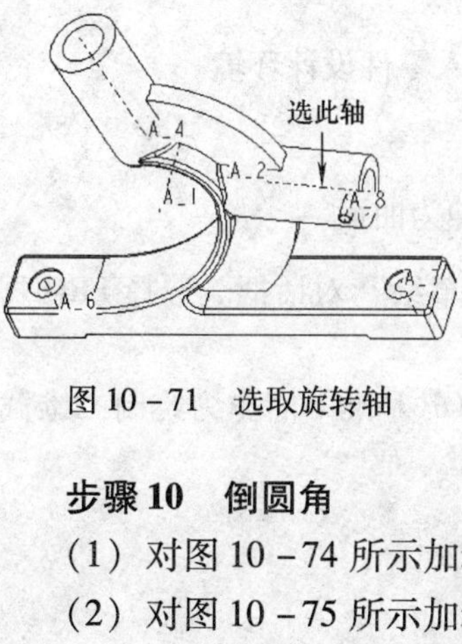

图10－71　选取旋转轴

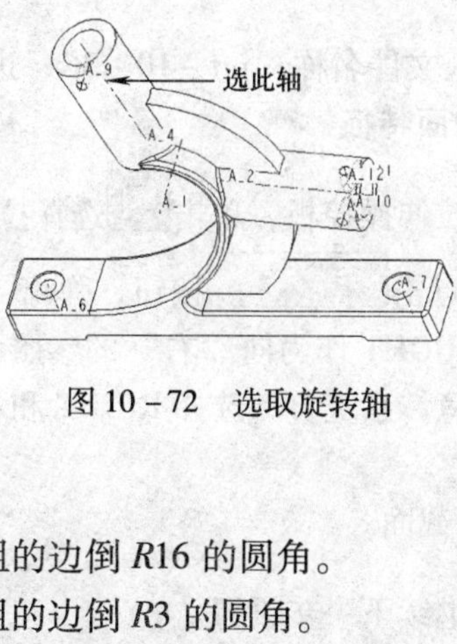

图10－72　选取旋转轴

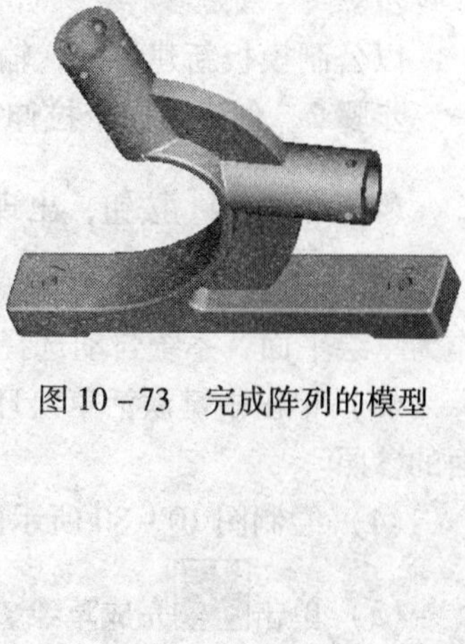

图10－73　完成阵列的模型

步骤10　倒圆角

（1）对图10－74所示加粗的边倒$R16$的圆角。

（2）对图10－75所示加粗的边倒$R3$的圆角。

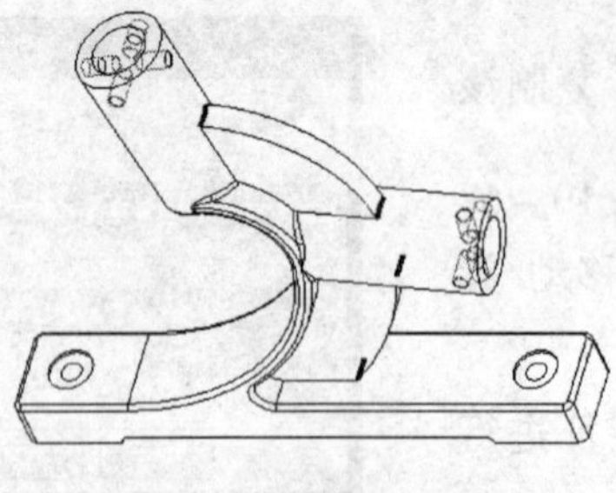

图 10 – 74　倒圆角的边

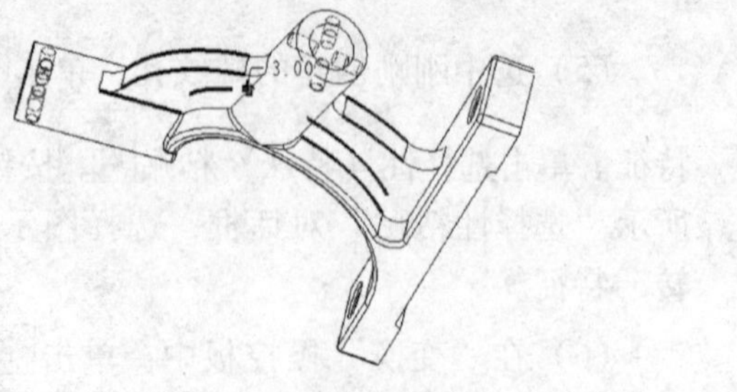

图 10 – 75　倒圆角的边

步骤 11　倒角

用倒角工具对图 10 – 76 所示加粗的棱边倒 2 × 45°的斜角。最终完成的模型见图 10 – 77。

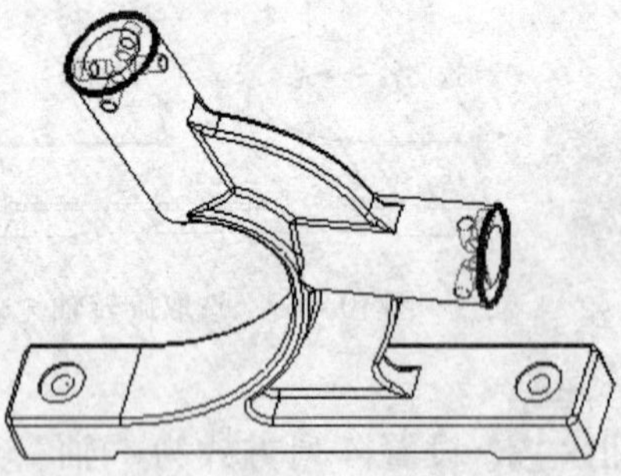

图 10 – 76　倒角的边

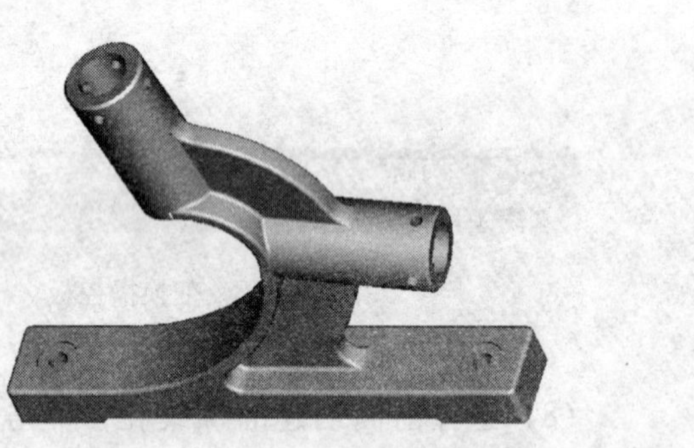

图 10 – 77　最终完成的零件

10.4　实　例　三

此实例将完成图 10 – 78 所示零件的建模。通过此例学习曲面和实体混合建模，理解曲面建模的特点和应用场合，并实际应用沿曲线阵列、螺旋扫描等建模工具。建模流程见图 10 – 79。

步骤 1　新建零件

以公制模板新建零件，输入文件名称“prt – 10 – 3”，进入零件设计环境。

步骤 2　创建第一个拉伸曲面特征

（1）单击按钮，出现拉伸操控板，单击选择拉伸为曲面。

（2）单击【放置】菜单，点击 定义... 按钮，弹出“草绘”对话框。选择 FRONT 作为草绘平面，系统自动选择 RIGHT 作为向“右”的参照。

（3）单击中键激活草绘环境，系统自动选择 RIGHT 和 TOP 基准平面作为绘制二维截面的参照。

（4）绘制图 10 – 80 所示的截面。

（5）单击完成草绘，继续下一步设置。

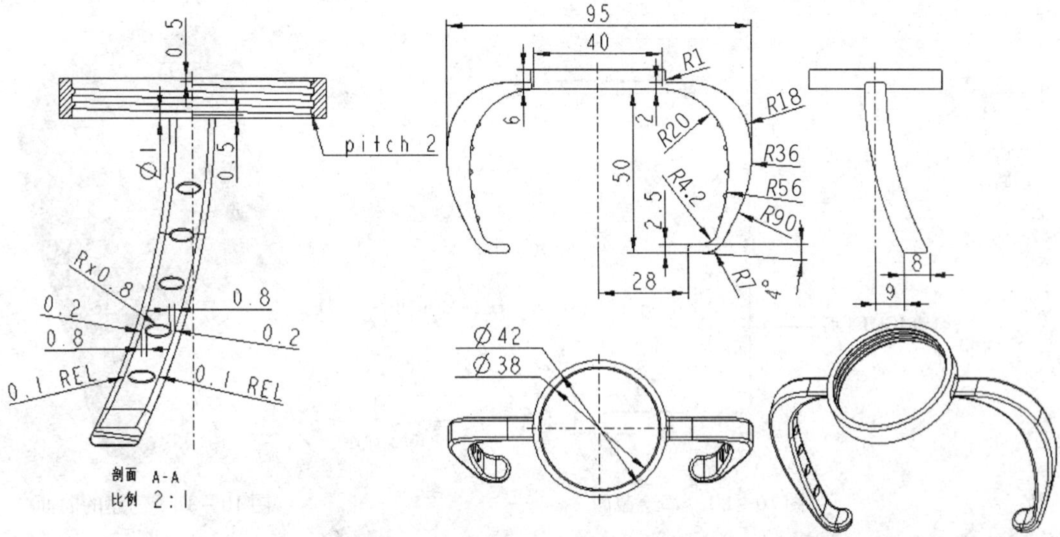

图 10－78　零件图纸

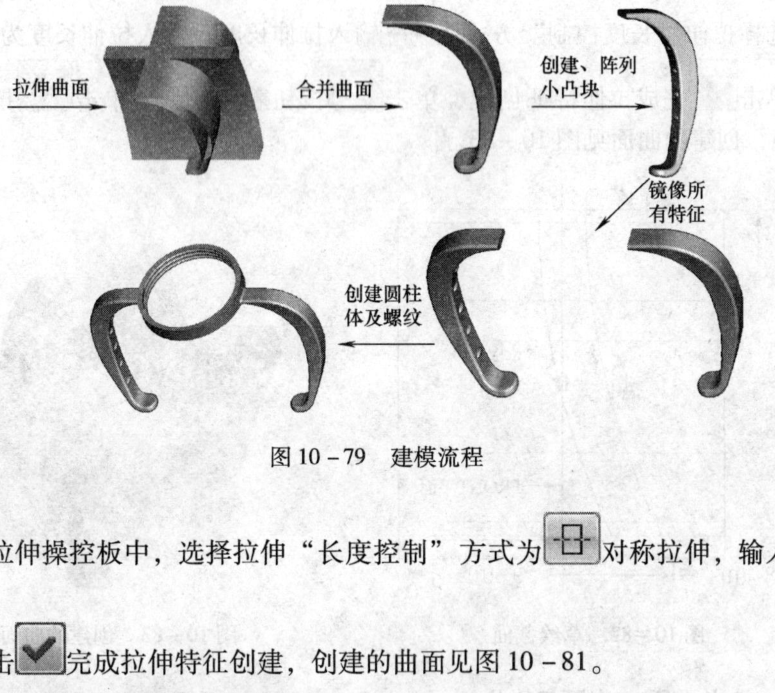

图 10－79　建模流程

(6) 在拉伸操控板中，选择拉伸“长度控制”方式为对称拉伸，输入拉伸长度为50。

(7) 单击完成拉伸特征创建，创建的曲面见图 10－81。

步骤 3　创建第二个拉伸曲面特征

(1) 单击按钮，创建拉伸特征，单击选择拉伸为曲面。

(2) 单击【放置】菜单，点击 定义... 按钮，弹出“草绘”对话框。如果基准平面没有显示出来，单击显示基准平面。选择 RIGHT 作为草绘平面，选择 TOP 作为向“顶”的参照。单击中键激活草绘环境。

(3) 绘制图 10－82 所示的截面。注意要构成封闭的环。

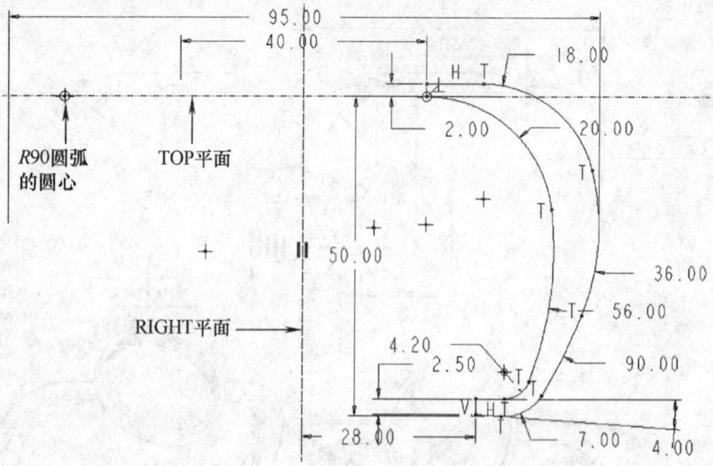

图 10－80　草绘截面

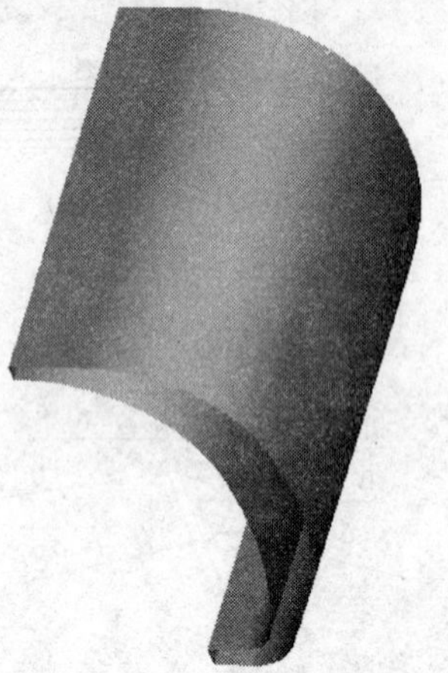

图 10－81　创建的曲面

（4）单击完成草绘，继续下一步设置。

（5）选择拉伸“长度控制”方式为输入拉伸长度，输入拉伸长度为60。

（6）单击完成拉伸特征创建，单击按钮着色模型，单击按钮以标准方向显示模型，创建的曲面见图 10－83。

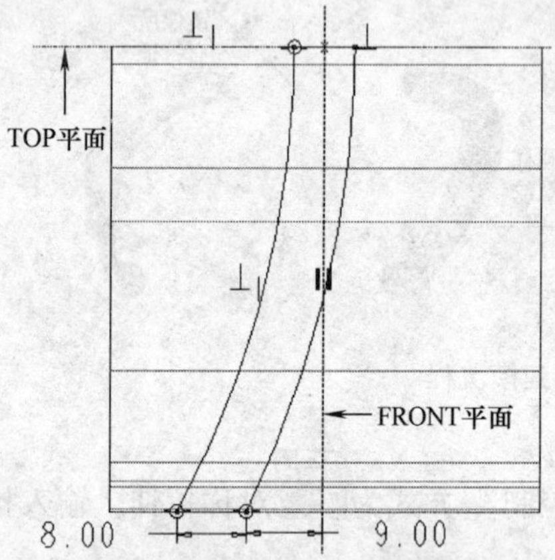

图 10－82　草绘截面

图 10－83　创建的曲面

步骤 4　合并曲面、曲面实体化

（1）选择前面创建的两张曲面，单击曲面合并按钮，合并曲面。单击曲面合并操控板的按钮或单击绘图区曲面上的箭头可以反转对应曲面的保留区域，见图10－84。

（2）选择前面合并完成的面组，单击【编辑】⇨【实体化】菜单。单击按钮完成实体化，前面合并完成的封闭面组转换为实体，见图 10－85。

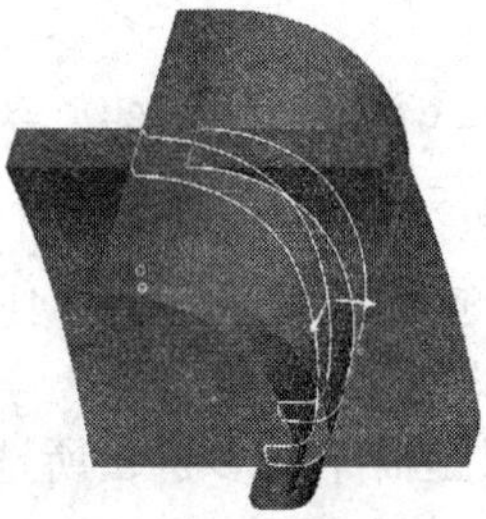

图 10－84　合并曲面

图 10－85　合并完成的曲面

步骤 5　倒圆角

（1）单击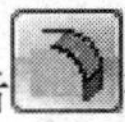按钮，创建倒圆角特征。

（2）按着 Ctrl 选择图 10－86 所示加粗的边。

（3）单击【设置】下滑面板，单击“完全倒圆角”按钮，见图 10－87。即创建的圆角与两条倒圆角边所在的三张面相切。

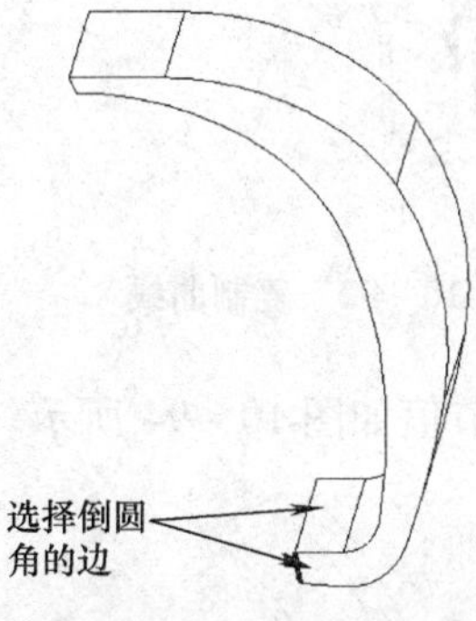

图 10－86　选取倒圆角边

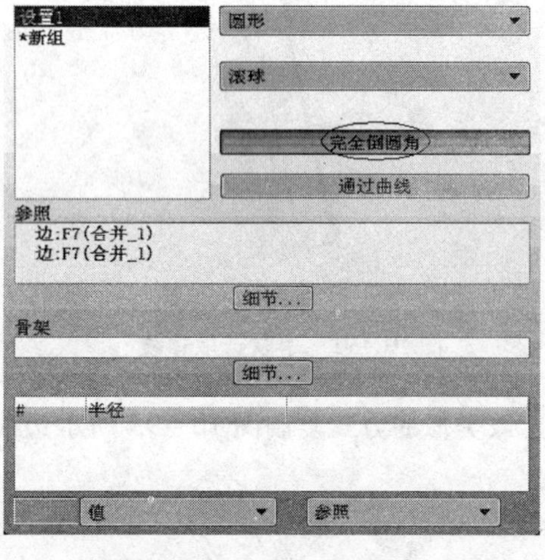

图 10－87　设置下滑面板

（4）单击按钮完成倒圆角，见图 10－88。

（5）对图 10－89 所示加粗的边倒 $R1$ 的圆角。完成的圆角见图 10－90。

图 10－88　完成的倒圆角

图 10－89　选取倒圆角边

图 10－90　完成的倒圆角

步骤 6　创建手柄的小凸块

（1）复制边线用于确定小凸块的位置。选择图 10－91 所示的边线。选择方法一：选择绘图区右下角的过滤器为“几何”，选择图 10－91 所示的边线①，接着按着 Shift 串联选取边线②。选择方法二：接受缺省的“智能”过滤器，选择该边线所在的特征，再选择图 10－91 所示的边线①，接着按着 Shift 串联选取边线②。

注意：不能按着 Ctrl 选择这两条边线，这种方法只是简单的多选，所选的线并不会构成线串。按着 Shift 选择边线时，可以把相连的线串成一条。

（2）单击按钮复制选中的几何，单击按钮粘贴几何，修改曲线两端的长度调节值如图 10－92 所示。单击完成复制。

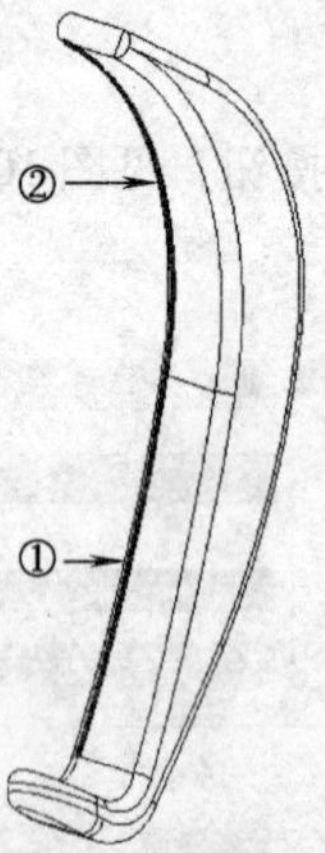

图 10－91　串联选取边线

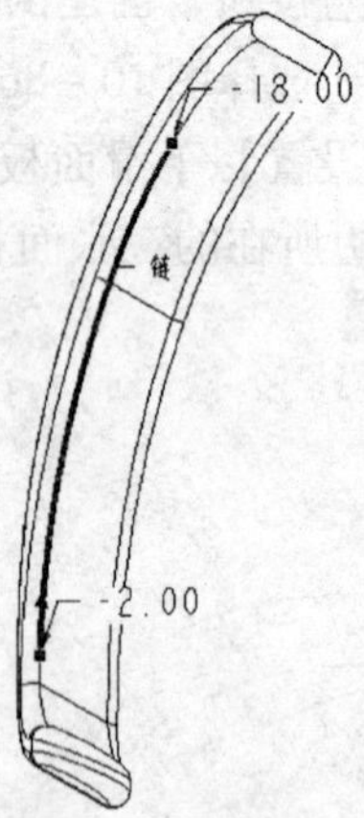

图 10－92　复制曲线

（3）以类似的方式复制图 10－93 所示边线，长度调节值如图 10－94 所示。

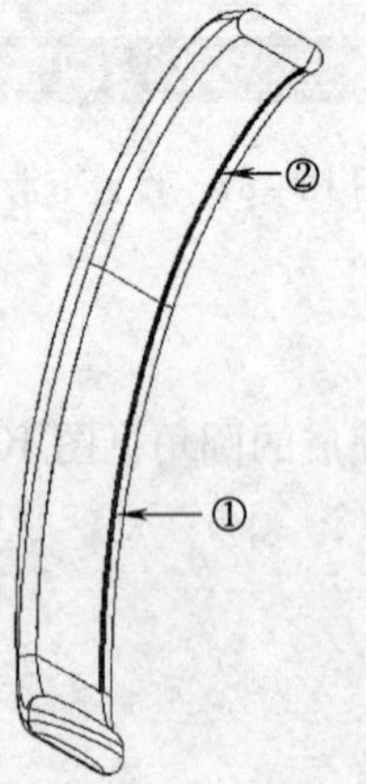

图 10－93　串联选取边线

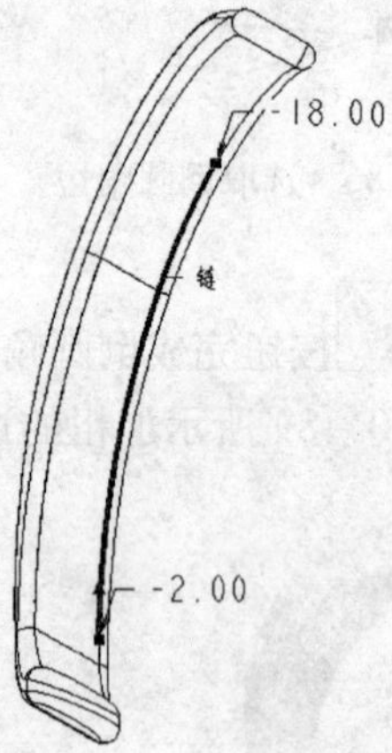

图 10－94　复制曲线

（4）创建曲线上的基准点。单击创建基准点按钮，选择前面复制的第一条曲线（注意要选中整条曲线，见图 10－95。鼠标指向该曲线时预选的部分会加亮，单击右键可以切换预选)，在“基准点”对话框设置图 10－96 所示参数。单击【新点】菜单，选择前面复制的第二条曲线，见图 10－97，设定与前一点相同的比率。完成点创建。

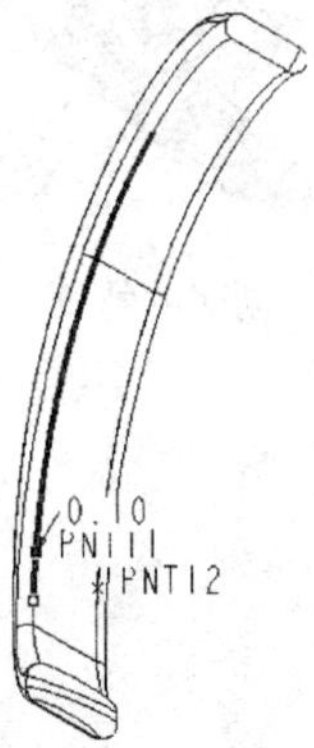

图 10－95　选择点所在的线

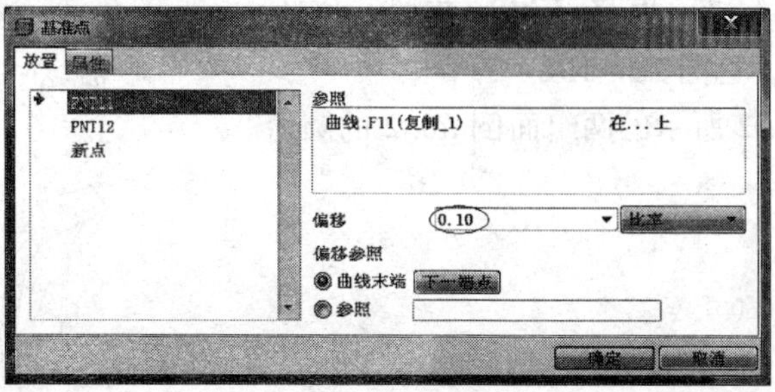

图 10－96　基准点对话框

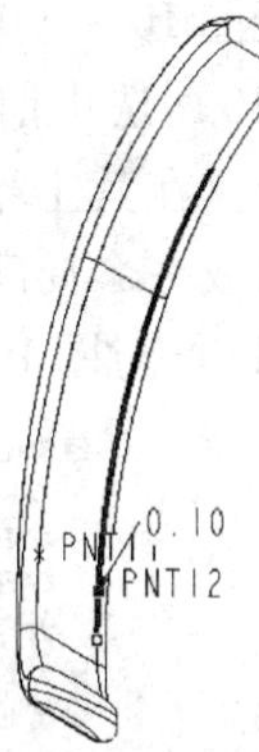

图 10－97　选择点所在的线

注意：创建的两个点都是距离复制曲线下端点 0.1 比率，如果参考的端点不正确，可以单击下一端点按钮切换。

提示：创建曲线上的基准点时，偏移的比率指的是点所在的位置距离曲线端点的比例。

(5) 经过前面创建的两个基准点，并垂直 RIGHT 平面创建基准平面。所选的参照见图 10－98。

(6) 单击创建旋转特征，选择【位置】菜单，单击“定义”按钮定义旋转特征的截面。选择前面创建的 DTM1 平面作为草绘平面，选择 RIGHT 作为向“右”的参照。

(7) 绘制图 10－99 所示截面。确保旋转轴经过前面创建的两个基准点。

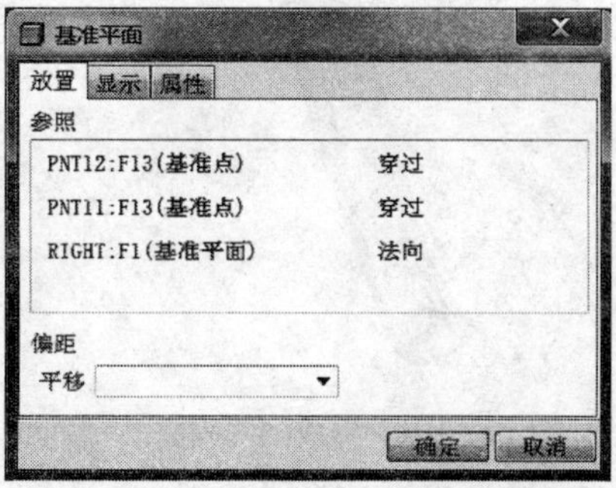

图 10－98　创建基准平面的参照

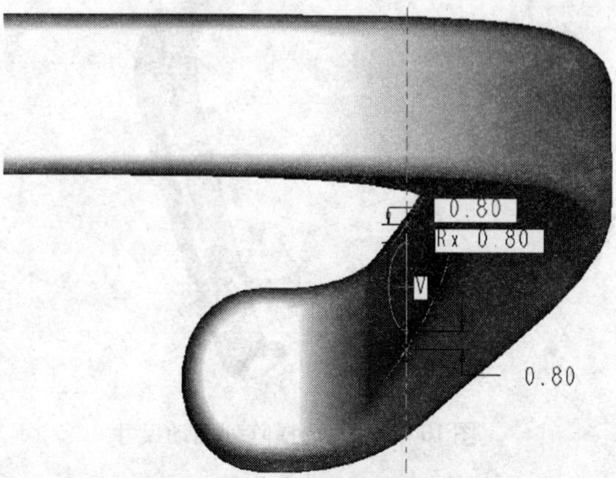

图 10－99　草绘截面

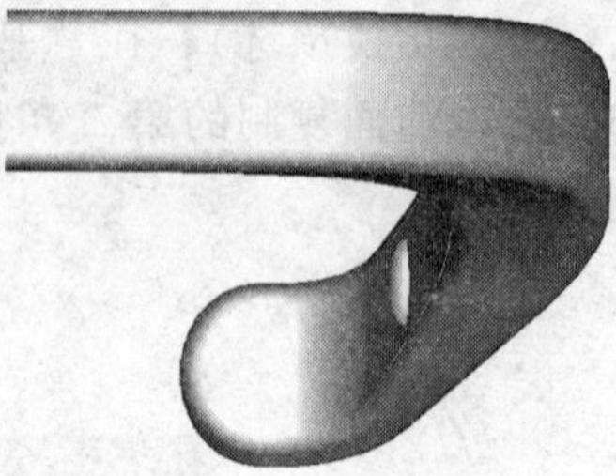

图 10－100　创建的特征

（8）单击完成草绘，继续下一步设置。

（9）接受缺省设置，单击完成特征创建，创建的特征见图 10－100。

（10）选中前面创建的基准点、基准平面 DTM1，旋转特征。在其上单击右键，选择【组】菜单，将这三个特征组成一个局部组，见图 10－101。

（11）对图 10－102 所示的两组面倒 *R*0.2 的圆角。

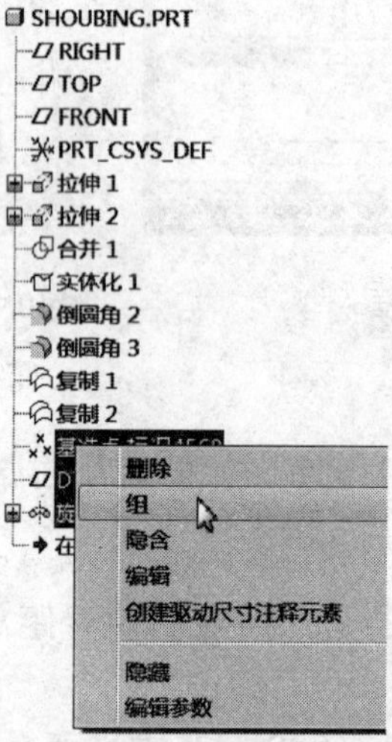

图 10－101　创建的特征

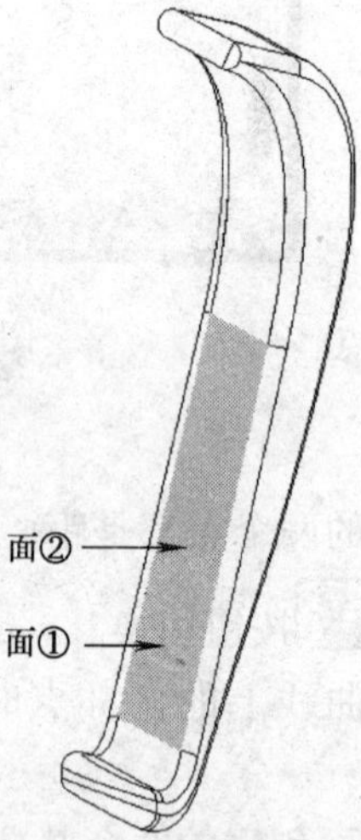

图 10－102　倒圆角的参照

（12）选中前一步创建的组，单击阵列命令。选择图 10－103 所示尺寸①，输入增量值 0.2；按着 Ctrl 选择尺寸②，输入增量值 0.2。输入阵列实例数 5。单击完成特征阵列，完成的阵列见图 10－104。

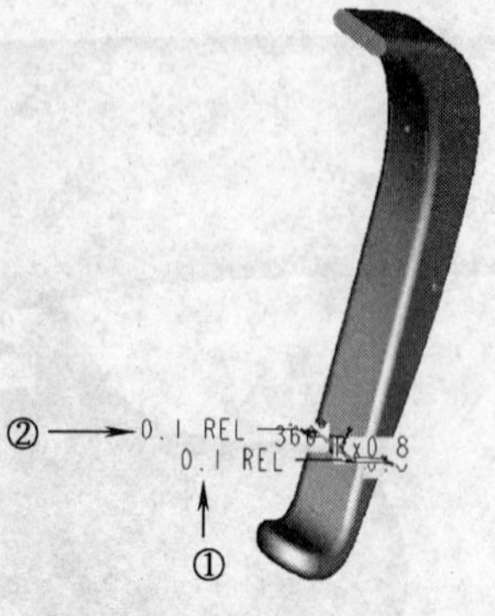

图 10－103　选择阵列驱动尺寸

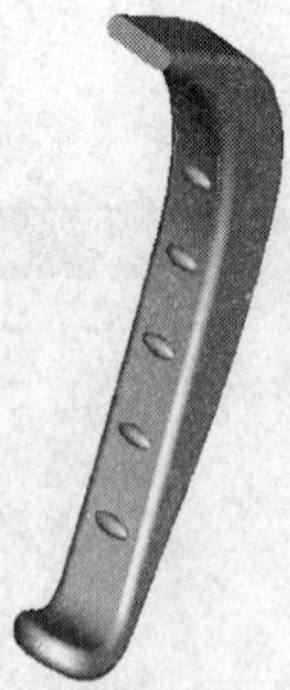

图 10－104　完成的阵列

提示：按着 Ctrl 选择两个尺寸，意味着沿着一个阵列方向这两个尺寸同时变化相应的增量。

（13）选择前面创建的小凸台底部的 $R0.2$ 圆角，单击阵列命令![阵列]，系统自动选择“参照”阵列方式。单击![完成]完成特征阵列。

（14）以镜像的方法创建另一个手柄。单击【编辑】⇨【特征操作】菜单，出现菜单管理器，见图 10－105。在其中选择【复制】⇨【镜像】⇨【所有特征】⇨【从属】菜单，单击【完成】菜单，选择 RIGHT 平面作为镜像平面，镜像完成，见图 10－106。单击【完成】菜单关闭菜单管理器。

提示：该命令可以对所有或部分特征关于一个平面进行镜像。

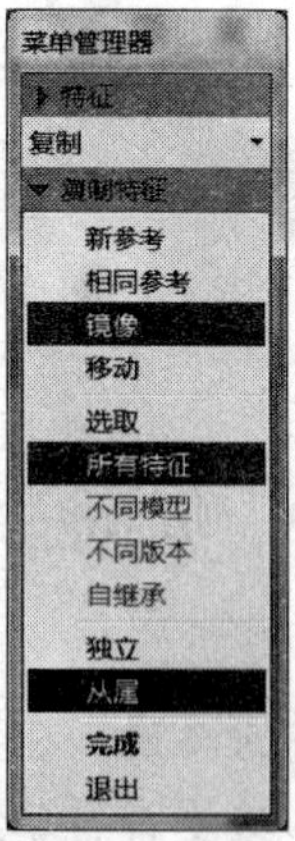

图 10－105　菜单管理器

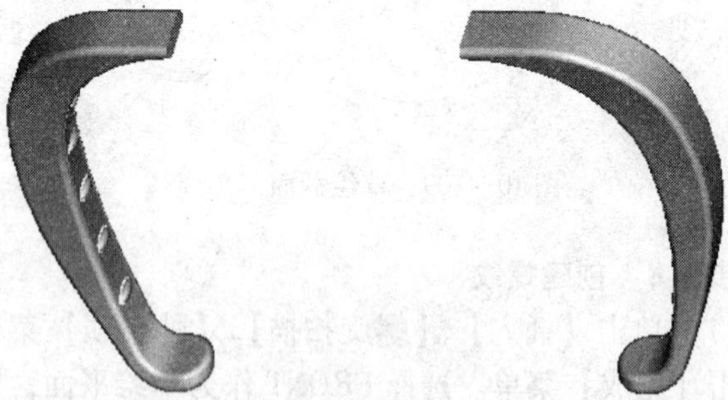

图 10－106　完成镜像

步骤 7　创建圆柱体

（1）单击![层]按钮，展开图 10－107 所示的层，移除 F1（RIGHT）、F2（TOP）、F3（FRONT）三个特征。隐藏图 10－108 所示的三个图层。

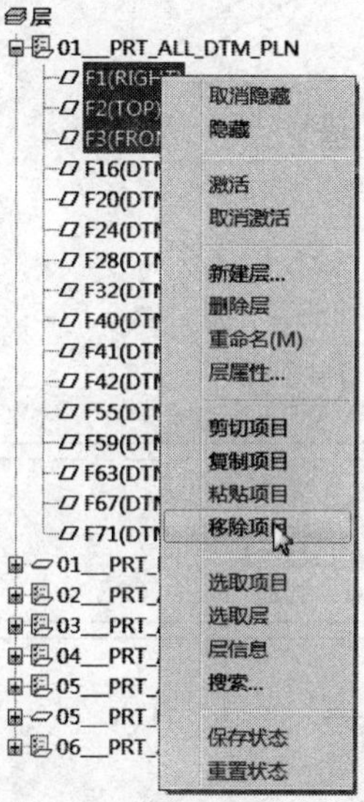

图 10－107　移除图层的项目

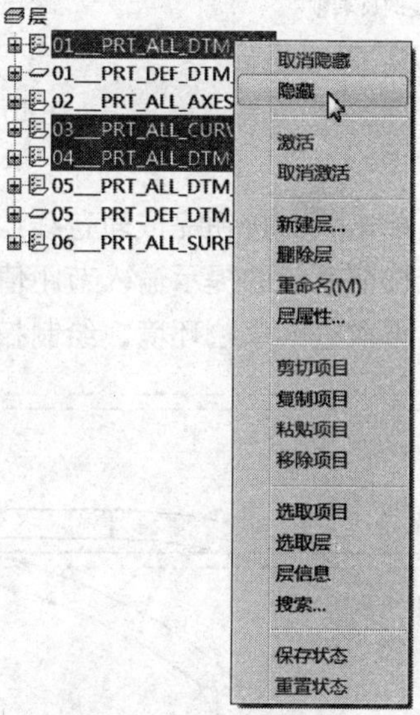

图 10－108　隐藏图层

（2）单击按钮，单击【放置】菜单，点击定义...按钮，弹出“草绘”对话框。选择 TOP 作为草绘平面，选择 RIGHT 作为向“右”的参照。

（3）单击中键激活草绘环境。绘制图 10－109 所示的截面。

（4）单击完成草绘，输入拉伸长度为 6。单击完成拉伸特征创建，完成的特征见图 10－110。

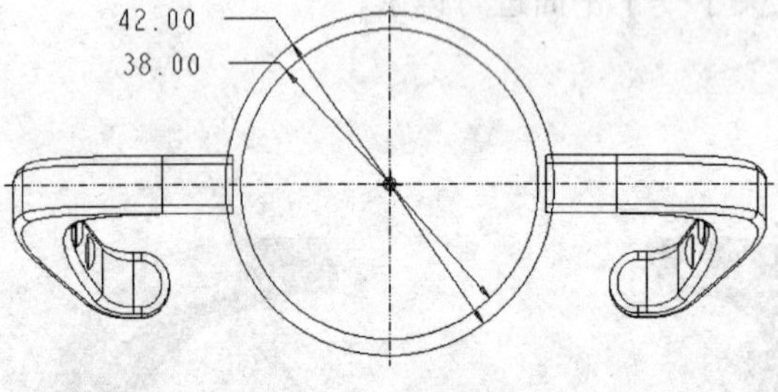

图 10－109　草绘截面

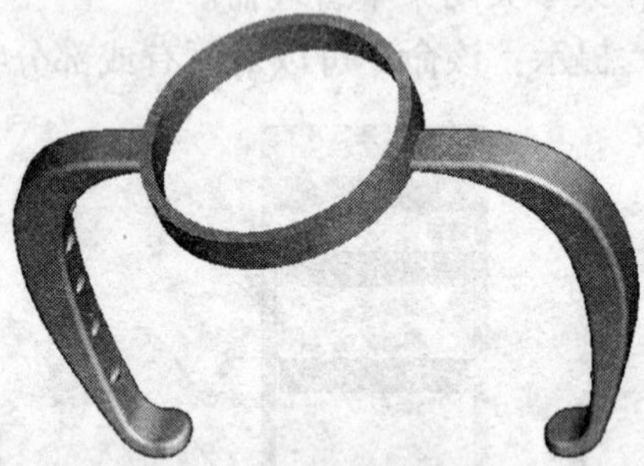

图 10－110　创建的拉伸特征

步骤 8　创建螺纹

（1）单击【插入】⇨【螺旋扫描】⇨【伸出项】菜单，接受缺省的设置，在菜单管理器中单击【完成】菜单。选择 FRONT 作为草绘平面，单击【正向】接受查看草绘平面的方向，单击【缺省】接受缺省的草绘方向参照，进入草绘环境。绘制图 10－111 所示截面。

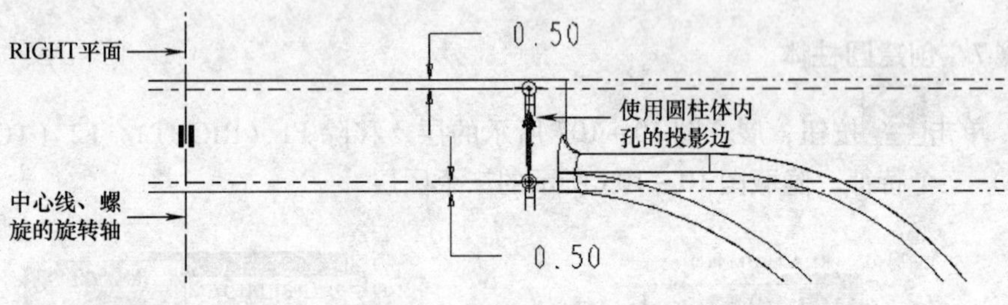

图 10－111　螺旋扫描的轨迹

（2）单击按钮完成轨迹线绘制。

（3）按照系统的提示输入节距值：2，回车。

（4）再次进入草绘环境，绘制扫描的截面，见图 10－112。

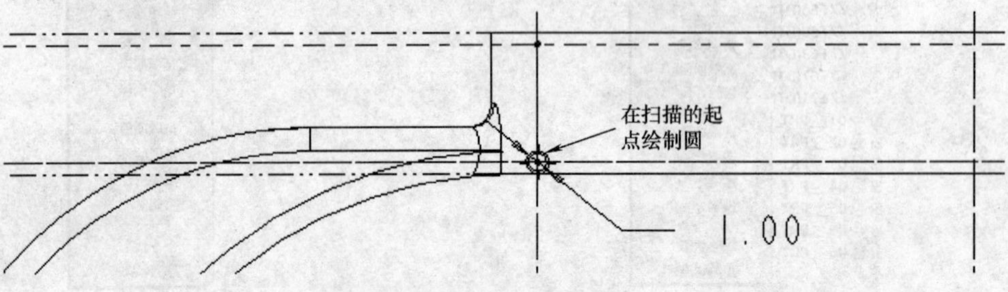

图 10－112　螺旋扫描的截面

（5）单击按钮完成扫描截面的绘制。

（6）在“螺旋扫描”对话框中，单击 确定 按钮，完成螺纹创建，见图 10－113。最终完成的模型见图 10－114。

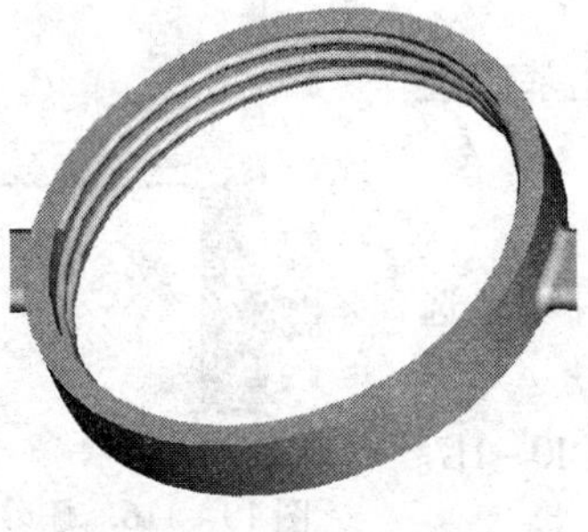

图 10－113 螺纹

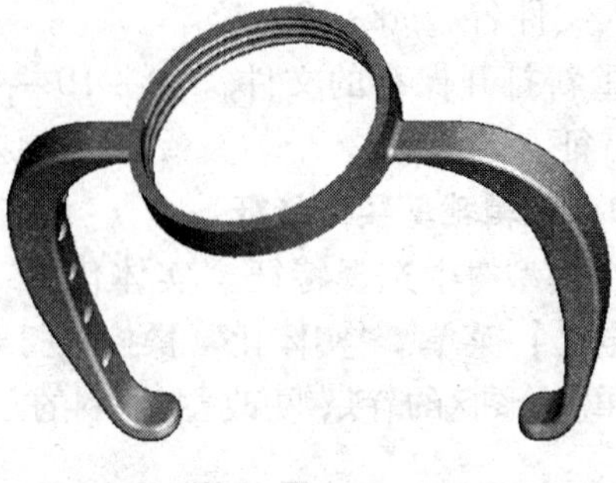

图 10－114 完成的模型

10.5 实 例 四

此实例将完成图 10－115 的瓶身设计，此瓶身与“项目三实例四的瓶盖”是一套。瓶身基体与该瓶盖基体相同，瓶身基体的创建可参考“项目三实例四的步骤 1～5”。

瓶子的整体尺寸

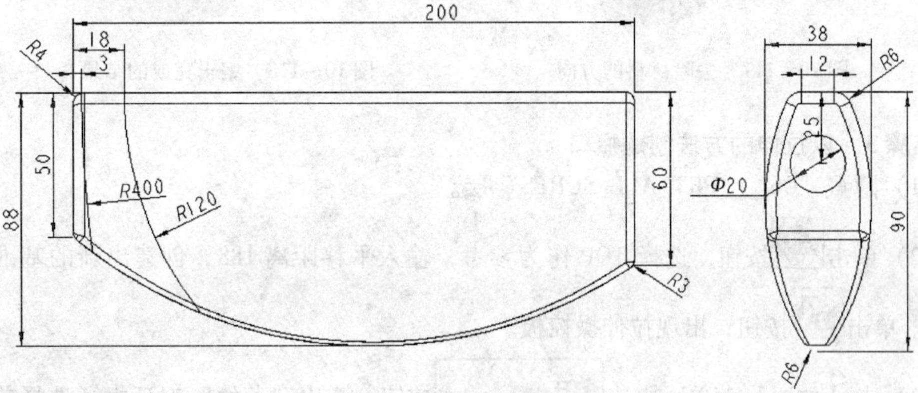

瓶身的细节尺寸

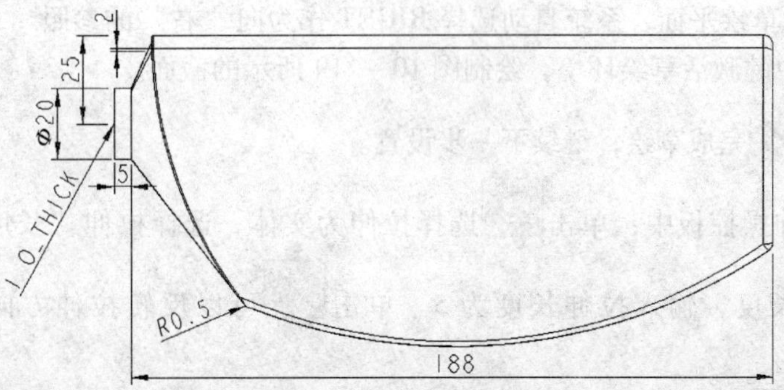

图 10－115 零件图纸

步骤 1　复制文件

（1）打开随书光盘资源文件夹的“prt－3－4”，在模型树中删除图 10－116 所示的特征。

（2）单击【文件】⇨【保存副本】菜单，指定新的保存路径，输入文件名“prt－10－4”。

（3）重新打开保存的文件“prt－10－4”，在此基础上创建其他特征。

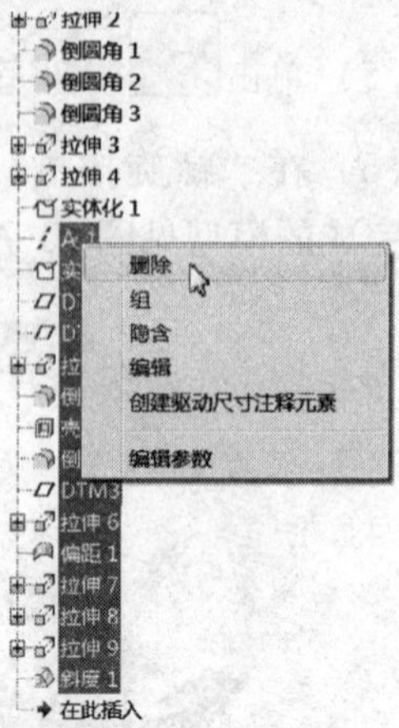

图 10－116　删除特征

步骤 2　编辑裁剪实体特征

（1）在模型树中选择特征“实体化 1”，单击右键，选择【编辑定义】菜单，“实体化”操控板打开。

（2）单击绘图区的箭头，更改去除材料的方向，见图 10－117。单击按钮完成命令，结果见图 10－118。

图 10－117　去除材料的方向

图 10－118　编辑完成的结果

步骤 3　以拉伸的方法创建瓶口

（1）隐藏“06____PRT_ALL_SURFS”层。

（2）单击按钮，选择 TOP 作为参考，输入平移距离 188，创建出新的基准平面 DTM1。单击按钮，出现拉伸操控板。

（3）击【放置】菜单，点击 定义... 按钮，弹出“草绘”对话框。选择前面创建的 DTM1 作为草绘平面，系统自动选择 RIGHT 作为向“右”的参照。

（4）单击中键激活草绘环境，绘制图 10－119 所示的截面。

（5）单击完成草绘，继续下一步设置。

（6）在拉伸操控板中，单击选择拉伸为实体，选择拉伸“长度控制”方式为输入拉伸长度，输入拉伸长度为 5。单击可以反转拉伸方向，使拉伸方向向上。

（7）单击完成拉伸特征创建，创建的实体见图 10－120。

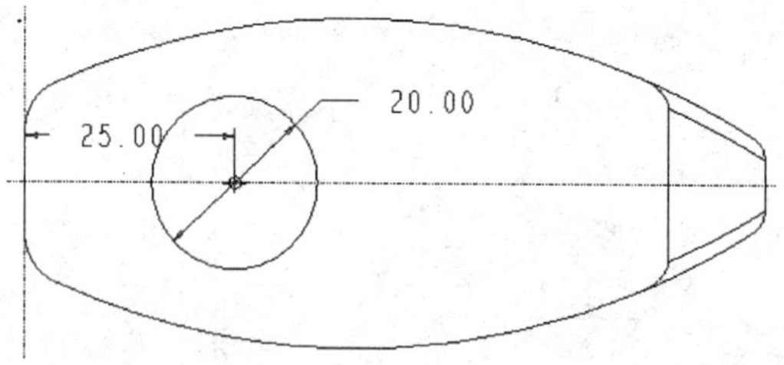

图 10－119 草绘截面

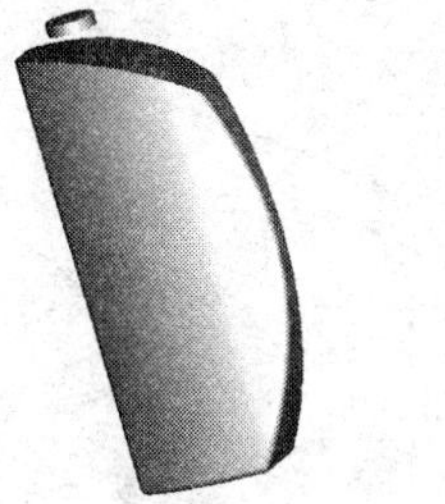

图 10－120 创建的拉伸特征

步骤 4 以混合的方法创建瓶颈

（1）单击【插入】⇨【混合】⇨【伸出项】菜单，在出现的“菜单管理器”中选择图 10－121 所示的选项。

（2）单击【完成】，选择前面创建的 DTM1 作为草绘平面，单击【正向】，单击【缺省】进入草绘环境。

（3）单击命令，选择偏距类型为“环”。偏距图 10－122 所示边界，输入偏距距离“－2”，结果见图 10－123。

图 10－121 混合选项

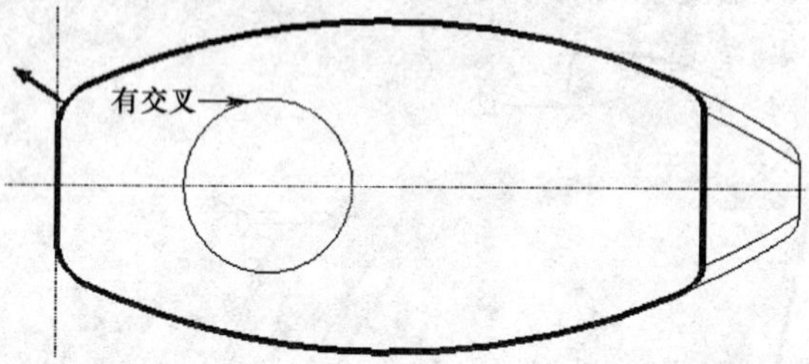

图 10－122 偏距环

注意：图 10－123 所示位置有交叉，需要用命令裁剪。

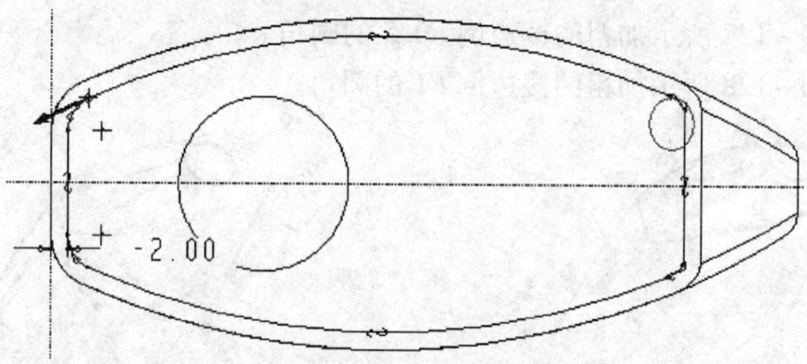

图 10－123 偏距环

（4）在绘图区单击右键，选择【切换剖面】菜单，绘制混合特征的下一个剖面，见图 10－124。绘制经过圆心与上一个截面端点的中心线，并在中心线与圆交点处将圆打断（断点在圆心与上一个截面端点之间，共有 8 个断点）。

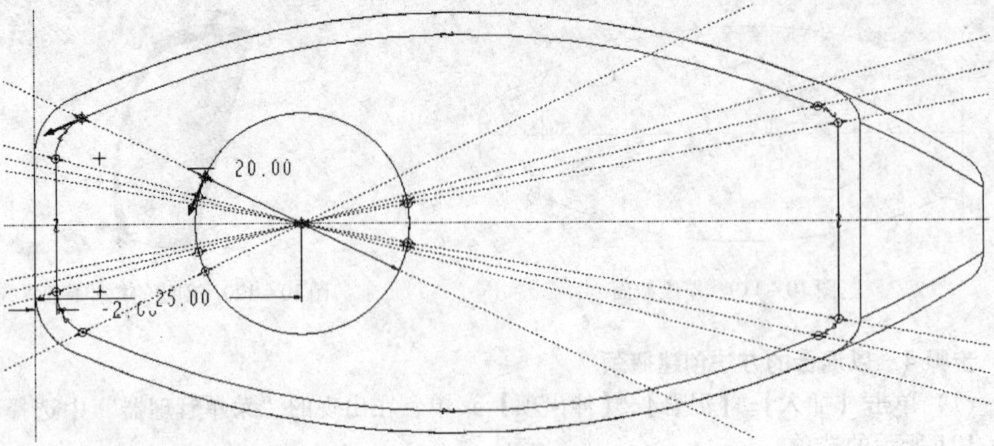

图 10－124　混合的截面

(5) 单击完成截面绘制，选择图 10－125 所示的两个面为混合截面的投影面（注意选择顺序不能错）。

(6) 单击“确定”完成混合特征创建，见图 10－126。

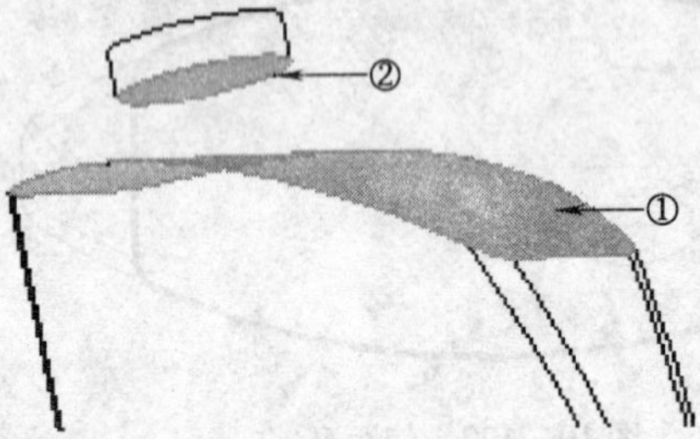

图 10－125　选取投影面

图 10－126　完成的混合特征

步骤 5　倒圆角

(1) 对图 10－127 所示加粗的棱边倒 *R*0.5 的圆角。

(2) 对图 10－128 所示加粗的棱边倒 *R*1 的圆角。

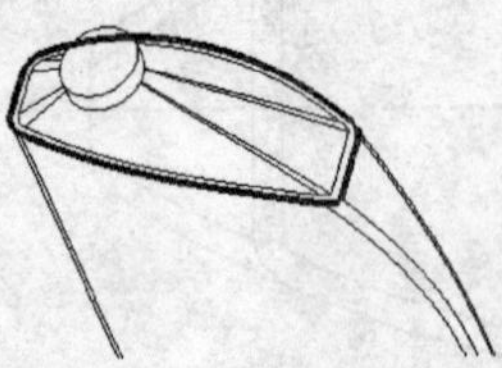

图 10－127　选取倒圆角边

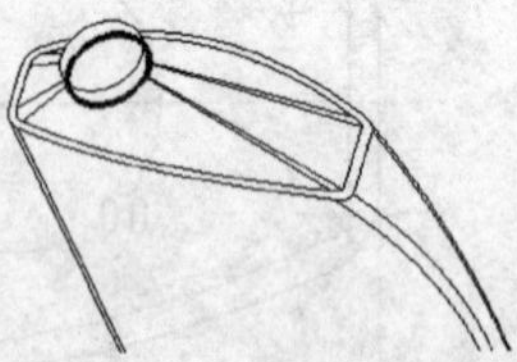

图 10－128　选取倒圆角边

步骤 6　抽壳

单击抽壳命令按钮，在抽壳操控板中输入壳厚 1。选择图 10－129 所示的表面为开口面。最终完成的零件模型见图 10－130。

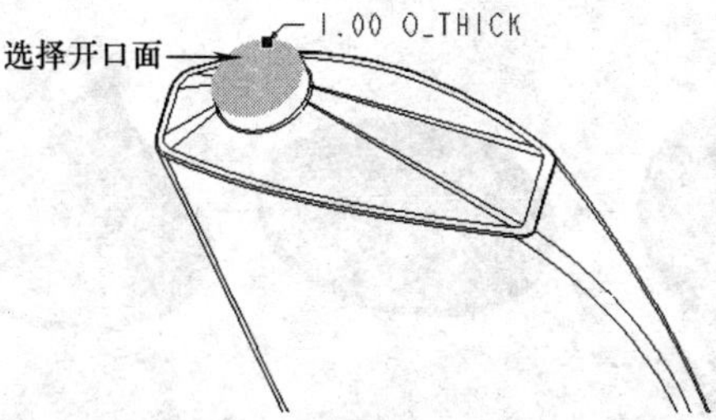

图 10－129 选取开口的面

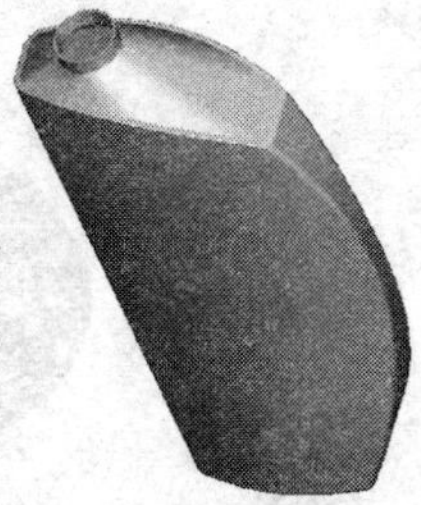

图 10－130 完成的零件模型

10.6 实 例 五

此实例将完成图 10－131 所示台灯座的建模。通过此例学习 ProE 曲面功能在零件建模中的应用。建模流程见图 10－132。

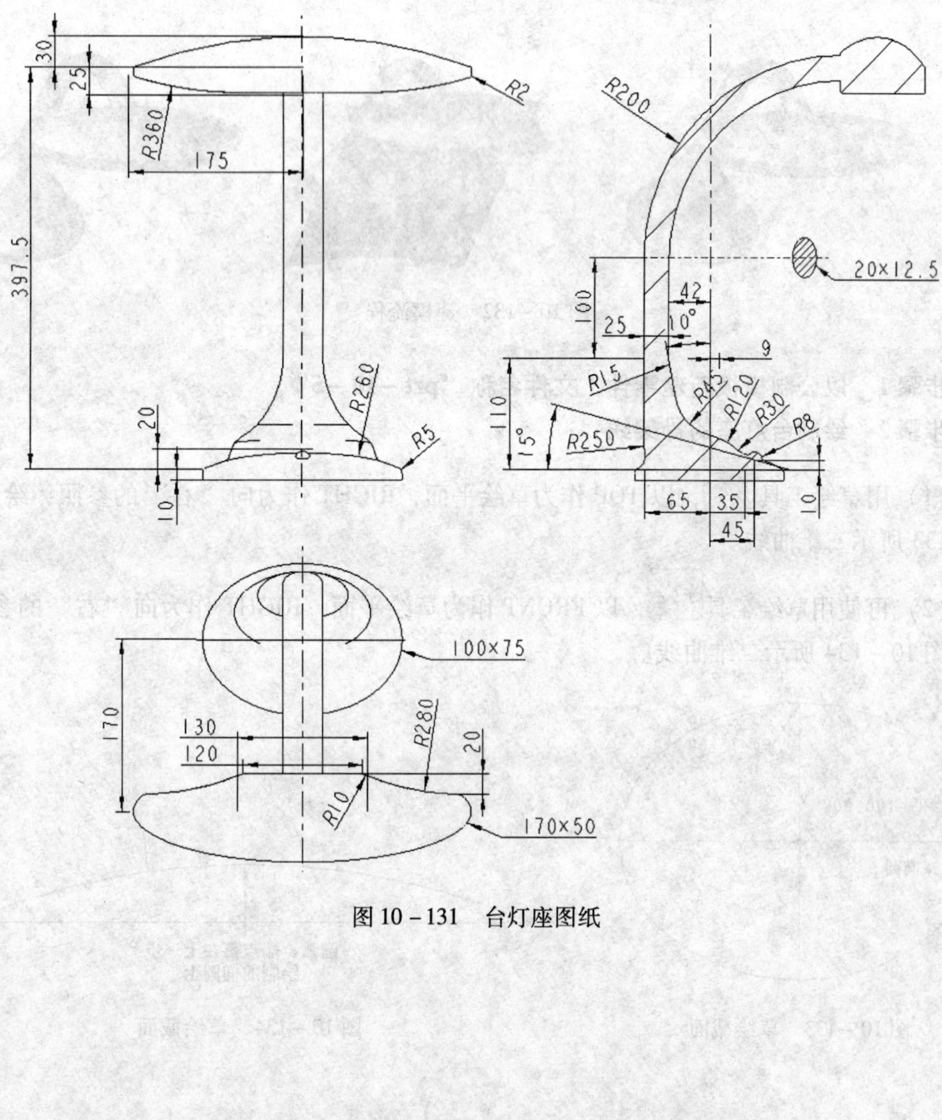

图 10－131 台灯座图纸

图 10－132　建模流程

步骤 1　以公制模板新建零件，文件名称“prt－10－5”

步骤 2　绘制台灯座的骨架线

（1）用草绘工具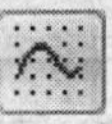，以 TOP 作为草绘平面，RIGHT 作为向“右”的参照，绘制图 10－133 所示二维曲线。

（2）再使用草绘工具，以 FRONT 作为草绘平面，RIGHT 作为向“右”的参照，绘制图 10－134 所示二维曲线。

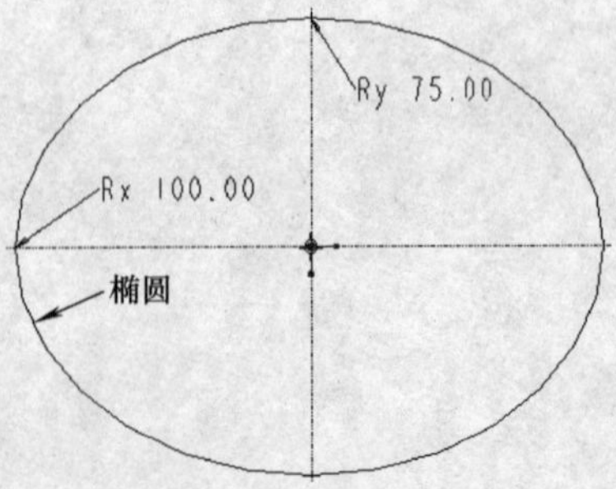

图 10－133　草绘截面

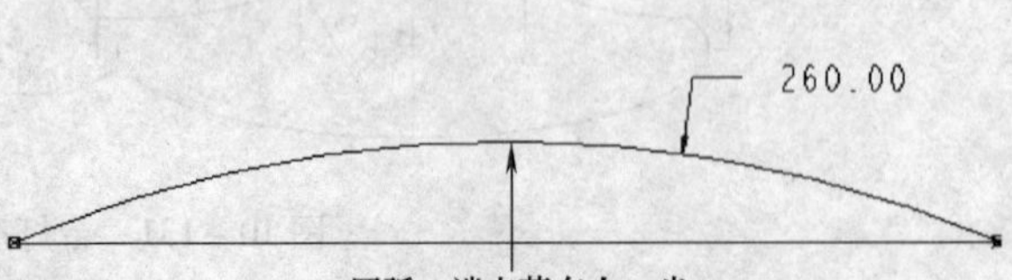

图 10－134　草绘截面

步骤 3　创建台灯座曲面

（1）单击按钮，创建边界混合曲面。选择图 10－135 所示的边。

（2）单击【约束】展开下滑面板，对第一条链添加垂直约束，使混合曲面的该侧与 FRONT 面垂直，见图 10－136。

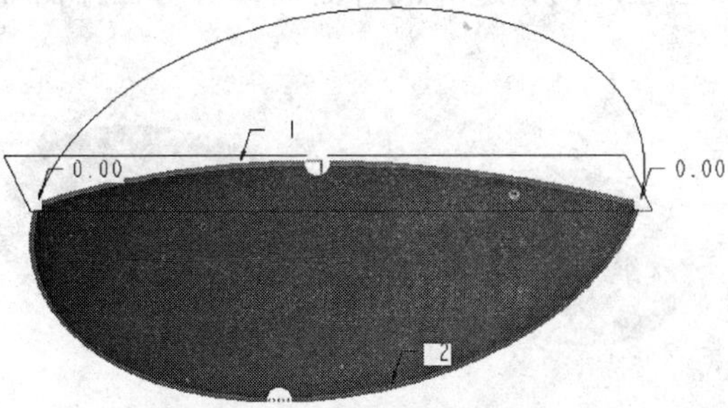

图 10－135　选取混合边界

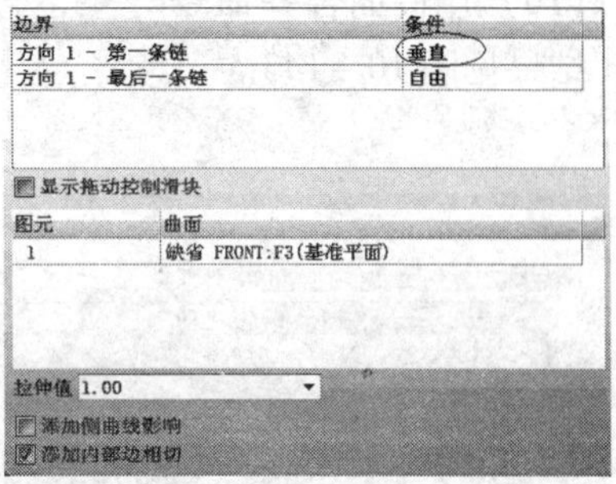

图 10－136　“约束”下滑面板

（3）单击按钮，完成边界混合曲面创建，见图 10－137。

（4）单击按钮，创建另一侧的边界混合曲面。选择图 10－138 所示的边。

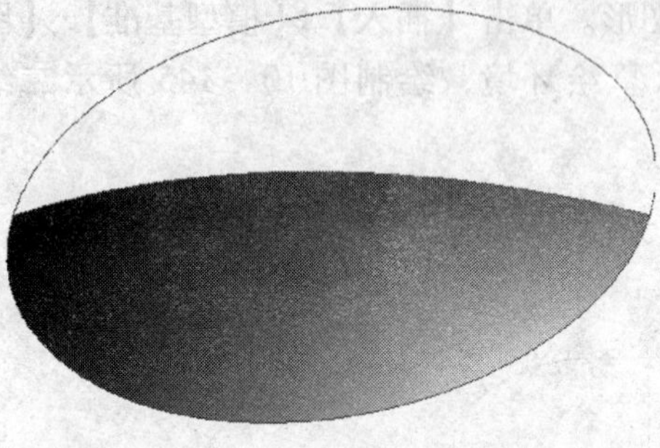

图 10－137　完成的混合曲面

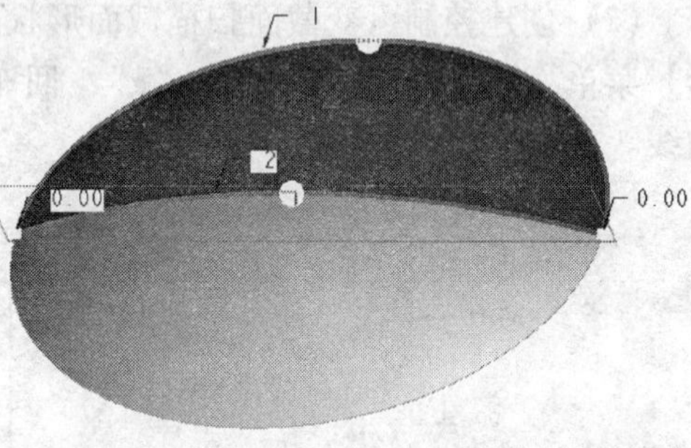

图 10－138　选取混合边界

（5）单击【约束】展开下滑面板，对第一条链添加垂直约束，使混合曲面的该侧与 FRONT 面垂直，见图 10－139。

（6）单击按钮，完成的边界混合曲面见图 10－140。

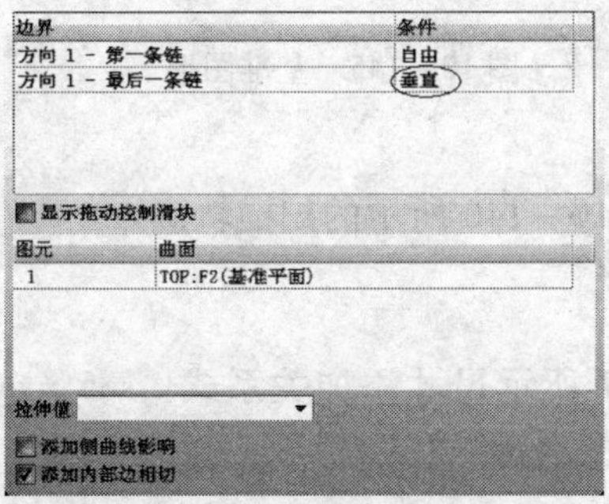

图 10－139　“约束”下滑面板

图 10－140　完成的混合曲面

(7) 单击按钮，选择前面创建的椭圆截面（草绘 1）创建拉伸曲面。

(8) 单击【选项】菜单，设置图 10－141 所示的拉伸深度和“封闭端”选项。

(9) 单击按钮，完成的拉伸曲面见图 10－142。

(10) 用曲面合并命令，合并前面创建的两张边界混合曲面，再与拉伸曲面合并，结果见图 10－143。

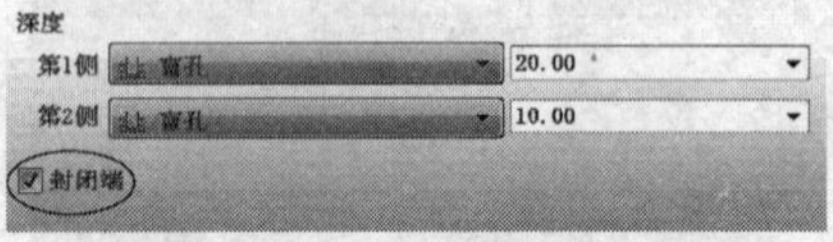

图 10－141　选取倒圆角边

图 10－142　拉伸曲面

图 10－143　曲面合并

步骤 4　用可变截面扫描创建台灯颈

(1) 用草绘工具，以 FRONT 作为草绘平面，RIGHT 作为向“右”的参照，绘制图 10－144 所示扫描轨迹。

(2) 创建控制可变截面扫描截面形状的基准图形。单击【插入】⇨【模型基准】⇨【图形】菜单，输入基准图形名称“g”，回车，进入草绘环境，绘制图 10－145 所示二维曲线。

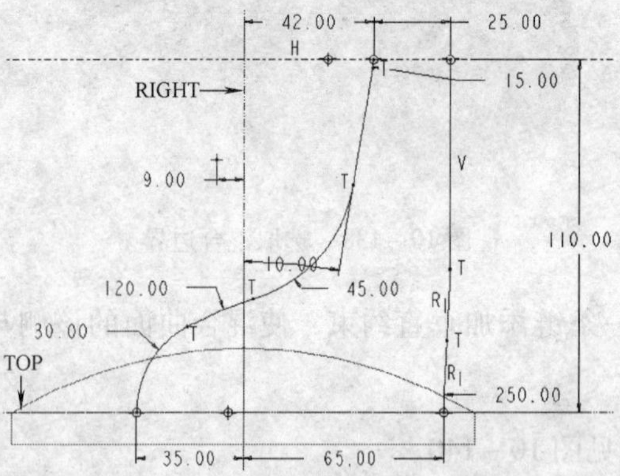

图 10－144　草绘扫描轨迹

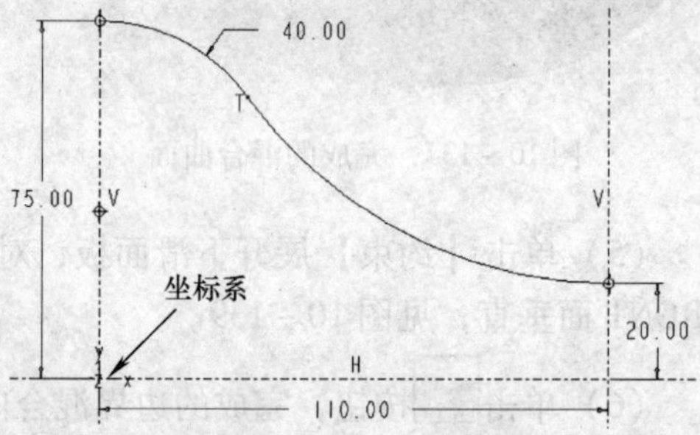

图 10－145　基准图形

(3) 用可变截面扫描命令创建实体，选择图 10－146 所示的扫描轨迹。

(4) 单击绘制扫描的截面，见图 10－147。

(5) 单击【工具】⇨【关系】菜单，为图 10－147 所示尺寸添加关系式：sd5 = evalgraph（“g”，trajpar * 110）——sd5 是尺寸 Ry75.00 的名称。

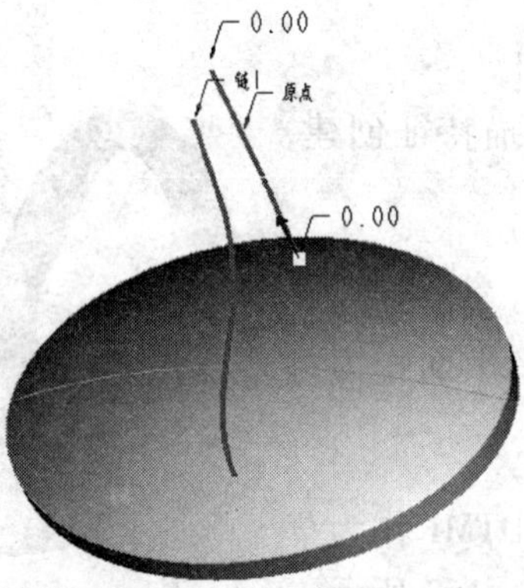

图 10－146 扫描轨迹

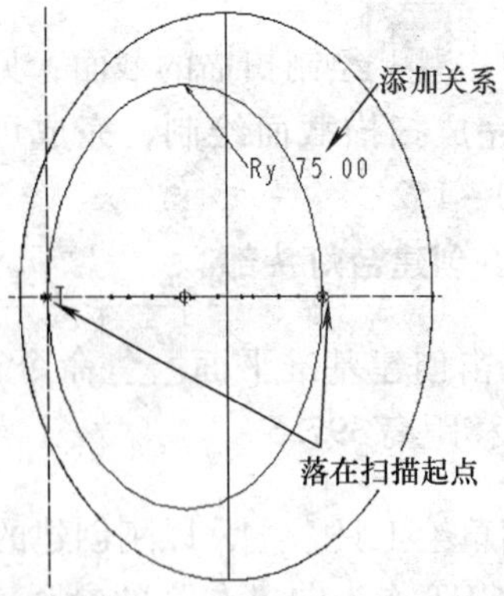

图 10－147 扫描截面

（6）完成扫描截面绘制，完成可变截面扫描特征创建，结果见图 10－148。

（7）用草绘工具，以 FRONT 作为草绘平面，RIGHT 作为向“右”的参照，绘制图 10－149 所示扫描轨迹。

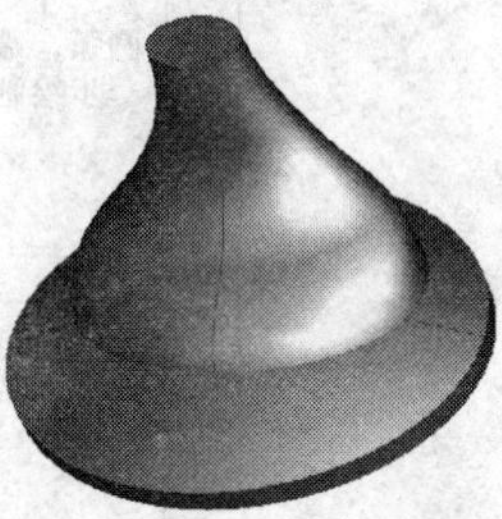

图 10－148 扫描特征

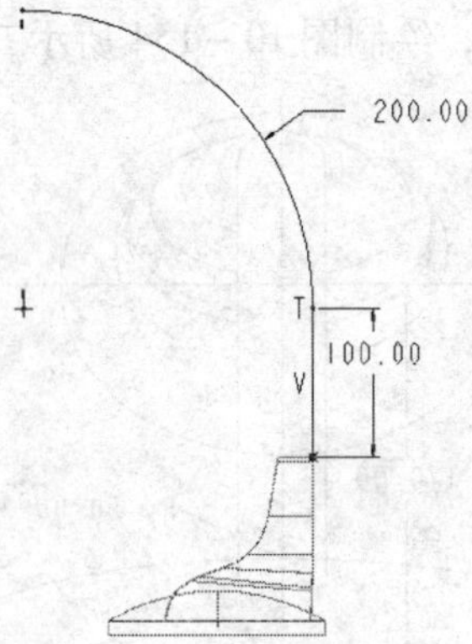

图 10－149 草绘扫描轨迹

（8）用可变截面扫描命令创建实体，选择图 10－150 所示的扫描轨迹。

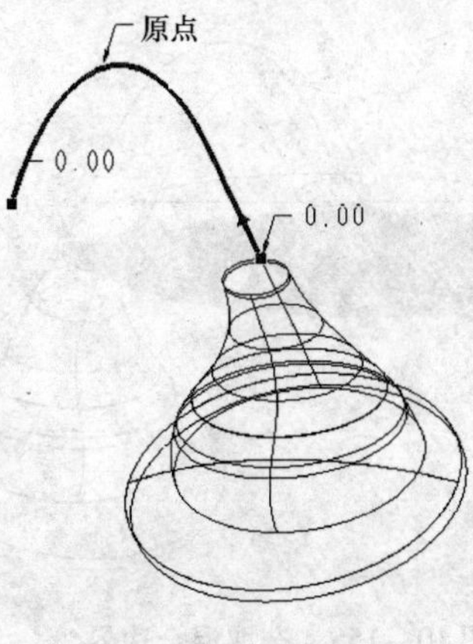

图 10－150 扫描轨迹

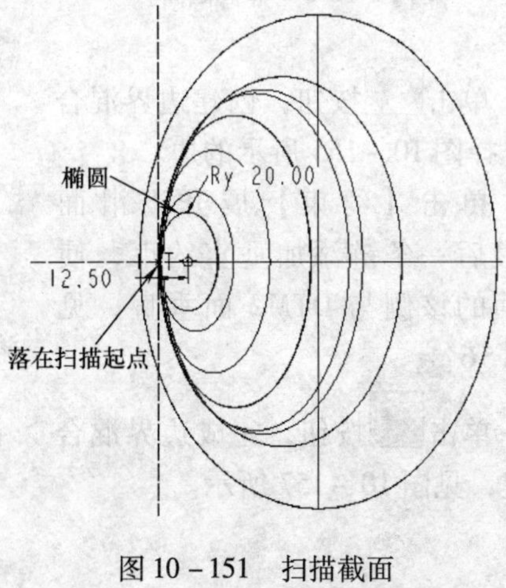

图 10－151 扫描截面

(9) 单击绘制扫描的截面，见图 10－151。

(10) 完成扫描截面绘制，完成可变截面扫描特征创建，结果见图 10－152。

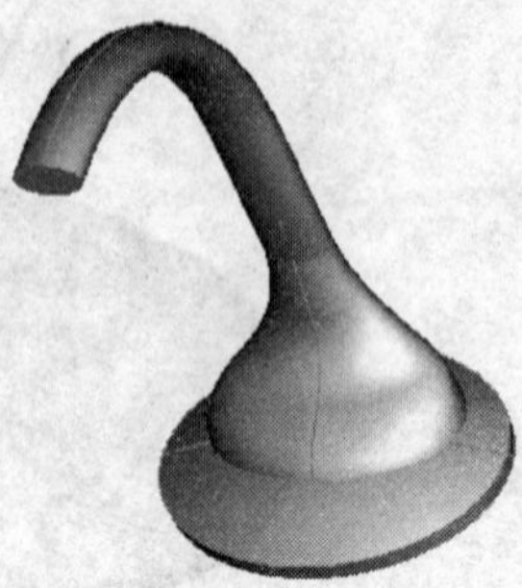

图 10－152　扫描特征

步骤 5　创建台灯头部

(1) 单击创建基准平面命令，选择 TOP 平面作为参考，输入偏移距离 397.5。

(2) 用草绘工具，以刚创建的基准平面 DTM1 作为草绘平面，RIGHT 作为向“右”的参照，绘制图 10－153 所示二维曲线。

(3) 单击创建基准平面命令，选择 FRONT 平面作为参考，输入偏移距离 170。

(4) 用草绘工具，以刚创建的基准平面 DTM2 作为草绘平面，RIGHT 作为向“右”的参照，绘制图 10－154 所示二维曲线。

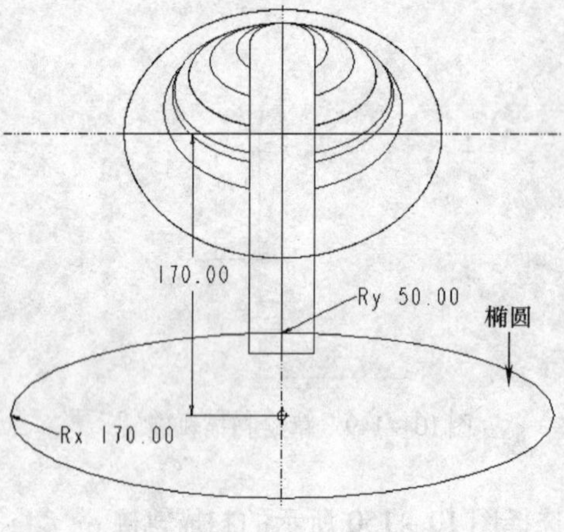

图 10－153　草绘截面

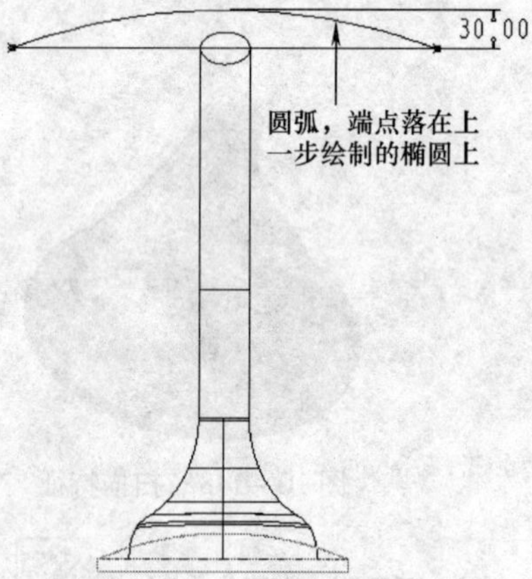

图 10－154　草绘截面

(5) 单击按钮，创建边界混合曲面。选择图 10－155 所示的边。

(6) 单击【约束】展开下滑面板，对最后一条链添加垂直约束，使混合曲面的该侧与 DTM2 面垂直，见图 10－156。

(7) 单击按钮，完成边界混合曲面创建，见图 10－157 所示。

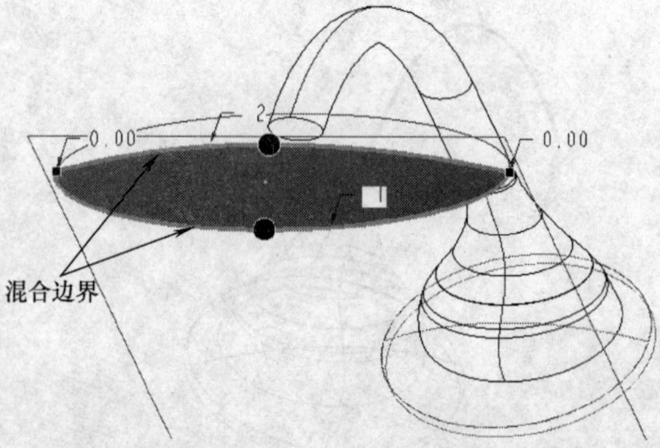

图 10－155　选取混合边界

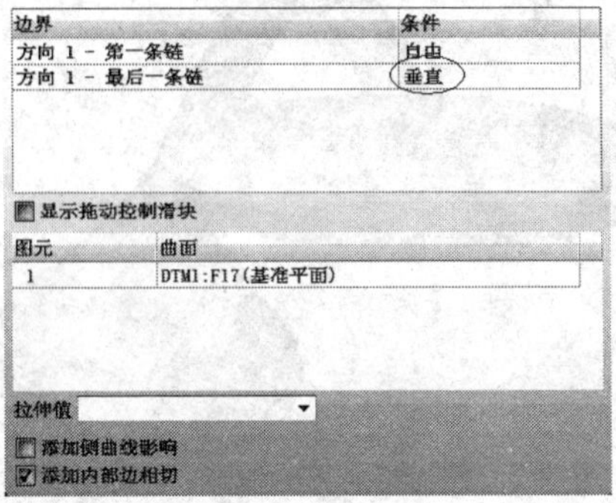

图 10 – 156　“约束”下滑面板

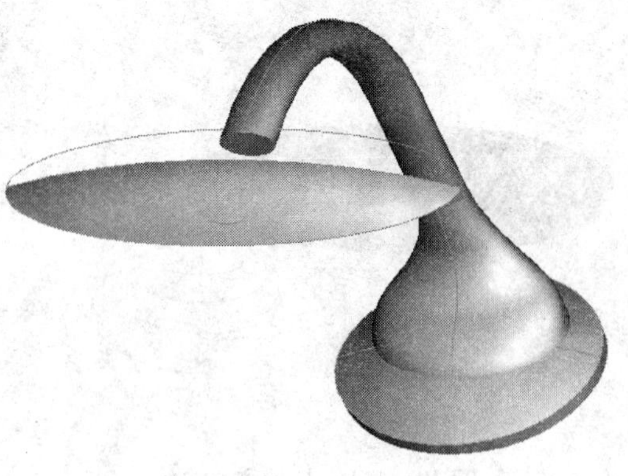

图 10 – 157　混合曲面

(8) 单击按钮，创建另一侧的边界混合曲面。选择图 10 – 158 所示的边。

(9) 单击【约束】展开下滑面板，对第一条链添加垂直约束，使混合曲面的该侧与 DTM2 面垂直，见图 10 – 159。

(10) 单击按钮，完成的边界混合曲面见图 10 – 160 所示。

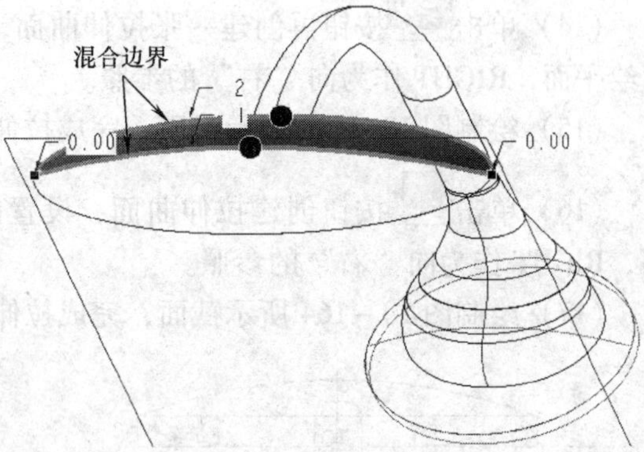

图 10 – 158　选取混合边界

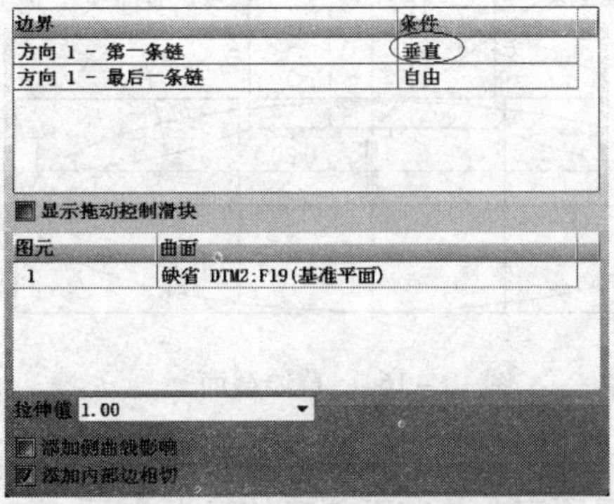

图 10 – 159　“约束”下滑面板

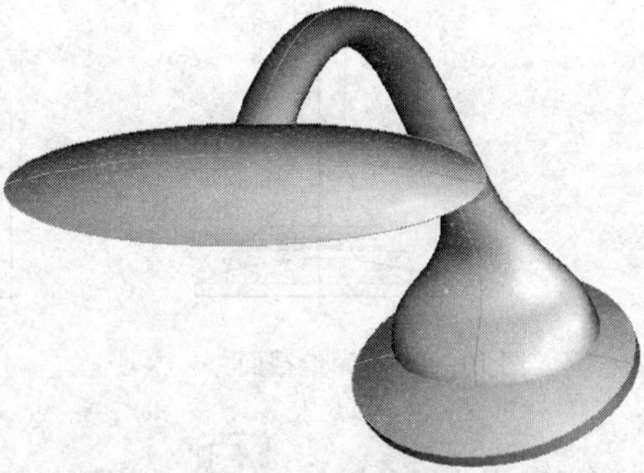

图 10 – 160　混合曲面

(11) 单击按钮，选择前面创建的椭圆截面（草绘 5）创建拉伸曲面。

(12) 设置拉伸深度 25，拉伸方向向下，见图 10 – 161。

(13) 单击按钮，完成的拉伸曲面见图 10 – 162 所示。

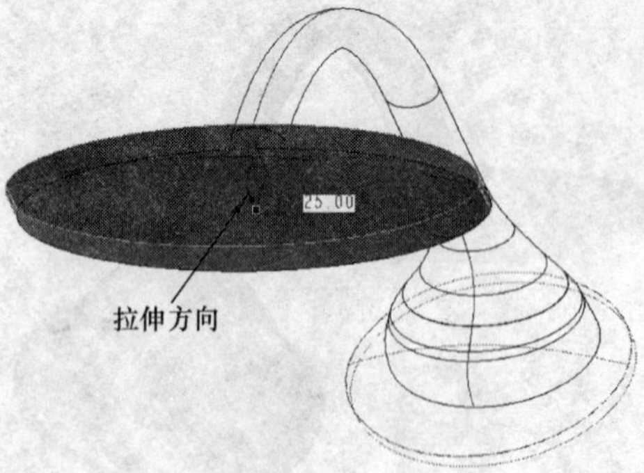

图 10－161　拉伸方向

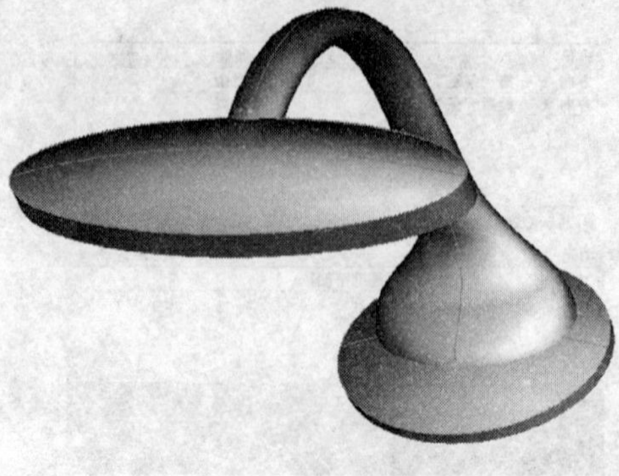

图 10－162　拉伸曲面

（14）单击按钮再创建一张拉伸曲面，设置对称拉伸深度 102。选择 DTM2 作为草绘平面，RIGHT 作为向“右”的参照。

（15）绘制图 10－163 所示截面，完成拉伸。

（16）单击按钮创建拉伸曲面，设置向上拉伸深度 440。选择 TOP 作为草绘平面，RIGHT 作为向“右”的参照。

（17）绘制图 10－164 所示截面，完成拉伸。

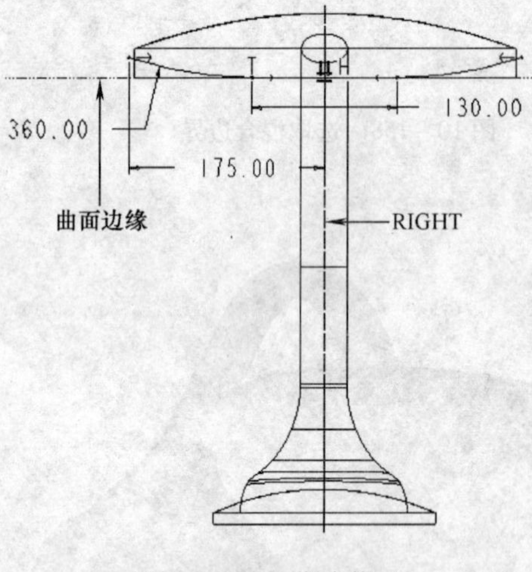

图 10－163　草绘截面

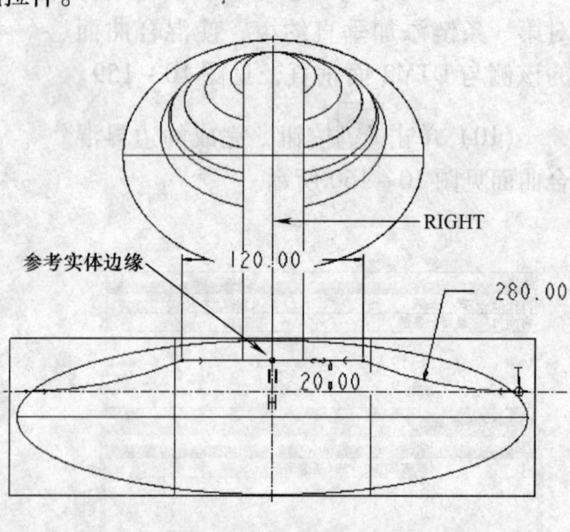

图 10－164　草绘截面

（18）用曲面合并命令，按图 10－165 所示顺序合并前面创建的五张曲面（三张拉伸曲面、两张边界混合曲面）。合并完成的模型见图 10－166。

步骤 6　实体化

（1）选中图 10－167 所示面组，单击【编辑】⇨【实体化】菜单或实体化按钮，接受缺省设置，将该封闭面组转换为实体。

（2）选中图 10－168 所示面组，以同样的方法将该封闭面组转换为实体。

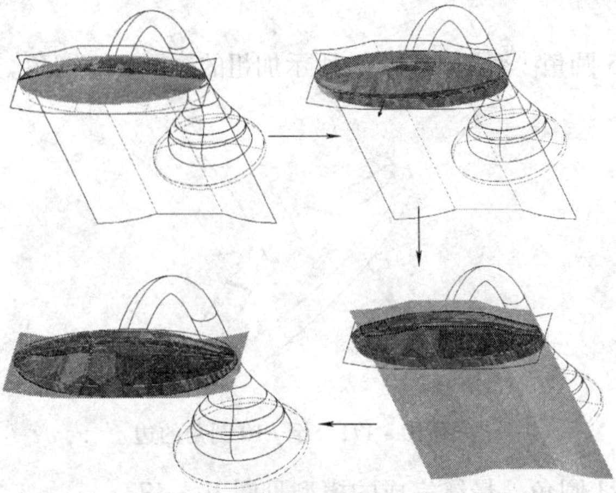

图 10－165 曲面合并

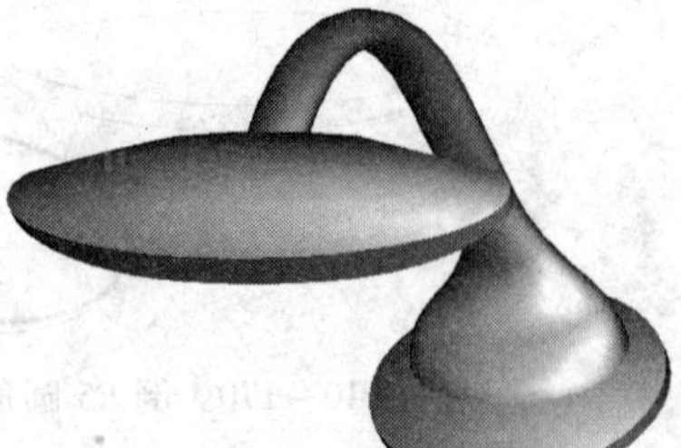

图 10－166 合并完成的模型

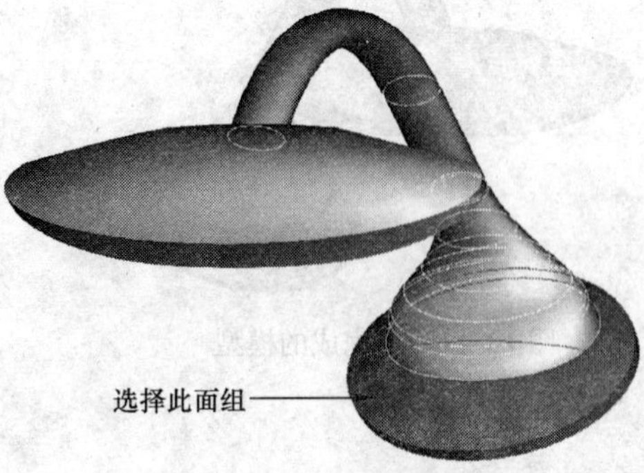

图 10－167 实体化面组

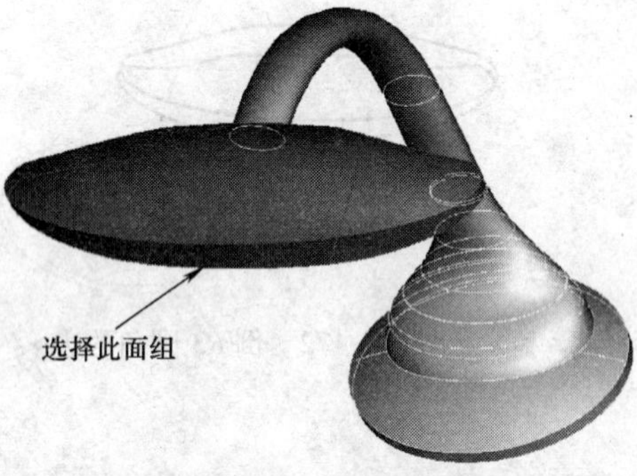

图 10－168 实体化面组

(3) 隐藏前面用过的曲线及曲面。单击图层命令钮，模型树变为图层列表。选中“03__PRT_ALL_CURVES”和“06__PRT_ALL_SURFS”图层，单击右键，选择【隐藏】菜单，该图层中的所有曲线和曲面被隐藏。在图层列表的空白处，单击右键，选择【保存状态】菜单（永久保存图层的设置状态，否则图层状态仅在当前有效）。再次单击图层命令钮，图层列表关闭，模型树显示出来。

步骤 7 创建台灯的开关

(1) 用旋转工具创建台灯开关。选择 RIGHT 作为草绘平面，选择 TOP 作为向“上”的参照，创建旋转实体。

(2) 绘制图 10－169 所示截面及旋转轴。完成旋转特征创建。

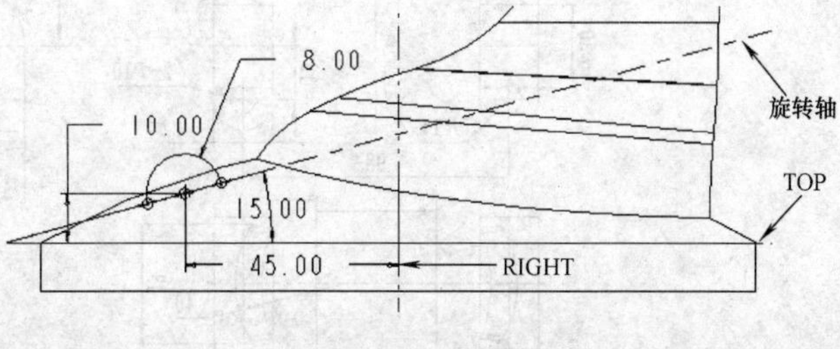

图 10－169 草绘截面

步骤 8　倒圆角

（1）对图 10－170 所示加粗的边倒 *R*5 圆角。对图 10－171 所示加粗的边倒 *R*10 圆角。

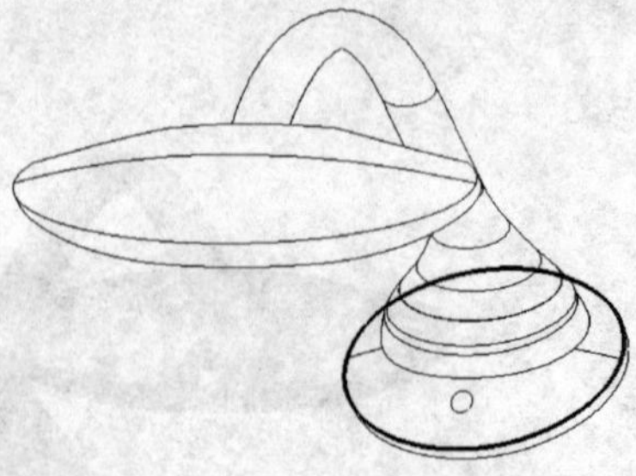

图 10－170　倒 *R*5 圆角的边

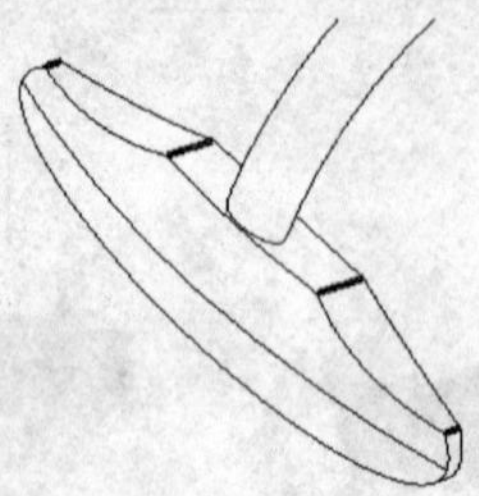

图 10－171　倒 *R*10 圆角的边

（2）对图 10－172 所示加粗的边倒 *R*3 圆角。最终完成的模型见图 10－173。

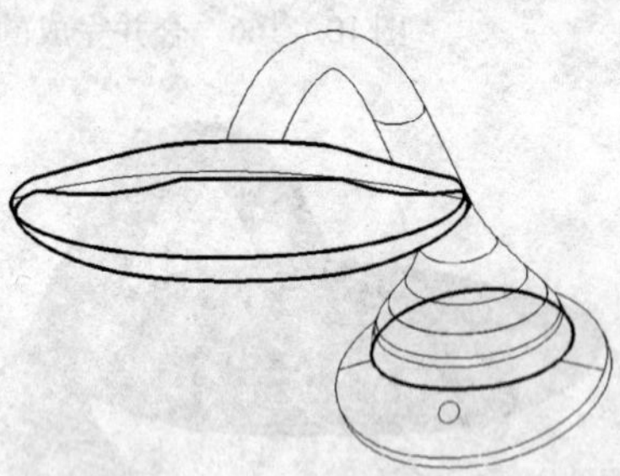

图 10－172　倒 *R*3 圆角的边

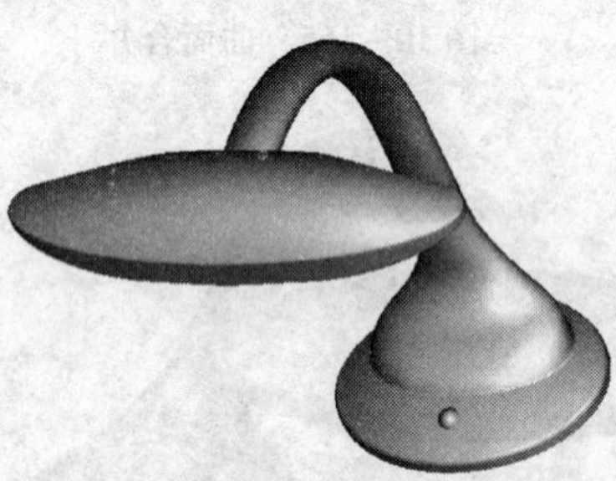

图 10－173　完成的模型

10.7　练　　习

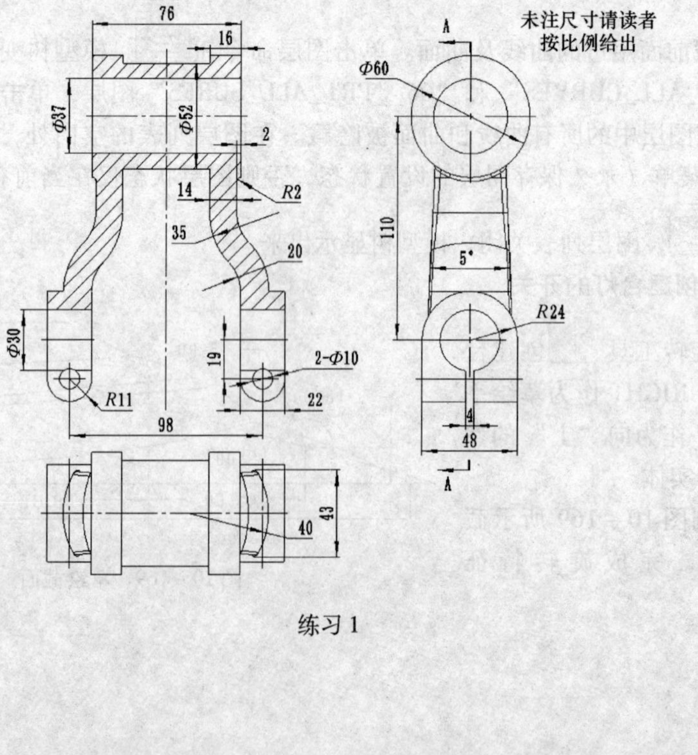

练习 1

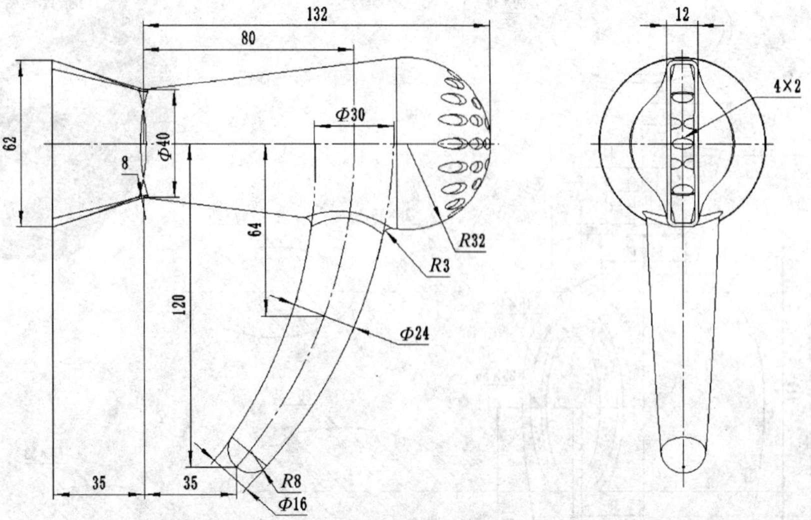
132
80
12
4×2
62
Φ30
Φ40
8
64
120
R32
R3
Φ24
35
35
R8
Φ16

练习 2

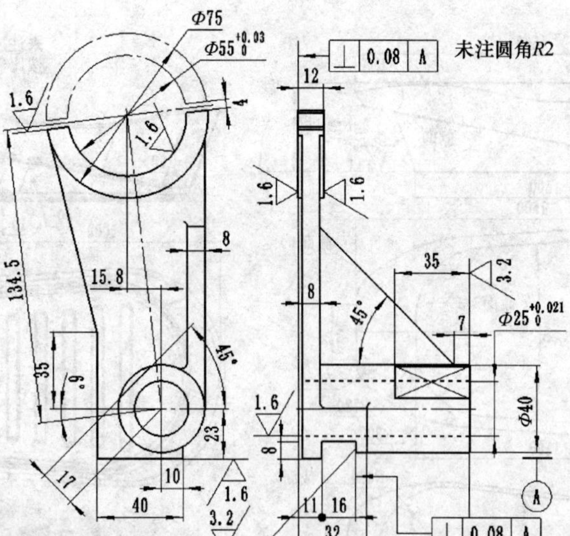
未注圆角R2
Φ75
12
35
8
15.8
134.5
45°
7
23
17
10
40
11
16
32
Φ40
A

练习 3

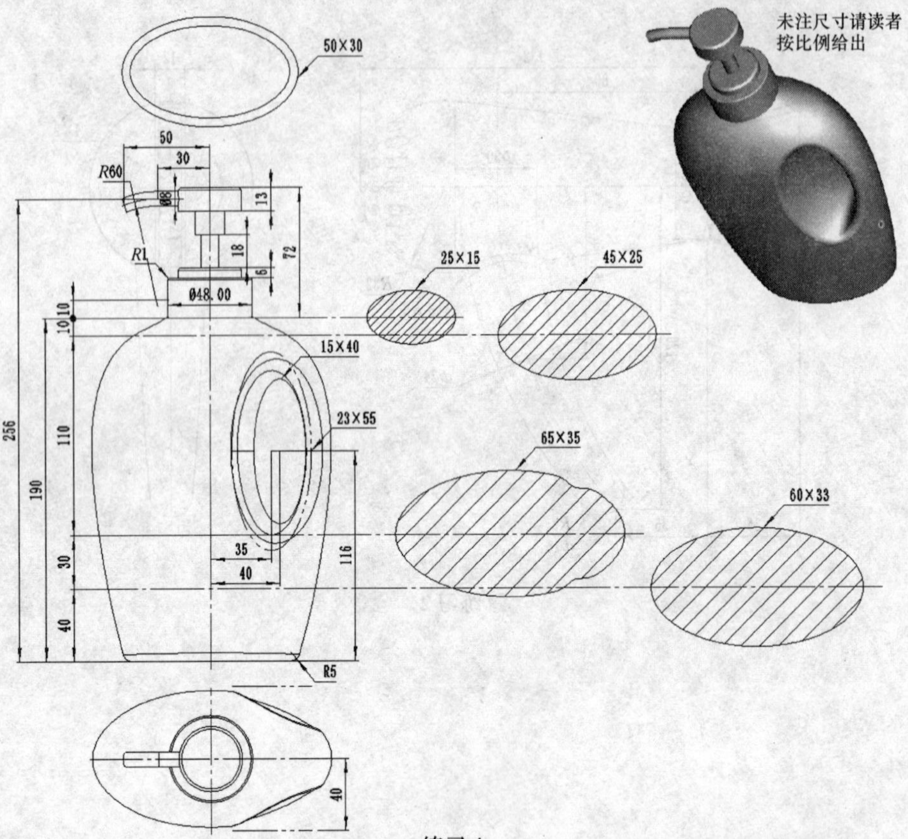
未注尺寸请读者
按比例给出
50×30
50
30
R60
Ø8
13
72
18
6
R1
Ø48.00
10
10
256
110
190
30
40
15×40
23×55
35
40
116
R5
25×15
45×25
65×35
60×33
40

练习 4

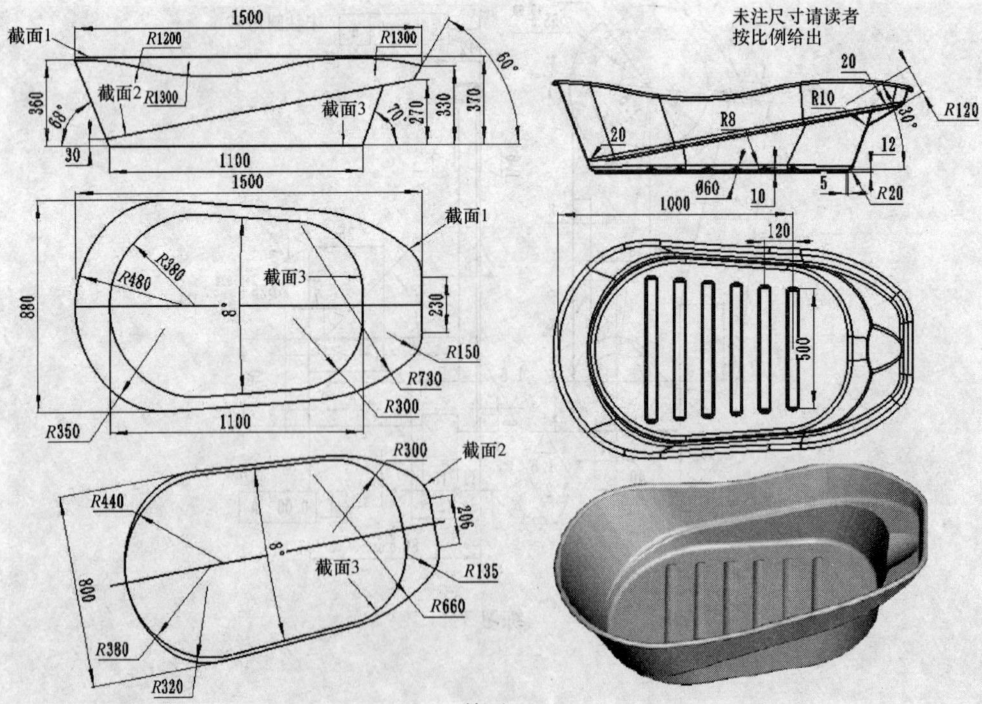
未注尺寸请读者
按比例给出
截面1
截面2
截面3
1500
R1200
R1300
R1300
60°
68°
360
270
330
370
70
30
1100
880
R380
R480
8°
230
R150
R730
R300
R350
R440
R300
206
800
R135
R660
R380
R320
20
R10
30°
R120
R8
12
Ø60
10
5
R20
1000
120
500

练习 5

项目 11　工　程　图

11.1　设置配置文件

配置文件包括系统环境配置文件（Config. pro）与绘图配置文件（. dtl）。应在创建零件模型之前设置系统环境配置文件，否则，将影响工程图中尺寸公差的显示。

11.1.1　设置系统环境配置文件

为了符合机械制图国家标准，首先将 Pro/ENGINEER 安装路径\text\iso. dtl 文件复制到 Pro/ENGINEER 的工作目录（工作目录以“F：\PTC_wrk”为例，下同），重命名为 GB. dtl。

系统环境配置文件（Config. pro）的设置方法请参考“项目 3”的“实例 1”。在之前的配置文件基础上添加表 11－1 所示的配置项。

表 11－1　　系统环境配置文件配置项

选项	值	说明
drawing_setup_file	F：\PTC_wrk\GB. dtl	默认的工程制图标准文件
tol_display	yes	是否显示公差
tol_mode	nominal	所有尺寸仅显示基本尺寸
tolerance_standard	ISO	使用的公差标准
make_proj_view_notes	no	投影图中是否自动显示出视图名称
disp_trimetric_dwg_mode_view	yes	放置一般视图时是否自动呈现等角视图
parenthesize_ref_dim	yes	将参考尺寸放加圆括号
dxf_out_drawing_scale	yes	是否以绘图比例输出为 dxf 或 dwg 文件
copy_dxf_dim_pict	no	将输入的 AutoCAD 图形的尺寸作为 Pro/E 的尺寸
dxf_export_format	2007	当从 Pro/E 输出到 AutoCAD 时，选择 dxf 文件版本
dwg_export_format	2007	当从 Pro/E 输出到 AutoCAD 时，选择 dwg 文件版本
intf2d_out_line_width	yes	向 dxf 文件导出线宽信息
intf_out_layer	part_layer	以零件模型的图层导出 dxf 文件
default_font	simfang	缺省字体为仿宋体

设置完成后，单击“应用”按钮，再单击（保存）按钮，必须保存在“F：\PTC_wrk”下，同时，文件名必须为“config. pro”（或 config. sup）。

11.1.2 设置绘图配置文件

在系统环境配置文件（config. pro）中可以对工程图的主要选项进行设置，但不能详细设置工程图的各个具体选项，如尺寸文本或注释文本的高度、尺寸公差、几何公差、文字属性、尺寸及注释箭头样式等，因此系统提供了专门配置工程图的绘图配置文件（. dtl ）。

现对上面所创建的绘图配置文件 GB. dtl 进行设置，以符合机械制图国家标准。

绘图配置文件必须在工程图的环境下设置。

新建工程图文件的步骤：

（1）单击（新建）按钮。

（2）选择“类型”为“绘图”，取消选择“使用缺省模板”复选框，单击“确定”按钮。

（3）按图 11－1 所示的对话框设置选项，单击“确定”按钮。

图 11－1　新建工程图

单击【文件】⇨【属性】⇨【绘图选项】，打开 GB. dtl 文件。

按表 11－2 设置 GB. dtl 文件的选项（只列出 GB. dtl 文件中需要修改的项目）。

表 11－2　　绘图配置文件配置项目

选项		值	说明
文本	text_thickness	0.000000	文本线宽
	text_width_factor	0.700000	文本宽高比
	default_font	simfang	字体
视图和注释	broken_view_offset	1	断裂视图之间的距离
	default_view_label_placement	bottom_center	视图标签的位置
	view_note	std_din	创建剖视图、局部详图等视图时是否在视图下方出现视图批注
截面和箭头	crossec_arrow_length	5	剖切符号箭头长度
	crossec_arrow_width	2	剖切符号箭头宽度
	crossec_arrow_style	tail_online	剖切符号箭头相对剖切线的位置
	cutting_line	std_din	控制剖切线的显示形式
尺寸	angdim_text_orientation	parallel_above	角度文本的方向
	chamfer_45deg_dim_text	iso/din	45°倒角的标注文字显示形式
	witness_line_delta	2.5	尺寸界线伸出尺寸线的长度
轴	axis_line_offset	3	中心线延伸超出轮廓边界的距离
	circle_axis_offset	3	中心线超出圆形轮廓边界的距离
其它	line_style_standard	std_iso	文字都以蓝色显示
	decimal_marker	period	设置尺寸小数点的格式为点

设置完成后，单击“应用”按钮，再单击（保存）按钮，必须保存在“F：\PTC_wrk”下，同时，文件名必须为“GB. dtl”。

11.2 创建视图

11.2.1 创建一般与投影视图

在新建工程图之前，先建立目录，将创建视图所用的零件模型复制到该目录，同时，将工作目录也设到该目录。

例 11－1　创建一般与投影视图

将工作目录设到11－1，打开零件11－1. prt。以A4图幅新建工程图，名称为11－1. drw。

（1）创建一般视图

➢ 单击工具栏（创建一般视图）按钮。

➢ 单击绘图区域的左上方，即出现零件的轴测图，如图11－2所示。

➢ 在“绘图视图”对话框中，选模型视图名：TOP，然后点“应用”按钮，见图11－3。

➢ 不显示隐藏线、基准平面、轴线及坐标系，所创建的一般视图如图11－4所示。

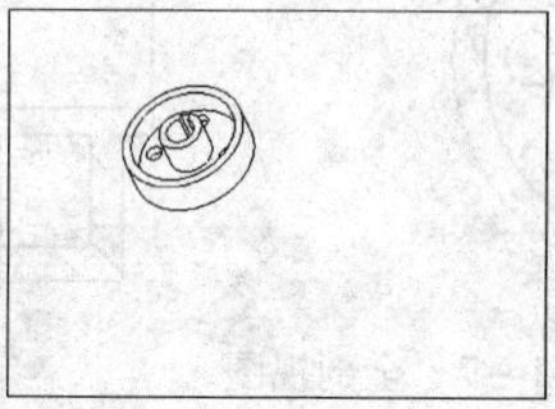

图11－2　轴测图

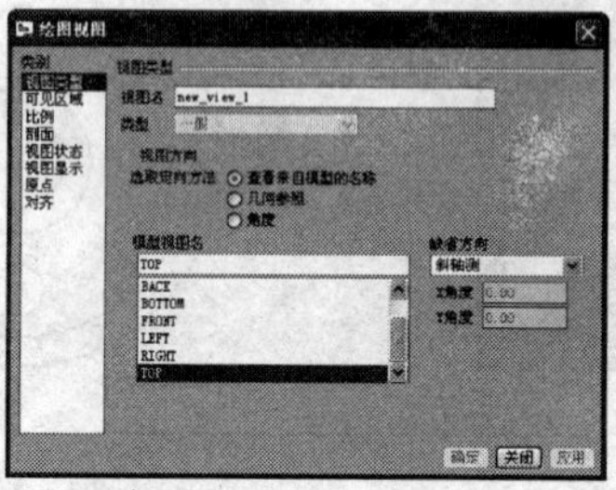

图11－3　绘图视图

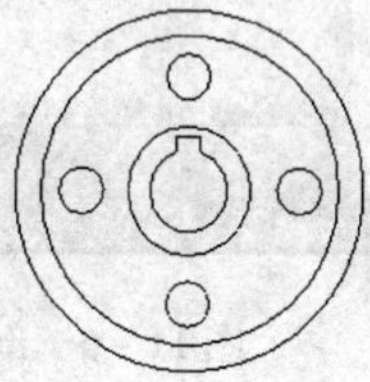

图11－4　一般视图

在工程图中，所创建的第一个视图都为一般视图，可在“绘图视图”对话框中选模型视图名称，定位视图。如果在“绘图视图”对话框中无所需视图方向的视图名称，则需在零件模型窗口按（重定向）按钮，定向或旋转后，再赋予视图名称保存视图。

（2）创建投影视图

➢ 选择上一步创建的一般视图。

➢ 按住鼠标右键，在快捷菜单中选取“插入投影视图”。

➢ 在一般视图的右方单击，创建左视图。

➢ 选择一般视图。

➢ 按住鼠标右键，在快捷菜单中选取“插入投影视图”。

➢ 在一般视图的下方单击，创建俯视图。所创建的投影视图如图11－5所示。如需移动视图，必

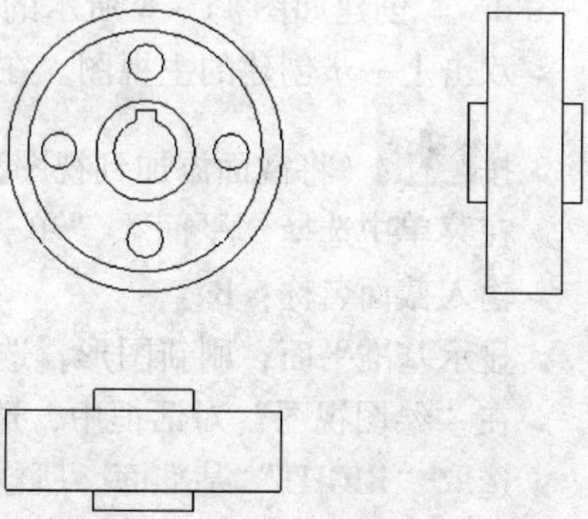

图11－5　投影视图

须取消（锁定视图移动）。

11.2.2　创建剖视图

创建剖视图是为了特别显示某一截面的全部或部分内容，可以创建的剖视图类型有：全剖视图、半剖视图、旋转剖视图、阶梯剖视图、局部剖视图和移出剖视图。

例 11－2　创建全剖视图

➢ 双击例 11－1 创建的左视图。

➢ 按图 11－6 选择对话框的选项。

➢ 单击（将截面添加到视图）按钮。

➢ 在菜单中选择“平面”、“单一”，单击“完成”。

➢ 输入截面名称：A

➢ 显示基准平面，刷新图形，选取“RIGHT”基准面。

➢ 单击“应用”、“关闭”按钮。所创建的全剖视图如图 11－7 所示。

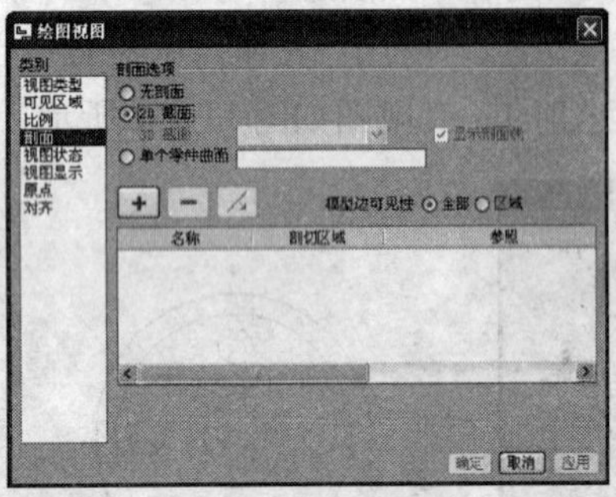

图 11－6　剖面

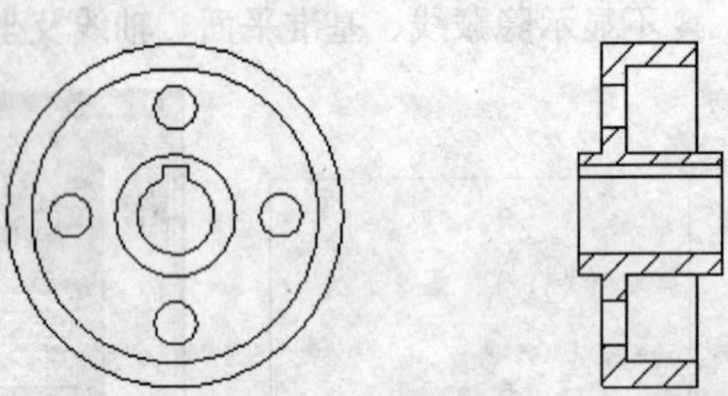

图 11－7　全剖视图

➢ 双击剖面线，可修改其间距、角度等选项。

注：截面的名称不能重复。如需删除已创建的截面，则需在主菜单单击【视图】⇨【视图管理器】，在视图管理器的“X 截面”选项卡中操作。

例 11－3　创建半剖视图

➢ 将工作目录设到 11－3，打开零件 11－3. prt。以 A4 图幅新建工程图，名称为 11－3. drw。创建如图 11－8 所示的一般视图、投影视图及全剖视图。

➢ 双击上一步创建的主视图。在“绘图视图”对话框中选择“剖面”、“2D 剖面”。

➢ 按（将截面添加到视图）按钮。

➢ 在菜单中选择“平面”、“单一”，单击“完成”。

➢ 输入截面名称：B

➢ 显示基准平面，刷新图形，选取“FRONT”基准面。

➢ 在“绘图视图”对话框中，选择“剖切区域”为“一半”。

➢ 选取“RIGHT”基准面。所创建的半剖视图如图 11－9 所示。

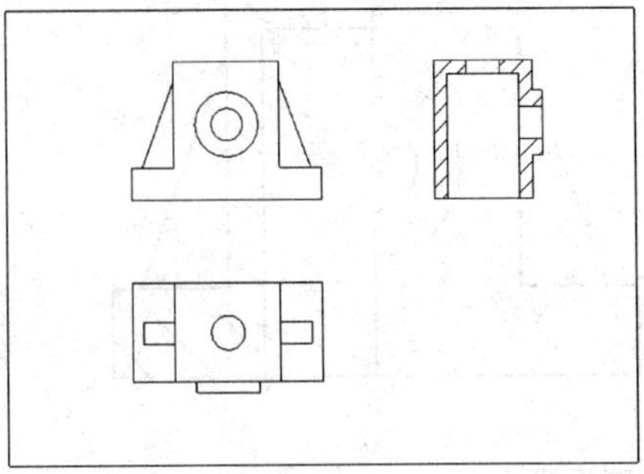

图 11－8 一般视图、投影视图及全剖视图

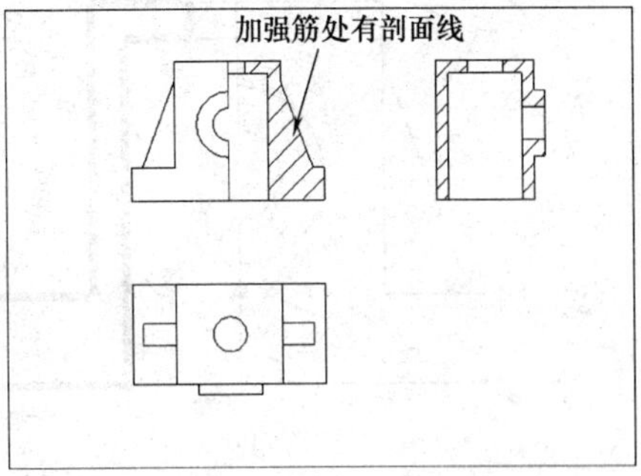

图 11－9 半剖视图

在半剖视图中，加强筋处有剖面线，这不符合机械制图国家标准的规定。按下述步骤进行处理：

➢ 双击剖面线，将间距加倍多次，直到剖面线在视图上不显示，也可将剖面线拭除，如图 11－10 所示。

➢ 单击 （使用边）按钮，依照图 11－11 选取边。

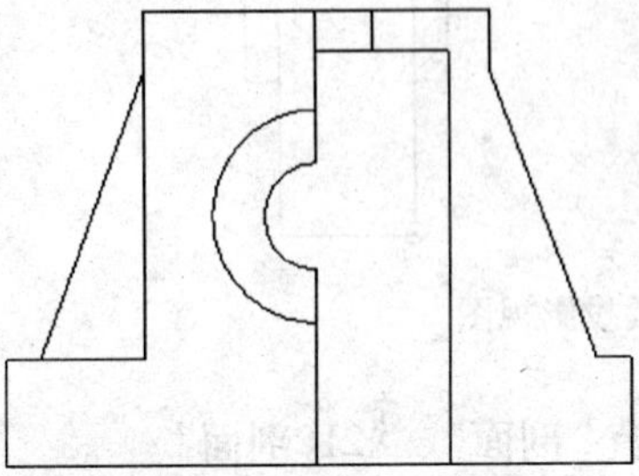

图 11－10 不显示剖面线

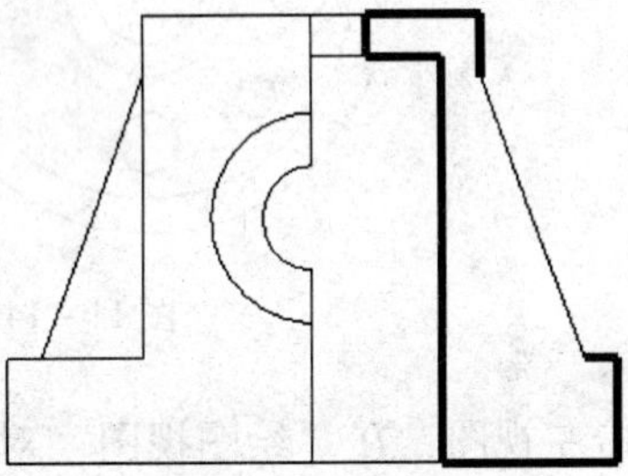

图 11－11 选取边

➢ 单击主菜单【编辑】⇨【组】⇨【与视图相关】，按照提示选取主视图。

➢ 将图 11－12（a）所示加粗的线，通过右键菜单的“修剪到边界”，编辑成 11－12（b）所示的图形。

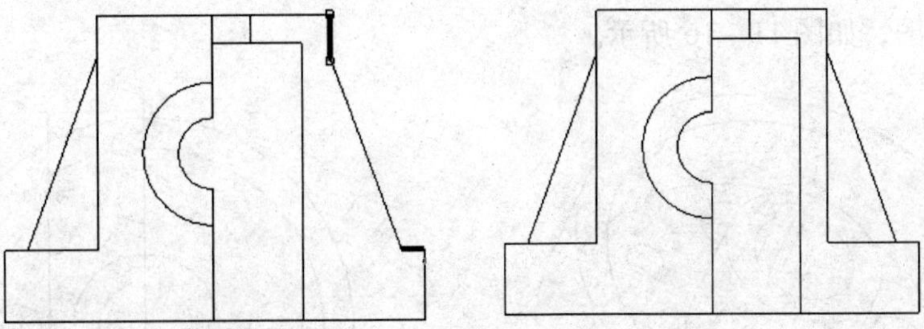

(a) (b)

图 11－12 编辑轮廓

➢ 选取图 11－13（a）所示的封闭轮廓。

➢ 单击主菜单【编辑】⇨【剖面线/填充】，调整剖面线的间距，如图 11－13（b）所示。

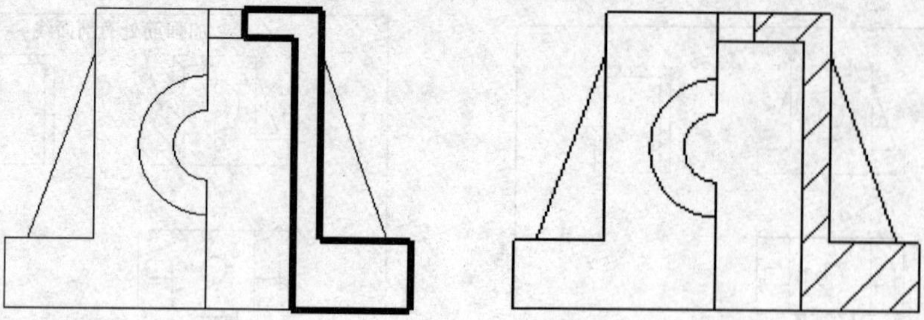

(a)　　　　　　　　　　　　　　　　(b)

图 11－13　填充剖面线

例 11－4　创建旋转剖视图

➢ 将工作目录设到 11－4，打开零件 11－4. prt。以 A4 图幅新建工程图，名称为 11－4. drw。

➢ 创建如图 11－14 所示的一般视图及投影视图（先创建主视图，再创建左视图）。

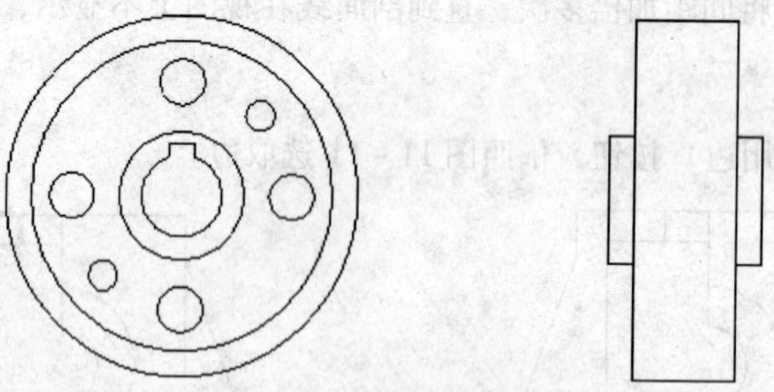

图 11－14　一般视图及投影视图

➢ 双击左视图，在“绘图视图”对话框中选择“剖面”、“2D 剖面”。

➢ 按 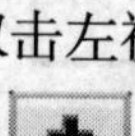（将截面添加到视图）按钮。

➢ 在菜单中选择“偏距”、“单侧”、“单一”，单击“完成”。

➢ 输入截面名称：A

➢ 选取零件的顶面为绘图平面，如图 11－15 所示。

➢“正向”、“缺省”

➢ 绘制草图，如图 11－16 所示。

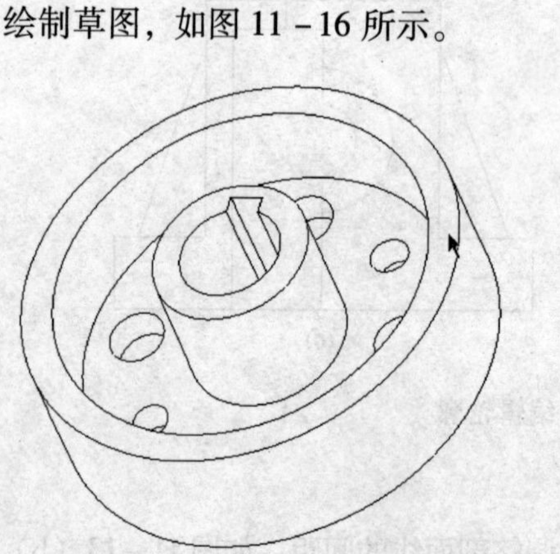

图 11－15　选取绘图平面

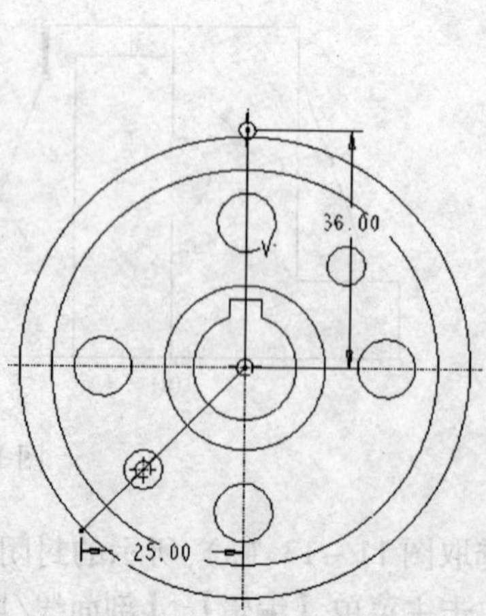

图 11－16　绘制截面

➢ OK
➢ 在“绘图视图”对话框中，选择“剖切区域”为“全部（对齐）”。
➢ 单击“绘图视图”对话框中的“参照”区域。
➢ 在主视图上选取轴线 A1 作为旋转轴。
➢ 单击“绘图视图”对话框中的“箭头显示”区域。
➢ 选择主视图。所创建的旋转剖视图如图 11－17 所示。

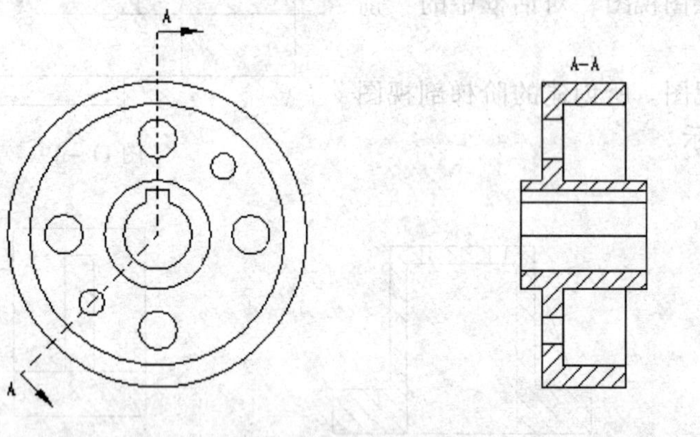

图 11－17　旋转剖视图

例 11－5　创建阶梯剖视图

➢ 将工作目录设到 11－5，打开零件 11－5. prt。以 A4 图幅新建工程图，名称为11－5. drw。

➢ 创建如图 11－18 所示的一般视图及投影视图（先创建俯视图，再创建其它投影视图）。

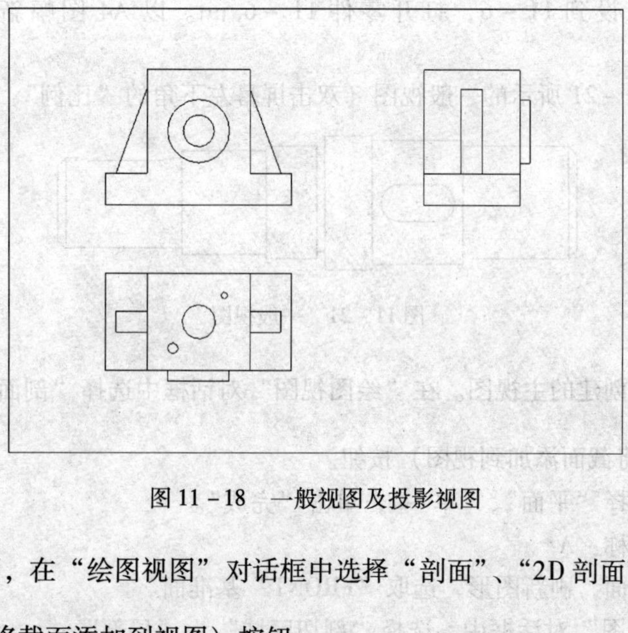

图 11－18　一般视图及投影视图

➢ 双击主视图，在“绘图视图”对话框中选择“剖面”、“2D 剖面”。

➢ 按（将截面添加到视图）按钮。

➢ 在菜单中选择“偏距”、“单侧”、“单一”，单击“完成”。

➢ 输入截面名称：A

➢ 选取零件的顶面为绘图平面。

➢“正向”、“缺省”

➢ 绘制草图，如图 11 –19 所示。

➢ OK

➢ 单击“绘图视图”对话框中的“箭头显示”区域。

➢ 选择俯视图。所创建的阶梯剖视图如图 11 –20 所示。

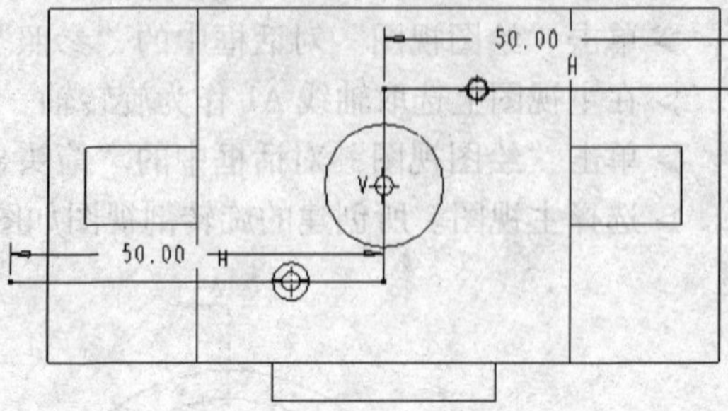

图 11 –19　草图

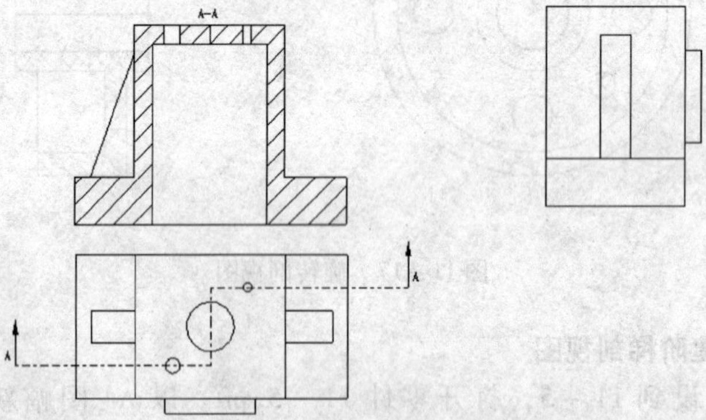

图 11 –20　阶梯剖视图

例 11 –6　创建局部剖视图

➢ 将工作目录设到 11 –6，打开零件 11 –6. prt。以 A4 图幅新建工程图，名称为11 –6. drw。

➢ 创建如图 11 –21 所示的一般视图（双击屏幕左下角的“比例”，改为 1）。

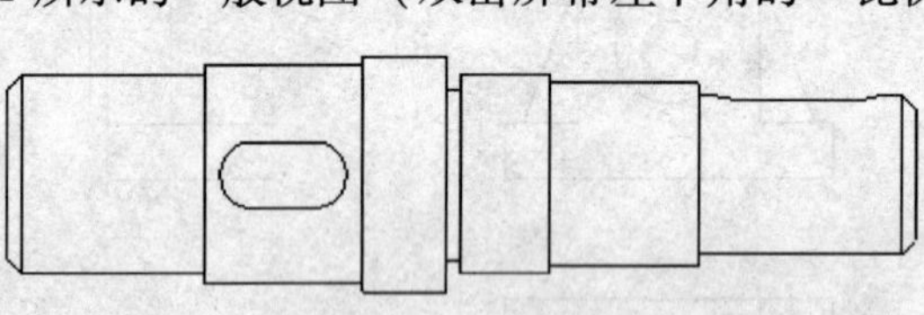

图 11 –21　一般视图

➢ 双击上一步创建的主视图。在“绘图视图”对话框中选择“剖面”、“2D 剖面”。

➢ 按 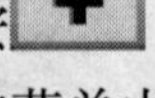（将截面添加到视图）按钮。

➢ 在菜单中选择“平面”、“单一”，单击“完成”。

➢ 输入截面名称：A

➢ 显示基准平面，刷新图形，选取“FRONT”基准面。

➢ 在“绘图视图”对话框中，选择“剖切区域”为“局部”。

➢ 在轮廓线上拾取点，如图 11－22（a）所示。

➢ 绘制封闭轮廓，如图 11－22（b）所示。

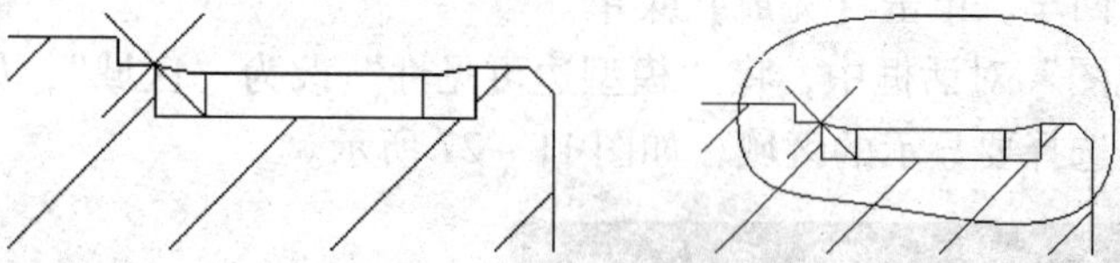

(a) 拾取点　　(b) 绘制封闭轮廓

图 11－22　局部剖视图的点和轮廓

➢ 在“绘图视图”对话框中选择“视图显示”。按将“相切边显示样式”设为“无”，如图 11－23 所示。

➢ 双击剖面线

➢ 单击菜单【间距】⇨【一半】。所创建的局部剖视图如图 11－24 所示。

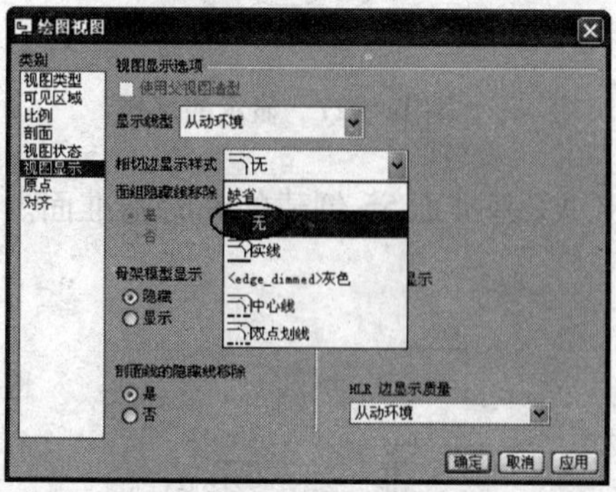

图 11－23　相切边显示样式

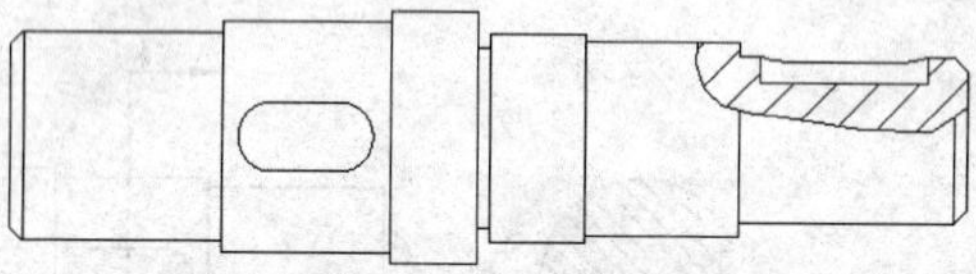

图 11－24　局部剖视图

例 11－7　创建移出剖视图

➢ 将工作目录设到 11－7，打开零件 11－7. prt。以 A4 图幅新建工程图，名称为11－7. drw。

➢ 创建如图 11－25 所示的一般视图及投影视图。

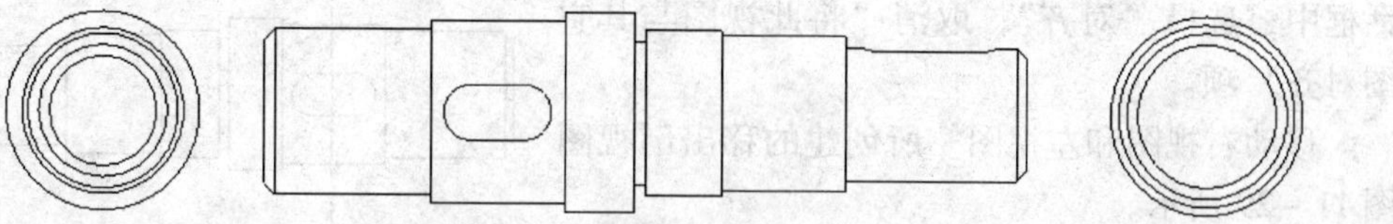

图 11－25　一般视图及投影视图

➢ 双击上一步创建的右视图。在“绘图视图”对话框中选择“剖面”、“2D 剖面”。

➢ 按（将截面添加到视图）按钮。

➢ 在菜单中选择“平面”、“单一”，单击“完成”。

➢ 输入截面名称：A

➢ 单击菜单【产生基准】⇨【偏距】。

➢ 显示基准平面，刷新图形，选取“RIGHT”基准面。

➢ 单击菜单【输入值】

➢ 输入 -25，回车。单击【完成】菜单。

➢ 在“绘图视图”对话框中，将“模型边可见性”改为“区域”，如图 11 -26 所示。

➢ 在右视图上选择要显示的区域，如图 11 -27 所示。

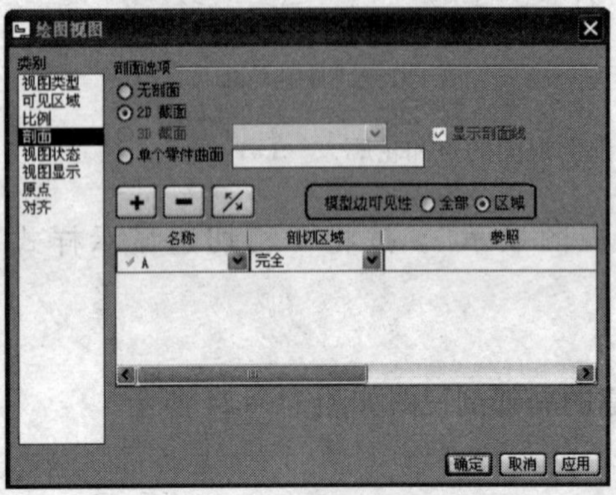

图 11 -26　模型边可见性

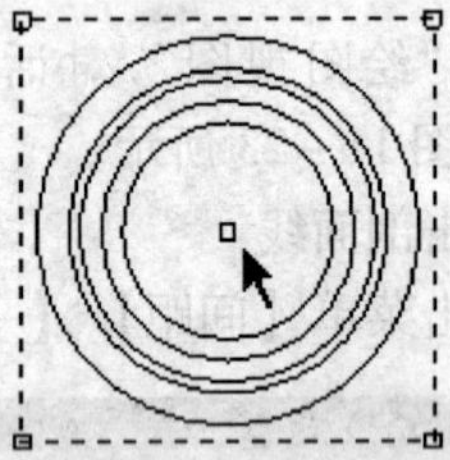

图 11 -27　显示的区域

➢ 以相同的方法创建左视图的剖视图，偏距 FRONT 基准面 55 创建的临时基准面。所创建的剖视图如图 11 -28 所示。

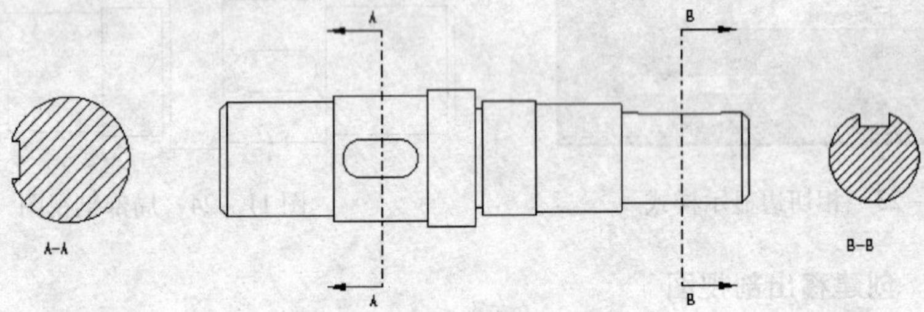

图 11 -28　剖视图

➢ 分别选择右视图和左视图，在“绘图视图”对话框中，选择“对齐”，取消“将此视图与其它视图对齐”项。

➢ 移动右视图和左视图。所创建的移出剖视图如图 11 -29 所示。

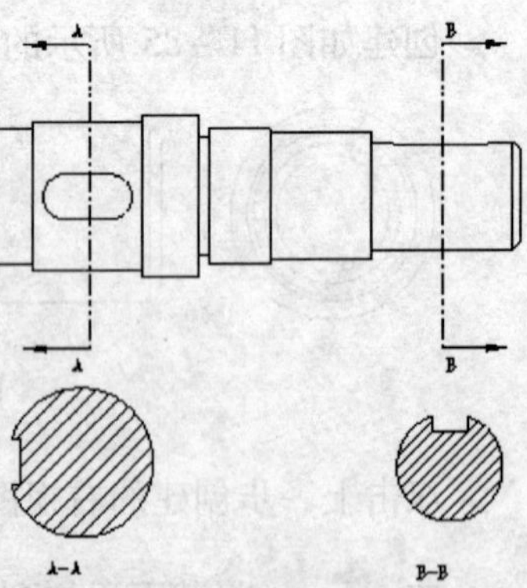

图 11 -29　移出剖视图

例 11 -8　创建装配图的剖视图

➢ 将工作目录设到 11 -8，打开零件 11 -8. asm。以 A4 纵向图幅新建工程图，名称为 11 -8. drw。

➢ 创建如图 11 -30 所示的一般视图。将比例设为 1. 25。

➢ 双击上一步创建的一般视图。在“绘图视图”对话框中选择“剖面”、“2D 剖面”。

➢ 按（将截面添加到视图）按钮。

➢ 在菜单中选择“平面”、“单一”，单击“完成”。

➢ 输入截面名称：A

➢ 单击模型树的“显示”标签，设为“模型树”。

➢ 单击模型树的“设置”标签，选择“树过滤器”项，在“模型树项目”对话框中选取“特征”项，如图11－31所示。

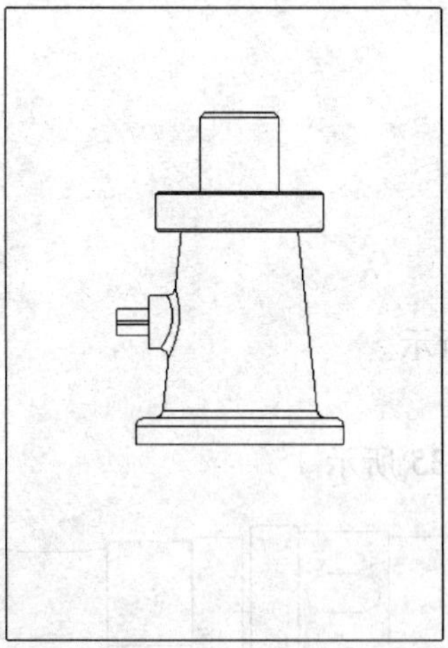

图11－30　一般视图模型树项目

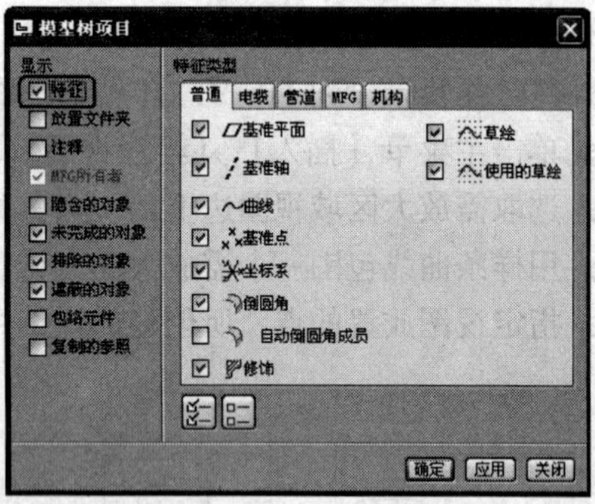

图11－31　模型树项目

➢ 在模型树中选择“ASM_FRONT”。所创建的剖视图如图11－32所示。

➢ 双击任意一个零件的剖面线。

➢ 当前零件的剖面线呈红色显示，如不剖，则在菜单栏中选择“排除”。

➢ 单击【下一个】，设置其它零件是否剖切，或调整间距及角度。

➢ 不显示相切边。修改后的剖视图如图11－33所示。

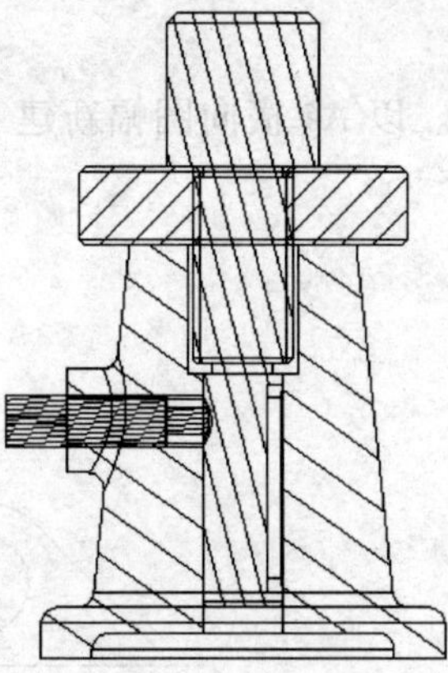

图11－32　剖视图

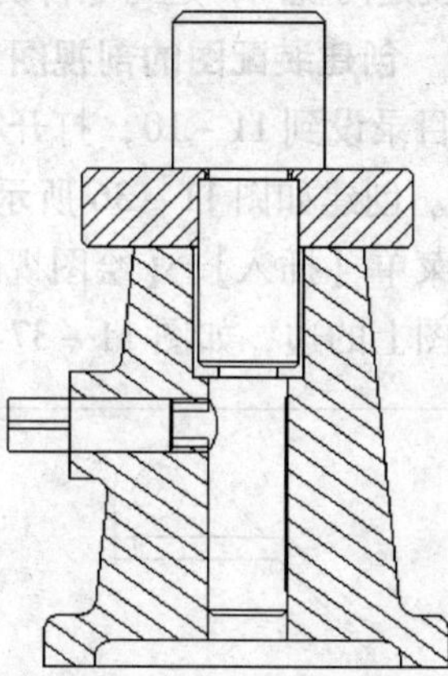

图11－33　修改后的剖视图

11.2.3 创建详细视图

详细视图就是局部放大视图，能够清晰地反映尺寸较小或复杂区域的几何形状。创建详细视图包含 5 个基本步骤：

(1) 指定详细视图的摆放位置；

(2) 选取参考点的位置，即要详细表达的部分；

(3) 指定边界，用样条曲线包围一个区域；

(4) 放置插图编号或注释内容；

(5) 设置详细视图的比例。

例 11-9 创建装配图的剖视图

➢ 将工作目录设到 11-9，打开工程图 11-9. drw。

➢ 单击主菜单【插入】⇨【绘图视图】⇨【详细】

➢ 选取需放大区域视图边上的一点，如图 11-34 所示。

➢ 用样条曲线包围一个需放大的区域。

➢ 指定视图放置的点，所创建的详细视图如图 11-35 所示。

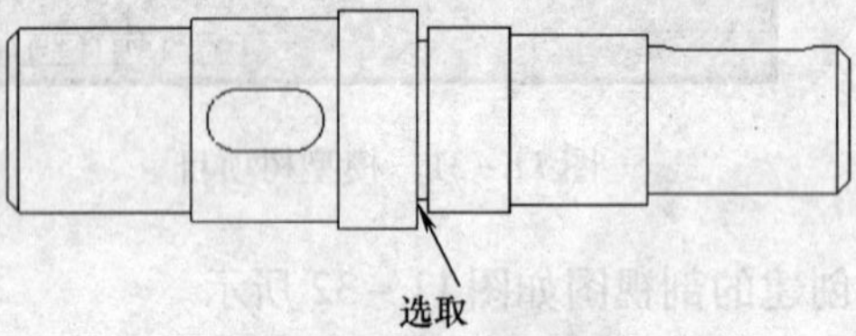

图 11-34 选取详细视图中心

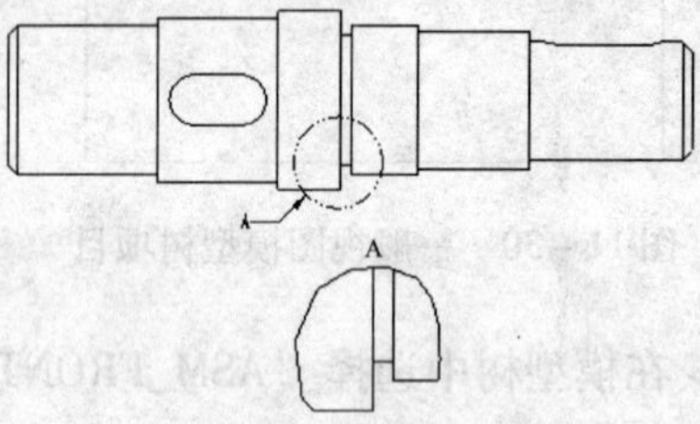

图 11-35 详细视图

11.2.4 创建辅助视图

辅助视图就是向视图，是与零件的面或基准面成 90°，或沿轴线方向投影所得的视图。

例 11-10 创建装配图的剖视图

➢ 将工作目录设到 11-10，打开零件 11-10. prt。以 A4 横向图幅新建工程图，名称为 11-10. drw。创建如图 11-36 所示的一般视图。

➢ 单击主菜单【插入】⇨【绘图视图】⇨【辅助】

➢ 选取视图上的边，如图 11-37 所示。

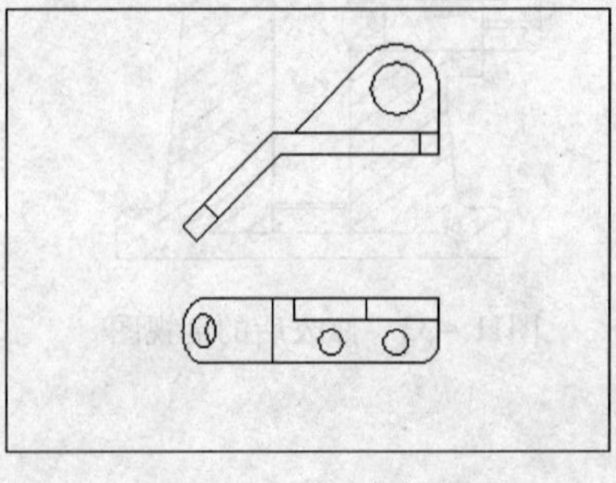

图 11-36 一般视图

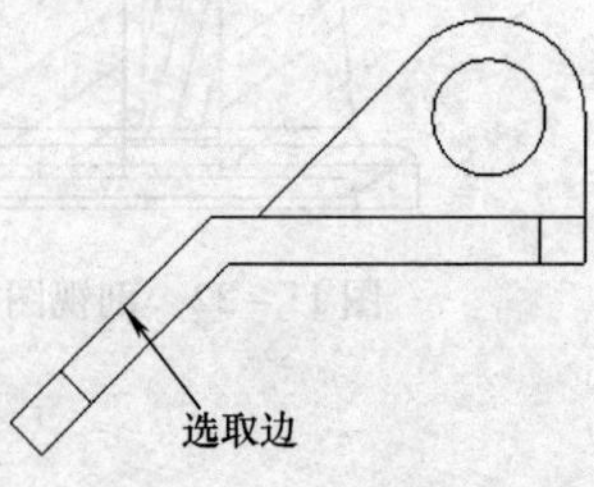

图 11-37 选取边

➢ 指定视图放置的点，所创建的辅助视图如图 11－38 所示。

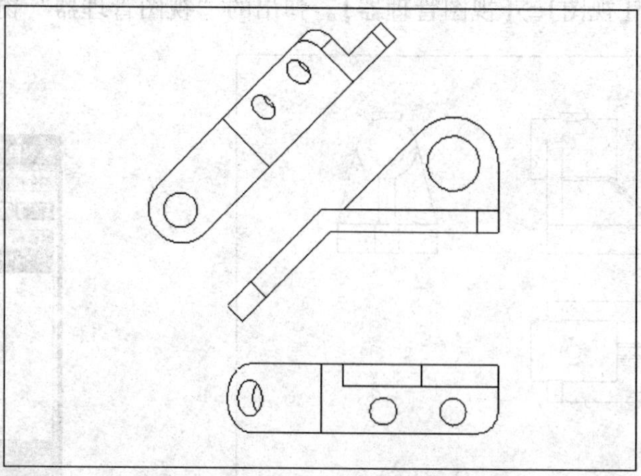

图 11－38 辅助视图

➢ 双击上一步创建的辅助视图。在“绘图视图”对话框中选择“可见区域”、“局部”。

➢ 选取显示区域视图边上的一点。

➢ 用样条曲线包围一个需显示的区域。将各视图移动到适当的位置。所创建的辅助视图如图 11－39 所示。

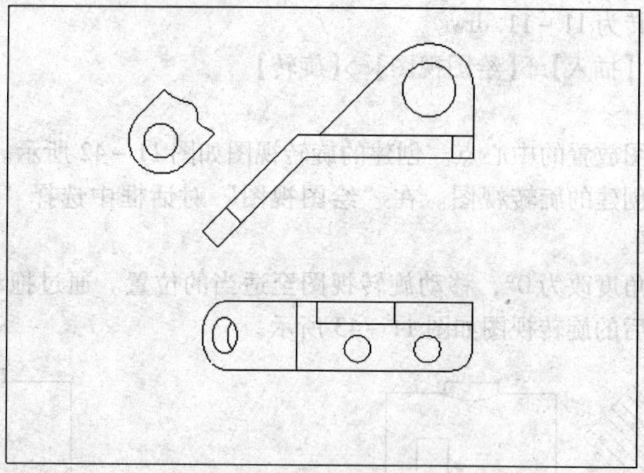

图 11－39 局部视图

11.2.5 创建旋转视图

旋转视图是将剖视图绕剖切平面旋转 90°并沿其长度方向偏移的剖视图。

例 11－11 创建旋转视图

➢ 将工作目录设到 11－11，打开零件 11－11. prt。以 A4 图幅新建工程图，名称为 11－11. drw。创建如图 11－40 所示的一般视图及投影视图。

➢ 将当前窗口转为 11 - 11. prt。

➢ 单击主菜单【视图】⇨【视图管理器】。弹出的“视图管理器”窗口见图 11 - 41。

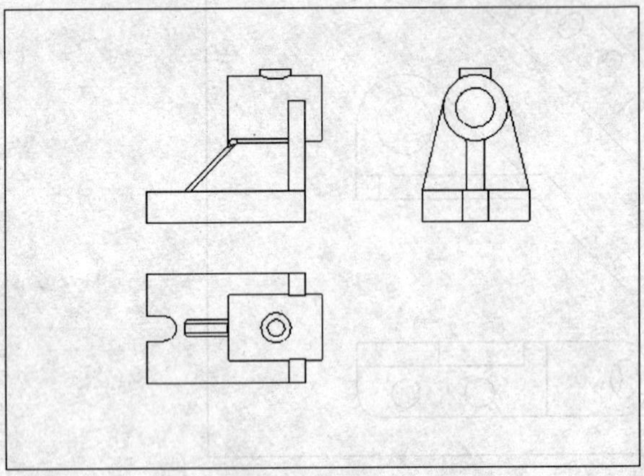

图 11 - 40　一般视图及投影视图

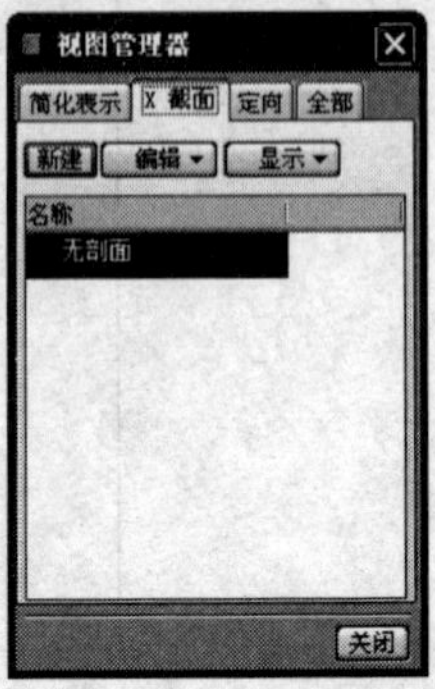

图 11 - 41　视图管理器

➢ 单击“X 截面”选项卡，单击“新建”按钮

➢ 输入截面名称（A），回车。

➢ 在菜单中选择“平面”、“单一”。

➢ 选取基准平面（DTM4）。

➢ 单击“关闭”按钮

➢ 将当前窗口转为 11 - 11. drw。

➢ 单击主菜单【插入】⇨【绘图视图】⇨【旋转】

➢ 选择主视图。

➢ 单击旋转视图放置的中心点。创建的旋转视图如图 11 - 42 所示。

➢ 双击上一步创建的旋转视图。在“绘图视图”对话框中选择“可见区域”、“局部”，创建部分视图。

➢ 将剖面线的角度改为 0°，移动旋转视图至适当的位置。通过拖动的方式，改变点划线的长度。修改后的旋转视图如图 11 - 43 所示。

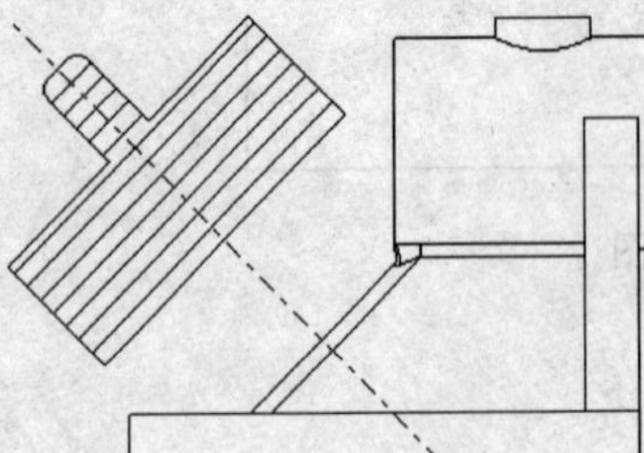

图 11 - 42　旋转视图

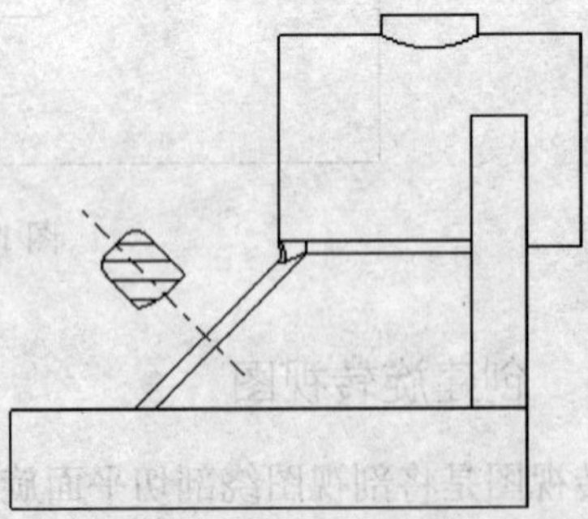

图 11 - 43　修改后的旋转视图

11.2.6 创建对称视图

对称视图是将对称的图形以一半或四分之一显示。

例 11 – 12 创建对称视图

➢ 将工作目录设到 11 – 12，打开零件 11 – 12. prt。以 A4 图幅新建工程图，名称为 11 – 12. drw。创建如图 11 – 44 所示的剖视图及投影视图。将比例改为 1.5。

➢ 双击上一步创建的左视图。在“绘图视图”对话框中选择“可见区域”、“一半”。

➢ 选取基准面（FRONT）。所创建的对称视图如图 11 – 45 所示。

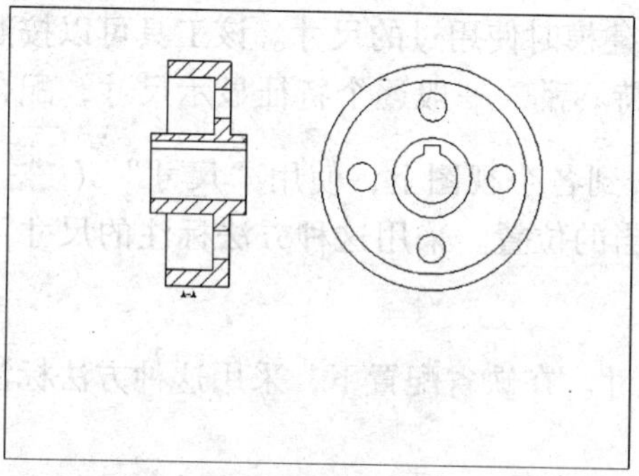

图 11 – 44 剖视图及投影视图

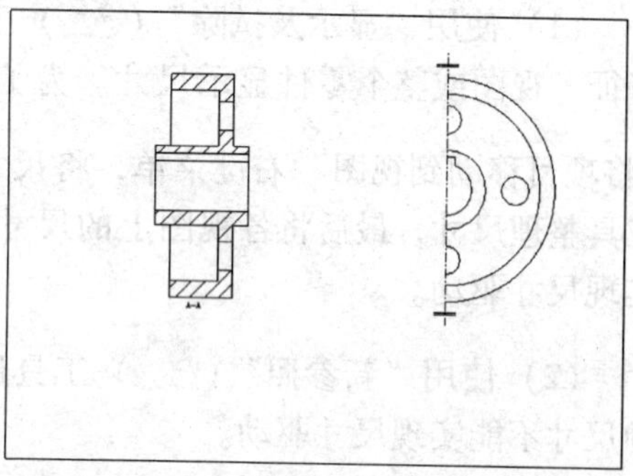

图 11 – 45 对称视图

11.2.7 创建省略视图

省略视图是将很长的图形只显示两端的部分，中间部分省略不显示。

例 11 – 13 创建省略视图

➢ 将工作目录设到 11 – 13，打开零件 11 – 13. prt。以 A4 图幅新建工程图，名称为 11 – 13. drw。创建如图 11 – 46 所示的一般视图。将比例改为 1。

图 11 – 46 一般视图

➢ 双击上面创建的一般视图。在“绘图视图”对话框中选择“可见区域”、“破断视图”。

➢ 按 （增加断点）按钮。

➢ 在视图的边上指定第一破断线和第二破断线的位置。

➢ 将“破断线的样式”改为“几何上的 S 曲线”。

➢ 在视图的上、下边上指定合

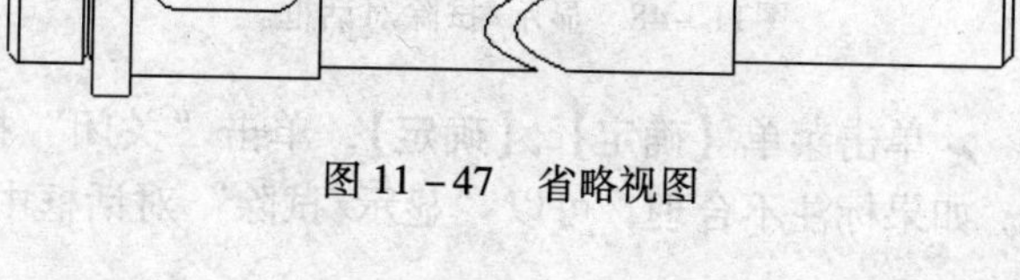

图 11 – 47 省略视图

适的位置。

➢ 移动视图至适当的位置，所创建的省略视图如图 11 －47 所示。

11.3　尺寸、公差及注释标注

工程图的标注包括尺寸、尺寸公差、形位公差、表面粗糙度及注释标注。

11.3.1　尺寸标注

常用的尺寸标注方法有两种：

（1）使用“显示及拭除”（　）工具，显示建模时使用过的尺寸。该工具可以按照特征、视图或整个零件显示尺寸。为了使尺寸保持不乱，一般逐个特征显示尺寸，配合“将项目移动到视图”右键菜单，将尺寸合理分布到各个视图上，使用“尺寸”（　）工具整理尺寸，最后将各视图上的尺寸移动到适当的位置。采用这种方法标注的尺寸可实现尺寸驱动。

（2）使用“新参照”（　）工具逐个标注尺寸。在缺省配置下，采用这种方法标注的尺寸不能实现尺寸驱动。

例 11－14　尺寸标注

➢ 将工作目录设到 11－14，打开工程图 11－14. drw。

➢ 单击显示及拭除　按钮，弹出的“显示/拭除”对话框如图 11－48 所示，在对话框中选中“显示”、“　”及“特征”选项。

➢ 选择特征“拉伸_4”，如图 11－49 所示。

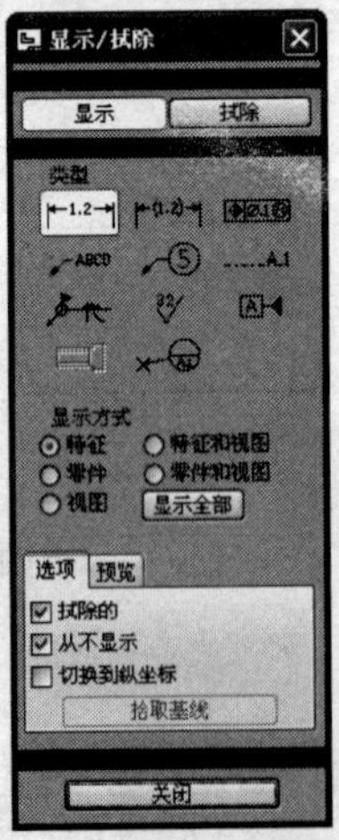

图11－48　显示/拭除对话框

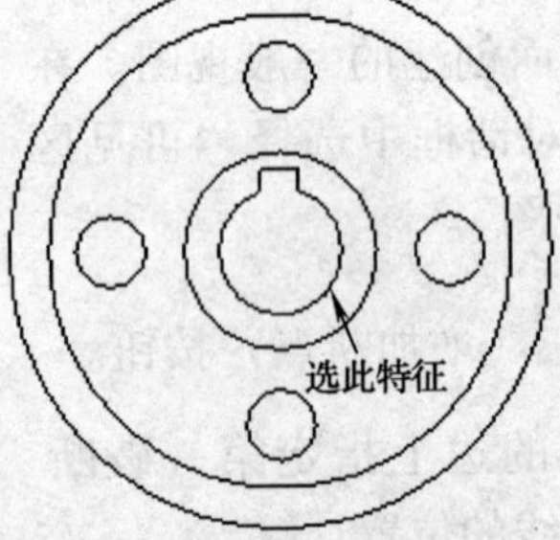

图 11－49　特征尺寸

➢ 单击菜单【确定】⇨【确定】，单击“关闭”按钮。标注的特征尺寸如图 11－50 所示。如果标注不合理，可以“显示/拭除”对话框中的“拭除”面板拭除尺寸。如果拭除单个尺寸，可以先选取尺寸，使用右键菜单的【拭除】菜单。

➢ 选取尺寸 Φ16，按右键。

➢ 将项目移动到视图，选取左视图。

➢ 选取尺寸 5，按右键。

➢ 反向箭头，将尺寸线的箭头移到尺寸界线的外部。

➢ 显示其它特征的尺寸，将尺寸合理分布到各个视图上

➢ 单击显示及拭除按钮，在弹出的“显示/拭除”对话框中选中“显示”、“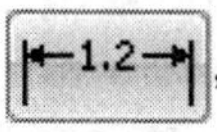”及“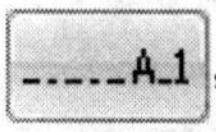”。

➢ 单击“显示全部”按钮，显示所有的尺寸和轴线，见图 11－51。

➢ 按着 Ctrl 选择图 11－51 所示的 3 个直径尺寸，单击右键，选择【将项目移动到视图】菜单，再选择图 11－51 所示的左视图，即可将选中的项目移动所选的视图。

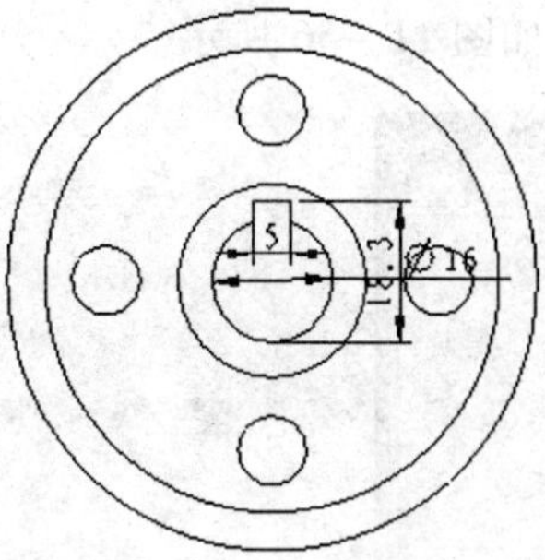

图 11－50　特征尺寸

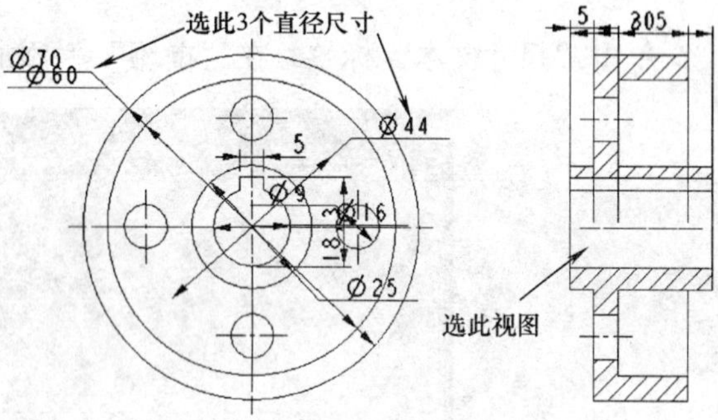

图 11－51　其它特征的尺寸

➢ 选取所有的尺寸。

➢ 单击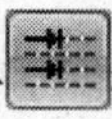按钮，“整理尺寸”对话框如图 11－52 所示。不选“创建捕捉线”项，输入图 11－52 所示的“偏移”及“增量”值。

➢ 单击“应用”和“关闭”按钮，整理后的尺寸如图 11－53 所示。

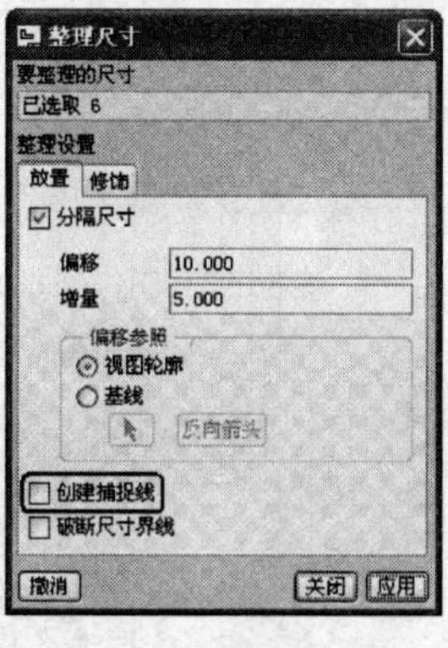

图 11－52　整理尺寸对话框

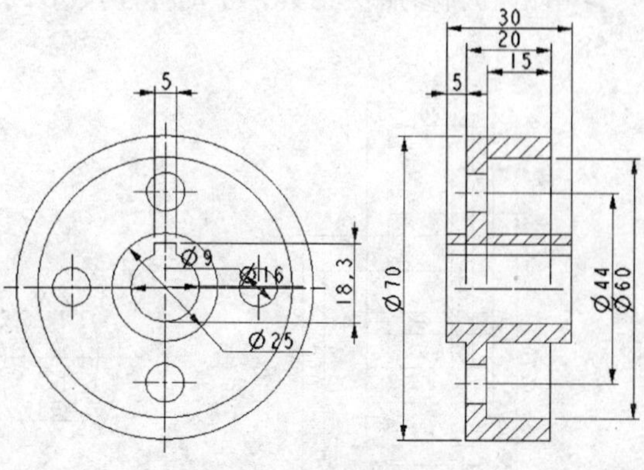

图 11－53　整理后的尺寸

➢ 移动各视图的尺寸及尺寸界线端点到适当的位置（移动尺寸时注意利用尺寸的控

制点，即选中尺寸后的小方格），整理后的尺寸如图 11 - 54 所示。

➢ 双击尺寸 Φ9，打开“尺寸属性”对话框，如图 11 - 55 所示。

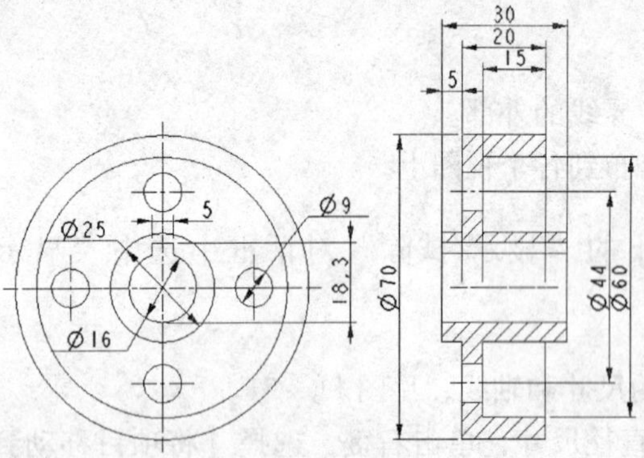

图 11 - 54　移动后的尺寸

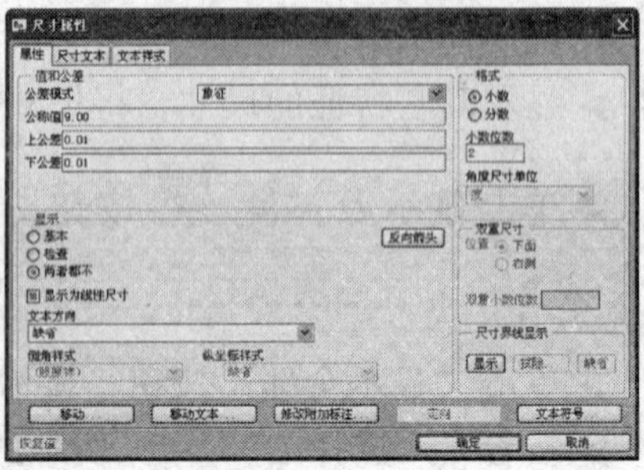

图 11 - 55　尺寸属性

➢ 单击“尺寸文本”标签，在“前缀”栏添加“4 -”，如图 11 - 56 所示。

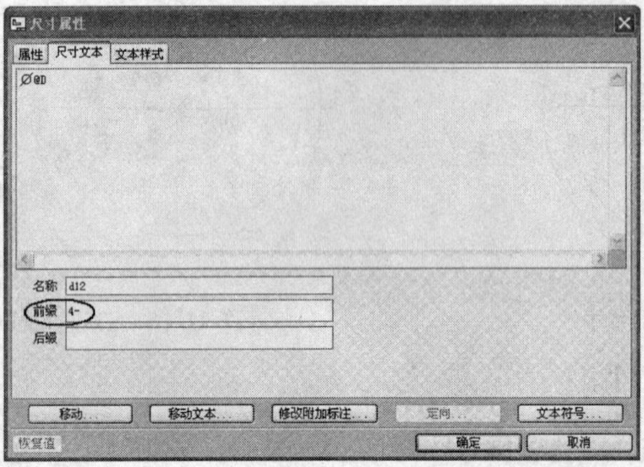

图 11 - 56　尺寸文本

➢ 单击“新参照”工具，手动标注尺寸 5，如图 11 - 57 所示。完成的尺寸标注见图 11 - 58。

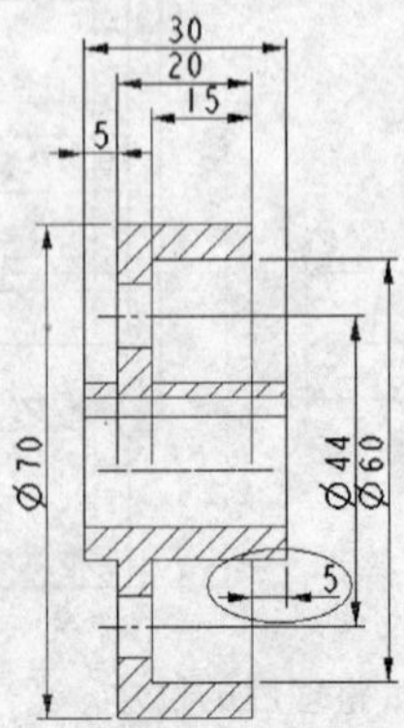

图 11 - 57　手动标注尺寸

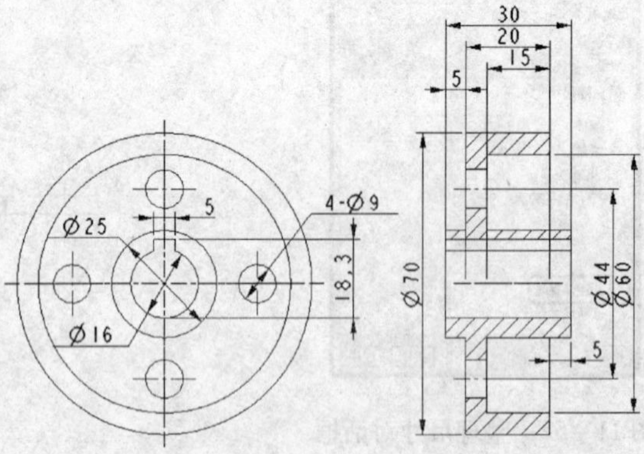

图 11 - 58　完成的尺寸标注

11.3.2　公差标注

公差标注有尺寸公差与形位公差。在标注公差之前，要确保 Config. pro 文件中的 tol_mode 、tolerance_standard 及 tol_display 设置正确，而且必须在绘制零件模型之前设置。

例 11－15　尺寸公差标注

➢将工作目录设到 11－15，打开工程图 11－15. drw。

➢使用“显示及拭除”（）工具，显示整个零件的尺寸（为了使显示的尺寸符合工程图的规范，在创建零件模型特征的截面时就要按规范标注）和轴线，使用“尺寸”工具整理尺寸，如图 11－59 所示。

➢拭除图 11－59 所示不需要的尺寸（圈起来的 6 个尺寸）。

➢手动标注图 11－60 所示缺少的尺寸（圈起来的 4 个尺寸），将尺寸移动到适当的位置，见图 11－60。框选图 11－60 所示的尺寸。

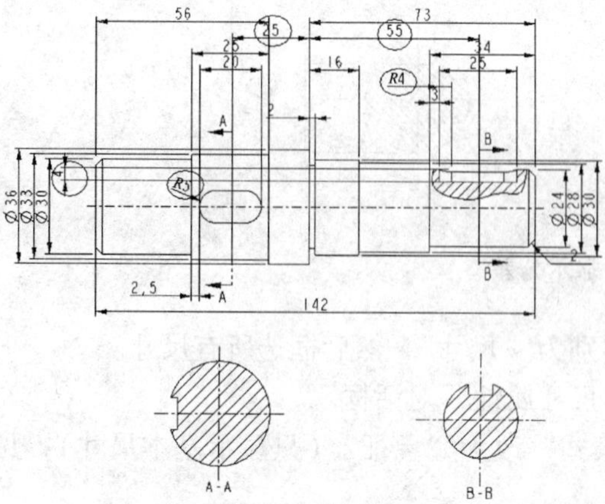

图 11－59　显示整个零件的尺寸

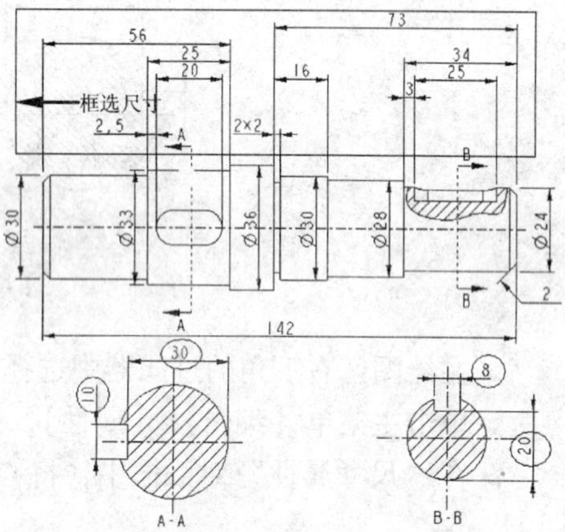

图 11－60　选取尺寸

➢单击“尺寸”工具，整理尺寸，如图 11－61 所示。

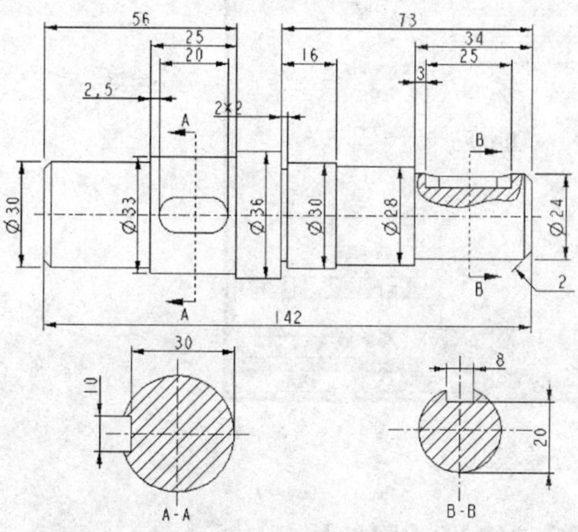

图 11－61　整理后的尺寸

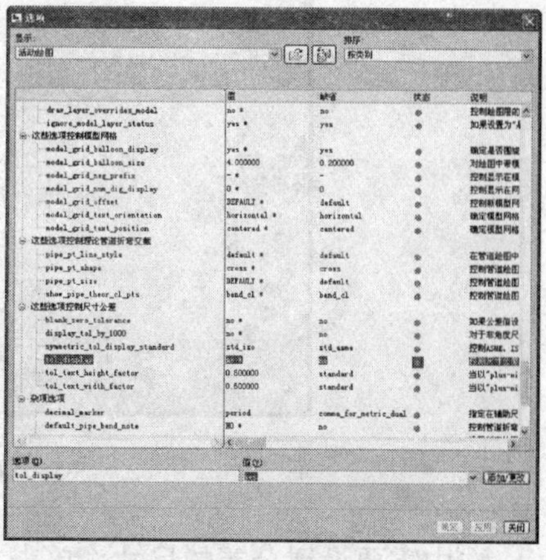

图 11－62　选项对话框

➢ 在空白区域单击右键，选择【属性】⇨【绘图选项】菜单

➢ 将“tol_display”项设为“yes”，如图 11 -62 所示。

➢ 刷新图形后，主视图上的所有尺寸都显示公差（其原因是：在创建本例所用的零件模型之前，没有正确设置 Config. pro 文件。），如图 11 -63 所示。

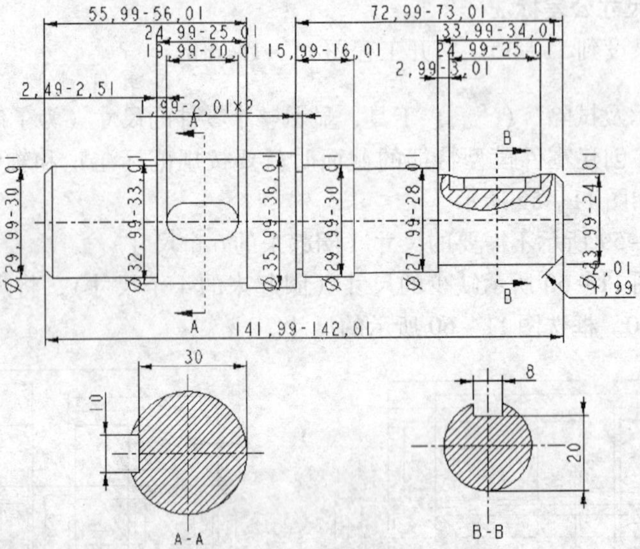

图 11 -63　显示公差

➢ 在绘图区右下角的过滤器中选择过滤类别为“尺寸”，然后框选所有尺寸。

➢ 单击主菜单【编辑】⇨【属性】，弹出“尺寸属性”对话框。

➢ 在“尺寸属性”对话框中，将“公差模式”改为“象征”（只显示基本尺寸），见图 11 -64。

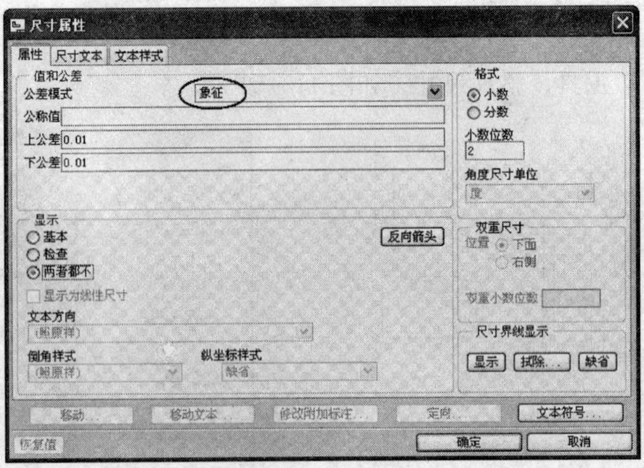

图 11 -64　公差模式

➢ 选中需要设置公差的尺寸。单击主菜单【编辑】⇨【属性】。

➢ 在“尺寸属性”对话框中，将“公差模式”改为“加 -减”（显示正负极限偏

差)，依照图 11－65 修改公差数值。

图 11－65　尺寸公差

➤ 标注尺寸公差后的工程图如图 11－66 所示。

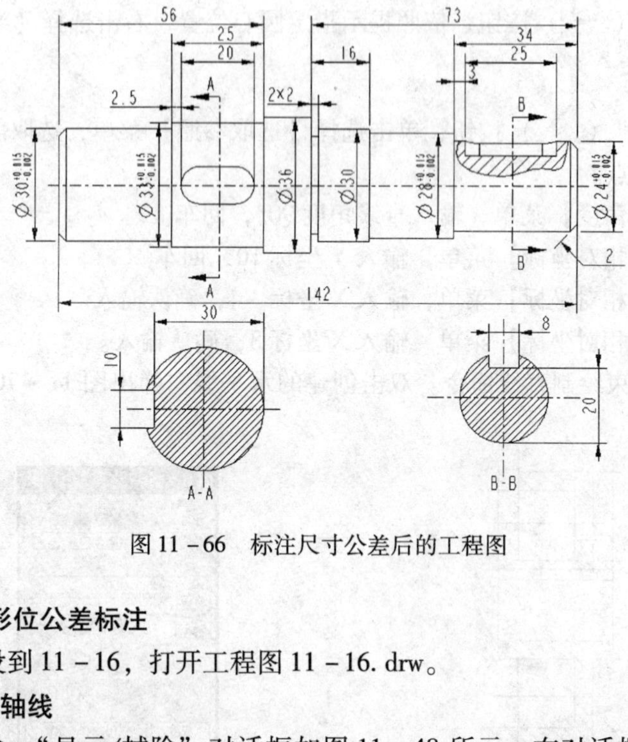

图 11－66　标注尺寸公差后的工程图

例 11－16　形位公差标注

将工作目录设到 11－16，打开工程图 11－16. drw。

步骤 1：显示轴线

➤ 显示及拭除，“显示/拭除”对话框如图 11－48 所示，在对话框中选择“显示”、“轴线”及“视图”项。

➤ 单击主视图⇨单击中键确定；单击左视图⇨单击中键确定。

➤ 拖动轴线端点，调整轴线长度，如图 11－67 所示。

步骤 2：创建基准轴

➤ 单击“基准轴”( ) 工具，“轴”对话框如图 11－68 所示。

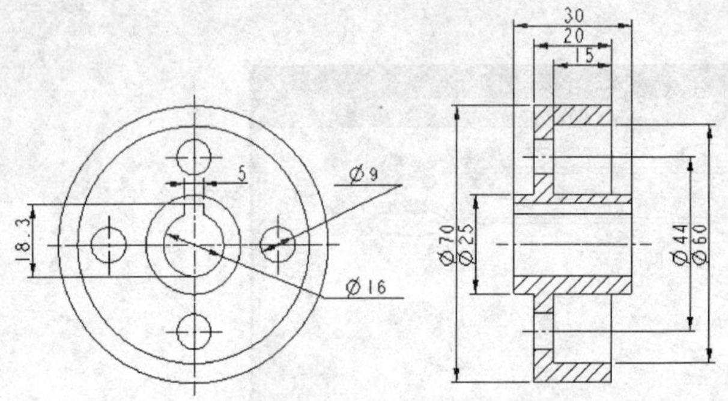

图 11 - 67　显示轴线

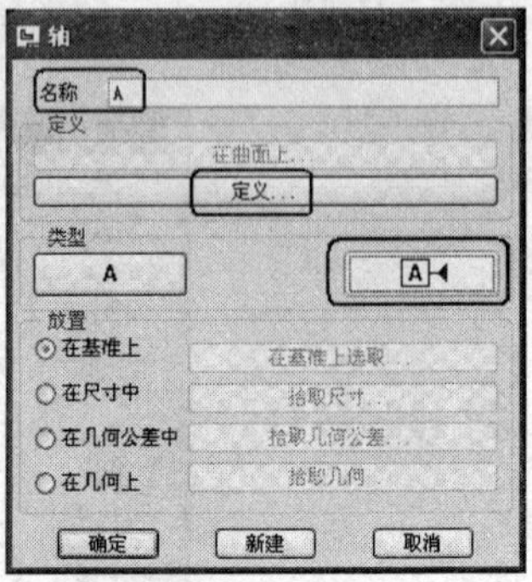

图 11 - 68　轴对话框

➢ 输入名称：A

➢ 单击“定义”按钮，单击【过柱面】菜单，选取图 11 - 69 所示孔的圆柱面。

➢ 拭除刚创建的基准轴的标识。

步骤 3：创建位置公差的基准符号

➢ 单击“圆”（）按钮，依照提示指定圆心位置，右击选择【半径】菜单。

➢ 输入半径 5。

➢ 单击“直线”（）按钮，单击选择【选取参照】菜单，选取前面绘制的圆，选取圆心作为直线起点。

➢ 右击选择【角度】菜单，输入直线角度 90°，回车。

➢ 右击选择【相对坐标】菜单，输入 Y 坐标 10，回车。

➢ 右击选择【相对坐标】菜单，输入 X 坐标 -4，确认输入。

➢ 右击选择【相对坐标】菜单，输入 X 坐标 8，确认输入。

➢ 单击中键结束绘制直线命令。双击创建的水平线，弹出图 11 - 70 所示的“修改线体”对话框。

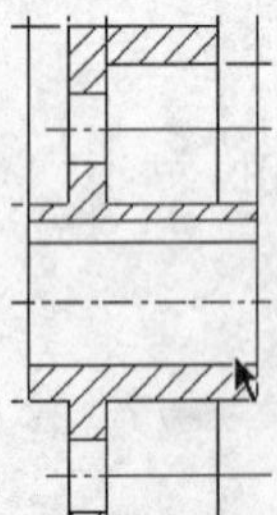

图 11 - 69　选取圆柱面

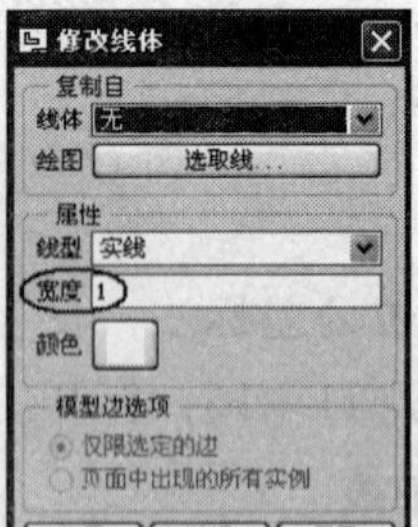

图 11 - 70　修改线体对话框

➢ 输入“宽度”：1

➢ 单击“应用”和“关闭”按钮。

➢ 选取创建的竖直线，右击选择【修剪到边界】菜单，选取直线上方端点为保留端，选取圆为剪刀。

➢ 单击“注释”（ ）工具，单击【制作注释】菜单。

➢ 单击圆内的一点，按照提示输入注释：A，回车两次。单击【完成/返回】菜单。

➢ 双击注释 A，单击“注释属性”对话框中的“文本样式”选项卡，如图 11－71 所示。

➢ 取消高度的“缺省”选项，输入高度：5

➢ 将注释 A 移动到圆的中心位置。所创建的位置公差基准符号如图 11－72 所示。

图 11－71　注释属性对话框

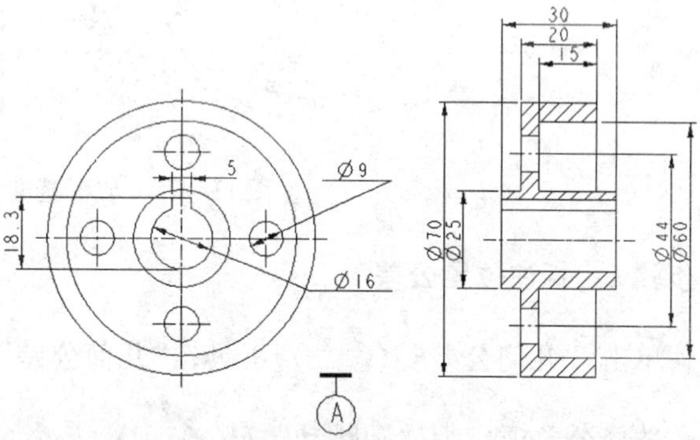

图 11－72　位置公差基准符号

步骤 4：将创建的位置公差基准符号加入符号库

➢ 单击主菜单【格式】⇨【符号库】⇨【定义】，输入名称：jzh，回车。

➢ 单击【绘图复制】菜单，框选前面创建的位置公差基准符号，单击中键确定。

➢ 单击【属性】菜单，弹出图 11－73 所示的“符号定义属性”对话框。

➢ 选择“允许的放置类型”为“自由”。

➢ 单击【顶点】菜单，选取位置公差基准符号竖直线的上方的端点。

➢ 单击“确定”按钮，单击【完成】菜单，单击【写入】菜单，回车接受默认的保存路径，单击【完成】菜单。

➢ 删除绘图区的位置公差基准符号。

步骤 5：从符号库中调出位置公差基准符号

➢ 单击主菜单【插入】⇨【绘图符号】⇨【定制】，弹出图 11－74 所示的“定制绘图符号”对话框。

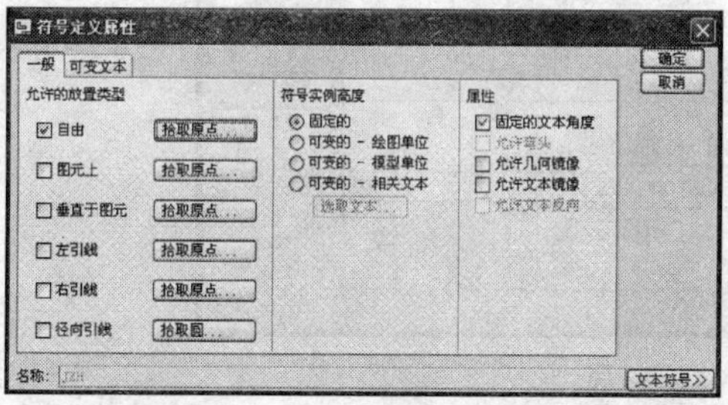

图 11－73　符号定义属性对话框

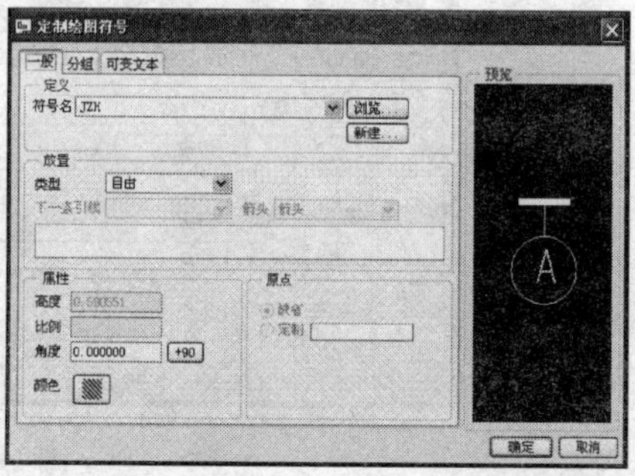

图 11－74　定制绘图符号对话框

➢ 在尺寸 Φ16 的下方单击放置基准符号，单击“确定”按钮结束放置。见图11－75。

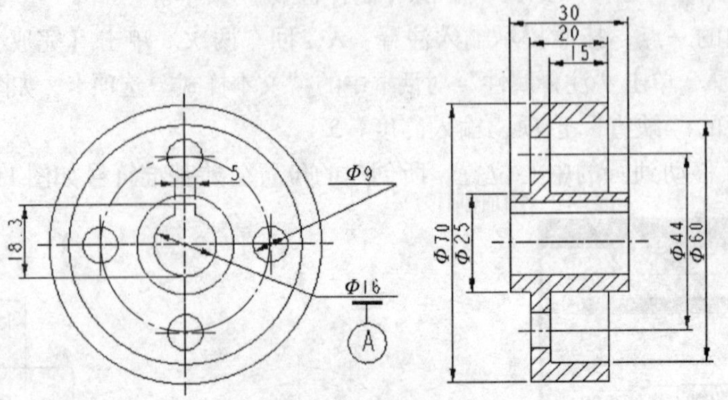

图 11－75　放置基准符号

步骤 6：标注位置公差

➢ 单击“几何公差”（ ）工具，“几何公差”对话框如图 11－76 所示。

➢ 选择公差项目为“圆跳动”（ ）。

➢ 单击“选取图元”按钮，选取左视图下边线，如图 11－77 所示。

➢ 在“放置”区域选择“类型”为“法向引线”，如图 11－78 所示。

➢ 选取 Φ70 的尺寸界线，如图 11－77 所示。

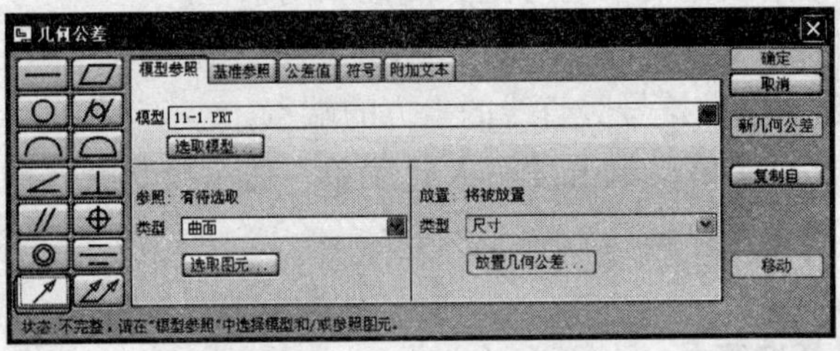

图 11－76　几何公差对话框

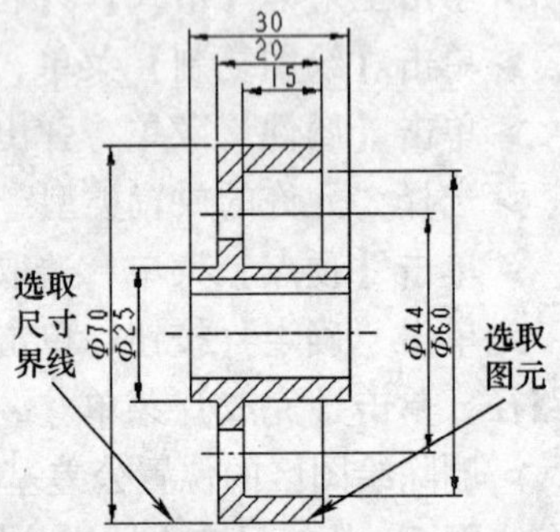

图 11－77　选取图元及尺寸界线

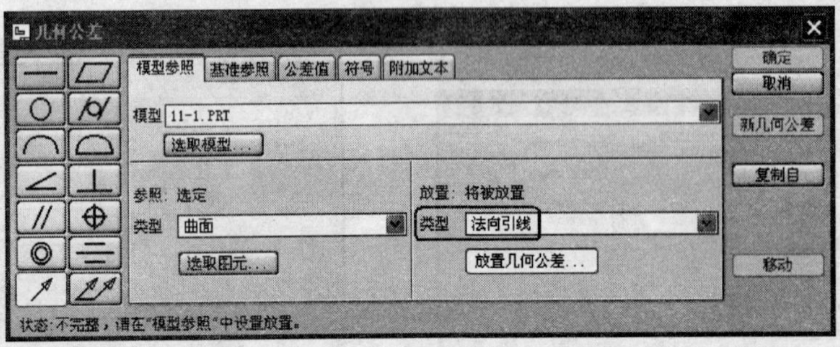

图 11－78　放置类型

➤ 单击形位公差放置的位置。

➤ 单击“基准参照”标签，选择“首要”基准参照为 A，如图 11－79 所示。

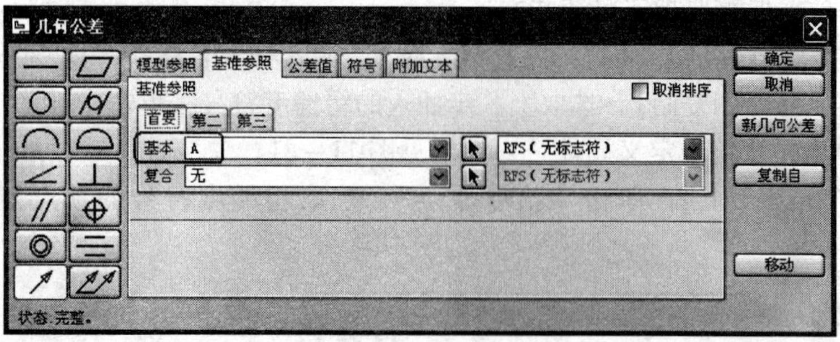

图 11－79 基准参照

➤ 调整形位公差放置的位置及方向，所标注的形位公差如图 11－80 所示。

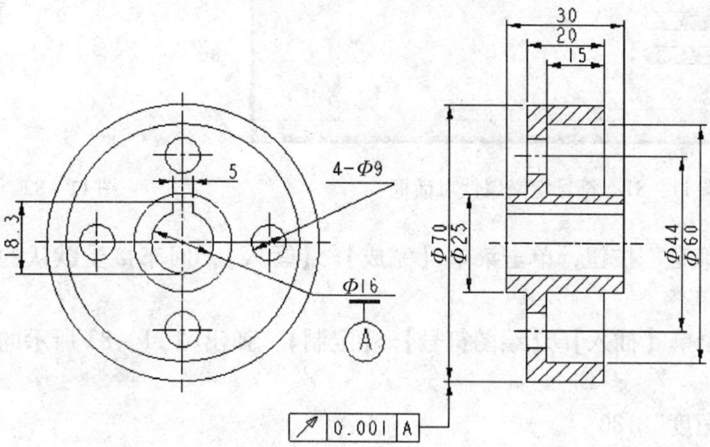

图 11－80 形位公差

例 11－17 表面粗糙度的标注

将工作目录设到 11－17，打开工程图 11－17. drw。

步骤 1：注释及一般粗糙度标注

➤ 单击“注释”（ ）按钮，单击【制作注释】菜单，单击工程图的左上角指定放置注释的位置。

➤ 输入注释文字“其余”，按两次回车完成注释创建。

➤ 单击【完成/返回】菜单。

➤ 选中刚创建的注释文字，将其高度改为 5。

➤ 单击主菜单【插入】⇨【表面粗糙度】⇨【检索】菜单，选择“machined”目录下的“standard1. sym”符号，单击“打开”按钮，选择【无引线】菜单。

➤ 在注释文字“其余”后面单击指定放置符号的位置。

➤ 输入 roughness_height 的值 6.3，回车，单击【退出】菜单。

步骤 2：定制粗糙度符号

➢ 当标注的粗糙度符号朝下方或右方时，需要定制符号，其方法与定制位置公差基准的符号基本一致，但需要指定可变文本。

➢ 单击主菜单【格式】⇨【符号库】⇨【定义】，输入符号名称：CCD，回车。

➢ 单击菜单【绘图复制】，选取上一步插入的粗糙度符号，单击中键确定，单击【属性】菜单。弹出的“符号定义属性”对话框见图 11－81。

➢ 选择“在图元上”，单击“拾取原点”，选取粗糙度符号的顶点，如图 11－82 所示。

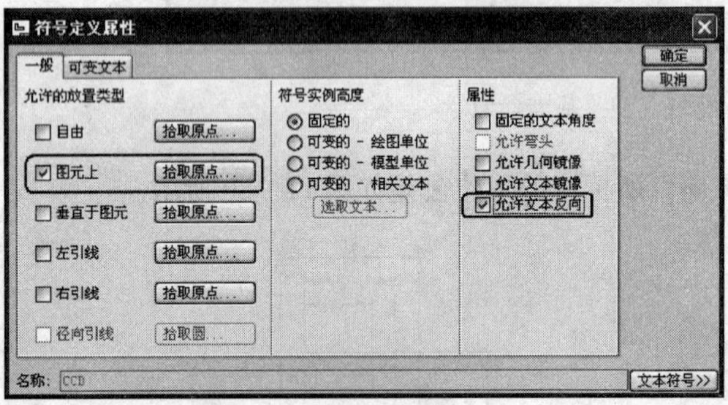

图 11－81　符号定义属性对话框

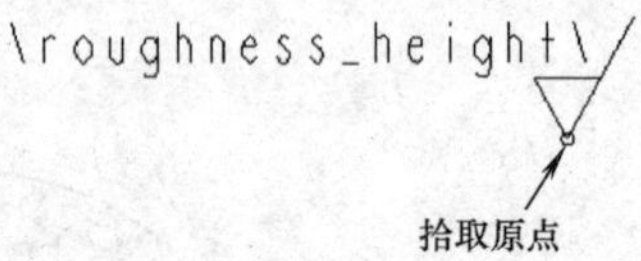

图 11－82　拾取原点

➢ 单击“确定”按钮，单击菜单【完成】⇨【写入】，回车接受默认的保存目录，单击【完成】菜单。

➢ 单击主菜单【插入】⇨【绘图符号】⇨【定制】，弹出图 11－83 所示的“定制绘图符号”对话框。

➢ 输入“角度”180°

➢ 单击“可变文本标签”，输入 1.6。

➢ 选取标注粗糙度的位置，按中键确认放置，单击“确定”按钮结束粗糙度标注。所标注的表面粗糙度如图 11－84 所示。

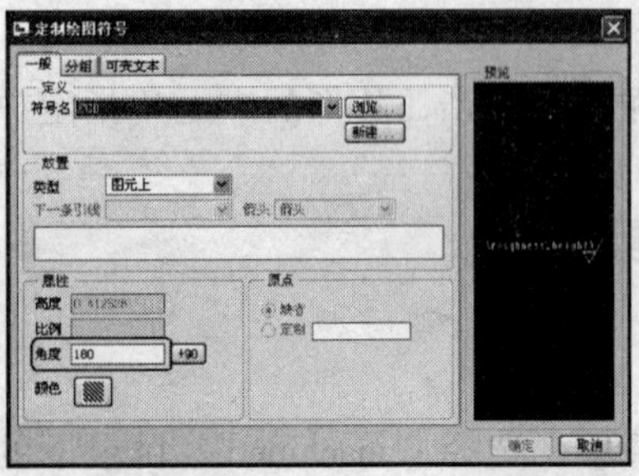

图 11－83　定制绘图符号

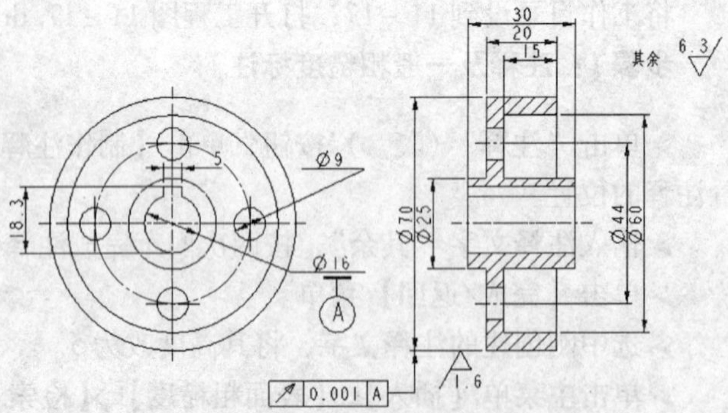

图 11－84　表面粗糙度

11.4　标题栏、图框及格式的创建

工程图的标题栏以表的形式创建。

例 11－18　创建标题栏

➢ 新建“空”的工程图 11－18. drw。

➢ 单击主菜单【表】⇨【插入】⇨【表】，选择【按长度】选项，在绘图区单击一点指定表的左上角。

➢ 按照提示输入列宽 15、35、20、15、35、60，回车两次。

➢ 按照提示输入行高 9、9、9，回车两次。所创建的表格如图 11－85 所示。

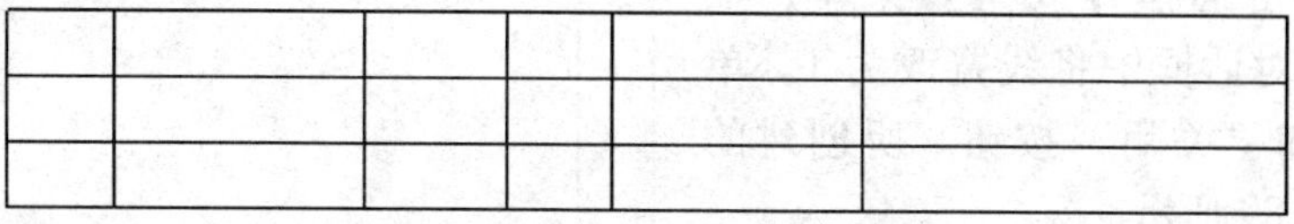

图 11－85　表格

➢ 使用【表】⇨【合并单元格】菜单按图 11－86 合并单元格（选取要合并区域的对角单元格，即可合并该区域）。

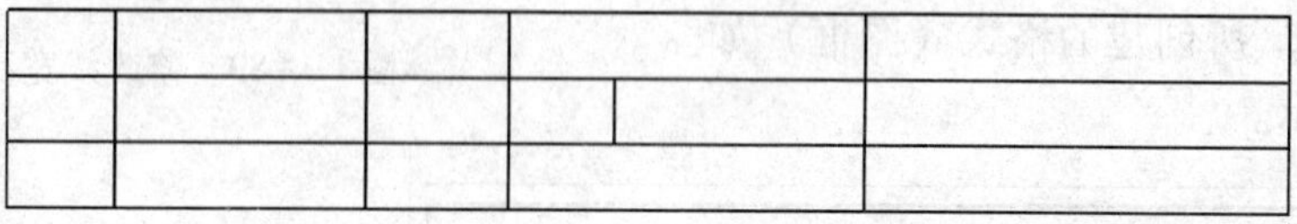

图 11－86　合并单元格

➢ 双击单元格可以输入文字，在“注释属性”对话框中按图 11－87 设置文本格式。

➢ 依次创建图 11－88 所示的标题栏项目。

➢ 选取整个表格，右击选择【设置旋转原点】菜单，选取表格右下角点指定为表格定位点，单击中键结束命令。

➢ 选取整个表格，单击主菜单【表】⇨【保存表】⇨【表文件】，输入文件名：btl。

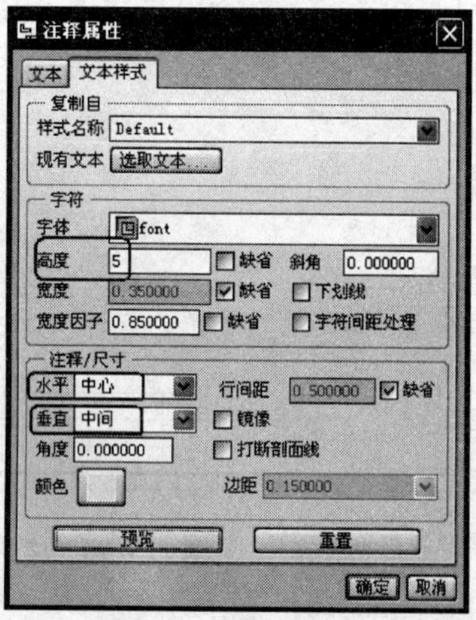

图 11－87　设置文字格式

例 11－19　创建格式

➢ 新建“格式”，输入文件名“ A4. frw”，选择 A4 图纸。

➢ 单击按钮创建线串。单击“直线”（ ）按钮，右击选择【绝对坐标】菜单，输入 X 坐标 25，Y 坐标 5，单击按钮。

➢ 右击选择【绝对坐标】菜单，输入 X 坐标 292，Y 坐标 5，单击按钮。

设计					
校核			比例		
审核			共　张　第　张		

图 11 – 88　标题栏

➢ 输入 X 坐标 292，Y 坐标 205，单击按钮。

➢ 输入 X 坐标 25，Y 坐标 205，单击按钮。

➢ 输入 X 坐标 25，Y 坐标 5，单击按钮。

➢ 选择刚绘制的图框线（按着 Ctrl 可以多选），右击选择【线型】菜单，在“修改线体”对话框中将线宽改为 1。单击“应用”和“关闭”按钮。所创建的图框如图 11 – 89 所示。

图 11 – 89　修改线宽

➢ 单击主菜单【表】⇨【插入】⇨【表来自文件】，打开上例创建的标题栏：btl. tbl。

➢ 单击【图元上】菜单，选取图框的右下角放置表。所创建的格式（图框）如图 11 – 90 所示。

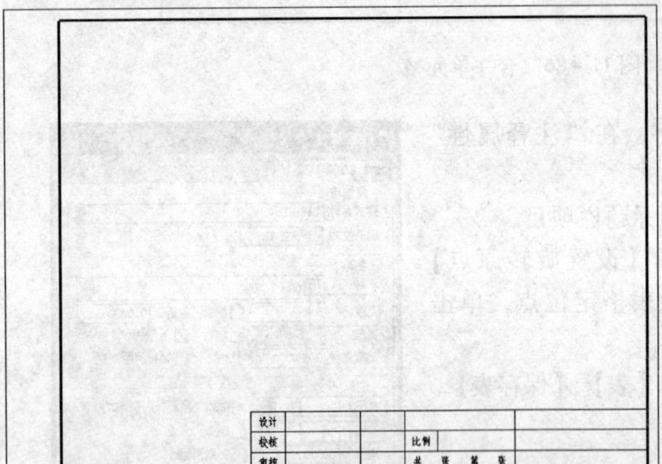

图 11 – 90　格式

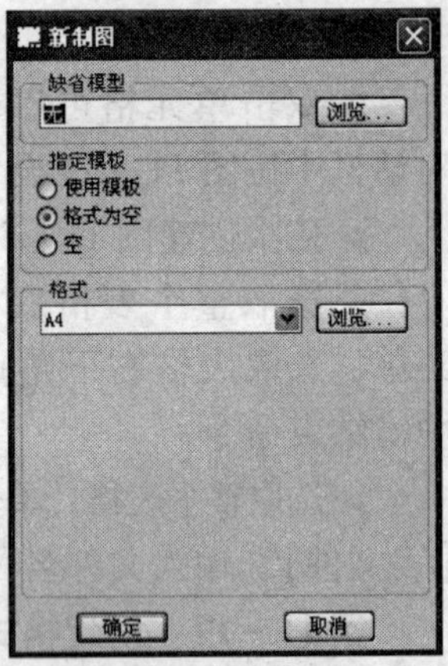

图 11 – 91　使用格式

格式文件的使用：新建工程图时，取消“使用缺省模板”，在“新制图”对话框中选择“格式为空”，单击“浏览”按钮打开创建的格式文件。

11.5 练　　习

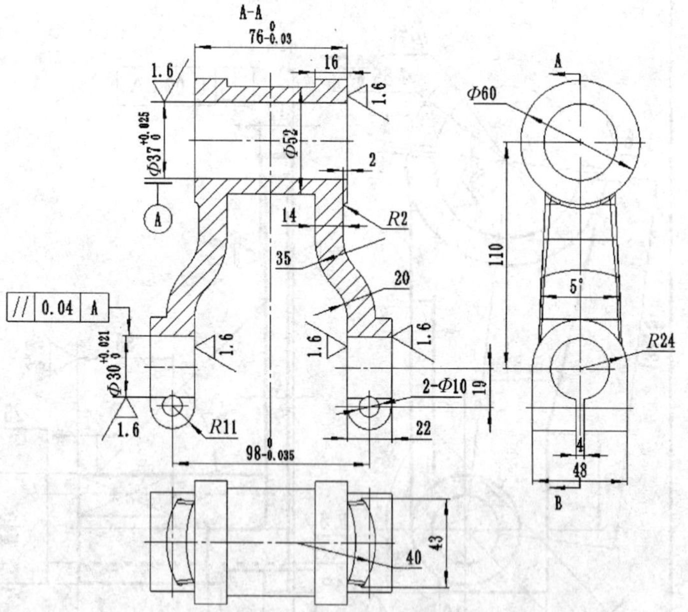

练习 1

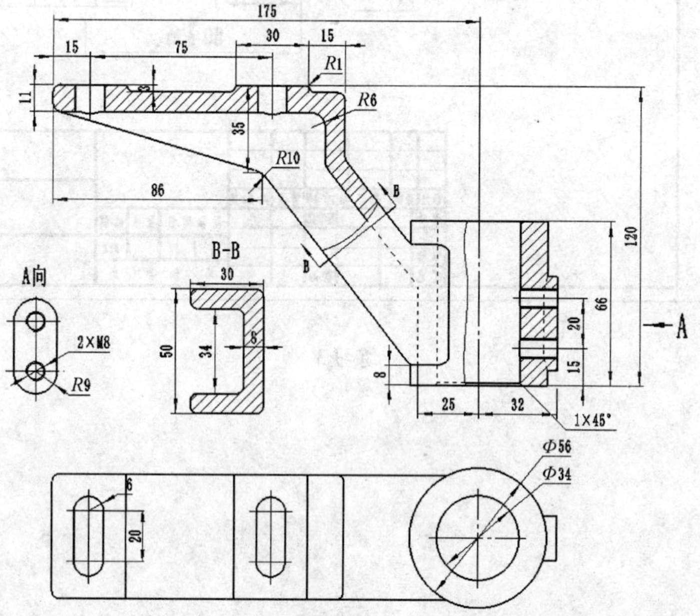

练习 2

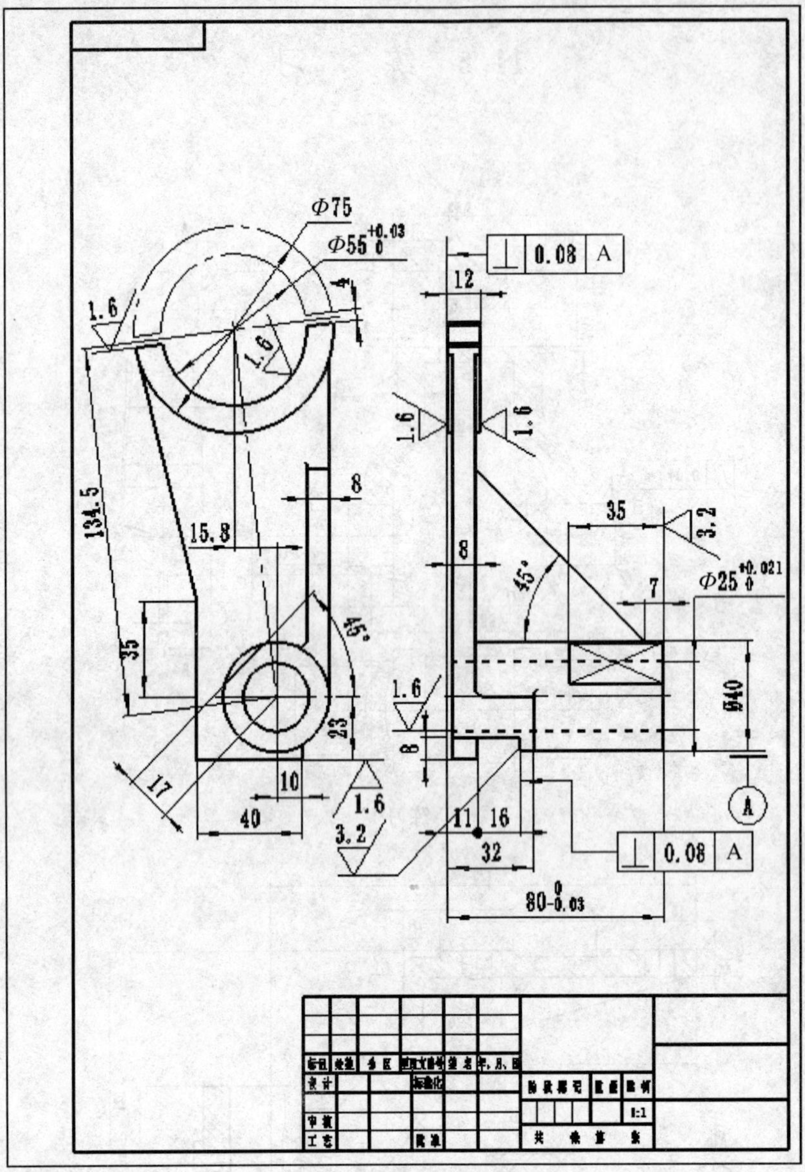
Φ75
Φ55 +0.03 0
1.6
1.6
4
134.5
15.8
8
35
23
17
10
40
1.6
3.2
0.08 A
12
1.6
1.6
8
45°
35
3.2
7
Φ25 +0.021 0
Φ40
1.6
8
11
16
32
80 0 -0.03
0.08 A
A
1:1

练习 3

参 考 文 献

1. 谭雪松等 . Pro/ENGINEER Wildfire 中文版基础教程 . 北京：人民邮电出版社，2005
2. 梁玲等 . Pro/ENGINEER Wildfire 4.0 实用教程 . 北京：清华大学出版社，2008
3. 黄爱华等 . Pro/ENGINEER 野火版基础教程 . 北京：清华大学出版社，2007
4. 林清安 . Pro/ENGINEER Wildfire 2.0 零件设计基础篇（上、下）. 北京：清华大学出版社，2007
5. 林清安 . Pro/ENGINEER Wildfire 2.0 零件设计高级篇（上、下）. 北京：清华大学出版社，2007
6. 吕思科等 . 机械制图 . 北京：中国轻工业出版社，2008
7. 吕思科等 . 机械制图习题集 . 北京：中国轻工业出版社，2008